机器学习观止
核心原理与实践

Machine Learning

U0378178

林学森 著

清华大学出版社

北京

内 容 简 介

本书在写作伊始，就把读者设想为一位虽然没有任何AI基础，但对技术本身抱有浓厚兴趣、喜欢"抽丝剥茧"、探究真相的"有识之士"。有别于市面上部分AI技术书籍从一开始就直接讲解各种"高深莫测"算法的叙述手法，本书尝试先从零开始构建基础技术点，而后"循序渐进"地引领读者前进，最终"直捣黄龙"，赢取最后的胜利。

全书据此分为5篇，共31章，内容基本覆盖了由AI发展历史、数学基础知识、机器学习算法等经典知识点以及深度学习、深度强化学习等较新理论知识所组成的AI核心技术。同时注重"理论联系实践"，通过多个章节重点介绍了如何在工程项目中运用AI来解决问题的诸多经验以及相应的模型算法，以期让读者既能享受到"知其所以然"的乐趣，还能体会到"知其然"的轻松和愉悦。

本书适合对AI感兴趣的读者阅读，从事AI领域工作的研究人员、工程开发人员、高校本科生和研究生都可以从本书中学到机器学习的相关知识。

图书在版编目(CIP)数据

机器学习观止：核心原理与实践 / 林学森著. —北京：清华大学出版社，2021.3

ISBN 978-7-302-55744-9

Ⅰ. ①机…　Ⅱ. ①林…　Ⅲ. ①机器学习　Ⅳ. ①TP181

中国版本图书馆CIP数据核字(2020)第104785号

责任编辑： 李万红　施　猛
封面设计： 熊仁丹
版式设计： 方加青
责任校对： 马遥遥
责任印制： 丛怀宇

出版发行： 清华大学出版社

网　　址：http://www.tup.com.cn，http://www.wqbook.com		
地　　址：北京清华大学学研大厦A座	邮　　编：100084
社 总 机：010-62770175	邮　　购：010-62786544
投稿与读者服务：010-62776969，c-service@tup.tsinghua.edu.cn	
质 量 反 馈：010-62772015，zhiliang@tup.tsinghua.edu.cn	

印 装 者： 三河市铭诚印务有限公司

经　　销： 全国新华书店

开　　本： 210mm×285mm　　　**印　　张：** 48.25　　　**字　　数：** 1460千字

版　　次： 2021 年 3 月第 1 版　　　**印　　次：** 2021 年 3 月第 1 次印刷

定　　价： 168.00元

产品编号：086756-01

前 言

这本书前后写了五年，终成稿付梓。

过去五年是以机器学习，特别是深度学习为代表的人工智能技术爆炸性增长的一段关键时期。在本书写作期间，"深度学习三巨头"Yoshua Bengio、Geoffrey Hinton和Yann LeCun共同获得了图灵奖，更是把本轮人工智能浪潮推向了巅峰。可以说，我们大家都在见证，并将在未来几十年里持续见证人工智能的各种突破性研究成果，以及它们在产业界各个角落的落地开花。

那么，本轮人工智能(不论以何种分支为载体)的兴起，真的可以如人类已经经历的几次工业革命一样，给整个社会带来颠覆性的影响吗？

提出这种疑问的人，可能对人工智能在过去几十年的"风雨飘摇"还记忆犹新。

人工智能起源于20世纪50年代，除了Alan Mathison Turing提出的著名的"图灵测试"外，还有几个重要事件，比如：世界上第一台神经网络计算机的建造；1956年在美国Dartmouth College召开的会议上，人们第一次提出人工智能(Artificial Intelligence，AI)术语，并将其确立为一门独立的学科；世界上第一座人工智能实验室，即MIT AI LAB的建立等。

随后的二十年是人工智能的第一次高峰，人们认为只需要较短的时间，机器就会取代人类完成很多工作。然而事实证明，当时的这个观点显然过于乐观了——由于AI研究长期的"雷声大雨点小"，于是1973年一份著名的《莱特希尔报告》(*Lighthill Report*)就成了压死骆驼的最后一根稻草，直接将AI逼进了第一个寒冬(1974—1980年)。

不过这似乎并没有完全浇灭人们对于人工智能的"希望之火"——果然，几年后的1980年，AI又以"专家系统"重出江湖了，而且这一次还是伴随着商业机遇出现的(据悉1985年AI市场规模已经达到了10亿美元级别)。人们在看到新希望的同时，也催生了AI的再次繁荣。

然而好景不长，AI的再次复出仍然没有能够达到人们的预期。正所谓"希望越大，失望越大"，于是，伴随着LISP机(LISP machine)市场的萎缩，AI又迅速地成了一个"弃儿"(1987—1993年)。

至此，AI实际上已经是"四十岁"的"中年人"了。人们常说"四十不惑"，或许AI在经历了这样曲折的"人生阅历"后，也可以逐步成熟稳重起来。事实证明，AI也确实在"凤凰涅槃"，1993年之后的它逐步在多个领域展开了拳脚，并且在学术界和工业界都取得了不小的成绩。特别是步入21世纪以后，计算机运算能力的指数级增长以及大数据的繁荣使得AI"内功"得到了极大的增强，于是以深度学习为代表的人工智能在多年的理论沉淀后终于得以"厚积薄发"。毫不夸张地说，人工智能已经成为当今最具热度的一个研究方向之一。业界预判AI将是激发新一轮产业革命的突破性技术，如图1所示。

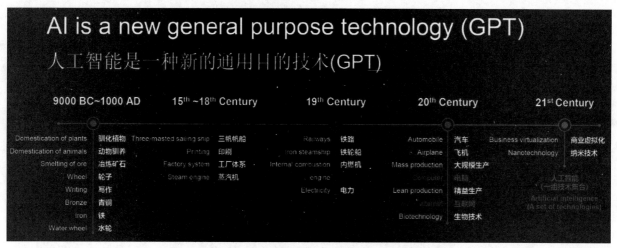

图1　业界预判AI将是激发新一轮产业革命的突破性技术

(材料引用自：华为2018年全联接大会keynote)

那么，人工智能是否会进入下一个"寒冬"，或者说它在本轮热潮中还可以走多远呢？

相信没有人可以给出准确的答案，毕竟我们谁也不可能预知未来。但是，这并不应该成为大家对它热爱与否的前提条件，因为我们相信：

人工智能必将取得全面成功。

或许还需要10年、50年甚至更长的时间，但这个趋势是不可逆转的。与其去纠结人工智能寒冬是否会到来，不如静下心来好好研究一下AI技术是否可以帮助我们解决一些实实在在的工作中的问题。

总的来说，人工智能的发展历史还在继续，而我们这一代人则有幸正在参与它的谱写过程。这也是本书的创作目的之一，希望通过由浅入深的叙述方式，来带领更多的AI爱好者进入这个领域，并在可能的情况下为AI的发展"添砖加瓦"。

致谢

感谢清华大学出版社的编辑，你们的专业态度和处理问题的人性化，是所有作者的"福音"。

感谢我的家人林进跃、张建山、林美玉、杨惠萍、林惠忠、林月明，没有你们的鼓励与理解，就没有本书的顺利出版。

感谢我的妻子张白杨的默默付出，是你工作之外还无怨无悔地照顾着我们可爱的宝宝，才让我有充足的时间和精力来写作。

感谢所有读者的支持，是你们赋予了我写作的动力。

编者
2021 年元旦

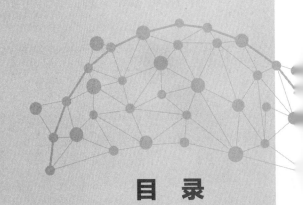

目 录

机器学习基础知识篇

经典机器学习篇

深度学习进阶篇

机器学习应用实践及相关原理

机器学习平台篇

机器学习基础知识篇

合抱之木，生于毫末；百丈之台，起于垒土；千里之行，始于足下。

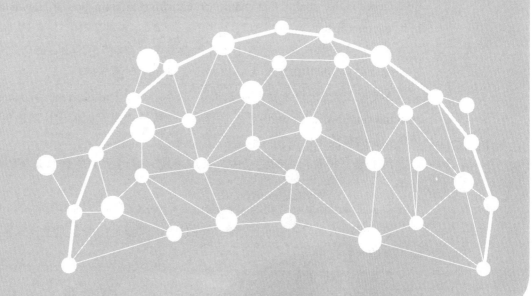

1.1　人工智能的定义

人工智能对应的英文术语为Artificial Intelligence(AI)，有时也被称为Machine Intelligence。作为计算机学科的一门分支，以及20世纪70年代以来的世界三大顶尖技术之一，AI虽然已经走过了几十年的历史，但业界似乎还没有对它形成统一的定义。不过，这种"分歧"不但没有阻碍AI的蓬勃发展，反而"有助于"它的"野蛮生长"。

对此，斯坦福大学曾在一份报告(参见https://ai100.stanford.edu/2016-report/section-i-what-artificial-intelligence/defining-ai)中指出：

"Curiously, the lack of a precise, universally accepted definition of AI probably has helped the field to grow, blossom, and advance at an ever-accelerating pace. Practitioners, researchers, and developers of AI are instead guided by a rough sense of direction and an imperative to 'get on with it'."

大意：奇怪的是，AI缺乏一个精确且能让人普遍接受的定义，反而让这个领域不断成长和繁荣——因为人工智能的实践者、研究人员和开发者们在一种"粗略"方向感的指引下，可以不受限地"继续前进"。

就如莎士比亚所说的"一千个观众眼中有一千个哈姆雷特"一样，我们倒是可以借鉴一下计算机界的先驱们心中的AI定义(从AI学科的角度)。

AI定义1：业界普遍认为，人工智能学科起源于1956年在达特茅斯学院举办的一场研讨会。当时出席会议的专家包括Allen Newell(CMU)，Herbert Simon(CMU)，John McCarthy(MIT)，Marvin Minsky(MIT)和Arthur Samuel(IBM)等人。其中，John McCarthy(因为在计算机及人工智能领域的突出贡献，于1971年获得了计算机最高奖——图灵奖)对人工智能的定义是："面向智能机器制造的科学和工程。(The science and engineering of making intelligent machines.)"

AI定义2：斯坦福大学研究所人工智能中心主任Nils J. Nilsson对人工智能的定义是："Artificial intelligence is that activity devoted to making machines intelligent, and intelligence is that quality that enables an entity to function appropriately and with foresight in its environment."

大意：人工智能是一种致力于让机器具备"智能"的活动——而"智能"则是让一个实体在其环境中能够像人一样有"先见之明"的品质。

AI定义3：另一位来自于MIT的人工智能科学家Patrick Henry Winston(http://people.csail.mit.edu/phw/index.html)对人工智能的理解是"研究如何使计算机去做过去只有人才能做到的智能工作"。

从上面三种人工智能定义中，不难发现大家对于AI的理解是从以下两方面来阐述的。

1. 人工(Artificial)

这一点和人类与生俱来的智能是相对的，即AI是由人工通过计算机程序等手段创造出来的一种技术。

2. 智能(Intelligence)

智能是什么？对于这个问题可以说直到目前为止，在整个AI领域都还存在比较大的分歧。因为人类对于"智能的本质是什么""智能是如何构成的"等基础问题一直都是"一知半解",所以自然无法准确定义智能是什么。

通常认为,智能至少会涉及意识、自我、心灵等问题,因而是超越技术本身的一个概念。如果从人工智能学科目前的几大发展方向来看,那么AI在实现"智能"的路上,大致存在以下一些需要研究的领域。

(1) 决策推理(Reasoning)。

(2) 知识表示(Knowledge Representation)。

(3) 学习能力(Learning)。

(4) 规划能力(Planning)。

(5) 自然语言处理(Natural Language Processing)。

(6) 感知(Perception)。

(7) 运动控制(Motion and Manipulation)。

(8) 通用智能(General Intelligence)。

……

具体到人工智能的研究方法上,自然更是"百花齐放"了——而且在不同历史时期,一些流派会呈现"各领风骚"的现象。目前业界普遍认为,AI可以划分为符号主义、连接主义和行为主义等几大流派,后面将做详细讲解。

1.2 人工智能发展简史

人工智能并不是一个新概念,它的发展可以算得上"由来已久"。如果以AI的数次"高潮"与"低谷"作为界线,那么可以将它划分为6~8个阶段。需要特别指出的是,对于这些阶段的准确起始时间点,业界还没有形成统一的认识,所以下面阐述的只是业界认可度较高的一种划分方式。

(1) "AI史前文明":1956年之前。

(2) 第一次黄金时期:1956—1974年。

(3) 第一次AI寒冬:1974—1980年。

(4) 第二次黄金时期:1980—1987年。

(5) 第二次AI寒冬:1987—1993年。

(6) 第三次崛起:1993—2011年。

(7) 持续繁荣:2011年至今。

AI历史发展趋势简图如图1-1所示。

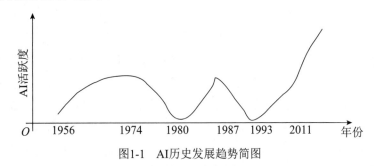

图1-1 AI历史发展趋势简图

限于篇幅,接下来只围绕上述几个阶段做精要讲解。

1.2.1 史前文明，曙光初现(1956年前)

如果抛开"计算机范畴"这个限制，那么人工智能的历史绝对可以说是"源远流长"的。譬如古希腊神话中就有关于人造人的记载：Hephaestus是一位集砌石、雕刻、铸铁匠等艺术技能于一身的奥林匹斯十二主神之一，他制作的工艺品无人能敌，其中就包括一组金制的女机器人，她们既可以在铁匠铺完成高难度工作，还可以和人类开口交流——这些机器人无疑已经具备了高度的"人工智能"。

又如希腊神话中描绘了一位名为Pygmalion的雕刻家，他爱上了自己的一尊雕塑作品Galetea，并每天对着她说话。他的这种"痴情"最终感动了爱神Aphrodite，于是这位女神给雕塑赋予了生命——然后像很多童话故事中的结尾一样，Pygmalion和他的雕塑变成的美女结婚了，如图1-2所示(注：由此还引申出了皮格马利翁效应(Pygmalion effect)，指的是人在被赋予很高的期望后，往往会表现得更好的一种现象)。

图1-2　人们根据Pygmalion和Galetea的故事创作的绘画作品

另外，人们针对"人造智慧"这一题材创作的小说也很多。例如，科幻小说之母Mary Shelley(1797—1851年)在*Frankenstein*中描述了"一位青年科学家Frankenstein创造了一个奇丑无比的怪物，但是它并不服从主人，反而接连杀害他的亲人，最终导致Frankenstein忧愤而死"的故事。可以肯定的是，作者在两百年前所描绘的这个具有生命意识的怪物，直到目前为止我们还是没有办法真正实现出来。

除了文学作品外，人类也在实践中探索着制造"类人"物体的可行性。例如，古代社会里的很多"能工巧匠"所制作的各式各样的"人偶"。《列子·汤问》中就记载了一位名为偃师的工匠，他以制造能歌善舞的人偶而著称于世(据称这也是我们可以追溯到的中国最早出现的"机器人"，如图1-3所示)，如下是其中的一些节选片段。

"周穆王西巡狩，越昆仑，不至弇山。反还，未及中国，道有献工人名偃师。穆王荐之，问曰：'若有何能？'偃师曰：'臣唯命所试。然臣已有所造，愿王先观之。'穆王曰：'日以俱来，吾与若俱观之。'翌日偃师谒见王。王荐之，曰：'若与偕来者何人邪？'对曰：'臣之所造能倡者。'穆王惊视之，趋步俯仰，信人也。巧夫！领其颅，则歌合律；捧其手，则舞应节。千变万化，惟意所适。王以为实人也，与盛姬内御并观之。技将终，倡者瞬其目而招王之左右侍妾。王大怒，立欲诛偃师。偃师大慑，立剖散倡者以示王，皆傅会革、木、胶、漆、白、黑、丹、青之所为。王谛料之，内则肝胆、心肺、脾肾、肠胃，外则筋骨、支节、皮毛、齿发，皆假物也，而无不毕具者。合会复如初见。王试废其心，则口不能言；废其肝，则目不能视；废其肾，则足不能步。穆王始悦而叹曰：'人之巧乃可与造化者同功乎？'……"

图1-3　偃师和人偶(图片来源于网络)

在电子计算机问世之前，很多名家学者也尝试过以机械化的手段来"复现"人类的思考过程，从而达到"人造的智能"。多个国家的哲学家在公元前就提出了各自的形式推理理论——例如，亚里士多德的三段论逻辑、欧几里得的几何原本等。可以看到，这些学者们似乎都试图从数学、逻辑推理等基础学科的角度来分析人类智慧的本质。这种依托于科学推理的研究方法，无疑对后来计算机AI的发展产生了较为深远的影响。

伴随着计算设备(特别是电子计算机)的不断改良，人们借助这些新型的"武器"也做了不少探索。例如，Charles Babbage在19世纪初设计了一款可能有无限潜能的可编程计算设备，如图1-4所示(不过很遗憾他自己最终没有让这一设计真正落地实现)。

图1-4　基于Charles Babbage的设计实现的机器

步入20世纪50年代后，距离人工智能学科成立的脚步越来越近了——这段时间内，数学、心理学、神经学、工程学等多个学科都发生了不少足以载入史册的关键事件。AI在当时已经是"山雨欲来风满楼"了。

1. 早期的人工神经网络

事实上，神经网络的出现甚至比人工智能学科还要早，只不过前期受限于很多因素并没有取得很大的应用成果。人们普遍认为Walter Pitts和Warren McCulloch是最早描述人工神经网络理论的学者，他们分析了理想状态下的人工神经元以及它们可以完成的一些简单的逻辑功能。1951年左右，他们的学生Minsky(麻省理工学院人工智能实验室的创始人之一，因其在人工智能方面的突出贡献，于1969年获得了图灵奖)在此基础上，构造出人类历史上第一台神经网络机器SNARC，如图1-5所示。

图1-5 神经网络机器SNARC

2. 神经病理学

人类社会很多划时代的科技创新,都是在向大自然学习和观察的过程中研究出来的,比如飞机、潜艇等。因而人们在研究AI时,自然不会放过"智能"的天然来源——也就是人类自身的大脑和神经系统。在人工智能学科创立的前几年,神经病理学有了一个重大的发现,即人类大脑是由神经元组成的,它存在"激活状态"(只存在"有"和"无"两种可能性),如图1-6所示。结合图灵的计算理论,人们逐渐对如何"仿造"人类大脑有了一些模糊的认知。

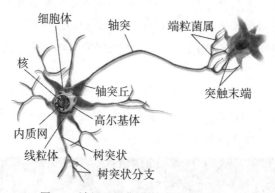

图1-6 神经元经典结构(参考Wikipedia)

3. 图灵测试

诞生于1950年的图灵测试无疑是这一阶段最重要的AI"催化剂"之一(图灵本人被称为"人工智能之父"。另外,他和冯·诺依曼还被并称为"计算机之父"。这里不去细究他们究竟谁"贡献大一些"的问题)。图灵测试是在什么历史背景下产生的?又或者说,它在解决一个什么样的问题呢?

图灵测试是图灵在曼彻斯特大学工作时,在1950年的一篇名为"Computing Machinery and Intelligence"的文章中给出的一项提议。他最初的目的似乎是想解决"机器能不能思考"这个问题。由于直接回答这一问题太难了,于是他就想到了另外一个对等的问题,即大家现在所熟知的图灵测试,如图1-7所示。

图1-7 图灵测试示意图

它涉及以下三个角色。

(1) 询问者(Interrogator，对应图中的人类提问者)。

(2) 计算机(Computer，对应图中的计算机回复者)。

(3) 人类(Human，对应图中的人类回复者)。

首先，这三个角色是不能直接接触的，它们只通过一些受限的手段进行交流(比如计算机键盘和屏幕)。其次，询问者可以和其他两个角色开展受限的交流——如果他无法准确区分计算机和人类的真实身份，那么就说明这台机器通过了图灵测试。

值得一提的是，在最初的图灵测试中，询问者和其他角色是不能有物理上的互动和接触的，这其实在一定程度上降低了测试的难度。后来人们逐渐不满足于普通的图灵测试，于是加入了部分物理上的交互要求，使得受试者不得不另外具备计算机视觉、自动化控制甚至"人类仿真皮肤/外表"等高阶能力——这种类型的测试称为"完全图灵测试"。

4. 游戏AI上的突破

在人工智能的发展历史中，似乎总是和游戏(如象棋、围棋、跳棋、Atari等)有着某种"千丝万缕"的联系，如表1-1所示。这主要有以下两方面原因。

一方面，人类认为游戏是一种需要"高级智力"才能参与的活动，因而对于人工智能而言无疑是很有挑战的。

另一方面，很多游戏可以提供不错的仿真环境，帮助人们快速地迭代优化和验证人工智能理论。

表1-1 游戏AI的历史

时间	标志事件	事件英文	事件说明
1956年	达特茅斯会议	Dartmouth Conference	人工智能的诞生
1956年	塞缪尔的跳棋AI	Samuel's Checkers AI	IBM跳棋AI首次展示
1958年	伯恩斯坦的国际象棋AI	Bernstein's Chess AI	开发了第一款全功能国际象棋AI
1962年	跳棋AI的胜利	Checkers AI WINs	塞缪尔的程序在与人的比赛中胜出
1967年	MAC骇客	Mac Hack	国际象棋AI在比赛中击败个人
1968年	佐布里斯特AI	Zobrist's AI	Go AI首次击败人类业余爱好者
1974年	凯萨	Kaissa	第一届世界计算机国际象棋冠军
1986年	反向传播	Backprop	众所周知的多层神经网络方法
1989年	有线电视新闻网	CNN	卷积网络首次展示
1992年	西洋双陆棋算法	TD-Gammon	展示了基于西洋棋算法的表示学习和神经网络
1993年	蒙特卡罗Go语言	Monte Carlo Go	随机搜索Go语言的首次研究
1994年	Chinook跳棋	CHINOOK	跳棋AI与世界冠军并肩作战
1996年	NeuroGO	NeuroGO	卷积神经网络达到围棋业余13级
1997年	深蓝电脑	Deep Blue	IBM国际象棋AI击败世界冠军
2006年	蒙特·卡罗树搜索算法	MCTS Go	法国研究人员通过蒙特·卡罗树搜索算法推进GO AI
2008年	疯石智能AI	Crazy Stone	蒙特·卡罗树搜索算法AI机器打败国际象棋4级选手
2012年	Zen 19围棋AI程序	Zen 19	基于蒙特·卡罗树搜索算法的AI机器达到国际象棋5级选手水平
2014年	DeepMind公司	DeepMind	谷歌以4亿美元收购Deep-RL AI公司
2016年	阿尔法人工智能机器人	AlphaGO	深度学习+蒙特·卡罗树搜索算法的人工智能机器人击败顶级智慧人类

例如，在20世纪50年代初期，曼彻斯特大学的Christopher Strachey和Dietrich Prinz分别在Ferranti Mark1机器上写出了第一个西洋跳棋和国际象棋程序。随着人工智能技术的不断演进，人类在各种游戏(主要是棋类游戏)上也可以说是"捷报频传"，特别是前几年DeepMind公司开发的AlphaGo与人类世界围棋冠军的几次对决，彻底点燃了人工智能爆发的"导火索"，意义非凡。

1.2.2 初出茅庐，一战成名(1956—1974年)

业界普遍认为，人工智能学科起源于1956年在达特茅斯学院召开的一个大会，出席会议的不少人后来都成为人工智能方面成就特别高的人，比如：

- Dr. Claude Shannon(信息论的创始人，相信大家都不会陌生)
- Dr. Marvin Minsky
- Dr. Julian Bigelow
- Professor D. M. Mackay
- Mr. Ray Solomonoff
- Mr. John Holland
- Mr. John McCarthy

  ……

会议召开的一个背景是：当时的学者们对于如何研究"会思考的机器"有各自的理解，对这种"机器"的命名也是五花八门，如Cybernetics、Automata Theory等。有鉴于此，John McCarthy在1955年开始筹划组织一次研讨会，以便大家互通有无——人工智能(Artificial Intelligence)这个词就是他为这个新领域所取的名字。这个名字在次年的达特茅斯大会正式开始之前就已经在圈内获得了一定的认可。这一点从他和Marvin Minsky等人所发出的会议提案中可以得到论证，如图1-8所示。

A Proposal for the

DARTMOUTH SUMMER RESEARCH PROJECT ON ARTIFICIAL INTELLIGENCE

We propose that a 2 month, 10 man study of artificial intelligence be carried out during the summer of 1956 at Dartmouth College in Hanover, New Hampshire. The study is to proceed on the basis of the conjecture that every aspect of learning or any other feature of intelligence can in principle be so precisely described that a machine can be made to simulate it. An attempt will be

图1-8 达特茅斯AI研讨会(1956年)提案节选

可以看到，1955年9月2日多人联名发出的提案中已经使用了artificial intelligence这个词。其后这个名字又在达特茅斯研讨会上取得了与会人员的一致认同，于是一直沿用至今。1956年的达特茅斯大会的研讨内容可以说影响了AI后来几十年的发展，核心议题包括：

- 计算机(Computers)；
- 自然语言处理(Natural Language Processing)；
- 神经网络(Neural Networks)；
- 计算理论(Theory of Computation)；
- 抽象和创造性(Abstraction and Creativity)；

  ……

从1956年开始直到人工智能的第一次寒冬，有关AI的各种学术研究成果如"雨后春笋"般涌现了出来。其中，John McCarthy仍然是发挥关键作用的学者之一，他从达特茅斯学院转到MIT后(1958年)，陆续做出了多项令人瞩目的贡献，例如：

(1) 定义了高级语言LISP。

LISP是人类历史上第二个高级语言(FORTRAN比它早一年)——如果从人工智能研究的角度来看，它则是最早的一种语言(当然，LISP实际上是一种通用语言，只是在当时的环境下被主要用于人工智能领域)。同时，LISP还是第一个函数式程序语言，所以它和C等命令型语言以及Java等面向对象语言在设计理念上会有些差异。

下面是使用LISP语言编写的一个factorial函数，读者可以感受一下。

```
(defunfactorial(n)
(if(=n0)1
(*n(factorial(-n1)))))
```

(2) 发明了垃圾回收(Garbage Collection)和分时复用(Time Sharing)等技术。

不得不承认，大牛的人生道路上的随便一个缩影都有可能让普通人"望尘莫及"。例如，另一位图灵奖获得者Donald Ervin Knuth在写作*The Art of Computer Programming*时因为认为计算机排版软件效果太差，破坏了其著作的美感，居然辍笔数年创造出了划时代的字体设计系统METAFONT以及排版系统TEX等。又如，McCarthy为了解决LISP语言的问题而发明了"垃圾回收"机制；而为了解决计算机的效率问题(以便更好地研究AI)，他还在1961年提出了"分时复用"的概念，这些基础技术对后来编程语言和计算机理论的发展起到了不小的促进作用。

(3) 创作第一个AI程序。

1958年，McCarthy在他的一篇论文"Programs with Common Sense"中提出了一个名为Advice Taker的计算机程序。他是人类历史上第一个提出通过逻辑推理来做知识表示的学者，对其后的问题系统和逻辑编程产生了很大的影响。

1966年，McCarthy以及他在斯坦福大学的团队还设计出了一个可以用于玩多种棋类游戏的计算机程序。

除了McCarthy之外，其他多位学者也在人工智能方面取得了突破性的研究成果。例如，MIT AI实验室的Marvin Minsky和Seymour Papert等人提出了通过Micro Worlds来开展AI研究工作。他们认为，一个复杂的学科往往可以使用简化模型来帮助理解基本原则，其中应用最广泛的就是Blocks World，如图1-9所示。

当时人们普遍对AI充满信心，甚至有学者乐观地认为人类只需要较短的时间就可以彻底解决人工智能所遇到的问题。

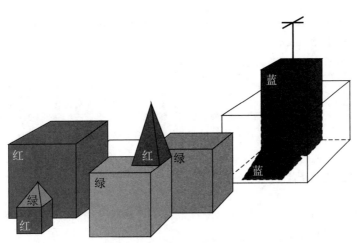

图1-9　积木世界(Blocks Worlds)

由于人们的乐观态度，再加上AI学术界的蓬勃发展，当时人工智能项目的预算可以说是非常充足的。例如，MIT仅在1963年一年间就收到了DARPA超过200万美金的AI项目资助，这在当时无疑是一笔巨款。

1.2.3 寒风凛冽，首次入冬(1974—1980年)

所谓希望越大，失望也越大，AI在第一次浪潮中的表现始终是"雷声大雨点小"。过度的收益承诺始终无法兑现，让人们的耐心一点点地被消耗殆尽。于是，在经历了将近二十年的繁荣后，人工智能于20世纪70年代初逐步进入了第一次低谷。

小结一下，AI首次入冬的时代背景大概如下。

1. AI没有产生有用的价值

当时AI所能做的事情都是极其受限的，比如无法准确分辨出哪怕是诸如椅子这样的常见物体，仅能识别为数不多的几个词汇。换句话说，人工智能在当时只不过是用来尝鲜的玩具，除此之外似乎毫无价值。

2. 经济不景气

可以看到，第一次AI寒冬前后的经济环境相对比较恶劣，在这种情况下，人们首先考虑的当然是如何活下去的问题。

在这样的历史条件下，各个国家纷纷表达了对AI领域的悲观态度。最终，1973年的一份非常著名的"Lighthill Report"(即"Artificial Intelligence: A General Survey")成为"压死骆驼的最后一根稻草"，如图1-10所示。这份报告是由一位名为James Lighthill的应用数学家主导的，起初发表在*Artificial Intelligence: a paper symposium*上面。"Lighthill report"严厉地批评了AI并没有如承诺的那样体现出任何有用的价值，并对它的多个领域表达了非常失望的态度。英国政府随后就停止了对Edinburgh, Sussex和Essex三所大学的AI项目资助。同年，美国国家科学委员会在给AI赞助了近两千万美元后因为看不到希望也中止了资助。

到了1974年，AI项目已经完全成了资本的"弃儿"。随着AI项目资金链的中断，本身没有造血能力的AI研究自然而然就在寒冬中被"冻死"了。

> **Artificial Intelligence: A General Survey**
>
> Professor Sir James Lighthill FRS
>
> **Part I Artificial Intelligence**
>
> A general survey by Sir James Lighthill
> FRS Lucasian Professor of Applied Mathematics, Cambridge University. July 1972.
>
> **1 Introduction**
>
> The Science Research Council has been receiving an increasing number of applications for research support in the rather broad field with mathematical, engineering and biological aspects which often goes under the general description Artificial Intelligence (AI). The research support applied for is sufficient in volume, and in variety of discipline involved, to demand that a general view of the field be taken by the Council itself. In forming such a view the Council has available to it a great deal of specialist information through its structure of

图1-10 Lighthill Report节选

1.2.4 卷土重来，威震八方(1980—1987年)

AI寒冬期一直持续到6年后，也就是1980年才有所好转。那么当时发生了一些什么关键事件使得人工智能又重新进入了人们的视野呢？

1. 专家系统得到大家的赏识

专家系统(Expert System)，如其名所述，主要是采用知识表示和知识推理的方式来让计算机程序具备人类的知识和经验，从而达到解决复杂问题的目的。

专家系统一般是由两部分关键元素组成，即

知识库(Knowledge Base) + 应用推理机(Inference Engine)

其中，知识库用于承载人类的知识、经验等，应用推理机则通过应用各种逻辑规则来做推理。

当然，专家系统并不是这个阶段才出现的。如图1-11所示，它最早是由Edward Feigenbaum(专家系统之父，1994年图灵奖获得者)提出来的，并很快成为人工智能领域的一个分支(后续还有更详细的讲解)。只不过直到20世纪80年代初，专家系统才开始取得了一些关键进展，而且这些进步还逐步体现在了实实在在的商业落地上——据当时的统计报告显示，有将近三分之二的财富500强公司都运用了专家系统技术或者其延伸产品。换句话说，人工智能正在逐步完善自己的"造血能力"。从历史规律来看，这一点无疑是一项新兴技术能否可持续发展的关键所在。值得一提的是，当时第一个被大规模使用的专家系统是SID(Synthesis of Integral Design)。它是在1982年左右被开发出来的，而且使用的编程语言就是前面介绍的LISP。

图1-11 早期的专家系统

据说当年还由此催生了一批"知识工程师"，他们的主要工作就是和各种各样的专家交流，研究后者是如何思考和解决问题的，然后再"填空"到专家系统中，如图1-12所示。对于简单的问题，这或许是一条可行之路。但现实情况是，很多专家解决问题的过程本身就依赖于"直觉"。换句话说，连他们自己都无法准确描述出问题的思考和解决过程，更何况还要把这些过程逻辑化。不过当时专家系统正处于如日中天的时期，这些显而易见的问题似乎很轻易地被人们忽视了，这或许也为后面的AI再次进入寒冬埋下了伏笔。

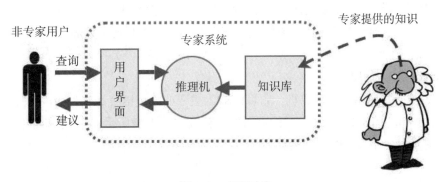

图1-12 专家系统

2. 连接主义重获新生

连接主义在第一轮AI浪潮中，由于无法给出令人信服的理论基础而被人们所遗弃。不过从20世纪80年代初开始，以神经网络为代表的连接主义又重获新生了，这主要归功于以下两个因素。

(1) 因素1：Hopfield net。

1982年，John Hopfield证明了神经网络是有能力来做更深层次的学习和处理工作的，人们称之为Hopfield net。简单来讲，它是一种结合了存储系统和二元系统的神经网络，如图1-13所示。

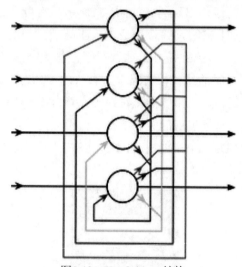

图1-13　Hopfield net结构

(2) 因素2：反向传播法(Backpropagation)在神经网络中的应用。

与此同时，Geoffrey Hinton(深度学习三驾马车之一)等人提出了直到现在都在使用的神经网络训练方法——反向传播法，从而有效解决了神经网络无法优化训练的问题。

在多重因素的刺激之下，人工智能在沉寂了若干年之后，于20世纪80年代初又步入了人们的视野。全球多个国家又陆续在AI领域投入重金，比如日本的国际通商产业部(Ministry of International Trade and Industry)在1981年斥资8.5亿美元，来支持其第五代计算机项目的研发。这个项目的目标是制造出可以翻译语言、与人对话、具备推理能力的机器。美国包括DARPA等在内的多个组织也纷纷慷慨解囊，使得AI项目的投资金额成倍增长。

人工智能的第二春，就这样悄然来临了。

1.2.5　失望弥漫，再度入冬(1987—1993年)

在人工智能的"第二春"如火如荼之时，实际上就已经有人预测出它将会再度进入寒冷的冬季——果不其然，仅7年后的1987年，AI就迎来了自己人生的第二个"大坎儿"。

和首次入冬类似，人们主要还是因为看不到希望而对AI再次"判处了死刑"。当时的背景事件有如下几个。

1. LISP machines产业崩塌

LISP machines是一种通用型的计算机，它以LISP为主要的编程语言和软件(需要硬件上的支持)。到了20世纪80年代，Apple和IBM等公司生产的桌面型计算机(如图1-14所示)在性能和价格上都占据了绝对优势，因而前者逐步退出了人们的选购清单。

图1-14　20世纪80年代的Apple Macintosh计算机

2. 专家系统"难以为继"

前面所讲的专家系统，在此时也暴露出很多问题——比如很难维护，经常出现各种奇奇怪怪的问题，价格高昂，等等。

当时有一个很有名的项目叫作Cyc(来源于Encyclopedia)，它是由斯坦福大学教授Douglas Lenat在1984年设立，并由Cycorp公司开发维护的一个AI项目。Cyc致力于将各个领域的本体和常识集成在一起，并以此为基础来实现知识推理，以达到人工智能的目的。

Cyc还发明了一种专有的基于一阶关系的知识表示语言CycL，用于表示人类的各种常识——例如，"每棵树都是植物""植物都会死亡"等描述语句(语法上与LISP类似)。Lenat曾预测可能需要至少构建25万条规则，才能支撑Cyc系统的成功。不难理解，这种人工构建的规则既费时费力，有时候还"事倍功半"。据悉Cyc就曾在一个故事中闹出过笑话：这个故事是说一个名为Fred的人正拿着一个电动剃须刀，因为在Cyc的知识库里"人体的构成是不包含电气零件的"，因而它推断出正在刮胡子的Fred已经不是人了。

在人类认为很好理解的不少场景下，专家系统却总是表现得让人"啼笑皆非"，久而久之自然就沦落成大家"茶余饭后"的谈资了。

3. 日本第五代计算机工程宣告失败

日本在20世纪80年代左右的经济形势还是不错的，因而愿意投入巨资来研究有潜力的方向。然而若干年过去后，在当年定下的计划目标始终"遥遥无期"的情况下，日本政府开始大幅缩减AI预算也就是情理之中的事了。

4. 统计学方法开始大行其道

这个时期其实除了统计学外，还有一股力量是不容忽视的，那就是这几年才大红大紫的神经网络。不过神经网络能够发挥威力的一些前置条件(数据和算力)那时候还没有得到满足，所以当时不管从哪个角度来看，它在20世纪80年代都没有比统计学方法来得更为优秀——后者既简单实用，消耗的资源又少，因而神经网络在当时自然没有掀起多大的风浪。

据说那时候流行一个"月亮梯子"的笑话，专门用来描述人工智能的处境——即人工智能总是把目标设定为"登月"，但最后造出来的却多半只是一把"梯子"，让人贻笑大方。

一言以蔽之，AI又一次进入了寒冬。

1.2.6　重出江湖，渐入佳境(1993年至今)

人类对于人工智能一直以来都有一种"执念"，因而即便是在它的两次寒冬期间，依然有人"孜孜不倦，十年如一日"地潜心做着研究——比如后面会讲到的深度学习"三驾马车"便是如此(据说这也是他们获得图灵奖的原因之一)。

或许也正是因为这种"执念",大概在20世纪90年代初人工智能又开始时不时地出现在人们的视野中。例如:

(1) 1997年,深蓝战胜国际象棋世界冠军Garry Kasparov。

这是人工智能历史上的一个里程碑,深蓝因此成为世界上首个打败人类顶尖国际象棋棋手的计算机系统。

(2) 1998年,LeNet成功商用。

LeNet当时被美国银行和邮政系统所接纳,用来识别支票、邮政编码中的手写或机打数字,也算是为神经网络的"可商用化"提供了有力证明(虽然当时的神经网络还比较简单)。LeNet网络结构如图1-15所示。

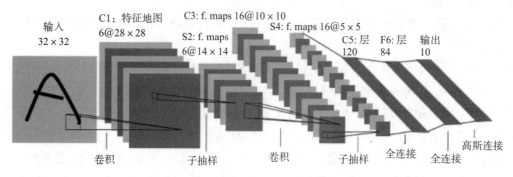

图1-15 LeNet网络结构

(3) 新的研究方法的出现。

人类逐渐意识到,专家系统虽然从理论上看是"靠谱"的,但如何构筑庞大的"专家知识库"却成了众多学者"心中的痛"。例如,前面所提及的美国科学家Douglas Lenat曾尝试建立一个名为Cyc的超级知识库,把几百万条常识用逻辑语言描述出来,借以帮助专家系统构建能力。然而这显然有点儿"天方夜谭"——举个简单的例子,猫应该有几条腿呢?正常的猫是4条腿,但我们并不能否认残疾的猫有可能出现3条腿或者2条腿的异常情况,又或者基因突变的猫有5条腿的情况。所以人们开始寻找其他的实现方式。比如MIT的Rodney Brooks在1990年左右曾发表了论文"Elephants Don't Play Chess",阐述了基于"行为"和环境的人工智能模型。他在论文中对当时的AI研究方法提出了质疑,关键部分引用如下。

"What has gone wrong? (And how is this book the answer?!!)

In this paper we argue that the *symbol system hypothesis upon which classical AI is based* is fundamentally flawed, and as such imposes severe limitations on the fitness of its progeny. Further, we argue that the dogma of the symbol system hypothesis implicitly includes a number of largely unfounded great leaps of faith when called upon to provide a plausible path to the digital equivalent of human level intelligence. It is the chasms to be crossed by these leaps which now impede classical AI research.But there is an alternative view, or dogma,variously called *nouvelle AI, fundamentalist AI,* or in a weaker form *situated activity* 1. *It is based on the physical grounding hypothesis.* It provides a different methodology for building intelligent systems than that pursued for the last thirty years."

大意:"出什么问题了? (这本书的答案是什么? ! !)

本文认为,经典人工智能所依据的符号系统假设从根本上说是有缺陷的,因此对其衍生理论的适应能力造成了严重的限制。此外,当被要求提供一条与人类水平相当的数字化道路时,我们认为符号系统所假设的教条隐含着许多基本上没有根据的东西。正是这些需要跨越的鸿沟阻碍了经典人工智能的发展研究。但是有另一种观点或教条，被称为新AI、原教旨主义AI，或以更弱的形式定位活动。它基于物理基础假设。它提供了一种与我们过去三十年所采用的智能系统建设方法不同的实现方式。

2000年以后，人工智能以及多个学科的发展速度明显加快了。业界普遍认为这主要得益于以下几个核心因素。

(1) 互联网大发展的时代。

(2) 云计算。

(3) 芯片计算能力呈现指数级增长。

(4) 大数据。

······

此外，斯坦福大学等学术机构"十年如一日"建立起来的规模庞大的数据平台，为众多学者验证和改进模型提供了非常重要的基线，如图1-16所示。

图1-16 ImageNet超大规模图像数据集

进入21世纪的第二个十年后，人们对于人工智能特别是深度学习的热情更是达到了"前无古人"的地步。可以说在这个"人人谈AI"的时期，不懂AI似乎就意味着"落伍"——在不少人的心里，AI甚至已经成为前沿时尚的代表。图1-17所示的是斯坦福大学某AI人员为某奢侈品牌做的广告(图片资源来源于网络)。

图1-17 AI与时尚

广告上的CHERCHEUR EN INTELLIGENCE ARTIFICIELLE是法语，译为"人工智能研究人员"。毫无疑问，我们正身处于人工智能的本轮热潮中。

1.3 人工智能经典流派

在人工智能几十年的发展历程中，人们对于AI的认知始终是"飘忽不定"的。这期间出现了形形色色的理论和实践——它们有的从一开始就"一无是处"，有的在取得了短暂成功后退隐江湖，有的则直到今天仍然奋战在AI领域的一线。

AI科学家Carlos E. Perez曾对这些理论做了比较系统的分析，并在*The Many Tribes of Artificial Intelligence*中把它们归为多个"部落"，如图1-18所示，针对它们的描述如表1-2所示。

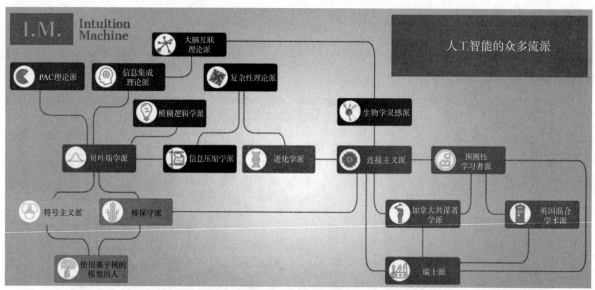

图1-18　各AI"部落"

表1-2　AI"部落"简述

序号	AI"部落"	描述
1	PAC理论派(PAC Theorists)	这个"部落"的主要研究重点在于智能，而非"人工智能"
2	信息集成理论派(Information Integration Theorists)	这个"部落"的人认为意识来源于反映因果关系的内在机制
3	复杂性理论派(Complexity Theorists)	这个"部落"的人通过吸引并应用各种诸如物理学、混沌学中的方法来研究AI
4	模糊逻辑学派(Fuzzy Logicians)	模糊逻辑学派，由Lotfi Zadeh在1965年提出
5	生物学灵感派(Biological Inspirationalists)	简单而言，就是从生物学中寻找AI研究的灵感
6	贝叶斯学派(Bayesians)	贝叶斯学派也是比较流行的AI研究方法，它利用概率理论来进行推理
7	信息压缩学派(Compressionists)	这个"部落"起源于信息理论
8	进化学派(Evolutionists)	这个"部落"擅长使用遗传算法来研究AI
9	预测学习者派(Predictive Learners)	Yann LeCun曾评价这个"部落"有可能是未来的方向，不过人们目前对此还持有保留态度
10	符号主义派(Symbolists)	符号主义又被称为逻辑主义，同时也是历史较为悠久的一个学派。符号主义认为人类认知和思维的基本单元是符号，而基于符号表示的运算构成了认知过程，后续还会做更详细的介绍
11	核保守派(Kernel Conservatives)	这个"部落"倾向于利用数学手段来解决问题，比如之前很流行的SVM就是基于强大的数学基础推导出来的
12	连接主义派(Connectionists)	即连接主义，它认为智能来自于高度互联的简单机制，比如1959年的感知器，以及目前非常火热的深度神经网络等，后续会有更详细的介绍

(续表)

序号	AI "部落"	描述
13	连接主义分支——加拿大共谋者学派(Canadian Conspirators)	以Hinton、LeCun、Bengio等为代表的连接主义分支
14	连接主义分支——英国混合学术派(British Alpha Goists)	这个连接主义分支认为AI就是深度学习+强化学习的结合,典型代表如DeepMind
15	连接主义分支——瑞士派(Swiss Posse)	以LSTM为代表的一派,同时也是GAN的起源地
16	使用基于树的模型的人(Tree Huggers)	这个"部落"以诸如随机森林或者决策树这类的理论为研究方向

当然,表1-2中的流派划分其实有重叠的地方,不一定是最佳的划分方式,因而仅用于参考即可。除此之外,业界还有多种其他学派划分方式。比如AI界最初一个比较主流的观点是机器学习主要由连接主义、符号主义等学派组成。最近几年,有的学者对此又做了进一步的细分——比如华盛顿大学的Pedro Domingos在一次演讲中将AI划分为如下几个学派,如表1-3所示。

表1-3 五大学派及其代表作

部落(Tribe)	学派本源(Origins)	核心算法(Master Algorithm)
Symbolists	Logic, philosophy	Inverse deduction
Connectionists	Neuroscience	Backpropagation
Evolutionaries	Evolutionary biology	Genetic programming
Bayesians	Statistics	Probabilistic inference
Analogizers	Psychology	Kernel machines

一方面,各个学派都在AI领域占据着重要位置;另一方面,它们在"AI长河"中所留下的踪迹也颇有意思——简单来说就是"三十年河东,三十年河西""各领风骚数十年",如图1-19所示。接下来的几节中,我们将带领读者一起来回味这几个"生死冤家"之间的"沉浮人生路"。

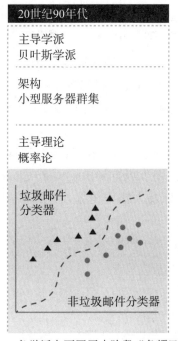
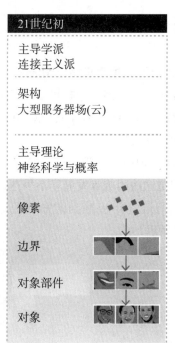

图1-19 各学派在不同历史阶段"各领风骚"

1.3.1 符号主义

符号主义(Symbolism)也被称为逻辑主义(Logicism)、心理学派(Psychlogism)或计算机学派(Computerism)，其主要观点是利用物理符号系统及有限合理性原理来实现人工智能。具体来讲，符号主义认为人类思维的基本单元是符号，而基于符号的一系列运算就构成了认知的过程，所以人和计算机都可以被看成具备逻辑推理能力的符号系统，换句话说，计算机可以通过各种符号运算来模拟人的"智能"。

因为这种学派对于AI的解释和人们的认知是比较相近的，可以较容易地为大家所接受，所以可以说它在AI历史中的很长一段时间都处于主导地位。

符号主义的代表人物是Allen Newell、Herbert A. Simon和Nilsson等人。从前面的学习中，读者已经了解到他们都为整个人工智能的发展做出了各自卓越的贡献。比如Allen发明了信息处理语言，完成了当时最早的两个AI程序——Logic Theorist和General Problem Solver，同时为计算机科学和认知信息学领域提供了很多前沿性的理论成果(其本人和Simon一起在1975年获得了图灵奖)。

符号主义在不同历史时期都有些代表性的成果，例如：

(1) 逻辑理论家。Allen等人发明的"逻辑理论家"，可以证明出《自然哲学的数字原理》(*Principia Mathematica*)中的38条数学定理(后来可以证明全部52条定理)，而且某些解法甚至比人类数学家提供的方案更为巧妙，如图1-20所示。

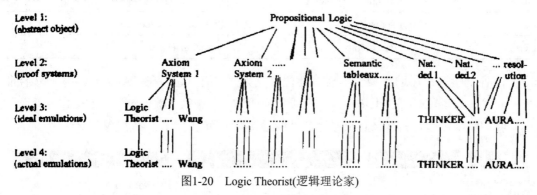

图1-20　Logic Theorist(逻辑理论家)

(2) 启发式搜索思路。Allen和Simon等人提出了通用问题解决器(General Problem Solver)推理架构以及启发式搜索思路，影响相当深远(比如AlphaGO就借鉴了这一思想)。

(3) 专家系统。专家系统对20世纪AI的繁荣起到了非常重要的推动作用，理论上来讲它也属于符号主义的研究成果。

(4) 知识库和知识图谱。专家系统的主要难点在于：知识的获取构建以及推理引擎的实现。所以学者们围绕这些困难点发展了不少理论，比如反向链(Backward Chaining)推理、Rate算法等。

我们近几年接触到的知识图谱以及大数据挖掘，也或多或少地与知识库的发展有关联性，如图1-21所示。

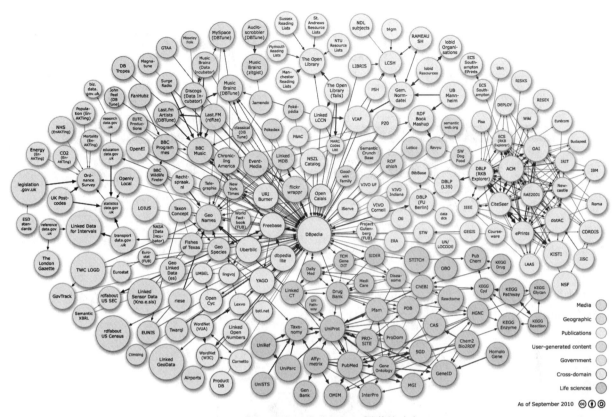

图1-21 知识库发展推动了知识图谱的建立

虽然当前机器学习处于主导地位，但并不代表其他学派没有一些好的理论。建议读者有空的时候可以阅读Allen Newell等人的著作，从中窥探符号主义在几十年间的变迁史。

除了Newell"老前辈"，符号主义的代表人物还包括Tom Mitchell、Steve Muggleton、Ross Quinlan等人，如图1-22所示。

Tom Mitchell　　Steve Muggleton　　Ross Quinlan

图1-22 符号主义代表人物

1.3.2 连接主义

连接主义(Connectionism)也被业界称为"仿生学派"，这是因为它的其中一个研究重点在于人脑的运行机制，然后将研究结果应用到人工智能的分析中。由于这种学科间的交叉关系，我们有时候会发现研究人工智能的科学家可能同时也会是脑神经科学家，又或者是心理学家。连接主义发展历程如图1-23所示。

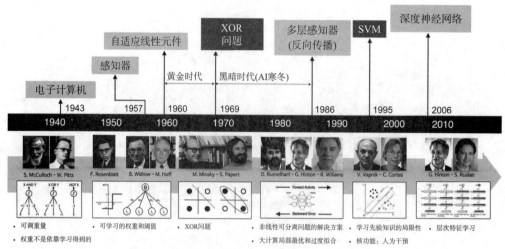

图1-23　连接主义发展历程

比如，连接主义理论的创始人Edward Lee Thorndike就是一名心理学家(教育心理学的奠基人)，他从动物的实验研究中得到了启发，然后提出了连接主义的理论基础，即

刺激(Stimulus) + 反应(Response)

他曾主导了一个著名的关于"猫"的迷箱实验，如图1-24所示。

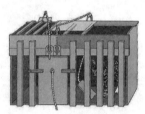

图1-24　迷箱(Puzzle Box)

在这个实验中，Thorndike将一只饥饿的猫放到一个迷箱中——它从所在的箱子里可以看到箱外的食物，同时要求它必须学会解决箱子中的一些特殊装置(例如踏板或者拉绳等)才能逃出去。

Thorndike发现，猫开始时的表现总是"盲目无序"的，它会到处乱跳、撕咬、咆哮，然后偶尔可以触碰到踏板从而打开箱门。不过第一次成功后，猫并不能马上就学会开门的方法，所以第二次它还会重复之前的盲目动作。

随着实验次数的增多，猫的尝试次数却在减少——最后，它就可以做到在被放到箱里的很短时间内找到开门的机关。如果以横坐标表示实验的次数，纵坐标表示猫成功逃出所需的时间，那么就得到了猫的学习曲线，如图1-25所示。

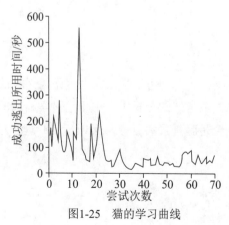

图1-25　猫的学习曲线

连接主义其后的发展出现了多个里程碑事件，包括但不限于以下几个。

1. 1943年的人工神经元

Warren McCulloch和Walter Pitts等人于1943年提出的第一个人工神经元是由TLU(Threshold Logic Unit)实现的，被称为McCulloch-Pitts模型，从而揭开了人们针对神经元网络的研究序幕，如图1-26所示。

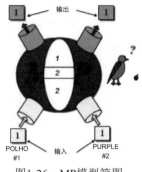

图1-26 MP模型简图

2. 1957年的感知机

在Pitts等人开创了人工神经网络研究时代的十多年后，美国神经科学家Frank Rosenblatt于1957年又进一步发展出了可以模拟人类感知能力的机器，称为感知机(Perceptron)。

Frank Rosenblatt首先在IBM的704机器上完成了感知机的仿真，而后两年他再接再厉打造出了一种被命名为"Mark I"的神经计算机，如图1-27所示。这种基于感知机的计算机已经能够识别一些英文字母，而此时AI正处于第一次发展期(1960年)。

图1-27 Mark I 感知机

虽然当时感知机的识别能力还很有限(比如对于不在训练集中的图像，或者针对图像做了平移、旋转等操作，就无法识别了)，但人们仍然对其寄予了厚望。

3. 1969年的异或问题(XOR Problem)

感知机在1969年遭遇到了"滑铁卢"，因为这一年业界大牛Marvin Minsky等人在*Perceptrons*一书中，仔细分析了以感知机为基础的单层神经网络的局限性，并指出了它无法解决异或等线性不可分问题。虽然Rosenblatt当时已经认识到多层感知机可以解决这一缺陷，但一方面由于Minsky等人的权威性，另一方面Rosenblatt没有能够及时有效地做出回应，所以阴差阳错之下导致感知机从那时起停滞了将近二十年的时间。

4. 多层感知机和反向传播算法

上述情况直到20世纪80年代多层感知机(如图1-28所示)和反向传播算法出现后才有所转机。后续章节对此还有详细分析，这里先不做过多描述。

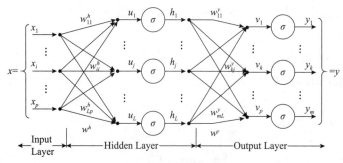

图1-28　多层感知机

5. 1995年后期出现SVM

SVM(如图1-29所示)出现之后，因其不仅在实现上更为简单，而且业务效果也往往特别出众，所以在一定程度上抢了感知机的"饭碗"。于是在20世纪90年代后期到2010年之前的一段时间内，感知机又"转入地下工作"了。

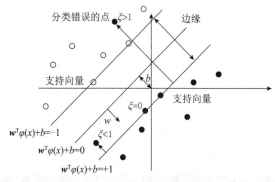

图1-29　SVM(支持向量机算法)

关于SVM背后的原理以及更多应用实践细节，本书在后续章节会有详细阐述。

6. 2010年后的深度神经网络

当时间步入21世纪的第二个十年后，情况又逐渐发生了变化。以深度神经网络为代表的人工智能以及它的各种应用场景，以迅雷不及掩耳之势抢占了人们工作生活的方方面面，造成了目前"人人谈AI"的局面。

另外，业界还有一种观点，即从神经网络的维度来看，它也可以分为控制论、连接主义和深度学习三大阶段。

在深度学习领域，Yoshua Bengio、Yann LeCun和Geoffrey Hinton三人可以说是"无人不知，无人不晓"。由于他们都在深度学习领域做出了杰出的贡献，所以长期以来人们把他们并称为"三驾马车"——特别是在深度学习处于低潮期时，他们仍能十年如一日地坚守在这个领域，从而为后续深度学习的再次崛起提供了创造性的理论基础。在本书写作期间，"深度学习三巨头"Yoshua Bengio、Yann LeCun和Geoffrey Hinton(见图1-30)共同获得了图灵奖，可以说是实至名归。

Yoshua Bengio　　Yann LeCun　　Geoffrey Hinton
图1-30　深度学习三巨头

从"辈分"上来看，Hinton是LeCun的博士后导师，他还被人们称为"神经网络之父""深度学习鼻祖"。他的主要贡献：

(1) 将反向传播算法引入深度神经网络进行训练。

(2) 发明了波尔兹曼机。

(3) NLP词的分布式表示。

(4) 时延神经网络。

(5) 亥姆霍兹机。

......

读者对LeCun可能比较熟悉，因为他的著作颇丰，他的主要贡献：

(1) 开发出应用非常广泛的卷积神经网络CNN。

(2) 开发出图像压缩技术DjVu。

(3) 提出了开源的面向对象编程语言Lush。

......

Bengio是三人中年龄最小的，他的主要贡献：

(1) 开创了神经网络用于自然语言处理模型的先河。

(2) 机器翻译。

(3) ICLR的推动者。

......

同时他们还培养和影响了一大批深度学习领域的专家学者，开创出了属于自己的"AI门派"，如图1-31所示。

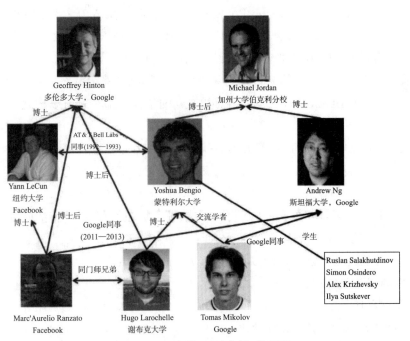

图1-31 深度学习"门派"关系图

毫不夸张地说，当下正是连接主义"坐镇天下"的时候。

1.3.3 行为主义

除了连接主义和逻辑主义，"AI江湖"的另一大门派是行为主义。

行为主义(Actionism)，也被人们称为进化主义(Evolutionism)或者控制论学派(Cyberneticsism)。从这些名字中，可以来推测一下它是一个什么样的学派——或者说，它是以何种"心法武学"来自成一派，从而扬名立万的呢？

没错，就是控制论，以及据此所发展出的一系列成果。

前面分析人工智能历史时，就曾讲到控制论在AI早期阶段就已经出现了。例如，美国应用数学家Norbert Wiener在20世纪50年代之前所提出的控制论，就描述了电子网络的控制和稳定性问题。在人工智能领域，行为主义学派认为AI来源于控制论，所以他们倾向于把信息理论、控制理论、逻辑和计算机结合起来研究AI。早期的行为主义研究重点是人在控制过程中的智能行为(例如自寻优、自适应、自组织、自学习等)，这同时也为后期机器人的发展打下了理论基础(20世纪80年代才诞生智能机器人系统学科)。

行为主义在AI发展过程中也有很多里程碑事件，下面摘选其中一些核心点来讲解。

1. 1948年，控制论

根据业界普遍认可的观点，控制论是由Norbert Wiener于1948年在他所著的*Cybernetics, to define the study of control and communication in the animal and the machine*一书中提出来的——书名其实就是Wiener对它的定义。

控制论的应用范围非常广泛，例如，在生物、物理、经济、心理等诸多领域都可以看到它的身影，同时它也是一门综合性的科学理论。

2. 1957年，马尔可夫决策过程

马尔可夫决策过程(Markov Decision Process, MDP)，简单来说是针对随机动态系统最优决策过程的一种建模方式。它的起源可以追溯到20世纪50年代R. Bellman在*Journal of Mathematics and Mechanics*上发表的一篇文章"A Markovian Decision Process"，以及Ronald A.在20世纪60年代出版的*Dynamic Programming and Markov Processes*一书。随后MDP逐渐在多个学科方向上获得了长足的发展(特别是机器人、自动化控制等需要工业应用和理论知识相结合的研究领域)。

马尔可夫性质是概率论中的一个概念，指的是如果一个随机过程满足"其未来状态的条件概率分布(Conditional Probability Distribution)只依赖于当前状态"的条件，那么就可以称之为具备了马尔可夫性质的马尔可夫过程。

对于马尔可夫链(Markov Chain)，通常的理解就是状态或者时间空间离散的一种马尔可夫过程。因而在面对不同的问题时，需要依据它们的具体属性来选择合适的模型加以分析，这样才能保证最终结果的准确性。

马尔可夫决策过程是上述马尔可夫链的扩展。如果每个状态只有一种可选动作(Action)，并且所有的奖励(Reward)都是一样的，那么MDP就等同于MC了。

MDP通常利用一个五元组来表示，即(S, A, P, R, γ)，其中：

S代表一个有限的状态集合；

A代表一个有限的动作集合；

$P_a(s, s`)$是指在状态$s$下采取动作$a$迁移到状态$s`$的概率大小；

$R_a(s, s`)$是指在状态$s$下采取动作$a$迁移到状态$s`$所获得的立即奖励(Immediate Reward)；

$\gamma \in [0, 1]$，是一个折扣因子(Discount Factor)，它的作用是让我们可以综合考虑长期奖励(Future Reward)和当前奖励(Present Reward)的重要性。

MDP所要解决的核心问题，就是在状态s时如何做出最佳决策，表示为$\Pi(s)$。那么，什么样的决策是最佳的呢？如果单纯只是考虑让当前的奖赏值最大化显然是不够的，这就好比在下棋时，更需要的是

取得全局性的最终胜利，而不是在中间过程中去计较小得小失。

总的来说，一方面，马尔可夫决策过程是强化学习的理论基础，其范例如图1-32所示；另一方面，后者又继承和发展了MDP，或者说合理应用增强学习是MDP问题的一种有效解决方案。由于它们之间的这种密切联系，所以理解MDP对于学习后者是大有裨益的。

3. 1984年，强化学习

强化学习其实已经有几十年的历史了，它在最近几年的"爆火"则要归功于DeepMind。这家建立于英国的小公司从2013年开始就不断地在实现各种突破——从Atari游戏打败人类，并将成果发表于*Nature*上；再到开发出AlphaGO系列围棋智能程序，一次次地挑战着人类的智慧巅峰。这些爆炸性的消息在一遍遍地刷新着每天的热点榜单的同时，也直接带火了深度强化学习(以及强化学习)。关于AlphaGO的内部实现原理，本书后续章节会有详细的解析。

强化学习和有监督学习/无监督学习类似，是机器学习(Machine Learning)的一种类型。与后两者的不同点在于，它强调的是从环境的交互中来寻求最优解，如图1-33所示。

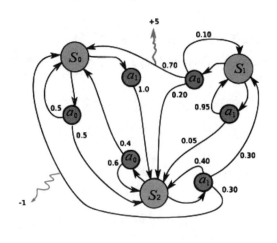

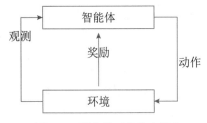

图1-32　Markov Decision Process范例　　　　　图1-33　强化学习的基本概念

在强化学习过程中，智能体(Agent)从环境(Environment)中观察到状态变化，并根据当前情况做出相应的动作(Action)；环境则针对智能体的动作所产生的效果来判断是否应该给予智能体一定的奖励(Reward)或者惩罚。例如，在Flappy Bird中，一旦小鸟成功穿越了一根柱子，则分数值会加1。

强化学习是一种普适性理论，意味着很多其他领域都可以运用它来解决问题，例如博弈论、控制论、信息论、统计学、运筹学等。

行为主义的代表人物包括Richard S. Sutton、Watkins C. J. C. H.及Demis Hassabis(DeepMind公司)等人，如图1-34所示。

Richard S. Sutton　　　Watkins C. J. C. H　　　Demis Hassabis

图1-34　行为主义代表人物

作为小结，再来横向比较一下行为主义、连接主义和符号主义三大学派的优缺点，如表1-4所示。

表1-4 三大学派横向对比

学派	知识表达能力	可解释性	数据依赖性	计算复杂性	组合爆炸	环境互动性	过拟合问题	特征提取
符号主义	强	强	弱	高	多	无	无	无
连接主义	弱	弱	强	高	少	无	有	有
行为主义	强	强	弱	中	中	有	无	无

在项目实践过程中，读者可以根据各个学派的典型特点，结合自己项目的具体诉求和实际情况来思考应该选择何门何派中的算法来解决问题。例如，项目是否可以提供足够的数据用于机器学习，问题本身的特征是否足够明显(假设通过规则就可以很好地描述问题，那么实在没必要"杀鸡用牛刀"，使用深度学习来解决问题)，等等。

1.3.4 贝叶斯派

贝叶斯学派的特征比较明显——简单来讲，它就是利用概率统计理论进行推理的一个"帮派"，其所依据的一个基础理论是贝叶斯法则 (Bayes' Theorem/Bayes Theorem/Bayesian Law)——或者也可称为贝叶斯定理或者贝叶斯规则、贝叶斯推理等。

贝叶斯定理是英国学者贝叶斯(1702—1763)于18世纪所提出的一个数学公式，本身并不复杂，如下所示。

$$P(A|B) = \frac{P(B|A)P(A)}{P(B)}$$

其中：

- $P(A|B)$是指B已经发生的情况下，A发生的条件概率，也由于得自B的取值而被称作A的后验概率。
- $P(A)$是A的先验概率(或边缘概率)。
- $P(B|A)$是指A已经发生的情况下，B发生的条件概率。也由于得自A的取值而被称作B的后验概率。
- $P(B)$是B的先验概率(或边缘概率)。

这个公式也可以理解为

后验概率 = (可能性×先验概率)/标准化常量

贝叶斯学派中有不少经典的算法，而其中应用最为广泛的，可能要属朴素贝叶斯 (Naive Bayes)了，它的理论基础包括如下两点。

(1) 贝叶斯原理。

(2) 特征条件独立假设理论。

后续章节对这些理论还有详细的分析，因而这里先不做过多叙述。

贝叶斯学派的典型代表包括David Heckerman、Judea Pearl和Micheal Jordan等人，如图1-35所示。

David Heckerman · Judea Pearl · Michael Jordan

图1-35 贝叶斯学派代表人物

贝叶斯学派虽然属于小众"帮派",不过其代表人物Judea Pearl(贝叶斯之父)却在2011年斩获了图灵奖,可见业界对它还是非常青睐的。

1.4 人工智能与机器学习

可能读者会有这样的疑惑,即机器学习和人工智能之间是什么关系呢?

如果从人工智能的演进过程来看,那么机器学习属于它的早期阶段,如图1-36所示。

如果回顾历史的话,会发现机器学习这个词最早是由Arthur Lee Samuel于1959年提出来的(据说他在1949年就已经开始启动机器学习的研究了)。前面曾经介绍过Samuel,他是参加1956年第一次AI研讨会的一个专家,同时也是世界上第一个自学习程序Checkers-playing的作者——从当时的情况来看,Samuel可能是为了开发这个程序而提出了机器学习的概念。换句话说,在Samuel眼里,机器学习是为前者服务的。可能也是由于这个原因,所以目前业界比较认可的机器学习定义其实来源于另一位AI专家Tom M. Mitchell。

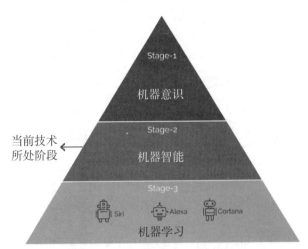

图1-36 人工智能的三个发展层级

"A computer program is said to learn from experience E with respect to some class of tasks T and performance measure P if its performance at tasks in T, as measured by P, improves with experience E."

这个定义中涉及以下几个核心概念。

1. 任务

机器学习可以完成多种类型的任务(Task)，通常把它们抽象为如下几种。

1) 分类任务

例如，输出一张原图，模型预测它所描述的是猫、狗等类别。

2) 聚类任务

"聚类"任务属于"无监督学习"，它试图将数据集中的样本通过聚类模型划分为若干个不相交的子集；每个子集被称为一个"簇(Cluster)"，分别代表着聚类算法对这组数据集的不同观测角度。

3) 回归任务

在回归任务中，计算机程序需要针对给定输入预测出结果数值。

4) 预测任务

......

2. 经验

根据学习经验(Experience)的不同，通常把机器学习划分为如下几种。

1) 有监督学习

有监督学习中，用于训练的数据集样本都带有一个标签，因而通常需要一个标注的过程。

2) 无监督学习

无监督学习中，用于训练的数据集样本不需要显式地给出标签。

3. 性能

性能(Performance)指标用于评估机器学习模型的能力。依据任务的不同可能有多种度量方法，例如，准确率、精度等。后续章节会有更详细的讲解。

所以，机器学习就是在经验E提供的数据基础上，通过不断地学习来使得任务T的性能度量指标得到不断的改进和提升。

从研究概念上来讲，机器学习和人工智能的关系如图1-37所示。

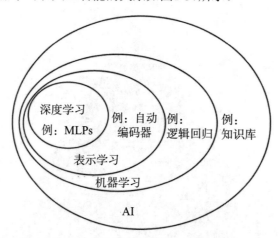

图1-37 AI、机器学习等术语的关系

换句话说，它们之间是一种包含的关系，即：

(1) 人工智能包含机器学习。

(2) 机器学习包含表示学习。

(3) 表示学习包含深度学习。

......

如果再进一步分析，经典的机器学习方法与近几年如火如荼的深度学习方法在处理手段上的显著差异，如图1-38所示。

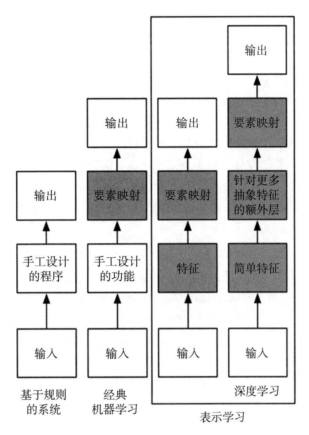

图1-38 不同机器学习方法间的核心差异

以深度学习为代表的表示学习，摒弃了传统算法中的"人工提取特征"环节。这样一来，一方面大幅降低了模型构建成本(实现了以原图等原生资源为输入的"端到端"处理手段)，另一方面也为模型性能的大幅提升奠定了基础。

在本书的后续章节中，将首先从经典的机器学习算法入手，然后逐步扩展到深度学习、强化学习等近几年非常热门的算法理论中，以便读者可以深入理解它们之间的异同点。

1.5 如何选择机器学习算法

不管是人工智能抑或是机器学习，在长期的发展过程中都积累了大量的经验和算法，而且其中不少算法至今仍然在"大放异彩"，比如一些经典的实现：K-NN、k-means、朴素贝叶斯、SVM、决策树、随机森林、Adaboost、深度神经网络，等等。

客观地讲，上述这些实现之所以能在众多机器学习算法中占据"一席之地"，主要原因在于它们都有自己的绝对优势。这种别人无法取代的"制高点"一方面保证了它们可以在一轮又一轮的算法革新中仍能保留着"用武之地"，另一方面也给我们学习机器学习算法提出了一个基础问题——即如何根据自己的实际需求来选择一种最合适的机器学习算法呢？

庆幸的是，这是一个在机器学习领域的普遍性问题，因而已经有不少人尝试着给出了答案。读者可以通过Google搜索"Machine Learning Cheat Sheets"(注："Cheat Sheet"是一个蛮有意思的词语。它原先是指考试作弊，同时也代指"小抄"——这和大学时有些半开卷的课程类似，会允许考生有条件地带一些自己抄写的资料，通常就是一两张A4纸)来获取更详细的信息。

接下来的几节中，首先介绍一个在AI领域已经达成共识的理论——没有免费的午餐理论(No Free Lunch Theorem)，然后在此基础之上挑选目前业界认可度比较高的几种"机器学习算法"来进行讲解。

1.5.1 没有免费的午餐理论

No Free Lunch Theorem(NFL)，直译为"没有免费的午餐"，是机器学习领域一条有名的定理，它由David Wolpert 和 William G. Macready在20世纪90年代提出。

NFL的基本思想，简单而言就是：对于算法A和算法B，无论它们是高效抑或是笨拙的，其期望性能都是完全一样的。换句话说，你精心设计的一个算法，并不会比什么都不做的"随机猜测"算法来得高明。初识这一理论的人可能会对它持怀疑态度，毕竟我们投入了大量精力才设计出一个算法，怎么可能会和"随机猜测"不相上下呢？

下面结合周志华老师在《机器学习》一书中的一段论述，来帮助读者更好地理解这个定理。

我们假设学习算法L_A和L_B分别产生了图1-39中曲线A和B所展示的模型。如果按照"奥卡姆剃刀"(Occam's razor)原则——"若有多个假设与观察一致，则选择最简单的那个"(可以参考后续章节中针对这一原则的更多讲解)，同时假定"更平滑"意味着"简单"，那么毫无疑问，我们更偏好于曲线A。当然，奥卡姆剃刀原则存在多种诠释方式，比如"什么是简单"这个问题本身就不简单，因而并不见得是最好的衡量机制。

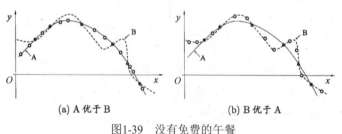

图1-39　没有免费的午餐

(引用自周志华教授的《机器学习》一书)

回过头来观察图1-39(a)，可以看到A相比于B来说，它与训练集之外的样本更为一致(实心点：训练样本；空心点：测试样本)。换句话说，A的泛化能力是要强于B的——如果基于这一点来说的话，算法L_A比L_B更好。

不过有没有可能出现图1-39(b)的情况，即B与训练集外的样本更为一致呢？

事实证明这是完全有可能的。也就是说，对于学习算法L_A，如果它在某些问题的解决上比算法L_B好，那么必然存在另外一些问题，此时L_B的解决方法又比L_A好。这也就是本节所要阐述的定理，即"没有免费的午餐"了。

下面是这个定理的一个简单推论。

假设样本空间χ和假设空间$\_$都是离散的(针对连续的空间，NFL是否成立目前还没有定论，不过人们更愿意相信它是成立的)，同时令$P(h|X, \cdots_a)$代表算法$\cdots_a$基于训练数据X产生假设h的概率，f则代表我们希望学习到的真实目标函数。

那么…$_a$的"训练集外误差",可以计算为

$$E_{\text{ote}}\left(\cdots_a \mid X, f\right)=\sum_h \sum_{x \in \chi-X} P(x) \prod\left(h(x) \neq f(x)\right) P\left(h \mid X, \cdots_a\right)$$

其中,$\prod(\cdot)$是一个指示函数,当为真时函数取值为1,否则为0。

对于一个二分类问题,且真实目标函数可以是任何函数$\chi \mapsto \{0,1\}$,函数空间为$\{0,1\}^{|\chi|}$。如果针对所有可能的f按照均匀分布来求误差之和,那么

$$\begin{aligned}
\sum_f E_{\text{ote}}\left(\cdots_a \mid X, f\right) &= \sum_f \sum_h \sum_{x \in \chi-X} P(x) \prod\left(h(x) \neq f(x)\right) P\left(h \mid X, \cdots_a\right) \\
&= \sum_{x \in \chi-X} P(x) \sum_h P\left(h \mid X, \cdots_a\right) \sum_f \prod\left(h(x) \neq f(x)\right) \\
&= \sum_{x \in \chi-X} P(x) \sum_h P\left(h \mid X, \cdots_a\right) \frac{1}{2} 2^{|\chi|} \\
&= \frac{1}{2} 2^{|\chi|} \sum_{x \in \chi-X} P(x) \sum_h P\left(h \mid X, \cdots_a\right) \\
&= 2^{|\chi|-1} \sum_{x \in \chi-X} P(x) \cdot 1
\end{aligned}$$

此时可以看到,机器学习算法对总误差没有产生任何影响。换句话说,对于任意两个算法,都可以得到

$$\sum_f E_{\text{ote}}\left(\cdots_a \mid X, f\right)=\sum_f E_{\text{ote}}\left(\cdots_b \mid X, f\right)$$

既然如此,那么我们研究算法还有没有意义呢?

当然是有意义的。要特别注意的是,NFL的一个前提是"所有问题出现的机会相同,或者所有问题是同等重要的",而实际情况并非如此。对此,《机器学习》一书中有一个例子比较贴切:假设需要决策如何从A地快速地到达B地,如果我们关心的A指的是南京鼓楼,B是南京新街口,那么"骑自行车"是很好的解决方案;如果A是南京鼓楼,而B地换成了北京新街口,那么无疑上述方案是不能接受的。但这并不影响我们在第一种假设中选择"骑自行车",因为它确实给出了我们所关心的问题的答案。而至于它是否存在其他问题,甚至是否能在相似问题上发挥出同样的作用,我们并不强求。

所以说,NFL也给我们"提了个醒"——脱离问题本身的算法优化是没有意义的。我们应该从具体的问题出发来思考如何可以得到"更好"的算法,而不是一味地寻求"万金油"或者"屠龙宝刀"。

1.5.2 Scikit Learn小抄

Scikit Learn基于Python语言,是当前非常流行的一个机器学习工具平台。它在其官方文档中也讨论了机器学习算法的择优问题,并给出了一张经典的"机器算法导航"图,如图1-40所示。

Scikit Learn小抄(Cheat Sheet)主要从数据规模、机器学习意图等几个维度来引导大家逐步选出最适合自己的算法。鉴于整个流程图的导引相当清晰,也没有什么不好懂的地方,因而本书不做过多描述。

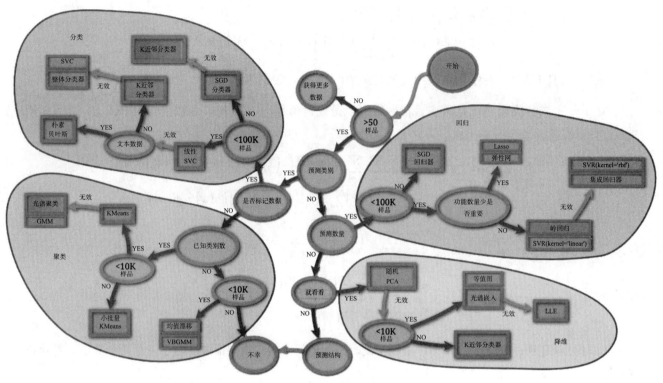

图1-40　Scikit Learn: ML小抄

(引用自http://scikit-learn.org/stable/tutorial/machine_learning_map/)

1.5.3　Microsoft Azure小抄

Azure是Microsoft旗下的公有云平台，随着近几年人工智能的持续火爆，它也上线了机器学习工作室等AI相关功能。

不难看出，Microsoft Azure主要从机器学习意图以及各种算法的特点等方面为开发人员提供了机器学习算法的择优建议，涵盖了分类、聚类、回归等多种主流的学习算法。

当然，本节所讲解的各种"小抄"主要是依据行业的普遍经验得出来的，因而读者在参考之余，还需要做到：

(1) 深入理解各种算法的原理和优缺点。

本书后续章节会帮助读者逐步揭开这些经典算法的"神秘面纱"。

(2) 根据自己的实际项目诉求，"因地制宜"地选择最佳算法。

相信在理论结合实践的基础上，读者们会对"如何选择适合自己的机器学习算法"产生越来越好的判断能力。

1.6　机器学习的典型应用场景

根据历史经验，人工智能如果要成为新一轮产业革命的"催化剂"，那么它就得像电力一样逐步渗透到人类社会的方方面面。

这一点在全球范围内的学术界和工业界已经基本上形成了共识。例如，Google早在两年前就发布了"从移动领域优先(Mobile First)向AI优先(AI First)转型"的公司战略；国内包括华为、百度、腾讯等在内的各个大型企业也纷纷出来为AI站台，并描绘出了AI在社会各行各业中的应用前景。

不可否认，不同行业对AI的诉求或多或少都会存在差异。但如果仅从技术角度来分析的话，那么各行各业所需要的AI基础能力其实是有共通性的。为了方便读者理解，本书将其中一些共性的AI基础能力进行了汇总，如表1-5～表1-12所示。

表1-5 图像技术

AI基础技术能力	类别1	类别2
图像技术	文字识别	通用文字识别 网络图片识别 名片识别 ……
	图像识别	通用图像分析(物体定位、识别，图像分割等) 动物识别 品牌识别 ……
	图像审核	色情识别 广告检测 暴恐识别 政治敏感识别 图像质量检测 ……

表1-6 语音技术

AI基础技术能力	类别1	类别2
语音技术	语音识别	语音识别
	语音合成	语音合成
	语音唤醒 ……	语音唤醒

表1-7 视频技术

AI基础技术能力	类别1	类别2
视频技术	视频内容分析	视频内容分析
	视频内容审核	视频内容审核
	视频检索比对 ……	视频检索比对

表1-8 自然语言处理NLP

AI基础技术能力	类别1	类别2
自然语言处理	机器翻译	机器翻译
	文本审核	色情识别 广告审核 政治敏感识别 ……
	NLP基础技术	词法分析 词义相似度 词向量表示 情感分析 文本纠错 文章摘要 文章分类 ……

表1-9　AR和VR[①]

AI基础技术能力	类别1	类别2
AR与VR	增强现实	AR内容 AR技术 ……
	虚拟现实	全景技术 VR视频 ……

表1-10　人脸识别与人体识别

AI基础技术能力	类别1	类别2
人脸与人体识别	人脸识别	人脸检测 人脸检索 活体检测 ……
	人体分析	流量统计 属性分析 手势识别 人像分割 ……

表1-11　大数据与人工智能

AI基础技术能力	类别1	类别2
大数据与AI	大数据处理	数据传输管道 数据工厂 数据治理 可信数据计算 ……
	大数据分析	数据仓库 搜索分析 数据可视化 ……
	舆情分析	舆情分析能力 舆情平台建设 ……

表1-12　知识图谱

AI基础技术能力	类别1	类别2
知识图谱	知识理解	实体标注 汉语检索 知识问答 ……
	知识图谱	知识图谱
	图数据库	图数据库技术

① AR, Argumented Reality，增强现实；VR, Visual Reality，虚拟现实。

接下来选取AI在行业中的一些典型应用场景来做进一步讲解。

1.6.1 计算机图像领域

基于AI的计算机图像处理主要包括如表1-13所示的5个方向，其主要区别如图1-41所示。

表1-13 基于AI的计算机图像处理

基于AI的计算机视觉	说明
图像分类(Image Classification)	基于AI的图像分类技术。 目前业界的典型实现方案是以原始图像作为输入，构建基于深度卷积神经网络的模型，然后预测出图像的分类结果(如猫、狗等)。 在本书后续章节中有详细讲解
图像定位(Image Localization)	比分类(Classification)更进一步，即不仅要给出图像的分类结果，而且要定位出主物体在图像中的位置(Localization)。 在本书后续章节中有详细讲解
目标识别(Object Detection)	目标识别与上述定位的一个显著区别在于，它通常只处理一个目标对象，而图像定位则可以给出图像中多种物体类型以及它们的位置信息。 在后续章节中有详细讲解
图像分割(Image Segmentation)	图像分割任务理论上要比目标识别更进一步，即它不仅要识别出图像中的多种物体类型以及它们的位置信息，而且还需要以像素分割的方式精确给出位置数据
看图说话(Image Caption)	Image Caption类似于"看图说话"，它需要针对输入图像给出一段描述性的文字

图1-41 几种计算机视觉任务的区别

(引用自Stanford课程cs231n)

根据工业界的经验来看，计算机图像处理是人工智能技术应用最广泛的一个方向，例如，摄影场景识别、拍照识物、行人检测等。我们可以把图像分类、物体定位、物体分割等作为基础技术，再与实际工业场景诉求相结合，从而衍生出各种落地方案。

Image Caption也是这几年比较火热的一个研究方向，如图1-42所示。虽然相关论文很多，但不得不承认这个领域还存在很多需要克服的技术难点。

The man at bat readies to swing at the pitch while the umpire looks on.

A large bus sitting next to a very tall building.

图1-42 Image Caption范例(图片下面的文字就是算法的输出结果)

在本书后续章节中，将结合CNN基础知识来讲解这些图像处理技术的实现原理。

1.6.2　自然语言处理简述及其应用

自然语言处理(Natural Language Processing，NLP)是人工智能领域的一个重要方向，同时也是一门融合了语言学、数学、计算机科学等多领域知识的复杂学科(特别是针对中文的处理)。我们知道，深度学习是近年来才流行起来的，而自然语言处理的热度则持续了几十年。这一方面是由于自然语言处理是实现人和机器之间"无障碍"通信的基础；另一方面则在于NLP可以在很多实际的生活场景中发挥重要作用，例如，人机对话、机器人制造、机器翻译、问答系统等。

NLP的整体框架简图如图1-43所示。

图1-43　NLP整体框架简图

接下来先对NLP中的一些基础知识进行讲解，本书后续章节还会从技术的层面对它做进一步剖析。

1. 基于词

以词为处理对象，经常会涉及如下一些概念。

1) 分词

对于很多语言来说(例如中文)，各个词之间本身没有明显的分隔符，这种情况下首先要执行"分词"操作。譬如"杭州西湖是一个特别美的景点"，我们通常会把它分成"杭州""西湖""是""一个"等若干个独立的词语，然后才能做进一步的处理。

2) 词性标注

对于很多自然语言来说，同一个词很可能有多种词性(这也是汉语"博大精深"的原因之一)，因而需要为句子中的各个词汇标注上其在该句子上下文环境中的准确词性，如图1-44所示。

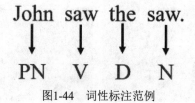

图1-44　词性标注范例

业界常用的词性标注方法包括但不限于以下几种。

(1) 基于最大熵的词性标注。

(2) 基于最大概率统计的词性标注。

(3) 基于HMM的词性标注。

(4) 基于CRF的词性标注。

3) 自动术语识别

自动术语识别是文本挖掘和知识抽取等信息处理技术中的关键步骤——基于术语和术语之间的关系构建领域术语知识库，可以帮助人们从海量文献中抽取重要的信息知识。

4) 词干提取

在某些语言中，一个单词有可能是另一个单词的"变种"，例如，happy就是happiness的词干，而fishing、fished、fish和fisher则有同一个词根"fish"。

5) Word Embedding

NLP中经常需要利用一定的算法，将单词映射到向量(通常是低维向量，如100维或者50维)来表示。目前业界有不少成熟的工具和方法来完成Word Embedding，例如，Google开发的影响相当广泛的word2vec。

2. 基于短语

1) 关键词提取

关键词是指能够反映文本语料主题的词语或短语，当前比较主流的提取算法包括TF-IDF、主题模型、TestRank、rake等。

2) 文本摘要

文本摘要可以被应用到日常生活中的多个场景，比如从大量的新闻数据中自动抽取有用的信息，从而节约人们的阅读时间。

3) 拼写检查

可以基于短语来分析是否存在拼写错误，并加以纠正。

3. 基于文本长串

1) Text2vec

Text2vec的作者是Dmitriy Selivanov，他于2016年10月发布了这个R包。Text2vec可以为文本分析和自然语言处理提供一个简单高效的API框架。

2) 文本分类

文本分类可以说是自然语言处理领域一个比较基础，而且应用广泛的算法了。从最开始的基于规则的分类实现，到20世纪80年代的专家系统，再到基于统计学习、机器学习、深度学习的方法等，文本分类问题一直占据着"一席之地"。

3) 文本聚类

文本聚类通常先把文本表示成聚类算法可以处理的数学形式，然后按照特定算法计算它们之间的距离，进而得到不同的"簇"。它和文本分类一样，在很多领域都有较广泛的应用。例如：

(1) 作为多文档自动文摘系统的预处理步骤，去除冗余信息。

(2) 针对搜索引擎结果进行聚类，使用户快速定位到所需信息。

(3) 优化文本分类结果。

(4) 文档集自动整理，等等。

一种基于深度学习的文本分类方法(TextCNN)如图1-45所示。

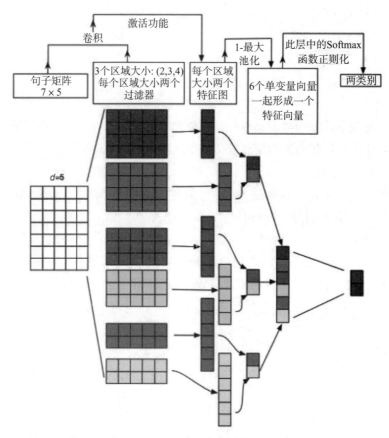

图1-45　一种基于深度学习的文本分类方法——TextCNN

1.6.3　制造业中的预测性维护

预测性维护(Predictive Maintenance，PM)是"工业4.0"背景下的一个关键创新点。我们可以基于连续的测量，结合AI算法分析，来实现诸如机器零件剩余使用寿命等关键指标的预测。这些关键的运行参数数据可以帮助我们判断机器当前的运行状态，预测故障的发生时间，以及优化机器的维护时机等。传统的周期维护如图1-46所示。

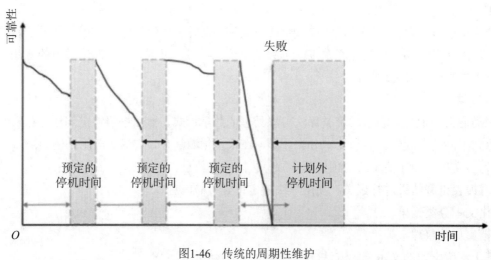

图1-46　传统的周期性维护

预测性维护可以带来如下一些优势。

(1) 缩短非计划性停机时间。

(2) 减少周期性维护所带来的资源浪费。

(3) 延长机械的使用寿命。

……

预测性维护的具体实现方式有很多种，其中，基于机器学习的实现方案是当前的主流选择，核心步骤如下所述。

Step1：理想情况下，我们可以向被维护系统中添加传感器，以监控和收集关键数据。不过基于成本等因素的考虑，在某些应用场景下可能不会选择这种方式，转而通过其他间接数据来做预测——比如采用被维护系统运行过程中所产生的log信息，或者已有的一些数据资料，等等。

Step2：我们收集的用于预测性维护的数据通常是时间序列数据，而且以结构化数据居多。它们会包含诸如时间戳、传感器读数以及设备标识符等各种设备运行信息。

例如，如图1-47所示的是美国NASA提供的一个针对发动机的数据集范例，其中就包括发动机的编号、时间戳、三个设置项以及21个传感器的读数。被预测的发动机仿真图如图1-48所示。

A	B	C	D	E	F	G	H	I
UnitNumbe	Time	Setting1	Setting2	Setting3	Sensor1	Sensor2	Sensor3	Sensor4
1	1	-0.0007	-0.0004	100	518.67	641.82	1589.7	1400.6
1	2	0.0019	-0.0003	100	518.67	642.15	1591.82	1403.14
1	3	-0.0043	0.0003	100	518.67	642.35	1587.99	1404.2
1	4	0.0007	0	100	518.67	642.35	1582.79	1401.87

图1-47　NASA提供的某燃气涡轮发动机的运行数据范例

(引用自https://ti.arc.nasa.gov/tech/dash/groups/pcoe/prognostic-data-repository/#turbofan)

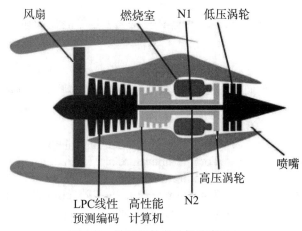

图1-48　被预测的发动机仿真图

Step3：利用上述收集的时间序列数据，我们的目标就是训练一个机器学习模型，使其可以利用t时刻之前的数据来做一些预测，例如：

(1) 设备是否会在一定的时间间隔内发生故障。

(2) 设备出现故障的可能时间点。

(3) 可能出现的故障类型，等等。

根据不同的预测目标，我们可以有针对性地采用相应的算法，例如：

(1) 分类算法：可以用于预测系统在后续n个步骤中是否有可能出现故障。

(2) 回归算法：可以用于预测系统离下一次故障出现还需要多少时间，也称之为剩余使用寿命

(Remaining Useful Life，RUL)。

以预测前面NASA发动机的RUL为例，我们在算法上需要结合预测性维护的典型处理流程(见图1-49)，思考如下一些核心点。

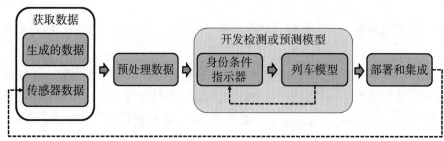

采集自部署了算法的计算机的传感器数据

图1-49　预测性维护的典型处理流程

(1) 数据清洗。

在生产环境中收集的数据，由于各种因素的影响不可避免地会带有一些噪声，因而在使用数据之前首先要对它们进行清洗。数据清洗的具体内容并不是固定的，主要包括如下一些操作。

① 数据完整性。

② 数据合法性。

③ 数据一致性。

④ 数据唯一性。

⑤ 数据去除冗余。

⑥ 数据降维度。

……

如果数据清洗做得好的话，那么在不改变算法的情况下也可能显著地降低误差值，因而是非常重要的一个环节。

(2) 特征工程和特征提取。

从原始数据集的描述中，我们可以知道数据的特征维度有哪些，例如，下面是26个传感器中的几个。

T2	Total temperature at fan inlet	°R
T24	Total temperature at LPC outlet	°R
T30	Total temperature at HPC outlet	°R
T50	Total temperature at LPT outlet	°R
P2	Pressure at fan inlet	psia

通过特征工程，可以选择达成最佳预测目标所需的关键特征。譬如有哪些传感器的数据是必不可少的，针对每个传感器数据的概率分布所生成的特征，等等。特征工程中的典型操作如表1-14所示。

表1-14　特征工程中的典型操作

特征工程分类	特征工程能力
特征变换	特征尺度变换
	特征异常平滑
	异常检测模块
	特征离散
	主成分分析

(续表)

特征工程分类	特征工程能力
特征重要性评估	线性模型特征重要性
	随机森林特征重要性
特征选择	过滤式特征选择
特征生成	特征编码

(3) 误差函数。

完成特征选取后，还有两个重要的元素需要确定，即模型和误差函数。

在这个场景中，可以考量预测的RUL和真实的RUL之间的误差。回归算法中的误差函数有多种选择，比如采用下面的RMSE来完成。

$$RMSE = \sqrt{\frac{1}{N}\sum_{i=1}^{N}\left(y^{(i)} - f\left(x^{(i)}\right)\right)}$$

(4) 模型选择。

针对同一种AI任务，业界提供的潜在算法可能有很多种，因而需要确定哪一种最适合自己的项目诉求。通常会从以下两个维度来做考量。

① AI算法与项目诉求的契合度。

比如所挑选的算法的内部实现原理，算法的优缺点是否可以很好地契合项目自身的一些特殊要求，等等。

② 实践才有发言权。

没有实践就没有发言权。除了从理论层面来分析算法差异外，也建议读者先基于各种潜在的算法来跑出预测结果，然后再以此为基础横向比较它们之间的性能差异。

图1-50是针对这个场景，几种典型算法的初步误差结果比较。

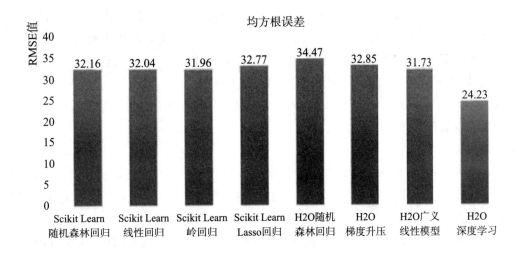

图1-50 比较不同算法下的RMSE

(5) 超参数寻优。

模型所使用的超参数(例如神经网络层数、神经元个数、学习速率等)是可以调整的，可以通过一些方法来找到最佳的参数值设置，例如Grid Search算法，如图1-51所示。

Model No	Hyper parameters: [epochs, distribution, activation, hidden]	Mean Square Error
69	[100.0, 'gamma', 'RectifierWithDropout', 200]	1738.03013686
13	[100.0, 'gamma', 'RectifierWithDropout', 100]	1768.44899187
70	[100.0, 'gamma', 'Maxout', 200]	1780.0546806 2
5	[100.0, 'gaussian', 'RectifierWithDropout', 100]	1790.78929369
67	[100.0, 'poisson', 'MaxoutWithDropout', 200]	1805.90205765
	Without hyper parameter optimization	With hyper parameter optimization
RMSE	21.17	18.77

图1-51 利用Grid Search来为超参数寻优

由图1-51可以看到，超参数寻优后RMSE降低了大概2.4个步长大小，说明这一个环节是有效的。从上述描述过程中可以得知，通过机器学习确实可以有效解决某些场景下的预测性维护问题。

1.6.4 软件自动化开发和测试

人们正在尝试将机器学习应用到各种以前只有人类才能完成的高难度领域，比如软件开发和测试。软件开发可以说是一种"高智能"的工作项目，软件工程师通常需要多年的理论、技术和实践经验积累才有可能开发出高质量的软件产品。但正如当初人们不相信AI可以在围棋这种代表人类智慧的领域超越自己，却在AlphaGO等的攻击下"节节败退"一样，AI在软件开发领域的应用也正在逐步刷新曾经骄傲的世人们的看法。

目前已经有多个业界巨头正在使用AI技术来提升软件自动化开发能力，其中的先行者当数AlphaGO所属公司Google，以及Facebook等几大互联网巨头。本书后续章节对此会有专门的介绍，因而这里先不做过多描述。

不仅是软件开发领域，软件自动化测试在AI的攻击下也同样逐步沦陷。值得一提的是，自动化测试(Automated Testing)并不是一个新概念，它已经存在了几十年了。而且从历史发展过程来看，它与AI之间并没有过多的交集——它们之间的"触电"是因为自动化测试领域已经来到一个瓶颈期，更确切地说，就是借助传统的技术已经没有办法满足它进一步提升的需求了。

可以思考一下，如果需要将AI应用到自动化测试领域，有哪些可能的切入方向呢？下面是本书对基于AI的软件自动化测试的"畅想"。

1. 游戏自动化测试

一方面，由于游戏(特别是移动设备端游戏)规则的不确定性、画面渲染动态性等多方面原因，游戏的自动化测试一直是学术界和业界的一大难题——这个难题催生了不少专业的游戏自动化测试公司。但到目前为止，业界能做到的最好状态也只是能够完成少量的自动化测试。

另一方面，学术界和业界已经有很多在游戏方面击败人类的案例，譬如围棋界的AlphaGO，国际象棋界的Deep Blue(深蓝)等。那么有没有可能进一步将这些成果应用到游戏的自动化测试领域，并代替人的手工测试呢？虽然短期内仍然存在不少棘手的问题，但我们相信这个问题的答案是肯定的。随着AI浪潮的崛起和越来越多的技术突破，这或许只是一个时间问题了。

2. 自动化探索测试

目前的软件自动化测试水平，还无法在完全没有人工干预的情况下生成有效的"功能测试用例"。这其中的核心原因在于自动化测试框架缺乏"思考"能力。换句话说，它们只能机械地执行人类利用测试脚本等方式告知它的"固定做事方法"。这样带来的坏处是显而易见的。一方面人们需要持续投入人力来编写和维护测试脚本；另一方面对于测试过程中出现的各种异常情况，它们也只能"望洋兴叹"。

基于AI的自动化探索测试可以赋予现有测试框架所欠缺的"逻辑思维"能力，从而有效解决传统测试技术中的瓶颈。当然，和游戏自动化测试类似，只有持续的技术和资源投入才可能最终触发这一方向的"质变"。

3. 传统测试框架的技术瓶颈

传统测试技术已经遇到了很多瓶颈，特别是当测试过程中需要用到只有人类才具有的"高级"能力时更显得"捉襟见肘"，包括但不限于以下几方面。

1) 感观判断能力

例如，界面设计是否人性化，用户使用是否便捷，颜色是否合适，界面是否花屏，等等。

2) 逻辑判断能力

例如，计算器计算1+1得出3是错误的结果，购票软件无法支付或者支付后没有出票，天气预报的文字显示是"大晴天"但播放的却是"大雨"视频，等等。

3) 测试的可继承性

做过测试工作的读者应该深有体会，即现有的自动化测试的可继承性也是很糟糕的。因为软件本身并非"一成不变"(甚至是以天的周期在不断迭代)，而依赖人类去告知它这种变化性的现有测试技术，无疑是测试人员的"噩梦"。因而如何借助AI技术来提升测试技术，从而有效应对变化所带来的影响，将给测试行业带来比较大的变化。

当然，上面只是我们对于软件开发、测试领域与AI技术相结合所能带来的变化的一些设想。未来将会如何，我们拭目以待。

1.7　本书的组织结构

本书的组织结构如图1-52所示。

建议读者在阅读后续章节的过程中，可以时常"回来"对照一下本书的组织结构，以避免在复杂的知识海洋中陷入"不识庐山真面目，只缘身在此山中"的尴尬境地。

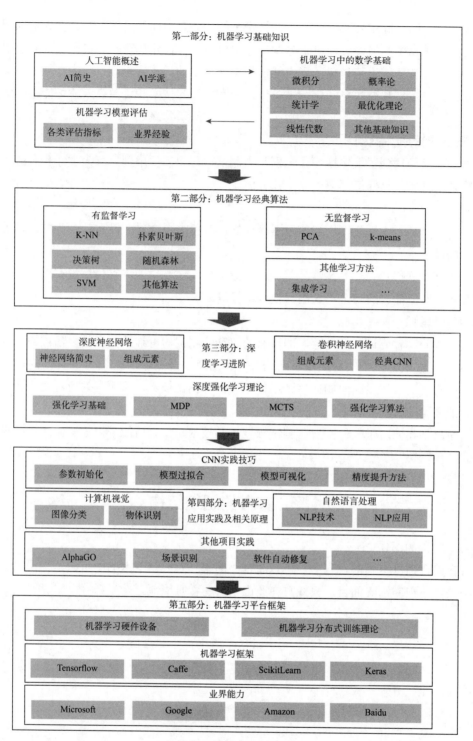

图1-52　本书的组织结构

2.1 微分学

2.1.1 链式求导法则

"链式求导法则"简称"链式法则(Chain Rule)"，是微积分学中非常重要的用于求复合函数导数的一条法则，其应用范围可以说相当广泛。

这条法则的定义如下。

> 如果$u = g(x)$在点x处可导，并且$y=f(u)$在点u处可导，则复合函数$y=f(g(x))$在点x处也可导，且其导数为$f'(u)$和$g'(x)$的乘积。

它的表达式如下。

$$\left(f\left(g\left(x\right)\right)\right)' = f'\left(g\left(x\right)\right)g'\left(x\right)$$

也有如下的表达方式。

$$\frac{\mathrm{d}y}{\mathrm{d}x} = \frac{\mathrm{d}y}{\mathrm{d}z} \cdot \frac{\mathrm{d}z}{\mathrm{d}x}$$

举个例子来说，如果$y= \mathrm{e}^{3x}$，需要求$\dfrac{\mathrm{d}y}{\mathrm{d}x}$。

可以将y分解为$y= \mathrm{e}^{u}$，以及$u =3x$，这样一来，就可以应用复合函数求导法则了，计算过程如下。

$$\frac{\mathrm{d}y}{\mathrm{d}x} = \frac{\mathrm{d}y}{\mathrm{d}u} \cdot \frac{\mathrm{d}u}{\mathrm{d}x}$$
$$= \mathrm{e}^{u} \cdot 3$$
$$= 3\,\mathrm{e}^{3x}$$

在后续章节的学习中，在不少场合下都需要与导数打交道，因而建议读者复习高等数学的相关章节，做好知识储备。

2.1.2 对数函数求导

在后续强化学习章节中将使用到针对对数函数的求导知识，因而本节对此先做一个简单的介绍。假设有如下函数：

log(*f*(*x*))

如何计算它所对应的导数呢？

其实只要应用2.1.1节的链式法则即可得出。

设$y=\log(f(x))$，$u = f(x)$，那么根据复合函数的求导规则：

$$y' = \frac{\mathrm{d}y}{\mathrm{d}u} \cdot \frac{\mathrm{d}u}{\mathrm{d}x}$$
$$= \log'(u) \cdot f'(x)$$
$$= \frac{f'(x)}{u}$$

$$= \frac{f'(x)}{f(x)}$$

2.1.3 梯度和梯度下降算法

梯度(Gradient)是微积分中的一个概念——它代表的是某一个函数在某一点能产生最大变化率(正向增加，逆向减少)的方向导数。这样阐述读者可能觉得比较晦涩，我们以现实生活中的爬山为例子来做个类比。假设某人当前在某座山的某个位置，理论上他的下一步迈脚方向可以有 N 种选择。那么他应该如何做才能尽快到达山顶呢？梯度在这种情况下就可以发挥作用了——只要沿着它所指引的方向就一定是当前状态下的最佳选择(下山也是类似的，只是方向相反)。不过需要特别指出的是，如果函数本身是凸函数，那么梯度得到的有可能是局部最优解(可以想象一下在"崇山峻岭"中，我们很可能只是爬上了当前所处的"局部最高"的山峰)。

理解了梯度的概念后，那么梯度下降(Gradient Descent)算法就很好解释了。简单而言，它就是求解 Gradient 值的一类算法。它的核心实现步骤如下所述。

(1) 计算各网络参数与计算损失函数(Loss Function)之间的梯度，实际上就是衡量各参数对精度损失的影响程度。

(2) 朝着梯度值下降的方向更新各网络参数。

(3) 循环往复直至达到结束条件。

虽然核心原理是类似的，但随机梯度也有多种演进版本，比如 Batch GD、Mini-batch GD、SGD(Stochastic Gradient Descent，随机梯度下降)、Online GD 等。而且这些版本之间的差异多数在于对样本集的选取和处理方式的不同。

假设我们的样本集合是：

Data = $\{(x_1, y_1), (x_2, y_2), \cdots, (x_N, y_N)\}$

毋庸置疑，最理想的方案当然是在每次的迭代中都利用所有 Data 集来计算 Loss Function。然而现实情况是我们有的时候没有办法做到这一点，例如，受限于计算资源等。因而如果实际考虑的样本数量是 M，那么：

当 $M==1$ 时就是 SGD；

当 $M==N$ 时就是 Batch GD；

当 $M > 1$ 且 $M<N$ 时就是 Mini-batch GD。

如表2-1所示，从不同维度对上述几种 GD 算法进行横向比较。

表2-1　几种GD算法的比较

维度	Batch GD	Mini-batch GD	SGD
迭代时样本数量	所有样本	部分样本	随机单一样本
复杂度	高	一般	低
效率	低	一般	高
收敛性	稳定	较为稳定	不稳定

在实际的训练过程中，可以根据不同 GD 算法的优缺点来选择最适合自己的实现。

2.2　线性代数

2.2.1　向量

1. 向量的定义

向量(Vector)是不少机器学习算法的基础之一，比如SVM (Support Vector Machine)。因而本节的内容中，将对它的基础概念做一个较为详细的阐述。

向量又被称为几何向量、矢量等，在数学领域是指具有大小和方向的量。与之相对的没有方向的量是数量。如图2-1所示是一个向量范例。

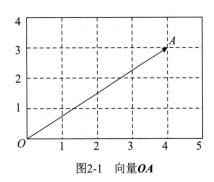

图2-1　向量**OA**

我们可以把如图2-1所示的向量表示为

$$\vec{OA} = (4, 3)$$

所以如果要形象地表示它的话，向量其实就是从原点出发的一条线段。

2. 向量大小和方向

如图2-2所示，既然向量带有大小和方向，那么应该如何计算这两个数值呢？

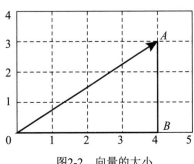

图2-2　向量的大小

还是以向量**OA**为例，它的大小在数学上通常被表示为

$$\|OA\|$$

计算过程如下。

$$\|OA\| = \sqrt{OB^2 + BA^2}$$
$$= \sqrt{4^2 + 3^2}$$
$$= 5$$

更一般的表达方式如下。

$$\|x\| := \sqrt{x_1^2 + \cdots + x_n^2}$$

向量的方向也是通过向量来表示的。比如对于如下向量：

$V = (V_1, V_2)$

如图2-3所示，它的方向向量表示如下。

$$d = \left(\frac{V_1}{\|V\|}, \frac{V_2}{\|V\|} \right)$$

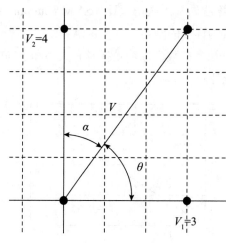

图2-3　向量的方向

因为$\cos(\theta) = \dfrac{V_1}{\|V\|}$，且$\cos(\alpha) = \dfrac{V_2}{\|V\|}$，所以上面的方向向量等价于：

$d = (\cos(\theta), \cos(\alpha))$

接下来通过scikit-learn库来编写一个用于计算向量大小和方向的代码范例。

(1) 计算向量大小。

```python
import numpy as np
v = [3,4]
np.linalg.norm(v) # 5.0
```

(2) 计算向量方向。

```python
import numpy as np
def direction(v):
return v/np.linalg.norm(v)
v = np.array([3,4])
w = direction(v)
print(w)
```

输出结果如下。

`[0.6 0.8]`

方向向量的范数总是等于1，比如：

$0.6^2 + 0.8^2$

$=1$

对此也可以从公式上加以证明。

因为方向向量：

$$\boldsymbol{d} = (\cos(\theta), \cos(\alpha))$$

所以：

$$\|\boldsymbol{d}\|$$

$$= \cos^2(\theta) + \cos^2(\alpha)$$

$$= \left(\frac{V_1}{\|V\|}\right)^2 + \left(\frac{V_2}{\|V\|}\right)^2$$

$$= \frac{V_1^2 + V_2^2}{\|V\|}$$

$$= \frac{\|V\|}{\|V\|}$$

$$= 1$$

3. 向量和

假设有如下两个向量：

$$\boldsymbol{v}_1 = (x_1, y_1)$$

$$\boldsymbol{v}_2 = (x_2, y_2)$$

那么它们的向量之和计算如下。

$$\boldsymbol{v}_1 + \boldsymbol{v}_2$$

$$= (x_1 + x_2, y_2 + y_2)$$

从几何的角度来看，如图2-4所示。

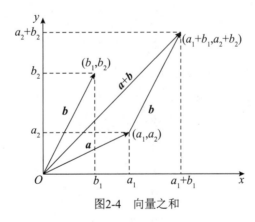

图2-4　向量之和

如图2-4所示，向量之和可以通过如下步骤来计算得到。

(1) 将向量平移至公共原点(如果需要的话)。

(2) 以向量作为平行四边形的两条边，得到一个平行四边形。

(3) 从公共原点出发的对角线，就是向量之和。

计算向量之和的Python范例代码如下。

```
#vector_addition.py
def vector_addition(x,y):
    for i in range(len(x)):
```

```
                    x[i] += y[i]
    return x
x = [5,5]
y = [8,0]
print(vector_addition(x,y))
```

输出结果如下。

```
D:\MyBook\Book_AI\Materials\Source\chapter_basic>python vector_addition.py
[13,5]
```

4. 向量点积

向量点积也被称为数量积，有几何定义和代数定义两种形式。

1) 点积的几何定义

假设有两个向量x和y，那么点积的几何定义如下。

$$x \cdot y = \|x\| \|y\| \cos(\theta)$$

其中，θ是两个向量之间的夹角，如图2-5所示。

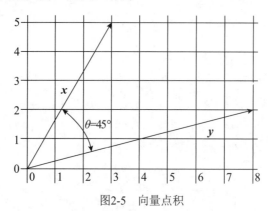

图2-5　向量点积

所以当θ取不同值时，向量点积公式会有所差异，例如：

当θ等于0°时：

$$x \cdot y = \|x\| \|y\|$$

当θ等于90°时：

$$x \cdot y = 0$$

当θ等于180°时：

$$x \cdot y = -\|x\| \|y\|$$

2) 点积的代数定义

假设x和y向量：

$$x = (x_1, x_2)$$

$$y = (y_1, y_2)$$

那么点积的代数定义如下：

$$x \cdot y = x_1 y_1 + x_2 y_2$$

相信读者在了解了点积的几何定义和代数定义后会有这样的疑问——它们之间有什么联系和区别呢？

简单来讲，它们其实是等价的。下面就来做一个简单的推导，如图2-6所示。

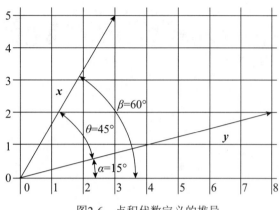

图2-6 点积代数定义的推导

图2-6中引入了两个新的角度变量来辅助推导，即 α 和 β。

$$\boldsymbol{x}\cdot\boldsymbol{y} = \|\boldsymbol{x}\|\|\boldsymbol{y}\|\cos(\theta)$$

$$= \|\boldsymbol{x}\|\|\boldsymbol{y}\| \cos(\beta - \alpha)$$

$$= \|\boldsymbol{x}\|\|\boldsymbol{y}\| (\cos(\beta)\cos(\alpha) + \sin(\beta)\sin(\alpha))$$

$$= \|\boldsymbol{x}\|\|\boldsymbol{y}\| (\frac{x_1}{\|x\|}\frac{y_1}{\|y\|} + \frac{x_2}{\|x\|}\frac{y_2}{\|y\|})$$

$$= \|\boldsymbol{x}\|\|\boldsymbol{y}\|\frac{x_1y_1 + x_2y_2}{\|x\|\|y\|}$$

$$= x_1y_1 + x_2y_2$$

对于 n 维向量的点积，更一般的计算公式如下。

$$\boldsymbol{x}\cdot\boldsymbol{y} = \sum_{i=1}^{n}(x_iy_i)$$

本节的最后，还是通过scikit-learn包来编写一个计算向量点积的程序，同样也分为几何定义和代数定义两种类型。

(1) 向量点积的几何定义计算范例。

代码片段如下。

```
#vector_dot_geometirc.py
import math
import numpy as np
def geometric_dot_product(x,y, theta):
 x_norm = np.linalg.norm(x)
 y_norm = np.linalg.norm(y)
 return x_norm * y_norm * math.cos(math.radians(theta))
theta = 45
x = [5,5]
```

```
y = [8,0]
print(geometric_dot_product(x,y,theta))
```

输出结果如下。

```
D:\MyBook\Book_AI\Materials\Source\chapter_basic>python vector_dot_geometric.py
40.00000000000001
```

(2) 向量点积的代数定义计算范例。

代码片段如下。

```
##vector_dot_algebraic.py
import numpy as np
def dot_product_algebraic(x,y):
        result = 0
        for i in range(len(x)):
                        result = result + x[i]*y[i]
        return result
x = [5,5]
y = [8,0]
print(dot_product_algebraic(x,y))
```

输出结果如下。

```
D:\MyBook\Book_AI\Materials\Source\chapter_basic>python vector_dot_algebraic.py
40
```

从这个例子中，也可以清楚地看到几何定义和代数定义下的两种向量点积确实是等价的。

2.2.2 矩阵拼接

在机器学习的数据集处理过程中，可能会经常遇到需要矩阵拼接的情况。对于很多新手来讲，类似vstack、hstack这些numpy基础操作难免有些"晦涩难懂"，因而在本节做一个统一的介绍。

1. stack

首先是numpy提供的stack函数，函数原型如下。

```
numpy.stack(arrays, axis=0)
```

官方对它的解释是：

Join a sequence of arrays along a new axis.(沿一个新轴连接一系列数组。)

从这句话可以看到，它用于将一个数组序列(每个数组的shape必须一致)按照一个新的维度(由第二个参数axis指定)来进行堆叠合并——意味着会比原数组增加一个维度，比如一维变成二维，二维变成三维等。这样描述可能有些抽象，下面结合几个实例进行分析。

```
import numpy as np
a = np.array([1, 2, 3])
b = np.array([2, 3, 4])
print(np.stack((a, b)))
```

在这个例子中，stack的第一个参数是(a, b)，代表由a和b组成的数组序列；第二个参数没有显式提供，所以实际采用的是默认值0，表示第一个维度(另外，如果axis=-1的话表示最后一个维度)。

所以上述的np.stack((a, b))表示"将a和b数组序列，沿着第一个维度进行堆叠合并"。换句话说，新增的维度是第一维，然后将a和b合并起来，不难得出最后的结果是：

```
D:\MyBook\Book_AI\Materials\Source\chapter_basic>python numpy_stack.py
[[1 2 3]
 [2 3 4]]
```

同理，如果是同一个数组序列，采用axis=-1的话：

```
import numpy as np
a = np.array([1, 2, 3])
b = np.array([2, 3, 4])
print(np.stack((a, b), axis=-1))
```

那么表示"将a和b数组序列，沿着第二个维度进行堆叠合并"，所以a和b分别输出1和2，2和3，以及3和4，组成了新的二维数组。

```
D:\MyBook\Book_AI\Materials\Source\chapter_basic>python numpy_stack.py
[[1 2]
 [2 3]
 [3 4]]
```

2. split

有"合"必有"分"，它们都是数据处理中比较基础的操作类型。其中常用的切分函数是split，原型如下。

```
numpy.split(ary, indices_or_sections, axis=0)
```

这个函数简单来讲就是把一个数组分成多个子数组。其中：

- ary：用于切分的数组。
- indices_or_sections：从名称可以看出来，这个参数有两种类型，其一是整数N，表示平均切分为N个子数组；其二是一维数组，代表了切分点。
- axis：沿着axis所指定的轴来进行切分，默认值为0。

以下面代码段为例：

```
import numpy as np
x = np.arange(9.0)
sp = np.split(x, 3)
print(sp)
```

其中，arange用于生成等差数组，默认起始点为0，步进为1(都可以省略)，因而arange(9.0)其实表示的是：

```
[0. 1. 2. 3. 4. 5. 6. 7. 8.]
```

在这个例子中，split的第二个参数是整数，也就是说，它的目的是平均切分x这个数组，所以得到的是如下结果。

```
D:\MyBook\Book_AI\Materials\Source\chapter_basic>python numpy_split.py
[array([0., 1., 2.]), array([3., 4., 5.]), array([6., 7., 8.])]
```

那么如果遇到无法均分的数组呢？比如将x改为

```
x = np.arange(8.0)
sp = np.split(x, 3)
```

此时执行程序会导致如下错误。

```
pe_base.py", line 559, in split
    'array split does not result in an equal division')
ValueError: array split does not result in an equal division
```

再来看第二个范例:

```
import numpy as np
x = np.arange(8.0)
sp = np.split(x, [3, 5, 6, 10])
print(sp)
```

在这个例子中，split的第二个参数是一维数组，用于指定3、5等"分隔点"，因而得到的结果如下。

```
D:\MyBook\Book_AI\Materials\Source\chapter_basic>python numpy_split.py
[array([0., 1., 2.]), array([3., 4.]), array([5.]), array([6., 7.]), array([], dtype=float64)]
```

3. concatenate

单词concatenate的字面意思是"把(一系列事件、事情)联系起来"，用在数组操作上指的是(官方文档描述):

Join a sequence of arrays together.(将一系列数组连接在一起。)

它的函数原型如下。

```
numpy.concatenate((a1, a2, …), axis=0)
```

其中，a1, a2, …代表一系列的array_like (即除了axis维度外，它们的shape必须要保持一致，否则会出错); axis和前面的讲解类似，指的是"The axis along which the arrays will be joined"，默认值为0。

可以参考下面的一维数组concatenate范例。

```
import numpy as np
x = np.array([1, 2, 3])
y = np.array([3, 2, 1])
print(np.concatenate([x, y]))
```

输出结果为:

```
D:\MyBook\Book_AI\Materials\Source\chapter_basic>python numpy_concatenate.py
[1 2 3 3 2 1]
```

二维数组concatenate范例(axis=0):

```
import numpy as np
```

```
d = np.array([[1, 2, 3],[4, 5, 6]])
print(np.concatenate([d, d]))
```

上述concatenate的第二个参数没有特别指定，所以采用的是默认值0，即第一维。输出结果如下。

```
D:\MyBook\Book_AI\Materials\Source\chapter_basic>python numpy_concatenate.py
[[1 2 3]
 [4 5 6]
 [1 2 3]
 [4 5 6]]
```

二维数组concatenate范例(axis=1)：

```
import numpy as np
d = np.array([[1, 2, 3],[4, 5, 6]])
print(np.concatenate([d, d],1))
```

输出结果如下。

```
D:\MyBook\Book_AI\Materials\Source\chapter_basic>python numpy_concatenate.py
[[1 2 3 1 2 3]
 [4 5 6 4 5 6]]
```

4. vstack

接下来分析vstack函数，它的原型如下。

numpy.vstack(tup)

官方文档中对vstack的描述是：

Stack arrays in sequence vertically (row wise).

大意：按顺序垂直堆叠阵列(按行排列)。

通过比较上述这句话与stack中定义语句的差异，至少可以看出：

(1) vstack并不特意增加一个维度。

(2) vstack的合并堆叠方向是垂直的，即沿着垂直方向。

下面以实际范例来理解vstack以及它的用法。

```
import numpy as np
x = np.array([1, 2, 3])
y = np.array([[9, 8, 7],[6, 5, 4]])
# vertically stack
vs = np.vstack([x, y])
print(vs)
```

输出结果如下。

```
D:\MyBook\Book_AI\Materials\Source\chapter_basic>python numpy_vstack.py
[[1 2 3]
 [9 8 7]
 [6 5 4]]
```

5. hstack

与vstack相似的还有一个hstack，它的原型如下。

numpy.hstack(tup)

官方文档对它的描述同样很简洁：

Stack arrays in sequence horizontally (column wise).

大意：按顺序水平堆叠阵列(按列排列)。

说明它与vstack的区别在于堆叠方向不同。

下面通过实际范例来学习一下hstack的用法。

二维数组的hstack：

```
import numpy as np
x = np.array([[1, 2, 3],[4, 5, 6]])
y = np.array([[9, 8, 7],[6, 5, 4]])
# hstack
hs = np.hstack([x, y])
print(hs)
```

输出结果如下。

```
D:\MyBook\Book_AI\Materials\Source\chapter_basic>python numpy_hstack.py
[[1 2 3 9 8 7]
 [4 5 6 6 5 4]]
```

根据hstack的要求，参与stack的对象的维度必须保持一致(当然，除了axis参数指定的维度以外)。例如下面的范例：

```
x = np.array([[1, 2, 3]])
y = np.array([[9, 8, 7],[6, 5, 4]])
# hstack
hs = np.hstack([x, y])
print(hs)
```

可以看到x和y的维度不一致，这将会导致如下错误。

```
ValueError: all the input array dimensions except for the concatenation axis must match exactly
```

而如果调整一下数据：

```
x = np.array([[1, 2],[4, 5]])
y = np.array([[9, 8, 7],[6, 5, 4]])
```

显然调整后的x和y的维度仍然不一致，但因为并不影响hstack的操作过程，所以可以得到正确的结果。

```
[[1 2 9 8 7]
 [4 5 6 5 4]]
```

另外，细心的读者可能已经看出concatenate和vstack/hstack有一些相似性——没错，事实上它们之间确实有非常紧密的关联，这一点从numpy源代码实现中可以得到验证。

(1) hstack关键源码：

```
    arrs = [atleast_1d(_m) for _m in tup]
    # As a special case, dimension 0 of 1-dimensional arrays is "horizontal"
    if arrs and arrs[0].ndim == 1:
        return _nx.concatenate(arrs, 0)
    else:
        return _nx.concatenate(arrs, 1)
```

(2) vstack关键源码：

```
return _nx.concatenate([atleast_2d(_m) for _m in tup], 0)
```

还可以通过下面的代码段来验证。

```
import numpy as np
a = np.array([[1, 2], [3, 4]])
b = np.array([[5, 6], [7, 8]])
print("concatenate with axis =0:")
print(np.concatenate((a, b), axis=0))
print("concatenate with axis =1:")
print(np.concatenate((a, b), axis=1))
print("vstack:")
print(np.vstack((a, b)))
print("hstack:")
print(np.hstack((a, b)))
```

输出结果如下。

```
concatenate with axis =0:
[[1 2]
 [3 4]
 [5 6]
 [7 8]]
concatenate with axis =1:
[[1 2 5 6]
 [3 4 7 8]]
vstack:
[[1 2]
 [3 4]
 [5 6]
 [7 8]]
hstack:
[[1 2 5 6]
 [3 4 7 8]]
```

2.2.3 特征值和特征向量

每个人都有自己的特征，比如有的人"满腹经纶"，有的人是运动天才，而有的人则是情歌王子，等等。那么对于矩阵来说，它们是否也具备某种特征，这些特征又应该怎么衡量呢？

下面先来看特征值(Eigenvalues)和特征向量(Eigenvectors)的定义。

##特征值和特征向量定义

假设A是n阶矩阵，如果存在一个n维非零向量X和常数λ使得：

$$AX = \lambda X$$

那么称λ为矩阵*A*的特征值，*X*为矩阵*A*的一个特征向量。

举个例子来说，假设有矩阵*A*：

$$A = \begin{pmatrix} 3 & -2 \\ 1 & 0 \end{pmatrix}$$

以及向量*X*：

$$X = \begin{pmatrix} 1 \\ 1 \end{pmatrix}$$

因为 $AX = \begin{pmatrix} 3 & -2 \\ 1 & 0 \end{pmatrix}\begin{pmatrix} 1 \\ 1 \end{pmatrix}$

$$= \begin{pmatrix} 3-2 \\ 1+0 \end{pmatrix}$$

$$= 1 \times X$$

所以根据前面的定义可知，*X*为矩阵*A*的特征向量，其特征值为1。

再分析一下特征值和特征向量的几何意义。*AX* =λ*X*这个式子可以直译为"向量*X*乘以矩阵*A*，和向量*X*乘以一个常数λ是等价的"，更进一步地讲就是"一个特征向量*X*，和它对应的矩阵做变换时，只需要改变大小值(拉伸了λ)，但却不用改变方向"，如图2-7和图2-8所示。

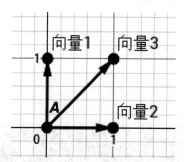

图2-7　特征值和特征向量的几何含义(矩阵变换前)

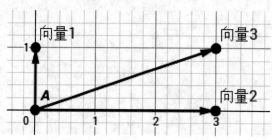

图2-8　特征值和特征向量的几何含义(矩阵变换后)

参考上述描述，可以看到，如果分别针对向量1、2和3执行针对下列矩阵*A*的变换操作：

$$A = \begin{pmatrix} 3 & 0 \\ 0 & 1 \end{pmatrix}$$

那么变换后的图形显示，向量1和向量2并没有改变自己的原有方向(向量2比原来扩大3倍，向量1保持不动)，而向量3既改变了大小，同时方向也变了。所以在这个范例中，向量1和向量2是矩阵*A*的特征向量。

顺便提一下，Eigenvectors是一个合成词。其中，Eigen在德语中的意思是"明确的"，也算是一个比较贴切的名字。

2.2.4 仿射变换

仿射变换(Affine Transformation)也称为仿射映射，是一种经典的坐标变换方式。我们知道，在图像领域，几何变换(Geometric Transformations)模型无非就是用于描述输入和输出图像之间变化的"拟合关系"(这一点和机器学习模型也是类似的)。比如下面列出的就是常见的一些几何变换以及针对它们的描述。

(1) 刚体变换 (Rigid Transformation)。如果经过几何变换后，图形中两点间的距离仍能保持不变，那么称之为刚体变换。由它的定义可知，刚体变换仅局限于镜像、旋转和平移，如图2-9所示。

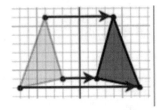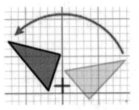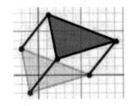

图2-9 刚体变换图例

(2) 投影变换 (Projective Transformation)。投影变换是从向量空间映射到自身空间的一种线性变换，如图2-10所示。

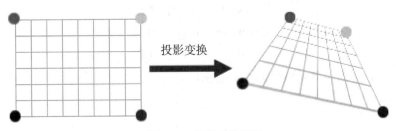

图2-10 投影变换图例

(3) 仿射变换(Affine Transformation)。这是本节的重点，接下来做重点介绍。

我们可以从以下两个角度来定义和理解仿射变换。

① 变换过程。

从变换的实际操作过程来理解的话，仿射变换就是：

$$线性变换+平移$$

换句话说，仿射变换是指针对一个几何向量空间进行一次线性变换以及平移变换后所得到的另一个向量空间，可以简单表示为

$$\vec{y} = A\vec{x} + \vec{b}$$

当然还可以增加一个维度，得到如下等价的表示法。

$$\begin{bmatrix} \vec{y} \\ 1 \end{bmatrix} = \begin{bmatrix} A & \vec{b} \\ 0,\cdots,0 & 1 \end{bmatrix} \begin{bmatrix} \vec{x} \\ 1 \end{bmatrix}$$

② 变换性质。

仿射变换作为众多几何变换中的一种，它具有什么典型性质呢？

● 共线性(collinearity)：多个点如果在同一条线上，那么变换后它们仍然在同一条线上。

- 平行性(parallelism)：平行的线在变换后仍然保持平行。
- 长度比例(ratios of lengths)：线的比例保持不变。

......

仿射变换可以通过如下一系列原子操作(以及它们所对应的Affine Matrix)来组合完成。

- Scale：缩放操作。其对应的Affine Matrix形如：

$$\begin{bmatrix} c_x = 2 & 0 & 0 \\ 0 & c_y = 1 & 0 \\ 0 & 0 & 1 \end{bmatrix}$$

- Reflection：镜像操作。其对应的Affine Matirx形如：

$$\begin{bmatrix} -1 & 0 & 0 \\ 0 & 1 & 0 \\ 0 & 0 & 1 \end{bmatrix}$$

- Rotation：旋转操作。其对应的Affine Matrix形如：

$$\begin{bmatrix} \cos(\theta) & \sin(\theta) & 0 \\ -\sin(\theta) & \cos(\theta) & 0 \\ 0 & 0 & 1 \end{bmatrix}$$

- Shear：剪切变换。其对应的Affine Matrix形如：

$$\begin{bmatrix} \cos(\theta) & \sin(\theta) & 0 \\ -\sin(\theta) & \cos(\theta) & 0 \\ 0 & 0 & 1 \end{bmatrix}$$

- Translation：平移变换。其对应的Affine Matrix形如：

$$\begin{bmatrix} 1 & 0 & tx \\ 0 & 0 & ty \\ 0 & 0 & 1 \end{bmatrix}$$

图2-11直观地描述了仿射变换的效果。

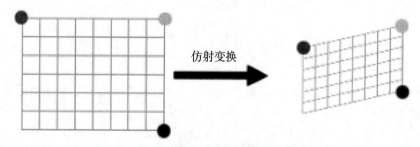

图2-11　仿射变换图例

后续章节中还会接触到仿射变换，建议读者结合起来阅读。

2.3　概率论

概率论 (Probability Theory)是研究随机现象规律和事件发生可能性的一个数学分支，在金融学、经济学、统计学、计算机等多个学科领域都有广泛的应用。另外，由于机器学习存在很多探索性实验，因而也和概率学理论有着紧密的关联。

概括而言，概率论通过随机变量、几何概率、概率分布、随机过程、极限理论、马尔可夫过程等核心理论，揭示了偶然随机事件在大量重复实验中所呈现出的各种规律。

2.3.1　概率分布

概率分布(Probability Distributions)是概率论中的重要组成部分，简单来讲，它表述了随机实验中各种可能结果(Outcomes)发生的可能性。例如，抛硬币时出现正、反两面结果的可能性，理论上都是0.5。概率分布通常可以被划分为两大类型，即离散型概率分布(Discrete Probability Distribution)和连续型概率分布 (Continuous Probability Distribution)。

它们都涉及如下几个基本概念。

(1) 随机变量(Random Variable)。

(2) 随机事件(Random Event)。

(3) 概率(Probability)。

(4) 概率分布种类(Probability Distribution)。

概率论作为一门学科，在多年的发展历史中积累了非常丰富的理论基础和实践经验。本节主要讲解与机器学习强相关的一些概率论知识，读者有需要的话，还可以自行查找相关书籍资料来做扩展阅读。

1. 随机事件和概率

自然界既存在确定性现象(例如水加热到100℃时会沸腾)，同时也有很多随机现象(例如抛硬币时有可能正面朝上，也有可能反面朝上)。随机现象的每一次实验结果都具有不确定性，我们把它的每一次结果称为基本事件，或者样本点。那么全部的样本点就组成了样本空间。例如，掷骰子出现的点数的样本空间为{1,2,3,4,5,6}。

不难理解，基本事件是不可再分解的事件，而某些事件可以由基本事件复合而成——我们称之为随机事件，也简称为事件。例如，掷骰子实验中，规定事件Event1为点数大于3的情况，那么Event1={4,5,6}。

在基本事件和随机事件的基础上，再来进一步了解概率的定义。简而言之，概率是用于衡量事件发生可能性的统计指标。如果从实验的角度来看，可以做这样的定义。针对随机现象的多次重复实验中，如果某事件E发生的频率随着实验次数的增加稳定在某个常数p附近，那么称事件E发生的概率为$P(E)=p$。例如，只要实验次数达到一定规模，那么掷骰子得到1～6的任何一个数的概率理论上都将是1/6。

2. 随机变量

随机变量(Random Variable)是对随机实验结果的一种量化表示。举个具体的例子，假设我们在做产品抽样质量检测时，采取"有放回"的方式进行，在抽取n次后计算质量不合格产品的数量X，那么这个变量X在事先是不知道的，它取决于实验结果。换句话说，它是对实验结果的量化表示，因而在这个范例中X就是随机变量。

根据随机实验的不同，随机变量也有不同的分类。总的来说，可以把随机变量做如下分类。

随机变量

|---离散型随机变量

|---非离散型随机变量

　　|---连续型随机变量

　　|---混合型随机变量

如果随机变量的可能值是有限的，并且以确定的概率存在，那么就是离散型随机变量。例如，射击

运动员不停射击直到中靶为止，那么射击次数就是离散型的随机变量。

连续型随机变量也很好理解。例如，工厂生产的同一类型螺丝理论上应该是同等长度的，但受限于工艺等原因，它们不可能完全一样——通常是在标准值附近浮动，例如，140mm±2mm。如果以生产出来的螺丝长度作为随机变量，那么它就是连续型的，并且符合一定的概率分布。

3. 概率分布

离散型随机变量的概率分布可以参考如下定义。

如果离散型随机变量R的所有可能值是$r_1, r_2, \cdots, r_n$，那么

$$P\{R = r_k\} = p_k (k = 1, 2, \cdots, n)$$

称为随机变量R的概率分布，有时也简称为分布列或者分布律。

离散型随机变量的概率分布有很多种类型，常见的有二项分布、伯努得分布(又名两点分布或0-1分布)、泊松分布等。下面以两点分布为例来做介绍。

如果随机变量的概率分布满足如下条件：

$$P\{R = k\} = p^k q^{1-k}, k=0, 1 (0<p<1, p+q = 1)$$

那么称之为两点分布。换句话说，这种情况下实验结果只有两种可能性，比如射击是否上靶、天气预报是否下雨，等等。

连续型随机变量的情况稍微复杂一些，首先需要了解概率密度函数，它的定义如下。

如果存在某函数$f(x)$，使得随机变量x在任一(a, b)区间的概率可以表示为$P\{a<x\leqslant b\} = \int_a^b f(x)\mathrm{d}x$，

那么这一随机变量x就是连续型的随机变量，且$f(x)$是它的概率密度函数。显然，根据场景的不同，$f(x)$也有很多种类型，包括但不限于：指数分布、均匀分布、正态分布等。以正态分布(又名高斯分布)为例，它是由德国数学家Moivre在18世纪提出来的，其所对应的概率密度函数为

$$f(x) = \frac{1}{\sqrt{2\pi}\sigma} \exp\left(-\frac{(x-\mu)^2}{2\sigma^2}\right)$$

其中，M是位置参数，σ为尺度参数。当这两个参数的值分别为0和1时，正态分布也称为标准的正态分布。

总的来说，随机变量和概率分布是研究未知事件规律性的利器，它们在强化学习、深度学习等多种机器学习方法中都会有所涉及，因而建议读者结合起来分析研究。

2.3.2 先验/后验概率

概率(Probability)和似然(Likelihood)是两个容易混淆的概念，从单词释义的角度来说，它们都带有"可能性"的意味。不过它们在定义上是有显著区别的，我们借用一下Wikipedia提供的如下描述。

概率的定义：

Probability is the measure of the likelihood that an event will occur.

大意：概率是针对一个事件发生的可能性的度量。

似然的定义：

In statistics, a likelihood function (often simply the likelihood) is a function of the parameters of a statistical model given data.

大意：在统计学中，似然函数(通常简称似然)是给定数据的统计模型参数的函数。

而它们之间的区别在于：

Probability is used before data are available to describe plausibility of a future outcome, given a value for the parameter. Likelihood is used after data are available to describe plausibility of a parameter value.

大意：概率是在数据可用之前被用来描述未来结果的合理性、给定参数的值。似然在数据可用后被用来描述参数值的合理性。

也就是说，概率表达的是在某些参数已知的条件下，预测接下来在观测过程中发生某些结果的可能性；而似然则多少有点儿"相反"，它是指在某些结果已经发生的情况下，对参数所进行的估计。

相信不少读者会觉得这和先验概率(Prior Probability)和后验概率(Posterior Probability)相当类似。先验概率是指预测某件事情发生的可能性，体现的是"由因求果"的关系；而后验概率则是指事情已经发生了，要去推测出它的产生是由于某因素导致的可能性大小，反映的是"执果求因"的关系。

仅从定义上来理解可能有点儿抽象，因而接下来再结合一个实例帮助读者更好地梳理它们之间的关系。

假设现在抛一枚带有正反面的硬币，并观测结果是正面还是反面。如果硬币最终出现正面和反面的概率都是0.5，表示如下：

$$p_H = 0.5$$
$$p_T = 0.5$$

那么很显然连续抛两次硬币，都为正面朝上的概率为：

$$P(\text{HH}，p_H = 0.5) = 0.5 \times 0.5 = 0.25$$

现在换一种思路：假设已经知道了连续抛两次硬币的结果都是正面朝上，那么p_H=0.5的似然性有多大？也就是：

$$L(p_H \mid \text{HH}) = P(\text{HH} \mid p_H = 0.5) = 0.25$$

换句话说，如果投两次硬币的结果都是正面朝上，那么p_H值为0.5的似然性为0.25。

上面出现的L即为似然函数(likelihood function)。不难发现，它满足如下表达式：

$$L(\theta \mid \text{HH}) = P(\text{HH} \mid p_H = \theta) = \theta^2$$

这里的似然函数最大值是多少呢？因为变量$0 \leqslant \theta \leqslant 1$，所以最大值就是1了。此时表达的意思是——如果投一枚硬币正面朝上的概率(p_H)为1(这当然只能说是假设，估计不存在这样的硬币)，那么最有可能出现投两次均为正面朝上的情况。

这同时也引出了最大似然估计的定义，在后续再进行专门的介绍。

2.3.3 最大似然估计

最大似然估计(Maximum Likelihood Estimation，MLE)，又被译为极大似然估计或者最大概似估计等，是由德国数学家Gauss于1821年提出，并由英国统计学家和生物进化学家R. A. Fisher发展壮大的一种求估计的手段。

假设似然函数定义如下：

$$\text{lik}(\theta) = f_D(x_1, x_2, \cdots, x_n \mid \theta)$$

其中，f_D代表的是事件的概率分布的密度函数，表示分布参数。如果可以找到一个使得似然函数的取值达到最大的值，那么它就被称为函数的最大似然估计。

下面援引Wikipedia上的一个范例。假设有三种类型的硬币放在盒子里，因为制作工艺不同它们抛出后正面朝上的概率分别为p_H=1/3，p_H=1/2，p_H=2/3。某次实验中共抛出硬币80次，最后统计出正面朝上共49次，反面朝上共31次，现在要通过最大似然估计求出哪种类型硬币的可能性最大。

这三种类型硬币对应的似然值分别为：

$$\textit{l}\left(H=49, T=31 \mid \text{p}=1/3\right)=\binom{80}{49}(1/3)^{49}(1-1/3)^{31} \approx 0.000$$

$$\textit{l}\left(H=49, T=31 \mid \text{p}=1/2\right)=\binom{80}{49}(1/2)^{49}(1-1/2)^{31} \approx 0.012$$

$$\textit{l}\left(H=49, T=31 \mid \text{p}=2/3\right)=\binom{80}{49}(2/3)^{49}(1-2/3)^{31} \approx 0.054$$

可见第三种硬币的可能性最大，换句话说，p的最大似然估计是2/3。

2.3.4 贝叶斯法则

贝叶斯法则 (Bayes' theorem/Bayes theorem/Bayesian law)也称为贝叶斯定理或者贝叶斯规则、贝叶斯推理等，简单而言，它是英国学者贝叶斯于18世纪提出来的一个数学公式。公式本身并不复杂，如下。

$$P(A \mid B)=\frac{P(B \mid A)P(A)}{P(B)}$$

其中：

- $P(A|B)$是指B已经发生的情况下A的条件概率，也由于得自B的取值而被称作A的后验概率。
- $P(A)$是A的先验概率(或边缘概率)。
- $P(B|A)$是指A已经发生的情况下B的条件概率，也由于得自A的取值而被称作B的后验概率。
- $P(B)$是B的先验概率(或边缘概率)。

上述释义中出现了前面也涉及过的先验概率和后验概率，这里再举一个例子来加深读者的印象。我们知道，如果一个人淋了雨，那么他有可能会感冒，那么：

P(感冒)是先验概率。

P(感冒|淋雨)是指淋雨已经发生的情况下，此人会感冒的条件概率，称为感冒的后验概率。

接下来简单推导一下贝叶斯公式。

首先，根据条件概率可知，当事件B发生的情况下事件A的条件概率是：

$$P(A \mid B)=\frac{P(A \cap B)}{P(B)}$$

同理，当事件A发生的情况下事件B的条件概率是：

$$P(B \mid A)=\frac{P(A \cap B)}{P(A)}$$

或者换一种表达形式就是：

$P(A \cap B) = P(B \mid A) \times P(A)$

这样一来，不难得出：

$P(A|B) = P(A \cap B) / P(B)$

$\qquad = P(B \mid A) \times P(A) / P(B)$

另外，贝叶斯公式也可以被理解为

$$后验概率 = (可能性 \times 先验概率)/标准化常量$$

下面再引用Wikipedia上的一个吸毒者检测范例，来解释贝叶斯公式有哪些潜在的实用意义。

假设一个常规的检测结果的敏感度与可靠度均为99%，即吸毒者每次检测呈阳性(+)的概率为99%。而不吸毒者每次检测呈阴性(−)的概率为99%。从检测结果的概率来看，检测结果是比较准确的，但是贝叶斯定理却揭示了一个潜在的问题——假设某公司对全体雇员进行吸毒检测，已知0.5%的雇员吸毒。那么请问每位检测结果呈阳性的雇员吸毒的概率有多高？

我们假设D代表的是雇员吸毒事件，N为雇员不吸毒事件，"+"为检测呈阳性事件。那么可以得出：

(1) $P(D)$代表雇员吸毒的概率，不考虑其他情况，该值为0.005。因为公司的预先统计表明该公司的雇员中有0.5%的人吸食毒品，所以这个值就是D的先验概率。

(2) $P(N)$代表雇员不吸毒的概率，显然，该值为0.995，也就是$1-P(D)$。

(3) $P(+|D)$代表吸毒者阳性检出率，这是一个条件概率，由于阳性检测准确性是99%，因此该值为0.99。

(4) $P(+|N)$代表不吸毒者阳性检出率，也就是出错检测的概率，该值为0.01，因为对于不吸毒者，其检测为阴性的概率为99%，因此，其被误检测成阳性的概率为$1-0.99=0.01$。

(5) $P(+)$代表不考虑其他因素的影响的阳性检出率。该值为0.0149或者1.49%。可以通过全概率公式计算得到：此概率 = 吸毒者阳性检出率(0.5% × 99% = 0.495%)+ 不吸毒者阳性检出率(99.5% × 1% = 0.995%)。$P(+)=0.0149$是检测呈阳性的先验概率。用数学公式描述为

$$P(+) = P(+,D) + P(+,N) = P(+|D)P(D) + P(+|N)P(N)$$

根据上述描述，可以计算出某人检测呈阳性时确定是吸毒的条件概率$P(D|+)$：

$$
\begin{aligned}
P(D|+) &= \frac{P(+|D)P(D)}{P(+)} \\
&= \frac{P(+|D)P(D)}{P(+|D)P(D) + P(+|N)P(N)} \\
&= \frac{0.99 \times 0.005}{0.99 \times 0.005 + 0.01 \times 0.995} \\
&= 0.3322
\end{aligned}
$$

换句话说，尽管吸毒检测的准确率高达99%，但贝叶斯定理告诉我们：如果某人检测呈阳性，其吸毒的概率只有大约33%，不吸毒的可能性比较大。假阳性高，则检测的结果并不可靠。

2.4　统计学

2.4.1　数据的标准化和归一化

在数据统计领域，通常需要对原始数据做标准化和归一化处理。

数据的标准化(Standardization)，通俗地讲，就是把原始数据按照一定的比例进行缩放，使它们落入一个更小的特定区间范围的过程。标准化有多种实现方法，其中常用的是z-score，其表达式如下。

$$x_{\text{new}} = \frac{x - \mu}{\sigma}$$

其中，μ代表的是数据样本的均值，σ则是样本的标准差。采用z-score处理后的数据均值为0且标准

差为1。

而数据的归一化(Normalization)，简单而言是把原始数据按照一定的处理规则，使它们成为落入(0, 1)区间的小数。归一化的表达式如下。

$$x_{new} = \frac{x - x_{min}}{x_{max} - x_{min}}$$

因而从缩小数据的角度来看，可以认为归一化和标准化的目标是非常相似的。

归一化的核心作用之一在于消除不同量纲对于最终结果的影响，或者说让不同量纲的变量具备可比性。举个例子来说，假设有两个变量x_1和x_2，其中，x_1的范围是(20 000, 200 000)，而x_2的范围则是(0，1)。这种情况下，如果把这两个变量绘制出来，会发现基本上就是一条直线。换句话说，x_2的变化范围在x_1的"世界"里显得"微不足道"，因而在参与机器学习的过程中很可能会被毫不留情地"忽略"掉了。归一化就可以解决这类问题，它使得各种变量可以站在同一条起跑线上，从而保证结果的正确性。

与归一化类似，标准化也同样具备去除量纲的作用。不过标准化的另一个特点在于不会改变原始数据的分布，这是它和归一化的一个显著区别。比如前述所举两个变量的例子，经过归一化后它们的图形就不是类似一条直线了，而标准化则不会导致这种转变。使用者应该根据自己的实际诉求来选择更适合自己的实现方式。

2.4.2　标准差

标准差(Standard Deviation，SD)又称为均方差，是反映数据离散程度的一种常用量化形式。它的计算公式并不复杂，如下。

$$SD = \sqrt{\frac{\sum |x - \bar{x}|^2}{n}}$$

简单来讲，标准差就是各个数据减去它们平均值的平方和，除以数据个数后再开根号得到的。

举个例子来说，有以下两组数据：

数据A {0，5，7，9，14}

数据B {5，6，7，8，9}

虽然它们的平均值都是7，但是后者从数据分布上来看"更为集中"，因而根据SD的计算公式可知它的标准差更小。

2.4.3　方差和偏差

偏差(Bias)和方差(Variance)是机器学习过程中两个常用的指标，本节对它们做统一的讲解。

(1) 偏差。简单而言，偏差就是预测值与真实值之间的差距。

(2) 方差。和偏差不同，方差是指预测值的分散程度。

如果把这两个指标形象地描绘出来，如图2-12所示。

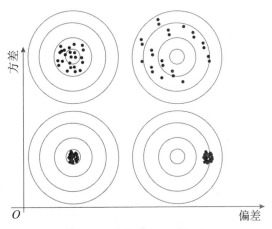

图2-12　偏差和方差示意图

　　假设靶心是真实值，实心圆点是预测值，那么图2-12中的4个子图就代表了高/低情况下的偏差和方差指标的实际表现。例如，左上角各个实心圆点都围绕在靶心周围，因而偏差较小；但同时各个实心圆点又相对分散，因而方差较大。

2.4.4　协方差和协方差矩阵

　　前面所述的方差可以说是协方差(Covariance)的一种特例——后者可以用于衡量两个变量之间的误差，而方差则只有一个变量。通俗地讲，协方差就是两个变量在变化过程中它们的同步情况——即是属于同向变化还是反向变化？

　　(1) 假如变量A变大，同时变量B变小，就说明它们是反向变化(负相关)的，此时协方差的值为负数。

　　(2) 与上述情况相反，如果变量A变大的同时变量B也变大，说明它们是同向变化(正相关)的，此时协方差的值为正数。

　　协方差的标准公式如下。

$$\text{cov}(X,Y) = \frac{\sum_{i=1}^{n}(X_i - \bar{X})(Y_i - \bar{Y})}{n-1}$$

　　也就是对于X和Y这两个变量，首先求得每一时刻的X值与其均值之差，以及Y值与其均值之差的乘积和(共n个时刻)，然后再取平均值。

　　下面这个范例展示的是两个变量为正相关的情况。可以看到在同一时期，它们之间的变化方向是完全一致的，如图2-13所示。

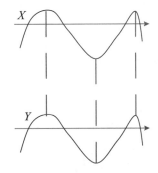

图2-13　协方差为正相关时的情况

了解了协方差后，它的矩阵形式也就不难理解了。因为协方差只是针对两个变量的，那么当我们面对大于二维的问题时该怎么办呢？此时自然而然地就想到矩阵或许可以给出有效的答案，即

$$C_{n \times n} = \left(c_{i,j}, c_{i,j} = \mathrm{cov}\left(\mathrm{Dim}_i, \mathrm{Dim}_j \right) \right)$$

譬如针对三维数据集的例子，它的协方差矩阵表达式为

$$C = \begin{pmatrix} \mathrm{cov}(x,x) & \mathrm{cov}(x,y) & \mathrm{cov}(x,z) \\ \mathrm{cov}(y,x) & \mathrm{cov}(y,y) & \mathrm{cov}(y,z) \\ \mathrm{cov}(z,x) & \mathrm{cov}(z,y) & \mathrm{cov}(z,z) \end{pmatrix}$$

协方差是后续机器学习数据降维理论(如PCA)相关章节的基础，因而建议读者结合起来阅读。

2.5 最优化理论

2.5.1 概述

最优化理论是数学的一个分支，它主要研究的是在满足某些条件限制下，如何达到最优目标的一系列方法。最优化理论的应用范围相当广泛，所涉及的知识面也很宽，并不是简单的一两章就可以涵盖的——因而本节的讲解重点在于和后续章节中强相关的一些最优化基础理论，从而为读者的进一步学习扫清障碍。

根据所选分类角度的不同，可以把最优化问题划分为多种类型。例如，从限制条件的角度，最优化问题通常被分为下面三种类型。

- 没有约束条件的优化问题(Unconstrained Optimization Problem)。
- 等式约束条件下的优化问题(Equality Constraint Optimization Problem)。
- 不等式约束条件下的优化问题(Inequality Constraint Optimization Problem)。

接下来针对上述三种类型分别进行讲解。

(1) 没有约束条件的优化问题。

这是最简单的一种最优化问题，即在没有任何限制条件下实现最大值或者最小值(最小值和最大值实际上是可以互相转换的)的求解。

例如，对于求解$f(x) = x^2$函数最小值的问题，可以表示为

$$\underset{x}{\mathrm{minimize}}\, f(x)$$

从图2-14中不难看出，它的最小值是当$x=0$时，此时函数取值为0。

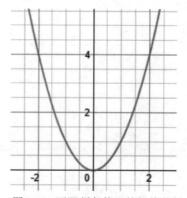

图2-14　无限制条件下的极值范例

总的来说，这种情况下的最优解通常可以通过求导数的方式来获得。

对于带有限制条件的最优解问题，也可以再细分为两种情况——即equality和inequality contraint，简单而言就是等式和不等式约束的区别。

(2) 等式约束条件下的优化问题。

例如，前面所讲述的$f(x) = x^2$函数，可以增加一个等式约束，这样一来问题就变成了：

$$\underset{x}{\text{minimize}}\, f\left(x\right)$$

$$\text{subject to } x-2 =0$$

其中，"subject to"后面紧跟着的就是限制条件了。

如图2-15所示，在这个限制条件下，当$x=2$时$f(x)$可以取得最小值，对应函数值为4。

当然，也可以同时要求多个等式约束，例如：

$$f(x, y) = x^2 + y^2$$

$$\underset{x,y}{\text{minimize}}\, f\left(x,y\right)$$

$$\text{subject to } x-3 = 0$$

$$y-5 = 0$$

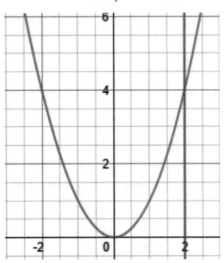

图2-15 带有一个等式约束的最优解

不过多个限制条件有可能出现无解的情况，例如：

$$\underset{x}{\text{minimize}}\, f\left(x\right)$$

$$\text{subject to } x-2 = 0$$

$$x-5 = 0$$

这一点在提出限定条件时需要特别注意。

(3) 不等式约束条件下的优化问题。

与等式相对应的是不等式，后者也同样不难理解——它代表的是限定条件为不等式时的情况。

例如，下面是圆形函数的不等式限定条件。

$$f(x, y) = x^2 + y^2$$

$$\underset{x,y}{\text{minimize}}\, f\left(x,y\right)$$

$$\text{subject to } x-3 \geqslant 0$$

$$y-5\leqslant 0$$

另外，等式约束和不等式约束还可以同时出现，共同作为某个最优解问题的限制条件。举例如下。

$$f(x, y) = x^2 + y^2$$

$$\underset{x,y}{\text{minimize}}\, f\left(x, y\right)$$

$$\text{subject to } x-3 = 0$$

$$y-5\leqslant 0$$

针对不同的限定条件，最优解问题的解决策略也会有所差异。

概括来说，有如下几个核心点。

(1) 等式限定条件。

拉格朗日乘子法(Lagrange Multiplier)是将等式约束"隐含"到最大值/最小值求解过程中的关键理论基础。

(2) 不等式限定条件。

除了拉格朗日乘子法以外，对于不等式约束条件下的最优化问题，还需要借助于另一个理论——KKT(Karush-Kuhn-Tucher)。

在接下来的几节中，将首先基于若干范例来引出这些理论的应用场景，让读者有一个"感性"的认识。然后再尽量"抽丝剥茧"地详细分析隐藏在它们背后的基础原理以及各种公式的推导过程。

2.5.2 函数等高线

在讲解拉格朗日乘子法和KKT之前，首先来补充一些基础知识，即什么是函数等高线，以及它的一些核心应用。

地理学科上的等高线指的是高程海拔相等的相邻各个点所组成的闭合曲线。按照百度百科上的描述，即"把地面上海拔高度相同的点连成的闭合曲线，并垂直投影到一个水平面上，并按比例缩绘在图纸上，就得到等高线。等高线也可以看作不同海拔高度的水平面与实际地面的交线，所以等高线是闭合曲线。在等高线上标注的数字为该等高线的海拔"，如图2-16所示。

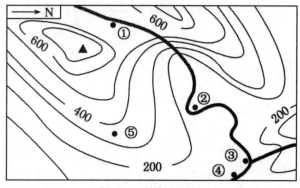

图2-16　等高线示例

从地理学上的等高线，还可以引申出函数的等高线。其实并不难理解，比如对于函数$f(x_1, x_2)$，它的等高线可以被表述为如下形式。

$$f(x_1, x_2) = c$$

这样一来，如果针对上述公式取微分值，那么可以得到：

$$\frac{\partial f}{\partial x_1}\mathrm{d}x_1 + \frac{\partial f}{\partial x_2}\mathrm{d}x_2 = 0$$

　　另外，业界有多个库函数可以提供非常便捷的API来帮助我们快速绘制出函数的等高线，比如matplotlib。范例代码如下。

```
import matplotlib.pyplot as plt
import numpy as np
def contour_func(x, y):
    return (x / 5 + x ** 5 + y ** 3 - 4) * np.exp(- x ** 2 - y ** 2)
n = 500
x = np.linspace(-3, 3, n)
y = np.linspace(-3, 3, n)
X, Y = np.meshgrid(x, y)
plt.contourf(X, Y, contour_func(X, Y), 8, alpha = 0.75, cmap = plt.cm.RdBu)
C = plt.contour(X, Y, contour_func(X, Y),8, colors = 'red', linewidth = 0.5)
plt.clabel(C, inline = True, fontsize = 12)
plt.show()
```

　　输出的效果如图2-17所示。

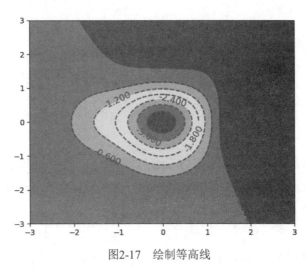

图2-17　绘制等高线

　　等高线可以帮助我们从几何角度来分析拉格朗日乘子法及KKT的原理，因而对后续学习有不小的促进作用，建议读者自行编写代码来加深理解。

2.5.3　拉格朗日乘子法

　　约瑟夫·拉格朗日(Joseph-Louis Lagrange，1736—1813)相信读者都不会陌生，他是法国著名的数学家和物理学家。Lagrange的一生著作颇丰，而且横跨数学、天文学、力学等多个领域(据悉，他的"主业"是数学，而在其他学科上的涉猎则是他为了证明数学威力而从事的"副业")，比如拉格朗日中值定理、微分方程、数论等。

　　以拉格朗日命名的拉格朗日乘子法，是求解等式约束化问题(Equality Constraint Optimization Problem)最为重要的理论依据之一(求解不等式约束化问题通常还依赖于KKT，2.5.4节中将做详细阐述)。

拉格朗日乘子法虽然是大学时期高等数学课程的一个知识点，不过为了让读者可以"零基础"学习本章内容，还是有必要简单地做一下复习。

接下来引用同济大学出版的《高等数学》一书中的一道习题，来逐步引导出拉格朗日乘子法以及它的相关应用。

问题：求表面积为a^2而体积为最大的长方体的体积问题。

假设长方体的三条棱的长分别为x、y和z，那么体积$V = xyz$。又因为要求面积为a^2，所以还有一个附加条件：

$$2(xy + yz + xz) = a^2$$

换句话说，这个问题可以表述为：

$$V = xyz$$

$$\underset{x,y,z}{\text{maxmize}}\, V(x,y,z)$$

$$\text{subject to } 2(xy + yz + xz) - a^2 = 0$$

如何求解呢？

针对这个问题其实有一个比较简易的解决方案，即根据约束条件，用x和y来表示z，然后应用到V函数中。具体过程如下。

$$2(xy + yz + xz) - a^2 = 0$$

$$\rightarrow z = \frac{a^2 - 2xy}{2(x+y)}$$

将上述公式代入前面的V函数，可以得到

$$V = xyz$$

$$= xy\frac{a^2 - 2xy}{2(x+y)}$$

这样一来，约束条件自然而然地就被"隐含"到V函数中了，而且通过这种简易的办法还降低了变量个数。遗憾的是，并不是所有条件约束下的极值问题都这么简单直接——我们需要一种更为通用的解决方案，这就是拉格朗日乘子法了。

它的定义如下。

拉格朗日乘子法：要找函数$z = f(x, y)$在附加条件$\varphi(x, y) = 0$下的可能极值点，可以先作拉格朗日函数

$$L(x, y) = f(x, y) + \alpha\varphi(x, y)$$

将上述L函数分别针对x和y求一阶偏导数，并使它们为零，同时结合约束条件可得

$$\begin{cases} f_x(x, y) + \alpha\varphi_x(x, y) = 0 \\ f_y(x, y) + \alpha\varphi_y(x, y) = 0 \\ \varphi(x, y) = 0 \end{cases}$$

上述方程组有3个函数，3个变量，因而可以分别解出x、y和α。由此得到的(x, y)就是函数f在附加条件$\varphi(x, y) = 0$下的可能极值点。

拉格朗日乘子法还可以推广到多变量($\geqslant 2$)和多约束条件($\geqslant 2$)的情况下。例如，如果要求解4个变量的函数u

$$u = f(x, y, z, t)$$

在两个附加条件

$$\varphi(x,y,z,t)=0$$

$$\psi(x,y,z,t)=0$$

下的极值，那么可以先构造出如下拉格朗日函数：

$$L(x,y,z,t)=f(x,y,z,t)+\alpha\varphi(x,y,z,t)+\mu\psi(x,y,z,t)$$

然后通过如下的方程组：

$$\begin{cases} f_x(x,y,z,t)+\alpha\varphi_x(x,y,z,t)+\mu\psi_x(x,y,z,t)=0 \\ f_y(x,y,z,t)+\alpha\varphi_y(x,y,z,t)+\mu\psi_y(x,y,z,t)=0 \\ f_z(x,y,z,t)+\alpha\varphi_z(x,y,z,t)+\mu\psi_z(x,y,z,t)=0 \\ f_t(x,y,z,t)+\alpha\varphi_t(x,y,z,t)+\mu\psi_t(x,y,z,t)=0 \\ \qquad\qquad \alpha\varphi(x,y,z,t)=0 \\ \qquad\qquad \mu\psi(x,y,z,t)=0 \end{cases}$$

求解得到极值点(x、y、z、t)，以及对应的 α 和 μ 参数。

还是以前面长方体最大体积的问题为例，应用拉格朗日乘子法来求解的过程如下。

首先构造拉格朗日函数：

$$L(x,y,z)=f(x,y,z)+\alpha\mu(x,y,z)$$

$$=xyz+\alpha\left(2xy+2yz+2xz-a^2\right)$$

分别针对几个参数求偏导数，可得：

$$\begin{cases} f_x(x,y,z)+\alpha\varphi_x(x,y,z)=0 \\ f_y(x,y,z)+\alpha\varphi_y(x,y,z)=0 \\ f_z(x,y,z)+\alpha\varphi_z(x,y,z)=0 \\ \alpha\varphi(x,y,z)=0 \end{cases} \rightarrow \begin{cases} yz+2\alpha(y+z)=0 \\ xz+2\alpha(x+z)=0 \\ xy+2\alpha(x+y)=0 \\ \alpha\left(2xy+2yz+2xz-a^2\right)=0 \end{cases}$$

由上述方程组，不难求解得到：

$$x=y=z=\frac{\sqrt{6}}{6}\alpha$$

所以最大的体积 $V=xyz=\dfrac{\sqrt{6}}{36}\alpha^3$。

另外，还可以从几何意义上来理解拉格朗日乘子法。

如图2-18所示(引用自Wikipedia)，包含一个目标函数(最大值/最小值)$f(x,y)$和一个约束函数$g(x,y)=c$，或者按照之前的表述方式即是：

$$\max_{x,y}^{/\min} f(x,y)$$

$$\text{subject to } g(x,y)=c$$

不难理解，函数f和g有以下三种可能的关系。

(1) 不相交。

(2) 相交不相切。

(3) 相交且相切。

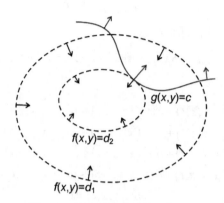

图2-18 拉格朗日乘子法几何释义

由于需要满足$g(x, y)= 0$的条件，所以寻找的潜在极值只能在这条线上。进一步来讲，上述三种关系最有可能出现极值的是哪一个呢？

不相交的关系首先可以被排除掉，因为这种情况通常意味着无解。

对于相交但不相切的情况，只要沿着g线移动，那么一定可以走到比当时相交点更高或者更低的等高线上。换句话说，只有当$g(x, y)$和$f(x, y) = d$产生相切关系时，才有可能出现极值点。这样一来就得到：

$$\nabla\left[f(x,y)+\lambda\left(g(x,y)-c\right)\right]=0$$

可以看到上述参与求导的函数就是前面讲解的拉格朗日函数了。

拉格朗日乘子法在机器学习领域应用广泛，比如本书后续章节中将会讲解到的SVM(支持向量机)就是以此为理论基础构建的，建议读者可以结合起来阅读。

2.5.4 拉格朗日对偶性

我们发现不少参考资料在讲解KKT时并没有提及拉格朗日对偶性，或者把这两者完全割裂开来阐述，这可能会让初学者产生或多或少的疑惑——例如，对偶性和KKT到底是什么关系，它们对于约束条件下的最优解都有什么样的贡献，等等。

有鉴于此，本书作者觉得有必要言简意赅地为读者先铺垫一下对偶性的相关知识，以便读者们在学习KKT时既可以"知其然，知其所以然"，同时还能"触类而旁通"。

如果从目标函数和约束条件的角度来分析，那么大致可以有如下几种分类。

(1) 线性规划。

当目标函数和约束条件都为线性函数的时候，称之为线性规划。这是相对容易求解的优化问题。

(2) 二次规划。

如果目标函数是二次函数，而约束条件为线性函数，那么这种最优化问题通常被称为二次规划。

(3) 非线性规划。

如果目标函数和约束条件都是非线性函数，那么这类最优化问题就被称为非线性规划问题。

对于线性规划问题，它们都会有一个与之相对应的对偶问题。那么什么是对偶问题呢？对此Wikipedia上给出了很好的释义，引用如下。

"In mathematical optimization theory, duality or the duality principle is the principle that optimization problems may be viewed from either of two perspectives, the primal problem or the dual problem. The solution to the dual problem provides a lower bound to the solution of the primal (minimization) problem. However in general the optimal values of the primal and dual problems need not be equal. Their difference is called the duality gap. For convex optimization problems, the duality gap is zero under a constraint qualification condition."

大意：在数学优化理论中，对偶或对偶原理是从原问题及对偶问题两个角度来看待优化问题的一种指导原则。对偶问题的解提供了原(极)问题的解的下界。不过一般情况下，原问题和对偶问题的最优值不必相等——他们的差异被称为二元差距。对于凸优化问题，在约束限定条件下对偶间隙为零。

上述这段话明确指出了对偶问题的如下几个核心点。

(1) 原始问题(Primal Problem)和对偶问题(Dual Problem)。

对偶性(Duality)就像是从两个不同角度来看待同一个问题一样，它们分别被称为原始问题和对偶问题。

(2) 对偶性的意义。

通常对偶性的一个重要意义，在于它可以借助更容易获得的对偶问题答案，来间接得到(或者接近)原始问题的答案，从而简化问题的解决方案——甚至有的时候，原始问题是无解的。

(3) 对偶间隙(Duality Gap)。

因为对偶问题并不总是可以完全等价于原始问题，所以它们之间可能会存在对偶间隙。最理想的情况是这个Gap=0，此时又称之为强对偶(Strong Duality)；反之如果Gap!= 0，那么就是弱对偶(Weak Duality)。

现在读者应该很清楚了，对偶性是降低某些艰深问题的复杂度，从而达到"歼灭"目标的有效手段。

1. 最优化问题的标准形式(Optimization Problem in the Standard Form)

最优化问题的标准形式表述需要综合考虑多个等式、不等式约束条件下的最优解，下面所示的是学术界常见的一种表述手段。

$$\text{minimize } f(x)$$
$$\text{subject to } c_i(x) \leq 0, i = 1, 2, 3, \cdots, k$$
$$h_j(x) = 0, j = 1, 2, 3, \cdots, l$$

针对上述最优化问题，我们定义Lagrangian L：

$$L(x, \lambda, v) = f(x) + \sum_{i=1}^{k} \alpha_i c_i(x) + \sum_{j=1}^{l} \beta_j h_j(x)$$

其中，α_i 被称为与第i个不等式限制$c_i(x) \leq 0$相关联的拉格朗日乘子法；同理，β_j 被称为与第j个等式限制$h_j(x) = 0$相关联的拉格朗日乘子法；α 和 β 的专业术语则是对偶变量(Dual Variables)或者拉格朗日乘子法向量。

2. 原始问题：最小-最大化问题(Primal Problem: Min-Max)

拉格朗日对偶的原始问题是在前述标准表述上的一种改进。

我们引入另一个函数 θ，它的定义如下。

$$\theta_{\mathrm{p}}(x) = \max_{\alpha,\beta;\alpha\geqslant 0} L(x,\alpha,\beta)$$

$$= \max_{\alpha,\beta;\alpha\geqslant 0}\left(f(x) + \sum_{i=1}^{k}\alpha_i c_i(x) + \sum_{j=1}^{l}\beta_j h_j(x)\right)$$

其中，函数的下标p是Primal的缩写。

由此可以得出一个非常重要的结论，即θ和前面表述的标准问题是等价的——相信读者心里已经有一个大大的问号了，如何得出这样的结论？

证明如下。

(1) 当x满足最优化问题的约束条件时。

换句话说，x必须同时满足下面的等式和不等式条件：

$$c_i(x)\leqslant 0, i=1,2,3,\cdots,k$$

$$h_j(x)=0, j=1,2,3,\cdots,l$$

由于$c_i(x)\leqslant 0$且$\alpha\geqslant 0$，所以：

$$\alpha_i c_i(x)\leqslant 0$$

换句话说，它的最大值只能是0。

另外，因为$h_j(x)=0$，所以：

$$\beta_j h_j(x)=0$$

这样一来，不难得出：

$$L(x,\lambda,\nu) = f(x) + \sum_{i=1}^{k}\alpha_i c_i(x) + \sum_{j=1}^{l}\beta_j h_j(x)$$

$$\leqslant f(x) + 0 + 0$$

进一步来说，可以得到：

$$\theta_{\mathrm{p}}(x) = \max_{\alpha,\beta;\alpha\geqslant 0} L(x,\alpha,\beta)$$

$$= \max_{\alpha,\beta;\alpha\geqslant 0}\left(f(x) + \sum_{i=1}^{k}\alpha_i c_i(x) + \sum_{j=1}^{l}\beta_j h_j(x)\right)$$

$$= f(x)$$

(2) 当x不满足最优化问题的约束条件时。

当x不满足约束条件时，也就是说存在：

任何一个i使得$c_i(x)>0$ 或者

任何一个j使得$h_j(x)\;!=0$

毫无疑问，在这种情况下：

$$\theta_{\mathrm{p}}(x) = \max_{\alpha,\beta;\alpha\geqslant 0} L(x,\alpha,\beta)$$

$$\rightarrow +\infty$$

综上所述，可以得到：

$$\theta_{\mathrm{p}}(x) = \max_{\alpha,\beta;\alpha\geqslant 0} L(x,\alpha,\beta)$$

$$= \begin{cases} f(x), & \text{当} x \text{满足约束条件时} \\ +\infty, & \text{当} x \text{不满足约束条件时} \end{cases}$$

论题得证。

那么费这么大的周折利用原始问题来表述问题的原因是什么呢？其实它的好处是非常明显的，简单来讲就是可以有效地将约束条件"隐藏"进函数中，让我们摆脱原始问题无从下手的"尴尬"。

这种将"无形问题"化解为"有形问题"的形式就是Min-Max，如下。

$$\min_x \theta_\mathrm{p}(x) = \min_x {}^{\max}_{\alpha,\beta;\alpha\geqslant 0} L(x,\alpha,\beta)$$

或者也被称为广义拉格朗日函数的极小极大问题。

为了表述方便，通常用如下的$p*$来代表原始问题的最优值：

$$p* = \min_x \theta_\mathrm{p}(x)$$

3. 对偶问题：最大-最小化问题(Dual Problem: Max-Min)

假定有另外一个θ_D，它的定义如下：

$$\theta_\mathrm{D}(\alpha,\beta) = {}^{\min}_x L(x,\alpha,\beta)$$

如果针对它求极大值，即：

$${}^{\max}_{\alpha,\beta;\alpha\geqslant 0} \theta_\mathrm{D}(\alpha,\beta) = \max_{\alpha,\beta;\alpha\geqslant 0} \min_x L(x,\alpha,\beta)$$

那么上式就是广义拉格朗日函数的极大极小问题。

当然，也可以按照前面的问题表述方式，把它定义为

$${}^{\max}_{\alpha,\beta} \theta_\mathrm{D}(\alpha,\beta) = \max_{\alpha,\beta} {}^{\min}_x L(x,\alpha,\beta)$$

$$\text{subject to } \alpha_i \geqslant 0, \ i=1,2,3,\cdots,k$$

和前面的$p*$类似，我们将对偶问题的最优值表示为$d*$：

$$d* = {}^{\max}_{\alpha,\beta;\alpha\geqslant 0} \theta_\mathrm{D}(\alpha,\beta)$$

与原始问题和对偶问题相关的有多个定理，例如：

如果原始问题和对偶问题都有最优值，则：

$$d* = \max_{\alpha,\beta;\alpha\geqslant 0} {}^{\min}_x L(x,\alpha,\beta)$$

$$\leqslant \min_x {}^{\max}_{\alpha,\beta;\alpha\geqslant 0} L(x,\alpha,\beta) = p*$$

证明如下(参考《统计学习方法》一书中的附录C)。

根据θ_D和θ_p的定义，可以得到：

$$\theta_\mathrm{D}(\alpha,\beta) = {}^{\min}_x L(x,\alpha,\beta)$$

$$\leqslant L(x,\alpha,\beta)$$

$$\leqslant {}^{\max}_{\alpha,\beta;\alpha\geqslant 0} L(x,\alpha,\beta) = \theta_\mathrm{p}(x)$$

换句话说就是：

$$\theta_\mathrm{D}(\alpha,\beta) \leqslant \theta_\mathrm{p}(x)$$

又因为原始问题和对偶问题都有最优值，所以，

$${}^{\max}_{\alpha,\beta;\alpha\geqslant 0} \theta_\mathrm{D}(\alpha,\beta) \leqslant \min_x \theta_\mathrm{p}(x)$$

所以,

$$d* = \max_{\alpha,\beta;\alpha\geq 0} \min_{x} L(x,\alpha,\beta)$$

$$\leq \min_{x} \max_{\alpha,\beta;\alpha\geq 0} L(x,\alpha,\beta) = p*$$

4. 弱对偶(Weak Duality)

从前面的讲解中我们知道,有如下的关系:

$$d* \leq p*$$

所以说,$d*$是$p*$的下边界(Lower Bound,见图2-19)。值得一提的是,这个不等式对于任意的最优化问题(即使它不是凸优化问题)都是成立的。

另外,$p*-d*$在最优化问题中代表的是针对原始问题的最佳对偶间隙(Optimal Duality Gap of the Original Problem),它具备如下特性。

(1) 非负数。由于$d* \leq p*$,所以很自然的有$p*-d* \geq 0$。

(2) 值越小,表示$d*$越接近原始问题的最优解。

如果它们不相等,那么就是弱对偶了;而最理想的情况就是它们的差为0的时候。此时就是强对偶关系了,可以参见下面的讲解。

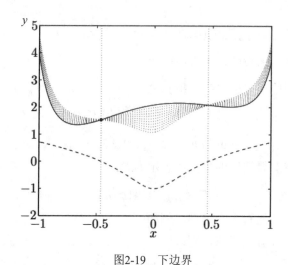

图2-19 下边界

5. 强对偶(Strong Duality)

如果满足下面的等式

$$d* = p*$$

也就是说对偶间隙是0,那么就说它们具备了强对偶关系。

在最优化理论中,强对偶关系显然不会在所有问题中都成立。不过根据*Convex optimization*中的论述,如果原始问题满足:

$$\text{minimize } f_0(x)$$
$$\text{subject to } f_i(x) \leq 0, \ i=1,\cdots,m$$
$$\boldsymbol{Ax = b}$$

式中的$f_0,\cdots,f_m$均为凸函数(Convex)的话,那么这种情况下的最优化问题通常(注意:也不是绝对的)就会满足强对偶关系。

那么有没有强对偶一定存在的情况呢?

答案是肯定的，而且还不止一种——比如Slater's condition，或者后续将重点介绍的KKT都是。

Slater's condition是以Morton L. Slater命名的，它是强对偶的一个充分条件(注意：非必要条件)。简单而言，它是指满足如下条件的问题。

$$\exists x_0 \in D : f_i(x_0) < 0, i = 1, \cdots, m; h_i(x_0) = 0, i = 1, \cdots, p$$

读者可以注意看下上述$f_i(x)$与原始问题中的约束条件不太一样，后者使用的是≤，而前者则是<。换句话说，就是Slater's condition要求更为严格。

接下来再分析一下KKT条件。

2.5.5　KKT

前面几节已经学习了如何利用拉格朗日乘子法来解决等式约束条件下的最优化问题，而且也补充了拉格朗日对偶性等基础知识，接下来就可以进一步学习不等式情况下的最优解问题了。

KKT(Karush-Kuhn-Tucker)就是上述问题的答案——简单来讲，KKT是以三个人的名字组成的几个约束。其中，Harold W. Kuhn和Albert W. Tucker在1951年发表了这个适用于不等式约束条件的约束，所以它又被称为Kuhn-Tucker Conditions。只不过后来人们又发现William Karush其实在更早的1939年就已经在他的硕士论文中阐述了完全一致的观点了，所以就成了现在大家所熟知的Karush-Kuhn-Tucker Conditions (KKT)了。

KKT是在满足一些有规则的条件下，一个非线性规划问题具备最优化解法的必要和充分条件。它也可以被理解为广义的拉格朗日乘子法——换句话说，当不存在不等式约束条件时，那么它和前面所讲述的拉格朗日乘子法就是等价的。

接下来通过几个范例来逐步引导读者学习和理解KKT条件。

1. 范例1

$$f(x) = x_1^2 + x_2^2$$
$$g(x) = x_1^2 + x_2^2 - 1$$
$$\min_{x_1, x_2} f(x_1, x_2)$$
$$\text{subject to } g(x_1, x_2) \leq 0$$

那么$f(x)$函数的等高线如图2-20所示。

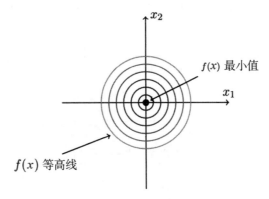

图2-20　$f(x)$的等高线

(引用自KTH DD3364 Course，下同)

从$f(x)$函数的表达式不难看出，它在没有限定条件情况下的最小值产生于x_1和x_2分别取0时，也就是如图2-20所示的原点中心(此时f为0)。

再来看一下不等式限定函数$g(x)$，如图2-21所示。

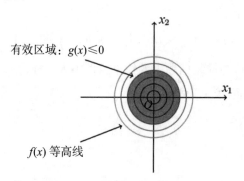

有效区域：$g(x)\leq 0$

$f(x)$ 等高线

图2-21　不等式限定函数$g(x)$

很显然，这个例子中的$g(x)$所描述的有效区域(Feasible Region)正好可以覆盖无限定条件下的f函数极小值点，所以说限定条件实际上没有产生有效的约束作用。

2. 范例2

$$f(x) = (x_1-1.1)^2 + (x_2-1.1)^2$$

$$g(x) = x_1^2 + x_2^2 - 1$$

$$\min_{x_1,x_2} f\left(x_1, x_2\right)$$

$$\text{subject to } g(x_1, x_2)\leq 0$$

此时$f(x)$函数的等高线如图2-22所示。

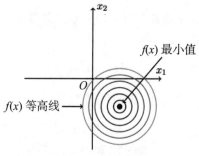

$f(x)$ 最小值

$f(x)$ 等高线

图2-22　$f(x)$的等高线

因为$g(x)$没有变化，所以还是沿用之前的图例。这样一来，它与$f(x)$的关系如图2-23所示。

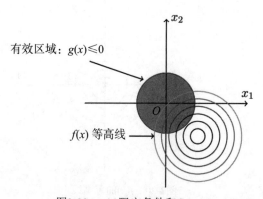

有效区域：$g(x)\leq 0$

$f(x)$ 等高线

图2-23　$g(x)$限定条件和$f(x)$

范例2和范例1的一个重要区别在于，它的$g(x)$的有效区域并不覆盖无限制条件下的$f(x)$的最小值。换句话说，$f(x)$的最小值需要考虑$g(x)$这个约束条件。

那么这个极值点会发生在什么地方呢？

从上面的等高线图例，结合前面的分析不难得出结论——这个极值点会发生在$g(x)=0$与$f(x)=c$相切的地方。

也就是说，满足如下条件：

$$-\nabla_x f\left(x^*\right) = \lambda \nabla_x g\left(x^*\right)$$

且$\lambda > 0$，如图2-24所示。

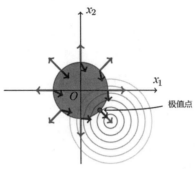

图2-24　范例2的极值点

3. 范例3

$$f(x) = x_1^2 + x_2^2 + x_3^2 + x_4^2$$

$$\min_{x_1,x_2,x_3,x_4} J = f\left(x_1,x_2,x_3,x_4\right)$$

$$\text{subject to } x_1 + x_2 + x_3 + x_4 = 1$$

$$x_4 \leqslant A$$

这个范例中的A是可以调整的，根据A的不同会有如图2-25所示的两种情况。

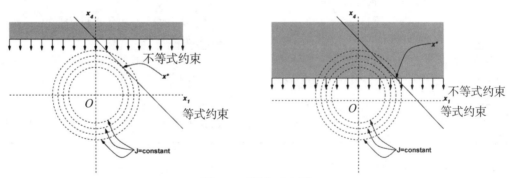

图2-25　范例3示意图

(引用自MIT公开课材料)

接下来带着对上述几个范例的"感性认识"，再从数学角度分析KKT条件。

首先直接给出KKT的几个条件。

假设最优化问题表述如下。

$$\text{minimize } f(x)$$

$$\text{subject to } g_i\left(x\right) \leqslant 0, i = 1,2,3,\cdots, m$$

$$h_j\left(x\right) = 0, j = 1, 2, 3, \cdots, l$$

那么KKT给出了x^*为最优解的必要条件。特别注意：问题本身还需要满足一些前提条件，KKT才成立，这些前提条件可以参见下面正则条件(Regularity Conditions)中的描述。

1. 必要条件(Necessary Conditions)

一共有如下4个必要条件。

(1) 平稳性(Stationarity)：

$$-\nabla f\left(x^*\right) = \sum_{i=1}^{m}\mu_i\nabla g_i\left(x^*\right) + \sum_{j=1}^{l}\lambda_j\nabla h_j\left(x^*\right)$$

(2) 原始可行性(Primal Feasibility)：

$$g_i\left(x^*\right)\leqslant 0, i=1,\cdots,m$$
$$h_i\left(x^*\right)=0, j=1,\cdots,e$$

(3) 对偶可行性(Dual Feasibility)：

$$\mu_i\geqslant 0, i=1,\cdots,m$$

(4) 互补松弛量(Complementary Slackness)：

$$\mu_i g_i\left(x^*\right)=0, i=1,\cdots,m$$

2. 正则条件(Regularity Conditions)

正则条件或者约束规范(Constraint Qualifications)，是KKT成立的前提条件，如表2-2所示。

表2-2 正则条件

约束条件	缩写	描述
线性约束规范 Linearity Constraint Qualification	LCQ	如果g和h都是仿射函数，那么就不需要其他条件了
线性独立约束规范 Linear Independence Constraint Qualification	LICQ	有效不等式约束的梯度和等式约束的梯度在x*上线性独立
Mangasarian-Fromowitz约束规范 Mangasarian-Fromovitz Constraint Qualification	MFCQ	有效不等式约束的梯度和等式约束的梯度在x*上正线性独立
常秩约束规范 Constant Rank Constraint Qualification	CRCQ	每个有效不等式约束的梯度子集和等式约束的梯度，在x*的邻近区域的秩(Rank)不变
常正线性依赖约束规范 Constant Positive Linear Dependence Constraint Qualification	CPLD	每个有效不等式约束的梯度子集和等式约束的梯度，如果它们在x*上是正线性依赖，那么它们在x*的邻近区域也是正线性依赖
Slater条件 Slater Condition	SC	对于Convex Problem，存在一个点x使得$h(x)=0$同时$g_i(x)<0$

上述的正则条件是怎么来的呢？

为了描述方便，我们对最优化问题做了一下简化，如下。

$$\min_x J(x)$$
$$\text{subject to} \quad g(x)\leqslant 0$$

根据前面的分析，我们知道最优解有以下两种可能性。

(1) 可能性1：内生解(Interior Solution)。

在这种可能性下，最优解x*满足$g(x^*)<0$，也就是在范例1和范例3左侧看到的情况。

(2) 可能性2：边界解(Boundary Solution)。

在这种可能性下，最优解x*满足$g(x^*)=0$，也就是在范例2和范例3右侧看到的情况。

当处于内生解情况下时，事实上不等式约束问题就退化成无约束条件的最优解问题了。所以此时x*必然满足：

$$\nabla f = 0 \text{ 且 } \lambda = 0$$

而当处于边界解情况下时，不等式约束就变成了等式$g(x) = 0$，换句话说，和之前的拉格朗日乘子法一致了。

根据在范例2中的分析，此时存在λ使得：

$$\nabla f = -\lambda \nabla g$$

又因为∇f指向的是可行区域的内部，同时∇g指向的是可行区域的外部，这就意味着λ必然满足：

$$\lambda \geq 0$$

这样一来根据上述针对内生解和边界解的分析，不难得出如下等式是成立的。

$$\lambda g(x) = 0$$

最后来小结一下，可以看到KKT几个条件都已经覆盖到了。

(1) 平稳性(Stationarity)：

$$\nabla f = -\lambda \nabla g$$

(2) 原始可行性(Primal Feasibility)，即：

$$g(x) \leq 0$$

(3) 对偶可行性(Dual Feasibility)，即：

$$\lambda \geq 0$$

(4) 互补松弛量(Complementary Slackness)，即：

$$\lambda g(x) = 0$$

当然，为了让读者容易理解，这里举的例子只有一个不等式约束条件，所以KKT条件看上去也比较简单——但万变不离其宗，如果将它们扩展到标准的最优化问题，那么就可以得到前面给出的通用KKT条件了。

另外，上述讨论的只是$x*$作为最优解的必要条件，相信读者对于它的充分条件也很感兴趣。

3. 充分条件

在某些场景下，前述的必要条件也是最优解的充分条件——但更常见的情况是还需要补充一些额外的信息才能构成充分条件，比如业界比较有名的Second Order Sufficient Conditions (SOSC)。

SOSC的简单定义如下：

对于平滑且非线性(smooth, non-linear)的优化问题，假设$x*$，$\lambda*$，$\mu*$是通过KKT找到的局部最小值(Local Minium)。同时，$\mu*$满足严格的互补性，对于满足下式且不等于0的所有s：

$$\left[\frac{\partial g\left(x^*\right)}{\partial x}, \frac{\partial h\left(x^*\right)}{\partial x} \right]^{\mathrm{T}} s = 0$$

以下等式成立：

$$s' \nabla_{xx}^2 L\left(x^*, \lambda^*, \mu^*\right) s \geq 0$$

那么以上就是SOSC充分条件。限于篇幅这里不展开细节讨论，有兴趣的读者可以自行查阅相关资料做进一步分析。

讨论了充分条件和必要条件后，再来结合例子看下如何利用它们来解决实际的最优化问题。为了保持连贯性，仍以本节的范例3来作为分析对象，如下。

$$f(x) = x_1^2 + x_2^2 + x_3^2 + x_4^2$$

$$\min_{x_1, x_2, x_3, x_4} J = f\left(x_1, x_2, x_3, x_4\right)$$

$$\text{subject to } x_1 + x_2 + x_3 + x_4 = 1$$
$$x_4 \leqslant A$$

首先定义下面的函数

$$\bar{J} = x_1^2 + x_2^2 + x_3^2 + x_4^2 + \lambda(1 - x_1 - x_2 - x_3 - x_4) + \mu(x_4 - A)$$

根据前面的分析，这个范例问题对应的KKT条件为

$$\frac{\partial \bar{J}}{\partial x} = 0 \tag{2-1}$$

$$x_1 + x_2 + x_3 + x_4 = 1 \tag{2-2}$$

$$x_4 \leqslant A \tag{2-3}$$

$$\mu \geqslant 0 \tag{2-4}$$

$$\mu(x_4 - A) = 0 \tag{2-5}$$

如何解这些式子呢？

从式(2-1)的求导中不难得出

$$\frac{\partial \bar{J}}{\partial x} = \begin{pmatrix} 2x_1 - \lambda \\ 2x_2 - \lambda \\ 2x_3 - \lambda \\ 2x_4 - \lambda + \mu \end{pmatrix} = \begin{pmatrix} 0 \\ 0 \\ 0 \\ 0 \end{pmatrix}$$

换句话说就是

$$x_1 = \frac{\lambda}{2} \tag{2-6}$$

$$x_2 = \frac{\lambda}{2} \tag{2-7}$$

$$x_3 = \frac{\lambda}{2} \tag{2-8}$$

$$x_4 = \frac{\lambda - \mu}{2} \tag{2-9}$$

根据式(2-2)可以得到

$$x_1 + x_2 + x_3 + x_4 = 4\left(\frac{\lambda}{2}\right) - \frac{\mu}{2} = 1$$

也就是说

$$\lambda = \frac{2 + \mu}{4}$$

所以代入式(2-6)～式(2-9)就可以消去λ了，得到新的式子

$$x_1 = \frac{1}{4} + \frac{\mu}{8} \tag{2-10}$$

$$x_2 = \frac{1}{4} + \frac{\mu}{8} \tag{2-11}$$

$$x_3 = \frac{1}{4} + \frac{\mu}{8} \tag{2-12}$$

$$x_4 = \frac{1}{4} - \frac{3\mu}{8} \tag{2-13}$$

同时通过这些新的式子就可以满足式(2-2)的约束了。

再从式(2-3)可以得到

$$x_4 \leqslant A$$

$$\frac{1}{4} - \frac{3\mu}{8} \leqslant A \tag{2-14}$$

为了描述方便,把式(2-4)和式(2-5)再重新编下号,得到

$$\mu \geqslant 0 \tag{2-15}$$

$$\mu(x_4 - A) = 0 \tag{2-16}$$

这样一来就把最初KKT的几个条件用式(2-10)~式(2-16)来表示了。接下来需要根据A的不同取值来做细化分析。

(1) $A > \frac{1}{4}$ 的情况。

因为$A > \frac{1}{4}$,即

$$\frac{1}{4} - A < 0$$

同时根据式(2-15)的$\mu \geqslant 0$,可知式(2-14)

$$\frac{1}{4} - \frac{3\mu}{8} \leqslant A$$

$$\frac{3\mu}{8} \geqslant \frac{1}{4} - A$$

是成立的——换句话说,满足式(2-15)就隐含了满足式(2-14)。

然后再来分析式(2-16),它的成立有以下两种可能性。

① $x_4 = A$。

根据式(2-10)~式(2-13),不难理解

$$x_1 = x_2 = x_3 \geqslant \frac{1}{4}$$

这样一来

$$x_4 = 1 - (x_1 + x_2 + x_3) \leqslant \frac{1}{4}$$

而且在这个场景下$A > \frac{1}{4}$,所以$x_4 = A$不成立。

② $\mu = 0$。

这样一来就只能是$\mu = 0$了。此时可以得出

$$x_1 = x_2 = x_3 = x_4 = \frac{1}{4}$$

同时根据J函数定义,可以得到它的最小值也刚好是$\frac{1}{4}$。

(2) $A = \frac{1}{4}$ 的情况。

当$A = \frac{1}{4}$时,由式(2-14)可知

$$\frac{1}{4} - \frac{3\mu}{8} \leqslant A$$

$$\frac{1}{4} - \frac{3\mu}{8} \leqslant \frac{1}{4}$$

$$\mu \geqslant 0$$

这和式(2-15)是一致的。

另外，式(2-16)的成立同样有两种可能性，即$x_4 = A$或者$\mu = 0$。

因为

$$x_1 = x_2 = x_3 \geqslant \frac{1}{4}$$

这样一来

$$x_4 = 1 - (x_1 + x_2 + x_3) \leqslant \frac{1}{4}$$

所以$x_4 = A$具备可能性。此时根据式(2-13)可得

$$x_4 = \frac{1}{4} - \frac{3\mu}{8}$$

$$\frac{1}{4} = \frac{1}{4} - \frac{3\mu}{8}$$

$$\mu = 0$$

换句话说，式(2-16)的两种可能性是等价的。然后其他变量也就不难求解出来了，而且最终结果和$A > \frac{1}{4}$时的情况完全一致，即

$$x_1 = x_2 = x_3 = x_4 = \frac{1}{4}$$

且$\min(J) = \frac{1}{4}$。

(3) $A < \frac{1}{4}$的情况。

这是以上三种情况中较为复杂的一种。

先从式(2-16)成立的两种可能情况入手，即$x_4 = A$或者$\mu = 0$。

① $\mu = 0$。

假设$\mu = 0$成立，那么

$$\frac{1}{4} - \frac{3\mu}{8} = \frac{1}{4}$$

又因为$A < \frac{1}{4}$，所以

$$\frac{1}{4} - \frac{3\mu}{8} > A$$

这显然与式(2-14)矛盾，所以这个情况不可行。

② $x_4 = A$。

如果$x_4 = A$，那么根据式(2-13)

$$x_4 = \frac{1}{4} - \frac{3\mu}{8}$$

$$A = \frac{1}{4} - \frac{3\mu}{8}$$

$$\frac{\mu}{8} = (\frac{1}{4} - A)/3$$

由于 $A < \frac{1}{4}$，所以

$$(\frac{1}{4} - A) > 0$$

$$\mu = 8(\frac{1}{4} - A)/3 > 0$$

满足式(2-15)。

同时，

$$\frac{1}{4} - \frac{3\mu}{8}$$

$$= \frac{1}{4} - (\frac{1}{4} - A)$$

$$= A$$

满足式(2-14)。

另外，

$$x_1 = x_2 = x_3 = \frac{1}{4} + \frac{\mu}{8} = \frac{1}{4} + (\frac{1}{4} - A)/3 = (1-A)/3$$

所以可以得出J的最小值是：

$$J = 3\left[\frac{1}{9}(1-A)^2\right] + A^2 = \frac{1}{3}(1-A)^2 + A^2$$

$$= \frac{1}{3}(1 - 2A + 4A^2)$$

综上所述，J的最优化问题可以概括如下。

$$J = \begin{cases} \frac{1}{4}, & A \geq \frac{1}{4} \\ \frac{1}{3}(1 - 2A + 4A^2), & \text{其他} \end{cases}$$

值得一提的是，后续章节中将重点分析的SVM就是基于KKT条件来获取最优解的。而且由于SVM的特殊性，它的最优值和KKT条件的解法完全一致。对此学术界在很早以前就已经有论述了，比如Bell实验室的Chrisopher J. C. Burges在其论文 "A Tutorial on Support Vector Machines for Pattern Recognition" 中有如下的描述：

"... This rather technical regularity assumption holds for all support vector machines, since the constraints are always linear. Furthermore, the problem for SVMs is convex (a convex objective function, with constraints which give a convex feasible region), and for convex problems (if the regularity condition holds), the KKT conditions are necessary and sufficient for w, b, α to be a solution (Fletcher, 1987).Thus solving the SVM problem is equivalent to finding a solution to the KKT conditions."

大意：因为约束总是线性的，所以这种相当技术性的规律性假设适用于所有支持向量机。此外，支持向量机是凸问题(一个凸目标函数，凸可行区域)。而且对于凸问题(如果规则条件成立)，KKT条件是"w, b, α是问题解"的充分必要条件(Fletcher，1987)。因此，解决SVM问题等价于找到KKT条件的解。

有兴趣的读者可以下载并阅读上述论文来做详细分析。

2.6 其他

2.6.1 训练、验证和测试数据集

对于机器学习领域的新人来说，训练集(Training Set)、验证集(Validation Set)和测试集(Testing Set)是比较容易混淆的几个概念。相信很多新手都会有这样的疑惑，为什么需要划分这么多集合，它们有什么区别和联系呢？

统计学教授Brian Ripley曾在其1996年的著作*Pattern Recognition and Neural Networks*中针对这几种数据集做了定义，引用如下。

- Training Set: A set of examples used for learning, which is to fit the parameters [i.e., weights] of the classifier.
- Validation Set: A set of examples used to tune the parameters [i.e., architecture, not weights] of a classifier, for example to choose the number of hidden units in a neural network.
- Test Set: A set of examples used only to assess the performance [generalization] of a fully specified classifier.

所以简单来说，它们的作用分别如下。

训练集：用于训练分类器模型的参数，比如权重。

验证集：用于确定分类器的网络结构或者控制与分类器复杂度相关的参数，例如，网络层中的隐藏单元数。

测试集：前两者都会影响模型的形成。测试集则用于对最终选择出的最优模型进行性能等方面的评估。

当然，并不是任何时候都需要细化成三种数据集，另外一种常见的组合是训练集加测试集，如图2-26所示。

那么为什么要划分这么多类型呢？其实可以反过来回答这个问题，即如果不划分的话可能会发生什么情况？

图2-26　数据集组合形式

想象一下，如果直接将所有数据集都用于训练，那么只要模型足够复杂就一定可以达到很高的准确率，但这肯定不是最佳结果——因为这样生成的模型已经过份适应了数据集的特征，包括其中的一些"噪声"，所以很容易产生过拟合(参见后续的分析)的问题。

既然需要将原始数据集进行重组(比如划分为训练集和测试集)，具体应该怎么操作呢？

1. Hold-out 方法

这是最简单的一种重组方式，即将原始数据集直接拆分成两部分，分别作为训练集和测试集，如图2-27所示。

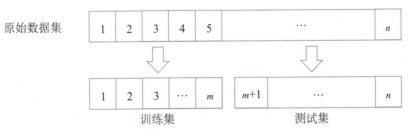

图2-27　Hold-out Method

这种方法的优点是显而易见的——简单高效。但也正是由于这种简单性，使得这样划分出来的数据集对于最终的模型准确率波动很大，或者说相当"随机"，如图2-28所示。

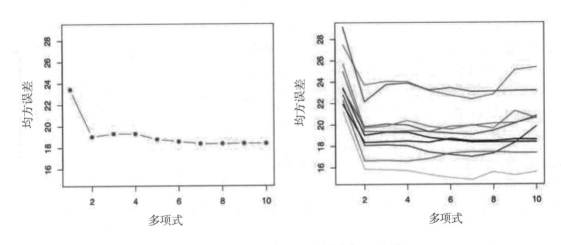

图2-28　Hold-out Method的缺点(图片来源于网络)

图2-28右侧是利用Hold-out Method产生十种不同的训练集和测试集后，得到的机器模型的MSE值(均方误差)。从中可见，要想得到好的模型和参数就有点儿"靠运气"了。所以说，Hold-out Method并不是一个稳定可靠的数据集划分方法。

2. Leave-One-Out Cross Validation (LOO-CV)

为了克服Hold-out Method的缺点，聪明的人们就想到了能不能"平等"地对待所有数据项呢？答案是肯定的，它其实就是交叉验证(Cross Validation，简写为CV)。不过CV也有多种具体类型，限于篇幅本书选择其中两个最常见的版本进行讲解。

和Hold-out中一劳永逸地将数据"一分为二"，然后它们之间就"老死不相往来"的做法不同，LOO-CV是将整个过程分为n轮——每一轮都只把一个数据项作为测试集，而其他剩余数据全部划为训练集，如图2-29所示。

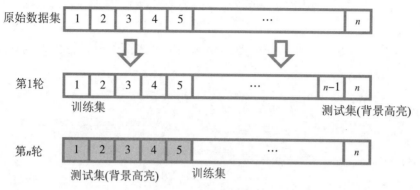

图2-29 LOO-CV示意图

由此可见，LOO-CV的处理过程对于所有数据项理论上都是"公平"的，避免了训练集随机划分带来的波动性。当计算MSE时，是对n轮的结果取平均值，公式如下。

$$CV_{(n)} = \frac{1}{n}\sum_{i=1}^{n}MSE_i$$

3. *K*-fold Cross Validation (*K*-CV)

虽然LOO-CV对于所有数据的公平性比较强，但分为n轮来处理难免带来效率的下降，因而就有了另一种较为折中的办法，即K-CV。

顾名思义，K-CV就是每次不再只考虑一个，而是以k个数据项作为测试集(常见的k取值是5或者10)。它的核心处理步骤如下。

Step1：将整个数据集划分为k份。

Step2：每次从k份中选择不重复的一份作为测试集，剩余部分成为训练集。

Step3：重复k次。

不难理解，前述的LOO-CV其实是$k=n$时的K-CV特例。它的MSE是将k次的MSE取平均，如下。

$$CV_{(k)} = \frac{1}{k}\sum_{i=1}^{n}MSE_i$$

很多研究表明，当$k=5$和10时，K-CV的效果和LOO-CV较相近，如图2-30所示。

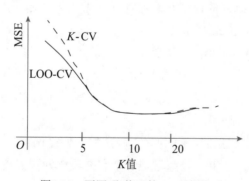

图2-30 不同k取值下的K-CV表现

因而可以优先选择5或者10作为k值。

2.6.2 过拟合和欠拟合

机器学习中常见的两个问题，就是过拟合(Overfitting)和欠拟合(Underfitting)。它们对于模型的影响是比较大的，因而我们希望可以尽量消除或者减少这两种情况。

1. 什么是过拟合和欠拟合

过拟合或者过度拟合，简而言之就是在拟合数据模型的过程中使用了过多的参数。理论上讲，只要模型足够复杂，那么就可以完美适配所有的训练数据集，甚至包括其中的一些"噪声"。这样和前面学习到的奥卡姆剃刀是相悖的，导致的后果就是模型本身的泛化能力很弱，模型的准确率得不到很好的提升。

下面结合一个例子来讲解。假设要从一组猫的训练数据中学习到如何识别猫，模型已经学习到了如下特征。

- 猫有两只耳朵。
- 猫有一个鼻子。
- 猫有胡须。
- 猫有尾巴。

……

另外，因为训练数据集提供的猫样本恰巧都是(或者大部分都是)白色的，所以学习算法又得出了如下的结论。

- 猫必须是白色的。

很显然，此时就出现了过拟合的情况——猫的颜色并不仅限于白色，因而白色对于这个场景而言是一种"噪声"。换句话说，如果用这个模型来做黑猫的识别，那么必然会出现错误的结果。

与之相对，欠拟合指的是模型没有很好地捕捉到训练数据集中的特征，或者说对变量的考虑不足导致的准确率不够好的情况。仍然以前面识别猫的范例来说，如果只得到如下一些简单的特征：

- 猫有两只耳朵。
- 猫有一个鼻子。
- 猫有尾巴。

那么显然它根本没有正确区分出猫、狗，甚至猴子、老鼠等都具备这些特征的动物。因而可以预想得到，由此得到的模型的准确率肯定不会太好。

读者也可以参考如图2-31所示，直观感受一下过拟合和欠拟合的区别。

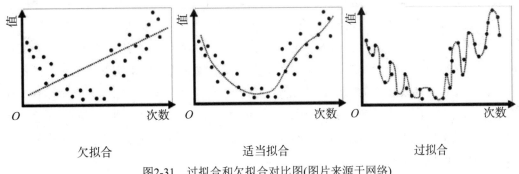

图2-31　过拟合和欠拟合对比图(图片来源于网络)

2. 判断过拟合和欠拟合的方法

如何判断过拟合和欠拟合呢？

从项目实践经验来看，有如下建议。

1) 过拟合

如果模型在训练数据集上的预测结果很好，但在测试数据集上的表现却并不理想，或者说两者有较大差距,那么我们有理由怀疑模型发生了过拟合现象。

2) 欠拟合

如果模型不仅在训练数据集上的预测结果不好,而且在测试数据集上的表现也不理想,也就是说两者的表现都很糟糕,那么我们有理由怀疑模型发生了欠拟合现象。

判断过拟合和欠拟合的方法如表2-3所示。

表2-3 判断过拟合和欠拟合的简单办法

训练集上的预测表现	测试集上的预测表现	可能原因
好	不好	过拟合
不好	不好	欠拟合
好	好	适度拟合

2.6.3 奥卡姆的剃刀

奥卡姆的剃刀(Occam's Razor)是一个有意思的问题解决法则,一般将其归功于14世纪的逻辑学家William of Occam (1287—1347)——不过事实上它可以追溯到更早的时间,比如John Duns Scotus (1265—1308),Robert Grosseteste (1175—1253),Maimonides (Moses ben-Maimon, 1138—1204),甚至更早之前的Aristotle (公元前384—322)。相信读者对Aristotle(亚里士多德)不会陌生,他在*Posterior Analytics*中曾经有过如下的论述:

"We may assume the superiority ceteris paribus [other things being equal] of the demonstration which derives from fewer postulates or hypotheses."

大致意思即:在其他条件均相同的情况下,可以假设"前提(postulates)或者假定(hypotheses)更少的表述(demonstration)的优先级更高"。

目前已有的资料显示,Occam曾在他的《伦巴第人彼得语注》中做出了如下表述:

"Numquam ponenda est pluralitas sine necessitate."

直译为英文是"Plurality must never be posited without necessity"。

另外,奥卡姆的剃刀还有一个流传更广泛的表述"entia non sunt multiplicanda praeter necessitatem"(其英文直译为"entities must not be multiplied beyond necessity"),而且这个版本并不来源于Occam本人的论著或者文章(注:这里需要从英文的角度,自己体会一下上面两个语句之间的差异,本书不直译为中文的原因在于可能会遗漏其中的"精髓")。

我们不去细究为什么会产生上述"扑朔迷离"的关系,也不纠结为什么人们将这条原则归功于Occam本人。可以肯定的是,奥卡姆的剃刀原则在人类文明的发展历程中确实发挥了积极的作用。它所透露出的"如无必要,勿增实体"的简单有效原则,就像一把剃刀一样"剪除"了学术或者工业界的很多空洞无物的"累赘",因而也让它在多个学科领域中得到广泛的传播和应用。例如,在医学领域,医学家会涉及名为诊断简约化原则(Diagnostic Parsimony)的言论,它的核心思想是医生在诊断时应该尽可能给出符合所有症状的最简单的病因。

在过去几百年间,曾经有不少学者试图从逻辑学、经验主义或者概率论等多个方向上来论证奥卡姆的剃刀原则。当然,奥卡姆的剃刀原则本身并不是公理或者理论准则,它更多的是被科学家们作为启发法引用而存在的。另外,并非任何场景下的最简化方案都是最佳的——因为"一刀切"的做法不是这条原则的本意,还需要"具体问题具体分析"。

2.6.4 信息熵

Entropy，即"熵"的概念来源于热力学，它是用于衡量系统混乱程度的重要参数之一。信息熵 (Information Entropy)则由著名的信息论之父——C. E. Shannon(香农)提出来，是用于描述信息不确定度 的一个概念。由此可见，两个"熵"之间并没有直接的关联(当然，它们也有类似的地方。比如都是为 了解决特定体系的量化问题；而且某种程度上它们都致力于面向"无序"或者不确定性的衡量)。

Information Entropy在Wikipedia上的定义是：

"Information entropy is defined as the average amount of information produced by a stochastic source of data.The measure of information entropy associated with each possible data value is the negative logarithm of the probability mass function for the value."

大意：信息熵定义为随机数据源产生的平均信息量。与每个可能的数据值相关联的信息熵的度量， 是该值的概率质量函数的负对数。

从这段话的描述中，可以得到以下关键点。

(1) 信息熵和随机变量有关系。

(2) 信息熵是"信息"的平均量，所以又被称为"平均自信息量"。

(3) 信息熵和概率分布有关系。

(4) 信息熵是对不确定性的度量。

不过理论性的概念看上去非常晦涩难懂，因而我们可以举一些生活中的范例来帮助读者更好地理解 它的本质是什么。

信息熵既然是衡量"不确定性"的，那么首先就会想到：如何理解"不确定性"呢？另外，信息本 身应该是具备某种"价值"的。那么如何衡量信息的价值大小，或者通俗地讲就是"哪些信息量大哪些 信息量小"的问题。

如果仔细思考一下，或许可以得出以下几点粗浅想法。

(1) 随机结果越多的事件，其不确定性应该越高。

这一点不难理解。比如我现在手上有一个桃子，你告诉我说"这个桃子里面一定有桃核"。地球人 都知道桃子里面有桃核，因而对于我来说这就相当于是一句"废话"——换句话说，因为事件本身只有 一种可能性，并没有不确定的因素，所以这个信息的价值就很低了。

而如果你告诉我明天会下雨，记得带伞，那么这个信息对我而言就很有价值了——因为天气的变数 很多，明天既可能是晴天，也可能下大雨，甚至下冰雹，所以这样的事件具备足够的不确定性。

(2) 概率越小的其信息量越高。

反之，概率越高的其信息量越低。当概率达到1时，那么就相当于随机结果值只有一种，这种情况 下系统就是确定性的。例如，"某某地区发生百年一遇的大地震"本身是一个小概率事件，因而其信息 量比"抛一枚硬币正面朝上"(概率是50%)要高得多。

(3) 信息的价值应该体现在它"消除不确定性"的能力上。

我们先解释一下什么是消除不确定性。比如教室里有300个位置，我开始的时候并不知道小明会选 择哪个座位；这个时候如果你提供"小明是一个好学生，他喜欢靠前的位置以便更好地听课"，那么显 然这个信息降低了"小明会坐在哪个位置"的不确定性，因而它是有价值的；如果又有人进一步提供了 "小明已经在第1排第3列的地方占了个座，而且他一般都是坐在这个位置"，那么前述问题的答案基本 上已经浮出水面了——换句话说，后者对于不确定性的消除能力更大，因而信息量也就更多。

了解了信息量和信息熵的概念后，接下来可以引出信息熵的标准公式了。在香农的定义中，信息熵

H是针对离散随机变量X的如下表述。

$$H(X) = \sum_{i=1}^{n} P(x_i) I(x_i) = -\sum_{i=1}^{n} P(x_i) \log_b P(x_i)$$

其中，b的取值可能是2，或者e，及10。

那么这个公式是否符合前述的几点思考呢？

(1) 对于只有一种可能性的系统，也就是$i=1$的情况，很明显$P(x)=1$，那么

$$H(X) = -1 \times \log(1) = 0$$

也就是说，它不存在信息熵，不具备不确定性。

(2) 而对于概率值<1的情况，显然：

$$\log P(x) < 0, \quad -\log P(x) > 0$$

且$P(x)$值越小，$-\log P(x)$的值越大。

因而也符合前面第2点的设想。

同时公式中是对所有$\log P(x)$求和，意味着可能性越多，其信息熵理论上越大。

所以综合来看，$H(x)$公式确实可以很好地表述一个系统的不确定性。

另外，信息熵还具备如下一些特性。

(1) Continuity (连续性)。也就是说，概率值的小幅波动对于信息熵的影响应该是微小的。

(2) Symmetry (对称性)。公式中x的排列顺序，不应该对信息熵的值产生影响，表述如下。

$$H_n(p_1, p_2, \cdots) = H_n(p_2, p_1, \cdots)$$

(3) Maximum (熵的最大值)。信息熵应该在所有可能值同等概率的情况下达到最大值，换句话说，此时不确定性最高(请注意和信息量的大小区分开来)。

最后来计算一个实际范例中的信息熵值。理论上，一枚硬币在抛掷后出现正面和反面的概率都是0.5，即它的信息熵为

$$H(X) = -\sum_{i=1}^{n} P(x_i) \log_b P(x_i) = -\sum_{i=1}^{2} (1/2) \log_2 (1/2) = -\sum_{i=1}^{2} (1/2) \times (-1) = 1$$

可以看到此时是信息熵的极值。

但如果说我们面对的是一枚处理过的硬币，它出现正面和反面的概率分别是0.7/0.3，那么此时的信息熵就变成：

$$H(X) = -p \log_2(p) - q \log_2(q) = -0.7 \log_2(0.7) - 0.3 \log_2(0.3)$$
$$\approx -0.7 \times (-0.515) - 0.3 \times (-1.737) \approx 0.881 < 1$$

按照前面的分析，因为两种可能性概率不再均等，所以它的不确定性或者说信息熵自然就降下来了。

信息熵的概念在机器学习的多种算法中都有应用，比如随机树中的ID3算法就是基于它来实现的。建议读者可以结合本书后续章节的内容来学习和理解。

2.6.5 IOU

IOU(Intersection-Over-Union)是图像目标识别(Object Detection)中的一个参数，它指的是预测模型得出的目标窗口和人工标记的窗口的交叉率，公式如下。

$$IOU = \frac{DetectionResult \bigcap GroundTruth}{DetectionResult \bigcup GroundTruth}$$

其中，GroundTruth是指"真实的情况"，DetectionResult则是指模型所给出的预测结果。二者的交集除以它们的并集得到的即是IOU。

如图2-32所示为一个范例。

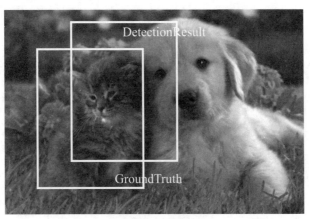

图2-32　IOU范例

如图2-32所示的是针对"猫"的IOU范例。左下方框代表的是GroundTruth，它完美给出了"猫"在图片中的位置；右上方框代表的是DetectionResult，可以看到预测结果与真实值有一定偏差。

不难理解，最理想的IOU发生在预测窗口和人工标记窗口完全重叠的时候，此时IOU=1。

2.6.6　NMS

NMS是Non-Maximun Suppression的缩写，它的中文通常被直译为"非极大值抑制"。NMS是不少目标识别框架中经常会用到的一个算法(参见本书后续章节中的讲解)，不过只从名字读者可能还无法直接理解它的作用。假设有如下一个目标识别场景，如图2-33所示。

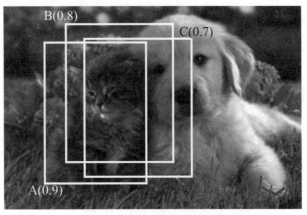

图2-33　目标识别场景示例

图2-33中一共有3个方框，它们旁边的数字表示检测到CAT的概率，分别为0.9、0.8和0.7。虽然这几个方框都含有猫的图像，但对于目标识别算法来说，最终的输出结果应该只有唯一的bounding box。这就涉及如何针对多个窗口进行处理，以得到最佳结果的过程——NMS之所以叫作"非极大值抑制"，主要原因在于它处理窗口的方式就是"扬长避短"。

NMS的核心处理逻辑并不复杂，下面以上面这个示例为例说明步骤。

Step1：先选出概率最高的方框，即A。

Step2：选出与上述方框相交的矩形框，即B和C。

Step3：分别计算A与这些方框的IOU值。

Step4：设定一个阈值(比如0.5)，将大于阈值的方框丢弃掉(即抑制)，只保留小于阈值的方框。

经过上述处理流程，本范例最终只保留下了A方框，从而得到唯一最佳的边界框(Bounding Box)。

2.6.7 Huffman树

Huffman树，经常也被称为最优二叉树，是不少自然语言处理(NLP)模型的理论基础(比如word2vec背后的CBOW和skp-gram模型)，因而建议读者把后续的NLP章节和本节结合起来阅读。

最优二叉树简单而言是指带权路径长度最短的树，换句话说，权值大的节点通常离树根节点更近一些；反之则会更远一些。下面的阐述中会首先从范例入手，再从中引出最优二叉树的理论，以便帮助读者深入浅出地理解这一关键算法。

范例：编写程序，判断某人的跳远成绩属于不及格、及格、中等、良好还是优秀，所采用的标准如表2-4所示。

表2-4　判定标准

成绩	判定结果
<3/m	不及格
≥3/m且<4/m	及格
≥4/m且<5/m	中等
≥5/m且<6/m	良好
≥6/m	优秀

最简单的实现方式，可能就是直接根据标准的顺序来做判断，类似于：

```
if (score < 3)
    output = BAD;
else if (score >=3 && score <4)
    output = PASS;
...
```

如果利用二叉树来表述上述这种实现方式，具体过程如图2-34所示。

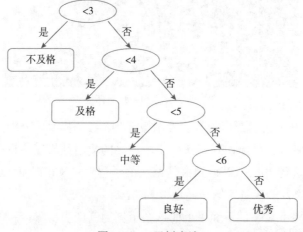

图2-34　二叉树表述1

从功能实现上来看，这样的处理过程并没有太大的问题。不过读者可以思考一下，从计算效率的角度来衡量，它是最佳方案吗？

假设需要评判的一批跳远成绩的分布，如图2-35所示。

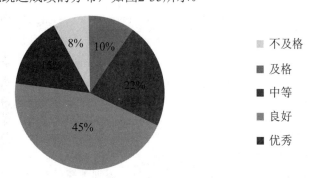

图2-35　成绩的概率分布情况

可以看到，"中等""良好"等成绩占据了"大半个江山"，但是它们在二叉树中需要经过3次以上的判断才能够得到真正的处理；而处理次数最少的"不及格"只占到8%的份额——换句话说，这样的二叉树结构并不能获得最佳的计算效率。

例如，图2-36所示的二叉树结构明显就比第一种效率要高。

所以我们自然会问：有什么理论基础可以支撑我们得到最优结果吗？

Huffman树应运而生。这其中涉及如下几个基础概念。

1. 路径和路径长度

二叉树中两个节点之间经过的分支数目称为它们的路径长度。

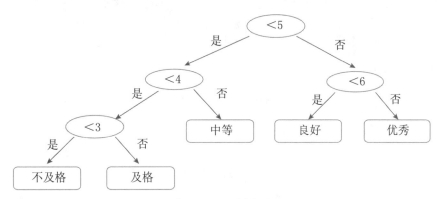

图2-36　二叉树表述2

2. 带权路径长度

如果给树中的节点分配一个权值，那么该节点到树根的路径长度与其权值之积，称为带权路径长度。

3. 二叉树的带权路径长度

一棵有n个带权值叶子节点的二叉树，其带权路径长度计算公式为

$$\text{WPL} = \sum_{m=1}^{n} w_m l_m$$

其中，w和l分别代表节点的权值和路径长度。

Huffman树或者说最优二叉树指的就是带权路径长度最小的二叉树。

有不少方法都可以构造出最优二叉树，比较经典的是Huffman算法——这个"贪心"算法很简洁，相对而言也比较通俗易懂，因而这里就不做详细阐述了。

另外，最优二叉树还有很多其他影响深远的应用，比如通信和计算机信息处理领域的Huffman编码——因为和后面章节中将讲解到的NLP算法有些关联，这里也一并做下介绍。

假设在数据通信中需要发送一串字符"We need to send out a message"，那么该如何编码呢？可以看到这句话中出现了a、d、e、g、m、n、o等若干个字符，要区分它们并不难，最多只要用到几个bit就可以(比如00000代表a，00001代表d等)——这种编码方式称为等长编码。虽然它也是一种有效的通信解决方案，但从效率上考量显然不是最佳的。这其中的核心原因在于：

(1) 所有字符等长编码，会造成不必要的浪费。

(2) 未充分考虑字符的出现概率。

我们可以通过二叉树来解决这些问题。

为了保证每一个字符编码都不是其他字符的前缀编码(否则就无法区分开字符了。例如，把a编码为01，把b编码为011，那么当遇到011时就会产生"歧义")，每个字母只能出现在叶子节点上。同时可以引入Huffman算法来充分考虑字符的概率分布。具体而言，字符出现的概率就是它的节点对应的权值大小。根据前面的学习，这样产生的二叉树中频率越小的离树根越远，而频率高的则靠近树根。

由此设计出来的编码方式就是Huffman编码。如图2-37所示就是这个范例的一种编码结果，供读者参考。

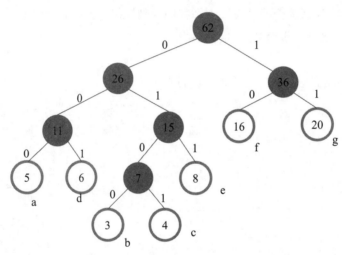

图2-37　Huffman编码范例

在图2-37中，圆圈中表示的是字符出现的次数；空心圆圈代表字符(叶子节点)，实心圆圈表示的是非叶子节点；叶子节点旁边的是它所表示的字符。另外，细心的读者可能已经发现图2-37中同时遵从"权值小的作为左节点，且在分支上表示为0"的约定。当然，这种约定的具体内容是可以根据实际需要进行调整的。

如何度量和评估一个机器学习模型的优劣呢？目前业界有很多种度量指标，例如召回率(Recall)、精确率(Precision)、mAP、ROC等，它们之间有什么区别？针对不同的业务场景又应该如何选择呢？

这些都是本章所要回答的问题。

3.1 Precision、Recall和mAP

计算机领域有很多评估识别结果精度的方式，mAP(mean Average Precision)就是其中应用非常广泛的一种。它的计算过程并不复杂，引用Wikipedia上的描述：

"Mean average precision for a set of queries is the mean of the average precision scores for each query."

对应的公式是：

$$\text{MAP} = \frac{\sum_{q=1}^{Q}\text{AveP}(q)}{Q}$$

其中，Q是指查询的次数。

Wikipedia上的释义虽然是针对信息检索提出来的，但同样可以被机器学习领域用于评估预测精度。在mAP公式中，涉及AveP(q)的计算过程。如果要理解后者，首先需明白3个指标：准确率(Accuracy)、召回率(Recall)和精确率(Precision)。

不论是针对哪种场景，二分类模型的检测结果都有如下4种可能性。

(1) True Positive (TP)：预测值为1，实际值也为1，检测正确。

(2) False Positive (FP)：预测值为1，但实际值为0，检测错误。

(3) True Negative (TN)：预测值为0，实际值也为0，检测正确。

(4) False Negative (FN)：预测值为0，实际值为1，检测错误。

Accuracy和Precision都很好理解，它们指的是

Accuracy=(TP + TN) / (TP + FP + TN + FN)

Precision=TP / (TP + FP)

但是仅有这两个指标是不够的。举个实际的例子就很好理解了：我们知道"导弹攻击信号"有可能是真实的，也可能是模拟出来的。现在假设100次中真正的导弹攻击事件是3次，同时某导弹攻击防御器成功检测出了其中的两次。那么可以得出：

TP=2

TN=97

FP=0

FN=1

所以Accuracy=99%，而Precision=2/2=100%。可见仅从这两个值来看，这个导弹防御器的表现似乎已经非常不错了。但事实真的如此吗？毋庸置疑，导弹攻击是非常致命的，所以即便只有一次失误，也是让人无法接受的。

或者我们再换一种思路——如果程序员为了偷懒，写了一个类似下面的导弹攻击检测器：

```
boolean isRealMissile()
{
    return false;//管它是真是假，一律当假的处理。
}
```

那么针对上面这一模型的评估结果如何呢？

此时：

TP=0

TN=97

FP=0

FN=3

因而Accuracy=97%。也就是说，即便什么都不做，系统也可以达到很高的准确率，这显然不是我们希望看到的结果。

这也是引入Recall的原因之一，它的定义如下。

Recall=TP / (TP+FN)

而上述两种情况因为Recall值分别为66.6%及0，终于得到了相对公正的评价。

理解了Precision和Recall后，接下来就可以进一步分析平均精确率(Average Precision)了。对于一个多标签图像分类系统来说，每一个预测分类(例如小猫)都可以得到它们的置信值(Confidence Score)，以及对应的真值标签(Ground Truth Label)，范例如表3-1所示。

表3-1　分类范例

序号	置信值	真值标签
5	0.98	1
4	0.95	1
2	0.89	0
1	0.82	1
3	0.78	1
6	0.67	0
...		

表3-1已经按照置信值进行了排序，Index指的是参与分类的图片编号。

假设我们认为列表中的Top-2是Positive的，那么对照真值标签不难发现TP=2，同理也可以计算得出TP等其他值，并最终得到Top-2情况下的Recall和其对应的Precision。

再假设我们认为列表中的Top-3是Positive的，那么同样，最终也能得到这种情况下的Recall和其对应的Precision。如此循环直到Top-N，此时Recall的值一定为1。

在上述循环过程中，实际上得到的是所谓的精确率召回函数(Precision-Recall Function)。如果以Recall为横坐标，以Precision为纵坐标绘制出曲线，那么将得到类似如图3-1所示的图形。

关于PRC，后续还会有进一步的介绍。

Average Precision简单来说就是针对每个Recall对应的Precision求均值得来的。因为是多标签分类的任务，所以还可以对所有分类情况做AP，然后取均值，最终得到mean Average Precision (mAP)。

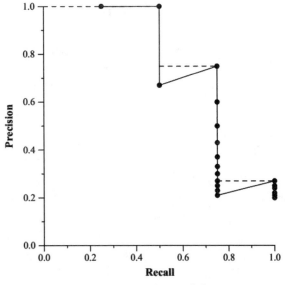

图3-1 Precision-Recall 曲线

3.2 F_1 Score

F_1 Score又称为平衡F分类，其与Precision和Recall都有关系——准确地说，它兼顾了后两者，是它们的一种加权平均。

具体而言，F_1 Score的公式如下。

$$F_1 = 2 \cdot \frac{\text{Precision} \cdot \text{Recall}}{\text{Precision} \cdot \text{Recall}}$$

另外，还可以由此引申出 F_β，如下。

$$F_\beta = \left(1 + \beta^2\right) \cdot \frac{\text{Precision} \cdot \text{Recall}}{\left(\beta^2 \cdot \text{Precision}\right) + \text{Recall}}$$

不难看出，F_1是上述公式的特例，其他常用的还有F_2，$F_{0.5}$等。

那么人们提出F_1 Score的意义是什么呢？

很简单，就是为了解决当Precision和Recall出现冲突时的"难以抉择"的情况。比如，当我们遇到类似表3-2这样的场景时，究竟是模型1更好，还是模型2更佳呢？

表3-2 模型比较

模型	Recall	Precision
模型1	0.6	0.8
模型2	0.8	0.6

此时F_β就可以发挥作用了——F_1认为Recall和Precision的权重是一样的，而F_2则认为前者比后者重要(成反比)，等等。

F分数目前被应用于多个机器学习算法领域，是一个相当通用的衡量指标，在后续多个章节中还会再看到它的身影。

3.3 混淆矩阵

混淆矩阵(Confusion Matrix)，又称为可能性表格或是错误矩阵，是一种用来呈现算法性能效果的特定矩阵。

下面结合一个实际的混淆矩阵来解释其含义，如下。

	Precision	Recall	F_1 Score	Support
体育	0.99	0.99	0.99	1000
财经	0.96	0.99	0.97	1000
房产	1.00	1.00	1.00	1000
家居	0.95	0.91	0.93	1000
教育	0.95	0.89	0.92	1000
科技	0.94	0.97	0.95	1000
时尚	0.95	0.97	0.96	1000
时政	0.94	0.94	0.94	1000
游戏	0.97	0.96	0.97	1000
娱乐	0.95	0.98	0.97	1000

这是一个文本分类器的范例，可以看到它包含体育、财经、房产等10个分类。上述的一系列数值描述了每一个分类的Precision、Recall等信息，它们为我们理解分类器的全局性能提供了关键输入。

如果还想细化分析每一种类别的实际分类结果呢？

此时就可以用到混淆矩阵了，如下所示。

```
Confusion Matrix...

[[991   0   0   0   2   1   0   4   1   1]
 [  0 992   0   0   2   1   0   5   0   0]
 [  0   1 996   0   1   1   0   0   0   1]
 [  0  14   0 912   7  15   9  29   3  11]
 [  2   9   0  12 892  22  18  21  10  14]
 [  0   0   0  10   1 968   4   3  12   2]
 [  1   0   0   9   4   4 971   0   2   9]
 [  1  16   0   4  18  12   1 941   1   6]
 [  2   4   1   5   4   5  10   1 962   6]
 [  1   0   1   6   4   3   5   0   1 979]]
```

上面所述的就是这个文本分类器的混淆矩阵评估结果。不难看出，它的行列数都是10，也就是一个$n \times n$的矩阵。其中每一行都是一个真实的归属类别，因而每一行的数据总数表示该类别的数据实例的数目；而每一列则是真实类别被预测为该类的数目，如表3-3所示。

表3-3 混淆矩阵的行列释义

		预测类别			
		类别1	类别2	类别3	类别4
实际归属类别	类别1				
	类别2				
	类别3				
	类别4				

以前面的范例来讲，第一行对应的真实类别是"体育"，而预测结果中，"体育"(True Positive)的数量是991，其他被预测为"财经""房产""家居""教育"的数量则分别为0、0、0和2。

所以通过混淆矩阵，不仅可以计算出True Positive、True Negative、False Positive、False Negative这4个数值，而且还能进一步挖掘出预测结果中准确或者不准确的地方具体有哪些。这给我们至少带来了如下一些好处。

(1) 更有针对性地调整模型参数。

通过观察和分析每一种类别的实际预测结果，有助于"对症下药"改善分类器模型。

(2) 更有针对性地分析数据集问题。

对于数据集不平衡(即每一类别的数据样本数量相差太大)的情况，单纯从Precision等指标很难看出来，而混淆矩阵则可以给出有效的指引。

3.4 ROC

ROC，即Receiver Operating Characteristic曲线，通常直译为接收器操作特性曲线或者受试者工作特征曲线。

先来看一下ROC实际"长什么样子"，如图3-2所示。

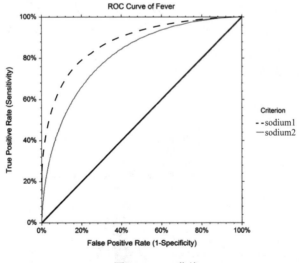

图3-2 ROC曲线

从图3-2中可以清晰地看到，ROC的横纵坐标分别是特异度(1-Specificity)和灵敏度(Sensitivity)。这两个指标又是什么呢？简单地说，它们分别代表的是假正例率(False Positive Rate，简称为FPR)和真正例率(True Positive Rate，简称为TPR)。

根据前面的内容：

(1) True Positive (TP)：预测值为1，实际值也为1，检测正确。

(2) False Positive (FP)：预测值为1，但实际值为0，检测错误。

(3) True Negative (TN)：预测值为0，实际值也为0，检测正确。

(4) False Negative (FN)：预测值为0，实际值为1，检测错误。

所以

$$FPR = \frac{FP}{FP + TN}$$

$$TPR = \frac{TP}{TP + FN}$$

另外，True Negative Rate(简称TNR)的计算公式是

$$TNR = \frac{TN}{FP + TN}$$

TNR又被称为Specificity，而且不难推导出

$$1 - TNR$$

$$= 1 - \frac{TN}{FP + TN}$$

$$= \frac{FP + TN - TN}{FP + TN}$$

$$= \frac{FP}{FP + TN}$$

$$= FPR$$

这就是图3-2中横坐标1-Specificity的由来。

那么，ROC曲线是如何绘制出来的呢？

我们知道，某些分类器基于训练样本会产生一个预测概率，所以最终结果与一个设定的阈值有关——预测值与此阈值进行比较，若大于阈值会被分为正类，否则分为反类。

不同任务中，可以根据实际诉求来选择不同的阈值。通常情况下，如果更注重"查准率"，那么应该优先选择排序中靠前的位置进行截断；反之若更关心"查全率"，则建议选择靠后的位置进行截断。由此就产生了本节所讲述的ROC曲线，如图3-3所示。

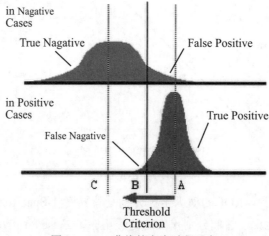

图3-3　ROC曲线的产生过程示意

从ROC曲线的绘制过程，可以看出它可以用于评估分类器的性能好坏，而且理论上曲线距离左上角

越近，则分类器效果越好。

3.5　AUC

除了ROC曲线外，AUC也是一个常用的模型评估手段，它是Area Under Curve的缩写。从字面意思来解读，AUC是指曲线所组成的面积，那么是什么样的曲线呢？其实就是3.4节讲解的ROC曲线，如图3-4所示。

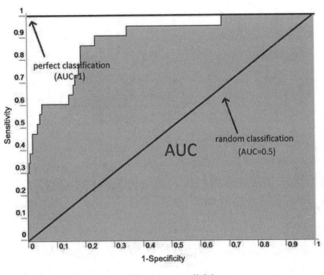

图3-4　AUC范例

不难理解，AUC的值越大，那么被评估的分类器的分类效果理论上就越好。

(1) AUC=1时。

代表一个完美的分类器。采用这个预测模型时，不管设定什么阈值都能得出完美的预测结果。但是这种完美的分类器基本上不存在。

(2) 0.5< AUC <1时。

预测结果比随机猜测要好。换句话说，如果妥善设定这个分类器的话，它是具备预测价值的。

(3) AUC=0.5时。

代表该模型的预测结果基本上和随机猜测一样(更直白一点儿，就是"瞎猜"的结果)，此时模型并没有什么预测价值。

(4) AUC<0.5时。

代表该模型比随机猜测的结果还要糟糕，不过如果总是反预测而行，它还是优于随机猜测。

一般情况下，我们认为只有达到0.9以上的AUC才是一个准确性较高的分类器模型。

理解了AUC的定义后，再来讨论一下如何计算AUC的值。典型的实现方法有如下几种。

(1) 直接计算面积大小。

这可能是大多数人想到的最直接的方法——因为AUC理论上就是ROC曲线下的面积大小。不过这个方法有什么缺陷呢？

我们知道，ROC曲线的绘制与阈值的设定有关。换句话说，最终得到的曲线由于"采样"数量的限制通常不是"平滑"的，它呈现出一个个阶梯形状，如图3-5所示。所以计算得到的AUC准确性和阈值的设置有较大关联性。

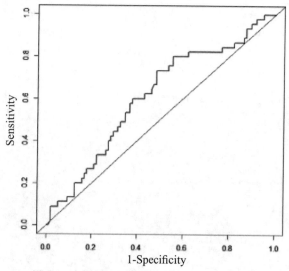

图3-5　实际的ROC曲线会呈现"阶梯状态"

(2) 根据Wilcoxon-Mann-Witney Test来计算。

我们计算正样本分数大于负样本分数的概率就可以得到AUC。具体取$N×M$(N为正样本数，M为负样本数)个正负样本二元组，比较分数后得到AUC，其时间复杂度为$O(N×M)$。和上面计算面积的方法类似，样本数越多，则计算得到的AUC越准确。

(3) 按照分数对样本进行排序并用排序(rank)来表示。

第三种方法与第二种方法有点儿相似，都是直接计算正样本分数大于负样本分数的概率，区别在于复杂度降低了。首先把所有样本按照分数来排序，然后依次用rank来表示它们。比如对于分数最大的样本，rank=n ($n=N+M$)，其次为$n-1$，$n-2$，以此类推。对于正样本中rank最大的样本(rank_max)，有$M-1$个其他正样本比它的分数小，那么就有(rank_max-1)-($M-1$)个负样本比它的分数小；其次为(rank_second-1)-($M-2$)。因此最后得到正样本大于负样本的概率为

$$AUC = \frac{\sum_{i\in positiveClass} rank_i - \frac{M(1+M)}{2}}{M \times N}$$

当然，业界已经有不少工具提供了计算AUC的便捷API，例如，下面是scikit-learn库中与AUC计算相关的一个接口原型。

```
sklearn.metrics.auc(x, y, reorder=False)
```

它的具体参数定义如图3-6所示。

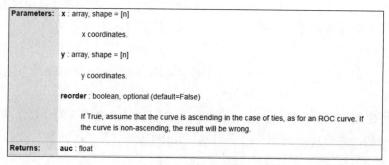

图3-6　参数定义

最后，再来总结一下为什么要使用ROC和AUC，或者说它们的特别之处在哪里。简单来说，ROC有一个显著的优点，即当测试集中的正样本和负样本分布发生变化的时候，ROC曲线能够保持不变。由于实际的数据集中经常会出现类间的不平衡(Class Imbalance)现象，即负样本比正样本多很多(或者相反)，而且测试数据中的正负样本的分布也可能随着时间变化，此时这一特性就能显示出其独特价值。

对于ROC的上述特征，业界已经做过不少研究和实验，如Tom Fawcett在"An introduction to ROC analysis"论文中给出图3-7所示曲线对比图。

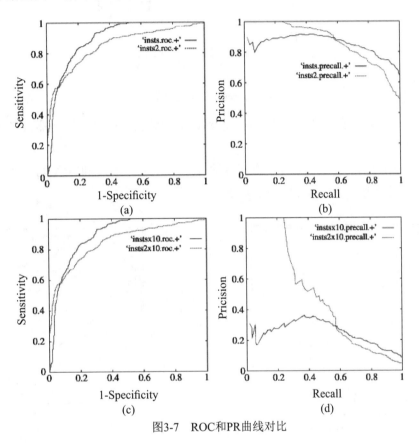

图3-7　ROC和PR曲线对比

其中，图3-7(a)和图3-7(b)是分类器在原始测试集(此时正负样本分布平衡)上的预测结果，而图3-7(c)和图3-7(d)则是将测试集中的负样本数量增加到原来的10倍后，分类器的ROC和PR曲线的评估结果。从中可以清晰地看到，ROC曲线可以基本保持不变，而后者则出现了"剧变"。

3.6　PRC

PRC是精确率召回曲线(Precision Recall Curve)的缩写，顾名思义，它的横纵坐标自然就是Recall和Precision。事实上，前面几节讲解其他曲线时已经简单地提到过PRC。首先将分类结果按照分值进行排序，而后假设列表中的Top-2是Positive的，那么对照Ground Truth Label就可以得到TP值，最终得到Top-2情况下的Recall和其对应的Precision；同理，如果假设列表中的Top-3是Positive的，那么最终也可以得到这种情况下的Recall和其对应的Precision。如此循环直到Top-N，此时Recall的值一定为1。

在上述循环过程中，实际上得到的是所谓的Precision-Recall Function。如果以Recall为横坐标，以Precision为纵坐标绘制曲线，那么将得到类似如图3-8所示的图形。

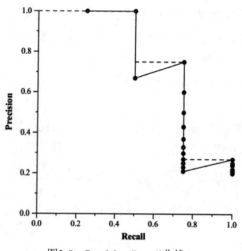

图3-8　Precision-Recall曲线

　　3.4节中分析了ROC相对于PRC的优势，不过既然PRC能够获得广泛应用，那么自然也有自己的适用场景，如图3-9所示。

　　图3-9(a)和图3-9(b)分别表示在样本不均衡的条件下，分别通过ROC和PR空间来衡量两种算法的结果，从中不难看到后者更能反馈出算法间的差异性。

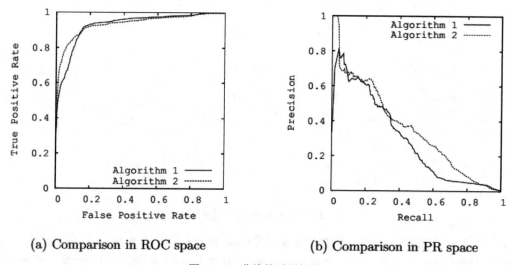

(a) Comparison in ROC space　　　　　(b) Comparison in PR space

图3-9　PR曲线的适用场景

3.7　工业界使用的典型AI指标

　　除了前面几节所介绍的一些基础指标，工业界往往还会针对自己的AI产品制定其他指标。本节统一做下介绍，以帮助读者在实际项目中能够更"有的放矢"地开展机器学习的验证工作。

　　AI产品是我们将人工智能领域的技术成果与工业界诉求相结合所产生的"结晶"。根据国家《人工智能标准化白皮书》的描述，AI产品可以分为很多类，如表3-4所示。

表3-4　人工智能产品分类表

分类			典型产品示例
智能机器人	工业机器人		焊接机器人、喷涂机器人、搬运机器人、加工机器人、装配机器人、清洁机器人以及其他工业机器人
	个人/家用服务机器人		家政服务机器人、教育娱乐服务机器人、养老助残服务机器人、个人运输服务机器人、安防监控服务机器人
	公共服务机器人		酒店服务机器人、银行服务机器人、场馆服务机器人和餐饮服务机器人
	特种机器人		特种极限机器人、康复辅助机器人、农业(包括农林牧副渔)机器人、水下机器人、军用和警用机器人、电力机器人、石油化工机器人、矿业机器人、建筑机器人、物流机器人、安防机器人、清洁机器人、医疗服务机器人及其他非结构和非家用机器人
智能运载工具			自动驾驶汽车
			轨道交通系统
	无人机		无人直升机、固定翼机、多旋翼飞行器、无人飞艇、无人伞翼机
			无人船
智能终端			智能手机
			车载智能终端
	可穿戴终端		智能手表、智能耳机、智能眼镜
自然语言处理			机器翻译
			机器阅读理解
			问答系统
			智能搜索
计算机视觉			图像分析仪、视频监控系统
生物特征识别			指纹识别系统
			人脸识别系统
			虹膜识别系统
			指静脉识别系统
			DNA、步态、掌纹、声纹等其他生物特征识别系统
VR/AR			PC端VR、一体机VR、移动端头显
人体交互	语音交互		个人助理
			语音助手
			智能客服
			情感交互
			体感交互
			脑机交互

以NLP、语音识别等产品为例，业界主要采用如表3-5所示的一些指标来评估产品性能。

表3-5　AI产品的评估指标示例

产品	指标	描述
NLP(机器翻译等)	Precision	参见前面的描述
	Recall	参见前面的描述
	F_1 Score	参见前面的描述
语音识别	错字率(Word Error Rate)	参见下面的描述

产品	指标	描述
语音合成	声学参数评估	比如计算欧式距离
	性能评估	如果语音合成应用在手机等设备中，那么通常还需要测量性能(如CPU、内存占用)和功耗等指标，以保证该产品的用户体验是最佳的
	功耗评估	
	ABX	这两项均属于主观评测标准，需要人工的参与。它们的区别在于ABX只需要普通用户参与评测，而MOS则是专家级的评测。
	MOS	我们可以制定一些分数指标，再由人工做出主观评判

错字率(Word Error Rate，WER)是指语音识别出结果后，为了纠正该结果所需要花费的增、删、改等操作的数量，典型公式如下。

$$WER = (S + D + I)/N \times 100\%$$

其中，S代表替换，D代表删除，I表示插入，N则是单词数量总和。

当然，也有一些公司在评测过程中采用了错句率(Sentence Error Rate，SER)作为语音识别的参考标准。读者可以根据自己的实际项目诉求来选择合适的指标。

另外，上面所讲解的这些指标多数是从工程技术的角度来衡量一款AI产品，但这并不是全部——举个例子来讲，还可以从商业应用的角度来评估它的好坏。比如在很多公司广泛采用如下一些指标来评价产品的应用效果。

(1) Daily Active User，即日活跃用户数，与产品评价成正相关性。

(2) NPS：用户的净推荐值，也可以较好地反馈一款产品的用户满意度情况。

经典机器学习篇

千举万变，其道一也。

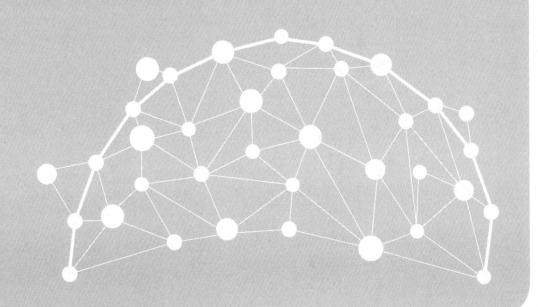

4.1 回归分析

回归分析(Regression Analysis)是估计因变量和自变量之间关系的一系列统计手段。

它有多种分类方法，例如，按照变量多少可以分为一元回归分析和多元回归分析；按照因变量的多少可以分为简单回归分析和多重回归分析；按照自变量和因变量之间的关系类型可以分为线性回归分析和非线性回归分析，等等，如图4-1所示。

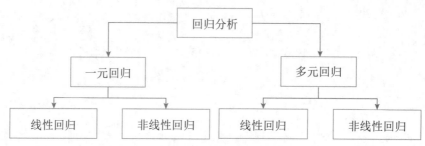

图4-1 回归分析的分类

其中的线性回归，以及线性回归理论引申出的逻辑回归，都是非常经典的机器学习算法，因此，在接下来的内容中，我们将会针对它们做重点阐述。

4.2 线性回归

线性回归(Linear Regression)是监督学习中的一个经典模型。它的实现原理较为简单，因而经常被当作机器学习的入门级算法。

4.2.1 线性回归的定义

由前面的分析，我们知道线性回归可以根据变量的数量分为一元线性回归和多元线性回归。它们的定义如下。

1. 一元线性回归

对应的表达式如下。

$$y = \alpha_0 + \alpha_1 x + \phi$$

其中，

- y：因变量。
- α_0：截距。
- α_1：变量系数。
- x：自变量。
- ϕ：误差项。

2. 多元线性回归

对应的表达式如下。

$$y = \alpha_0 + \alpha_1 x_1 + \alpha_2 x_2 + \cdots + \alpha_k x_k + \phi$$

其中：

- y：因变量。
- α_0：截距。
- α_1、α_2、$\cdots$、α_k：各变量系数。
- x_1、x_2、$\cdots$、x_k：自变量。
- ϕ：误差项。

从上述公式可以看出，不管是一元回归还是多元回归，它们相对而言都比较简单。

4.2.2 线性回归的损失函数

假设有数据集：

$$D = \{(x_1, y_1), (x_2, y_2), (x_3, y_3), (x_4, y_4), \cdots, (x_n, y_n)\}$$

那么线性回归的训练目标在于学得一个可以尽可能准确地预测出实值的模型，或者换句话说，就是让预测值和实际值的误差尽可能小——协助完成这个任务的是损失函数。

线性回归有多种损失函数，包括但不限于：

(1) 平均绝对误差(Mean Absolute Error，MAE)。平均绝对误差，又被称为L1误差，常见表达式如下。

$$\text{MAE} = \frac{1}{N} \sum_{i=1}^{N} \left| y^{(i)} - f\left(x^{(i)}\right) \right|$$

(2) 均方误差(Mean Square Error，MSE)。均方误差在某些资料中也被称为L2误差，常用表达式如下。

$$\text{MSE} = \frac{1}{N} \sum_{i=1}^{N} \left(y^{(i)} - f\left(x^{(i)}\right) \right)$$

(3) 均方根误差(Root Mean Square Error，RMSE)。均方根误差和前述的L2比较类似，其常见表达式如下。

$$\text{RMSE} = \sqrt{\frac{1}{N} \sum_{i=1}^{N} \left(y^{(i)} - f\left(x^{(i)}\right) \right)}$$

4.2.3 线性回归范例

本节以scikit-learn为开发平台，讲解一个实际的线性回归范例。

代码片段以及释义如下。

```
import matplotlib.pyplot as plt
import numpy as np
from sklearn import datasets, linear_model
from sklearn.metrics import mean_squared_error, r2_score ##引入scikit-learn的包
#加载scikit-learn提供的一个diabetes dataset
diabetes = datasets.load_diabetes()
#为了方便演示，这里只用了1个维度的数据
diabetes_X = diabetes.data[:, np.newaxis, 2]
```

```
#将数据拆分为训练和测试数据
diabetes_X_train = diabetes_X[:-20]
diabetes_X_test = diabetes_X[-20:]
diabetes_y_train = diabetes.target[:-20]
diabetes_y_test = diabetes.target[-20:]
#创建一个线性回归模型
regr = linear_model.LinearRegression()
#执行训练
regr.fit(diabetes_X_train, diabetes_y_train)
#基于测试数据进行预测
diabetes_y_pred = regr.predict(diabetes_X_test)
#绘制结果值
plt.scatter(diabetes_X_test, diabetes_y_test,  color='black')
plt.plot(diabetes_X_test, diabetes_y_pred, color='blue', linewidth=3)
plt.xticks(())
plt.yticks(())
plt.show()
```

在这个范例中，训练了一个"糖尿病"的线性回归预测模型。其中的数据集是由scikit-learn提供的——需要特别指出的是，这个数据集其实包含10个维度的数据，其属性如图4-2所示。为了方便读者理解，我们在代码中只使用了其中的一个维度。

Samples total	442
Dimensionality	10
Features	real, -.2 < x < .2
Targets	integer 25 - 346

图4-2　diabetes dataset属性

最终结果如图4-3所示。

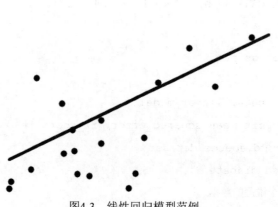

图4-3　线性回归模型范例

4.3 逻辑回归

4.3.1 逻辑回归——二分类

逻辑回归(Logistic Regression)是用于在统计学中处理因变量多分类问题的一种回归模型,最初是由英格兰统计学家David Cox于1958年提出并发展起来的。逻辑回归在生物医学、心理学、经济学、社会学、市场统计以及机器学习等多个领域和学科中都有非常广泛的应用。

逻辑回归的因变量既可以是二分类的,也可以是多分类的,不过前者在业界应用得更多。它的用途包括但不限于:

(1) 预测。根据模型,预测在某些自变量情况下因变量的可能值。例如,从患有癌症和没有患癌症的病人中提取出关键的自变量(如年龄、性别、某些人体特征、检测报告数据等)属性,以便通过这些信息来预测某人是否患有癌症。

(2) 分类。根据模型来判断被观测对象所属的类别。例如,用于判断某人所得的是感冒、胃炎,还是低血糖等。

从人类文明的发展过程中,不难发现大部分学科或者新技术的创立和成长的规律是:观察自然界→探寻出规律→应用到其他领域。譬如牛顿观察到苹果从树上坠落逐步探索出了万有引力,从而对后续多个学科的发展产生了深远影响。统计学也同样适用这样的发展规律,只不过它的研究对象是数据——基于概率论建立数学模型,进而量化分析、推断出所观察到的数据的规律,并为其他相关决策提供依据和有效的参考。

逻辑回归的基础是逻辑函数(Logistic Function)、判定边界和代价函数。本节接下来的内容结构如下:首先通过实际范例来引出问题,然后再阐述解决这些问题所需要的技术——也就是逻辑回归的几个基础,最后再讲解多分类与二分类任务的区别及技术实现上的一些差异。

下面先给出一个问题范例。

假设在实验活动中观测到如图4-4所示的数据集。

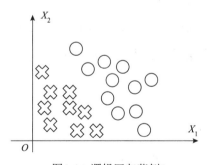

图4-4 逻辑回归范例1

其中,圆圈表示1,叉表示0(二分类问题)。逻辑回归的任务简单来说就是要求出一个能拟合这些数据集的函数。读者可以自己思考一下,你会如何解答这个问题呢?

逻辑回归给出的方案由如下几部分组成。

1. 逻辑函数

它的输入是$t(t \in \mathbb{R})$,对于二分类问题输出是0或者1。根据这一属性要求,最常见的逻辑回归函数的表达式如下。

$$f(x) = \frac{L}{1 + e^{-k(x-x_0)}}$$

其中：

- e就是我们熟知的自然常数。
- x_0称为midpoint，即中值。
- L是曲线的最大值。
- k描述了曲线的陡度。

当然，上面所述的是Logistic Function的通用形式，通常情况下会将各个参数值固化，然后形成具体的函数，例如下面这种：

$$\sigma(t) = \frac{e^t}{e^t + 1} = \frac{1}{1 + e^{-t}}$$

读者对上面这个函数应该不会感到陌生，它也被称为Sigmoid函数(注：Sigmoid单词的含义是"S形状的"，而Sigmoid函数实际上是一系列具有类似形状的函数的统称。譬如还有Gompertz Curve、Ogee Curve等其他形状)，是神经网络早期相当常用的一种激活函数(读者可以结合本书的神经网络章节来做穿插阅读)。

如图4-5所示，此时$L=1$，$k=1$，$x_0=0$。

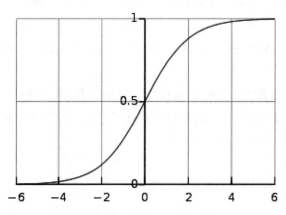

图4-5　Logistic Function的直观呈现

通常，Logistic Function还需要结合实际问题做一些变化。

例如，如果再假设：

$$t = \beta_0 + \beta_1 x$$

那么Logistic Function又可以写成

$$F(x) = \frac{1}{1 + e^{-(\beta_0 + \beta_1 x)}}$$

或者$t = \theta^T x$，那么

$$F(x) = \text{Sigmod}(t)$$
$$= \frac{1}{1 + e^{-\theta^T x}}$$

其中，T是指矩阵转置。

2. 判定边界(Decision Boundary)

上面已经解释了逻辑函数，但这似乎还不能完全解决问题。因为针对这个范例问题，拟合函数的输

出值范围数量应该为2(即1或者0)，而Sigmoid$(x) \in (0, 1)$，所以还要有如下的规定。

(1) 如果$F(x) \geqslant 0.5$，预测结果为1。

(2) 如果$F(x) < 0.5$，预测结果为0。

这样就把最终结果限定在0或者1。

现在问题又转换为——什么时候$F(x) \geqslant 0.5$呢？根据Sigmoid函数的特性，显然就是当$t = \boldsymbol{\theta}^{\mathrm{T}} x \geqslant 0$时。其中，$\boldsymbol{\theta}^{\mathrm{T}} x = 0$就是判定边界。当然针对不同的问题类型，$\boldsymbol{\theta}^{\mathrm{T}} x = 0$的表现形式会有所差异。

以之前的二分类范例为例，它的判定边界比较简单，如图4-6中间的直线。

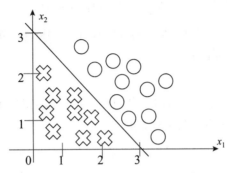

图4-6 逻辑回归范例1的判定边界

不难得出它的函数表达式是

$$x_1 + x_2 - 3 = 0$$

所以当$x_1 + x_2 - 3 \geqslant 0$时预测为1；而$x_1 + x_2 - 3 < 0$时则预测为0。

对于稍微复杂一些的情况，判定边界也需要做相应的改变。例如，类似如图4-7所示这样的数据集，它的判定边界就变成

$$x_1^2 + x_2^2 - 1 = 0$$

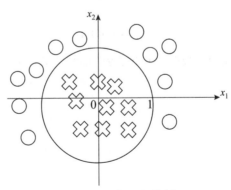

图4-7 逻辑回归范例2

3. 代价函数(Cost Function)和优化过程

上面只是通过范例直接给出判定边界的最终形态，但是这些"答案"是怎么计算出来的呢？这就要使用到代价函数和优化算法。

具体而言，我们需要通过学习来确定预测函数$F(x) = \dfrac{1}{1 + \mathrm{e}^{-\boldsymbol{\theta}^{\mathrm{T}} X}}$中的$\boldsymbol{\theta}$。和线性回归中的情况类似，此时该代价函数出场。我们知道线性回归(Linear Regression)中使用的是平方误差(Squared Error)来作为代价函数

$$L(\hat{y}, y) = \frac{1}{2}(\hat{y} - y)^2$$

理论上来讲，逻辑回归也可以采用上述方法，不过它不是最佳方案。其中一个重要的原因就是平方误差在**逻辑回归场景下求梯度容易陷入局部最优解**，而我们显然更希望得到全局的最优化(Global Optimization)结果。为了解决这个问题，通常会选择convex类型的函数来作为逻辑回归的代价函数。

例如，下面这种类型

$$\text{Cost}(h_\theta(x), y) = \begin{cases} -\log(h_\theta(x)), & y = 1 \\ -\log(1 - h_\theta(x)), & y = 0 \end{cases}$$
$$= y\log(h_\theta(x), y) - (1 - y)\log(1 - h_\theta(x))$$

对于代价函数，我们要做的无非就是：

(1) 保证代价函数是凸函数。

(2) 当模型的输出值与样本目标值越接近时，代价函数的值越趋向于0；反之变大。

以y=1的情况为例，log函数的曲线如图4-8所示。

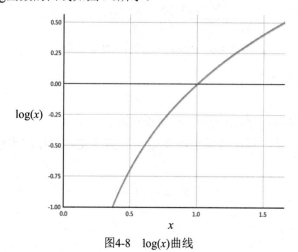

图4-8　log(x)曲线

而$h(x) \in (0，1)$，所以很显然代价函数在y=1时对应的曲线段如图4-9所示。

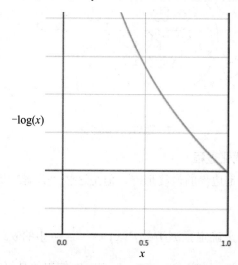

图4-9　-log(x)，$x \in (0，-1)$的曲线

换句话说，随着$h(x) \to 1$，那么代价函数→0，所以它符合我们上述的两个期望。

代价函数确定后，接下来的优化目标就很明确了，即通过学习使得它针对所有样本的求和平均值达到全局最小。目标函数的表达式如下。

$$J(\theta) = \frac{1}{m}\sum_{i=1}^{m}\text{Cost}\left(h_\theta\left(x^{(i)}\right), y^{(i)}\right)$$

$$= -\frac{1}{m}\left[\sum_{i=1}^{m} y^{(i)}\log h_\theta\left(x^{(i)}\right) + \left(1 - y^{(i)}\right)\log\left(1 - h_\theta\left(x^{(i)}\right)\right)\right]$$

实现这一目标的可选优化算法很多，其中比较常见的就是梯度下降。它的核心思想是针对参数各分量求偏导数，即：

$$\frac{\partial J(\theta)}{\partial \theta_j} \quad (j \in [0, n])$$

然后每次的更新都朝着$J(\theta)$下降的方向前进，直至达到结束标准。

伪代码如下。

```
Until 达到结束标准 Repeat:
{
    θⱼ = θⱼ - α ∂J(θ)/∂θⱼ
}
```

其中的α是学习率(Learning Rate)，它用于指示每次前进的"步伐"应该多大。

关于梯度下降算法，我们在深度神经网络等多个章节中都有详细分析，因而这里就不做过多阐述了，建议读者结合起来阅读。

4.3.2 逻辑回归——多分类及Softmax

4.3.1节都是以二分类的逻辑回归问题为范例来展开分析的。多分类和二分类场景相比既有相同的地方，也有些差异点，但总的来说它们的核心思想是类似的。

针对多分类的逻辑回归技术，通常可以划分为如下几种类型。

1. 转换为二分类问题(Transformation to Binary)

简单来讲就是把多分类的问题转换为二分类问题来解决，又可以细分为以下两种。

(1) one-vs-rest。

假设有n个类别，那么one-vs-rest将建立n个二项分类器，每个分类器都用于一个类别和剩余其他类别之间的区分。

(2) one-vs-one。

假设有n个类别，那么one-vs-one就将建立$m=n\times(n-1)/2$个二项分类器，换句话说就是所有类别两两之间都必须建立一个二项分类器。

2. 基于二分类的扩展(Extension from Binary)

基于二项分类器的扩展实现，包括但不限于：

(1) 深度神经网络。

(2) 决策树。

(3) k-nearest neighbors。

(4) naive Bayes。

(5) SVM。

3. 层次化分类器(Hierarchical Classification)

层次化分类器，每个叶子节点代表了一种类型。

接下来选取其中很具有代表性的Softmax分类器来讲解多分类场景下的逻辑回归实现原理。值得一提的是，在后续深度神经网络的学习中，大家会发现很多网络结构的最后一层都采用了Softmax来完成多类型的映射，因而可以说它的应用还是比较广泛的。

从训练集的角度来看，二分类和多分类的区别在于它们的y取值范围不同。

对于二分类

$$\left\{\left(x^{(1)},y^{(1)}\right),\cdots,\left(x^{(m)},y^{(m)}\right)\right\},y^{(i)}\in\{0,1\}$$

对于多分类

$$\left\{\left(x^{(1)},y^{(1)}\right),\cdots,\left(x^{(m)},y^{(m)}\right)\right\},y^{(i)}\in\{1,2,\cdots,k\}$$

不过多分类任务的目标和二分类是类似的，即给出每个类别j的概率值$p(y=j\,|\,x)$，所以多分类Hypothesis Function的表达式如下。

$$h_{\theta}\left(x^{(i)}\right)=\begin{bmatrix}p\left(y^{(i)}=1\,|\,x^{(i)};\boldsymbol{\theta}\right)\\p\left(y^{(i)}=2\,|\,x^{(i)};\boldsymbol{\theta}\right)\\\vdots\\p\left(y^{(i)}=k\,|\,x^{(i)};\boldsymbol{\theta}\right)\end{bmatrix}=\frac{1}{\sum_{j=1}^{k}e^{\theta_{j}^{T}x^{(i)}}}\begin{bmatrix}e^{\theta_{1}^{T}x^{(i)}}\\e^{\theta_{2}^{T}x^{(i)}}\\\vdots\\e^{\theta_{k}^{T}x^{(i)}}\end{bmatrix}$$

另外，Softmax回归的Cost Function为

$$J\left(\theta\right)=-\frac{1}{m}\left[\sum_{i=1}^{m}\sum_{j=1}^{k}1\left\{y^{(i)}=j\right\}\log\frac{e^{\theta_{j}^{T}x^{(i)}}}{\sum_{l=1}^{k}e^{\theta_{l}^{T}x^{(i)}}}\right]$$

所以接下来我们的问题就转换为：如何通过优化算法来使得$J()$达到最小值。在二分类问题中使用的梯度下降方法在这里也仍然适用，即每次更新过程为

$$\theta_{j}:=\theta_{j}-\alpha\nabla_{\theta_{j}}J\left(\theta\right)\left(j=1,2,\cdots,k\right)$$

其中

$$\nabla_{\theta_{j}}J\left(\theta\right)=-\frac{1}{m}\sum_{i=1}^{m}\left[x^{(i)}\left(1\left\{y^{(i)}=j\right\}-p\left(y^{(i)}=j\,|\,x^{(x)};\theta\right)\right)\right]$$

$1\{\cdot\}$代表的是指示函数，简单来讲就是

$1\{表达式为真\}=1$

$1\{表达式为假\}=0$

比如上面的$y^{(i)}$如果和j相等，那么就输出1；否则结果值为0。

$\nabla_{\theta_{j}}J\left(\theta\right)$是一个向量，由很多元素组成——它的第$L$个元素$\frac{\partial J\left(\theta\right)}{\partial\theta_{jt}}$是$J\left(\theta\right)$对$\theta_{j}$的第$l$个分量的偏导数。

这样一来就得到了多分类场景下的梯度更新方法，其伪代码如下。

```
Until 达到结束标准 Repeat:
```

{

$$\boldsymbol{\theta}_j := \boldsymbol{\theta}_j - \alpha \nabla_{\theta_j} J(\boldsymbol{\theta})$$

}

可见多分类和二分类逻辑回归算法的基本原理是相近的，只不过在代价函数等几个方面需要结合多种类别的场景进行适当的改良。同时，Softmax在深度神经网络中也有广泛的应用，读者可以结合后续章节来做进一步学习。

5.1 K-NN概述

K-NN的全称为K-Nearest Neighbors(中文常被译作"K最近邻算法"),是模式识别领域应用相当广泛的一个算法。K-NN经典算法起源于20世纪70年代,它既可以用于分类任务,也能够支持回归任务。K-NN在处理这两种情况时的算法输入都是一样的,即包含特征空间的k个最接近的训练样本,只不过它们在输出结果上有所差异。

1. K-NN分类

当K-NN用于分类任务时,一个对象A的分类结果取决于训练集中与它最相近的k个元素的投票结果(例如少数服从多数)。如果k取值为1,那么意味着只要找寻与A最相近的训练样本就可以确定它的类别,如图5-1所示。

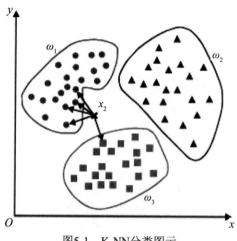

图5-1　K-NN分类图示

2. K-NN回归

当K-NN用于回归任务时,输出结果代表的是该对象A的属性值(取与A最相近的k个样本的平均值),如图5-2所示。

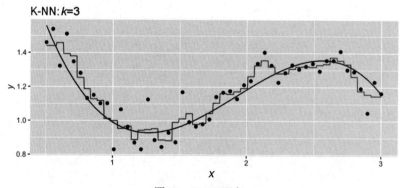

图5-2　K-NN回归

K-NN的另一个显著特点是它不需要训练,所有计算(分类/回归)都是在应用推理的时候才会执行,因而也被人们归于惰性学习法(Lazy Learning)——与之相对的是急性学习法(Eager Learning)。后者是指先利用训练数据进行训练得到一个目标函数,然后应用推理时只需利用训练好的函数进行决策。SVM等算法就属于这种学习方式。

这两种学习方法的区别如下。

(1) 急性学习法需要基于所有样本开展训练过程，因而训练的时间较长，但推理决策时间较短。

(2) 惰性学习法虽然在做最终决策时通常只用到了局部的几个样本，但由于它需要计算推理对象与所有样本之间的距离，复杂度还是达到了$O(n)$。所以惰性学习法不仅需要较大的存储空间，而且决策过程比较慢(没有训练过程)。

5.2　K-NN分类算法

K-NN算法本身并不复杂，它主要由以下三个核心要素组成。

(1) k的取值。

(2) 近邻算法。

(3) 投票机制。

接下来围绕上述三个核心点来展开分析。

1. k的取值

理论上，k可以取合法范围内的任何数值——但需要思考的是，k取不同值会不会影响最终的结果呢？答案是肯定的，而且影响很大。

例如，如图5-3所示的经典案例。

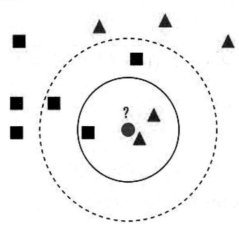

图5-3　k的取值对结果的影响示例

在图5-3的范例中，当k取不同值时，结果如下。

(1) $k=3$时：不难发现，此时中间的圆圈与两个三角形及一个正方形最近，所以如果按照投票法，它应该归属于三角形类别。

(2) $k=5$时：此时圆圈与两个三角形及三个正方形最近，因而如果按照投票法，它就变成归属于正方形。

对于k的取值，我们可以思考：

(1) 因为到目前为止还没有成熟的理论来支撑k的选值过程，所以一般的做法是：采用交叉验证的方式来得到一个理论上最佳的k值(类似于模型训练)。

(2) k值较小时。

k值越小，代表参与最终决策的样本数量越少。这种情况下的训练误差可能会较小，但泛化误差会增大，或者说容易发生过拟合。

(3) k值较大时。

k值越大，代表参加最终决策的样本数量越多。其优点是可以减少噪声的影响，因而泛化误差较小，但缺点是训练误差会增大。

(4) k等于样本数n时。

这是一种极端的情况，此时相当于没有分类。

(5) 根据实践经验来选取k值。

从项目实践经验来看，k的取值一般都是：$k<\sqrt{n}$，n为样本数量。

2. 近邻算法

K-NN的可选近邻算法有很多种，包括但不限于：

1) 曼哈顿(Manhattan)距离

典型公式如下。

$$d_{12} = \sum_{k=1}^{n} |x_{1k} - x_{2k}|$$

2) 欧几里得(Euclidean)距离

典型公式如下。

$$d_{12} = \sqrt{\sum_{k=1}^{n} (x_{1k} - x_{2k})^2}$$

3) 马氏(Mahalanobis)距离

典型公式如下。

$$D(X_i, X_j) = \sqrt{(X_i - X_j)^T S^{-1} (X_i - X_j)}$$

其中，S为协方差矩阵。

4) 闵可夫斯基(Minkowsky)距离

典型公式如下。

$$d_{12} = \sqrt[p]{\sum_{k=1}^{n} |x_{1k} - x_{2k}|^p}$$

其中，"欧几里得距离"是K-NN中最常用的一种距离度量方法。

3. 投票机制

K-NN的投票机制也有多种选择，例如：

1) 少数服从多数

这是最简单的一种投票方式，但是它没有考虑k个最近邻元素之间的"远近"差异，因而在效果上并不是最佳的。

2) 加权投票

和上述"人人平等"的投票方式不同，加权投票针对不同近邻元素的差异性进行了考量——例如，按照它们与被预测对象的距离远近分别赋予相应的权重，保证距离近的元素对最终决策的影响力更大一些，反之距离远的作用则被有目的性地降低了。

综合来看，距离加权的投票方法是K-NN中采用最广泛的其中一种投票机制。

5.3 K-NN回归算法

K-NN回归算法和K-NN分类算法大致相同，接下来结合一个范例来进行实际的讲解。

假设要帮客户出租一套3室的房子，那么定价多少合适呢？

K-NN可以回答这个问题——可以基于市面上相同或者相近户型的房子的出租价格，来得出一个相对合理的答案，如表5-1所示。

表5-1　市面房租价格

序号	户型	出租价格/元
1	3室	1000
2	3室	1200
3	3室	1150
4	3室	1250
5	5室	2000

假如选择欧氏距离作为度量标准，那么：

1. 对于3室样本

此时欧氏距离公式中的$n=1$，即

$$d_{12} = \sqrt{\sum_{k=1}^{n}\left(x_{1k} - x_{2k}\right)^2}$$
$$= x_1 - x_2$$
$$= 3 - 3$$
$$= 0$$

2. 对于5室样本

同理，可得$d = 2$。

再假设k的取值为4，换句话说，我们考虑的是4个最相近的房租样本，那么按照K-NN的算法思想可以得到待出租的3室的价格myPrice：

myPrice = (price1 + price2 + price3 + price4) / 4
　　　　= (1000 + 1200 + 1150 + 1250) / 4
　　　　= 1150

可以看到上述计算过程中，使用的是针对k个样本取均值的方式——不过和K-NN分类算法中的加权投票法类似，我们在回归场景中也可以考虑基于样本的差异性来区分对待，从而更好地发挥出样本数据的价值。

5.4　K-NN的优缺点

K-NN虽然是一个经典的算法，但它既有优点，同时也有不足之处。

5.4.1　K-NN的优点

K-NN算法的主要优点如下。

(1) 算法简单，易于理解，易于实现。

(2) 不需要训练过程。

(3) 预测精度较高。

(4) 通常对噪声数据不是特别敏感。

(5) 针对多分类问题(即对象具有多个类别标签的情况)，K-NN算法的表现比较突出，甚至超过SVM等算法。

5.4.2 K-NN的缺点

K-NN算法的主要缺点如下。

(1) 属于惰性学习法的一种。在前面已经分析过，这种类型的算法虽然在做最终决策时只用到了局部的几个样本，但由于它对每一个待分类的样本都需要计算其到全体样本数据的距离，才能获取k个最近邻点，所以整体复杂度还是$O(n)$。在实践中，针对这一问题的一个常用解决方法是提前减除掉对分类结果作用不大的部分样本。

(2) 不仅决策过程比较慢(虽然理论上没有训练过程)，而且空间开销也较大。

(3) 可解释性较差。

(4) 当样本不均衡时(即归属于某些类别的样本数量很大，而其他类别样本数量又很小的情况)，针对新样本的预测有可能出现偏差——因为与该样本最近邻的k个数据中，样本数量大的类别很可能会占绝对多数。

(5) 向量的维度越高，那么欧式距离用于计算样本差异的能力就越弱，由此可能导致预测结果的不准确性。

当然，K-NN的上述这些缺点并非完全无法解决。只要做到"知己知彼"，那么就有可能在实际项目中采取有效的手段来规避或者减少这些缺点所带来的影响。

5.5 K-NN工程范例

本节中将通过scikit-learn的一个范例来讲解如何使用K-NN算法来解决一些实际问题。

scikit-learn框架下，与K-NN算法相关的包是sklearn.neighbors，这个包中不仅包含K-NN的经典实现，还包含它的多种扩展实现，如图5-4所示。

neighbors.BallTree	BallTree for fast generalized N-point problems
neighbors.DistanceMetric	DistanceMetric class
neighbors.KDTree	KDTree for fast generalized N-point problems
neighbors.KernelDensity ([bandwidth, ...])	Kernel Density Estimation
neighbors.KNeighborsClassifier ([...])	Classifier implementing the k-nearest neighbors vote.
neighbors.KNeighborsRegressor ([n_neighbors, ...])	Regression based on k-nearest neighbors.
neighbors.LocalOutlierFactor ([n_neighbors, ...])	Unsupervised Outlier Detection using Local Outlier Factor (LOF)
neighbors.RadiusNeighborsClassifier ([...])	Classifier implementing a vote among neighbors within a given radius

图5-4　K-NN扩展实现

其中，KNeighborsClassifier的原型如下。

```
class sklearn.neighbors.KNeighborsClassifier (n_neighbors=5, weights='uniform', algorithm='auto', leaf_size=30,
p=2, metric='minkowski', metric_params=None, n_jobs=None, **kwargs) ¶                            [source]
```

接下来的代码范例中就是基于KNeighborsClassifier来实现的，核心代码节选以及详细释义如下。

```
import numpy as np
import matplotlib.pyplot as plt
from matplotlib.colors import ListedColormap
```

```
from sklearn import neighbors, datasets
n_neighbors = 15 ##k值选取15
#加载iris(鸢尾花)数据集
iris = datasets.load_iris()
#iris是多维数据集，我们只选取两个维度进行示例
X = iris.data[:, :2]
y = iris.target
```

该数据集是关于鸢尾花的，大致是如图5-5所示的样式。

	花萼长度	花萼宽度	花瓣长度	花瓣宽度	类别
0	5.1	3.5	1.4	0.2	0
1	4.9	3.0	1.4	0.2	0
2	4.7	3.2	1.3	0.2	0
3	4.6	3.1	1.5	0.2	0
4	5.0	3.6	1.4	0.2	0
5	5.4	3.9	1.7	0.4	0

图5-5 iris数据集

```
h = .02   #通过步进值产生大量被预测对象
#一共有三种类型的iris，因而需要创建三种颜色
cmap_light = ListedColormap(['#FFAAAA', '#AAFFAA', '#AAAAFF'])
cmap_bold = ListedColormap(['#FF0000', '#00FF00', '#0000FF'])
for weights in ['uniform', 'distance']:
```

这两种weights(uniform和distance)，分别对应前面讲解的"少数服从多数"和"加权投票"两种机制。

```
#紧接着利用scikit-learn提供的KNeighborsClassifier来创建K-NN分类器
clf = neighbors.KNeighborsClassifier(n_neighbors, weights=weights)
##将前面的iris数据与分类器建立关联
clf.fit(X, y)
##结合步进值，产生大量的网格点
x_min, x_max = X[:, 0].min() - 1, X[:, 0].max() + 1
y_min, y_max = X[:, 1].min() - 1, X[:, 1].max() + 1
xx, yy = np.meshgrid(np.arange(x_min, x_max, h),
                     np.arange(y_min, y_max, h))

##利用K-NN分类器对这些网格点执行预测
Z = clf.predict(np.c_[xx.ravel(), yy.ravel()])
#将预测结果保存下来
Z = Z.reshape(xx.shape)
plt.figure()
```

```
    ##根据预测结果，分配不同的颜色值，从而形成decision boundary
plt.pcolormesh(xx, yy, Z, cmap=cmap_light)
#绘制所有数据样本
plt.scatter(X[:, 0], X[:, 1], c=y, cmap=cmap_bold,
            edgecolor='k', s=20)
plt.xlim(xx.min(), xx.max())
plt.ylim(yy.min(), yy.max())
    plt.title("3-Class classification (k = %i, weights = '%s')" % (n_neighbors,
weights))
plt.show()
```

最终结果如图5-6所示。

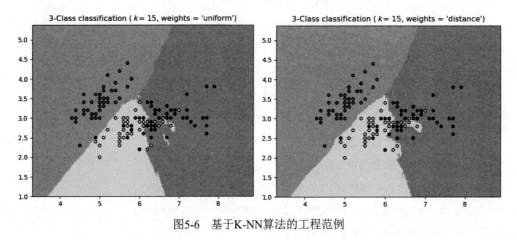

图5-6　基于K-NN算法的工程范例

读者可以仔细比较一下K-NN采用两种不同weights时在分类表现上的异同点。

6.1　k-means概述

作为经典算法之一，k-means在早期阶段实际上是一种用于信号处理的向量量化方法。它在发展过程中经历了如下一些关键节点。

1. 思想起源

k-means的设计思想最早可以追溯到1957年Hugo Steinhaus的论文"Sur la division des corps matériels en parties"(法语)。

2. k-means算法

k-means的标准算法是由Stuart Lloyd在1957年作为一种脉冲码调制的技术而提出来的。

3. Lloyd-Forgy方法

1965年，E. W. Forgy提出了本质上相同的方法，所以k-means算法有时也被人们称为Lloyd-Forgy方法。

4. k-means术语的提出

不过k-means这个词则是在1967年才在James MacQueen的"Some Methods for Classification and Analysis of Multivariate Observations"中首次出现的。

5. 高效率版本的提出

经典k-means算法在效率上存在缺陷，于是Hartigan and Wong等人在1975年和1979年提出了更为高效的版本(请参见"Clustering algorithms"和"A k-means Clustering Algorithm"等论文)。

6. 标准算法的公开出版

k-means标准算法的出版就更晚了——据资料显示，它是到了1982年，才被贝尔实验室公开出版的(参见*Least square quantization in PCM*)。

虽然k-means最初是为信号处理领域设计的，不过在几十年的发展过程中，它也逐步在越来越多的领域得到了应用——比如凭借其简单有效的优势，其在数据挖掘和机器学习中已经拥有了"一席之地"。

机器学习十大经典算法包括：朴素贝叶斯分类器算法、K均值聚类算法、支持向量机算法、Apriori算法(关联分析算法)、线性回归、逻辑回归、人工神经网络、随机森林、决策树、最近邻算法。虽然从不同的角度审视会得到不一样的结果，但从中还是可以看出人们对于一些诸如k-means之类的主流算法的喜爱。

6.2　k-means核心算法

k-means属于聚类方法的一种，这意味着它和K-NN一样都不需要特别的训练过程。它的核心思想也并不复杂，简单概括如下。

把n个点(可以是一个样本实例，或者是针对某个样本实例的一次观察)划分到k个聚类中，使得每一个点都属于与它最近的数据点的均值(此即聚类中心)所对应的聚类，如图6-1所示。

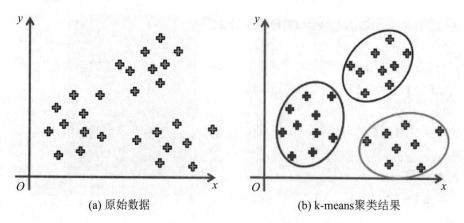

(a) 原始数据   (b) k-means聚类结果

图6-1   k-means聚类示意

k-means算法的核心实现步骤如下。

Step1：随机选取k个样本，作为中心点，如图6-2所示。

图6-2   随机选取初始k个中心点(例如k=2)

Step2：遍历数据集中的所有点，并将它们划分到与它们最近的中心点上，如图6-3所示。

图6-3   将所有点划分到离它们最近的中心点上

Step3：计算每个聚类的平均值，以此作为新的中心点，如图6-4所示。

图6-4   计算新的聚类中心点

Step4：重复Step2和Step3，直到满足结束条件，通常是：

(1) k个中心点都不再变化，此时说明算法已经收敛了。

(2) 达到最大迭代次数的限制。

从上述过程中，不难得出k-means的时间复杂度和空间复杂度。

k-means的空间复杂度:

$$S = O(n \times p)$$

其中, n 是数据集数量, p 是数据的维度。

k-means的时间复杂度:

$$T = O(n \times p \times k \times i)$$

其中, n 是数据集数量, p 是数据的维度, k 是聚类数量, i 是迭代次数。

6.3 k-means算法的优缺点

6.3.1 k-means算法的优点

k-means算法的主要优点如下。

(1) k-means是解决聚类问题的一个经典算法,它不仅原理比较简单,而且算法实现上也不复杂。

(2) k-means的收敛速度相对较快。

(3) 从聚类效果来看,处于中上水平。

(4) 特别是当cluster接近高斯分布时,它的效果相比其他聚类算法普遍要好。

(5) 算法的可解释度比较强。

(6) 主要需要调节的参数只有一个,即 k 值。

(7) 当数据集规模很大时,k-means可以较好地保持可伸缩性和高效性。

6.3.2 k-means算法的缺点

k-means算法的主要缺点如下。

(1) k 的具体值不容易确定。

(2) 初始 k 个中心点的选取,对于最终结果有影响。

(3) 因为算法需要不断地计算新的聚类中心,以及所有数据点与中心点的距离,因此当数据量非常大时算法的开销不能算小(虽然比某些聚类的时间复杂度好一些)。

(4) 若聚类中含有噪声点时,可能会导致平均值的较为严重的偏离。换句话说,k-means对于噪声或者孤立数据点相对敏感。

(5) 不适用于发现非凸形状的聚类,或者大小差异很大的聚类。

(6) 不适用于分类属性型数据的聚类(例如,表示人的属性可以是姓名、出生日期、住址等属性)。

针对k-means的上述缺陷,业界已经出现了不少改进方案。例如:

(1) 针对传统k-means算法初始化难的问题。

经典的k-means算法随机选择初始中心点的做法会对结果值造成影响,改进的k-means++则采用了有策略性的初始化过程,从而较大程度地规避了这个缺点。有兴趣的读者可以自行学习了解其中的实现细节。

(2) 针对传统k-means算法的效率优化。

k-means在每次迭代时,都要计算所有样本点到各个中心点的距离,这是其资源消耗较大的其中一个关键原因。诸如elkan k-means之类的改进算法,则通过各种规律来尽可能复用已有的计算结果,通过降低"距离计算"的数量来提升效率。

(3) 针对分类属性型数据的聚类。

传统k-means算法理论上只能处理数值型数据的聚类，而诸如k-modes等改进算法则将它的应用范围扩大到了分类属性数据的快速聚类上，同时还能保留k-means算法的计算效率。

另外还有其他很多针对k-means的改进算法，限于篇幅就不一一阐述了。

6.4　k-means工程范例

本节结合scikit-learn范例来讲解k-means在工程上的应用。

核心代码片段及释义如下。

```
import numpy as np
import matplotlib.pyplot as plt
from mpl_toolkits.mplot3d import Axes3D
...
np.random.seed(5)
```

上述代码段首先引入程序的一些依赖包，然后开始加载大家熟悉的鸢尾花(iris)数据集，作为k-means算法的输入。

```
iris = datasets.load_iris()
X = iris.data
y = iris.target
estimators = [('k_means_iris_8', KMeans(n_clusters=8)),
              ('k_means_iris_3', KMeans(n_clusters=3)),
              ('k_means_iris_bad_init', KMeans(n_clusters=3, n_init=1,
                                        init='random'))]
```

上面所述的estimators数组，分别代表我们在程序中最终想要展示的如下三个维度。

(1) 当设置聚类数量为8时的结果。

(2) 当设置聚类数量为3时的结果。

(3) 不好的初始化策略所带来的影响。

```
fignum = 1
titles = ['8 clusters', '3 clusters', '3 clusters, bad initialization']
for name, est in estimators:
    fig = plt.figure(fignum, figsize=(4, 3))
    ax = Axes3D(fig, rect=[0, 0, .95, 1], elev=48, azim=134)
est.fit(X)  ##执行k-means算法
    labels = est.labels_
    ax.scatter(X[:, 3], X[:, 0], X[:, 2],c=labels.astype(np.float), edgecolor='k')
    ax.w_xaxis.set_ticklabels([])
    ax.w_yaxis.set_ticklabels([])
```

```
ax.w_zaxis.set_ticklabels([])
ax.set_xlabel('Petal width')
ax.set_ylabel('Sepal length')
ax.set_zlabel('Petal length')
ax.set_title(titles[fignum - 1])
ax.dist = 12
fignum = fignum + 1
```

上述代码段中，利用Axes3D这个第三方图形库来便捷地绘制出三维图像，然后统一放置在figure中进行承载。

```
fig = plt.figure(fignum, figsize=(4, 3))
ax = Axes3D(fig, rect=[0, 0, .95, 1], elev=48, azim=134)
for name, label in [('Setosa', 0),('Versicolour', 1),('Virginica', 2)]:
    ax.text3D(X[y == label, 3].mean(),
              X[y == label, 0].mean(),
              X[y == label, 2].mean() + 2, name,
              horizontalalignment='center',
              bbox=dict(alpha=.2, edgecolor='w', facecolor='w'))
```

上述代码段主要根据iris数据集中提供的信息来绘制出ground truth，以方便我们与k-means的聚类结果进行对比。

```
y = np.choose(y, [1, 2, 0]).astype(np.float)
ax.scatter(X[:, 3], X[:, 0], X[:, 2], c=y, edgecolor='k')
ax.w_xaxis.set_ticklabels([])
ax.w_yaxis.set_ticklabels([])
ax.w_zaxis.set_ticklabels([])
ax.set_xlabel('Petal width')
ax.set_ylabel('Sepal length')
ax.set_zlabel('Petal length')
ax.set_title('Ground Truth')
ax.dist = 12
fig.show()
```

最终效果图如图6-6所示。

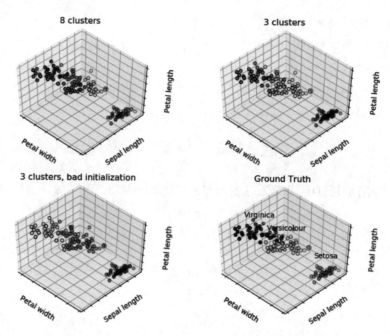

图6-6 k-means工程范例

由前面的分析可知，k-means初始值会影响它的最终结果，因此理论上多运行几次可能会得到一个更好的聚类效果。另外，默认情况下，k-means API的n_init值是10——图6-6左下角是将此数值更改为1之后的效果，从中不难看出此时聚类效果并不是特别理想。

7.1 朴素贝叶斯分类算法

朴素贝叶斯 (Naive Bayes)也是一个经典的机器学习算法，它的基础原理主要包括如下两点。

(1) 贝叶斯原理。

(2) 特征条件独立假设理论。

先来复习一下前面章节已经讲解过的贝叶斯公式，如下。

$$P(B \mid A) = \frac{P(A \mid B)P(B)}{P(A)}$$

这个公式也可以被理解为

后验概率 = (可能性×先验概率)/标准化常量

接下来再通过几个生活中的例子，来引导读者学习朴素贝叶斯分类器。

1. 只有一个特征时的情况

举个例子来说，假设需要依据肤色(黑、白、黄)来判断某人的祖国(假设有中国、美国和刚果三种可能)。而且目前已经有如表7-1所示的历史统计数据。

表7-1　贝叶斯分类实例

序号	肤色	国家
1	黄色	中国
2	黄色	中国
3	白色	中国
4	白色	美国
5	白色	美国
6	黑色	美国
7	黑色	刚果
8	黑色	刚果
9	黑色	刚果
10	白色	刚果

假设现在来了一位皮肤颜色为黑色的人，那么依据贝叶斯公式不难计算出他属于各个国家的概率分别如下。

$P(中国|黑色) = P(黑色|中国)×P(中国)/P(黑色)$

$\qquad = 0 \times 0.3/0.4$

$\qquad = 0$

$P(美国|黑色) = P(黑色|美国)×P(美国)/P(黑色)$

$\qquad = 0.33 \times 0.3/0.4$

$\qquad = 0.25$

$P(刚果|黑色) = P(黑色|刚果)×P(刚果)/P(黑色)$

$\qquad = 0.75 \times 0.4/0.4$

$\qquad = 0.75$

结果显示$P(刚果|黑色)$是最高的，因而有理由相信这个人的祖国最可能是刚果。

可见利用贝叶斯原理可以从统计数据中找到分类规律，而且整个计算过程并不复杂。

2. 有多个特征维度时的情况

前面的例子中只涉及肤色一种特征，相对比较简单。现在把问题再扩展一下，即考虑多个特征维度的情况。

这个范例问题是：如何根据天气状况等多种因素来判断是否适合出门，而且已有如表7-2所示的数据。

表7-2　朴素贝叶斯分类实例

心情	天气	温度	湿度	是否出门
好	晴	热	高	否
坏	晴	热	高	否
好	多云	热	高	是
好	下雨	适中	高	是
好	下雨	凉	适中	是
坏	下雨	凉	适中	否
坏	多云	凉	适中	是
好	晴	适中	高	否
好	晴	凉	适中	是
好	下雨	适中	适中	是
坏	晴	适中	适中	是
坏	多云	适中	高	是
好	多云	热	适中	是
坏	下雨	适中	高	否

假定当前的状态刚好是"心情好、下雨、温度凉、湿度高"，那么请问此时是否适合出门？

在这种情况下，沿用贝叶斯公式来判断是否适合出门的过程如下。

P(是|心情好、下雨、温度凉、湿度高) = P(心情好、下雨、温度凉、湿度高|是)×P(是)/P(心情好、下雨、温度凉、湿度高)

P(否|心情好、下雨、温度凉、湿度高) = P(心情好、下雨、温度凉、湿度高|否)×P(否)/P(心情好、下雨、温度凉、湿度高)

对于P(是|心情好、下雨、温度凉、湿度高)，只要能求解出P(心情好、下雨、温度凉、湿度高|是)、P(是)和P(心情好、下雨、温度凉、湿度高)就解决问题了——但很不幸的是，在统计表中压根儿就找不到同时满足"心情好、下雨、温度凉、湿度高"的情况。换句话说，贝叶斯公式在这种情况下并不能帮助我们得到最终的答案。

此时朴素贝叶斯就可以发挥作用了。本节开头曾说过它主要有两个理论基础，除了贝叶斯公式外还有一个"特征条件独立假设理论"——这同时也是naive这个英文单词的由来(一个"天真朴素"的假设)。学过概率论的读者应该知道，当各个特征之间相互独立时，那么：

P(心情好、下雨、温度凉、湿度高|是)

= P(心情好|是)×P(下雨|是)×P(温度凉|是)×P(湿度高|是)

同理：

P(心情好、下雨、温度凉、湿度高)

$=P(心情好)\times P(下雨)\times P(温度凉)\times P(湿度高)$

对于拆解后的这些概率值,可以很容易地从统计表数据中计算出来,因而前述问题自然就迎刃而解了。

接下来再从理论的角度讲解一下朴素贝叶斯。

首先从链式法则入手,可以得到:

$$p(C, F_1, \cdots, F_n)$$
$$\propto p(C)\,p(F_1, \cdots, F_n \mid C)$$
$$\propto p(C)\,p(F_1 \mid C)\,p(F_2, \cdots, F_n \mid C, F_1)$$
$$\propto p(C)\,p(F_1 \mid C)\,p(F_2 \mid C, F_1)\,p(F_3, \cdots, F_n \mid C, F_1, F_2)$$
$$\propto p(C)\,p(F_1 \mid C)\,p(F_2 \mid C, F_1)\,p(F_3 \mid C, F_1, F_2)\,p(F_4, \cdots, F_n \mid C, F_1, F_2, F_3)$$
$$\propto p(C)\,p(F_1 \mid C)\,p(F_2 \mid C, F_1)\,p(F_3 \mid C, F_1, F_2)\cdots p(F_n \mid C, F_1, F_2, F_3, \cdots, F_{n-1})$$

当满足特征独立假设后,意味着:

$$p(F_i \mid C, F_j) = p(F_i \mid C)$$

所以上述表达式就变成了:

$$p(C \mid F_1, \cdots, F_n) \propto p(C, F_1, \cdots, F_n)$$
$$\propto p(C)\,p(F_1 \mid C)\,p(F_2 \mid C)\,p(F_3 \mid C)\cdots$$
$$\propto p(C)\prod_{i=1}^{n} p(F_i \mid C)$$

这对应的就是范例中的分子部分。

当然,"有利必有弊"。朴素贝叶斯所假定的这种独立性在实际应用中往往不是完全存在的——这样导致的后果就是分类的结果会出现一定程度的偏差(例如,下雨天的时候湿度也通常比较大,所以它们不是完全独立的特征)。

当然,总的来讲,朴素贝叶斯还是一个非常优秀的算法。"水可载舟,亦可覆舟",这其中的关键在于使用者是否可以"因地制宜"地运用它们。

7.2 朴素贝叶斯的实际应用

朴素贝叶斯分类器不论在学术界还是工业界中的应用都是比较广泛的。本节就以日常生活中经常会接触到的"垃圾邮件过滤"功能为例,进一步加深读者对它的印象。

可以先来思考一下——如果让你来设计一个垃圾邮件过滤系统,你可以想到哪些方案呢?潜在的方案可能很多,譬如:

(1) 建立一个黑名单(Black List)。

这个想法很简单,就是将发送垃圾邮件的发送者全部列入黑名单中进行屏蔽。缺点也很明显,比如可能需要人工去识别哪些发送者需要加入黑名单,而且对于新出现的垃圾邮件发送者也无能为力。

(2) 提取垃圾邮件的特征,进行自动化识别。

这个方法相比黑名单是一个进步,因为它既可以通过自动化来节省人工成本,而且对于新的垃圾邮件理论上也是有效的。

所以问题就进一步转换为,如何从垃圾邮件中提取出特征并形成分类器呢?

先来看下可以供我们提取特征的数据源有哪些。最直接的数据源自然是邮件本身,更具体一点儿就是被标注为"垃圾"和"正常"两种类型的邮件。学术界和工业界已经有人提供了这些数据，所以我们并不需要自己从零开始收集。例如：

http://untroubled.org/spam/

https://archive.ics.uci.edu/ml/datasets/Spambase

当然，也有不少收费的版本(国内就有多家专业的数据公司提供这类数据集，有需要的读者可以自行上网搜索)。

不同数据集的格式可能有所差异，常见的有以下几种。

(1) 提供邮件的原始内容。

这类数据集保留了邮件的原始内容(有可能做了隐私处理)。它们通常一行就代表一封邮件，并且在行首或行尾会给出正确的分类标志。范例如下。

---

ham What you doing?how are you?

ham Ok lar... Joking wif u oni...

ham dun say so early hor... U c already then say...

ham MY NO. IN LUTON 0125698789 RING ME IF UR AROUND! H*

ham Siva is in hostel aha:-.

ham Cos i was out shopping wif darren jus now n i called him 2 ask wat present he wan lor. Then he started guessing who i was wif n he finally guessed darren lor.

spam FreeMsg: Txt: CALL to No: 86888 & claim your reward of 3 hours talk time to use from your phone now! ubscribe6GBP/mnth inc 3hrs 16 stop?txtStop

spam Sunshine Quiz! Win a super Sony DVD recorder if you canname the capital of Australia? Text MQUIZ to 82277. B

spam URGENT! Your Mobile No 07808726822 was awarded a L2,000 Bonus Caller Prize on 02/09/03! This is our 2nd attempt to contact YOU! Call 0871-872-9758 BOX95QU

---

(2) 针对原始数据所产生的数据统计结果。

因为已经针对原始数据进行了统计处理，因而这类垃圾邮件分类器数据集的特点之一就是体积很小，例如，著名的spambase.data只有几百KB。它们通常每一行也是一个样本，并且由多个属性组成。

以Spambase为分析对象，它提供的数据样式如图7-1所示。

```
1  0,0.64,0.64,0,0.32,0,0,0,0,0,0,0.64,0,0,0,0.32,0,1.29,1.93,0,0.96,0,0,0,0,0,0,0,0,0,0,0,0,0,0,0,0,0,0,0,0,0,0,0,0,0,0,0.778,0,0,3.756,6
   1,278,1
2  0.21,0.28,0.5,0,0.14,0.28,0.21,0.07,0,0.94,0.21,0.79,0.65,0.21,0.14,0.14,0.07,0.28,3.47,0,1.59,0,0.43,0.43,0,0,0,0,0,0,0,0,0,0,0,0,0.07,0,0,0
   ,0,0,0,0,0,0,0,0.132,0,0.372,0.18,0.048,5.114,101,1028,1
3  0.06,0,0.71,0,1.23,0.19,0.19,0.12,0.64,0.25,0.38,0.45,0.12,0,1.75,0.06,0.06,1.03,1.36,0.32,0.51,0,1.16,0.06,0,0,0,0,0,0,0,0,0,0,0,0.06,
   0,0,0.12,0,0.06,0.06,0,0,0.01,0.143,0,0.276,0.184,0.01,9.821,485,2259,1
4  0,0,0,0.63,0,0.31,0.63,0.31,0.63,0.31,0.31,0.31,0,0,0.31,0,0,3.18,0,0.31,0,0,0,0,0,0,0,0,0,0,0,0,0,0,0,0,0,0,0,0,0,0,0.137,0,0.13
   7,0,0,3.537,40,191,1
```

图7-1 Spambase数据集格式

注意观察最前面的序号，可以看到每一行都由很多数字组成，共58个属性。

这些属性的含义如下。

第1~48个：代表的是48个常见的字(word)在样本中的出现频率，具体计算公式是：

$100 \times$ (number of times the WORD appears in the e-mail) / (total number of words in e-mail)

48个常见字是作者预先定义好的，如图7-2所示是部分节选。

```
word_freq_make:          continuous.
word_freq_address:       continuous.
word_freq_all:           continuous.
word_freq_3d:            continuous.
word_freq_our:           continuous.
word_freq_over:          continuous.
word_freq_remove:        continuous.
word_freq_internet:      continuous.
word_freq_order:         continuous.
word_freq_mail:          continuous.
word_freq_receive:       continuous.
word_freq_will:          continuous.
word_freq_people:        continuous.
word_freq_report:        continuous.
word_freq_addresses:     continuous.
```

图7-2 作者预设的部分高频字(continuous表示连续值)

第49～54个：代表特定字符(char)在样本中的出现频率。具体计算公式是：

100 × (number of CHAR occurences) / total characters in e-mail

同样地，这些char也是预先选取的，如下。

char_freq_;:   continuous.

char_freq_(:   continuous.

char_freq_[:   continuous.

char_freq_!:   continuous.

char_freq_$:   continuous.

char_freq_#:   continuous.

第55个：代表的是所有连串大写字母的平均长度，取值为[1,…]。

第56个：代表的是连串大写字母的最大长度，取值为[1,…]。

第57个：代表的是所有连串大写字母的合计长度，取值为[1,…]。

第58个：用于指示该样本是否属于垃圾邮件，取值为{0,1}。

理解了垃圾邮件分类器的数据集后，再来看下分类算法怎么设计。

我们一直在强调，机器学习算法的选择应该要做到"具体问题，具体分析"——在这个"具体问题"下，数据集呈现出"概率统计性很强"的特点。大量的实践证明，针对这种情况使用朴素贝叶斯会是一个不错的选择。

现在假设来了一封新邮件，判断它是否属于垃圾邮件的核心步骤如下。

Step1：针对邮件进行预处理，提取出其中的关键词，得到$T_1, T_2, T_3, \cdots, T_n$

Step2：求解在上述关键词出现的情况下，邮件为垃圾邮件的概率。

换句话说，就是求解$P(\text{Spam} \mid T_1, T_2, T_3, \cdots, T_n)$。

根据贝叶斯定理以及前面学习的知识，这个过程并不复杂。

$P(\text{Spam} \mid T_1, T_2, T_3, \cdots, T_n)$

$= P(T_1, T_2, T_3, \cdots, T_n \mid \text{Spam}) P(\text{Spam}) / P(T_1, T_2, T_3, \cdots, T_n)$

如果根据朴素贝叶斯的特征独立假设，那么可以进一步得到：

$$= \frac{P(T_1 \mid \text{Spam}) \times P(T_2 \mid \text{Spam}) \times \cdots \times P(T_n \mid \text{Spam}) \times P(\text{Spam})}{P(T_1) \times P(T_2) \times \cdots \times P(T_n)}$$

上述这些拆解后的值都可以从数据集中计算得到，因而$P(\text{Spam} \mid T_1, T_2, T_3, \cdots, T_n)$自然就求解出来了。

Step3：设置一个合理的阈值，用于最终判定该邮件是否为垃圾邮件。

这一步也是非常有必要的，而且需要特别谨慎。如果这个阈值设置得过高，那么就会有很多"漏网之鱼"，垃圾过滤系统形同虚设；与之相反，如果阈值设置过低则有可能导致用户的正常邮件受到影响，这样一来用户投诉就在所难免了。

因而阈值的设定要在保证后者的同时，还能尽量让前者达到最优状态，如图7-3所示。

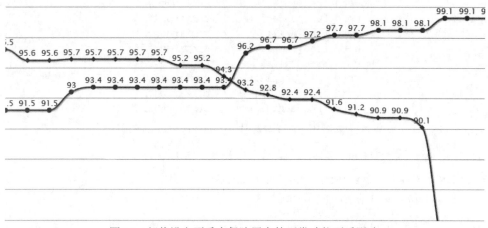

图7-3　阈值设定要重点保障用户的正常功能不受影响

这样一来，我们就基于朴素贝叶斯设计出一个完整的垃圾邮件分类器了。作为练习，读者可以基于本节内容做下编码实践，并验证一下垃圾邮件分类器的性能效果。

8.1 决策树

俗话说"一木参天，双木成林，众木成森"，由此可见，"森林"和"树"的关系是密不可分的——这种关系对于本章也同样适用。因而在学习随机森林之前，有必要先详细分析一下决策树。

决策树简单来讲是一种有监督的分类方法，即通过有标定的数据学习出一个能区分出对象类别的分类器。接下来会先讲解它的理论原理和运作规则，然后再结合一个实际范例来加深读者的理解。

8.1.1 决策树的主要组成元素

决策树通常包含如下所示的多种类型的节点。

(1) Decision nodes (决策节点)。

(2) Chance nodes (机会节点)。

(3) End nodes (结束节点)。

当然，也可以从"树"的属性角度来将上述节点划分为以下几种。

(1) 树根节点。

(2) 叶子节点。

(3) 非叶子节点(决策点)。

除此之外，还需要能把节点"串起来"的"树干"部分——树的分支节点。它们共同构成了一棵决策树(Decision Tree)。

8.1.2 决策树的经典算法

本节结合一个范例来讲解决策树的经典算法。事实上，决策树或者它的变形在很多行业领域中都获得了广泛应用。

在这个例子中，将建立一棵能够根据天气、温度等属性来判断出是否适合出门的决策树。假设训练数据如表8-1所示。

表8-1 决策树范例的训练数据

心情	天气	温度	湿度	是否出门
好	晴	热	高	否
坏	晴	热	高	否
好	多云	热	高	是
好	下雨	适中	高	是
好	下雨	凉	适中	是
坏	下雨	凉	适中	否
坏	多云	凉	适中	是
好	晴	适中	高	否
好	晴	凉	适中	是
好	下雨	适中	适中	是
坏	晴	适中	适中	是
坏	多云	适中	高	是
好	多云	热	适中	是
坏	下雨	适中	高	否

决策树的经典算法有很多，包括但不限于以下几种。

(1) ID3 (Iterative Dichotomiser 3)。

迭代二叉树第3代算法，由数据挖掘和决策理论领域的研究者John Ross Quinlan发明，他同时也是C4.5算法的缔造者。

ID3的理论基础是奥卡姆的剃刀(Occam's Razor)、信息熵和信息增益，如果对这些概念不是很清楚的话，可以回头参考本书前面的基础章节。

(2) C4.5 (ID3的扩展算法)。

(3) CART (Classification And Regression Tree)。

(4) CHAID (CHi-squared Automatic Interaction Detector)。

(5) MARS。

接下来以ID3算法为例来详细讲解决策树的建立过程。

前面说过ID3算法的基础是信息熵和信息增益，其中，信息熵是对系统不确定性的衡量，它的公式如下。

$$H(X) = \sum_{i=1}^{n} P(x_i) I(x_i) = -\sum_{i=1}^{n} P(x_i) \log_b P(x_i)$$

那么信息增益又是什么呢？简单来讲，它是某个系统通过某个属性T进行划分后信息熵的前后变化差值，公式如下。

$$IG(S \mid T) = \text{Entropy}(S) - \sum_{\text{value}(T)} \frac{|S_v|}{S} \text{Entropy}(S_v)$$

Entropy(S)代表的是划分前的系统信息熵，后半部分是通过属性T进行划分后的几个子系统的信息熵的和。

不难理解，信息增益越大，那么系统的"确定性变得越高"——换句话说，就是区分样本的能力越强。有了这些基础，ID3算法的实现步骤也就"呼之欲出"了，核心处理过程如下。

Step1：计算系统的信息熵。

Step2：分别计算系统按照各属性划分后，产生的各子系统与原系统的信息增益。

Step3：选择上一步中能产生最大信息增益的属性作为树节点，同时据此生成树的若干子分支。

Step4：循环处理直至达到结束条件。

读者可能会有疑问，在Step4中的"结束条件"具体是指什么呢？简单来说，就是"树"不再"分裂"了。而ID3算法通常会考虑如下几个"停止分裂点"(理论上，达到停止点1的决策树的性能表现可能会好一些。但考虑到过拟合等情况，实际应用过程中通常需要人为提前"中止"决策树的分裂，请参见后续的讨论)。

停止点1：所有数据子集已经属于同一种类型。这种情况下就将此类型作为树的叶子节点，同时停止往下分裂。

停止点2：已经没有可选的属性值了。

停止点3：树的深度超过阈值。

停止点4：超过其他可设定的阈值。

ID3算法的伪代码实现如下。

```
//https://en.wikipedia.org/wiki/ID3_algorithm
ID3 (Examples, Target_Attribute, Attributes)
```

```
Create a root node for the tree
If all examples are positive, Return the single-node tree Root, with label = +.
If all examples are negative, Return the single-node tree Root, with label = -.
If number of predicting attributes is empty, then Return the single node tree Root,
with label = most common value of the target attribute in the examples.
Otherwise Begin
        A ← The Attribute that best classifies examples.
        Decision Tree attribute for Root = A.
        For each possible value, vᵢ, of A,
            Add a new tree branch below Root, corresponding to the test A = vᵢ.
            Let Examples(vᵢ) be the subset of examples that have the value vᵢ for A
            If Examples(vᵢ) is empty
                Then below this new branch add a leaf node with label =
most common target value
in the examples
                Else below this new branch add the subtree ID3 (Examples(vᵢ), Target_
Attribute, Attributes - {A})
End
Return Root
```

再回到前面所说的"是否适宜出门"的范例中。

首先，需要根据不同属性产生的信息增益来决定出根节点。如果以"心情"作为根节点，对应的数据如表8-2所示。

表8-2　以"心情"为根节点的对应数据

心情	是否出门
好	否
坏	否
好	是
好	是
好	是
坏	否
坏	是
好	否
好	是
好	是
坏	是
坏	是
好	是
坏	否

此时系统被划分为如图8-1所示。

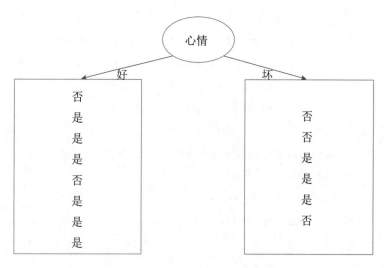

图8-1 以"心情"为根节点的系统数据

原系统的信息熵计算如下。

Entropy(S) = −(9/14) log₂(9/14)−(5/14) log₂(5/14)

$$= 0.94$$

由此产生的信息增益为：

$$\text{IG}\left(S\mid T\right)=\text{Entropy}\left(S\right)-\sum_{\text{value}(T)}\frac{\left|S_v\right|}{S}\text{Entropy}\left(S_v\right)$$

$$=0.94-\left(8/14\right)Entropy\left(S_好\right)-\left(6/14\right)Entropy\left(S_坏\right)$$

$$=0.94-\left(8/14\right)\left(-\left(6/8\right)\log_2\left(6/8\right)-\left(2-8\right)\log_2\left(2/8\right)\right)$$

$$\quad-\left(6/14\right)\left(-\left(3/6\right)\log_2\left(3/6\right)-\left(3/6\right)\log_2\left(3/6\right)\right)$$

$$=0.94-0.57\times\left(0.75\times0.415+0.25\times2\right)-\left(0.429\right)\times\left(1/2+1/2\right)$$

$$=0.0486$$

同理，按照其他几个属性进行划分，得到的信息增益分别如下。

以天气进行划分，信息增益：0.246。

以温度进行划分，信息增益：0.029。

以湿度进行划分，信息增益：0.151。

可见以天气属性进行划分得到的信息增益值最大，因而它将被ID3算法选作决策树的根节点。紧接着，ID3算法将对各子系统进行迭代处理，直到程序结束。

最终得到的决策树如图8-2所示。

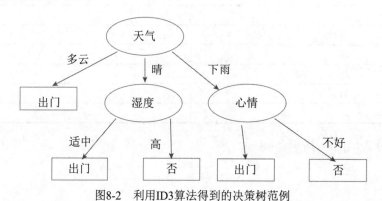

图8-2 利用ID3算法得到的决策树范例

决策树的本质就是将不确定性因素"系统化",这一点无论是对于ID3、C4.5或者是CART等其他算法都是一样的。它们主要的不同点在于,如何衡量和消除系统的不确定性。ID3给出的答案是信息增益和贪心算法;C4.5作为ID3的后继版本,其核心改进点在于采用了增益率(Gain Ratio)来替代信息增益;CART则使用了另一种指标,即描述系统"纯度"的GINI系数。不过算法种类虽多,但其实"万变不离其宗",建议读者自行查阅相关资料了解详情。

8.1.3 决策树的优缺点

任何事物都有两面性——对应到算法领域就是它们都会有其自身的优缺点。

决策树的缺点包括但不限于:

(1) 如果训练数据量不够大,容易产生过拟合的现象。

(2) 每一步决策只考虑了一种属性。

(3) 不太适合处理连续型的数据,或者说处理这种情况需要付出较大的代价。

(4) 容易训练出深度浅但宽大的树。

决策树的优点也是很明显的,包括但不限于:

(1) 算法相对简单,速度快。

(2) 形成的划分规则易于理解,这同时也是决策树的普遍优点。

(3) 在建树过程中充分考虑了整个数据集。

8.1.4 决策树的过拟合和剪枝

前面内容中学习到了决策树的几个典型缺点,其中过拟合是我们非常关心并希望尝试解决的一个问题。对此,业界目前比较流行的一种解决办法是剪枝——根据处理时机的不同,还可以将它进一步划分为预剪枝和后剪枝。

1. 预剪枝

顾名思义,预剪枝(Pre-Pruning)就是在决策树最终形成之前就提前考虑过拟合的情况。过拟合的典型表现是树过于"繁茂",因而预剪枝实际上就是预防决策树的不必要"分裂",方法在前面讲解它的停止条件时已经介绍过了。不清楚的读者请穿插阅读,限于篇幅这里不再赘述。

2. 后剪枝

与之相对,后剪枝(Post-Pruning)是指在决策树构建完成后根据一定算法对它进行"裁剪"。不过与预剪枝的相同之处在于,它们都是为了让决策树不会过度"繁茂"。这就好比我们养盆栽一样,既要在前期就采取措施来控制它的生长形状、大小等,同时也需要时不时地做些"修剪"工作,保证它是朝着我们的"预期"方向在发展。

后剪枝既然要"修剪"掉一些"无用"的树枝,那么问题自然就转换为:如何判断树枝的价值,从而决定哪些是需要被处理的呢?针对这个问题,业界目前已经提出了多种算法,比如REP、PEP、MEP、CCP等。接下来挑选其中两种来做引导学习。

1) 后剪枝算法REP (Reduced Error Pruning)

有的时候我们不一定非要想尽办法从"正向"来得到答案,也可以考虑先"反向"猜测出一个答案,然后再检查它是否满足问题的设定。这种思想在机器学习、数学等领域应用广泛,读者对此要做到"了然于心"。

后剪枝算法的基本思想也是如此,具体而言包括如下几个核心步骤。

Step1：以由下而上的方式来遍历所有子树，每次选定一株子树作为候选对象。

Step2：删除这一候选子树。

Step3：删除子树的同时，让节点变为叶子节点。

Step4：将候选子树中覆盖训练样本最多的那个类作为上述叶子节点的关联信息，形成新的决策树。

Step5：比较新老决策树的性能差异——如果这种差异满足既定的阈值，那么就保留本次的裁剪；否则恢复原决策树。

Step6：循环处理直至没有子树需要替换为止。

由此可见，REP的后剪枝算法还是非常直接明了的。

2) 后剪枝算法PEP (Pessimistic Error Pruning)

REP算法虽然简单高效，但它在实施过程中需要一个验证集，因而在某些场景下不一定能够取得较好的效果。PEP理论上可以弥补REP的这个缺点。其核心处理步骤如下。

Step1：由上而下，选择某节点作为候选对象。

Step2：计算该候选节点代表的子树的实际错误数。

Step3：根据该候选节点代表的子树的实际错误数，并结合一定的调整参数得出它经过调整后的错误数E_{old}。

Step4：计算子树的二项分布的标准差e。

Step5：计算如果执行了剪枝操作后(如只保留该候选节点，而剪除子树其他所有节点)，新的错误数以及结合调整参数后的错误数E_{new}。

Step6：如果$E_{old} - e < E_{new}$，那么说明剪枝后的效果更好，这种情况下可以保留剪枝处理结果；否则恢复原来的决策树。

Step7：循环以上步骤，直至所有处理完成。

之所以考虑标准差，是因为算法中涉及的数据都是实验得来的，存在一定的误差，而且它还符合$B(N, e)$的二项分布。如果不考虑这种误差，那么PEP得到的结果有可能不是最佳的。

除了REP和PEP之外，经典的后剪枝算法还有很多，读者可以根据自己的实际项目需求来选择合适的剪枝处理方法。

8.2 随机森林

前面说过，森林是由"树"组成的很多个体的集合。这和随机森林是相当类似的，因为它也是决策树的集合。

不过我们还有一个疑问，即为什么非要"聚树成林"呢？

对此，可以先来参考一下沙漠防护林的例子。大家应该明白，一棵树木即便具备抵御风沙的力量，但其相对于沙尘暴来说也是"微乎其微"的。因而人们需要密集地种植很多树，只有这样才能真正地起到有效防护沙尘的作用。从中可以看出，通过"众人拾柴火焰高"或者"三个臭皮匠，顶个诸葛亮"所聚集起来的力量，往往可以克服个体存在的某些劣势或者缺陷，从而达到更好地解决问题的目的。

关于决策树的缺陷在前面已经做过讨论，其中最主要的就是泛化能力弱、过拟合等。随机森林就是为了解决或者降低这些问题的影响而生的，因而也被称为随机决策森林。另外，随机森林属于集成学习方法。后者简单来讲就是通过某种规则来把各种机器学习的结果进行整合，从而得到比单种机器学习算法更好的效果。这种思想简单易用，而且在不少场合经常有"出人意料"的效果，所以也是比较受欢迎的一种机器学习方法。

历史上，随机森林的第一个版本是由Tin Kam Ho实现的，不过目前大家提到的更多的则是Leo Breiman和Adele Cutler开发的版本，而且随机森林已经被他们注册了商标，其官方主页地址如下。

https://www.stat.berkeley.edu/~breiman/RandomForests/cc_home.htm#inter

随机森林有什么特别之处呢？Breiman对这个问题有过完整的描述，如下。

- It is unexcelled in accuracy among current algorithms.
- It runs efficiently on large data bases.
- It can handle thousands of input variables without variable deletion.
- It gives estimates of what variables are important in the classification.
- It generates an internal unbiased estimate of the generalization error as the forest building progresses.
- It has an effective method for estimating missing data and maintains accuracy when a large proportion of the data are missing.
- It has methods for balancing error in class population unbalanced data sets.
- Generated forests can be saved for future use on other data.
- Prototypes are computed that give information about the relation between the variables and the classification.
- It computes proximities between pairs of cases that can be used in clustering, locating outliers, or (by scaling) give interesting views of the data.
- The capabilities of the above can be extended to unlabeled data, leading to unsupervised clustering, data views and outlier detection.
- It offers an experimental method for detecting variable interactions.

大意：

- 在现有算法中，它的精度是不高的。
- 它在大量数据的基础上能高效运行。
- 它可以处理数千个输入变量，而不需要变量删除。
- 它能给出在分类中哪些变量是重要的估计。
- 随着森林建筑的发展，它产生了泛化误差的内部无偏估计。
- 它有一种有效的估计缺失数据的方法，并在大量数据缺失时保持准确性。
- 它有在不平衡数据集类群中平衡错误的方法。
- 生成的森林可以保存，供将来在其他数据上使用。
- 原型被计算出来，给出了变量与分类之间关系的信息。
- 它计算可用于聚类、定位离群值或(通过缩放)给出数据有趣视图的两对案例之间的接近度。
- 上述功能可以扩展到未标记数据，导致无监督聚类、数据视图和异常值检测。
- 它提供了一种检测变量之间相互作用的实验方法。

可见随机森林的优点还是相当多的，这也是它在近几年表现抢眼的重要原因之一。

有了感性的认识后，接下来再从理论的角度学习一下随机森林是如何工作的。我们知道，随机森林是基于决策树的集成学习，而每一棵单独的决策树都会输出独立的分类结果。这意味着随机森林需要一个规则来决定如何处理每个个体的输出，最终得到唯一的结果——具体来说，随机森林基于Bagging策略，扩展出了一套自己的规则。

Bagging也叫作Bootstrap aggregating，中文常译为"引导聚集算法"或者"装袋算法"，也是由Leo

Breiman提出来的(1994年)。它的核心算法步骤如下。

Step1：假定有一个规模大小为n的训练集D。

Step2：从D中执行有放回的、均匀的抽样，选出n'个数据，形成子集D_i。

Step3：重复上述步骤从而产生m个子集。

Step4：针对m个训练子集结合机器学习算法得到m个模型。

Step5：如果是回归问题，则对m个模型结果取平均值；如果是分类问题，则对m个模型结果采取投票的方式决策最终取值。

当$n=n'$时，其表现出的效果就是bootstrap这个词所要表达的含义了。

由于是有放回的数据抽样，所以不难理解D_i子集中有可能存在重复项，具体范例如表8-3所示。

表8-3　Bagging策略产生的数据子集范例

原始数据集D	D_1	D_2	D_3	D_4
d_1	d_1	d_7	d_4	d_6
d_2	d_2	d_3	d_2	d_2
d_3	d_3	d_5	d_4	d_3
d_4	d_4	d_5	d_5	d_5
d_5	d_5	d_8	d_5	d_4
d_6	d_6	d_2	d_8	d_6
d_7	d_7	d_7	d_1	d_7
d_8	d_8	d_2	d_6	d_1

随机森林是基于Bagging策略的扩展实现，其核心实现步骤如下。

Step1：假设训练数据的规模为N，特征数量为F。

Step2：以CART决策树作为弱学习器。

Step3：利用Bagging策略生成M个训练数据子集。

Step4：指定一个远远小于F的常数f($f<<F$)，并从F个特征中随机选取f个特征作为子集。

Step5：和CART决策树不同的地方在于，我们并不是从所有特征中找到当前最优节点，而是从上一步中得到的f个特征中寻求最佳值。

Step6：让每棵树都最大程度生长，而且不存在剪枝的过程。

Step7：重复以上步骤，生成M棵决策树。

Step8：如果是回归问题，则对M棵决策树结果取平均值；如果是分类问题，则对M棵决策树结果采取投票的方式决策最终取值。

随机森林的"Random"是它的精髓，主要体现在上述Step2中的训练集随机抽样以及Step4中的随机特征子集生成。也正是因为这两个"随机"的引入，才较好地提升了它的泛化和抗噪能力，使其不易陷入单一决策树引发的过拟合问题。

因为随机森林的实用性，它已经在多个不同应用场合下催生出了不少变种，其中不乏一些经典，包括但不限于：

- 全随机树嵌入(Totally Random Trees Embedding, TRTE)；
- 额外树(Extra Trees)；
- 隔离森林(Isolation Forest)。

这其实也是机器学习领域的一个常态：一旦有一个既实用又可扩展的算法，那么随之而来的很可能就是"雨后春笋"般五花八门的"变种"。如果读者有兴趣，可以自行研究这些基于随机森林产生的"后起之辈"，从中品味它们的"十八般武艺"。

SVM是Support Vector Machine的缩写，中文通常译为"支持向量机"。毫不夸张地说，它是当前在工业界应用较为广泛的监督学习算法之一。

读者可能还听说过SVMs，即Support Vector Machines——它和SVM有什么区别和联系呢？简单来讲，SVMs包含SVM，而且同时适用于做两件事情，即分类(Classification)和回归(Regression)。

1. 分类

严格来说，我们所提及的SVM主要用于完成Classification。从历史发展的角度来看，它主要经历了如下几个阶段。

(1) 初始版本。

最大边距分类器(The Maximal Margin Classifier)。

(2) 版本2。

基于核技巧的版本(The kernelized version using the Kernel Trick)。

(3) 版本3。

基于soft-margin的版本(The soft-margin version)。

(4) 版本4。

基于soft-margin的核版本(The soft-margin kernelized version)，集合了版本1、2和3。

2. 回归

用于回归的SVMs通常也被人们称为SVR(Support Vector Regression)。而且和SVM一样，它也有超函数(Hyperparameter)和核技巧(Kernel Trick)。

SVMs还有不少衍生版本，例如：

- 结构化支持向量机(Structured Support Vector Machine)；
- 最小二乘支持向量机(Least Square Support Vector Machine)；
- 支持向量聚类(Support Vector Clustering)；
- 传导支持向量机(Transductive Support Vector Machine)；
- 排名支持向量机(Ranking Support Vector Machine)；
- 一类支持向量机(One Class Support Vector Machine)。

SVM所涉及的理论知识点还是比较多的，譬如拉格朗日对偶、核函数、最优下界等。对于刚接触它的新人来讲，这些新名词很有可能成为阻碍他们进一步理解SVM的"绊脚石"，导致"只知其然，不知其所以然"的困境。

有鉴于此，在接下来的几节中将尽可能以更通俗的解释来由浅入深地讲解SVM——希望可以降低读者学习SVM的难度曲线。

9.1 SVM可以做什么

SVM要解决什么问题？为什么需要涉及那么多的数学知识？

我们以维基百科(Wikipedia)上的一个图例来说明一下SVM的"原动力"是什么。

如图9-1所示的是一个二分类问题，包括实心和空心两种类型。不难理解，如果只是想把图中两种类型的点用一条直线分隔开来(线性可分问题)，那么可选的直线(专业术语也就是"决策面")显然不止一条(例如H_2、H_3都符合要求)。

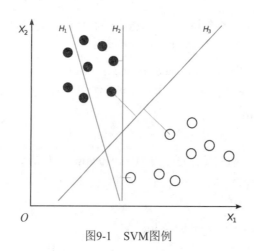

图9-1　SVM图例

此时我们会有这样的疑问：三种选择中，H_1、H_2、H_3(以及其他所有决策面)哪个是最好的？评判标准(分类性能)又是什么呢？SVM想要解决的问题，简单来讲就是寻找能将数据正确分类的最优决策面。那么SVM所依据的"最优标准"是什么呢？

其实也不复杂，它秉承的是"分类间隔越大的分类器就越优秀"的理念。

估计读者们又坐不住了——那么"分类间隔"又是什么呢？

假设我们保持某个决策面(例如H_3)的方向不变，然后分别向左右两边挪动，并保证不会出现样本错分的情况，那么它们最终一定会遇到这样一个临界位置——只要跨过这个位置就会出现样本错分的情况。

上述两条左右直线的正中间分界线就是我们所寻找的方向不变条件下的最优决策面，而它们之间的垂直距离代表的便是分类间隔。这样一来，所有方向条件下具备最大分类间隔的决策面，自然就是SVM所要寻找的最优决策面。

那么作者为什么把上述寻找最优解的方法称为SVM？其中拗口的"支持向量"代表什么？还以前面的左右直线来说，SVM的作者认为：当它们处于临界位置时所穿越的那些数据样本点，理论上就组成了"支持向量"。或许正是因为这个原因，作者给出了"支持向量机"这一名称。

值得一提的是，虽然在本节的图例中分类器是二维的线性直线，但并不代表它只能处理二维平面。具体来讲，当样本点的维度是n维的时候，那么能将它们分隔开的决策面就需要是$n-1$维——这也是最优解被称为"决策面"，而非"决策线"的缘由。

高维空间SVM如图9-2所示。

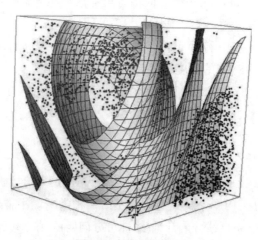

图9-2　高维空间SVM

很显然SVM也适用于"非线性"的情况,它具备很强的"普适性",如图9-3所示。

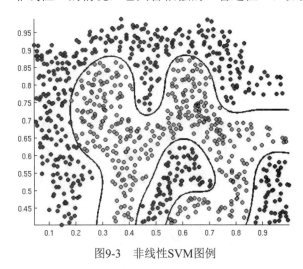

图9-3 非线性SVM图例

最后,多分类对于SVM也不在话下,如图9-4所示。

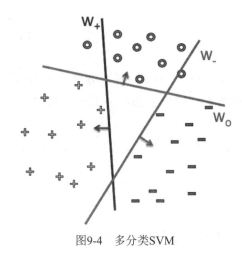

图9-4 多分类SVM

小结:本节通过一些范例,通俗地解释了SVM所要解决的本质问题,为后续的原理和理论分析打下了基础。

9.2 SVM的数学表述

通过9.1节的学习,我们已经了解SVM的目标是:寻找最优的决策面,即"What"的问题。接下来,就要进一步回答"How"的问题,即如何寻找到这个最优解?

我们知道,求最优解的第一个步骤通常是把遇到的问题"数学化",或者说建立一个能够完整描述问题的"模型"。具体到SVM这个场景下,包括分类间隔、决策面等在内的核心元素都是首先要去思考的。

9.2.1 决策面的数学表述

二维空间下的线性决策面就是一条直线,因而只需利用初中知识就可以把它用数学公式表示出来:

$$x_2 = ax_1 + b$$

其中，x_1和x_2分别表示横轴和纵轴。

当然，还可以对上述公式进行一些调整，成为如下的形式。

$$ax_1 - x_2 + b = 0$$

或者还可以用向量来表示：

$$ax_1 - x_2 + b = 0$$

$$\rightarrow [a, -1] \begin{bmatrix} x_1 \\ x_2 \end{bmatrix} + b = 0$$

$$\rightarrow \boldsymbol{w}^\mathrm{T}\boldsymbol{x} + b = 0$$

最后一个式子是带有一般性质的向量表达方式，其中，T代表的是转置标志。

对照上述几个式子，不难发现：

$$\boldsymbol{w} = \begin{bmatrix} a \\ -1 \end{bmatrix}$$

$$\boldsymbol{x} = \begin{bmatrix} x_1 \\ x_2 \end{bmatrix}$$

现在已经有了决策面的数学表达式，可以再回来思考SVM所要解决的问题。在前面曾有过这样的描述：

"我们保持某个决策面(例如H_3)的方向不变，然后分别向左右两边挪动，并保证不会出现样本错分的情况。那么它们最后一定会遇到这样一个临界位置——只要跨过这个位置就会出现样本错分的情况……"

从数学的角度来讲，我们如何"保持某个决策面(例如H_3)的方向不变，然后分别向左右两边挪动"呢？

很简单，就是在左右挪动过程中保持与决策面(如H_3)平行，或者换一种说法，就是保证在挪动的过程中要始终沿着决策面的垂直方向行进。

因为$x_2 = ax_1 + b$的斜率为a，所以如果构建一个向量$\boldsymbol{u}$：

$$\boldsymbol{u} = [1, a]^\mathrm{T}$$

那么$\boldsymbol{u}$与这条直线就是平行的。

又因为向量$\boldsymbol{w}^\mathrm{T}$和$\boldsymbol{u}$的乘积如下：

$\boldsymbol{w}^\mathrm{T} \times \boldsymbol{u}$

$= [a-1] \begin{bmatrix} 1 \\ a \end{bmatrix}$

$= a-a$

$= 0$

这说明它们两个向量相交，或者说垂直。所以在SVM的概念里，$\boldsymbol{w}$就控制了决策面的方向。

9.2.2 分类间隔的数学表述

通过前面的学习，我们知道"两条左右直线的正中间分界线就是我们所寻找的方向不变条件下的最优决策面，而它们之间的垂直距离代表的便是分类间隔"。另外，因为决策面处于正中间，所以分类间隔当然就是支持向量(Support Vector)到决策面距离的两倍。

可以参考维基百科提供的图示，如图9-5所示。

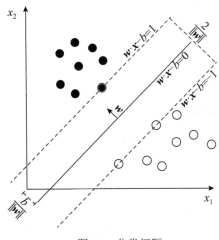

图9-5　分类间隔

对于二维空间的点到直线的距离，只需应用简单的欧几里得距离(Euclidean Distance)公式就可以计算出来，即：

$$\frac{|Ax_0 + By_0 + c|}{\sqrt{A^2 + B^2}}$$

上式假设直线方程为$Ax + By + C = 0$，点的坐标则为(x_0, y_0)，更为一般的表达方式是：

$$d = \frac{|\boldsymbol{\omega}^{\mathrm{T}}\boldsymbol{x} + \gamma|}{\|\boldsymbol{\omega}\|}$$

其中，分母部分指的是向量**w**的模，也就是其在空间中的长度。

有了这些基础术语的数学化表述后，下面就可以进一步分析如何为SVM的最优化问题建模。

9.2.3　比较超平面的数学公式

除了上述所讲解的方法外，还有其他方式来描述和比较两条超平面(Hyperplane)，而且这种手段是基于一些常识得出来的。

接下来通过几个简单的范例来推导出本节的结论。

如图9-6所示的图例中包含一条直线和三个点。其中直线的权重和偏置为

$$w = (-0.4, -1),\ b = 9$$

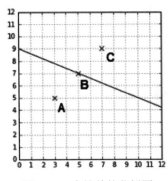

图9-6　一个简单的范例图

如果把三个数据点A、B和C，代入这条直线对应的方程来执行计算，可以分别得到：

数据点A(3,5)：

$$wx + b = -0.4 \times 3 + (-1) \times 5 + 9 = 2.8$$

数据点B(5,7)：

$$-0.4 \times 5 + (-1) \times 7 + 9 = 0$$

数据点C(7,9)：

$$-0.4 \times 7 + (-1) \times 9 + 9 = -2.8$$

换句话说，位于直线上面的数据点得到的值小于0，直线下面的点得到的值大于0，而刚好在直线上的点则等于0。那么是否可以依据这个信息来作为区分超平面优劣的判断标准呢？更规范的描述如下。

我们希望找到一个超平面，使得它与所有数据点之间的最小距离是所有超平面中最大的。

如何通过数学来表达呢？

假设有一个数据集D和一个超平面，利用上述方法可以依次得到所有数据点的计算值v_i，那么存在一个最小的v值

$$c = v_{\min} = \min_{i \in [1,n]} v_i$$

对于m个超平面之间的比较，我们认为$v_{\min}$值越大越优秀，也就是说

$$best = \max_{j \in [1,m]} c_j$$

不过上述公式是否还有其他我们没有考虑到的问题呢？

1. 问题1：数的绝对值

从之前针对数据点A、B、C的学习中，我们知道它们利用直线公式计算后得到的值必定有正数也有负数。这样一来，如果只考虑数值的话并不能准确地反映出"距离"这一概念。举个例子来说，对于+6和+2这两个正数，我们选择+2是更近的"距离"自然没错。然而对于+6和-7这两个整数，我们从整数的角度选择得到的-7的"距离"并不会比+6小，所以是错误的。

解决办法并不复杂，就是取绝对值，如下所示。

$$c = v_{\min} = \min_{i \in [1,n]} |v_i|$$

2. 问题2：区分错误分类的超平面

如图9-7和图9-8所示，是可以把两个类别(+1和-1)正确区分开来的超平面，利用上述公式可以得到$v_{\min}$的值为2。

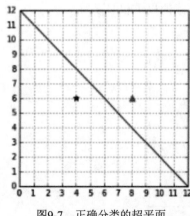

图9-7　正确分类的超平面

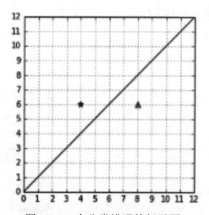

图9-8　一个分类错误的超平面

对于如图9-8所示的一个分类错误的超平面，不难计算得出它的$v_{\min}$的值同样等于2——这显然不是我们想要的结果。

那么如何将分类的准确性与前面的公式结合起来呢？

我们由此引出了另一个公式：

$$f = y \times (w \cdot x + b)$$

这样一来，f 函数满足如下条件。

(1) 对于分类正确的结果，$f > 0$。

(2) 对于分类错误的结果，$f < 0$。

所以前述公式可以进一步被修改为

$$F = \min_{i \in [i,n]} y_i (w \cdot x_i + b)$$

代码范例如下。

```python
def data_functional_margin(w, b, x, y):
    result = y * (np.dot(w, x) + b)
    return result
```

函数 data_functional_margin 用于计算一个数据点的函数间隔(Functional Margin)，也就是前面所说的 f 函数。

```python
def dataset_functional_margin(w, b, X, y):
    return np.min([data_functional_margin(w, b, x, y[i])
    for i, x in enumerate(X)])
```

函数 dataset_functional_margin 用于遍历整个数据集，逐一计算它们的函数间隔，并找出其中的最小值，对应的是前面公式中的 F。

3. 问题3：尺寸不变性

到目前为止，我们的公式还不具备尺寸不变性。

这一点只要通过一些代码范例就可以测试出来。

```python
import numpy as np
def data_functional_margin(w, b, x, y):
    result = y * (np.dot(w, x) + b)
    return result
x = np.array([2, 3])
y = 1
b1 = 3
w1 = np.array([4, 2])
w2 = w1 * 20
b2 = b1 * 20
print("Before scale:")
print(data_functional_margin(w1, b1, x, y))
print("After scale:")
print(data_functional_margin(w2, b2, x, y))
```

输出结果如下。

```
D:\MyBook\Book_AI\Materials\Source\chapter_svm>python functional_margin.py
Before scale:
17
After scale:
340
```

我们知道，如果直线的 w 和 b 同时扩大 n 倍，那么表示的其实还是同一条直线，因为它们本质上并没有变化。换句话说，上述代码段中函数间隔的表现并不能让我们满意。

改进的方法就是结合考虑单位向量，将 f 函数调整如下。

$$\gamma = y\left(\frac{w}{\|w\|} \cdot x + \frac{b}{\|w\|}\right)$$

与函数间隔类似，也有一个专业名词，即几何间隔(Geometric Margin)。

这样一来，前述的 F 函数就变成：

$$M = \min_{i=1\cdots m} \gamma i$$

$$M = \min_{i=1\cdots m} y_1\left(\frac{w}{\|w\|} \cdot x + \frac{b}{\|w\|}\right)$$

接下来还是基于同一段代码范例，稍加修改后进行二次验证。

```python
import numpy as np
def data_geometric_margin(w, b, x, y):
    norm = np.linalg.norm(w)
    result = y * (np.dot(w/norm, x) + b/norm)
    return result
def dataset_geometric_margin(w, b, X, y):
    return np.min([data_geometric_margin(w, b, x, y[i])
    for i, x in enumerate(X)])
x = np.array([2, 3])
y = 1
b1 = 3
w1 = np.array([4, 2])
w2 = w1 * 20
b2 = b1 * 20
print("Before scale with geometric margin:")
print(data_geometric_margin(w1, b1, x, y))
print("After scale with geometric margin:")
print(data_geometric_margin(w2, b2, x, y))
```

得到的结果如下。

```
D:\MyBook\Book_AI\Materials\Source\chapter_svm>python geometric_margin.py
Before scale with geometric margin:
3.8013155617496426
After scale with geometric margin:
3.8013155617496426
```

可见几何间隔已经具备了我们所期望的尺度不变性(Scale Invariance)。

那么这里的几何间隔如何从几何意义上来解释呢?

在图9-9(引用自*SVM Succinctly*)中，x'点是x在超平面上的映射，所以d指的是x到直线的距离。向量k和向量w平行，因而它们的单元向量是一样的，都是$\dfrac{w}{\|w\|}$。

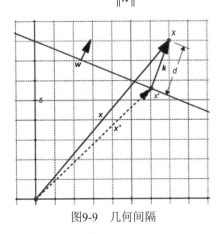

图9-9　几何间隔

由此可以得出：

$$k = d\frac{w}{\|w\|}$$

又因为$x' = x - k$，

所以$x' = x - d\dfrac{w}{\|w\|}$。

同时x'是x向超平面的映射，换句话说，这个点就在直线上面，满足如下公式。

$$w \cdot x' + b = 0$$

$$w \cdot \left(x - d\frac{w}{\|w\|} \right) + b = 0$$

$$w \cdot x - d\frac{w \cdot w}{\|w\|} + b = 0$$

$$w \cdot x - d\frac{\|w\|^2}{\|w\|} + b = 0$$

$$w \cdot x - d\|w\| + b = 0$$

$$d = \frac{w \cdot x + b}{\|w\|}$$

看到这里，读者应该就清楚几何间隔的几何意义了。

本节的最后，再通过一个范例来将本节的知识串起来。

```python
import numpy as np
def data_geometric_margin(w, b, x, y):
    norm = np.linalg.norm(w)
    result = y * (np.dot(w/norm, x) + b/norm)
    return result
```

```
def dataset_geometric_margin(w, b, X, y):
    return np.min([data_geometric_margin(w, b, x, y[i])
    for i, x in enumerate(X)])
positive_x = [[2,7],[8,3],[7,5],[4,4],[4,6],[1,3],[2,5]]
negative_x = [[8,7],[4,10],[9,7],[7,10],[9,6],[4,8],[10,10]]
```

这个范例中定义了正负两类数据点，分别用positive_x和negative_x数组表示。

```
X = np.vstack((positive_x, negative_x))
y = np.hstack((np.ones(len(positive_x)), -1*np.ones(len(negative_x))))
w = np.array([-0.4, -1])
b = 8
print(dataset_geometric_margin(w, b, X, y))
```

第一个超平面的权重(Weight)和偏置(Bias)取值如上述代码段所示，它针对数据集的分类表现如图9-10所示。

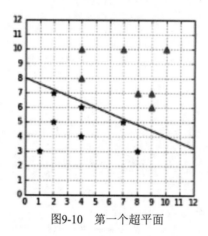

图9-10　第一个超平面

下面稍微调整一下偏置参数，从而得到第二个超平面的实现。

```
b=8.5
print(dataset_geometric_margin(w, 8.5, X, y))
```

它针对同一数据集的分类表现如图9-11所示。

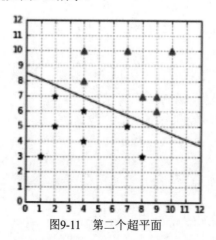

图9-11　第二个超平面

通过上述两个超平面的实际表现对比，应该不难发现第二种情况更符合我们的择优标准。

同时，根据范例程序的如下输出结果：

```
D:\MyBook\Book_AI\Materials\Source\chapter_svm>python geometric_margin_example.py
0.18569533817705164
0.6499336836196807
```

可以看出超平面2的值大于超平面1——这的确就是我们想要得到的结果，从而证明了本节所讲解的几何间隔的有效性。

9.2.4 最优决策面的数学表述

回头复习一下SVM的最优化问题，我们可以得到主观的表达——"分类间隔越大的分类器越优秀"。

我们尝试一下用数学语言来表述：

$\max_{\text{boundary}}(\text{margin (boundary)})$

也就是说，对于一条分隔线(boundary)，满足如下条件。

(1) 所有数据都得到正确分类。

(2) 间距(margin)是最大的。

其中，max函数负责找到使得margin达到最大值的分隔线。

同时，margin本身也是一个函数，那么它又负责执行什么操作呢？

简单而言就是：输入一条分隔线，使得满足如下条件。

(1) 所有数据都得到正确分类。

(2) 不同类别的所有数据点中，到分隔线的距离最小的一个(换句话说，所有其他的数据点到分隔线的距离≥margin)。

(3) 不同类别计算出的到分隔线的距离是相等的(决策面处于正中间)。

读者可以好好感受一下上述两个函数中提到的最大值和最小值——它们从不同角度对分隔线提出了约束，所以并不矛盾。

接下来还需要解决如下几个问题。

(1) 如何表达分隔线。

这个问题在前面已经解答过了，即分隔线可以表述为

$$\boldsymbol{w}^{\mathrm{T}}\boldsymbol{x}+b=0$$

(2) 如何保证所有数据点都得到正确分类。

显然不是所有的分隔线都可以针对所有数据点做到正确分类，因而如何评判分隔线是否满足这一约束条件是关键点之一。

以一个二分类的问题为例，可以为每个样本点x_i都加上一个类别标签，公式如下。

$$y_i = \begin{cases} +1, \text{对于类别1} \\ -1, \text{对于类别2} \end{cases}$$

那么对于一个能够实现正确分类的分隔线，它针对所有的样本点，都应该满足如下约束条件。

$$\begin{cases} \boldsymbol{w}^{\mathrm{T}}\boldsymbol{x}_i+b>0, \text{对于类别1} \\ \boldsymbol{w}^{\mathrm{T}}\boldsymbol{x}_i+b<0, \text{对于类别2} \end{cases}$$

所以理论上只要找到能满足上述约束条件的$\boldsymbol{w}$和$\boldsymbol{b}$参数，那么所得到的分隔线就可以很好地解决分类的问题了。

(3) 如何计算margin函数。

这个问题在前面也已经有所铺垫了，对于点到线的距离可以采用欧几里得距离公式。

$$d = \frac{\boldsymbol{w}^\mathrm{T}\boldsymbol{x} + \gamma}{\|\boldsymbol{w}\|}$$

对于满足前述"正确分类"要求的分隔线，如果还进一步要求它处于中轴位置，那么用公式来表达就是：

$$\begin{cases} \dfrac{(\boldsymbol{w}^\mathrm{T}\boldsymbol{x}_i + b)}{\|\boldsymbol{w}\|d} \geq d, & \text{对于类别1} \\[3mm] \dfrac{(\boldsymbol{w}^\mathrm{T}\boldsymbol{x}_i + b)}{\|\boldsymbol{w}\|d} \leq -d, & \text{对于类别2} \end{cases}$$

其中，d代表的是支持向量(Support Vector)到决策面的距离。

如果将公式左右两边都除以d，那么还可以得到：

$$\begin{cases} \boldsymbol{w}_d{}^\mathrm{T}\boldsymbol{x}_i + b_d \geq 1, & \text{对于类别1} \\ \boldsymbol{w}_d{}^\mathrm{T}\boldsymbol{x}_i + b_d \leq -1, & \text{对于类别2} \end{cases}$$

也可以简化为如下形式：

$$\begin{cases} \boldsymbol{w}_d{}^\mathrm{T}\boldsymbol{x}_i + b_d \geq 1, & \text{对于类别1} \\ \boldsymbol{w}_d{}^\mathrm{T}\boldsymbol{x}_i + b_d \leq -1, & \text{对于类别2} \end{cases}$$

其中：

$$\boldsymbol{w}_d = \frac{\boldsymbol{w}}{\|\boldsymbol{w}\|d}$$

$$b_d = \frac{b}{\|\boldsymbol{w}\|d}$$

(4) 如何处理max函数。

有了上述这些条件后，可以进一步细化本节开头的函数。

假设任意一个数据点被表达为(x_i, y_i)，那么：

$$\max_{\text{boundary}}(\text{margin}(\text{boundary}))$$

$$\rightarrow \max_{\boldsymbol{w},b}\left\{\frac{1}{\|\boldsymbol{w}\|}\min_n\left[y_i\left(\boldsymbol{w}^\mathrm{T}\boldsymbol{x}_i + b\right)\right]\right\}$$

其中，n是数据集的总量。

到目前为止，我们对于SVM所面临的问题已经有了较为清晰的认识，并且从数学角度将它们表达出来了。那么接下来的问题自然转换为，如何求解最大和最小值呢？这其实就涉及最优化理论了。SVM之所以让很多人望而却步，就是因为需要涉及凸二次优化、KKT条件、拉格朗日对偶等这些最优化技术。因而我们有必要先为读者扫清这些基本术语的障碍，在此基础上再来学习SVM就会"胸有成竹"了。

9.3 SVM相关的最优化理论

9.3.1 感知机学习算法

在学习SVM算法的实现原理之前，可以先来分析一个相对简单的分类算法(它可以为我们理解SVM

提供帮助),即感知机学习算法(Perceptron Learning Algorithm,PLA)。

相信读者对于Perceptron(基于神经元的感知机)这个词并不陌生,因为当前如火如荼的神经网络就是基于"神经元"搭建起来的。换句话说,后者是神经网络(Neural Network)的基础。当然,这里所说的感知机学习算法和深度神经网络有本质区别,它们之间的交集仅在于都采用了神经元作为其中的一个基础元素。

从时间上来看,感知机学习算法比SVM的出现要早一年。它是在1957年左右由Frank Rosenblatt发明的一个经典算法,被广泛用来完成线性二分类任务。同时,它也对后续的很多算法产生了较为深远的影响。

下面结合一些范例来逐步揭开已是"60岁高龄"但仍旧散发着"年轻魅力"的PLA的面纱。假设有如图9-12所示的一些数据点。

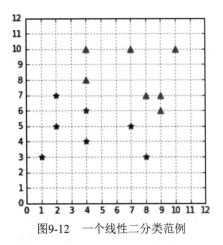

图9-12 一个线性二分类范例

通过前面的学习,我们知道一条直线可以通过$wx + b=0$来表示。那么如果给图9-12中的两种二分类数据分别加上标签+1和-1,就可以得到如下的表达式。

$$h(x_i) = \begin{cases} +1, w \cdot x_i + b \geqslant 0 \\ -1, w \cdot x_i + b < 0 \end{cases}$$

其中,$wx + b=0$就可以把这两类数据成功分隔开来。

上面的表达式还可以表述为

$$h(x_i)\text{sign}(w \cdot x_i + b)$$

这个h函数就是一个线性分类器。针对这个数据集场景,如图9-13所示的直线就是其中一种符合要求的线性分类器。

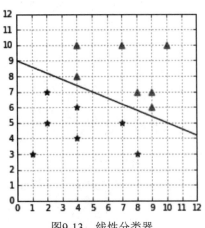

图9-13 线性分类器

其中，w取值为$(0.4, 1.0)$，b的取值为-9。下面做一个简单的验证。

(1) 数据点$(9, 6)$：

因为$wx + b = 0.4 \times 9 + 1.0 \times 6 - 9 = 0.6 > 0$，所以其分类为$+1$。

(2) 数据点$(7, 5)$：

因为$wx + b = 0.4 \times 7 + 1.0 \times 5 - 9 = -1.2 < 0$，所以其分类为$-1$。

不难发现，上述计算结果与图中所示的情况是一致的。

当然，也可以通过一点儿小技巧来把直线的表达形式变为$wx = 0$。实现过程也不复杂，就是给w和x两个向量分别增加一个维度，如下所示。

$$x' = (x_0, x_1, x_2, x_3, \cdots)$$
$$w' = (w_0, w_1, w_2, w_3, \cdots)$$

其中，$x_0 = 1$，且$w_0 = b$。

这样一来，原先的$wx + b = 0$中的b自然就被"隐藏"到$x_0 \times w_0$中了。

因而h函数有时也被写成如下形式。

$$h(\hat{x}_i) = \text{sign}(\hat{w} \cdot \hat{x}_i)$$

那么如何找到可以完美分隔开两类数据点的直线呢？因为直线已经被表示为$wx = 0$了，所以问题自然而然地转换为——如何找到符合要求的向量w呢？

一种潜在的解决方案就是将所有可能的w取值都"漫无目的"地尝试一遍——虽然理论上可行，不过显然这是一个耗时又耗力的笨办法，并不值得采用。

感知机学习算法给出的答案则"聪明"一些，简单而言就是化"盲目"为主动——它会尝试朝着让每次的迭代结果向"更好"的方向来做优化(学习过神经网络章节的读者，应该会觉得这个原理和梯度下降算法很类似。这并不奇怪，因为知识都是"相通"的，同样的思想可以"举一反三"地被应用到多种场合)。

那么PLA具体是怎么做到"朝着更好的方向来优化"的呢？

假设把数据集合表示如下。

$$D = \left\{(x_i, y_i) \mid x_i \in R^n, y_i \in \{-1, 1\}\right\}_{i=1}^{m}$$

也就是说，对于每个数据点，它们的类别都属于$+1$或者-1。

同时假设分隔线表示为

$$h(x_i) = \text{sign}(w \cdot x_i + b)$$

那么不难理解，PLA所要完成的任务就是，找到一个h函数，保证对于每一个数据点x_i，都满足如下条件：

$$h(x_i) = y_i$$

另外，我们知道对于h函数来说，唯一的变量就是w向量，因而PLA的任务也可以换一种表述方法，即：

找到$w = (w_0, w_1, w_2, w_3, \cdots)$，使得每一个数据点$x_i$都满足：

$$\text{sign}(w \cdot x_i) = y_i$$

有了上述基础之后，接下来就可以描述一下PLA的几个关键步骤了。

Step1：初始化。

PLA "说白了"就是要在不断的迭代过程中利用优化手段来找到满足要求的w向量。但是刚开始的时候w肯定是"一穷二白"的，此时就涉及它的初始化问题。可选的方法也很多，比如赋予一个固定的值，或者随机选择一些值；当然也有"高级"些的方法，譬如可以借助"经验库"来让初始值尽可能地"站在历史巨人的肩膀上"。

Step2：执行h函数。

这一步和神经网络中的"前向传播"是类似的。利用现有的w向量组成的h函数，来计算所有数据点的输出结果。

Step3：挑选一个分类错误的数据点。

此时有两种可能：其一是已经找不出分类出错的数据点，这自然是我们喜闻乐见的"大团圆结局"，因而就可以"收工"了；其二是更常见的情况，即出现了若干分类错误的数据点——这时就需要挑选(理论上这里也可以有多种策略，例如随机或者顺序等)其中一个错误来进行有针对性的改进。

Step4：基于"把分类错误的数据点纠正过来"的目标，来制定更新规则(Update Rule)。

潜在的更新规则自然也有很多，接下来会做详细介绍。值得一提的是，PLA中的更新规则并不能保证每次的优化方向都一定是"好"的。换句话说，它还存在负优化或者需要多次尝试才能得到"好结果"的情况。读者还可以将PLA和后续的SVM算法进行比较，从中就可以看出为什么后者的表现更为优秀了。

Step5：将更新规则产生的新的w值应用到h函数中。

Step6：利用新的h函数，再次"前向"计算数据点。

Step7：重复Step3～Step6，直到满足结束条件。

这里的结束条件也有多种选择。常用的有以下几种。

(1) 达到优化目标。

例如，当前已经没有分类错误的数据点了，这是最佳的情况；或者当前的准确率已经达到某个阈值了(因为确实存在"无解"的情况)。

(2) 达到时间限制。

这种情况可以防止程序无休止地执行下去导致的"死循环"问题。

(3) 达到次数限制。

和上述时间限制类似，是为了避免程序因为"无解"的数据值而浪费不必要的时间和计算资源。

接下来首先讲解上述步骤中最关键的一环：更新规则。根据前面的分析，可以知道它的目标是纠正"挑选出来的数据点存在的分类错误"。

那么具体应该怎么做呢？

在回答这个问题之前，先来观察一个有趣的现象，如图9-14所示。

在本书最开始的基础知识章节，学习了向量的点积定义及多种运算。它的数学表达式有两种基础形式，即：

(1) 点积的几何定义。

假设有两个向量x和y，那么点积的几何定义如下。

$$x \cdot y = \|x\| \|y\| \cos(\theta)$$

(2) 点积的代数定义。

假设两个向量：

$$\boldsymbol{x} = (x_1, x_2)$$

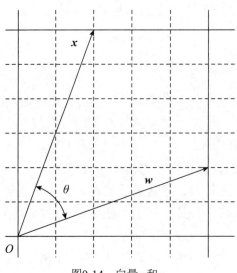

图9-14 向量$\boldsymbol{w}$和$\boldsymbol{x}$

$$\boldsymbol{y} = (y_1, y_2)$$

那么点积的代数定义如下。

$$\boldsymbol{x} \cdot \boldsymbol{y} = x_1 y_1 + x_2 y_2$$

另外，$h(x)$函数的定义如下。

$$h(\boldsymbol{x}_i) = \begin{cases} +1, \boldsymbol{w} \cdot \boldsymbol{x}_i + b \geqslant 0 \\ -1, \boldsymbol{w} \cdot \boldsymbol{x}_i + b < 0 \end{cases}$$

假设对于一个类别为+1的数据点$\boldsymbol{x}_i$，h函数出现了分类错误的情况，那么就意味着

$$\boldsymbol{w} \cdot \boldsymbol{x}_i + b < 0$$

对于包含w_0的$\boldsymbol{w}$，还可以表示为

$$\boldsymbol{w} \cdot \boldsymbol{x}_i < 0$$

显然，为了将分类结果纠正为"+1"，自然要增加$\boldsymbol{w} \cdot \boldsymbol{x}_i$的值了。

所以问题就转换为：如何调整$\boldsymbol{w}$，使得两个向量的点积变大呢？

同理，对于"类别为-1的数据点"的分类错误，我们需要思考的是：如何调整$\boldsymbol{w}$，使得两个向量的点积变小呢？

(1) 将向量点积变小的简单方法。

有一个简单的方法可以使得向量的点积变小，如图9-15所示。

图9-15中包含3个向量，即$\boldsymbol{x}$、$\boldsymbol{w}$和$\boldsymbol{w}-\boldsymbol{x}$。可以看到，在经过减法操作后，$\boldsymbol{w}-\boldsymbol{x}$这个新向量与$\boldsymbol{x}$的夹角大于原来$\boldsymbol{x}$和$\boldsymbol{w}$的夹角，即

$$\beta > \theta$$

所以根据点积的几何定义公式

$$\boldsymbol{x} \cdot \boldsymbol{y} = \|\boldsymbol{x}\| \|\boldsymbol{y}\| \cos(\theta)$$

不难得出一个结论——cosine值将会变小(超过90°变为负数)，从而使得向量点积也随着下降。

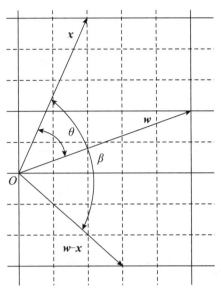

图9-15　减小向量点积的简易方法

(2) 将向量点积变大的简单方法。

有了上述讲解的向量点积变小的方法，同理还可以"如法炮制"出将向量点积变大的简单方法，如图9-16所示。

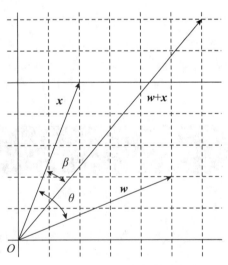

图9-16　增大向量点积的简单方法

图9-16中同样包含3个向量，即x、w和$w+x$。可以看到，在经过加法操作后，$w+x$这个新向量与x的夹角小于原来x和w的夹角，即

$$\beta < \theta$$

所以根据向量点积的几何定义公式

$$x \cdot y = \|x\|\|y\|\cos(\theta)$$

不难得出一个结论——cosine值将会变大，从而使得向量点积也随着增加。

有了上述两条观察结果后，就可以回过头来回答前面的更新规则优化问题了：如何调整w，使得两个向量的点积变大(或变小)，从而帮助程序朝着更"好"的方向迭代。

(1) 对于将+1类别数据点错分为-1类别的情况。

这种情况下，需要增大点积的值。所以根据前面的观察结论，更新规则可以采用如下方法。

$$w = w + x$$

(2) 对于将-1类别数据点错分为+1类别的情况。

这种情况下，需要减小点积的值。所以根据前面的观察结论，更新规则可以采用如下方法。

$$w = w - x$$

读者可以利用下面的程序代码来做下简单的验证。

```python
##update_rule.py
import numpy as np
def hypothesis(x, w):
    return np.sign(np.dot(w, x))


def update_rule(expected_y, w, x):
    w = w + x * expected_y
    return w
x = np.array([1, 2, 7])
w = np.array([4, 5, 3])
expected_y = -1


print("The predicted label before update is:" , hypothesis(w, x))
w = update_rule(expected_y, w, x)
print("The predicted label before update is:" , hypothesis(w, x))
```

程序的输出结果如下。

```
D:\MyBook\Book_AI\Materials\Source\chapter_svm>python update_rule.py
The predicted label before update is: 1
The predicted label after update is:  -1
```

上述代码段主要分为以下两个部分。

(1) 未利用更新规则进行调整前。

向量w的初始值为[4, 5, 3]，此时h函数针对数据点[4, 5, 3]的计算结果为+1。这和期望的-1类别不符，所以属于分类错误的情况。

(2) 利用更新规则进行调整后。

根据前面的讲解，这种情况下可以采用$w = w - x$的更新规则来做迭代优化。不过细心的读者应该已经发现，update_rule函数采用的计算公式是

$$w = w + x \times \text{expected\_y}$$

这看上去似乎和我们想象的不一样，但实际上是等价的。

如果把update_rule函数写成如下形式，读者应该就明白了。

```python
def update_rule(expected_y, w, x):
if expected_y == 1:
w = w + x
else:
```

```
w = w - x
return w
```

换句话说，$w = w + x \times expected\_y$只是上述代码段的精简形式而已。

如前面所讲述的，一次update并不能保证结果一定会"变好"。比如下面这个代码范例。

```
##update_rule_2.py
import numpy as np
def hypothesis(x, w):
    return np.sign(np.dot(w, x))


def update_rule(expected_y, w, x):
    w = w + x * expected_y
    return w
x = np.array([1,3])
expected_y = -1
w = np.array([5, 3])


print("The predicted label before update is:" , hypothesis(w, x))
w = update_rule(expected_y, w, x)
print("The predicted label after first update is:" , hypothesis(w, x))
w = update_rule(expected_y, w, x)
print("The predicted label after second update is:" , hypothesis(w, x))
```

程序执行结果如下所示。

```
D:\MyBook\Book_AI\Materials\Source\chapter_svm>python update_rule_2.py
The predicted label before update is:  1
The predicted label after first update is:  1
The predicted label after second update is:  -1
```

在上面的代码段中，我们期望的expected_y是-1，而起始的h函数给出的则是1。为了纠正这一结果，我们调用了update_rule进行优化。但很遗憾，第一次更新的结果仍然是1。所以程序没有达到结束条件，需要进行第二次更新，之后才得到了理想的结果。

这就和典故"愚公移山"中的场景一样——只要做到"每天都把大山铲掉一点儿"，那么假以时日就必定可以"将山铲平"。

还有一个问题也是需要特别注意的。可以看到PLA每次只是针对一个数据点A进行优化调整，那么会不会出现这样的情况：数据点A的分类错误经过更新后确实纠正过来了，但是却导致了原先分类正确的B、C等出现了误差？

理论而言，上述情况完全有可能出现，如图9-17所示。

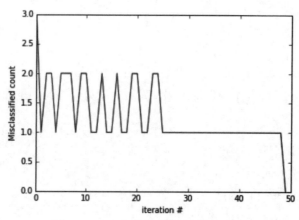

图9-17　PLA出现的分类"反复"现象

有多种解决方案可以有效地规避上述这种现象，比如人们熟知的口袋算法(Pocket Algorithm)就是其中一种较为简单的实现手段。它会将上一次的w值首先保存下来(这也是此算法被人们称为"Pocket"的原因之一)，并且确保只有在新的w值可以降低样本分类错误数量的情况下才做更新和替换。

下面再来分析一个完整的PLA程序代码。

```
##pla.py
import numpy as np
def get_dataset(get_examples):
    X1, y1, X2, y2 = get_examples()
    X, y = get_dataset_for(X1, y1, X2, y2)
    return X, y
def get_dataset_for(X1, y1, X2, y2):
    X = np.vstack((X1, X2))
    y = np.hstack((y1, y2))
    return X, y


def get_training_examples():
    X1 = np.array([[8, 7], [4, 10], [9, 7], [7, 10],[9, 6], [4, 8], [10, 10]])
    y1 = np.ones(len(X1))
    X2 = np.array([[2, 7], [8, 3], [7, 5], [4, 4],[4, 6], [1, 3], [2, 5]])
    y2 = np.ones(len(X2)) * -1
    return X1, y1, X2, y2
```

其中，hstack、vstack等numpy操作在本书基础章节已经讲解过了，如果读者有疑问的话建议回头复习一下。

上述几个函数提供了一个简易的数据集，其中，X1是一个二维数组；y1的ones用于创建一个全为1的数组，尺寸为len(X1)：

```
[1. 1. 1. 1. 1. 1. 1.]
```

另外，X2和y2也是类似的情况。

如果把数据集在坐标系上绘制出来，那么可以得到图9-18。

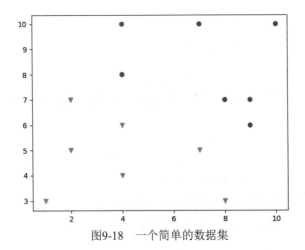

图9-18 一个简单的数据集

接下来展示的是更新函数源码，和之前的分析是一致的。

```
def update_rule(expected_y, w, x):
    w = w + x * expected_y
    return w
```

PLA算法实现函数如下。

```
def perceptron_learning_algorithm(X, y):
    w = np.random.rand(3)
    misclassified_examples = predict(hypothesis, X, y, w)
    while misclassified_examples.any():
        x, expected_y = pick_one_from(misclassified_examples, X, y)
        w = update_rule(expected_y, w, x)
        misclassified_examples = predict(hypothesis, X, y, w)
    return w
```

在perceptron_learning_algorithm这个函数中，首先初始化了*w*向量，然后利用update_rule进行迭代优化(每次只选择一个分类出错的数据点)，直到所有的数据点都得到了正确的分类。

```
def hypothesis(x, w):
    return np.sign(np.dot(w, x))
```

*h*函数的定义可以参见前面的讲解。

```
def predict(hypothesis_function, X, y, w):
    predictions = np.apply_along_axis(hypothesis_function, 1, X, w)
    misclassified = X[y != predictions]
    return misclassified
```

函数predict会基于当前的*w*向量，逐一预测数据值，并从中找到我们所需的分类错误的数据。

```
def pick_one_from(misclassified_examples, X, y):
    np.random.shuffle(misclassified_examples)
```

```
    x = misclassified_examples[0]
    index = np.where(np.all(X == x, axis=1))
    return x, y[index]
```

可以看到在选择一个分类错误的数据之前，首先做了随机打乱(Random Shuffle)，所以说从中得到的数据点带有一定的随机性。

```
np.random.seed(88)
X, y = get_dataset(get_training_examples)
X_augmented = np.c_[np.ones(X.shape[0]), X]
w = perceptron_learning_algorithm(X_augmented, y)
print(w)
```

PLA对应的具体函数是perceptron_learning_algorithm，它的输入有以下两个。

(1) X_augmented。

我们按照代码执行顺序来解释一下这个参数的取值。

首先是X和y，它们都可以通过get_dataset函数获取到——这个函数的输入参数是另一个函数get_training_examples，其返回值X1, y1, X2, y2根据前面的分析，代表的是一个二分类数据集。

函数get_dataset简单来讲就得到如下两个结果。

$$X = np.vstack((X1, X2))$$
$$y = np.hstack((y1, y2))$$

在这个例子中，它们的具体值如下。

```
X:
[[ 8  7]
 [ 4 10]
 [ 9  7]
 [ 7 10]
 [ 9  6]
 [ 4  8]
 [10 10]
 [ 2  7]
 [ 8  3]
 [ 7  5]
 [ 4  4]
 [ 4  6]
 [ 1  3]
 [ 2  5]]
...
```

而X_augmented的值如下。

```
[[ 1.  8.  7.]
 [ 1.  4. 10.]
 [ 1.  9.  7.]
 [ 1.  7. 10.]
 [ 1.  9.  6.]
 [ 1.  4.  8.]
 [ 1. 10. 10.]
 [ 1.  2.  7.]
 [ 1.  8.  3.]
 [ 1.  7.  5.]
 [ 1.  4.  4.]
 [ 1.  4.  6.]
 [ 1.  1.  3.]
 [ 1.  2.  5.]]
```

之所以需要添加一个全为1的列，是因为权重中包含w_0，从而将直线简化为wx=0了。这些知识在前面内容中都已经做过推导，如果有需要的话可以回头复习一下。

(2) y。

这个参数代表的是数据集的标签，只有+1和-1两种。

程序的执行结果如下。

```
D:\MyBook\Book_AI\Materials\Source\chapter_svm>python pla.py
[-44.35244895   1.50714969   5.52834138]
```

换句话说，PLA找到的分隔线是：

$$\boldsymbol{wx} = 0$$
$$\rightarrow \text{weight}[1] \times \boldsymbol{x} + \text{weight}[2] \times \boldsymbol{y} + \text{weight}[0] = 0$$

如果取$\boldsymbol{x}$=0，那么

$$\boldsymbol{y} = -\text{weight}[0]/\text{weight}[2]$$
$$= 44.35244895 / 5.52834138$$
$$= 8.02274062$$

如果取$\boldsymbol{y}$=5，那么

$$\boldsymbol{x} = -(\text{weight}[0] + \text{weight}[2] \times 5) / \text{weight}[1]$$
$$= -(-44.35244895 + 5.52834138 \times 5) / 1.50714969$$
$$= 11.08764588$$

如果把上述结果通过plot函数绘制出来，对应如下代码。

```python
def plot_dots(weight):
    X1, y1, X2, y2 = get_training_examples()
    x,y = np.split(X1, 2, 1)
    plt.scatter(x, y, marker='o')

    x,y = np.split(X2, 2, 1)
    plt.scatter(x, y, marker='v')

    plt.plot([ 0, 11.08764588 ], [ 8.02274062, 0 ])
    plt.show()
```

那么可以得到如图9-19所示的结果。

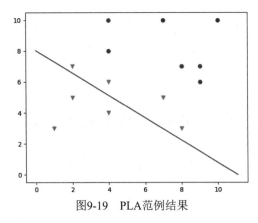

图9-19　PLA范例结果

注意，上述代码段需要用到matplotlib，可以通过"pip install matplotlib"进行安装，如下所示。

```
Looking in indexes: https://pypi.tuna.tsinghua.edu.cn/simple
Collecting matplotlib
  Downloading https://pypi.tuna.tsinghua.edu.cn/packages/ce/02/d0fb7dc284a56449f7825ef7d1e8b682bf44ce
f540a6d615e1fa0faa543a/matplotlib-2.2.2-cp35-cp35m-win_amd64.whl (8.7MB)
    100% |████████████████████████████████| 8.7MB 11kB/s
Requirement already satisfied: six>=1.10 in c:\users\administrator\appdata\local\programs\python\pyth
on35\lib\site-packages (from matplotlib) (1.11.0)
Requirement already satisfied: numpy>=1.7.1 in c:\users\administrator\appdata\local\programs\python\p
ython35\lib\site-packages (from matplotlib) (1.14.3)
Collecting pytz (from matplotlib)
```

本节的最后，再来思考一下PLA的缺点是什么。

这个早期的分类算法可能存在下述一些不足。

(1) 效率不高。

从PLA的算法实现过程不难看出，它借助于循环迭代来尽可能降低误分类的数量。而且这种循环多少有些"缺乏引导"，因而整体效率不是很高。

(2) hyperplane的不确定性。

PLA的weight不但在初始化时是随机选取的，而且在更新的过程中也带有较大的随机性，这就必然导致针对同一个数据集的多次PLA运行将得到不同的hyperplane，如图9-20所示。

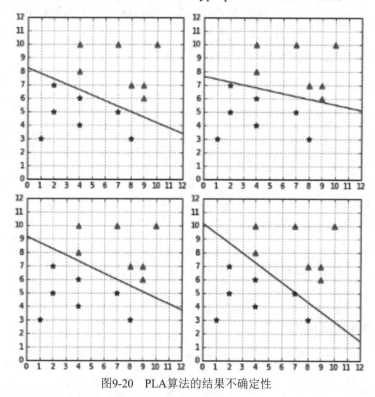

图9-20   PLA算法的结果不确定性

(3) 部分PLA结果的泛化能力可能不强。

既然每一次PLA的结果都可能产生不同的hyperplane，那么是否说明它们一样好呢？事实证明并没有这么理想。虽然如图9-20所示的4条hyperplane把训练数据都成功分隔开了，但并不能保证它们对于其他数据集也都可以胜任这个工作。

比如如图9-21所示的是在其他数据集条件下的PLA算法表现。

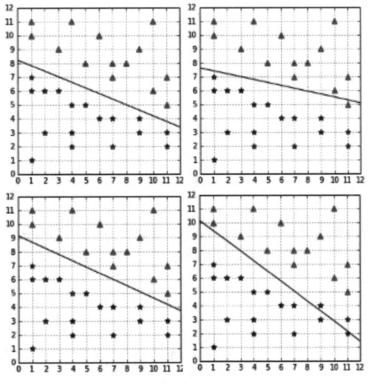

图9-21　其他数据集下的PLA算法表现

从图9-21中可以看到，PLA生成的部分hyperplane在不同数据集下很容易就"暴露"出它们原本的缺陷。

PLA的这些不足，也正是SVM等"后继者"们所要尝试去解决和改进的，因而可以把它们结合起来阅读理解。

9.3.2　SVM最优化问题

本节来讲解如何将SVM转换为最优化问题，以便进行求解。

假设数据集表述为：

$$D=\left\{\left(X_i,y_i\right)\middle| X_i \in \mathbb{R}^p, y_i \in \left\{-1,1\right\}\right\}_{i=1}^m$$

同时hyperplane由向量w和偏移量b构成。根据前面的学习我们知道geometric margin M的计算公式：

$$M = \min_{i=1,\cdots,m} \gamma_i$$

$$\gamma_i = \left(\gamma_i \frac{w}{\|w\|} \cdot x_i + \frac{b}{\|w\|}\right)$$

毋庸置疑，可以使M达到最大值的就是最理想的hyperplane了。换句话说，我们将SVM转换成了带有不等式约束的最优化问题。

$$\underset{w,b}{\text{maximize}} \quad M$$
$$\text{subject to} \quad \gamma_i \geq M, i=1,\cdots,m$$

由于

$$M = \frac{F}{\|W\|}$$

所以

$$\underset{w,b}{\text{maximixe}} \ M$$

$$\text{subject to} \ \frac{f_i}{\|w\|} \geq \frac{F}{\|w\|}, i = 1, \cdots, m$$

将不等式两边同时乘以$\|w\|$，可以简化为：

$$\underset{w,b}{\text{maximize}} \ M$$

$$\text{subject to} \ f_i \geq F, i = 1, \cdots, m$$

另外，还可以针对w和b执行scale操作，直至$F=1$，那么还可以进一步简化：

$$\underset{w,b}{\text{maximize}} \ M$$

$$\text{subject to} \ f_i \geq 1, i, \cdots, m$$

前面说过

$$M = \frac{F}{\|W\|}$$

且$F=1$。

因而不难得到

$$\underset{w,b}{\text{minimize}} \ \frac{1}{\|W\|}$$

$$\text{subject to} \ f_i \geq 1, i = 1, \cdots, m$$

到这里最优化问题基本上已经成型了，只不过我们更习惯于用最小化问题来表述——最小化和最大化是可以互相转换的，比如下面所示和上面maximize表述是完全一致的。

$$\underset{w,b}{\text{minimize}} \ \|W\|$$

$$\text{subject to} \ y_i \left(w \cdot x_i \right) + b \geq 1, i = 1, \cdots, m$$

同时为了计算方便，还可以将这个minimize表述为下面的等价问题。

$$\underset{w,b}{\text{minimize}} \ \frac{1}{2} \|W\|^2$$

$$\text{subject to} \ y_i \left(W \cdot x_i \right) + b - 1 \geq 0, i = 1, \cdots, m$$

这就是SVM的最优化问题了——它是一个凸二次优化问题(Convex Quadratic Optimization Problem)，同时也是后续几节的研究基础。

9.4 硬间隔SVM

经过前面几节的铺垫，不但学习了SVM的"初衷"——从感性的层面了解了它的核心思路，而且还阐述了隐藏在SVM背后的一些优化理论(注：建议读者结合本书前面的数学原理章节来做阅读理解)，现在是时候对SVM进行"庖丁解牛"了。

9.3节中，已经将SVM转换为最优化问题了，即

$$\underset{w,b}{\text{minimize}} \frac{1}{2}\|W\|^2$$

$$\text{subject to } y_i(W \cdot x_i) + b - 1 \geq 0, i = 1, \cdots, m$$

所以接下来需要解决的问题是，如何求出上述不等式约束条件下的最小解呢？

首先定义：

$$f(W) = \frac{1}{2}\|W\|^2$$

以及

$$g_i(\boldsymbol{w}, b) = y_i(\boldsymbol{w} \cdot x_i + b) - 1, i = 1, \cdots, m$$

根据以前学习到的最优化理论(请参考本书前面基础知识章节)，它的拉格朗日函数可以表达如下。

$$\mathcal{L}(\boldsymbol{w}, b, \alpha) = f(\boldsymbol{w}) - \sum_{i=1}^{m} \alpha_i g_i(\boldsymbol{w}, b)$$

$$\mathcal{L}(\boldsymbol{w}, b, \alpha) = \frac{1}{2}\|\boldsymbol{w}\|^2 - \sum_{i=1}^{m} \alpha_i[y_i(\boldsymbol{w} \cdot x_i + b) - 1]$$

这样一来，SVM的原始问题即最小最大化问题是

$$\min_{\boldsymbol{w}, b} \max_{\alpha} L(\boldsymbol{w}, b, \alpha)$$

$$\text{subject to } \alpha_i \geq 0, i = 1, \cdots, m$$

由于最小最大化很难求解，所以我们希望利用它的对偶问题来"曲线救国"。这自然就涉及几个核心问题，即SVM的对偶问题定义，KKT的正则条件以及如何寻求最优解的问题。

(1) SVM的对偶问题。

针对SVM的原始问题的最小化问题部分，可以得到

$$\nabla_{\boldsymbol{w}} \mathcal{L} = \boldsymbol{w} - \sum_{i=1}^{m} \alpha_i y_i x_i = 0$$

$$\frac{\partial \mathcal{L}}{\partial b} = -\sum_{i=1}^{m} \alpha_i y_i = 0$$

或者将第一个式子换一种表述方式

$$\boldsymbol{w} = \sum_{i=1}^{m} \alpha_i y_i x_i$$

把上述的**w**代入SVM的拉格朗日函数中，从而将**w**替换掉，可得

$$\boldsymbol{w}(\alpha, b) = \frac{1}{2}\left(\sum_{i=1}^{m} \alpha_i y_i \boldsymbol{x}_i\right) \bullet \left(\sum_{j=1}^{m} \alpha_j y_j \boldsymbol{x}_j\right) - \sum_{i=1}^{m} \alpha_i[y_i\left(\left(\sum_{j=1}^{m} \alpha_j y_j \boldsymbol{x}_j\right) \cdot \boldsymbol{x}_i + b\right) - 1]$$

$$= \frac{1}{2}\sum_{i=1}^{m}\sum_{j=1}^{m} \alpha_i \alpha_j y_i y_j \boldsymbol{x}_i \cdot \boldsymbol{x}_j - \sum_{i=1}^{m} \alpha_i y_i\left(\left(\sum_{j=1}^{m} \alpha_j y_j \boldsymbol{x}_j\right) \cdot \boldsymbol{x}_i + b\right) + \sum_{i=1}^{m} \alpha_i$$

$$= \frac{1}{2}\sum_{i=1}^{m}\sum_{j=1}^{m} \alpha_i \alpha_j y_i y_j \boldsymbol{x}_i \cdot \boldsymbol{x}_j - \sum_{i=1}^{m}\sum_{j=1}^{m} \alpha_i \alpha_j y_i y_j \boldsymbol{x}_i \cdot \boldsymbol{x}_j - b\sum_{i=1}^{m} \alpha_i y_i + \sum_{i=1}^{m} \alpha_i$$

$$= \sum_{i=1}^{m} \alpha_i - \frac{1}{2}\sum_{i=1}^{m}\sum_{j=1}^{m} \alpha_i \alpha_j y_i y_j \boldsymbol{x}_i \cdot \boldsymbol{x}_j - b\sum_{i=1}^{m} \alpha_i y_i$$

同时

$$\sum_{i=1}^{m} \alpha_i y_i = 0$$

这样一来可以把b也消解掉了，得到

$$W(\alpha) = \sum_{i=1}^{m} \alpha_i - \frac{1}{2}\sum_{i=1}^{m}\sum_{j=1}^{m} \alpha_i \alpha_j y_i y_j \boldsymbol{x}_i \cdot \boldsymbol{x}_j$$

这就是SVM的沃尔夫对偶拉格朗日函数(Wolfe Dual Lagrangian Function)。对应的沃尔夫对偶问题(Wolfe Dual Problem)定义为

$$\underset{\alpha}{\text{maximize}} \quad \sum_{i=1}^{m} \alpha_i - \frac{1}{2}\sum_{i=1}^{m}\sum_{j=1}^{m} \alpha_i \alpha_j y_i y_j \boldsymbol{x}_i \cdot \boldsymbol{x}_j$$

$$\text{subject to} \quad \alpha_i \geq 0, i = 1, \cdots, m$$

$$\sum_{i=1}^{m} \alpha_i y_i = 0$$

(2) KKT的正则条件。

我们知道，KKT条件成立的前提之一就是需要满足一些正则条件。庆幸的是，SVM问题天生满足其中一条正则条件——即Slater's condition。这个条件在基础知识章节已经讲解过了，这里不再赘述。

(3) 求解SVM最优解的充分必要条件。

SVM满足正则条件和KKT只是最优化理论中的必要条件，那么怎么样才能满足充分条件呢？

由于SVM原始问题是凸问题(Convex Problem)，所以根据以前对必要条件的分析，可以得出——针对SVM最优化问题，必要条件也是充分条件。换句话说，只要满足了KKT条件，那么SVM就迎刃而解了。

这个结论已经得到了学术界的证明。例如，很多年前Bell实验室的Christopher J. C. Burges就在其论文"A Tutorial on Support Vector Machines for Pattern Recognition"中有如下的描述：

"... This rather technical regularity assumption holds for all support vector machines, since the constraints are always linear. Furthermore, the problem for SVMs is convex (a convex objective function, with constraints which give a convex feasible region), and for convex problems (if the regularity condition holds), the KKT conditions are necessary and sufficient for w, b, α to be a solution (Fletcher, 1987).Thus solving the SVM problem is equivalent to finding a solution to the KKT conditions."

大意：这个相当技术性的规则性假设适用于所有支持向量机，因为约束总是线性的。此外，支持向量机的问题是凸的(一个凸目标函数，带有一个凸可行域的约束)——对于凸问题(如果正则性条件成立)，则KKT条件是w、b、α是解的充要条件(Fletcher，1987)，因此解决SVM问题相当于找到一个解符合KKT条件。

(4) SVM的KKT条件。

SVM所对应的KKT条件如下。

① 平稳性条件(Stationarity Condition)。

对应公式为

$$\nabla_{\boldsymbol{w}}\mathcal{L} = \boldsymbol{w} - \sum_{i=1}^{m} \alpha_i y_i \boldsymbol{x}_i = 0$$

$$\frac{\partial \mathcal{L}}{\partial b} = -\sum_{i=1}^{m} \alpha_i y_i = 0$$

② 原始可行性条件(Primal Feasibility Condition)。

对应不等式为

$$y_i\left(\boldsymbol{w}\cdot\boldsymbol{x}_i+b\right)-1\geqslant 0, i=1,\cdots,m$$

③ 对偶可行性条件(Dual Feasibility Condition)。

对应不等式为

$$\alpha_i\geqslant 0, i=1,\cdots,m$$

④ 互补松弛量条件(Complementary Slackness Condition)。

对应公式为

$$a_i[y_i\left(\boldsymbol{w}\boldsymbol{x}_i+b\right)-1]=0, i=1,\cdots,\mathrm{m}$$

这样一来，通过求解这些条件就可以获取到拉格朗日乘子了——接下来的问题就是，如何在此基础上进一步计算得到$\boldsymbol{w}$和b呢？

(5) 计算$\boldsymbol{w}$和b。

根据下面公式即可计算出$\boldsymbol{w}$。

$$\boldsymbol{w}=\sum_{i=1}^{m}\alpha_i y_i \boldsymbol{x}_i$$

紧接着可以通过下面的式子来计算b。

$$y_i\left(\boldsymbol{w}\cdot\boldsymbol{x}_i+b\right)=1$$

将上式的左右两边分别乘以y_i，由于$y_i^2=1$，所以

$$\boldsymbol{w}\cdot\boldsymbol{x}_i+b=y_i$$

$$b=y_i-\boldsymbol{w}\cdot\boldsymbol{x}_i$$

在具体计算b的过程中，业界有多种实现方式。

① 取平均。

Bishop在*Pattern Recognition and Machine Learning*中使用了这种处理方法，公式如下。

$$b=\frac{1}{S}\sum_{i=1}^{S}\left(y_i-\boldsymbol{w}\cdot\boldsymbol{x}_i\right)$$

其中，S是Support Vector的数量。

② 其他方法。

例如，Cristianini和Shawe-Taylor等人在2000年前后尝试使用了下面所示的b值计算公式。

$$b=-\frac{\max_{y_i=-1}\left(\boldsymbol{w}\cdot\boldsymbol{x}_i\right)+\min_{y_i=1}\left(\boldsymbol{w}\cdot\boldsymbol{x}_i\right)}{2}$$

这样一来就可以成功获取到SVM的超平面的$\boldsymbol{w}$和b了。

9.5 软间隔SVM

9.4节介绍了硬间隔SVM，可以看到它用到了不少数学原理，看上去似乎"很完美"——那么为什么还需要软间隔SVM，它们之间有何区别？

硬间隔SVM最大的问题，在于它要求：

(1) 数据是线性可分的。

(2) 数据要足够"干净",噪声小。

换句话说,即便数据理论上是线性可分的,但硬间隔SVM对于噪声的"零容忍"也同样有可能导致失败的结果。

数据噪声对于硬间隔SVM可能会产生多种影响,包括但不限于:

(1) 使得超平面未达到最优。

如图9-22所示的情况下,原本可以得到一条更"完美"的超平面,但就是因为中间几个"搅局者"的介入而成了"黄粱一梦"。

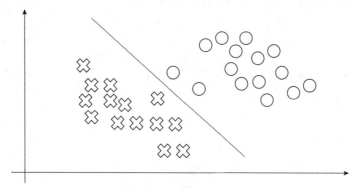

图9-22　数据噪声影响1

(2) 破坏了线性可分的性质。

如图9-23所示这种情况似乎就更糟糕了——数据噪声直接破坏了线性可分性,导致Hard Margin SVM陷入了"束手无策"的境遇。

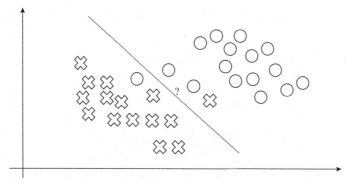

图9-23　数据噪声影响2

有需求就有市场——于是软间隔SVM就此"横空出世"了。它的核心思想,用一句话来表达就是:允许SVM分类器"适当"地犯错。

为什么要强调"适当"呢?理由在于我们虽然允许它犯错,但同时也希望错误的次数越少越好——或者还可以反过来思考,假设可以无限制地犯错,那么采用随机算法不就解决问题了?

值得一提的是,Soft Margin SVM诞生于1995年,它的作者仍然是Vapnik和Cortes,可以说是他们针对SVM原始版本的一次重大改进。

根据软间隔SVM的核心思想,下面的公式

$$y_i\left(\boldsymbol{w}\cdot\boldsymbol{x}_i+b\right)\geq 1$$

需要做如下改造

$$y_i\left(\boldsymbol{w}\cdot\boldsymbol{x}_i+b\right)\geq 1-\zeta_i$$

其中，ζ_i是一个slack variable，通常中文译为松弛变量。

下面以一个范例来具体阐述。

```python
import numpy as np
w = np.array([0.4, 1])
b = -10
x = np.array([6, 8])
y = -1
def constraint(w, b, x, y):
    return y * (np.dot(w, x) + b)
def hard_constraint_is_satisfied(w, b, x, y):
    return constraint(w, b, x, y) >= 1
def soft_constraint_is_satisfied(w, b, x, y, zeta):
    return constraint(w, b, x, y) >= 1 - zeta
```

在这个例子中，如果以硬间隔SVM来严格要求的话，即

```python
print(hard_constraint_is_satisfied(w, b, x, y))
```

得到的结果显然是：

```
D:\MyBook\Book_AI\Materials\Source\chapter_svm>python slack_variable.py
Hard constraint result:
False
```

而如果根据Soft Margin SVM的思想，给予一定的"松弛度"，即

```python
print(soft_constraint_is_satisfied(w, b, x, y, zeta=2))
```

那么得到的结果就不一样了：

```
D:\MyBook\Book_AI\Materials\Source\chapter_svm>python slack_variable.py
Soft constraint result:
True
```

这个范例似乎告诉了我们一个"道理"——即"退一步海阔天空"。

但是，退让也终需有"度"，才有可能获得真正的和谐共生。如果ζ取值太大的话，那么显然就失去了SVM的初衷了。

怎么办呢？

先来回顾一下SVM的最优化问题，即

$$\underset{\boldsymbol{w},b}{\text{minimize}} \ \frac{1}{2}\|\boldsymbol{w}\|^2$$

$$\text{subject to} \ \ y_i(\boldsymbol{w}\cdot\boldsymbol{x}_i)+b-1\geq 0, i=1,\cdots,m$$

然后再来梳理前面所说的软间隔SVM的诉求：

(1) 愿意做出些许让步，以ζ来表示。

(2) 同时又希望做出的让步越小越好。

既然如此，那么何不把这种"矛盾"抛给最小化去解决呢？

于是直觉告诉我们，SVM的最优化问题可以变为

$$\underset{w,b,\zeta}{\text{minimize}} \ \frac{1}{2}\|w\|^2 + \sum_{i=1}^{m}\zeta_i$$

$$\text{subject to} \ \ y_i(w\cdot x_i + b)\geq 1-\zeta_i, i=1,\cdots,m$$

可以看到，新的不等式约束条件加入了松弛变量，因而光从这一点来看要求似乎是降低了。但我们还同时把 ζ 加到了最小化目标中——换句话说，不等式约束条件越松，那么最小化得到的值就会越大，而这显然不是我们希望看到的结果。如此一来，它们就可以在这种"相生相克"中寻找平衡点了。

当然，上述表达方式还存在"漏洞"。细心的读者可能已经发现了，即我们并不希望出现取负数的情况。

因而可以将它进一步完善为

$$\underset{w,b,\zeta}{\text{minimize}} \ \frac{1}{2}\|w\|^2 + C\sum_{i=1}^{m}\zeta_i$$

$$\text{subject to} \ \ y_i(w\cdot x_i + b)\geq 1-\zeta_i$$
$$\zeta_i\geq 0 \ \ , i=1,\cdots,m$$

上述新的表达式中，还添加了一个参数 C，它可以帮助我们控制松弛变量的重要性。

当然，这还只是SVM的原始的最优化问题。根据前面内容的学习我们知道，仍需要将其转换为对偶问题以便求解。

9.4节中讨论过沃尔夫对偶问题(Wolfe Dual Problem)的定义如下。

$$\underset{\alpha}{\text{maximize}} \ \sum_{i=1}^{m}\alpha_i - \frac{1}{2}\sum_{i=1}^{m}\sum_{j=1}^{m}\alpha_i\alpha_j y_i y_j x_i\cdot x_j$$

$$\text{subject to} \ \ \alpha_i\geq 0, \ i=1,\cdots,m$$

$$\sum_{i=1}^{m}\alpha_i y_i = 0$$

针对硬间隔SVM的诉求，同样也可以得出对应的沃尔夫对偶问题。限于篇幅就不逐步推导了，直接给出答案。

$$\underset{\alpha}{\text{maximize}} \ \sum_{i=1}^{m}\alpha_i - \frac{1}{2}\sum_{i=1}^{m}\sum_{j=1}^{m}\alpha_i\alpha_j y_i y_j x_i\cdot x_j$$

$$\text{subject to} \ \ 0\leq\alpha_i\leq C, i=1,\cdots,m$$

$$\sum_{i=1}^{m}\alpha_i y_i = 0$$

经过对比，不难发现 α_i 的约束条件变成了 $[0, C]$。另外，这里所讲述的是一范数软间隔(1-norm Soft Margin)SVM，而事实上还有其他几种类型的软间隔SVM。

1. 二范数软间隔SVM

二范数软间隔(2-norm Soft Margin)SVM 也被称为L2 Regularized Soft Margin SVM，由Cristianini和Shawe-Taylor提出。这里的2-norm主要体现在对松弛变量的处理上，具体而言是把最小化目标改为

$$\frac{1}{2}\|w\|^2 + C\sum_{i=1}^{m}\zeta_i^2$$

如果转换为对偶问题，可以得到

$$\text{maximize} \quad L_d(\alpha) = \sum_{i=1}^{m} \alpha_i - \frac{1}{2} \sum_{i=1}^{m} \sum_{j=1}^{m} y_i y_j \alpha_i \alpha_j \boldsymbol{x}_j^{\mathrm{T}} \boldsymbol{x}_i - \frac{1}{2C} \sum_{i=1}^{m} \alpha_i^2$$

$$= \sum_{i=1}^{m} \alpha_i - \frac{1}{2} \sum_{i=1}^{m} \sum_{j=1}^{m} y_i y_j \alpha_i \alpha_j \left(\boldsymbol{x}_j^{\mathrm{T}} \boldsymbol{x}_i + \frac{1}{C} \delta_{ij} \right)$$

$$\text{subject to} \quad \alpha_i \geq 0, \sum_{i=1}^{m} \alpha_i y_i = 0$$

2. nu-SVM

这种Soft Margin SVM的核心原理，在于以0～1的一个参数v来代替前述的C。

示例如下。

$$\underset{\alpha}{\text{maximize}} \quad -\frac{1}{2} \sum_{i=1}^{m} \sum_{j=1}^{m} \alpha_i \alpha_j y_i y_j \boldsymbol{x}_i \cdot \boldsymbol{x}_j$$

$$\text{subject to} \ 0 \leq \alpha_i \leq \frac{1}{m},$$

$$\sum_{i=1}^{m} \alpha_i y_i = 0$$

$$\sum_{i=1}^{m} \alpha_i \geq v, i = 1, \cdots, m$$

当然，对于大部分开发者来讲，我们更多时候应该考虑的是如何利用SVM来解决项目中的实际问题。所幸的是，业界已经提供了多种SVM库来供大家选择，例如，LibSVM、scikit-learn等。

以scikit-learn为例，它提供了如下与SVM相关的API，如图9-24所示。

svm.LinearSVC ([penalty, loss, dual, tol, C, …])	Linear Support Vector Classification.
svm.LinearSVR ([epsilon, tol, C, loss, …])	Linear Support Vector Regression.
svm.NuSVC ([nu, kernel, degree, gamma, …])	Nu-Support Vector Classification.
svm.NuSVR ([nu, C, kernel, degree, gamma, …])	Nu Support Vector Regression.
svm.OneClassSVM ([kernel, degree, gamma, …])	Unsupervised Outlier Detection.
svm.SVC ([C, kernel, degree, gamma, coef0, …])	C-Support Vector Classification.
svm.SVR ([kernel, degree, gamma, coef0, tol, …])	Epsilon-Support Vector Regression.
svm.l1_min_c (X, y[, loss, fit_intercept, …])	Return the lowest bound for C such that for C in (l1_min_C, infinity) the model is guaranteed not to be empty.

图9-24　与SVM相关的API

以第6个为例，它的原型如下。

```
class sklearn.svm.SVC(C=1.0, kernel='rbf', degree=3, gamma='auto', coef0=0.0,
shrinking=True, probability=False, tol=0.001, cache_size=200, class_weight=None,
verbose=False, max_iter=-1, decision_function_shape='ovr', random_state=None)
```

其中，第1个参数C代表的就是我们对错误的"容忍"值。概括来讲，C的不同取值将产生如下影响。

● C值越大，表示对于错误的容忍度越低。换句话说，越接近于Hard Margin SVM的处理方式，如图9-25所示。

● 反之，如果C值越小，则表示越能容忍分类出错的情况。可以参考如图9-26所示的范例(**数据集和前面一种情况是完全一样的。另外，我们会把hyperplane以及相关的支持向量突显出来)**。

关于SVM的实践范例，还可以参考本章的最后一节。

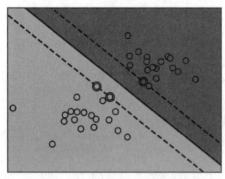
图9-25　C值取较大值时的效果

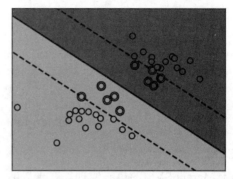
图9-26　C值取较小值时的效果

9.6　核函数技巧

利用硬间隔SVM和软间隔SVM，在某些场景下我们已经可以很好地完成分类工作，而且还能有效应对数据噪声的情况。

可是还缺少点儿什么呢？

仔细想一下，事实上前几节所介绍的SVM，还只能解决线性可分场景下的分类问题。然而现实中我们能碰上的线性可分问题并不多，换句话说，非线性可分的问题反而占多数，而且后者的种类也可以说是五花八门，千奇百怪。

例如，既有如图9-27所示这种类型的，也有如图9-28所示这种类型的，或者是类似如图9-29所示这种看上去完全没有规律可循的。

图9-27　非线性可分问题范例1

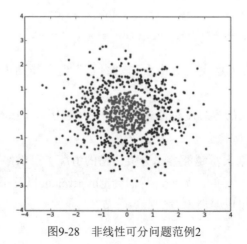
图9-28　非线性可分问题范例2

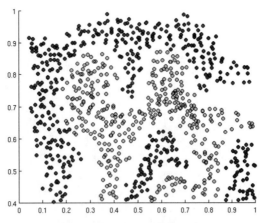

图9-29　非线性可分问题范例3

既然如此，那么如果遇到非线性可分的诉求，又应该做何处理呢？

读者可以思考一下有哪些潜在的解决方案。

潜在方案1：有没有可能在更高的数据维度上达到线性可分呢？

比如如图9-30所示这个原始数据集。

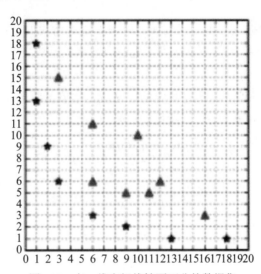

图9-30　在二维空间线性不可分的数据集

很显然，它是一个在二维空间中线性不可分的数据集。

按照潜在解决方案1的设想，首先需要寻找到一个将它映射到更高维度空间(比如三维)的函数。为了阐述的简洁性，这里直接给出答案：

$$\phi\left(x_1, x_2\right) = \left(x_1^2, \sqrt{2}x_1x_2, x_2^2\right)$$

针对前述数据集执行升维变换操作后，就可以得到如图9-31(a)所示的三维空间数据集了。

让人兴奋的是，此时只需要通过一个SVM平面就可以将新的数据集完美地分类开来了——当然，按照这种思想来做分类的话，每次执行predict时都必须先对被测数据做一下函数变换。

潜在方案2：核技巧(Kernel Trick)。

在第一种潜在解决方案中，我们的核心思想在于针对线性不可分的数据进行转换，从而保证它们在某个维度空间下可以做到可分。

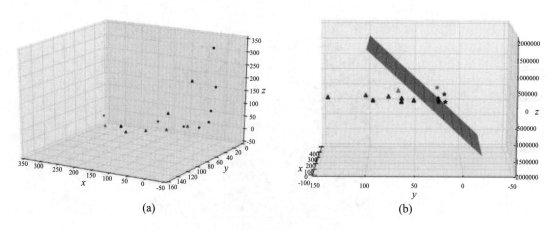

图9-31　转换后的数据集(三维空间)

但是这种方法并不是最优的，存在不少缺陷。例如：

(1) 费时费力。

因为我们既要在训练时逐一转换数据集，而且在做预测时也同样需要这种操作，这无疑会导致一定的资源消耗。

(2) 无法通用。

很显然，并不是所有的数据集都可以找到前述解决方案中所说的合适的转换函数(或者说有可能导致维度爆炸)。而且如何找到转换函数到目前为止也没有严格的理论支撑——换句话说，它并不是一个相对通用的方法。

那么有没有其他的解决方案呢？答案是肯定的，这就是本节所要讲述的核(kernel)。

根据前面的学习，我们知道沃尔夫对偶拉格朗日函数如下。

$$W(\alpha) = \sum_{i=1}^{m} a_i - \frac{1}{2}\sum_{i=1}^{m}\sum_{j=1}^{m}\alpha_i\alpha_j y_i y_j \boldsymbol{x}_i \cdot \boldsymbol{x}_j$$

其中可以看到实际上我们需要的是$\boldsymbol{x}_i$和$\boldsymbol{x}_j$之间的点积dot。所以按照通常的逻辑，可以得到如下的代码范例。

```
import numpy as np
def transform(x):
    return [x[0]**2, np.sqrt(2)*x[0]*x[1], x[1]**2]
x1 = [3,6]
x2 = [10,10]
x1_3d = transform(x1)
x2_3d = transform(x2)
print(np.dot(x1_3d,x2_3d))
```

输出结果为

```
D:\MyBook\Book_AI\Materials\Source\chapter_svm>python svm_kernel.py
8100.0
```

上述代码段中，首先完成了函数变换，然后再执行了点积运算。那么如果是核的话，它是怎么做的呢？

```
import numpy as np
```

第9章 支持向量机 **185**

```
def kernel(a, b):
    return a[0]**2 * b[0]**2 + 2*a[0]*b[0]*a[1]*b[1] + a[1]**2 * b[1]**2
x1 = [3,6]
x2 = [10,10]
print("Using Kernel:")
print(kernel(x1, x2))
```

输出结果其实是一样的：

```
Using Kernel:
8100
```

这个简单的例子虽然不能概括kernel的所有情况，但"麻雀虽小，五脏俱全"，由此可以引申出核函数(Kernel Function)和核技巧(Kernel Trick)。

(1) kernel 和 SVM。

在讲解核函数和核技巧之前，我们先要来"扯一下"kernel和SVM的关系。因为本章的"主角"是SVM，所以难免会让人产生这样的错觉——核是由SVM引申出来的一个概念。

然而这是一个我们觉得有必要指出来(因为科学需要严谨的态度，我们不希望读者被"带跑偏"了)的错误。事实上，核和SVM是两个完全独立的概念，而且正好相反的是，核是在SVM之前就已经存在并且得到了较广泛的应用了。希望读者在阅读本节时，可以谨记它们两者之间的关系，以免在以后的学习生涯中产生不必要的困惑。

(2) SVM中的核函数。

我们对核函数的定义如下。

假设有一个映射函数(Mapping Function)，可以完成从原始 χ 空间→v空间的映射，那么

$$K(x_1, x_2) = \langle \phi(x_1), \phi(x_2) \rangle v$$

称为核函数。其中，$\langle , \rangle$ 是在空间v下的内积(Inner Product)。

核函数有多种类型，例如比较典型的线性核(Linear Kernel)、多项式核(Polynomial Kernel)、RBF核等。

① 线性核。

这是最简单的一种核，定义如下。

$$K(x_1, x_2) = x_1 \cdot x_2$$

示意图如图9-32所示。

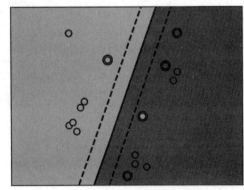

图9-32 线性核

② 多项式核。

多项式核的定义如下。

$$K(x_1, x_2) = (x_1 \cdot x_2 + c)^d$$

其中，c代表的是一个常数，d则是核度(Kernel Degree)。

比如之前讲解的代码范例，实际上是$c=0$, $d=2$时的一个特例情况。

```
def polynomial_kernel(a, b, degree, constant=0):
result = sum([a[i] * b[i] for i in range(len(a))]) + constant
return pow(result, degree)
```

读者可以尝试运行上述代码段，得出的结果依然是8100。

多项式核所产生的直观效果如图9-33所示。

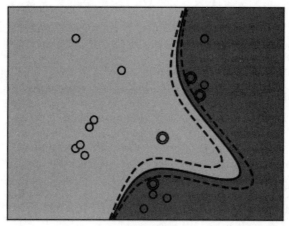

图9-33　多项式核

③ RBF kernel。

RBF是"Radial Basis Function"的缩写，有的时候它也被称为高斯核(Gaussian Kernel)。它的定义如下。

$$K(x_1, x_2) = \exp\left(-\gamma \|x_1 - x_2\|^2\right)$$

如图9-34所示是采用RBF核所产生的一个效果范例。

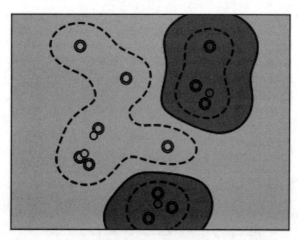

图9-34　RBF kernel

(3) SVM中的核技巧。

理解了核函数以后，核技巧就很容易解释了。简单而言，核技巧是指(在SVM领域)：利用核函数来代替单纯的点积(Dot Product)操作。

以软间隔对偶问题为例，采用核技巧后就变成

$$\underset{\alpha}{\text{maximize}} \sum_{i=1}^{m}\alpha_i - \frac{1}{2}\sum_{i=1}^{m}\sum_{j=1}^{m}\alpha_i\alpha_j y_i y_j\left(\boldsymbol{x}_i,\boldsymbol{x}_j\right)$$

$$\text{subject to} \ \ 0 \leqslant \alpha_i \leqslant C, \ i=1,\cdots,m$$

$$\sum_{i=1}^{m}\alpha_i y_i = 0$$

同理，假设函数(Hypothesis Function)也要做相应的改动，即

$$h\left(\boldsymbol{x}_i\right) = \text{sign}\left(\sum_{j=1}^{S}\alpha_j y_j K\left(\boldsymbol{x}_j,\boldsymbol{x}_i\right)+b\right)$$

最后再来讨论一下如何选择核函数的问题。很遗憾的是，到目前为止似乎还没有成熟的理论来指导我们选择最佳的核函数。不过根据以往经验，有如下建议供读者参考。

(1) 核事实上也是度量向量相似度的一种方法，所以面向业务问题本身的领域知识，有的时候可以为kernel类型的选取提供重要依据。

(2) 如果没有特别要求的话，也可以首先尝试RBF核——它既是业界使用最多的一种核类型，同时对于大部分场景都是适用的。当然，也可以选择多尝试几种kernel类型，然后综合评估后再做决定。

(3) 如果现有的核类型无法满足诉求，那么最后还有一招——自定义一个核函数。理解了本节的内容后，相信读者对于自定义kernel已经有了一定的信心了，只要"大胆尝试，小心论证"，就一定可以获得满意的答案。

9.7　多分类SVM

前面几节着重介绍的是二分类的SVM，但这并不代表它不支持多分类的情况——在实际的工程项目中，后者显然也是常见的问题。

读者可以先思考一下，假设我们手头上已经有了一个二分类的SVM实现，那么如何进一步改造它，使其支撑多种分类的场景呢？

方法有很多，例如：

(1) 一对一(One against One)：将一个类别和另一个类别区分开来。这样一来对于有K个类别的场景，总共需要$K(K-1)/2$个分类器才能完成任务。

(2) 一对其余(One against All)：将一个类别与其他类别区分开来。这样一来对于有K个类别的场景，只需要K个分类器就可以完成任务。

二者的区别可以参考如图9-35所示的图例。

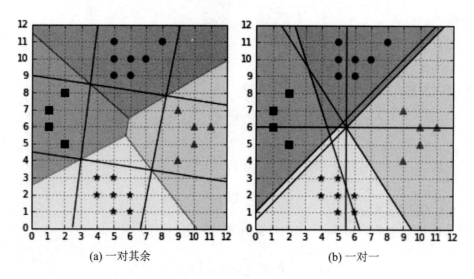

(a) 一对其余　　　　　　　　　(b) 一对一

图9-35　一对其余和一对一

接下来具体分析一下这两种模式。

(1) 一对其余。

为了阐述方便，引入一个多分类的数据集如下。

```python
import numpy as np
import matplotlib.pyplot as plt
def plot_dataset():
    dots = dataset_dots()
    labels = dataset_label()

    for index in range(len(labels)):
                x = dots[index][0]
                y = dots[index][1]
                if(labels[index] == 1):
                        plt.scatter(x, y, linewidths=5, marker='s')
                elif (labels[index] == 2):
                        plt.scatter(x, y, linewidths=5, marker='.')
                elif (labels[index] == 3):
                        plt.scatter(x, y, linewidths=5, marker='v')
                elif (labels[index] == 4):
                        plt.scatter(x, y, linewidths=5, marker='*')
    plt.show()


def dataset_dots():
    return np.array([[1, 6], [1, 7], [2, 5], [2, 8],
    [4, 2], [4, 3], [5, 1], [5, 2],
    [5, 3], [6, 1], [6, 2], [9, 4],
```

```
                [9, 7], [10, 5], [10, 6], [11, 6],
                [5, 9], [5, 10], [5, 11], [6, 9],
                [6, 10], [7, 10], [8, 11]])
def dataset_label():
    return np.array([1, 1, 1, 1,
    2, 2, 2, 2, 2, 2, 2,
    3, 3, 3, 3, 3,
    4, 4, 4, 4, 4, 4, 4])
plot_dataset()
```

这个数据集有4个类别，如图9-36所示。

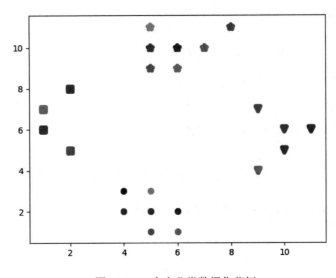

图9-36　一个多分类数据集范例

在一对其余模式下，意味着属于某类A的样本是正样本，反之其他所有样本便都是负样本了。

我们利用scikit-learn提供的一对其余模式的SVM来针对前述数据集进行分类操作，核心代码如下。

```
def make_meshgrid(x, y, h=.02):
    x_min, x_max = x.min() - 1, x.max() + 1
    y_min, y_max = y.min() - 1, y.max() + 1
    xx, yy = np.meshgrid(np.arange(x_min, x_max, h),
                         np.arange(y_min, y_max, h))
    return xx, yy
```

这个函数主要用于辅助后面的plot_contours绘制出几条决策边界(Decision Boundary)，以便读者对分类结果可以做到"一目了然"。

```
def plot_contours(clf, xx, yy, **params):
    Z = clf.predict(np.c_[xx.ravel(), yy.ravel()])
    Z = Z.reshape(xx.shape)
    out = plt.contour(xx, yy, Z, **params)
```

```
    return out
```

将SVM的几条决策边界绘制出来。

```
X = dataset_dots()
y = dataset_label()
X0, X1 = X[:, 0], X[:, 1]
xx, yy = make_meshgrid(X0, X1)
y_clf1 = np.where(y == 1, 1, -1)
y_clf2 = np.where(y == 2, 1, -1)
y_clf3 = np.where(y == 3, 1, -1)
y_clf4 = np.where(y == 4, 1, -1)
y_list = [y_clf1, y_clf2, y_clf3, y_clf4]
```

对于每一种类别，除了正样本外就都是负样本了。因而我们利用y_clf1到y_clf4共4个变量来分别存储不同分类器的训练数据。

```
for y_clfi in y_list:
    clf = svm.SVC(kernel='linear', C=500)
    clf.fit(X, y_clfi)
    plot_contours(clf, xx, yy,cmap=plt.cm.coolwarm, alpha=0.8)
```

利用前面已经整理出来的训练集，分别调用scikit-learn提供的API来训练出几个分类器，然后将它们的决策边界绘制出来。

```
plot_dataset()
plt.show()
```

最后再把数据集一并显示出来，得到如图9-37所示结果。

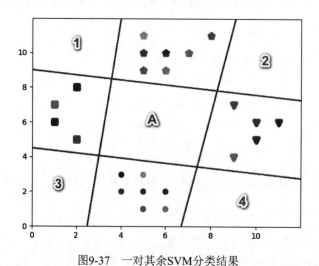

图9-37　一对其余SVM分类结果

由图9-36可见，4个类别的样本都被几条决策边界分隔开了——看上去一切似乎都挺美好的。但是读者是否思考过一个问题，即在预测时应该如何应用基于这种模式实现多分类SVM呢？

用法1：针对一个被预测对象，分别调用4个分类器来做预测，取给出正值的分类器作为最终结果。参考代码如下。

```
def predict_class(X, classifiers):
predictions = np.zeros((X.shape[0], len(classifiers)))
for idx, clf in enumerate(classifiers):
predictions[:, idx] = clf.predict(X)
return np.where((predictions == 1).sum(1) == 1,
(predictions == 1).argmax(axis=1) + 1,0)
```

这种用法至少会遇到如下两个致命问题。

① 如果多个分类器的预测结果冲突。

简单而言，针对某些被测对象，会有多个分类器将它们判为真。比如如图9-36所示的四个边界区域1～4，它们分别都会获得两个分类器的"青睐"。这样的结果显然不是我们所期望的。

② 部分被测对象只能取到负值。

另外一种可能的情况，就是部分被测对象会被所有的分类器判定为假。比如如图9-36所示的中间区域A，它已经成为"四不管地带"——这样的结果同样也是不可接受的。

用法2：为了避免上述情况，可以考虑以另一个决策函数(Decision Function)的值作为判断的标准。

代码范例如下。

```
def predict_class(X, classifiers):
predictions = np.zeros((X.shape[0], len(classifiers)))
for idx, clf in enumerate(classifiers):
predictions[:, idx] = clf.decision_function(X)
return np.argmax(predictions, axis=1) + 1
```

这样一来就不用担心被测对象出现"无家可归"或者"到处为家"两种异常情况了。

当然，前面的代码段中为了阐述方便"绕了些弯路"，实际上使用scikit-learn来做One against All分类时并没有这么麻烦。

比如直接调用LinearSVC函数就可以了，还是比较简单方便的。

class sklearn.svm. **LinearSVC** *(epsilon=0.0, tol=0.0001, C=1.0, loss='epsilon_insensitive', fit_intercept=True, intercept_scaling=1.0, dual=True, verbose=0, random_state=None, max_iter=1000)*

下面是一个实际的使用范例(ovr是one-vs-the-rest的缩写)。

```
clf = LinearSVC(C=1000, random_state=88, multi_class='ovr')
clf.fit(X,y)
```

(2) 一对一。

与一对其余相对应的是一对一，而且它相比于前者而言在实际项目中的应用更为广泛——虽然不同模式各有优缺点，但业界多年来的理论和实践经验都倾向于选择"一对一"的方式。关于这一点在后续还会有更详细的分析。

一对一因为是"两两区分"，这样一来对于有K个类别的场景，总共需要$K(K-1)/2$个分类器才能完成任务，这是它的其中一个特点。另外，它也会遇到前述的"无家可归"的问题，一个常用的解决方案是"投票法"(当然，还有其他一些细节需要注意，比如当出现票数一样时应该如何处理等)。

因为它的应用比较广泛，不少SVM的支持库都将其设定为默认的实现方式，例如，scikit-learn的SVM包。可以参见如下代码(仍然采用前面的4类别数据集，相同代码部分直接省略掉了)。

```
...
X = dataset_dots()
y = dataset_label()
X0, X1 = X[:, 0], X[:, 1]
xx, yy = make_meshgrid(X0, X1)
clf = svm.SVC(kernel='linear', C=1000)
clf.fit(X, y)
plot_contours(clf, xx, yy,
                cmap=plt.cm.coolwarm, alpha=0.8)
plot_dataset()
plt.show()
```

可以得到如图9-38所示分类结果。

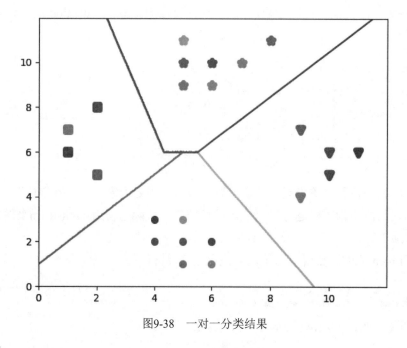

图9-38　一对一分类结果

(3) 其他模式。

SVM经过几十年的发展，出现了很多研究成果。除了前面已经讲解的一对一等经典模式外，还涌现了不少其他优秀的实现方式。例如，Platt等人于2000年提出的Directed Acyclic Graph SVM(DAG SVM)就是基于一对一的一个改进版本。在面对$K(K-1)/2$个分类器时，不同于之前所讲解的"两两尝试"，它通过构造一个DAG来显著加快测试的速度，如图9-39所示(引用自*Large Margin DAGs for Multiclass Classification*)。

另外一个常用的SVM模式是算法Crammer and Singer，它的特点在于不采用二分类的方式，而是直截了当地训练出一个多分类器。在scikit-learn中可以通过指定multi_class属性来使用这个模式。

```
clf = svm.LinearSVC(C=1000, multi_class='crammer_singer')
clf.fit(X,y)
```

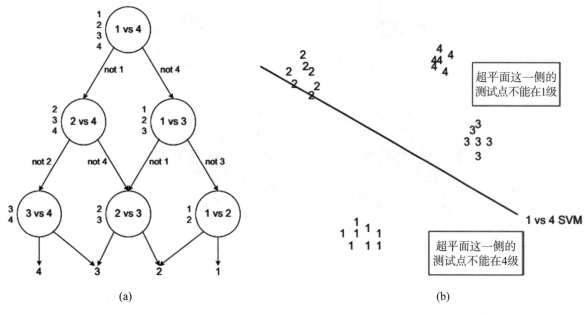

图9-39 DAG SVM图示

9.8 SVM实践

到目前为止，已经比较系统地学习了SVM的发展历史、背后的数学原理、最优化理论等知识，同时还给出了不同场景下的SVM解决方案。

当然，对于大多数人而言，只要掌握如何在项目中使用SVM就可以了。因而本章的最后一节，再从实践的角度(以业界使用最广泛的scikit-learn作为分析对象)来给"SVM之旅"画上一个句号。

在scikit-learn中，用于完成分类任务的SVM(因为SVM还支持Regression等其他操作)主要有以下三大类。

- SVC
- NuSVC
- LinearSVC

总的来说，它们都可以胜任多类分类(Multi-class Classification)，不过在最终效果上会有所差异，可以参见图9-40来直观感受一下。

其中，SVC和NuSVC的实现原理基本上是类似的，它们主要在某些参数和数学公式上有细微区别。而LinearSVC和它们的差异则相对较大——首先，从名字不难看出，它使用的是线性核(当然，SVC函数也是可以指定线性核的，这一点在前面的代码范例中已经看到过了)，而且这是它唯一可以使用的kernel类型。另外，LinearSVC不提供support_这类接口，这也是它和其他两类的区别之一。

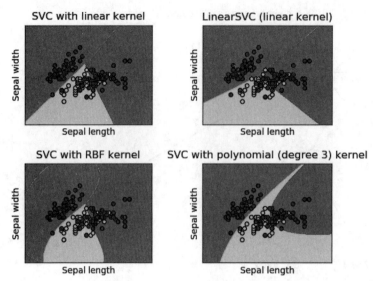

图9-40　scikit-learn提供的多种SVC API效果图示

```
clf = svm.SVC()
...
##get support vectors
clf.support_vectors_
array([[ 0.,  0.],
       [ 1.,  1.]])
##get indices of support vectors
clf.support_
array([0, 1]...)
##get number of support vectors for each class
clf.n_support_
array([1, 1]...)
```

　　有的读者可能会有疑问，既然SVC也可以指定线性核，那为什么还要独立出一个LinearSVC呢？从官方文档来看，原因可能在于它们的背后实现逻辑不同。具体而言，SVC是基于LibSVM开发的，而LinearSVC则使用的是Liblinear(http://www.csie.ntu.edu.tw/~cjlin/liblinear/)。

　　scikit-learn将上述这些差异通过两个API来分别承载，就是自然而然的事情了。

　　针对multi-class的分类场景，SVC同时支持一对一和一对其余两种模式。

```
import numpy as np
import matplotlib.pyplot as plt
from sklearn import svm
X = [[0], [1], [2], [3]]
Y = [0, 1, 2, 3]
clf = svm.SVC(decision_function_shape='ovo')
clf.fit(X, Y)
dec = clf.decision_function([[1]])
```

```
print(dec.shape[1])
clf.decision_function_shape = "ovr"
dec = clf.decision_function([[1]])
print(dec.shape[1])
```

输出结果分别为6和4。

针对**multi-class**的分类场景，LinearSVC同时支持crammer_singer和一对其余两种模式。如果针对前面的4类别数据集采用LinearSVC，即：

```
clf = svm.LinearSVC(multi_class="crammer_singer")
clf.fit(X, y)
plot_contours(clf, xx, yy,cmap=plt.cm.coolwarm, alpha=0.8)
```

那么将产生如图9-41所示效果。

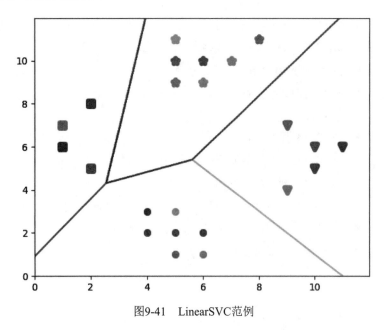

图9-41 LinearSVC范例

综合来讲，scikit-learn提供的多种SVC接口和前面几节的分析内容是基本一致的。读者可以结合项目的实际需求和数据集特点，因地制宜地选择一种最匹配的SVM实现方式。

10.1　降维概述

什么是降维？从字面意思来理解，就是把高维空间的数据通过某种映射函数转换到低维空间中。类似于下面的形式：

$$f(x) = y$$

其中，x 和 y 通常都以向量的方式来表达，且 x 的维度 > y 的维度。

不过更确切地说，机器学习中的降维是指在某种约束条件下降低随机变量数量的处理过程，有点儿"化繁为简"的意味。降维可以分为特征选取和特征提取两大方式。

其中，特征选取就是从原始变量(也称为特征或者属性)中找到一个核心子集的过程。主要有以下三种策略。

- 过滤器策略(Filter Strategy)。
- 包装式策略(Wrapper Strategy)。
- 嵌入式策略(Embedded Strategy)。

而特征提取，简单来讲就是把高维空间向低维空间转换的过程，它通常可以细分为线性和非线性两种类型。其中，线性类型包括但不限于：

- 主成分分析(PCA)。
- 线性判别式分析(LDA)。
- 独立成分分析(ICA)。
- 局部保留投影(LPP)。

非线性类型包括但不限于：

- 等距特征映射(Isomap)。
- 局部线性嵌入(Hessian Locally-Linear Embedding，Hessian LLE)。
- 关系透视映射(Relational Perspective Map)。
- 传染式映射(Contagion Maps)。

如图10-1所示为针对数据降维的主流分类方式。

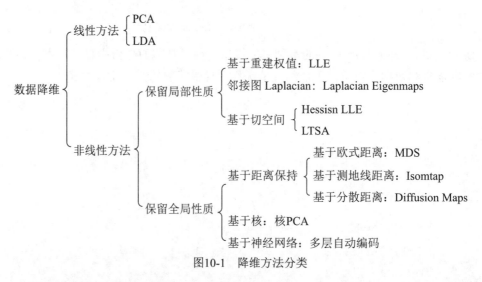

图10-1　降维方法分类

那么降维的目的是什么呢？

(1) 降低数据维度，避免"维度灾难"。

维度灾难是指当特征数目大于某个数量时机器学习的效果往退化方向发展的现象。

因而需要针对高维度数据进行降维处理。

另外，维度的增长同时也会带来数据稀疏化的问题，导致偏差(Bias)和方差(Variance)的上升，从而影响机器学习模型的最终效果。

(2) 降低数据维度，可以有效减少机器学习过程中对内存等资源的消耗和占用，从而提升学习效率。

(3) 降低数据维度，有助于数据的可视化。

这是因为对于二维或者三维空间的数据，可以很容易地对它们进行可视化，如图10-2所示。但是，一旦维度超过了三维，就不好执行可视化操作了。

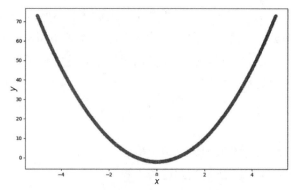

图10-2　二维空间数据可视化范例

(4) 降低数据维度，可以在一定程度上避免数据的噪声污染。

当然，降维在完成上述目的的同时，也要尽可能保证对数据精度产生的影响达到最低。举个例子来说，我们有一份关于车的数据集，它包含如下维度。

维度1：品牌。

维度2：车身重量(kg)。

维度3：最高时速(km/h)。

维度4：最高时速(m/s)。

仔细观察这些维度，可以发现其实维度3和维度4的"相关性"非常强(它们是冗余的)，因而完全可以"二者取其一"来降低数据维度。当然这是一个比较特殊的范例，一眼就可以看出其中的"猫腻"。当维度达到一定数量级(如1000以上)，并且数据的来源五花八门时，如何高效发现类似的问题，显然就没有那么容易了。

此时就需要更严密的理论和算法来支持数据的降维过程。

10.2　PCA降维实现原理

PCA是"Principal Component Analysis"的缩写，中文通常直译为"主成分分析"，通过前面的学习我们知道它是一种线性的降维方法。

10.2.1　PCA的直观理解

假设有如图10-3(a)所示的10个二维数据点。

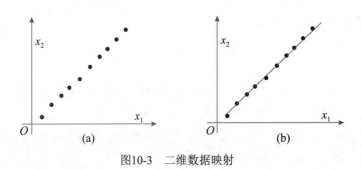

图10-3　二维数据映射

不难理解，我们需要二维空间，即(x_1, x_2)，才能完全表达图10-3所示的这些数据点。但是如果仔细观察的话，可以看到这个数据集本身具有一定的规律。例如，以图10-3(b)中的虚线来作为特征，并将原始的10个数据映射到这条线上，那么是不是就可以利用一维来表达它们了？当然，这样的处理可能会导致精度上的损失，所以理论上我们希望做到：

$$\min(\sum_{i=1}^{m} d_i^2)$$

即每个点到"线"的欧氏距离的平方和达到最小值。

而PCA本质上就是要通过一系列方法来找到这条"线"。

值得一提的是，读者可能会觉得这和前面章节学习到的线性回归有相似之处——以图10-4来描述一下两者之间的主要区别。

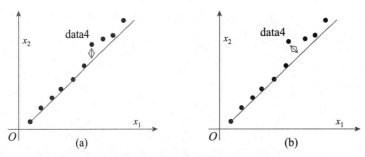

图10-4　线性回归和数据降维映射的区别

可以看到，图10-4(a)和图10-4(b)虽然"神似"，但细究起来区别还是比较明显的。

虽然上面这个例子中得到的降维结果是"有损"的，但其实也有很多情况下降维是可以做到无损的，如图10-5所示。

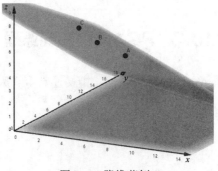

图10-5　降维范例2

从图10-5中可以看到：

(1) 数据点需要x, y, z三个维度来表述。

(2) 所有数据点均处于同一个平面中。

既然如此，那么何不把上述坐标系做适当变换，使得过三点的平面与x, y平面重合。这样一来不但原本需要三维表示的数据集，只需要两个维度就可以实现，而且还不影响数据的精度——这就是一种无损的降维方式。

10.2.2 PCA的理论基础——最大方差理论

"最大方差理论"是PCA背后的一个基础理论。如何理解它呢？

信号处理理论中认为信号具有较大的方差值，反之噪声具有较小的方差值。因而信噪比(信号与噪声的方差比)的值通常越大越好。

如图10-6(a)所示，方框在x_1轴上的映射显然比在x_2轴上的映射更"分散"，或者说前者比后者的方差大，更进一步讲就是"信息量"更丰富。因而如果需要选择牺牲一个维度的话，那么自然而然的x_2就成了被淘汰对象了。同理，图10-6(b)中的x_1就是"牺牲品"了。

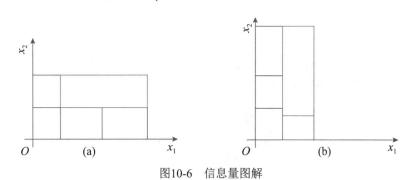

图10-6 信息量图解

这就是最大方差的直观思路。

10.2.3 PCA的核心处理过程

本节从算法实现的角度来讲解PCA的核心处理流程。具体来讲，它包含如下几个核心步骤。

Step1：假设数据集形式为

$$x^{(1)}, x^{(2)}, \cdots, x^{(m)}$$

Step2：数据预处理(标准化)。

通常采用的是zero-mean方法，核心步骤如下。

(1) 针对每个特征j计算数据均值。

$$\mu_j = \frac{1}{m} \sum_{i=1}^{m} x_j^{(i)}$$

(2) 将每一个原始数据项$x_j^{(i)}$都替换为$x_j^{(i)} - \mu$。

(3) 进一步计算：

$$\sigma_j^2 = \frac{1}{m} \sum_i \left(x_j^{(i)} \right)^2$$

(4) 将每一个数据项$x_j^{(i)}$进一步替换为$x_j^{(i)} / _j$。

Step3：计算数据样本的协方差矩阵$\boldsymbol{X}^{\mathrm{T}}\boldsymbol{X}$。

$$\mathrm{Sigma} = \frac{1}{m} \sum_{i=1}^{m} \left(x^{(i)} \right) \left(x^{(i)} \right)^{\mathrm{T}}$$

Step4：计算特征值和特征向量。

其中，S代表特征值集合：

$$S = \begin{pmatrix} s_{11} & \cdots & \cdots & 0 \\ \vdots & s_{22} & & \vdots \\ \vdots & & \ddots & \vdots \\ 0 & \cdots & \cdots & s_{nn} \end{pmatrix}$$

U代表特征向量集合：

$$U = [u^{(1)}, u^{(2)}, \cdots, u^{(k)}, \cdots, u^{(n)}]$$

关于特征值和特征向量，请参考本书基础章节中的介绍。

Step5：取U的前k个特征向量作为子空间的基内量，然后构造得到：

$$U\text{reduce}\_ = [\mu_1, \mu_2, \cdots, \mu_k] \in \mathbb{R}^{n \times k}$$

接着进一步得到：

$$z = U^{\mathrm{T}}\text{reduce}^x$$

其中，z是$k \times 1$的列向量，x是$n \times 1$的列向量。

那么k的取值由什么决定呢？通常采用如下的判断标准。

$$\frac{\frac{1}{m}\sum_{i=1}^{m} \left\| x^{(i)} - x_{\text{approx}}^{(i)} \right\|^2}{\frac{1}{m}\sum_{i=1}^{m} \left\| x^{(i)} \right\|^2} \leq 1\%$$

理论上我们希望对信息量造成的损失越小越好。实际处理时，通常的做法是要保持住99%以上的方差值，也就是上述公式中的$\leq 1\%$。

10.3 PCA实例

本章最后通过一个数据实例来讲解PCA的降维过程。数据集如图10-7所示。

	x	y
	2.5	2.4
	0.5	0.7
	2.2	2.9
	1.9	2.2
Data =	3.1	3.0
	2.3	2.7
	2	1.6
	1	1.1
	1.5	1.6
	1.1	0.9

图10-7　数据集

它包含x和y两个特征维度。

我们严格按照前面讲解的PCA核心处理流程来展开分析，如下。

Step1：准备好数据集。

Step2：预处理，最终得到如图10-8所示结果。

	x	y
	0.69	0.49
	-1.31	-1.21
	0.39	0.99
	0.09	0.29
DataAdjust =	1.29	1.09
	0.49	0.79
	0.19	-0.31
	-0.81	-0.81
	-0.31	-0.31
	-0.71	-1.01

图10-8　预处理结果

Step3：计算协方差矩阵，结果如下。

$$cov = \begin{pmatrix} 0.616555556 & 0.615444444 \\ 0.615444444 & 0.716555556 \end{pmatrix}$$

Step4：计算得到特征值和特征向量。

$$eigenvalues = \begin{pmatrix} 0.0490833989 \\ 1.28402771 \end{pmatrix}$$

$$eigenvectors = \begin{pmatrix} -0.735178656 & -0.677873399 \\ 0.677873399 & -0.735178656 \end{pmatrix}$$

Step5：选择特征值最大的一个，即1.28402771，其对应的特征向量为：

$$\begin{pmatrix} -0.677873399 \\ -0.735178656 \end{pmatrix}$$

将数据样本点投射到上述特征向量上，得到最终结果如图10-9所示。

Transformed Data (Single rigenvector)
x
-0.827970186
1.77758033
-0.992197494
-0.274210416
-1.67580142
-0.912949103
0.991094375
1.14457216
0.438046137
1.22382056

图10-9　最终结果

这样一来，就完成了PCA降维的整个流程了。

11.1　集成学习概述

集成学习的基本思想，简单而言就是"博采众长"，或者更通俗地讲是"三个臭皮匠，顶个诸葛亮"——结合多种模型算法能力来提升任务的准确度。它虽然不是什么"高深"的机器学习算法，但是在很多工程实践中可以达到比较好的业务结果，因而在学术界和工业界都颇受欢迎。

集成学习的基本思路参见图11-1。

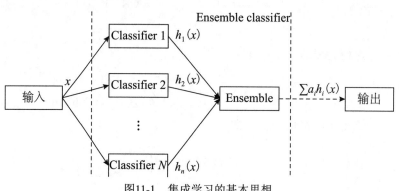

图11-1　集成学习的基本思想

我们还可以通过生活中的一个类比来帮助大家理解集成学习。假设我们允许几位考生合力完成一份试卷，那么理论上他们得到的分数，会比任何一位考生独立考试的结果都高(注意：前提条件是集成方法足够好，参考后面的分析)，或者至少应该是比大部分考生的分数要好。这是因为不同考生所擅长的领域是有区别的——有的人选择题做得好，有的人完形填空"天下无敌"，而有的人则写起作文来"行云流水"，所以自然会达到"众人拾柴火焰高"的效果。

理论上来讲，各分类器之间的差异性越明显，那么最终得到的集成结果就可能越好。还是以上面的考试来说，如果大家的优势都集中在阅读理解，或者完形填空，那遇到作文或者是选择题丢分的可能性就大了。这样一来，即便是"人再多"也未必就能"力量大"了。所以集成学习需要解决的第一个问题，就是如何提高分类器的差异性，以保证最终集成结果的优越性，如图11-2所示。

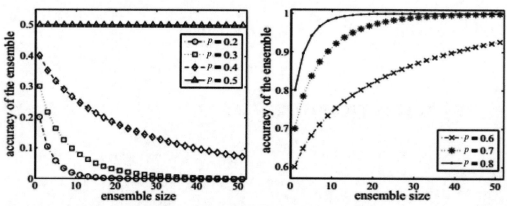

图11-2　集成学习结果与各分类器精度关系

理解了集成学习的基本概念后，再来思考另一个问题：这么多的分类器，应该如何协调好它们之间的关系呢？解决这一问题的方法有很多，由此也就引申出了不少具体的集成理论，包括但不限于：

- 贝叶斯最优分类器(Bayes Optimal Classifier)；
- 引导聚合(Bagging算法)[Bootstrap Aggregating (Bagging)]。
- 提升(Boosting)；
- 贝叶斯参数平均(Bayesian Parameter Averaging)；
- 贝叶斯模型组合(Bayesian Model Combination)；
- 模型桶(Bucket of Models)；
- 堆叠(Stacking)。

由于集成学习"流派"众多，业界针对它并没有形成统一的分类方法。值得一提的是，南京大学的周志华老师对集成学习有不少研究，他在几年前发表了一篇综述性论文"Ensemble Learning"，而且还出版了一本针对集成学习的专著*Ensemble Methods: Foundations and Algorithms*。

在周志华老师的研究中，他从架构角度将集成学习分为三种类型，即聚合法(Bagging)、提升法(Boosting)、堆叠法(Stacking)。这种分类方法基本囊括大部分集成学习方法，可以帮助读者从全局的角度来认识和提升集成学习水平。

本章接下来的几节中，将围绕集成学习的上述三种架构，以及多种典型的集成方法来做展开分析。

11.2 集成学习架构

11.2.1 聚合法

聚合法的一大特点是针对训练集进行随机采样——从总训练集中随机选取固定个数的样本来产生各分类器的训练数据子集，而且每次采样都是"放回式"的，如图11-3所示。

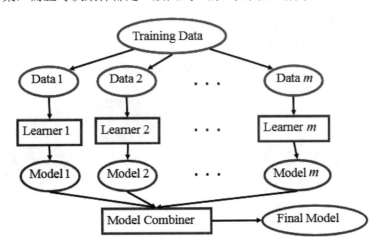

图11-3 Bagging示意图

它的核心处理过程如下。

(1) 针对总数据集进行有放回式的抽样，产生N个固定数量的训练子集。

(2) 针对每个训练子集来分别训练各子分类器，产生N个模型(Model)。

(3) 通过某种组合(Combine)算法，来生成最终的模型。

组合有很多种实现方式，可以参考后续的讲解。

可见聚合法的算法思想并不复杂，对应的伪代码可以参考*Ensemble Methods: Foundations and*

*Algorithms*一书中的描述，如图11-4所示。

Input: Data set $D = \{(\boldsymbol{x}_1, y_1), (\boldsymbol{x}_2, y_2), \cdots, (\boldsymbol{x}_m, y_m)\}$;
Base learning algorithm $\mathfrak{L}$;
Number of base learners T.
Process:
1. **for** $t = 1, \cdots, T$:
2. $h_t = \mathfrak{L}(D, \mathcal{D}_{bs})$ % $\mathcal{D}_{bs}$ is the bootstrap distribution
3. **end**
Output: $H(\boldsymbol{x}) = \underset{y \in \mathcal{Y}}{\arg \max} \sum_{t=1}^{T} \mathbb{I}(h_t(\boldsymbol{x}) = y)$

图11-4 聚合法算法伪代码

11.2.2 提升法

Boosting可以直译为"提升"，而且是一种"迭代"式的提升过程。简单来讲，它的核心处理过程如下。

首先生成一个初始权重，针对带有初始权重的训练集进行训练，得到一个弱分类器。

根据弱分类器的学习误差率来更新权重，其中，误差率高的训练样本的权重变高，换句话说，它们可以在后续的训练中得到更多的"关照"。

利用上述调整后的权重进行训练，产生弱分类器2。

重复上述几个步骤，产生足够数量的弱分类器N。

将这N个弱分类器进行组合，得到最终的强分类器。

提升法的处理过程示意如图11-5所示。

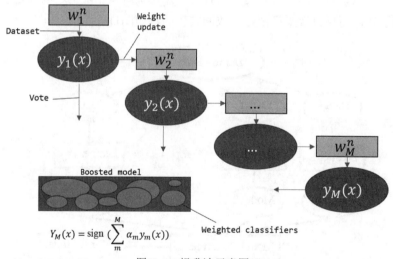

图11-5 提升法示意图

由此可见，提升法的核心思想在于不断调整权重，使得分类器有针对性地去学习"做得不好"的地方，如图11-6所示。这有点儿类似于我们每次考试以后，都会想办法针对做错的题进行补缺补漏一样——实践证明，这种"歼灭战"确实可以有效提高下次考试的分数。

```
Input: Sample distribution 𝒟;
       Base learning algorithm 𝔏;
       Number of learning rounds T.
Process:
1.   𝒟₁ = 𝒟.      % Initialize distribution
2.   for t = 1,···,T:
3.        hₜ = 𝔏(𝒟ₜ);     % Train a weak learner from distribution 𝒟ₜ
4.        εₜ = P_{𝒙∼𝒟ₜ}(hₜ(𝒙) ≠ f(𝒙));    % Evaluate the error of hₜ
5.        𝒟_{t+1} = Adjust_Distribution(𝒟ₜ, εₜ)
6.   end
Output: H(𝒙) = Combine_Outputs({h₁(𝒙),···,hₜ(𝒙)})
```

图11-6 提升法算法伪代码

11.2.3 堆叠法

堆叠法(Stacking)也被称为Stacked Generalization，起源于Wolpert David H. 的论文"Stacked generalization"。它的核心处理过程是首先产生大量基分类器，然后再以它们的输出为输入来训练另一个模型。

上面的描述可能有点儿抽象，下面结合一个经典例子来讲解一下，如图11-7所示。

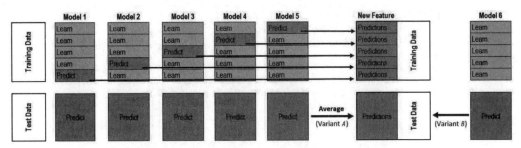

图11-7 Stacking范例

在图11-7中，Stacking的主要处理步骤如下。

针对训练数据集进行5-fold验证。具体来讲，就是将训练数据(Training Data)划分为5份，然后选取其中4份作为训练集(图11-7中的Learn)，剩余1份作为预测集(图11-7中的Predict)。我们选择一个基模型，接着利用划分出来的训练集就可以训练出模型(Model)了。

利用上面产生的模型，预测剩余的那份预测数据(Predict Data)，得到的结果记为a_1。

利用上面产生的模型，预测原先的测试数据(Test Data) (即图11-7中下半部分)，得到的结果记为b_1。

因为是5-fold，所以理论上就是重复以上操作步骤5次，分别得到a_1,a_2,a_3,a_4,a_5和b_1,b_2,b_3,b_4,b_5。

不难理解，$a_1 \sim a_5$这5个集合的数量总和与原先训练数据是一致的。我们把它们Stack起来，形成N行1列的矩阵，记为A_1。

而针对$b_1 \sim b_5$这5个集合，则是将各部分相加之后取平均值，然后形成M行1列的矩阵——同理，得到的是与原测试数据相同数量的矩阵，记为B_1。

如果还有更多的模型呢(比如有LR、GBDT、SVM等)？那么就重复上述步骤，分别再产生A_2, B_2, A_3, B_3, A_4, B_4, A_5, B_5, …。

此时堆叠法的第一层就完成了。

进入第二层后，可以把A_1,A_2…和B_1,B_2…分别作为训练数据和测试数据来做进一步训练，最终得到所需的模型。

据称，堆叠法已经成为Kaggle等竞赛中选手们广泛使用的一种"必杀器"——它往往可以非常有效地提升训练效果，如图11-8所示。

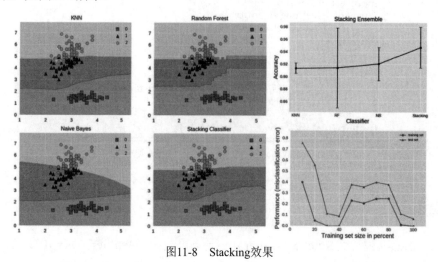

图11-8　Stacking效果

堆叠法算法的伪代码比前两种要复杂一些，可以参考如图11-9所示的描述(引用自*Ensemble Learning*)。

Input: Data set $\mathcal{D} = \{(\boldsymbol{x}_1, y_1), (\boldsymbol{x}_2, y_2), \cdots, (\boldsymbol{x}_m, y_m)\}$;
　　　　First-level learning algorithms $\mathcal{L}_1, \cdots, \mathcal{L}_T$;
　　　　Second-level learning algorithm $\mathcal{L}$.

Process:
　　for $t = 1, \cdots, T$:
　　　　$h_t = \mathcal{L}_t(\mathcal{D})$　　% Train a first-level individual learner h_t by applying the first-level
　　end;　　　　　　　　　% learning algorithm $\mathcal{L}_t$ to the original data set $\mathcal{D}$
　　$\mathcal{D}' = \emptyset$;　　% Generate a new data set
　　for $i = 1, \cdots, m$:
　　　　for $t = 1, \cdots, T$:
　　　　　　$z_{it} = h_t(\boldsymbol{x}_i)$　　% Use h_t to classify the training example $\boldsymbol{x}_i$
　　　　end;
　　　　$\mathcal{D}' = \mathcal{D}' \cup \{((z_{i1}, z_{i2}, \cdots, z_{iT}), y_i)\}$
　　end;
　　$h' = \mathcal{L}(\mathcal{D}')$.　　% Train the second-level learner h' by applying the second-level
　　　　　　　　　　　% learning algorithm $\mathcal{L}$ to the new data set $\mathcal{D}'$
Output: $H(\boldsymbol{x}) = h'(h_1(\boldsymbol{x}), \cdots, h_T(\boldsymbol{x}))$

图11-9　堆叠法算法伪代码

11.3　典型的集成方法

本节重点讲解如何将N个学习器结合起来，得到最终结果的几种典型方法，包括平均法、投票法等。

11.3.1　平均法

平均法是一种简洁有效的结合策略，主要通过对若干学习器的结果取平均值来提升精度。当然，取平均值的具体方法也有很多种，比如不加权平均或者加权平均等。

1. 不加权平均

假设有T个学习器，每一种的输出结果为h_i，那么不加权平均的处理公式如下。

$$H(x) = \frac{1}{T}\sum_{i=1}^{T} h_i(x)$$

2. 加权平均

加权平均的处理过程也同样比较简单，基本公式如下。

$$H(x) = \sum_{i=1}^{T} w_i h_i(x)$$

不难理解，权重w_i满足如下两个条件。

(1) 所有的权重值都大于等于0。

(2) 所有权重值之和等于1。

各个权重的取值大小，理论上就是要将聚合偏差(Ensemble Error)降到最低。

$$w = \arg\min_{w} \sum_{i=1}^{T} \sum_{j=1}^{T} w_i w_j C_{ij}$$

对此学术界也有不少研究，比如拉格朗日乘子法等，感兴趣的读者可以自行查阅相关资料。

11.3.2 投票法

投票法也是一种常用的结合策略，它和人们日常生活中接触到的投票方法非常类似。以分类问题为例，假设有如下这些类别：

$\{c_1, c_2, c_3, \cdots, c_k\}$

学习器表示为

$\{h_1, \cdots, h_T\}$

那么至少会有绝对多数票法(Majority Voting)、相对多数票法(Plurality Voting)、加权投票法(Weighted Voting)等多种投票法则。

1. 绝对多数票法

这种投票方法的核心思想就是"少数服从多数"，基本公式如下。

$$H(x) = \begin{cases} c_j, & \sum_{i=1}^{T} h_i^j(x) > \dfrac{1}{2}\sum_{k=1}^{l}\sum_{i=1}^{T} h_i^k(x) \\ \text{拒绝，其他} \end{cases}$$

其中有如下几个核心点。

(1) 要求每个学习器都给每种类别投票。

(2) 胜出者必须要得到超过一半的票数，否则就给出拒绝的结果(也就是此次投票"无效"。这和我们生活中所用的"干部代表选举"方式有点儿类似)。

其准确度分析如图11-10所示。

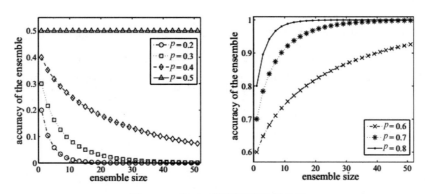

图11-10 绝对多数票法准确度分析

2. 相对多数票法

"plurality"是一个"多义词",它既可以表示"多元化",同时也可以表示"(选举中的)相对多数(票)"——在这个场景下,显然是后者的释义更为贴切。而且顾名思义,它与前述Majority Voting的主要区别在于虽然也遵循"票高者得",但又不强制要求"超过半数票"。换句话说,它的标准相对而言要低一些。

相对多数票法的基本公式如下。

$$H(x) = c_{\underset{j}{\arg\max} \sum_{i=1}^{T} h_i^j(x)}$$

3. 加权投票法

在相对多数票法的基础上,还可以加上权重信息,形成加权投票法。

加权投票法基本公式如下。

$$H(x) = c_{\underset{j}{\arg\max} \sum_{i=1}^{T} w_i h_i^j(x)}$$

其中,w_i 和前面学习到的加权平均策略类似,也要同时满足以下两个约束条件。

(1) 所有的权重值都大于等于0。

(2) 所有的权重值之和等于1。

举个例子来说,假设有5个分类器,它们各自所能达到的精确度如下。

{0.7, 0.7, 0.7, 0.9, 0.9}

假设不同分类器之间的出错率互不相关。换句话说,基于集成学习的预测模型要给出正确结果的话,需要综合考虑各个分类器的情况——具体到绝对多数票法,也就是只要一半以上(即3,且还需要考虑各种分类器的组合关系)的分类器预测正确即可。所以其精度计算如下。

$0.7^3 + 2 \times 3 \times 0.7^2 \times 0.3 \times 0.9 \times 0.1 + 3 \times 0.7 \times 0.3 \times 0.9^2$

$= 0.933$

同样,针对上述5个分类器,如果采用的是加权投票法,且各权重取值如下。

{1/9, 1/9, 1/9, 1/3, 1/3}

那么结合后的精度计算过程如下。

$0.9^2 + 2 \times 3 \times 0.9 \times 0.1 \times 0.7^2 \times 0.3 + 2 \times 0.9 \times 0.1 \times 0.7^3$

$= 0.951$

换句话说,如果权重分配得当的话,那么加权投票法就有可能比绝对多数票法取得更好的效果。

11.3.3　学习法

除了投票法等方法外,还有一种强大的结合策略是"学习法"。简单而言,就是在一堆基学习器的基础上,利用另一种学习器来进行结合。学习法也有多种具体的实现,比如前面已经讲解过的堆叠法,以及无限集成法(Infinite Ensemble)等。如图11-11所示为几种集成学习方法的效果对比。

dataset	SVM-Stump	SVM-Mid	AdaBoost-Stump $T=100$	AdaBoost-Stump $T=1000$
twonorm	**2.86 ± 0.04**	3.10 ± 0.04	5.06 ± 0.06	4.97 ± 0.06
twonorm-n	**3.08 ± 0.06**	3.29 ± 0.05	12.6 ± 0.14	15.5 ± 0.17
threenorm	**17.7 ± 0.10**	18.6 ± 0.12	21.8 ± 0.09	22.9 ± 0.12
threenorm-n	**19.0 ± 0.14**	19.6 ± 0.13	25.9 ± 0.13	28.2 ± 0.14
ringnorm	**3.97 ± 0.07**	5.30 ± 0.07	12.2 ± 0.13	9.95 ± 0.14
ringnorm-n	**5.56 ± 0.11**	7.03 ± 0.14	19.4 ± 0.20	20.3 ± 0.19
australian	**14.5 ± 0.21**	15.9 ± 0.18	**14.7 ± 0.18**	16.9 ± 0.18
breast	3.11 ± 0.08	**2.77 ± 0.08**	4.27 ± 0.11	4.51 ± 0.11
german	**24.7 ± 0.18**	24.9 ± 0.17	**25.0 ± 0.18**	26.9 ± 0.18
heart	**16.4 ± 0.27**	19.1 ± 0.35	19.9 ± 0.36	22.6 ± 0.39
ionosphere	**8.13 ± 0.17**	**8.37 ± 0.20**	11.0 ± 0.23	11.0 ± 0.25
pima	**24.2 ± 0.23**	24.4 ± 0.23	24.8 ± 0.22	27.0 ± 0.25
sonar	**16.6 ± 0.42**	18.0 ± 0.37	19.0 ± 0.37	19.0 ± 0.35
votes84	4.76 ± 0.14	4.76 ± 0.14	**4.07 ± 0.14**	5.29 ± 0.15

图11-11　几种集成学习方法的效果对比

(引用自*Infinite Ensemble Learning with Support Vector Machines*)

当然，除了这里所讲解的几种方法外，业界其实还有很多其他的结合策略。例如，代数法(Algebraic Methods)、行为知识空间法(Behavior Knowledge Space Method)等，限于篇幅，不一一讲解了，感兴趣的读者可以自行查阅相关资料，做进一步学习。

深度学习进阶篇

真积力久则入，学至乎没而后止也。

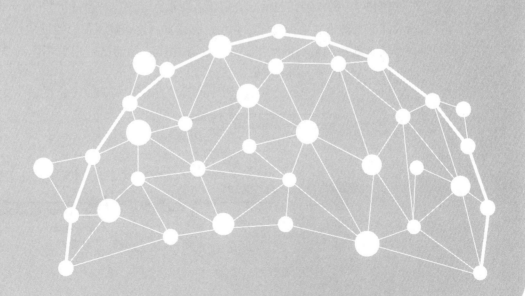

本章将重点讲解深度神经网络的部分核心组成元素，以及它们的演进历程、背后原理和其他一些基础知识，为后续章节的学习扫清障碍。

12.1 神经元

我们知道，人类社会很多划时代的科技创新，都是从面向大自然的学习和观察中提炼出来的，比如飞机、潜艇等。因而人们在研究AI时，自然不会放过"智能"的天然来源——也就是人类自身的大脑和神经系统了。在人工智能学科创立的前几年，神经病理学有了一个重大的发现，即人类大脑是由神经元组成的。结合图灵的计算理论，人们逐渐对如何"仿造"人类大脑有了一些模糊的认知。

生物的神经元是神经系统中基本的组成单元，如图12-1所示，它有两种工作状态，即兴奋或者抑制。一般情况下，神经元会处于抑制状态；而当接收到外界的刺激信息并达到一个阈值时，神经元会被激活。此时神经元会转向兴奋状态，并向与它连接的其他神经元传播物质——激活函数就是受此启发而提出来的。

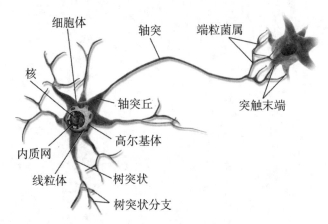

图12-1　神经元经典结构(参考Wikipedia)

人工神经元和上述神经元工作机制非常类似，典型的实现如图12-2所示。

图12-2中的神经元包括三个部分，即输入、输出和激活函数(activation function)。输入部分来源于其他神经元，并且带有权重；这些输入信息经过加权等处理后，再结合激活函数得到最终的结果，这就是输出了。激活函数根据不同场景有多种表现形式，12.2节将进行专门的讲解。

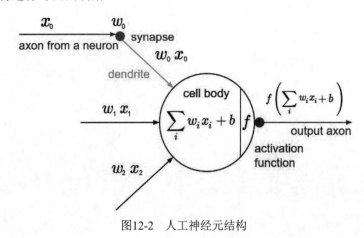

图12-2　人工神经元结构

接下来看一下人工神经元与生物神经元的对比分析，如图12-3所示。

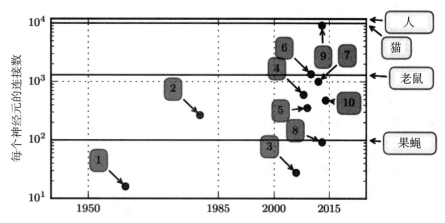

图12-3 每个神经元的连接数呈现快速增长趋势

图12-3中的数字代表不同的人工神经网络模型，具体如下。

(1) 自适应线性单元 (Widrow and Hoff, 1960)；

(2) 神经认知机 (Fukushima, 1980)；

(3) GPU-加速卷积网络 (Chellapilla et al., 2006)；

(4) 深度玻尔兹曼机 (Salakhutdinov and Hinton, 2009a)；

(5) 无监督卷积网络 (Jarrett et al., 2009b)；

(6) GPU-加速多层感知机 (Ciresan et al., 2010)；

(7) 分布式自编码器 (Le et al., 2012)；

(8) Multi-GPU 卷积网络 (Krizhevsky et al., 2012a)；

(9) COTS HPC 无监督卷积网络 (Coates et al., 2013)；

(10) GoogLeNet (Szegedy et al., 2014a)。

通过图12-3不难发现，人工神经元的连接数随着时间的推移，呈现出快速增长的趋势。20世纪50年代，人工神经元的连接数还低于果蝇等低级动物，若干年后这一数量已经达到了较小哺乳动物(如老鼠)的水平。而进入2000年后，部分人工神经网络的神经元连接数量则可以与猫持平或者接近了。

与连接数量相对应的是神经网络规模，后者也同样呈现快速增长态势。不过就目前神经网络的神经元数量而言，它和人类的差距还非常大(这一点显然和前面的神经元连接数量的情况不同)，如图12-4所示。

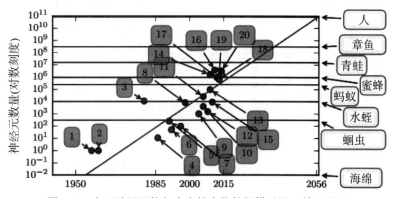

图12-4 人工神经网络与大自然生物的规模对比，差距明显

图12-4中的数字代表各种不同的人工神经网络模型，部分数字释义如下。

(1) 感知机 (Rosenblatt, 1958, 1962);

(2) 自适应线性单元 (Widrow and Hoff, 1960);

(3) 神经认知机 (Fukushima, 1980);

(4) 早期后向传播网络 (Rumelhart et al., 1986);

(5) 用于语音识别的循环神经网络 (Robinson and Fallside, 1991);

(6) 用于语音识别的多层感知机 (Bengio et al., 1991);

(7) 均匀场Sigmoid信念网络 (Saul et al., 1996);

(8) LeNet-5 (LeCun et al., 1998);

(9) 回声状态网络 (Jaeger and Haas, 2004);

(10) 深度信念网络 (Hinton et al., 2006)。

人类大脑是一个非常复杂的系统，它通常可以在极低的功耗下快速给出响应，这是目前神经网络所"无法企及"的。

12.2 激活函数

随着深度神经网络的高速发展，激活函数也迎来了一轮又一轮的"更新换代"。因而我们有必要用一节的篇幅，来总结一下神经网络发展历程中被广泛使用过的一些激活函数，为后续的学习打下一定基础。

12.2.1 Sigmoid

激活函数之所以重要，在于它可以为神经网络模型带来"非线性"物质，从而极大增强深度网络的表示能力——因此它也被人们称为"非线性映射函数"。据悉，激活函数的灵感来源于生物的神经元(如图12-5所示)，后者是神经系统中基本的组成单元。它有两种工作状态，即兴奋或者抑制。一般情况下，神经元会处于抑制状态；而当接收到外界的刺激信息，并达到一个阈值时，神经元会被激活。此时神经元会转向兴奋状态，并向与它连接的其他神经元传播物质。

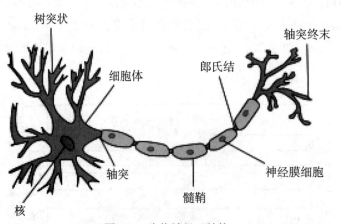

图12-5 生物神经元结构

前面12.1节讲到，人工神经元和上述神经元工作机制非常类似，并给出其典型实现的图示(图12-2)。

图12-2中的激活函数(Activation Function)就是本节的主角了。

在众多激活函数中，Sigmoid可以说是深度神经网络前期使用得最为广泛的一种激活函数了。它对应的公式并不复杂，如下。

$$f(x) = \frac{1}{1 + e^{-x}}$$

其函数图形相对平滑，参见如图12-6所示的描述。

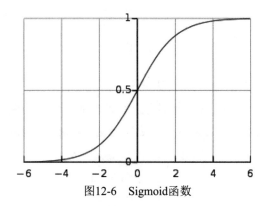

图12-6　Sigmoid函数

可见Sigmoid将输入值映射到了一个0～1的区间。

不难理解，Sigmoid函数在其定义域内是处处可导的，其导数为

$$f(x) = f(x)'(1 - f(x))$$

那么Sigmoid有什么缺陷？为什么现在深度神经网络中已经比较少出现它的身影了呢？

经过不少学者的持续研究，他们针对Sigmoid提出了如下几个观点。

(1) 过饱和导致梯度丢失问题，如图12-7所示。

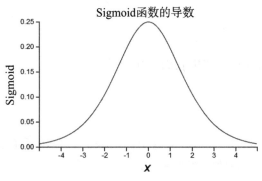

图12-7　Sigmoid函数梯度

从图12-7不难看出，当x大于5，或者小于-5时，梯度值已经趋向于0了——这样导致的结果就是误差在反向传播的过程中很难传递到前面，换句话说，就是网络很可能无法完成正常的训练过程。

(2) 收敛缓慢，有可能会震荡。

(3) 值域的均值非零。

我们知道Sigmoid的输出都是大于0的，这会导致什么问题呢？

神经元的处理过程如图12-2所示。它接收前面一层的输出x_i，然后乘以权重w_i，最后和**bias**一起输入激活函数f中产生结果。用公式表示就是

$$f\left(\sum_i \boldsymbol{w}_i x_i + b\right)$$

或者

$$f = \sum \boldsymbol{w}^{\mathrm{T}} x = b$$

$$L = \sigma(f)$$

其中，*w*是一个向量，代表的是$(w_1, w_2, \cdots)$。所以在反向传播算法的计算过程中，针对*w*的梯度计算公式就是：

$$\frac{\partial L}{\partial \boldsymbol{w}} = \frac{\partial L}{\partial f} \frac{\partial f}{\partial \boldsymbol{w}}$$

$$= \frac{\partial L}{\partial f} x$$

因为上层的输出结果是下一层的输入，所以在这种情况下会有很多层的*x*总是为正值，这样导致的结果就是*w*向量中的所有元素$(w_1, w_2, \cdots)$总是全部为正或者全部为负——换句话说，神经网络在训练过程中会是如图12-8所示的一种低效率的学习方式——之字形途径(zig zag path)。

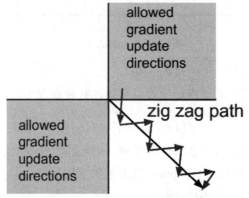

图12-8　Sigmoid非零中心化(Zero-center)所带来的训练低效率问题

这显然不是我们想要看到的结果。

(4) 计算量偏大。

由于上述这些缺点，Sigmoid便逐步淡出人们的视野了。

12.2.2　tanh

tanh是为了解决前述Sigmoid的均值非零问题而提出来的一种激活函数，又被称为双曲正切函数(Hyperbolic Tangent Function)。它的函数定义如下。

$$f(z) = \tanh(z) = \frac{e^z - e^{-z}}{e^z + e^{-z}}$$

它与Sigmoid的关系是

$$\tanh(x) = 2\mathrm{sigmoid}(2x) - 1$$

由于上述公式中e^z有可能小于e^{-z}，所以它有可能出现负数的情况。具体而言，tanh的取值范围是[-1, 1]。

对应的函数图像如图12-9所示。

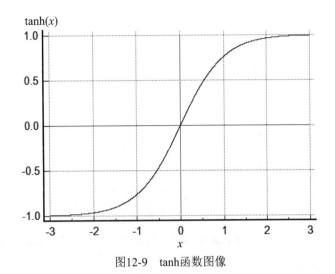

图12-9 tanh函数图像

从tanh表现出的图像对称性，不难发现它的值域均值为0。同时，实践也证明了tanh比Sigmoid的神经网络训练效果要好——特别是对于特征相差较明显的机器学习场景，其效果往往比较出众。

不过，tanh也还是没有解决Sigmoid的梯度饱和问题。

12.2.3 ReLU

ReLU是Rectified Linear Unit的缩写，它的表达公式为

$$\phi(x) = \max(0, x)$$

用直白的话来讲，就是当x小于零时ReLU取0，否则取x。

其对应的函数图像如图12-10所示。

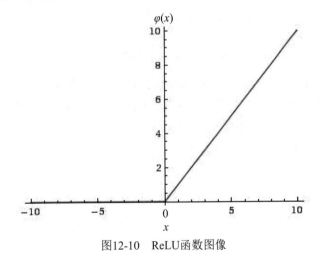

图12-10 ReLU函数图像

ReLU的主要优点如下。

(1) 函数简单，计算量小。

相比于Sigmoid和tanh，这一点是显而易见的。

(2) 收敛速度快。

这一点已经被大量的实验所证实，它在SGD方法下的收敛速度比tanh等快6倍，如图12-11所示。具体可以参考如下论文中的阐述：http://www.cs.toronto.edu/~fritz/absps/imagenet.pdf。

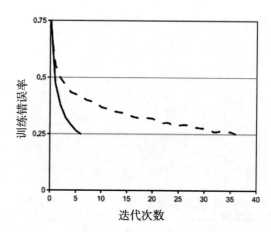

图12-11　采用ReLU(实线)的网络收敛到25%错误率的速度比tanh快6倍

(3) 可以缓解梯度饱和问题。

我们可以看下ReLU的梯度函数，如图12-12所示。

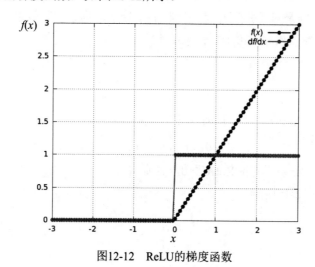

图12-12　ReLU的梯度函数

不难发现，ReLU在$x \geq 0$的部分消除了Sigmoid函数的梯度饱和现象。

当然，ReLU虽然有不少优点，但也有致命缺陷。例如，当$x<0$时，梯度对应的是0，从而会出现无法完成网络的正常训练的情况——我们称之为"死区"。

通常认为如下两种情况容易导致死区的发生。

情况1：参数初始化不合理。

在某些情况下，不适当的参数初始化可能会导致死区现象的产生——虽然业界认为这种情况相对比较少见。

情况2：学习率的设定不合理。

如果学习率设置得太高，就有可能导致模型在训练过程中参数更新太大，从而使网络不幸进入死区状态。

12.2.4　Leaky ReLU

有需求就有市场——Leaky ReLU就是为了缓解前述死区问题的改进版本。它的实现同样不复杂，公式如下。

$$\text{Leaky ReLU}(x) = \begin{cases} x, & x \geq 0 \\ a \cdot x, & x < 0 \end{cases}$$

可以看到，Leaky ReLU与ReLU的区别在于$x<0$的区域——前者通过增加一个超参数，而不是置0来避免死区现象的发生，如图12-13所示。不过由于值是人工设定的，如何选择合适的值就成了一个难点。因而在实际训练过程中，Leaky ReLU的性能并不总是会让人满意。

所以人们又尝试设计了其他一些ReLU，比如参数化ReLU和随机化ReLU等。我们将在12.2.5节做一个简单的介绍。

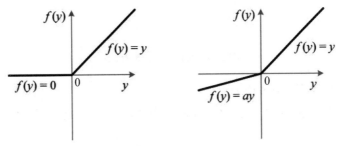

图12-13　Leaky ReLU

12.2.5　ReLU的其他变种

ReLU还有其他一些变种，比如，为了解决Leaky ReLU的超参数不好选择的问题所提出来的参数化ReLU和随机化ReLU等。它们的基本思路很简单：既然人们不好选择超参数的值，那么有没有办法让训练过程来自动完成这个工作呢？所以就有了：

(1) 把a变成一个训练参数，由训练过程来自动调参。

这就是参数化ReLU的实现了。通常表达为

$$f(y_i) = \begin{cases} y_i, & y_i > 0 \\ a_i y_i, & y_i \leq 0 \end{cases}$$

在"Delving deep into rectifiers surpassing human-level performance on imagenet classification"这篇论文中，作者将参数化ReLU与ReLU在同一模型上进行了横向性能对比，可以看到后者作为激活函数，在同等条件下的表现有可能优于ReLU，如表12-1所示。

表12-1　参数化ReLU的性能表现

模型 A	ReLU		PReLU	
scale s	top-1	top-5	top-1	top-5
256	26.25	8.25	25.81	8.08
384	24.77	7.26	24.20	7.03
480	25.46	7.63	24.83	7.39
multi-scale	24.02	6.51	22.97	6.28

(2) 随机选择a的值。

这就是随机化ReLU(Randomized ReLU)的实现了，如图12-14所示。不过随机并不意味着"随意"，事实上，它的取值也是有限定条件的。例如，在训练过程中的取值分布需要服从"连续性均匀分布"。参考下述表达式。

$$\text{Randomized ReLU}(x) = \begin{cases} x, & x \geq 0 \\ \varphi \cdot x, & x < 0 \end{cases}$$

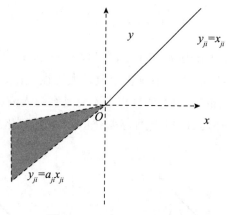

图12-14　Randomized ReLU

其中，$\varphi \sim U(l, u)$，$l < u$ 且 $l, u \in [0,1)$。

除此之外，ReLU还有Noisy ReLUs、ELU等其他变种，如图12-15所示，它们都是针对某些特定问题所提出来的解决方案。

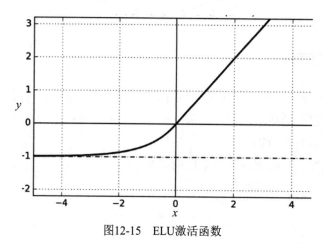

图12-15　ELU激活函数

感兴趣的读者可以自行查阅相关资料来了解详情。

12.2.6　激活函数的选择

面对这么多的激活函数，应该如何选择呢？

从项目实践的角度来看，有如下一些建议。

(1) 如何选择最佳的激活函数，目前业界并没有统一的理论指导。所以仍然需要根据项目的实际诉求，结合实验数据来判定何为最佳选择。

(2) 在分类问题上，建议首先尝试ReLU。这也是最为常用的一种激活函数。

(3) 当然，在使用ReLU的过程中，还需要特别注意学习率的设定，以及模型参数的初始值等问题。

(4) 在上述基础上，结合模型的具体表现可以考虑使用PReLU等其他激活函数，来尝试进一步提升模型的性能。

12.3　前向传播和后向传播算法

监督学习算法的核心目标，实际上就是寻找一个最佳函数，使得它的输入值和对应输出值可以和训练样本高度匹配。这自然就涉及一个问题，即如何在迭代训练过程中逐步调整算法中的各种参数，"有条不紊"地得出最佳函数呢？

在深度神经网络中，这个问题的答案是后向传播算法，如图12-16所示。

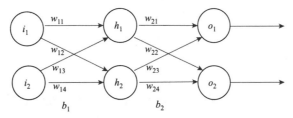

图12-16 后向传播算法范例

对于初学者而言，后向传播算法可能并不好理解，因而接下来会结合一个范例来做细化分析。如图12-16所示，这个范例包含一个简单的神经网络结构，其中，输入层(Input Layer)有两个节点，分别为i_1和i_2；隐藏层(Hidden Layer)的两个节点为h_1和h_2；输出层(Output Layer)则为o_1和o_2。层间采取全连接，以w_{ij}(i为层级，j为序号)为权重。另外，b_1和b_2为偏置(Bias)值。

我们先编写一段简单的Tensorflow代码，并以此为基础来剖析后向传播的计算过程。

```
sess = tf.Session()
bias1 = tf.Variable(0.5, 'bias1')
bias2 = tf.Variable(0.6, 'bias2')
input_data = tf.Variable([[0.5,0.8]])
output_data = tf.Variable([[1.0, 2.0]]) //预期值
hidden_layer_weights = tf.Variable([[0.1,0.2], [0.3,0.4]])
output_layer_weights = tf.Variable([[0.5,0.6], [0.7,0.8]])
init = tf.global_variables_initializer()
sess.run(init)
```

上述代码段中，首先创建一个输入数据变量input_data，一个输出变量output_data，隐藏层权重hidden_layer_weights和输出层权重output_layer_weights。接着通过global_variables_initializer来为变量做初始化，并利用Session将操作传递到Tensorflow后台。

```
##print weights
print('hidden weights:'+'\n'+str(sess.run(hidden_layer_weights)))
print('output weights:'+'\n'+str(sess.run(output_layer_weights)))
```

紧接着的两行代码用于打印出当前两个网络层的权重值，以便后续可以和更新后的权重值做对比分析，结果如下。

```
hidden weights:
[[ 0.1        0.2       ]
 [ 0.30000001 0.40000001]]

output weights:
[[ 0.5        0.60000002]
 [ 0.69999999 0.80000001]]
```

接下来程序进入神经网络的构建环节，同时还要完成网络值的前向传播计算。下面分几个步骤来做详细分析。

```
##forward propagation
hidden_layer_net = tf.matmul(input_data, hidden_layer_weights) + bias1
print('hidden layer net:'+'\n'+str(sess.run(hidden_layer_net)))
```

Step1：建立网络隐藏层。所采用的计算公式为：

input_data矩阵×hidden_layer_weights权重矩阵+偏置bias1

具体运算过程为

$$[0.5,0.8] \times \begin{bmatrix} 0.1 & 0.2 \\ 0.3 & 0.4 \end{bmatrix} + 0.5 = [0.5 \times 0.1 + 0.8 \times 0.3, 0.5 \times 0.2 + 0.8 \times 0.4] = [0.79, 0.92]$$

打印出的结果为

hidden layer net :

[[0.79000002 0.92000002]]

```
hidden_layer_sigmoid = tf.sigmoid(hidden_layer_net)
print('hidden layer sigmoid:'+'\n'+str(sess.run(hidden_layer_sigmoid)))
```

Step2：应用激活函数Sigmoid，得出隐藏层结果。上述打印语句的输出为

hidden layer sigmoid:

[[0.68783134 0.71504211]]

以hidden_layer_sigmoid的第1个元素为例，它的具体运算过程为

$$sigmoid(0.79) = \frac{1}{1+e^{-0.79}} = 0.68783134$$

```
output_layer_net = tf.matmul(hidden_layer_sigmoid, output_layer_weights) + bias2
print('output layer net:'+'\n'+str(sess.run(output_layer_net)))
```

Step3：建立网络输出层。所采用的计算公式和隐藏层一致，因而不再赘述。打印结果值如下。

output layer net :

[[1.44444513 1.58473253]]

它的具体运算过程为

$$[0.68783134, \quad 0.71504211] \times \begin{bmatrix} 0.5 & 0.6 \\ 0.7 & 0.8 \end{bmatrix} + 0.6 = [0.68783134 \times 0.5 + 0.71504211 \times 0.7,$$

$$0.68783134 \times 0.6 + 0.71504211 \times 0.8] = [1.44444513, 1.58473253]$$

Step4：输出层仍然采用Sigmoid激活函数。得到的最终结果值为：

[0.80914205 0.82987368]

这样前向传播的计算过程就完成了。由此也可以看到神经网络虽然理论上比较繁复，但背后的计算过程还是比较好理解的。

接下来需要思考的问题是，如何有效更新网络参数，以使神经网络的输出结果和预期值尽可能一致呢(在本范例中指的是output_data 代表的1.0和2.0)？大家应该还记得我们在梯度下降算法章节中所学习到的知识，无非就是遵循如下几个核心步骤。

(1) 计算损失函数(Loss Function)。

(2) 计算各网络参数与损失函数之间的梯度，实际上就是衡量各参数对精度损失的影响程度。

(3) 朝着梯度值下降的方向更新各网络参数。

(4) 循环往复直至达到结束条件。

深度神经网络中采用的梯度下降算法和上述实现并无本质区别，主要的不同点如下。

(1) 神经网络参数数量通常很多，而且各网络层是间接计算关系，意味着大部分的网络参数和最终的损失函数值都没有直接的函数依赖。因而可以先从与损失函数有直接连接的输出层开始计算梯度，并依次将误差值向后面的网络层传递——这也是后向传播这个名称的由来。

(2) 需要应用到偏导数求解知识。

接下来，先来计算第一次前向计算后的误差值。损失函数采用的是平和差公式：

```
#loss function
loss = tf.square(output_data[0][0] - output_layer_sigmoid[0][0])/2 + tf.square(output_data[0][1] - output_layer_sigmoid[0][1])/2
print('loss before training:'+'\n'+str(sess.run(loss)))
```

打印结果为

loss before training:

0.702811

紧接着就可以开始计算输出层的权重值更新了(下面以w_{21}为例来做详细阐述，其他参数值的计算过程是类似的，读者可以作为练习自行推导)。

由本节开头的网络构建图不难得出如下的函数关系。

$\text{Loss}_{\text{total}} = \text{Loss}_1 + \text{Loss}_2$

$\text{Loss}_1 = (\text{output\_data1} - \text{output\_layer\_sigmoid1})^2/2$

$\text{Loss}_2 = (\text{output\_data2} - \text{output\_layer\_sigmoid2})^2/2$

$\text{output\_layer\_sigmoid1} = \text{sigmoid}(\text{output\_layer\_net})$

$\text{output\_layer\_net} = w21 \times \text{hidden\_layer\_sigmoid1} + w23 \times \text{hidden\_layer\_sigmoid2} + \text{bias2}$

因而误差值和w_{21}的偏导数关系如下。

$$\frac{\partial \text{Loss}_{\text{total}}}{\partial w_{21}} = \frac{\partial(\text{Loss}_1 + \text{Loss}_2)}{\partial w_{21}} = \frac{\partial \text{Loss}_{\text{total}}}{\partial \text{output\_layer\_sigmoidl}} \times \frac{\partial \text{output\_layer\_sigmoid1}}{\partial \text{output\_layer\_net}} \times \frac{\partial \text{output\_layer\_net}}{\partial w_{21}}$$

其中：

$$\frac{\partial \text{Loss}_{\text{total}}}{\partial \text{output\_layer\_sigmoidl}} = \frac{1}{2} \times 2 \times (\text{output\_layer\_sigmoid1} - \text{output\_data1})$$

$$= 0.80914205 - 1$$

$$= -0.19085795$$

同时：

$$\frac{\partial \text{output\_layer\_sigmoidl}}{\partial \text{output\_layer\_net}} = \text{sigmoid}(\text{output\_layer\_net}) \times (1 - \text{sigmoid}(\text{output\_layer\_net}))$$

$$= \frac{1}{1 + e^{-1.44444513}} \times (1 - \frac{1}{1 + e^{-1.44444513}})$$

$$= 0.809142 \times (1 - 0.809142)$$

$$= 0.15443122$$

另外：

$$\frac{\partial output\_layer\_net}{\partial w_{21}} = hidden\_layer\_sigmoid1$$

$$= 0.68783134$$

因而：

$$\frac{\partial Loss_{total}}{\partial w_{21}} = -0.19085795 \times 0.15443122 \times 0.68783134$$

$$= -0.020273427412252780862901$$

得到梯度值后，w_{21}就可以做更新操作了，公式如下。

$$w_{21} = w_{21} - \frac{\partial Loss_{total}}{\partial w_{21}} \times training\_rate$$

$$= 0.5 + 0.0202734 \times 0.1$$

$$= 0.50202734$$

为了测试上述计算结果的准确性，下面继续通过程序来做验证，如下。

```
#prepare for training
train_step = tf.train.GradientDescentOptimizer(0.1).minimize(loss)
sess.run(train_step)
print('hidden layer weights updated:'+'\n'+str(sess.run(hidden_layer_weights)))
print('output layer weights updated:'+'\n'+str(sess.run(output_layer_weights)))
print('loss after training:'+'\n'+str(sess.run(loss)))
```

我们采用了Tensorflow的梯度下降算法优化器，步长为0.1，并执行了一步训练(Training)，最终输出结果如下。

```
hidden layer weights updated:
[[ 0.10122238  0.20155664]
 [ 0.30195582  0.40249065]]
output layer weights updated:
[[ 0.50202733  0.61136317]
 [ 0.70210755  0.8118127 ]]
```

从输出层权重值(Output Layer Weights)的更新值可以看出，其中的w_{21}和前面的手工计算结果是完全一致的，从而验证了整个推导过程的准确性。其他参数的计算推演也大同小异，读者可以自行分析，限于篇幅这里不再一一阐述。

12.4 损失函数

我们知道，神经网络是利用基于误差的反向传播算法来完成参数的更新的，这意味着用于计算误差的损失函数(也被称为目标函数，或者代价函数。简单来讲，损失函数用于描述模型对于结果的"不满意程度")扮演了非常重要的角色。和激活函数的情况类似，人们在不断探索实践的过程中总结了很多种类型的损失函数。如果从深度学习的任务类型来看的话，可以大致分为以下几种。

(1) 分类场景下的损失函数。

(2) 回归场景下的损失函数。

(3) 其他任务类型的损失函数。

同时，每个大类下面往往又包含很多具体的细分类型，后续章节中将针对部分经典的损失函数进行讲解。

12.4.1 分类场景

分类场景下的损失函数包括但不限于：

- 0-1损失。
- Log损失。
- 合页损失(Hinge Loss)。
- 指数损失。
- 感知损失。
- 交叉熵损失函数。
- 合页损失函数。
- 坡道损失函数。

上面所列的损失函数在深度神经网络中不全都是"常客"。因此，接下来的内容侧重介绍在实际深度学习项目中会经常接触到的那些损失函数(为了叙述的连贯性，其中也包括非神经网络模型所采用的损失函数)。

1. 合页损失函数

合页损失(Hinge Loss)函数是在SVM即支持向量机模型中常用的损失函数，所以也称之为SVM Loss。为了叙述方便，做如下假设。

(1) (x_i, y_i) 代表的是一幅图像，以及它所对应的数据标签。

(2) 函数 $s = f(x_i)$ 代表的是模型针对x_i给出的预测值。

那么Hinge Loss的表达式如下。

$$L_i = \sum_{j \neq y_i} \begin{cases} 0, s_{y_i} \geq s_j + 1 \\ s_j - s_{y_i} + 1, & \text{其他} \end{cases}$$
$$= \sum_{j \neq y_i} \max\left(0, s_j - s_{y_i} + 1\right)$$

如果以图形绘制出来的话，就是如图12-17所示这个样子。

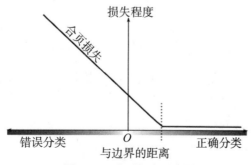

图12-17 合页损失示意图

下面结合一个范例，来更直观地理解合页损失的计算过程。

如表12-2所示是一个多类别模型给出的预测数值。

表12-2　合页损失范例

类别/图像			
cat	3.2	1.3	2.2
car	5.1	4.9	2.5
frog	−1.7	2.0	-3.1

针对第一张猫图像，此模型产生的损失为

$L_1 = \max(0, 5.1 - 3.2 + 1) + \max(0, -1.7 - 3.2 + 1)$

　$= \max(0, 2.9) + \max(0, -3.9)$

　$= 2.9 + 0$

　$= 2.9$

同理可以得到另外两个训练样本所产生的损失分别为

$L_2 = 0$

$L_3 = 12.9$

一个模型在N个训练样本时的总体损失计算公式为

$$L = \frac{1}{N} \sum_{i=1}^{N} L_i$$

所以针对这个场景，合页损失结果为

$L = (2.9 + 0 + 12.9)/3$

　$= 5.27$

Hinge Loss的代码实现范例如下。

```python
def L_i_vectorized(x, y, W):
    scores = W.dot(x)
    margins = np.maximum(0, scores - scores[y] + 1)
    margins[y] = 0
    loss_i = np.sum(margins)
    return loss_i
```

另外，为了降低模型的过拟合问题，通常会给复杂的模型加一个惩罚值(Penalty)——具体会体现在损失函数上，如下。

$$L(W) = \frac{1}{N} \sum_{i=1}^{N} L_i \big(f(x_i, W), y_i \big) + \lambda R(W)$$

可以看到除了之前的损失函数外，新的损失函数还多了一个$R(W)$，它代表的是正则化(Regularization)函数，而且有多种表现形式。比如：

L_1 Regularization，对应的公式为

$$R(W) = \sum_{k} \sum_{l} \left| W_{k,l} \right|$$

L_2 Regularization，对应的公式为

$$R(W) = \sum_k \sum_l W_{k,l}^2$$

Elastic net $(L_1 + L_2)$，对应的公式为

$$R(W) = \sum_k \sum_l \beta W_{k,l}^2 + |W_{k,l}|$$

如图12-18所示示意图可以帮助大家更好地理解增加了正则化的损失函数实现。

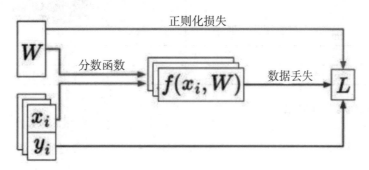

图12-18　带有正则化的损失函数

除此之外，神经网络还有其他常用的正则化手段，例如：

(1) 丢弃法(Dropout)。即在训练过程中，以概率P随机丢弃一些神经元的操作，如图12-19所示。

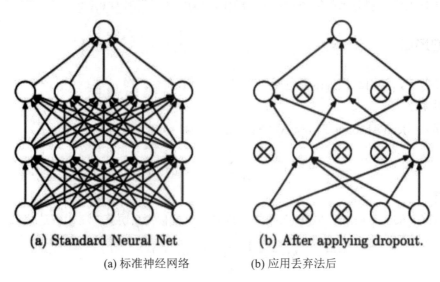

(a) Standard Neural Net　　(b) After applying dropout.

(a) 标准神经网络　　　　(b) 应用丢弃法后

图12-19　丢弃法示意图

(2) 最大范数正则化(Max-norm Regularization)。通常结合丢弃法来使用，这样可以达到更好的效果。

2. 交叉熵损失函数

交叉熵损失函数又被人们称为Softmax损失函数，可以说是深度神经网络中应用最为广泛的一种损失函数。其对应的公式如下。

$$L_i = -\log\left(\frac{e^{s_{y_i}}}{\sum_j e^{s_j}}\right)$$

可以看到它和Softmax层的实现非常类似，这同时也是其名称的由来。

仍然沿用前面所提供的范例，针对第一张图像可以分别得到如表12-3所示预测值。

表12-3 预测值

类别/图像	
cat	3.2
car	5.1
frog	−1.7

那么Softmax损失函数的计算过程如下。

3.2　　　　　0.13

5.1　　计算Softmax→ 0.87

−1.7　　　　　0.00

$L_{i\_softmax}$ = −log(0.13)

　　　　　　 = 0.89

因为它只针对正确类别的预测概率执行−log操作，所以取值范围为[0,∞]。

12.4.2 回归场景

回归场景任务下，常用的损失函数包括但不限于以下几种。

1. 平均绝对误差

平均绝对误差(Mean Absolute Error，MAE)，又被称为L_1误差，常见表达式如下。

$$MAE = \frac{1}{N}\sum_{i=1}^{N}\left|y^{(i)} - f\left(x^{(i)}\right)\right|$$

2. 均方误差

均方误差(Mean Square Error，MSE)在某些资料中，也被称为L_2误差，常用表达式如下。

$$MSE = \frac{1}{N}\sum_{i=1}^{N}\left(y^{(i)} - F\left(x^{(i)}\right)\right)$$

3. 均方根误差

均方根误差(Root Mean Square Error，RMSE)和前述的L_2比较类似，其常见表达式如下。

$$RMSE = \sqrt{\frac{1}{N}\sum_{i=1}^{N}\left(y^{(i)} - f\left(x^{(i)}\right)\right)}$$

4. 平滑平均绝对误差

总的来说，L_1损失函数对于异常值的鲁棒性更好，但它的导数并不连续，使得最优解的寻找过程相对低效；而L_2虽然对于异常值的表现不如前者，但是在寻找最优解的过程中更为稳定，可以说两者各有优缺点。

平滑平均绝对误差(Huber Loss)吸收了L_1和L_2各自的优点——它既保持了鲁棒性，同时还具备可微特性。

其常见表达式如下。

$$s = \sum_{i=1}^{n} \delta^2 \left(\sqrt{1 + \left(\frac{y_i - f(x_i)}{\delta} \right)^2} - 1 \right)$$

其中的 δ 简单来讲代表的是"斜度"。下面可以通过一个代码范例来加深理解。核心代码部分如下。

```python
import tensorflow as tf
import matplotlib.pyplot as plt
sess = tf.Session()
x_function = tf.linspace(-1., 1., 500)
target = tf.constant(0.)
##L1损失函数
L1_function = tf.abs(target - x_function)
L1_output = sess.run(L1_function)
##L2损失函数
L2_function = tf.square(target - x_function)
L2_output = sess.run(L2_function)
##Huber损失函数，我们取3个"斜度"来作为对比
delta1 = tf.constant(0.2)
pseudo_huber1 = tf.multiply(tf.square(delta1), tf.sqrt(1. + tf.square((target - x_
function)/delta1)) - 1.)
pseudo_huber1_output = sess.run(pseudo_huber1)
delta2 = tf.constant(1.)
pseudo_huber2 = tf.multiply(tf.square(delta2), tf.sqrt(1. + tf.square((target - x_
function) / delta2)) - 1.)
pseudo_huber2_output = sess.run(pseudo_huber2)
delta3 = tf.constant(5.)
pseudo_huber3 = tf.multiply(tf.square(delta3), tf.sqrt(1. + tf.square((target - x_
function) / delta2)) - 1.)
pseudo_huber3_output = sess.run(pseudo_huber3)
##将上述结果绘制出来，帮助大家直观地理解它们之间的区别
x_array = sess.run(x_function)
plt.plot(x_array, L2_output, 'b-', label='L2')
plt.plot(x_array, L1_output, 'r--', label='L1')
plt.plot(x_array, pseudo_huber1_output, 'm,', label='Pseudo-Huber (0.2)')
plt.plot(x_array, pseudo_huber2_output, 'k-.', label='Pseudo-Huber (1.0)')
plt.plot(x_array, pseudo_huber3_output, 'g:', label='Pseudo-Huber (5.0)')
plt.ylim(-0.2, 0.4)
plt.legend(loc='lower right', prop={'size': 11})
plt.title('LOSS FUNCTIONS')
```

```
plt.show()
```

绘制结果如图12-20所示。

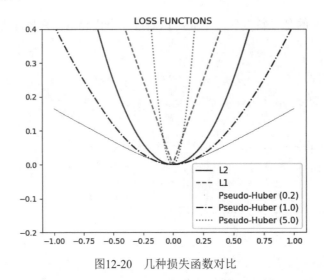

图12-20　几种损失函数对比

当然，回归类任务中还有其他一些类型的损失函数，例如，tukey's biweight等。感兴趣的读者可以自行查阅相关资料做进一步学习。

12.4.3　其他任务类型的损失函数

除了前面所讲解的常见任务外，有时还需要考虑一些比较特殊的机器学习任务，比如属性分类(Attribute Classification)，如图12-21所示。

图12-21　属性分类范例

如果我们要给图12-21打一个标签的话，那么既可以是"美国队长"，也可以是"钢铁侠"，或者说"超人"——换句话说，它们都是正确的。针对这种类型的任务，一种解决方案是为每一种属性都设计一个二分类器(Binary Classifier)，此时的损失函数表达式就是

$$L_i = \sum_j \max\left(0, 1 - y_{ij} f_j\right)$$

上述公式中，j代表的是属性的编号；如果第i个样本的标签是j，那么y_{ij}就是+1，否则就是-1；如果预测结果包含这一属性，则f_j为正，否则为负。换句话说，如果当前样本属于label j，而且预测结果也是j，那么两者乘积为>1的正数，所以$1-y_{ij}f_j<0$，此时max结果为0。反之就说明产生了预测偏差。

当然，也可以考虑为每个Attribute训练一个逻辑回归分类器，如下。

$$P\left(y=1\middle|x;\boldsymbol{w},b\right)=\frac{1}{1+\mathrm{e}^{-\left(\boldsymbol{w}^{\mathrm{T}}x+b\right)}}=\sigma\left(\boldsymbol{w}^{\mathrm{T}}x+b\right)$$

此时损失函数为：

$$L_i=\sum_j y_{ij}\log\left(\sigma\left(f_j\right)\right)+\left(1-y_{ij}\right)\log\left(1-\sigma\left(f_j\right)\right)$$

其中的 σ 代表的是sigmoid函数。

13.1 CNN发展历史简述

谈及卷积神经网络(Convolutional Neural Network，CNN)，不得不先了解一下人工神经网络。后者是在20世纪40年代初，由Warren McCulloch和Walter Pitts最早提出来的。随后神经网络的研究方向逐步分化为两个方向，其中一个方向侧重于分析大脑的生物信息处理系统，另外一个方向便是本章所要讨论的用于实现AI的人工神经网络。经典的深度神经网络模型准确如图13-1所示。

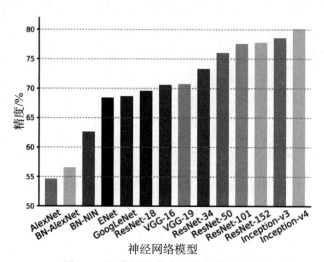

图13-1 经典的深度神经网络模型准确度

(引用自AN ANALYSIS OF DEEP NEURAL NETWORK MODELSFOR PRACTICAL

APPLICATIONS，作者Alfredo Canziani等)

经过不少研究人员的努力，人工神经网络方面的很多理论分析和前瞻性成果在20世纪50、60年代被相继提出，比如1958年心理学家Rosenblatt创造的感知机(Perceptron)，以及1965年Ivakhnenko发表的第一个带有多个网络层的神经网络，都是其中的佼佼者。

值得一提的是，感知机本身并不拘泥于通过软件算法来实现，它同样可以由硬件机器完成。例如，IBM Mark1就是一台用于完成图像识别的硬件感知机。因为在某些领域中取得了前所未有的开创性成果，感知机在当时引起了广泛关注，并且一度让人们看到了人工智能的"曙光"。

不过好景不长，感知机的缺陷也很快暴露出来了——作为一个二分类器的学习算法，它没有办法完成多种模式的训练识别，于是人们开始质疑它是否真的具备实际应用价值。特别是Marvin Minsky和Seymour Papert在1969年出版的一本名为*Perceptrons*的书中证明了感知机无法实现基础的XOR函数。这对于感知机可以说是"压死骆驼的最后一根稻草"。在其后二十几年的时间里，与神经网络和感知机相关的研究项目经费被大幅削减或者直接裁撤，导致这个领域进入了第一次冰冻期。

这一困境直到20世纪80年代才逐步得到改善，其中的转折点在于多层神经网络和反向传递算法的提出及应用。1974年，一位名为"Paul Werbos"的哈佛大学学生在其博士论文中首次提到了反向传递算法可以被应用到神经网络中，并为改变神经网络在学术界的困局做了不少努力。无奈的是，当时人们对于神经网络已经"心灰意冷"，加之Paul Werbos作为一名学生可以说是"人微言轻",所以并没有引发大范围的研究浪潮。

无独有偶,学术界的一些学者也意识到了反向传递算法在神经网络中的价值,并向业界陆续展示了他们的研究成果,例如,David Rumelhart, Geoffrey Hinton和 Ronald Williams在1986年发表的一篇论文"Learning representations by back-propagating errors"中清晰地阐述了这一成果。于是在经历数年的沉寂后,神经网络终于在一系列"利好消息"的衬托下"王者归来"了。

在神经网络的第二次研究浪潮中,各种新型应用和算法原理不断涌现出来,其中就包括Yann LeCunn于1989年在Bell实验室完成的一个手写邮政编码的识别系统。虽然以现在的神经网络能力来看,完成类似的工作可以说是"小菜一碟",但在当时的技术环境下,这无疑给人们相信神经网络完全有能力完成一些复杂任务打入了一针强心剂。

随着神经网络研究和应用的不断推进,人们又遇到了新的问题,即随着网络层数的递增,反向传递算法似乎显得"力不从心"了。这其中的一个关键原因在于,它是通过输出层的错误反向逐层寻找"罪魁祸首",而一旦层级达到一定数量后,就容易产生梯度消失或者爆炸的问题。虽然聪明的学者们也在不断创造出新的算法来弥补这些缺陷,但一个现实的情况就是计算机的运算速度已经远远跟不上这些算法所需的算力诉求了。而另一方面,其他诸如支持向量机等新兴事物又可以在更少的硬件资源条件下达到很好的效果,于是"善变"的人们又再次对神经网络失去了信心,导致了它的第二次冰冻期。

那么神经网络又是如何进入第三次繁荣的呢?没错,除了学术界一些大牛级人物的不懈努力外,客观来讲就是计算能力和训练数据规模的大幅度提升了。特别是云计算、高性能GPU硬件设备的广泛应用,可以说为神经网络的全面复苏奠定了重要基础。这其中为人们所津津乐道的一件事就是著名研究学者吴恩达在领衔Google Brain期间,利用超过16 000个计算核,构建了带有10亿+权重的神经网络并针对YouTube海量视频进行无监督训练,最终让系统学会了如何辨别出"猫"。

13.2　CNN的核心组成元素

13.2.1　卷积层

在CNN中,紧随Input Layer的通常是一个卷积层(Convolutional Layer)。卷积的实现灵感来源于生物学上感受野(Receptive Field)的概念,后者是人体听觉/视觉等系统中神经元所具有的特殊性质——即神经元只对自己可以接受的某些范围/条件内的信号产生刺激,例如,听觉系统中各神经元对不同频率声音的反应是有差异的。

卷积层则通过卷积操作来达到和感受野类似的效果。那么什么是卷积操作呢?

卷积操作并不是神经网络的专利,后者实际上是对前者的应用。在数学领域,卷积是利用两个函数f和g得到第三个函数c的数学运算过程。按照Wikipedia上的描述,卷积操作可以表示如下。

$$(f*g)(t) \overset{\text{def}}{=} \int_{-\infty}^{\infty} f(\tau)g(t-\tau)\mathrm{d}\tau$$
$$= \int_{-\infty}^{\infty} f(t-\tau)g(\tau)\mathrm{d}\tau$$

当然,在应用到不同领域时,卷积的具体操作过程也会有所差异。下面以图像处理为例,来讲解实际的卷积运算规则。

从理论层面来看,卷积操作主要涉及如下几个核心参数。

● 输入的数据为W_1, H_1, D_1。

- 卷积核数量*K*, 空间尺寸为*F*。
- 步进*S*。
- Zero Padding数量为*P*(用于应对下述计算W_2和H_2时出现不为整数的情况)。

通过以上参数进行卷积操作，将输出W_2, H_2, D_2的结果，其中：

$W_2 = (W_1 - F + 2P)/S + 1$

$H_2 = (H_1 - F + 2P)/S + 1$

$D_2 = K$

我们以斯坦福大学CS231n课程中提供的材料为例，来看下实际的运算过程，如图13-2所示。

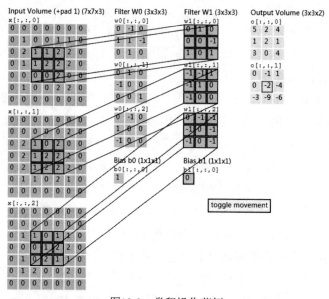

图13-2　卷积操作范例

可以看到，这个范例中的输入数据维度为5×5×3，分别对应上述的W_1、H_1和D_1；它包含两个卷积核Filter W_0和Filter W_1(卷积核数量*K*=2)，且大小为3×3×3(空间尺寸*F*为3)；步进*S*为2，即每次移动两个单位。另外，0值填充(Zero Padding)=1，意味着需要在输入数据的外围填充"厚度"为1的Padding(填充值为0)。因而填充后输入数据的大小为7×7×3。

对于输出值而言：

$W_2 = (W_1 - F + 2P)/S + 1$

$\quad = (5 - 3 + 2 \times 1)/2 + 1$

$\quad = 3$

$H_2 = (H_1 - F + 2P)/S + 1$

$\quad = (5 - 3 + 2 \times 1)/2 + 1$

$\quad = 3$

$D_2 = K$

$\quad = 2$

即输出尺寸(Output Volume)为3×3×2。

每一步卷积操作都是类似的。譬如如图13-2所示的$w_1[:, :, 0]$，它刚好执行到输入数据的如下区域矩阵。

$x[:, :, 0]$　　　　$x[:, :, 1]$　　　　$x[:, :, 2]$

$$
\begin{array}{ccccccc}
1 & 1 & 21 & 0 & 21 & 0 & 1 \\
1 & 2 & 21 & 2 & 20 & 1 & 2 \\
0 & 0 & 21 & 2 & 20 & 2 & 1
\end{array}
$$

它们与Filter W1执行的卷积运算公式简单来讲就是各个矩阵元素的乘积和。

$1\times0+1\times1+2\times0+1\times0+2\times0+2\times(-1)+0\times1+0\times0+2\times1=1$

$1\times(-1)+0\times(-1)+2\times1+1\times(-1)+2\times1+2\times0+1\times(-1)+2\times0+2\times0=1$

$1\times0+0\times(-1)+1\times(-1)+0\times(-1)+1\times0+2\times(-1)+0\times(-1)+2\times0+1\times(-1)=-4$

再综合考虑bias值，最终的结果就是-2，对应图13-3中的框线。

图13-3　最终结果

读者可能会有这样的疑问，卷积核有多少种类型呢？事实上，CNN的卷积核在大部分情况下是通过不断的学习调整才最终确定下来的。换句话说，它们并不是固定值。当然，我们也可以在初始化时选择一些有意义的值，以便在对图片执行特征提取时更有针对性。另外，为了减少卷积层的参数数量，我们会假设同一个特征在计算"空间中的两个不同位置"时是等价的。以前面的例子来说，就是卷积层参数个数为：2(卷积核数量)×3×3×3(卷积核尺寸) = 54个(这里还未考虑偏置)——我们称这样的假设和处理过程为卷积神经网络中的参数共享(Parameter Sharing)机制。

13.2.2　池化层

13.2.1节通过卷积获取到了图像的某些特征。接下来有两个选择：

(1) 直接应用所有特征数据来参与训练。

理论上是可行的，但缺点在于计算量很大，很可能无法实现或者需要很长时间进行训练，而且参数量过大容易出现过拟合的现象。

(2) 利用池化层(Pooling Layer)来降低数据量。

换句话说，池化层的核心作用就是降低数据的空间尺寸，以节省计算资源并防止过拟合的现象。主要涉及如下参数。

- 输入的数据尺寸为W_1 H_1 D_1。
- 空间尺寸为F。
- 步进S。

池化层输出W_2 H_2 D_2的结果，其中：

$W_2=(W_1-F)/S+1$

$H_2=(H_1-F)/S+1$

$D_2=D_1$

池化层和卷积层不同，它并没有需要学习的参数，而是采用固定的计算过程来完成降采样的任务。具体的计算方法有很多种，比如其中使用较广泛的是最大值池化(Max Pooling)、平均值池化(Average Pooling)、L2范数池化(L2-norm Pooling)等。其中，最大值池化的具体实现就是简单地选取每个过滤器(Filter)中的最大值，同时摒弃其他所有值，例如如图13-4所示的例子。

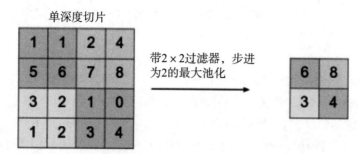

图13-4　最大值池化

过滤器的大小为2×2，意味着我们是从原数据中每四个元素选取最大值，然后再将它们拼接输出新的数据。其他几类池化方法也不难理解，这里就不一一介绍了。

13.2.3　全连接层

为什么叫全连接层(Fully Connected Layer)呢？

这是因为全连接层中的所有神经元，和前一层中的所有元素都会有连接，如图13-5所示。

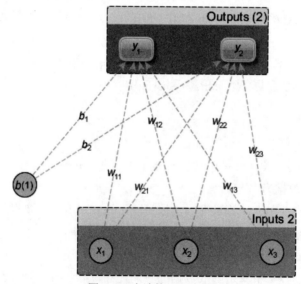

图13-5　全连接层示意图

图13-5中的全连接层的具体计算过程如图13-6所示。

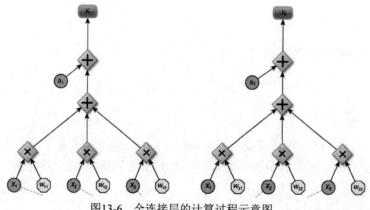

图13-6　全连接层的计算过程示意图

通常情况下，全连接层在卷积神经网络中起到的是"分类器"的作用——当然，它并不是卷积神经网络中不可或缺的组成结构。例如，考虑到全连接层的参数量规模一般较为庞大，有些模型为了计算效率上的考虑会对它进行改造或者替换，在其他章节中对此还会有相应的分析。

13.2.4 Softmax层

Softmax层的核心是Softmax函数，也称为归一化指数函数(Normalized Exponential Function)，它是多分类任务的常用函数。它的表达式如下。

$$\sigma(z)_j = \frac{e^{z_j}}{\sum_{k=1}^{K} e^{z_k}}, \quad j=1,\cdots,K$$

简单来讲，Softmax函数就是将多个输入值映射到(0, 1)的空间内，而它们的累加和为1(即总的概率为100%)，如图13-7所示(引用自中国台湾教授李宏毅的课件)。

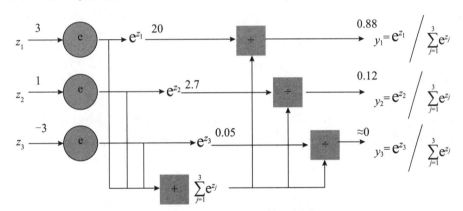

图13-7 Softmax函数示意图

在上面这个例子中，输入的三个值z_1、z_2、z_3分别为3、1和-3。Softmax首先分别针对它们求指数值，然后计算这些值在总和中的占比。最终输出的就是0.88、0.12这样的数值——其实就代表了它们各自出现的概率。这样一来就可以选择其中概率最大的一个或多个节点作为结果。

Softmax层在深度神经网络中应用非常广泛，特别是在图像处理领域几乎成为标配。不过它也有缺陷，比如当输入量达到一定级别时的计算资源消耗较大。所以在后续自然语言处理章节，将学习到基于Huffman树的层次化(Hierarchical)Softmax等替代技术(NLP的词库大小通常可以达到千万或者数亿级别)，它们可以在保证较小的精度损失下获得计算性能的大幅提升。

13.3 CNN经典框架

13.3.1 LeNet

1994年(神经网络的二次复苏阶段)，LeCun提出了一种7层的卷积网络LeNet-5，并将其应用于手写字的识别中。这也是人们普遍认为的第一个具备实用价值的卷积神经网络。如图13-8所示是LeNet-5的经典架构。

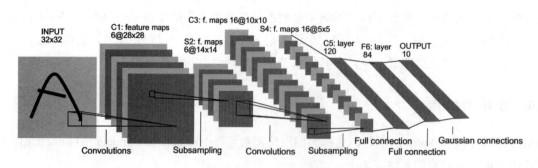

图13-8　LeNet-5经典架构

(引用自Yann LeCun等人的"Gradient-Based Learning Applied to Document Recognition")

虽然LeNet在当时取得了一定的成果，但伴随着神经网络再度陷入冰冻期，CNN也同样开始了多年的沉寂——直到2012年Hinton的学生Alex创造的AlexNet夺得ILSVRC2012比赛的冠军才重新燃起了人们对于CNN的兴趣。从那时起，业界才相继出现了VGG16、GoogLeNet等一系列后起之秀。不过从本质上讲，这些新兴训练网络并没有完全逃离CNN的核心构成元素，因而都可以认为是CNN在网络深度或者核心功能(例如卷积层)上的变种。

13.3.2　AlexNet

AlexNet可以说是深度学习历史上的转折点之一，它在2012年赢得ImageNet竞赛冠军的同时，也点燃了人们对于深度学习沉寂多年的热情——其后的GoogLeNet、R-CNN、ResNet等多种优秀网络框架从此如雨后春笋般涌现出来。历年ILSVRC冠军如图13-9所示。

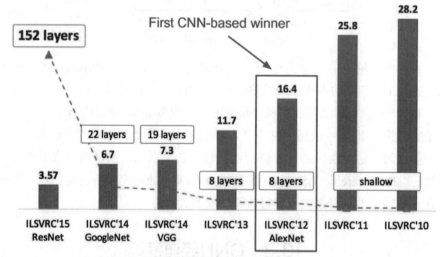

图13-9　历年ILSVRC冠军

AlexNet为什么可以取得这样的成功？我们从它对应的论文，即"ImageNet Classification with Deep Convolutional Neural Networks"中或许可以得到一些答案。这篇文章中有不少可圈可点之处，包括但不限于：

(1) 采用了ReLU激活函数。

(2) 利用数据增强(Data Augmentation)产生了大量的训练数据。

(3) 提出丢弃(Dropout)的概念，有效抑制了过拟合问题。

(4) 使用GPU进行加速，提升了训练效率。

本节接下来的内容将逐一剖析AlexNet的这些核心优势。

1. AlexNet的整体框架

从图13-10中可以清楚地看到，AlexNet总共包含8个带权重的神经网络层(前5个卷积层+后3个全连接层)。同时最后一个FC层的输出结果与一个1000-way的Softmax层进行连接，从而生成了1000个类标签对应的分布概率。为了支持在多个GPU上进行训练，第2、4、5个卷积层只和它们的前一个网络层中同属一个GPU的核图(Kernel Map)进行连接。各网络层的具体数据维度在图中都有明确标识。其中，输入图像的尺寸大小为224×224×3(经过处理后会变为227×227×3)，第一个卷积层包含96个11×11×3(步进4)的核。所以第一层的训练参数数量为

11×11×3×96 = 35k

经过卷积后输出的尺寸为

55×55×96

第二个卷积层包含256个尺寸为5×5×48的核，注意，因为第一层会经过响应归一化(Response-Normalize)和池化(Pooling)；第三个卷积层则包含384个3×3×256尺寸的卷积核，等等。

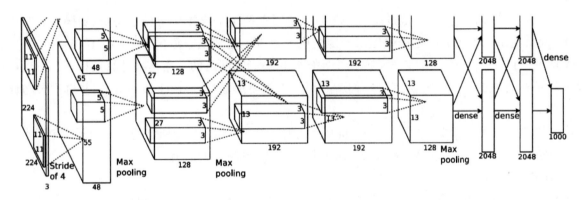

图13-10 AlexNet的整体框架

(引用自"ImageNet Classification with Deep Convolutional Neural Networks")

以此类推，AlexNet各层的情况如下。

```
[227x227x3] INPUT
[55x55x96] CONV1: 96 11x11 filters at stride 4, pad 0
[27x27x96] MAX POOL1: 3x3 filters at stride 2
[27x27x96] NORM1: Normalization layer
[27x27x256] CONV2: 256 5x5 filters at stride 1, pad 2
[13x13x256] MAX POOL2: 3x3 filters at stride 2
[13x13x256] NORM2: Normalization layer
[13x13x384] CONV3: 384 3x3 filters at stride 1, pad 1
[13x13x384] CONV4: 384 3x3 filters at stride 1, pad 1
[13x13x256] CONV5: 256 3x3 filters at stride 1, pad 1
[6x6x256] MAX POOL3: 3x3 filters at stride 2
[4096] FC6: 4096 neurons
[4096] FC7: 4096 neurons
[1000] FC8: 1000 neurons (class scores)
```

由此可见，AlexNet在整体网络结构上，相比于它的后续改进者而言并不算复杂。

2. 采用ReLU激活函数

在前面章节已经对ReLU等几种经典的激活函数的优缺点做过详细讲解，读者如果觉得不太熟悉的话可以回头复习一下，鉴于篇幅这里不再赘述。

3. Data Augmentation

AlexNet通过两个方面的努力来减少过拟合问题，即Dropout和Data Augmentation。后者简单来讲就是从原始图像中自动生成更多的图像数据。而为了保证训练效率，作者只采用了两种简单的计算方法来达成目标：其一是从256×256图像中抠出224×224并水平反转，其二是从RGB通道上入手扩大数据量。当然，类似的办法还有很多，例如平移(Translation)、旋转(Rotation)、拉伸(Stretching)、镜头变形(Lens Distortions)等。

AlexNet中采用的Data Augmentation相对比较简单，有兴趣的读者可以参考原论文中的4.1节了解详情。这里只要理解它的目的就可以了。

4. Dropout网络层

AlexNet中采用的另一种降低过拟合的方法是针对前两个全连接层实施了Dropout操作。简单来讲，Dropout就是在每次训练过程中，以一定的概率随机地让某些隐藏层节点不工作(输入输出层神经元保持不变)——即它们既不参与前向传播，同时也不影响网络的反向传播计算过程。不过这样的处理过程是暂时性的，下一轮训练时它们就有可能被恢复成原样(取决于概率分布)并再次参与计算过程。

从生物进化的角度来做个类比，Dropout有点儿类似于在进化过程中所遭遇的各种不确定因素。如何有效地应对这些"挫折"，是物种成长道路上必然要面对和解决的问题。

5. 多GPU加速

在AlexNet提出的那几年，GPU的显存大小很少能超过3GB，所以单一GPU的能力已经无法承载深度神经网络庞大的计算能力诉求了。因而它的作者提出了多GPU加速的架构设计。所幸的是，多数GPU都可以在不借助主机内存的情况下，很容易地实现彼此的读写共享。因而AlexNet将训练参数一分为二，保证它们只在某些网络层中才会互相通信，从而有效提升了整体训练效率。

正是得益于上述这些设计点的有效组合，AlexNet在ILSVRC-2010数据集上将top-1错误率从47.1%降低到了37.5%，而top-5错误率更是降至17.0%，并由此揭开了深度神经网络的新篇章。

顺便提一下，ILSVRC 2013比赛的冠军是ZFNet，它其实是一个改良版的AlexNet。它们的主要区别如下。

(1) 第1层卷积层CONV1的卷积核从11×11步进4，改为7×7步进2。

(2) 第3~5层的卷积核数量从384,384及256分别上升到512，1024和512。

(3) 由此带来的改进效果是top-5错误率从AlexNet的16.4%下降到了11.7%。

13.3.3 VGG

2013年和2014年的VGG和GoogLeNet所走的路线简单而言就是"更小，更深"——更小的卷积核尺寸，更深的网络层级。其中，VGG的两个版本，即VGG16和VGG19后面的数字就代表了它们的层级数。VGG和AlexNet的网络层次对比图如图13-11所示。

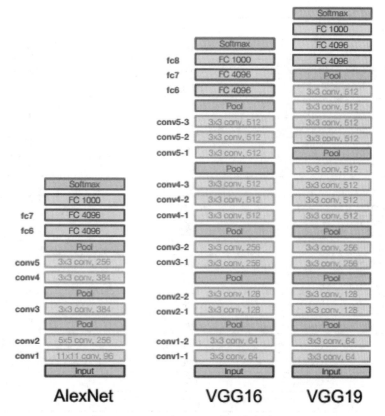

图13-11 VGG和AlexNet的网络层次对比

卷积核尺寸变小为3×3步长1，MAX POOL的尺寸为2×2步进2。通过这些改造，VGG在ImageNet上的表现还是不错的，具体来讲就是top-5错误率从ZFNet的11.7%进一步降低到了7.3%。

读者可能有这样的疑问，卷积核尺寸的降低为什么可以带来准确率的提升呢？

这是因为3个3×3步进1的卷积层的有效感受野和原先1个7×7的卷积层是一样的，但是前者的优势在于：

(1) 网络层级更深。

理论上意味着它的非线性化特性更好。

(2) 所需参数数量更少。

假设每一层的通道数为C，那么有如下的计算过程。

1个7×7卷积核构成的卷积层的参数个数为

$$\text{Count}_{7\times7} = 7\times7\times C\times C$$

而3个具有3×3卷积核的卷积层参数总量为

$$\text{Count}_{3\times3\times3} = 3\times3\times C\times C\times3$$

显然$\text{Count}_{7\times7} > \text{Count}_{3\times3\times3}$。

表13-1给出VGG16各层级的参数数量及内存占用情况，读者可以自己感受一下。

表13-1 VGG16各层级资源占用情况

网络层	内存占用/B	参数数量
INPUT: [224×224×3]	150K	0
CONV3-64: [224×224×64]	3.2M	1728
CONV3-64: [224×224×64]	3.2M	36 864
POOL2: [112×112×64]	800K	0

(续表)

网络层	内存占用/B	参数数量
CONV3-128: [112×112×128]	1.6M	73 728
CONV3-128: [112×112×128]	1.6M	147 456
POOL2: [56×56×128]	400K	0
CONV3-256: [56×56×256]	800K	294 912
CONV3-256: [56×56×256]	800K	589 824
CONV3-256: [56×56×256]	800K	589 824
POOL2: [28×28×256]	200K	0
CONV3-512: [28×28×512]	400K	1 179 648
CONV3-512: [28×28×512]	400K	2 359 296
CONV3-512: [28×28×512]	400K	2 359 296
POOL2: [14×14×512]	100K	0
CONV3-512: [14×14×512]	100K	2 359 296
CONV3-512: [14×14×512]	100K	2 359 296
CONV3-512: [14×14×512]	100K	2 359 296
POOL2: [7×7×512]	25K	0
FC: [1×1×4096]	4096	102 760 448
FC: [1×1×4096]	4096	16 777 216
FC: [1×1×1000]	1000	4 096 000
总计	96M	138M

以第一层CONV3-64为例，输入尺寸为224×224×3，卷积核大小3×3步进1，因而参数数量计算公式为：

$$3×3×3×64 = 1728$$

内存占用量为：

$$224×224×64×1B= 3.2MB$$

第二层CONV3-64输入尺寸为224×224×64，卷积核大小同样为3×3步进1，因而参数数量计算公式为：

$$3×3×64×64 = 36 864$$

内存占用量则和第一层情况一样。

从表13-1中可以清晰地看到参数数量使用最多的是几个全连接层，占到了90%的份额。

13.3.4 GoogLeNet

2014年，ILSVRC的冠军GoogLeNet的网络层级进一步加深了，达到了22层。不过它同时也在计算效率上做了新的设计，使得在层级增加的同时反而能更节省资源。值得一提的是，之所以取名为"GoogLeNet"而非"GoogleNet"，据说是对CNN先驱LeNet的致敬。

为了提高深度神经网络的精度，通常的做法是增加网络的深度与宽度。但单纯这么做容易导致如下几个问题。

(1) 参数量大，容易过拟合。

以VGG16为例，我们在13.3.3节看到它的参数量已经达到138M。而且它的层级才16层，可以想象得到如果网络深度进一步加深必将导致参数量的几何级增长。这么庞大的参数集合理论上就容易在训练过程中导致过拟合问题的发生。

(2) 计算量大，效率低。

除了过拟合问题外，大规模网络所需的计算量也是惊人的——对于需要进一步加深的网络框架来说这些都是不可回避的问题。

(3) 梯度消失问题。

梯度消失问题是深层次网络的共性问题，也是阻碍网络层级进一步递增的最顽固的绊脚石之一。

GoogLeNet就是在尝试解决上述这些问题。总结来说，它具有如下特点。

(1) 层级数量为22，高于AlexNet、VGG等网络。

能达到这样的层级，当然需要一些特殊手段，例如，降低梯度消失的方法。

(2) 总共只有500万的参数量。

这样有效应对了以往深度网络参数量太多容易过拟合的问题。

(3) 没有全连接层。

根据13.3.3节的分析，全连接层占到了参数总量的90%以上比例，因而去除FC可以大幅降低参数总量。

(4) 增加了称为"Inception"的模块设计。

这是提升计算效率的关键，详见后续分析。

(5) 通过loss层来缓解梯度消失问题。

针对深层网络出现的梯度消失问题，GoogLeNet通过在不同层级深处增加loss来减少梯度在回传时的下降。

不难发现，GoogLeNet中的核心设计就是Inception Module，因此它也被称为Inception v1/v2/v3/v4(有多个Inception版本)。

因为不论是深度还是宽度的增加，都将导致神经网络参数总量和计算量的几何级暴增，所以一个直观的优化思路就是可以想办法把全连接层或者卷积转换为稀疏连接。但是这么做就需要回答以下两个问题。

问题1：如何设计这种稀疏连接。

问题2：稀疏连接并不能很好地应用硬件资源，即通过并行运算来提升效率。因而需要实现一种可以利用"密集矩阵"高性能的"稀疏矩阵"。

Inception的核心思路，就是用密集成分来近似出最优的局部稀疏结构。

据此，Inception的作者想出的第一个粗浅(Naive)版本的Inception结构如图13-12所示。

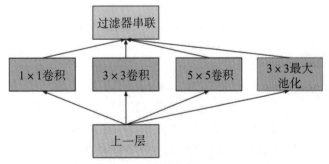

图13-12 粗浅版本的Inception

也就是针对上一层输入的数据，并行采用多种卷积核来执行操作，外加一个3×3的max pooling，然后再把它们串接起来。

那么上述Inception结构有什么潜在问题呢？

不难理解，最大的问题就是计算量太过庞大。可以先假设备操作中涉及的具体值如图13-13所示，然后分别计算出它们的输出尺寸。

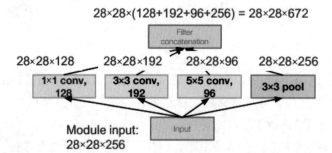

图13-13　粗浅版本的Inception Module的输出尺寸计算(注意：有两个conv使用了padding)

对于最后的滤波器串联(Filter Concatenation)，可以看到它的尺寸就是前续输入(3个conv+1个max pooling)之和。在这种情况下，仅几个卷积层所需的乘法操作次数就达到：

1×1卷积：

$28 \times 28 \times 128 \times 1 \times 1 \times 256 = 25\ 690\ 112$

3×3卷积：

$28 \times 28 \times 192 \times 3 \times 3 \times 256 = 346\ 816\ 512$

5×5卷积：

$28 \times 28 \times 96 \times 5 \times 5 \times 256 = 481\ 689\ 600$

总和为：854 196 224。

这是一个非常庞大的计算量——而且这还只是一个Inception Module。当通过这种基本模块堆叠而成一个深层网络时，可以想象得到所需的计算量将更为可观。

所以一个改进的版本如图13-14所示。

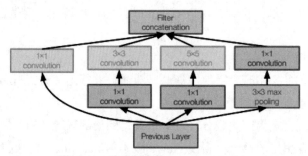

图13-14　改进版本的Inception Module

为什么添加了一些1×1 conv可以减少计算量呢？可以仔细地推算一下。

首先是各操作的输出尺寸大小，如图13-15所示。

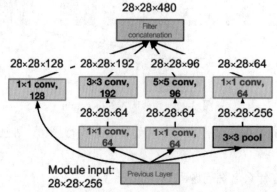

图13-15　改进版的Inception Module的各输出尺寸

然后计算端到端流程中所耗费的总体乘积次数。

1×1卷积：

28×28×64×1×1×256 = 12 845 056

1×1卷积：

28×28×64×1×1×256 = 12 845 056

1×1卷积：

28×28×128×1×1×256 = 25 690 112

3×3卷积：

28×28×192×3×3×64 = 86 704 128

5×5卷积：

28×28×96×5×5×64 = 12 0422 400

1×1卷积：

28×28×64×1×1×256 = 12 845 056

总数为27 1351 808，比前一个版本的计算量明显降低了很多。

再看下由Inception Module组合而成的GoogLeNet的全景图，以及各部分功能的划分情况，如图13-16所示。

13.3.5 ResNet

ResNet代表的是Residual Network，中文名称通常为"残缺网络"。它的作者是目前就职于FAIR的Kaiming He(创造ResNet时在Microsoft Research)。ResNet曾获得2015年ILSVRC和COCO 竞赛中的ImageNet Detection、ImageNet Localization、COCO Detection和COCO Segmentation等多个类目的冠军，其后又在CVPR中斩获最佳论文(Best Paper)荣誉，轰动业界。

那么ResNet为什么能取得这样的成功？

想要回答上述这个问题，就得从ResNet解决了什么核心难题入手。ResNet的论文"Deep Residual Learning for Image Recognition"中对此有一句概述：

"Is learning better networks as easy as stacking more layers?"

的确，虽然学者们都会在神经网络前冠以"Deep"，但事实上深度神经网络在当时普遍只能达到十几层。这其中的核心原因包括但不限于：

(1) 梯度消失和爆炸(Vanishing/Exploding Gradients)：梯度消失和爆炸而导致的训练无法收敛的问题。不可否认的是，人们在ResNet之前已经通过SGD、BD等方式有效地控制住了一部分梯度相关问题。

(2) 精度退化(Accuracy Degradation)：精度退化问题。虽然大家都希望网络层数越多模型性能越好，但"理想很丰满，现实很

图13-16 GoogLeNet全景图

骨感"——根据ResNet的实验数据显示，普通的深度神经网络达到一定的层数后，准确率不但没有上升，反而有下降的趋势，如图13-17所示。

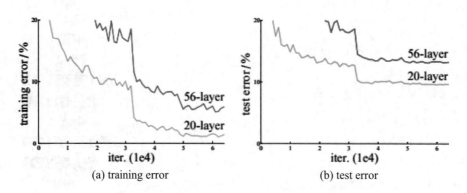

(a) training error (b) test error

图13-17 针对CIFAR-10数据集的20层和56层普通网络

(引用自*Deep Residual Learning for Image Recognition*)

这种情况下的准确率降低并不是过拟合引起的，如果是过拟合的话应该是训练误差(Training Error)低，但测试误差(Test Error)高，合理的解释就是出现了退化问题。有什么解决办法呢？ResNet给出的答案是"Residual Learning"，它是由如图13-18所示的模块组成的。

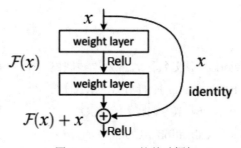

图13-18 ResNet的基础框架

假设需要得到的输出结果是$H(x)$，那么在ResNet的设计中并不直接拟合出这个函数，而是改为下面的实现。

$$H(x) = F(x) + x$$

以图13-18为例：

$H(x) = W_2\sigma(W_1x)$，其中，σ表示的是激活函数ReLU。

而x则通过捷径连接(Shortcut Connection)直连到下面的ReLU。换句话说，真正需要学习的函数是$F(x) = H(x) - x$。大家可能会有疑问，即这样做的意义何在呢？理论上来讲，通过深度神经网络来拟合$F(x)$和$H(x)$的难度应该是一样的。但ReNet的大量实验却推翻了这种假设——$F(x)$比$H(x)$更容易学习得到！它们的对比实验所采用的网络结构如图13-19所示。

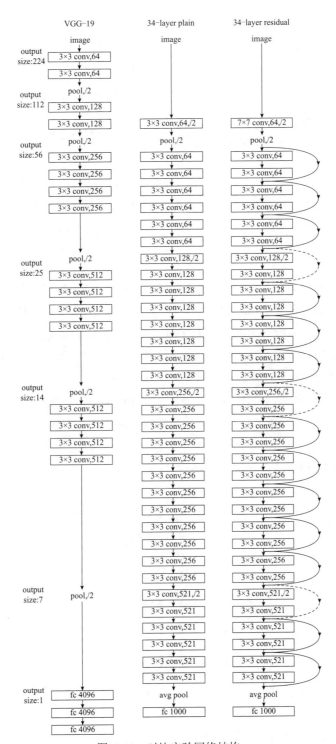

图13-19 对比实验网络结构

左侧是ResNet借鉴的VGG网络，中间是普通的深度神经网络，右侧则是采用了ResNet思路的残缺网络。其中，在ImageNet上的训练结果显示如图13-20所示。

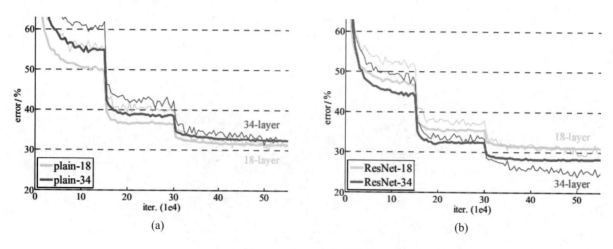

图13-20　ResNet实验数据

图13-20(a)和图13-20(b)分别展示的是18/34层Plain Network和ResNet的错误率。其中，图13-20(a)的第二条线和第三条线分别对应的是plain-34和plain-18，而ResNet的情况则正好相反。换句话说，普通网络的34层错误率要高于18层，而ResNet则可以很好地解决这个问题。

总结来说，ResNet具备如下特性。

(1) 达到前所未有的152层深度。

(2) 利用一个Residual Block来缓解深层网络所引发的梯度消失等问题(打个形象点儿的比喻，有点儿类似于"信号放大器")。每一个Block包含两个3×3的卷积层。

(3) 没有全连接层。

为了提升效率，Residual Block可以采用如图13-21所示形式。

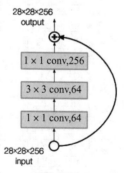

图13-21　Residual Block采用的形式

ResNet推出时所取得的成绩可以说相当惊艳，几乎横扫ILSVRC和COCO两个权威赛场，如下所示。

(1) 取得ImageNet Detection类冠军，优于第2名16%。

(2) 取得ImageNet Localization类冠军，优于第2名27%。

(3) 取得COCO Detection类冠军，优于第2名11%。

(4) 取得COCO Segmentation类冠军，优于第2名12%。

不过在ResNet的论文中，作者倒并没有直接给出它取得上述成绩的完整的理论支撑。在ResNet热潮掀起后，倒是有不少学者尝试研究了隐藏在其中的更深层次的缘由，有兴趣的读者可以自行搜索相关资料来做进一步的学习。

到目前为止，我们沿着ILSVRC竞赛这条主线，系统地学习了近几年来涌现出的多个优秀CNN框架——AlexNet、ZFNet、VGG、GoogLeNet以及ResNet等。值得一提的是，目前学术界已经有不少针对这些框架进行横向对比的论文。如果读者在实际项目中需要对它们做一个取舍的话，可以阅读一下"An Analysis of Deep Neural Network Models for Practical Applications"这篇论文，其中就分析得比较系统。建议重点可以从如下几个维度来考察(图13-22和图13-23引用自上述这篇文章)。

(1) 准确率(Accuracy)。

(2) 性能(Performance)。

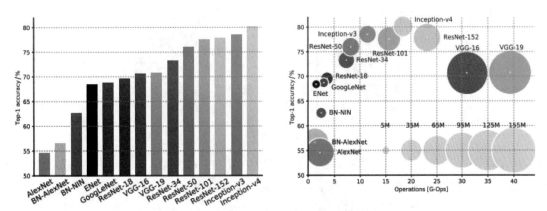

图13-22 各主流CNN框架的准确率和性能对比

右侧横坐标代表了计算量，圆圈大小代表的是内存占用情况。

(3) 应用推理时间(Inference Time)。

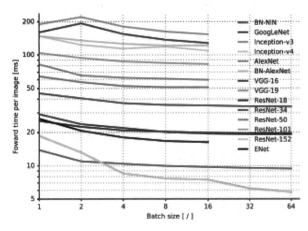

图13-23 各主流CNN框架的应用推理时间对比

当然，也可以根据项目的实际诉求来做更有针对性的横向对比，以选出最佳的CNN框架。

13.4 CNN的典型特性

除了前面所阐述的典型特征以外，还应该关心卷积神经网络的如下特征，以保证模型的鲁棒性。

(1) 位移不变性。

(2) 尺寸不变性。

(3) 旋转不变性。

13.4.1 CNN位移不变性

位移不变性很好理解，它指的是无论物体在图像中的什么位置，卷积神经网络的识别结果都应该是一样的。

例如，如图13-24所示这两幅输入图像中的猫。

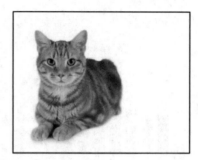

图13-24 位移不变性

图13-24左侧中的猫在图像中的位置偏右，而右侧中的猫在图像中的位置偏左——如果物体在图像中所处的位置，对于模型的预测结果不会产生任何影响，那么就可以说它具备了位移不变性。

那么神经网络是否具备这一关键的特性呢？

先来分析一下一个普通的神经网络中的情况，如图13-25所示。

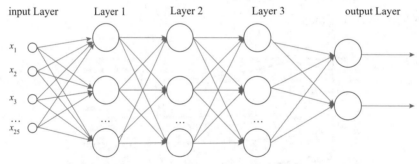

图13-25 一个全连接神经网络范例——SimpleNet1

在如图13-25所示的神经网络中，输入层有25个节点，拥有若干中间隐藏层，且各层之间都采用全连接的方式来组建，最终输出层的节点数量则是两个。

假设需要训练上述模型来识别一个十字的形状，如图13-26所示是它的训练数据集中几个元素的直观展示。

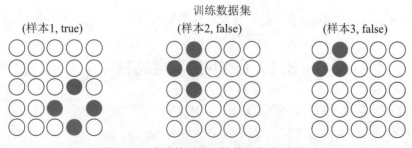

图13-26 全连接网络训练数据集直观展示

那么基于SimpleNet1，结合这一数据集训练出来的网络，事实上只学习到了第一排第二个，第二排前三个以及第三排第二个节点的权重。换句话说，如果在测试时抛出有异于样本1所在位置的任何一个十字形状，它都将无法预测准确，如图13-27所示。

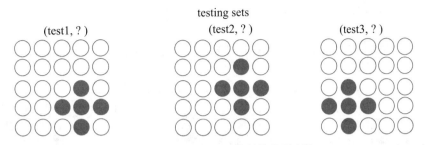

图13-27 SimpleNet1不具备位移不变性

有什么解决的办法呢？

其中一种潜在的解决方案就是增加训练数据集——因为理论上只要神经网络模型学习到了各种可能出现的情况，那么就不容易犯错误了。不过显然这是相对低效的一种做法，而且也不可能穷举所有情况。

再换个角度来思考上述问题。实际上，问题的焦点就在于：有没有办法将SimpleNet1在某个位置学习到的特征也可以被应用到图像的其他位置呢？

聪明的你肯定已经猜到了——这其实就是卷积神经网络的做法了。因为CNN就是利用一个kernel在整幅图像上不断步进来完成卷积操作的，而且在这个过程中kernel的参数是共享的。换句话说，它其实就是拿了同一张"通缉令"在"全国范围"内查找"嫌疑犯"，这样一来理论上就具备位移不变性了(当然，受限于步进跨度、卷积核大小等因素的影响，某些条件下CNN也可能会存在"漏"的情况)。

值得一提的是，目前的卷积神经网络似乎还没有"空间整体"的概念(注意，这并不是绝对的，因为CNN的特征是具有层级性质的，所以高层特征理论上有可能会带有全局信息，从而在一定程度上保障"空间关系")，这在某些场合下有一定概率会出现问题，如图13-28所示的范例。

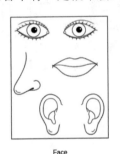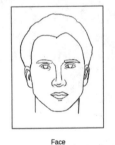

图13-28 CNN缺乏"空间整体"理解

CNN会将上述两个图都判定为脸(Face)——这是因为组成脸的各个部件确实都在图像中出现了，只不过它们的排列是混乱的。但对于人类来说，这样的预测结果显然是比较"滑稽可笑"的，或者说无法接受的。

关于CNN的这个问题，最新的胶囊网络(Capsule Network)据说可以给出有效的解决办法，如图13-29所示。感兴趣的读者可以查找相关资料做进一步的学习。

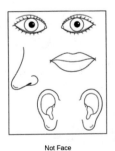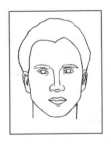

图13-29 胶囊网络的预测结果

13.4.2　CNN尺度不变性

尺度不变性，简单来讲就是指物体在被测试图像中的尺寸大小原则上不会影响模型的预测结果，如图13-30所示。

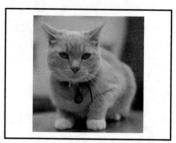

图13-30　物体在图像中的尺寸大小差异

如果模型具备尺度不变性，那么理论上它针对上述3个图像给出的预测结果都应该是cat(假设输出结果不区分具体的猫的品种)。

在机器学习中，尺度不变性是不少算法模型想要解决的问题。例如，前面章节中重点讲解过的SIFT的全称是Scale-Invariant Feature Transform(尺度不变特征转换)，其中的尺度不变就是它的一个最重要的特征，如图13-31所示。

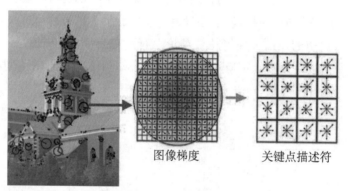

图13-31　SIFT算法

那么CNN是否也具备这个特性呢？

理论上来说，单一层级的卷积神经网络并不具备尺度不变性。举个例子来说，对于同一种形状特征(例如弧线)，特征尺寸和可以检测它的卷积核的大小理论上是成正比的，如图13-32所示。

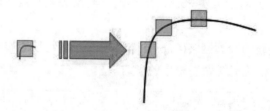

图13-32　特征尺寸不同时的直观表现

反观卷积神经网络，它的核尺寸(Kernel Size)作为超参数是固定大小的，并不会动态调节(即便可以动态调节也没有意义，因为我们不知道目标尺寸究竟有多大)。

不过这并不代表CNN不能够应对尺度的变化。

这是因为大尺寸的特征是可以由若干小尺寸的特征"拼起来"的，如图13-33所示。

图13-33　不同尺度特征的"拼凑"关系

例如，在如图13-33所示的范例中，十字特征的尺度是3×3大小，而卷积核只有2×2。虽然理论上卷积核的尺寸并不能一次性匹配十字特征，但通过卷积核1、2、3……小尺寸的"拼接"，一样可以做到十字特征的准确"匹配"。

根据在前面章节的学习可知，通过小尺寸滤波器(Filter)的堆叠来达到同样的效果，实际上比直接用大尺寸滤波器更节省参数数量，所以可以看到现在各个主流的神经网络框架中用的滤波器普遍都不大(或者小尺寸滤波器占比高)。当然，这也并不代表大尺寸的滤波器"一无是处"。如果某些情况下大尺寸的filter刚好可以匹配到特征，那么此时它的效率要高于小尺寸的堆叠。正是基于这样的考虑，有些神经网络框架会选择"大小通吃"的策略来选择卷积核，比如著名的初始模块(Inception Model)，如图13-34所示。

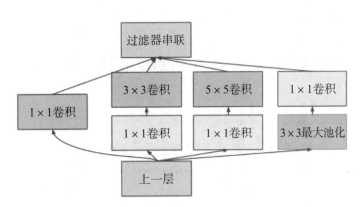

图13-34　初始模块

所以简单来说，卷积神经网络就是通过"大"和"小"卷积核的搭配和层叠，来满足图像识别中的尺度不变性的要求，同时降低参数数量的。

13.4.3　CNN旋转不变性

旋转不变性，简单来讲是指物体的旋转角度不会影响模型的预测结果，如图13-35所示。

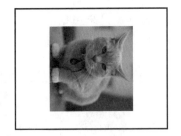

图13-35　旋转不变性图示

思考一下，CNN卷积神经网络是否具备旋转不变性呢？

仔细观察卷积神经网络的各个核心组成元素(即卷积核、池化、全连接等)以及它们的工作原理，可以得出初步的结论——从算法层面来讲，卷积神经网络理论上并不具备旋转不变性，或者说它并没有针对这一特性做什么特殊的设计。

不过从业界的很多实践结果来看，CNN对于不同旋转角度的样本的预测精度并不是没有任何保障，如图13-36所示。

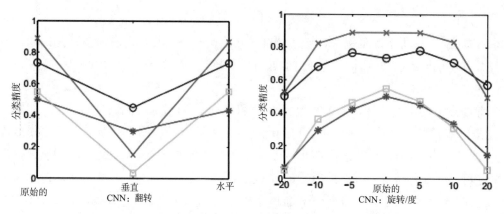

图13-36　在较严苛的情况下，CNN仍然可以应对一些旋转情况

我们认为出现这种结果的主要原因有以下两个。

(1) 池化层的"顺带"作用。

我们知道，max pooling是针对数据在一定范围内取它们的最大值，如图13-37所示的是2×2空间大小的操作范例。

单深度切片

1	1	2	4
5	6	7	8
3	2	1	0
1	2	3	4

带2×2过滤器，步进为2的最大池化 →

6	8
3	4

图13-37　max pooling范例

这种操作过程"顺带"赋予了CNN一个关键能力——物体在旋转一定的小角度后，有某些概率下得到的结果值不会产生变化，从而让它似乎"具备"了旋转不变性。

从上述的描述中也可以看到，CNN的这种旋转不变性其实是"不可靠"的，带有一定的随机性质。

(2) 数据增强起到了作用。

正因为算法层面对于旋转不变性没有特殊的设计，所以在应用卷积神经网络时更要重视这一问题。一种典型的办法就是采用数据增强，以"人为构造数据的方式"提升训练出来的模型在应对"旋转"问题时的鲁棒性，如图13-38所示。

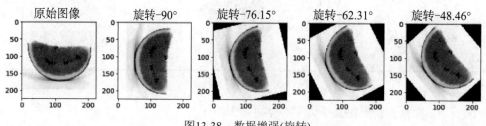

图13-38　数据增强(旋转)

　　数据增强在深度神经网络中的重要性是毋庸置疑的，读者还可以参考本书其他章节来做更完整的学习。

13.4.4　CNN视角不变性

　　视角不变性，简单来讲就是无论从何种角度去观察物体，都不会影响模型的预测结果，如图13-39所示。

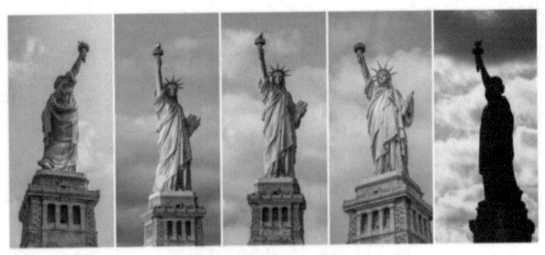

图13-39　"自由女神像"的不同视角

　　以上面的范例来说，不论从哪个视角来观察这几张照片，其实都不会改变它是"自由女神像"这一预测结果——如果模型具备了这一能力，就称之为视角不变性。

　　和前述的旋转不变性类似，CNN本身的"配备"中也并没有针对视角不变性问题给出答案。换句话说，大家在训练CNN模型时采用的数据增强手段，不光要考虑样本的旋转，同时还需给出不同视角的物体描述(如果适用的话)。

　　只有深入理解了CNN所具备的原生特性，才能够真正做到"取其长，补其短"，从而设计并训练出满足要求的高精度模型。

14.1 RNN

RNN是Recurrent Neural Networks的缩写，直译为"循环神经网络"——从它的名字应该不难看出，它与传统神经网络的区别在于"循环"两个字。那么这会带来什么样的变化，或者说"循环"到底可以发挥什么样的关键作用呢？

如图14-1所示的是一些序列数据(Sequence Data)范例(引用自AndrewNg)，从中可以看到输入x和输出y的多种可能性：它们可能都是数据序列，也可能只有其中一个是数据序列。而且输入x和输出y两个序列的长度既可能相等，也可能不等。

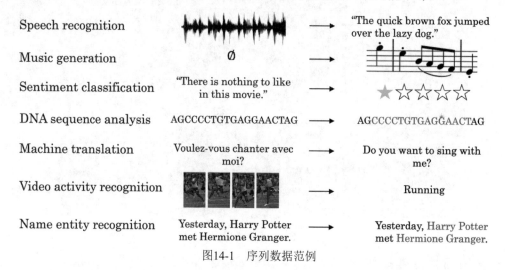

图14-1　序列数据范例

再来一个类比，可能大家就会比较清楚了。在传统的神经网络中，当前的状态输出并不会影响到后续的状态。这就有点儿类似于人们常说的"鱼只有7秒记忆"，所以对于它们来说就没有传承和积累知识的能力了——好在这种情况对于人类而言并不多见(除非是"失忆")，因而我们才能不断地"站在巨人的肩膀上，永攀高峰"。

那么如何才能让神经网络摆脱"鱼"的困境呢？

简单而言，RNN就是为了克服这个缺陷而诞生的。它的基础组成元素参见图14-2。

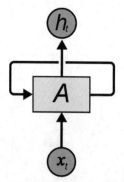

图14-2　RNN的基本组成元素

在上述示意图中，x_t代表的是输入元素，h则是输出。可以看到RNN的设计中，输出值h_t同时还会作为下一次的输入值。为了便于理解，再把图14-2拆解开来(引用自机器学习研究员Christopher Olah的分享)，如图14-3所示。

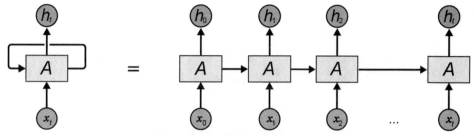

图14-3 RNN基础元素的拆解表示

这样一来，前续的状态会进一步影响到后面的状态，从而在某种程度上实现了"记忆"。

14.2 RNN的多种形态

前面学习了循环神经网络的基本定义，可以看到其中的关键点就体现在它的名字"循环"中——神经网络的各个环节并不是孤立的，它们通过一定程度上的"循环"来让模型具备"全局思考"和"记忆"的能力。

在具体表现形态上，可以把RNN划分为以下4种。

● 一对一模型(One-to-One Model)。

● 一对多模型(One-to-Many Model)。

● 多对一模型(Many-to-One Model)。

● 多对多模型(Many-to-Many Model)。

不同形态的RNN所适用的业务场景也会有所差异，接下来分别进行分析。

1. 一对一模型

这种形态的RNN如图14-4所示。

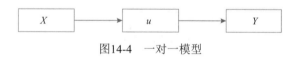

图14-4 一对一模型

一对一模型和全连接神经网络实际上并没有太大区别，所以严格意义上算不上是循环神经网络。

2. 多对一模型

这种类型的RNN以一段数据序列作为输入，而最终的输出则只有一个结果，如图14-5所示。例如，我们想要基于一句话来判断它的情感，那么模型会以组成这句话的词序列作为输入，最终产生的则是某种情感所对应的一个数值。

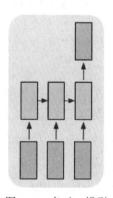

图14-5 多对一模型

3. 一对多模型

与多对一相反，这种类型的RNN的输入只有一个，并且会产生一系列的连续输出，如图14-6所示。例如，在做看图说话(Image Captioning)时，我们的模型输入是一幅图片，输出则是一段描述语句；在音乐自动化生成模型中，我们输入的是某个音乐题材所对应的数值，然后模型则会据此产生符合题材的歌曲音符。

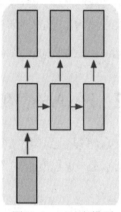

图14-6　一对多模型

4. 多对多模型

这是RNN中较为常见的一个类型。它们以一段数据序列为输入，同时输出的也是一段数据序列——根据前面的讲解，输入的数据序列的长度与输出数据序列的长度既可以是相等的，也可以有所差异，如图14-7所示。

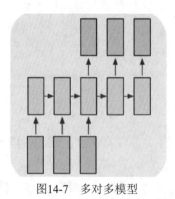

图14-7　多对多模型

14.3　RNN存在的不足

我们知道，新事物的出现和流行往往是"拜"旧事物的不足"所赐"——对于LSTM来说，这个旧事物就是RNN了。

那么RNN有哪些先天不足呢？其中一个为大家所诟病的就是长程依赖关系问题(Long-Term Dependencies Problem)。为了让大家更好地理解这个问题，接下来举一个实际的例子。

假设现在需要利用RNN来建立一个语言模型，它可以基于一句话中的上下文来预测下一个词。

Case1: "The clouds are in the ?" 中的问号部分

在这个Case中，被预测的词的位置与上下文信息离得很近，因而RNN可以比较好地完成任务(图14-8所示示例图引用自Google Mind专家Christopher Olah的分享)。

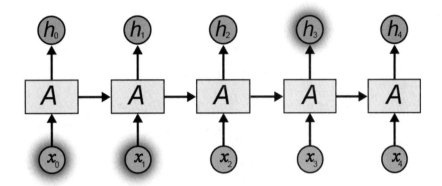

图14-8　Case1示例

Case2："I grew up in France... I speak fluent？"

在这个Case中，从I speak fluent的前述信息可以大致知晓最后一个词很可能是一种语言。但关键的问题在于，用于确定是何种语言的I grew up in France在上下文中距离很远的地方。此时RNN的结构就显得力不从心了，如图14-9所示。

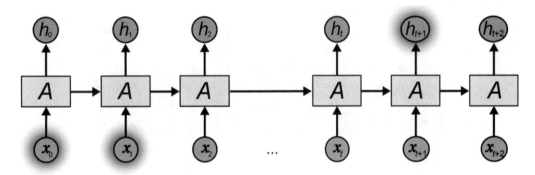

图14-9　Case2示意图

RNN的这个问题在学术上被称为长程依赖关系问题，而LSTM的提出很大程度上就是为了解决这一问题。

14.4　LSTM

LSTM(Long Short-Term Memory，长短期记忆网络)属于一种特殊的递归神经网络。它的最初版本是由Sepp Hochreiter和Jürgen Schmidhuber在1997年提出的，随后在2000年左右通过Felix Gers的团队得到了进一步的改进。

LSTM不仅在多个国际竞赛中取得了优异的成绩，而且已经被包括Google、Apple、Microsoft在内的很多著名公司使用到了商业产品中。例如，Google手机操作系统中的语音识别引擎、智能助手以及Google翻译等程序都使用到了LSTM技术，Apple在其iPhone Siri中应用到了LSTM原理，等等。

14.5　LSTM核心框架

经典的LSTM模型框架如图14-10所示。

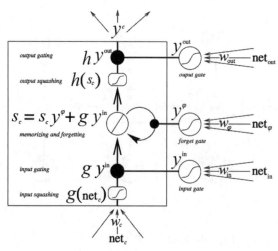

图14-10　LSTM经典框架

　　对于初学者，上述经典框架有可能让人觉得"一头雾水"，所以我们选择另一种更直观的方式来做层进式的讲解。

　　首先来仔细"解剖"一下RNN的结构，如图14-11所示。

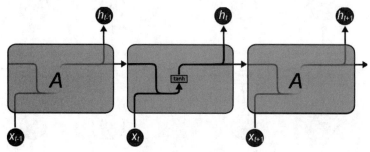

图14-11　RNN组成元素内部"剖析"

可以看到RNN的内部结构通常很简单，例如，只有一个tanh layer。

反观本节的"主角"LSTM，就可以发现其内部"别有洞天"，如图14-12所示。

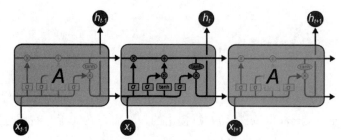

图14-12　LSTM的组成元素"剖析"

在图14-12中，一个LSTM包含很多个"Cell"，图14-13所示为其中一个Cell。

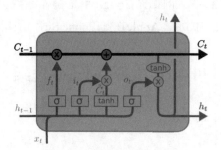

图14-13　LSTM的Cell

每个Cell都有以下两条"主线"。

(1) C线：最上面的C线，可以理解为长期记忆(Long Term Memory)。

(2) h线：下方的h线，可以理解为LSTM中的短期记忆(Short Term Memory)(这或许也是它取名为Long Short-Term Memory的原因了)。

而且不难看出，每个Cell内部还"暗含"3个关键控制元素——或者说"gate(阀门)"(可以结合图14-14来理解为什么是gate)。

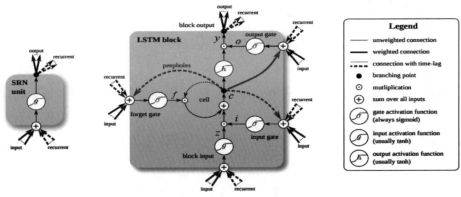

图14-14 Cell中的三种阀门

这三种阀门的类型如下。

● 输入门(Input Gate)。

● 遗忘门(Forget Gate)。

● 输出门(Output Gate)。

这些阀门的"开闭合"状态，也就决定了信息的流向和具体处理方式，从而有效保证"长时"或者"短时"数据都能发挥出它们的独特价值。下面分几个部分逐一对这些阀门进行解释。

14.5.1 遗忘门

我们首先需要了解的是"遗忘门"(Forget Gate)，它的主要职责就是用于决定在这个Cell中有哪些信息是应该被抛弃(遗忘)的。具体而言，遗忘门利用一个Sigmoid函数来计算h_{t-1}和x_t的激活结果(很显然只有0或者1两种可能)。输出的Sigmoid结果会进一步和C_{t-1}做乘法——意味着要么保留这个信息(等于1的时候)，要么就被抛弃掉了(等于0的时候)，如图14-15所示。

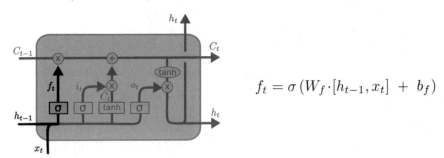

$$f_t = \sigma\left(W_f \cdot [h_{t-1}, x_t] + b_f\right)$$

图14-15 遗忘门示意图

14.5.2 输入门

紧接着数据就"来到"了名为Input Gate的输入门，它的作用在于决定我们需要把哪些信息存储到

Cell状态中，示意图如图14-16所示。

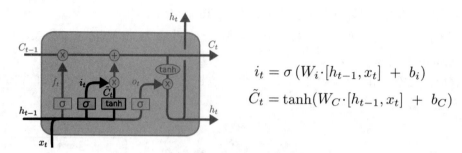

$$i_t = \sigma\left(W_i \cdot [h_{t-1}, x_t] + b_i\right)$$
$$\tilde{C}_t = \tanh(W_C \cdot [h_{t-1}, x_t] + b_C)$$

图14-16　输入门示意图

具体来讲，它由以下两部分组成。

(1) 一个sigmoid层。从图14-16中可以看到，sigmoid层用于控制有哪些值是需要参与到状态的更新的(因为它会与下面的tanh layer输出结果进行乘积操作)。

(2) 一个tanh层。这个层将计算并产生一个向量值，然后它与上述的sigmoid层结果值进行乘积操作，再作为更新值加到C_{t-1}中——换句话说，此时新的Cell状态值C_t就已经产生了，如图14-17所示。

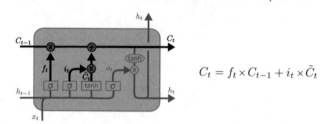

$$C_t = f_t \times C_{t-1} + i_t \times \tilde{C}_t$$

图14-17　Cell新状态的更新过程图解

14.5.3　输出门

最后一个是输出门(Output Gate)，如其名所述，就是用于确定Cell的最终状态输出的，如图14-18所示。

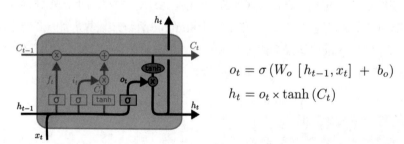

$$o_t = \sigma\left(W_o\left[h_{t-1}, x_t\right] + b_o\right)$$
$$h_t = o_t \times \tanh\left(C_t\right)$$

图14-18　输出门示意图

它由如下几个操作步骤组成。

Step1：一个sigmoid层

又是一个sigmoid层——大家应该已经可以本能地想到，它仍然是用于控制数据的保留与否的，区别则在于"数据"内容的不同。

Step2：一个tanh层

这个tanh层的输入是前面产生的Cell的新状态C_t，这样做的一个目的是将状态值规约在-1～1。然后tanh的结果再与上述sigmoid层输出值进行乘积，得到的就是h_t了(即Short Term Memory)。

图14-19对于整个LSTM的"数据流"过程进行了形象的描述,供读者参考学习(其中,横线表示阀门是关闭状态,中间空的小圆圈代表当前阀门是开启状态)。

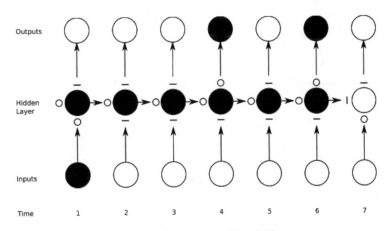

图14-19 LSTM的数据流图

可见LSTM的核心框架用一句话来概括,就是利用3种阀门来对"Long Term Memory"和"Short Term Memory"进行有效控制。

14.6 GRU

我们发现,一种成功的机器学习框架往往衍生出很多"变种框架",如图14-20所示——在多个领域取得惊人成绩的LSTM也不例外。

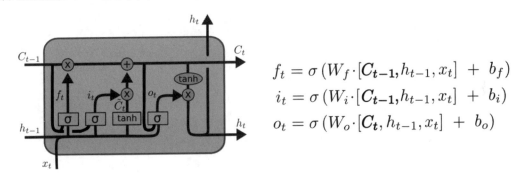

$$f_t = \sigma\left(W_f \cdot [C_{t-1}, h_{t-1}, x_t] + b_f\right)$$
$$i_t = \sigma\left(W_i \cdot [C_{t-1}, h_{t-1}, x_t] + b_i\right)$$
$$o_t = \sigma\left(W_o \cdot [C_t, h_{t-1}, x_t] + b_o\right)$$

图14-20 LSTM的变种框架

如图14-20所示是LSTM的一个经典变种框架,由Gers和Schmidhuber在2000年提出来。它与14.5节讲解的原始版本的区别在于添加了不少窥视孔连接(Peephole Connections),从而让Cell状态更多地参与到了几种阀门的运算过程中。

本节的重点则是近几年(由Cho等人于2014年提前)大热的LSTM变种——GRU (Gated Recurrent Unit)。虽然原始LSTM框架从效果上来讲是比较出色的,但多个阀门的运算却要消耗不少资源,因而GRU的主要改进目标就是如何降低计算量。

具体做法也不是很复杂,主要包含如下几点。

核心改进点1:将遗忘门和输入门进行了"合并",从而产生了被称为"update gate"的新阀门。

核心改进点2:将上面的Cell状态和下面的隐藏状态(hidden state)进行了合并。

GRU的核心框架可以参考图14-21。

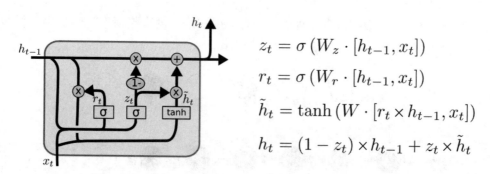

$$z_t = \sigma\left(W_z \cdot [h_{t-1}, x_t]\right)$$

$$r_t = \sigma\left(W_r \cdot [h_{t-1}, x_t]\right)$$

$$\tilde{h}_t = \tanh\left(W \cdot [r_t \times h_{t-1}, x_t]\right)$$

$$h_t = (1 - z_t) \times h_{t-1} + z_t \times \tilde{h}_t$$

图14-21　GRU核心框架

GRU不仅达到了可以和原始LSTM相媲美的效果，而且较大程度地缓解了以前多种层下需要较大运算诉求的问题，因而一经推出就受到了广泛关注。截至本书写作时，GRU仍然是学术界和工业界都最为喜爱的LSTM变种框架之一。

当然，LSTM还有很多其他的变种框架，例如，Kalchbrenner等人于2015年提出的Grid LSTM；Koutnik等人于2014年提出的Clockwork RNN；Yao等人于2015年提出的Depth Gate RNN；等等，限于篇幅本书就不一一介绍了，有兴趣的读者可以自行查阅相关资料做进一步的学习。

15.1 强化学习和MDP

15.1.1 强化学习的基础概念

简单而言,深度强化学习(DRL)是深度学习和强化学习的"融合体"。因而在学习DRL之前,有必要先了解一下强化学习,其多面性如图15-1所示。

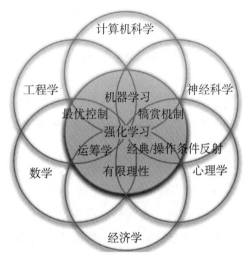

图15-1 强化学习的多面性(David Silver)

强化学习虽然已经有几十年的历史,但它在最近几年突然火起来则要归功于DeepMind。这家建立于英国的小公司从2013年开始就不断地实现着各种突破——从Atari游戏打败人类,并将成果发表于*Nature*上;再到开发出AlphaGO系列围棋智能程序,一次次挑战人类智慧巅峰,这些爆炸性的消息一遍遍地刷新着每天的热点榜单,也直接带火了深度强化学习(以及强化学习)。关于AlphaGO的内部实现原理,本书后续章节会有详细解析。

强化学习和有监督学习/无监督学习类似,是机器学习的一种类型。与后两者的不同之处在于,它强调的是从环境的交互中来寻求最优解,如图15-2所示。

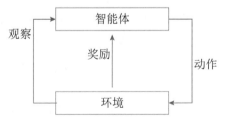

图15-2 强化学习的基本概念

在强化学习过程中,智能体(Agent)从环境(Environment)中观察到状态变化,并根据当前情况做出相应的动作(Action);环境则针对智能体的动作所产生的效果来判断是否应该给予智能体一定的奖励(Reward)——例如,在Flappy Bird中一旦小鸟成功穿越了一根柱子,则分数值会加1。

强化学习和人类的学习过程也很类似。举个例子来说,我们在刚开始学习骑自行车时,不可避免地会不断地摔倒,或者车身不稳(此时Reward为负);过了一段时间,可以向前成功地骑一会儿(相当于Reward为正)；再到最后技艺越来越纯熟，就基本上不会摔倒了。从强化学习的角度来讲，我们的训练目的就是让长期的Reward值最高。换句话说，就是要尽量地控制不摔倒，且能顺利稳定地往前行进。

15.1.2 MDP

马尔可夫决策过程(Markov Decision Process，MDP)，简单来说是针对随机动态系统最优决策过程的一种建模方式。它的起源可以追溯到20世纪50年代R.Bellman在*Journal of Mathematics and Mechanics*上发表的"A Markovian Decision Process"，以及Ronald A.在20世纪60年代出版的*Dynamic Programming and Markov Processes*一书。随后MDP逐渐在多个学科方向上获得了长足发展(特别是机器人、自动化控制等需要工业应用和理论知识相结合的研究领域)。

值得一提的是，马尔可夫决策过程和马尔可夫性质(Markov Property)以及马尔可夫链(Markov Chains，MC)是有区别的——这同时也是很多人工智能初学者容易混淆的几个概念。首先，Markov一词来源于一位著名的俄罗斯数学家"Andrey (Andrei) Andreyevich Markov"，以纪念他在"随机过程"领域所做出的贡献。另外，他的弟弟Vladimir Andreevich Markov和他的儿子小马尔可夫也是有名的数学家，有兴趣的读者可以自行查阅相关资料。

马尔可夫性质是概率论中的一个概念，指的是如果一个随机过程满足"其未来状态的条件概率分布(Conditional Probability Distribution)只依赖于当前状态"的条件，那么就可以称之为具备了马尔可夫性质的马尔可夫过程(Markov Process)。

对于马尔可夫链，通常的理解就是状态或者时间空间离散的一种马尔可夫过程。因而在面对不同的问题时，需要依据它们的具体属性来选择合适的模型加以分析，这样才能保证最终结果的准确性。

马尔可夫决策过程是上述马尔可夫链的扩展。如果每个状态只有一种可选动作(Action)，并且所有的"奖赏"(Reward)都是一样的，那么MDP就等同于MC了。

接下来再从数学表达方式的角度来进一步了解MDP。

MDP通常利用一个五元组来表示，即(S, A, P, R, γ)，其中：

- S代表一个有限的状态集合。
- A代表一个有限的动作集合。
- $P_a(s, s')$是指在状态s下采取动作a迁移到状态s'的概率大小。
- $R_a(s, s')$是指在状态s下采取动作a迁移到状态s'所获得的立即奖励(Immediate Reward)。
- $\gamma[0, 1]$是一个折扣因子(Discount Factor)，它的作用是让我们可以综合考虑长期奖励(Future Reward)和当前奖励(Present Reward)的重要性。后续还会结合具体例子做详细讲解，现在只要记住它的概念就可以了。

图15-3是一个简单的MDP范例，它包含两个状态(圆形)和两个可选动作(椭圆形)。

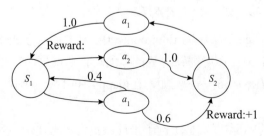

图15-3　MDP范例

MDP所要解决的核心问题，就是在状态s时如何做出最佳的决策，表示为Π(s)。那么什么样的决策是最佳的呢？如果单纯只是考虑让当前的Reward值最大化显然是不够的，这就好比在下棋时，更需要的是取得全局性最终的胜利，而不是贪图在中间过程中去计较小得小失。

总的来说，一方面马尔可夫决策过程是强化学习的理论基础；另一方面后者又是MDP的继承和发展，或者说合理应用强化学习是MDP问题的有效解决方案。因为它们之间联系密切，所以理解MDP对于我们学习后者是大有裨益的。

15.1.3 强化学习的核心三要素

强化学习(RL)中有三个核心要素，即策略(Policy)、价值(Value)和模型(Model)。

1. RL的核心三要素之一：Policy

大家知道，当Agent在面对一个状态(State)时，它需要给出相应的动作(Action)，对此我们称之为策略。数学公式表达如下。

如果是随机策略(Stochastic Policy)：

$$\pi(a|s) = P[A_t = a|S_t = s]$$

如果是确定性策略(Deterministic Policy)：

$$a = \pi(s)$$

其中，π代表的是Policy，而P代表的是概率分布。换句话说，增强学习中的策略有两种类型。一种是以条件概率的形式给出来的。比如在前面MDP的范例中，S_1状态下采取a_1的概率是0.6，而采取a_2的概率是0.4。之所以这么设计，是因为强化学习需要引入一定的随机性来做探索，以期可以找到更优的策略(想象一下玩老虎机的场景，我们希望从中找出规律以期获取最大收益。如果每次都选已经探索过的当前最佳动作来操作，而不尝试新的动作，那么就有可能错失赢得更多奖赏的可能性——这就是著名的探索(Exploitation)和开发(Exploration)问题，建议读者可以自行查阅相关资料了解详情)。

另一类就是确定性策略。这种情况可以看作随机策略的一个特例，也就是说某个动作的概率达到了1。

2. RL的核心三要素之二：Value

1) 状态-值函数

前面提到强化学习希望得到的是全局性的最佳收益，而不是使立即奖赏最大化。事实上，符合这个条件的全局收益有很多种方案，而其中应用较为广泛的一种是让奖赏的累加值达到最大，表达式为

$$G_t = \sum_{t=0}^{\infty} \gamma^t R_{at}\left(S_t, S_{t+1}\right)$$

也就是计算$s_1 \to s_2 \to s_3 \cdots$所产生的Reward累加值，同时考虑折损因子。

读者可能会有疑问——既然Policy是概率分布的(意味着在状态s时所采取的动作和后续经历的状态都不是固定的)，那么前面的G_t不就是一个不确定的值吗？说的没错。所以说不能直接用G_t来衡量策略下状态的价值，取而代之的是它的期望值。公式如下。

$$v_\pi\left(S\right) = E_\pi\left[\sum_{t=0}^{\infty} \gamma^t R_{at}\left(S_t, S_{t+1}\right)\right]$$

2) 状态-行为值函数

状态-值函数代表的是某个状态的价值，这在很多情况下是有意义的——比如围棋当前的局面赢率有多大，对于棋手来说至关重要。不过还有另外一个值对我们同样重要，那就是状态-行为值函数。

从名称上不难理解，它是指某个状态下采取某种行为的价值。我们在状态S时如何选择最佳的动作？理论上来讲，就是选择状态-行为值最大的一个动作。它的公式如下。

$$Q^\pi(s,a) = E[R|s,a,\pi]$$
$$= \mathbb{E}[r_{t+1} + \gamma r_{t+2} + \gamma^2 r_{t+3} + \cdots | s,a]$$

不难看出，状态-值函数和状态-行为值函数的关系如下。

$$V_\pi(S) = \sum_{a \in A} \pi(a|s) q_\pi(s,a)$$

也可以用图15-4来形象地表示。

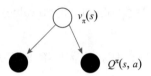

图15-4　状态-值函数和形态-行为值函数的关系

其中，实心圆形表示的是状态-行为值，空心圆形则代表状态-值——简单来说，它就等于所有状态-行为值和它们对应的动作概率分布的累加和。

3. RL的核心三要素之三：Model

强化学习中的模型用于预测环境的下一步变化。具体来讲，P用于预测下一个状态；R用于预测下一个立即奖赏。它们对应的数学表达式如下。

$$p_{ss'}^a = P[S_{t+1} = s'| S_t = s, A_t = a]$$
$$R_s^a = E[R_{t+1} | S_t = s, A_t = a]$$

15.2　MDP问题的解决方案分类

首先，MDP属于序列决策类问题，求解这类问题有多种潜在的方案。我们可以对它们做如图15-5所示分类。

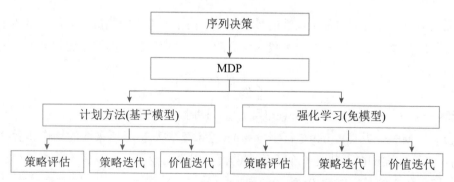

图15-5　MDP问题的求解方法分类

1. 计划方法(Planning Methods)

这类解决方案适用于环境模型已知的情况，这样通过Model就可以逐步完善Policy了，所以又被称为Deliberation、Reasoning、Introspection、Pondering、Thought或者Search等。

2. 强化学习(Reinforcement Learning)

这类解决方案通常应用于问题所处环境(Environment)未知的情况，此时可以利用交互过程来逐步完善Policy。

当然如果从模型的角度来理解，也可以把这些解决方案做如图15-6所示的分类，也就是分为基于模型(Model-Based)、基于价值(Value-Based)、基于策略(Policy-Based)以及Actor Critic (综合考虑Policy和Value)。读者也可以参考Richard S. Sutton在*Reinforcement Learning: An Introduction*一书，其中给出的更详细的分类描述，如图15-7所示。

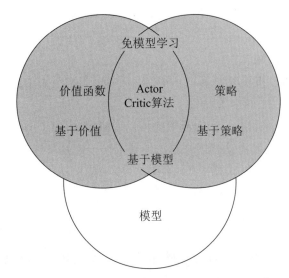

图15-6　MDP的解决方案分类

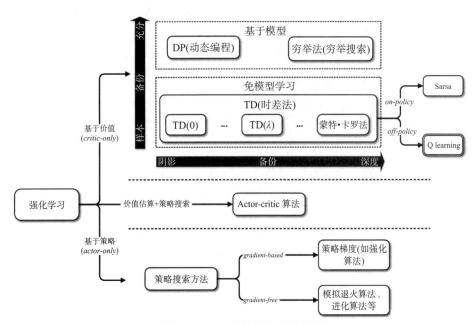

图15-7　MDP详细解决方案分类

接下来的内容中，将具体讲解其中的几种解决方案。

15.3　基于模型的动态规划算法

相信读者在算法和数据结构等课程中学习过动态规划。它不仅被运用于计算机科学，同时在数学、管理科学、金融学等诸多领域也有"用武之地"。Wikipedia上对其特点的定义如下。

"...dynamic programming (also known as dynamic optimization) is a method for solving a complex problem by breaking it down into a collection of simpler subproblems, solving each of those subproblems just once, and storing their solutions."

大意：动态规划(也称为动态优化)是一种解决复杂问题的方法——它将问题分解为一个更简单的子问题集合，只求解一次这些子问题，并存储它们的解决方案。

换句话说，动态规划体现的是"分而治之"的思想。不难理解，能通过动态规划来解决的问题至少需要满足如下两个条件。

(1) 问题可以被分解为子问题。

(2) 子问题的解决方案可以被反复使用。

那么MDP问题是否满足以上两个条件呢？

答案当然是肯定的。对于条件1，Bellman等式可以为MDP问题做分解；而前面所讲述的价值函数则满足条件2，因而MDP问题具备利用动态规划算法的要求——而且可以将DP算法做进一步的细化，分为如下三种。

● 策略评估(Policy Evaluation)。

● 策略迭代(Policy Iteration)。

● 价值迭代(Value Iteration)。

可以试想一下，如果已经获得了最佳策略，那么是不是同时就可以得到最佳价值函数呢？反之亦然——这也是我们可以从不同角度(Policy、Value)来求得最优解的原因。

下面的内容以策略迭代为切入点，来重点讲解一下动态规划算法如何解决有模型的MDP问题。从前面的分析中，我们知道MDP是一个(S, A, P, R, γ)的五元组。在Model-Based场景下，P和R都是已知的。为了更形象地解释策略迭代算法，下面举一个实例来做阐述，如图15-8所示。

图15-8　一个有模型的MDP范例

如图15-8所示的4×4大小的格子空间，除了左上角和右下角的起点和终点外，所有格子都以数字进行编号。这个MDP问题的描述是：如何寻找一条最佳路径，使得从开始到终点所获得的收益最大化呢？

首先来具体分析一下MDP的五元组。

S：总共有16个状态。

A：有4个可选动作，即East、West、North、South。

P：在状态s下，采取某个动作所产生的状态迁移情况是已知的。譬如如果我们在状态5时，执行了East操作，那么下一步就会走到状态6。

R：除了终点状态获得100的收益外，其他状态都是-1。

γ：取值为1。

那么如何获得最佳收益呢？

基于策略迭代的核心处理步骤很简单，如下所示。

Step1：得到一个Policy (初始时可以是随机的)。

Step2：评估在当前Policy下的各状态的值(策略评估)。

Step3：利用Greedy等算法来迫使Policy朝着更好的方向发展(策略改进)。

Step4：回到Step1。

打个通俗的比方——假设我们当前正处于山顶，周围漆黑一片，伸手不见五指，在这种情况下如何才能到达山脚呢？一种潜在的办法就是迈开脚，每次都向下走一步(哪怕是很小的梯度)。借助于这种"愚公移山"般的坚持，就有可能到达山脚(当然，也有一定的可能性是到了山腰的一片平坦地带。这就涉及局部最优解的问题了)。

我们的这个比方其实就是梯度下降算法的精髓，而策略迭代有异曲同工之妙。比如在评估某个策略的效果时，得到如图15-9所示的各状态值。

0.0	-1.7	-2.0	-2.0
-1.7	-2.0	-2.0	-2.0
-2.0	-2.0	-2.0	-1.7
-2.0	-2.0	-1.7	0.0

图15-9　状态值

那么依此策略评估结果，应该如何改进状态1的策略呢？它的几个可选Action(South、West、East)中，对应的Q值分别为-2.0、0.0和-2.0，所以显然West是当前的最佳答案。其他状态的策略改进也是类似的，所以得到的改进后结果如图15-10所示。

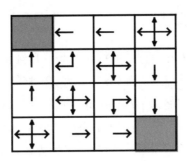

图15-10　改进后结果

如此循环往复，最后就可以获取到最佳的策略了。

图15-11对策略迭代的收敛过程进行了形象化的表示。

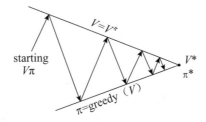

图15-11　策略迭代的收敛过程

15.4 基于无模型的强化学习算法

前面主要基于模型来讲解MDP的解法。但是如果模型一开始就是未知的，那么情况又有何不同呢？

无模型的MDP同样可以用五元组来表示：

$$(S, A, P, R, \gamma)$$

只不过此时五元组中的多个元素，比如P和R都可能是未知的。而这样的情况在现实生活中很常见——比如在玩俄罗斯方块时，下一秒将会出现什么样的形状理论上是不可预期的，而某个操作是否会带来立即奖赏/长期奖赏，在玩游戏前同样不知道。当然，这也是游戏好玩的地方——足够的动态变化性是吸引玩家的基础动力之一。

有什么办法可以破解上述这一难题呢？强化学习就是其中的"一剂良药"。

从前面的讲解中，我们知道强化学习是在与环境交互的过程中不断调整策略的，通过这种交互理论可以逐步探索未知环境的各种状态信息。所以一旦这个问题得到解决，那么无模型的MDP就可以采用和基于模型的MDP类似的解决方案了。

下面仍然以策略迭代方法为例来讲解如何结合强化学习来解决无模型的MDP问题。当然，强化学习也有多种类型，其中使用比较广泛的是：

(1) Monte-Carlo Reinforcement Learning，即蒙特·卡罗强化学习算法(请注意把它与蒙特·卡罗树搜索区分开来)。

(2) Temporal-Difference Learning，即时间差分方法。DQN(Deep Q Network)所基于的Q-Learning就属于这种。

15.4.1 蒙特·卡罗强化学习算法

本节先讲解蒙特·卡罗(Monte Carlo)方法的核心思想，后续将结合DQN来进一步分析Q-Learning。蒙特·卡罗方法在很多领域都有广泛应用，例如经济学、金融学、物理学、空气动力学等，因而可以说是一个相对通用的问题解决方法。它起源于20世纪40年代供职于Los Alamos National Laboratory(就是著名的以原子弹制造为目标的曼哈顿计划的发明地)的Stanislaw Ulam，而后"计算机之父"约翰·冯·诺依曼(John von Neumann)则通过ENIAC来进行蒙特·卡罗方法的计算。鉴于曼哈顿项目是保密项目，Ulam和Neumann和其他人最终选择了摩纳哥赌城"Monte Carlo"来作为它的代号。

在学习蒙特·卡罗方法之前，先来回顾一下策略迭代算法的两个核心。

核心1：策略评估。

核心2：策略改进。

对于策略评估，所需要用到的公式是

$$V_\pi(s) = \sum_{a \in A} \pi(a|s) q_\pi(s, a)$$
$$= \sum_{a \in A} \pi(a|s) \left(R_s^a + \gamma \sum_{s' \in S} P_{ss'}^a v_k(s') \right)$$

与基于模型的MDP不同的是，上述公式中的和都是未知的，这就需要蒙特·卡罗方法来探索得到了。在策略的指导下，我们在一次探索过程中从起始状态S_1到终止状态S_t将经历如下的活动。

$S_1,\ A_1,\ R_2,\ \cdots,\ S_t \sim \pi$

换句话说，每次探索过程都会经历N个状态，在每个状态下都根据策略做出动作，然后获得奖励，如此循环直到状态终止。那么当执行了非常多次的探索后，就可以获得一系列这样的<状态-动作-奖励>序列集合了。

接下来的问题是，如何利用这些探索而来的经验进行策略估算呢？如果我们接受一定的精度损失的话，那么就可以这样来计算：

$$G_t = R_{t+1} + \gamma R_{t+2} + \cdots + \gamma^{T-1} R_T$$

也就是说，通过探索来的经验数据得到一个近似值，而不是像有模型的情况下那样得到完整的期望值。不过，还有一些细节需要考虑，比如在探索实验过程中，显然同一个状态将会被多次访问到，此时又应该如何处理呢？

这里又需要细分为以下两种情况。

情况1：同一个状态在多个探索实验中被访问到。

这种情况下蒙特·卡罗方法采取的处理策略是"经验平均"，也就是对每次探索到的$G(s)$取平均值。

情况2：同一个状态在同一次探索实验中被多次访问到。

此时蒙特·卡罗方法有两个策略，分别如下。

(1) 首次访问策略(First-visit MC Policy)。从字面意思不难理解，就是只取状态S第一次被访问到时的情况为有效数据，公式表达如下。

$$v(S) = \frac{G_{11}(S) + G_{21}(S) + \cdots}{N(S)}$$

(2) 每次访问策略(Every-visit MC Policy)。和"首次访问"策略相对的，就是"每次访问"策略——顾名思义，它是指状态S在一次探索实验中的多次访问都将参与计算，表达式如下。

$$v(S) = \frac{G_{11}(S) + G_{12}(S) + \cdots + G_{21}(S) + \cdots}{N(S)}$$

这样一来就成功地执行了策略评估。

蒙特·卡罗方法的典型算法可以参考下面的伪代码段。

```
为所有的s∈S, a∈A(s)做初始化:
Q(s, a) ←随机分配
π(s) ←随机分配
Returns(s, a) ←空列表
Repeat forever:
(1) 选择S₀∈S 且A₀∈A(S₀)
从S₀, A₀开始一轮episode，策略为π
(2) 对于每一轮episode中的s, a组合:
G← s, a第一次出现后的回报
将G纳入Returns(s, a)的计算中
Q(s, a) ←average(Returns(s, a))
(3) 对于每一轮episode中的s:
π(s)← arg maxa Q(s, a)
```

可以看到，每一轮的起始点是随机选择的，这样做的目的就是保证我们可以探索到更多未知的状

态，以免错过最佳选择。不过我们还有一个担心，就是如果一直采用贪婪算法作为下一轮的策略，那么是否同样会错失获取更好选择的机会？为了解决这个问题，蒙特·卡罗方法中可以引入 $\varepsilon-greedy$ 选择算法，表达式如下。

$$\pi(a|s) \leftarrow \begin{cases} 1-\varepsilon+\varepsilon/|A(s)| & ,a=a^* \\ \varepsilon/|A(s)| & ,a \neq a^* \end{cases}$$

另外，还可以对蒙特·卡罗方法做进一步细分——如果改进策略和评估策略是同一个，那么就是同步策略(On-Policy MC)；否则就是异步策略(Off-Policy MC)。异步策略的好处在于一方面策略改进时的算法是确定性的，而另一方面还能探索更多可能产生更好结果的动作。

例如，图15-12是采用了 $\varepsilon-greedy$ 且策略评估和策略改进相同的同步策略的典型算法实现。

Initialize, for all $s \in \mathcal{S}$, $a \in \mathcal{A}(s)$:
 $Q(s,a) \leftarrow$ arbitrary
 $Returns(s,a) \leftarrow$ empty list
 $\pi \leftarrow$ an arbitrary ε-soft policy

Repeat forever:
 (a) Generate an episode using π
 (b) For each pair s,a appearing in the episode:
  $G \leftarrow$ return following the first occurrence of s,a
  Append G to $Returns(s,a)$
  $Q(s,a) \leftarrow$ average($Returns(s,a)$)
 (c) For each s in the episode:
  $a^* \leftarrow \arg\max_a Q(s,a)$
  For all $a \in \mathcal{A}(s)$:
   $\pi(a|s) \leftarrow \begin{cases} 1-\varepsilon+\varepsilon/|\mathcal{A}(s)| & \text{if } a=a^* \\ \varepsilon/|\mathcal{A}(s)| & \text{if } a \neq a^* \end{cases}$

图15-12　同步策略典型算法

而策略改进和策略评估不同的异步策略的典型算法如图15-13所示。

Initialize, for all $s \in \mathcal{S}$, $a \in \mathcal{A}(s)$:
 $Q(s,a) \leftarrow$ arbitrary
 $N(s,a) \leftarrow 0$　　　　　; Numerator and
 $D(s,a) \leftarrow 0$　　　　　; Denominator of $Q(s,a)$
 $\pi \leftarrow$ an arbitrary deterministic policy

Repeat forever:
 (a) Select a policy μ and use it to generate an episode:
  $S_0, A_0, R_1, \ldots, S_{T-1}, A_{T-1}, R_T, S_T$
 (b) $\tau \leftarrow$ latest time at which $A_\tau \neq \pi(S_\tau)$
 (c) For each pair s,a appearing in the episode at time τ or later:
  $t \leftarrow$ the time of first occurrence of s,a such that $t \geq \tau$
  $W \leftarrow \prod_{k=t+1}^{T-1} \frac{1}{\mu(A_k|S_k)}$
  $N(s,a) \leftarrow N(s,a) + WG_t$
  $D(s,a) \leftarrow D(s,a) + W$
  $Q(s,a) \leftarrow \frac{N(s,a)}{D(s,a)}$
 (d) For each $s \in \mathcal{S}$:
  $\pi(s) \leftarrow \arg\max_a Q(s,a)$

图15-13　异步策略的典型算法

请注意比较图15-12和图15-13中高亮的部分，从算法层面比较一下同步策略和异步策略的本质区别。在异步策略的典型算法实现中，(a)中的策略通常称为行为策略(Behavior Policy)，它可以有很多种选择；而(d)中的策略称为估计策略(Estimation Policy)，在这里采用的仍然是Greedy算法。

最后大家可能还有一个疑问，那就是既然异步策略中改进的策略和评估的策略不是同一个，那么真的可以保证评估的结果还具有同样的参考价值吗？回想一下，我们做策略评估的核心目标就是促使策略朝着更好的方向"演进"(哪怕只是每次"进步一点点")，所以问题就自然而然地转换为"利用异步策略中的策略评估结果，我们还可以让策略在改进时按照既定方向前进吗？"

答案是肯定的。只不过估计策略和行为策略需要满足覆盖性条件，即

对于任何$(a|s)>0$的(s,a)，需要保证$\mu(a|s)>0$也成立。

有兴趣的读者可以自行查阅资料来学习其中的细节，限于篇幅这里就不做深入的推理论证了。

15.4.2　时间差分算法

除了蒙特·卡罗方法外，强化学习中另一个著名的方法就是时间差分(Temporal-Difference，TD)算法。而且学术界普遍认可的观点是，时间差分是强化学习的核心算法，无出其右。那么为什么时间差分有如此大的魅力，它和蒙特·卡罗方法又有什么本质区别呢？

如果要用一句话来概况时间差分的特点，那么就是它结合了蒙特·卡罗方法和动态规划的核心思想。结合体的意义通常在于"取其精华，去其糟粕"——对于后两者来说，精华和糟粕分别如下。

(1) 蒙特·卡罗方法的"精华"。

通过探索逐步揭开"未知的世界"，为无模型的MDP问题提供了可行的强化学习途径。

(2) 蒙特·卡罗方法的"糟粕"。

主要是收敛过程太慢了，而这个问题又很大程度上是因为蒙特·卡罗方法的每轮都是从初始到终止的端到端过程，这样一轮评估过程下来自然就需要很长时间了，如图15-14所示。

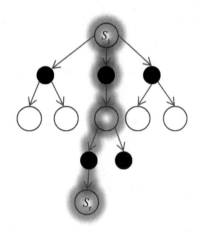

图15-14　蒙特·卡罗方法中的"端到端"探索过程(高亮部分)

(3) 时间差分的"精华"。

通过前面针对DP的学习，不难发现动态规划的一个核心思想是"bootstrap"(自举)，即当前状态值函数的计算实际也运用到了后续状态的值函数，而不是等到最终的结果，如以下表达式所示。

$$v_{\pi}(s) = \mathbb{E}_{\pi}\left[R_{t+1} + \gamma R_{t+2} + \gamma^2 R_{t+3} + \cdots \middle| S_r = s\right]$$

$$= \mathbb{E}_{\pi}\left[R_{t+1} + \gamma v_{\pi}(S_{t+1}) \middle| S_t = s\right]$$

$$= \sum_{a} \pi(a|s) \sum_{s'} p(s'|s,a)[r(s,a,s') + \gamma v_w(s')]$$

(4) 时间差分的"糟粕"。

动态规划是基于模型来解决MDP问题的，因而它不能直接应用于无模型(Model-free)的问题场景。

所以总结来说，就是无模型的MDP问题必须经历探索过程来发现"未知世界"，但又希望每次的探索可以借鉴时间差分的方法来缩短时间，于是时间差分方法就光荣地诞生了。我们在前面蒙特·卡罗方法探索过程示意图的基础上做了些修改，以表现出时间差分方法的差异，如图15-15所示。

和在蒙特·卡罗方法中遇到的情况类似，我们还是需要考虑探索(Exploration)和开采(Exploitation)的问题，因而时间差分方法也分为两种策略：

- SARSA (同步时间差分方法)
- Q-learning (异步时间差分方法)

后面通过两节来分别学习这两个重要的时间差分方法。

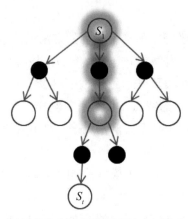

图15-15　时间差分方法的探索过程示意图(高亮部分)

1. 同策略的时间差分方法——SARSA

SARSA是State–Action–Reward–State–Action的缩写，是一个常用的时间差分算法。它的经典算法如图15-16所示。

Initialize $Q(s,a), \forall s \in \mathcal{S}, a \in \mathcal{A}(s)$, arbitrarily, and $Q(\textit{terminal-state}, \cdot) = 0$
Repeat (for each episode):
 Initialize S
 Choose A from S using policy derived from Q (e.g., ε-greedy)
 Repeat (for each step of episode):
  Take action A, observe R, S'
  Choose A' from S' using policy derived from Q (e.g., ε-greedy)
  $Q(S, A) \leftarrow Q(S, A) + \alpha[R + \gamma Q(S', A') - Q(S, A)]$
  $S \leftarrow S'; A \leftarrow A';$
 until S is terminal

图15-16　SARSA经典算法(*An Introduction to RL*)

可以将上述算法与蒙特·卡罗方法做一个横向对比，其中的核心点在于：

(1) 利用两个循环来构成整个算法逻辑。

其中外围的循环和蒙特·卡罗方法是一致的，即不断重复episode直到所有值都收敛；第二个repeat循环是二者的差异点，也是体现时间差分自举的地方。

(2) 每次episode中的每一步都将更新Q函数。

换句话说，我们不再像蒙特·卡罗方法那样需要一直等到终止状态才执行函数更新，而是遵循如下的操作序列。

$(S_t, A_t, R_{t+1}, S_{t+1}, A_{t+1})$

聪明的你应该已经看出来了——上述序列也是SARSA名称的由来。具体来说，就是我们在S_t状态下，采用动作A_t (选取A所使用的策略继承于Q更新)，从而观察到回馈R_{t+1}，并迁移到状态S_{t+1}，最后我们在新状态下以同样策略选取动作A_{t+1}。

在更新状态S_t时，只使用到了它的自身值，以及它的下一个状态S_{t+1}，这样一来自然比蒙特·卡罗方法的更新速度来得快。

2. 异策略的时间差分方法——Q-Learning (DQN的基础)

如果要给强化学习中的知识点排一个优先级顺序的话,那么我们认为,强化学习是解决很多有现实意义的MDP问题的关键,时间差分方法是强化学习中的核心,而Q-Learning则可以说是时间差分方法中的重中之重。另外,后续即将讲解的DQN(著名的AlphaGO就使用到了这个算法)也是基于Q-Learning结合深度神经网络所做的改进,因而我们很有必要认真学习一下这个经典的异步策略时间差分算法。

Q-Learning的作者是Watkins,他于1989年在其博士学位论文"Learning from delayed rewards"中提出了这一经典算法。而近年来将其进一步大放异彩的当属DeepMind公司,特别是当这家公司将Q-Learning与Deep Neural Network相结合,从而创造性地在Atari 2600的多款游戏中打败专业人类选手,并以"Deep Reinforcement Learning"发表于*Nature*后,DQN就像被瞬间引爆了一般,各类改进版本和论文喷涌而出。

先来看下Q-Learning的经典算法实现,如图15-17所示。

Initialize $Q(s,a)$, $\forall s \in \mathcal{S}$, $a \in \mathcal{A}(s)$, arbitrarily, and $Q(terminal\text{-}state, \cdot) = 0$
Repeat (for each episode):
    Initialize S
    Repeat (for each step of episode):
        Choose A from S using policy derived from Q (e.g., ε-greedy)
        Take action A, observe R, S'
        $Q(S,A) \leftarrow Q(S,A) + \alpha[R + \gamma \max_a Q(S',a) - Q(S,A)]$
        $S \leftarrow S'$;
    until S is terminal

图15-17 Q-Learning的经典算法实现

(引用自*An Introduction to RL*)

不难发现,它和前面的SARSA的主要区别在于下面的函数。

$$Q(S,A) \leftarrow Q(S,A) + \alpha\left[R + \gamma \max_a Q(S',a) - Q(S,A)\right]$$

这同时也是它的命名的由来之一。

其中,α代表的是学习速率,γ是折扣因子。在Q函数更新过程中,综合考虑了现有Q值,当前回报R,以及下一个状态中由动作a产生的历史最大的Q值——对应的是上述算法中的$\max_a Q(S',a)$。显然γ越大,那么历史Q值在更新过程中起到的作用权重就越高。

Q-Learning通常采用Q-Table来存储Q值,也就是每个状态下的每一个动作都对应一个表格项,如表15-1所示。

表15-1 Q-Table示例

State＼Action	A_1	A_2	A_3	A_4
S_1	$Q(1,1)$	$Q(1,2)$	$Q(1,3)$	$Q(1,4)$
S_2	$Q(2,1)$	$Q(2,2)$	$Q(2,3)$	$Q(2,4)$
S_3	$Q(3,1)$	$Q(3,2)$	$Q(3,3)$	$Q(3,4)$
S_4	$Q(4,1)$	$Q(4,2)$	$Q(4,3)$	$Q(4,4)$
S_5	$Q(5,1)$	$Q(5,2)$	$Q(5,3)$	$Q(5,4)$

Q-Learning有不少变种版本,包括DeepMind公司的DQN、Double Q-Learning,以及Delayed Q-Learning、Greedy Q-Learning、Speedy Q-Learning等。

15.5 DQN

俗话说"长江后浪推前浪",这个普遍发展规律同样适用于技术领域——而且如果一项技术可以逐渐取代它的"前辈"并获得广泛的应用,那么它很可能解决了后者某些方面的"瓶颈"。根据这个规律,大家可以思考一下DQN在哪些方面超越了其前辈Q-Learning呢?前面讲过,DQN是DeepMind首先提出来的,这家公司在*Nature*上发表的第一篇论文"Human-level control through deep reinforcement learning"就与此有关。

Q-Learning主要存在如下一些缺陷。

(1) 状态数量爆炸导致的问题。

现实生活中的状态并不像走迷宫小游戏那样既是离散的,同时数量又在合理的范围。相反,大部分现实问题的状态几乎是天文数字。我们假设以4幅84×84像素的原始图像作为问题的输入状态,每一个像素有256种可能性,那么就意味着高达$256^{4 \times 84 \times 84}$的状态数量。规模量如此庞大的状态如果用Q-Learning中的Q-Table来表示,显然是不切实际的。因而需要寻找更好的表达方式。

(2) 高维状态如何输出低维动作的问题。

输入状态是高维空间,那么输出结果又是什么情况呢?对于很多MDP问题来说,我们所需要的输出结果是低维的。譬如"Human-level control through deep reinforcement learning"中尝试解决的是去自动化玩Atari游戏,这个问题的期望输出是:针对当前画面状态,给出正确的游戏控制器上的Action(例如左、右、上、下等)。

为了应对Q-Learning的上述缺陷,DeepMind引入了DQN,简单来讲就是利用深度神经网络来解决Q-Learning应用于实际问题场景时的不足。读者可能会想,深度神经网络和Q-Learning结合是一个很自然而然的想法,为什么直到最近几年才由DeepMind把它带火了呢?

的确,很多年前就已经有人尝试过在Q-Learning中引入DNN了。只不过很遗憾,它们并不是做简单的加法就能使用了,这其中还存在很多在DeepMind之前人们一直没有解决的难题——比如神经网络如何通过强化学习来训练,网络参数总是无法收敛,等等。

接下来分别针对DQN的几个主要贡献展开阐述。

(1) 引入CNN卷积神经网络。

DQN是以原始图像作为输入数据的,而图像处理当之无愧的"王者"是CNN,因而这个设计自然是无可厚非的。具体的卷积神经网络结构如图15-18所示。

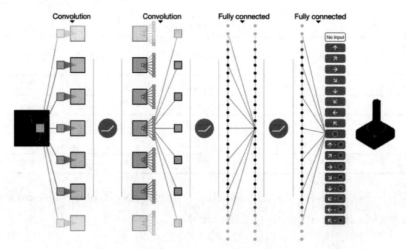

图15-18 DQN中采用的CNN网络结构

(2) 为深度神经网络提供标签数据。

深度神经网络的训练过程，简单而言就是使损失函数达到最小化的问题。这其中的关键，就是需要大量的带标签数据来作为输入，然后再通过反向传播和梯度下降算法来做参数迭代更新。

强化学习显然没有现成的标签数据，我们应该如何破解这个困局呢？

再回过头看一下Q-Learning算法，它在更新Q值时采用的表达式如下。

$$Q(S,A) \leftarrow Q(S,A) + \alpha \left[R + \gamma \max_a Q(S',a) - Q(S,A) \right]$$

Q值的更新是整个算法的关键，那么如果将上述目标Q值设为网络训练标签不就可以了吗？事实证明这样做确实是可行的，同时DQN中采用的相应损失函数是：

$$L_i(\theta_i) = \mathbb{E}_{(s,a,r,s') \sim U(D)} \left[\left(r + \gamma \max_{a'} Q(s',a';\theta_i^-) - Q(s,a;\theta_i) \right)^2 \right]$$

这样一来就成功地将强化学习和神经网络的训练过程结合起来了。

(3) 利用经验回放机制来解决网络无法收敛的难题。

只解决CNN的训练过程还不够，因为研究人员发现还有另外一个致命的问题会影响DQN的最终结果，即网络无法收敛的问题。

值得一提的是，DQN的主创人员之一Demis Hassabis(他同时也是AlphaGO项目的核心人员，以及DeepMind公司的创始人)在多年前就已经在思考这些难题了，而且据称这也是他在博士阶段选取神经科学作为主攻方向的原因——向人类学习智能的产生过程。在研究过程中，他发现海马体(Hippocampus，主要负责记忆的存储、转换和定向等功能)在人体睡眠时会将记忆回放给大脑皮层。受此机制的启发，DQN中引入了经验回放(Experience Replay)的方法来解决网络无法收敛的问题。

我们知道，用于网络训练的数据需要满足独立同分布(Independent and Identically Distributed)的性质，才能更好地减少样本中个例的情形。而通过强化学习得到的数据关联性太强，如果直接通过它们去做训练，势必会引发不稳定问题。DQN采用的经验回放机制原则上就是为了解决数据之间的相关性。其主要的处理过程是将组合$(s_t,a_t,r_{t+1},s_{t+1})$先保存起来，然后再随机从这些保存的数据中采样来进行训练。可以结合后面的DQN算法伪代码来做进一步了解。

(4) 高维状态输入和低维输出的问题。

我们针对Atari游戏问题来想一下，DQN想要表达的函数是什么？

显然图像是输入源之一；另外因为是Q值估计，所以还和动作(Action)有关系，那么如果我们的DQN采用如图15-19所示的网络结构如何？

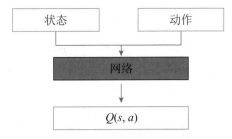

图15-19　DQN的候选网络结构

理论上也是可以的，但这样一来，每个状态的每个动作都需要执行一次前向计算，效率相对较低。因而还可以考虑如图15-20所示的网络结构。

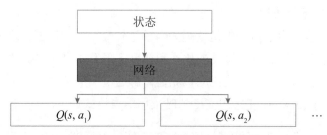

图15-20　DQN的候选网络结构2

这种网络结构可以显著降低计算成本，同时一次状态S输入就可以得到所有动作的Q值，对于Q值的更新也是更方便的。因而DeepMind的DQN中最终采用的是第二种候选网络结构。

这样一来DQN就成功解决了通过深度神经网络来实现Q-Learning的诸多障碍，并且逐步被应用于越来越多的领域。最后，读者可以结合本节所讲解的内容来理解DQN的算法实现，如图15-21所示。

```
Initialize replay memory D to capacity N
Initialize action-value function Q with random weights θ
Initialize target action-value function Q̂ with weights θ⁻ = θ
For episode = 1, M do
    Initialize sequence s₁ = {x₁} and preprocessed sequence φ₁ = φ(s₁)
    For t = 1,T do
        With probability ε select a random action aₜ
        otherwise select aₜ = argmaxₐ Q(φ(sₜ),a; θ)
        Execute action aₜ in emulator and observe reward rₜ and image xₜ₊₁
        Set sₜ₊₁ = sₜ,aₜ,xₜ₊₁ and preprocess φₜ₊₁ = φ(sₜ₊₁)
        Store transition (φₜ,aₜ,rₜ,φₜ₊₁) in D
        Sample random minibatch of transitions (φⱼ,aⱼ,rⱼ,φⱼ₊₁) from D
        Set yⱼ = { rⱼ                          if episode terminates at step j+1
                 { rⱼ + γ maxₐ' Q̂(φⱼ₊₁,a'; θ⁻)    otherwise
        Perform a gradient descent step on (yⱼ − Q(φⱼ,aⱼ; θ))² with respect to the
        network parameters θ
        Every C steps reset Q̂ = Q
    End For
End For
```

图15-21　DQN伪代码实现

15.6　基于策略的强化学习算法

通过前面几节的内容，我们理解了蒙特·卡罗方法、时间差分等强化学习方法。概括来讲，这些算法的核心思想就是利用参数来近似value或者action-value函数，表达式如下。

$$V_\theta(s) \approx V^\pi(s)$$

$$Q_\theta(s,a) \approx Q^\pi(s,a)$$

不过上述方法在强化学习中都属于基于价值的强化学习方法。除此之外，基于策略的强化学习方法(Policy-based Reinforcement Learning)在实践中也有不少应用，因而在本节进行专门的介绍，如图15-22所示。

图15-22　强化学习相关算法

和基于价值的强化学习方法类似,基于策略的强化学习方法也可以定义如下。

利用线性或非线性(如深度神经网络)的手段来表示策略(Policy),并寻找可以最大化学习目标(例如累积回报期望)的参数值。典型的表达方式为

$$\pi_\theta\left(s,a\right) = \mathbb{P}\left[a \mid s, \theta\right]$$

当然,基于策略的强化学习算法既有优点,也有它的不足。这也是技术领域的典型状态和发展历程:新技术解决了旧技术的瓶颈而获得广泛应用;但由于新技术仍然存在与生俱来的缺陷,或者随着需求的改变逐步暴露出其他问题,所以又会有更新的"新技术"取代它。而人类就是在这种"精益求精"以及不断突破自我的精神指引下,才创造了一轮又一轮的"技术浪潮"的。

简单而言,基于策略的强化学习方法的优点如下。

(1) 收敛性更好。

(2) 对具有高维(High-dimensional)或者持续(Continuous)动作空间的问题更有效。

(3) 可以用作随机策略(Stochastic Policies)的学习。

基于策略的强化学习的缺点包括但不限于:

(1) 有较大可能性收敛到局部而非全局最优值。

(2) 策略评估过程效率不高,且方差较大。

前面利用价值函数的更新来为神经网络提供目标值,那么在基于策略的强化学习中,又应该如何做最优化的处理呢?

直接学习策略梯度算法既枯燥又难懂,因而接下来结合一个具体实例来讲解它的基本思想,帮助读者快速入门。

相信大家都玩过打砖块或者类似的游戏,它的规则很简单:屏幕上半部分由很多砖块组成;底端有一块"横板",用于拦截一个飞行的小球(如图15-23所示);这个小球会将其碰到的砖块消除,并由此获得分数;但如果"横板"没有接到小球,那么游戏结束。

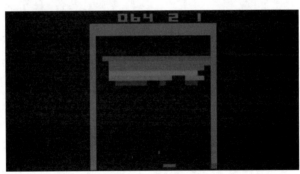

图15-23 打砖块游戏

如果要基于策略梯度来设计这个智能体,我们应该怎么做呢?

我们的智能体是一个策略网络(Policy Network)——它的输入是几帧连续的图像数据,输出是针对当前状态(State)的Action(左移、右移)策略(概率)。这就意味着,对于每个状态只要选择概率最高的动作就可以了。

现在的问题就转换为,如何为上述深度神经网络提供标签数据呢?这里显然不是监督学习,也没有类似于状态和正确动作这样的现成标签数据。不过根据游戏规则,如果某个策略移动横板一段时间后,那么就会有两种可能:分数不断增加(最后通关),或者没有接住小球而游戏结束。显然这两种情况将分别获取到正数的Reward和负数的Reward。那么再仔细想一想,如果采取如下的策略是否可行:如果最后的Reward是正向的,那么与它相关联的所有中间过程动作就是智能体应该"学习"的;反之,

就引导智能体尽量避免去采用负向Reward的所有中间过程动作。

对应到"打砖块"这个游戏来说，如果最后结果是"坏"的，那么探索过程中涉及的N个动作都会被认为"应该尽量避免"；反之也是同样的道理。读者可能会有疑问——即便最终结果是不好的，但中间过程中的所有动作显然不会都是"坏"的。换句话说，这种一棍子打死的策略是不是正确呢？

这样的疑问是不无道理的。但是，只要训练的数量达到一定的量级(通常都是百万以上)，那么从概率的角度来讲上述的假设仍然是成立的。也就是说，它可以引导你的智能体(Agent)朝着"正确"的方向去不断优化。

虽然不一定是最完美的，但策略梯度(Policy Gradient)的核心思想确实如此。

现在我们对策略梯度的核心思想有了一个初步的认识，接下来就可以从理论的层面做深入的了解了。

首先需要解决的是，对于一个$\pi_\theta(s, a)$，如何衡量它的好坏呢？这就涉及策略目标函数的定义了。显然针对不同的问题场景，可能会有不一样的目标函数。总的来说，会有如下几种目标函数类型。

(1) 对于可以产生完整场景的情况，可以使用起始价值(Start Value)，即

$$J_1(\theta) = V^{\pi_\theta}(s_1) = \mathbb{E}_{\pi_\theta}[V_1]$$

也就是在策略下，从某个状态s_1开始直到终止状态所获得的累加奖励值。

(2) 对于连续的场景，可以使用平均值，如

$$J_{avV}(\theta) = \sum_s d^{\pi_\theta}(s) V^{\pi_\theta}(s)$$

其中，av是平均价值(Average Value)的缩写，d是当前策略下各种可能状态的一个概率分布。换句话说，就是根据状态的出现概率，以及该状态持续与环境交互获得的奖励值，来计算出它们的加权和。

或者采取如下的方式：

$$J_{avR}(\theta) = \sum_s d^{\pi_\theta}(s) \sum_a \pi_\theta(s, a) R_s^a$$

又称为每个时间步骤下的平均奖励(Average Reward per Time-step)。

一旦确认了目标函数，那么基于策略强化学习实际上就成为一个数学上的最优化问题——即如何找到一个参数θ，使得$J(\theta)$的值最大化。那么有哪些办法可以实现这个目的呢？

显然有很多潜在的优化算法，包括但不限于：

- 爬山(Hill climbing)算法
- Simplex算法
- amoeba算法
- Nelder Mead算法
- Genetic算法

以及更有效的、梯度相关的算法，比如：

- 梯度下降(Gradient Descent)。
- 共轭梯度(Conjugate Gradient)。
- 拟牛顿法(Quasi-newton)。

其中就包括上面所提到的策略梯度，它可以说是基于策略的强化学习中最常用的实现方法之一。在策略梯度中，假设$J(\theta)$是目标函数，然后通过逐步调整策略的梯度来最大化(注意：这和以前接触的以代价函数(Cost Function)作为目标函数的梯度优化方向不一样，因为它需要实现的是Reward的最大化)$J(\theta)$：

$$\Delta\theta = \alpha\nabla_\theta J(\theta)$$

其中，α是步进参数，而$_\theta J(\theta)$就是策略梯度，即

$$\nabla_\theta J(\theta) = \begin{pmatrix} \dfrac{\partial J(\theta)}{\partial\theta_1} \\ \vdots \\ \dfrac{\partial J(\theta)}{\partial\theta_n} \end{pmatrix}$$

其中，θ_1，θ_2，$\cdots$，θ_n是θ的参数分量。

也就是说，$\Delta\theta$的更新过程是

$$\Delta\theta_{\text{new}} = \Delta\theta_{\text{old}} + \alpha\nabla_\theta J(\theta)$$

可见这和神经网络的梯度下降算法是非常类似的。

策略梯度方法的关键在于$J(\theta)$函数的定义，以及如何计算策略梯度来引导策略向更好的方向进行迭代更新。从这些角度出发，策略梯度又可以分为多种具体类型。所以，接下来分几节针对有限差分策略梯度(Finite Difference Policy Gradient)、蒙特·卡罗策略梯度(Monte-Carlo Policy Gradient)等做详细的分析。

15.6.1　有限差分策略梯度

第一种方法是利用有限差分，即Finite Difference来计算策略梯度。

有限差分的核心设计思想比较简单，即利用如下公式来粗略计算参数θ的每一个分量θ_1，θ_2，$\cdots$，θ_k，$\cdots$，θ_n。

$$\frac{\partial J(\theta)}{\partial\theta_k} \approx \frac{J(\theta + \epsilon\, u_k) - J(\theta)}{\epsilon}$$

其中，k的取值范围是$[1, n]$；u_k是一个单位向量，它在第k维度上取值1，其余都是0，如图15-24所示。

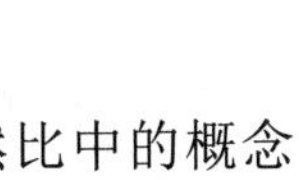

图15-24　u_k单位向量示意图

可以看出，有限差分的优点是足够简单，适用于任意策略，且不要求策略函数可微；其缺点也很突出，即有噪声，并且不够高效。

15.6.2　蒙特·卡罗策略梯度

首先，蒙特·卡罗策略梯度借用了似然比中的概念，对函数$\pi\theta(s, a)$在参数θ处的梯度计算推导如下。

$$\begin{aligned} \nabla_\theta\pi_\theta(s,a) &= \pi_\theta(s,a)\frac{\nabla_\theta\pi_\theta(s,a)}{\pi_\theta(s,a)} \\ &= \pi_\theta(s,a)\nabla_\theta\log\pi_\theta(s,a) \end{aligned}$$

不难看出，上述推导过程中使用到了对数函数的求导关系：

$$\log'(f(x)) = \frac{f'(x)}{f'(\gamma)}$$

具体推导过程可以参见数学基础知识章节。

也就是说，函数在变量θ的梯度，等于该函数的对数与其自身的乘积。

我们把下面的函数称为分数函数(Score Function)：

$$\nabla_\theta \log \pi_\theta(s,a)$$

分数函数有多种类型，比如Softmax Policy、高斯策略(Gaussian Policy)等。

1. Softmax Policy

Softmax是针对离散行为常用的一种策略类型，在深度神经网络中也有广泛的应用。建议读者可以结合神经网络章节来学习。

其Score Function表达式如下。

$$\nabla_\theta \log \pi_\theta(s,a) = \phi(s,a) - \mathbb{E}_{\pi\theta}[\phi(s,\cdot)]$$

2. Gaussian Policy

其分数函数表达式如下。

$$\nabla_\theta \log \pi_\theta(s,a) = \frac{(a - \mu(S))\phi(S)}{\sigma^2}$$

高斯策略通常用于连续的行为空间，比如机器人控制场景。

有了上述这些知识点，接下来需要考虑如何把它们"串起来"以解决基于策略学习的MDP问题了，这就是策略梯度理论(Policy Gradient Theorem)。下面引用David Silver教授对这一理论的阐述。

对于任何可微策略$\pi_\theta(s, a)$,

对于任何策略目标函数J = J1, JavR, or JavV,策略梯度为

$$\nabla_\theta \log \pi_\theta(s,a) = \phi(s,a) - \mathbb{E}_{\pi\theta}[\phi(s,\cdot)]$$

可以看到这条定理同时适用于三种目标函数。

针对不同的MDP场景，探索过程可以采取最合适的方法。比如，对于无模型的情况下，可以尝试蒙特·卡罗策略梯度(Monte Carlo Policy Gradient)。它的算法伪代码如图15-25所示。

```
function REINFORCE
    Initialise θ arbitrarily
    for each episode {s₁, a₁, r₂, ..., s_{T-1}, a_{T-1}, r_T} ~ π_θ do
        for t = 1 to T − 1 do
            θ ← θ + α∇_θ log π_θ(s_t, a_t)v_t
        end for
    end for
    return θ
end function
```

图15-25　蒙特·卡罗策略梯度的算法伪代码

从上述算法中，可以看到它的一个前提条件是可以通过探索获得完整的片段(Episode)。

$$\{s_1, a_1, r_2, \cdots, s_{T-1}, a_{T-1}, r_T\} \sim \pi_\theta$$

然后利用随机梯度上升和前面的策略梯度理论来不断更新参数，最终得到最优的结果。

16.1 MCTS概述

在前面的学习中，我们分析了蒙特·卡罗方法，本章将为读者解开蒙特·卡罗树搜索(Monte Carlo Tree Search，MCTS)的"面纱"。虽然它们的名字很接近，但这两者却有着本质区别。

先简单回顾一下蒙特·卡罗方法，它起源于第二次世界大战时期的"曼哈顿计划"。一方面出于保密考虑，另一方面蒙特·卡罗方法本身就和随机事件相关联，所以冯·诺依曼等科学家就以世界闻名的摩纳哥赌城为其命名，即Monte Carlo。

蒙特·卡罗方法是一系列方法的统称，其核心思想简单来说就是通过有规律的"实验"来获取随机事件出现的概率，并通过这些数据特征来尝试得到所求问题答案的近似解。这样描述可能有点儿抽象，下面举一个利用蒙特·卡罗方法来求圆周率的经典例子。

圆周率是数学及物理学中的一个数学常数，它等于圆形面积S和半径r平方的比值，即

$S_1 = \pi r^2$

另外，正方形的面积计算公式是边长(假设为$2r$)的平方：

$S_2 = (2r)^2$

那么，如果把圆放在正方形里面，就形成了如图16-1所示的图形。

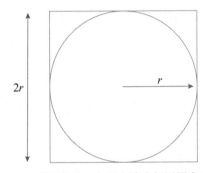

图16-1 利用蒙特·卡罗方法求解圆周率(1)

紧接着在这个图形里随机产生N(通常在10 000以上)个随机数，如图16-2所示。

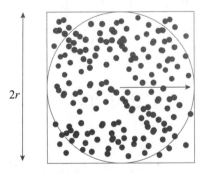

图16-2 利用蒙特·卡罗方法求解圆周率(2)

那么理论上落在圆内的点的数量应该和落在正方形内的点的数量形成如下关系。

$$\frac{圆内点数}{正方形内点数} = \frac{圆面积}{正方形面积}$$

$$= \frac{\pi r^2}{(2r)^2} = \frac{\pi}{4}$$

所以对于求解圆周率的问题，通过蒙特·卡罗方法最终就能从随机实验中找到答案的近似解了(理论上实验次数越多，结果值越接近于真实值)。

蒙特·卡罗树搜索和蒙特·卡罗方法不同，它可以说是帮助机器学习做出最优决策的一种辅助手段。

16.2 MCTS算法核心处理过程

蒙特·卡罗树搜索算法不算太复杂，通常由如下几个核心阶段组成。

1. Selection (选择)

从根节点Root开始，按照一定的策略(参见后续的分析)来选择子节点，直到算法抵达叶子节点Leaf(即之前没有经历过的节点)。

2. Expansion (扩展)

如果上一步中的叶子节点并不是终止状态(例如游戏到此结束)，那么就可以创建一个或者多个新的子节点，并从中选择下一步的节点S。

3. Simulation (模拟)

从上一步中选择的S开始执行模拟输出，直到终止状态(注意，这并不是绝对的。譬如AlphaGo就采用了Value Network来提前预判出结果，这样一来就不需要走到游戏结束，从而大幅降低了搜索次数)。

4. Backpropagation (反向传播)

利用上一步模拟得到的结果，反向更新当前行动序列中的所有元素。然后重复以上的几个步骤，直至达到终止条件。

蒙特·卡罗树搜索算法的简单示意图如图16-3所示。

图16-3　MCTS算法的核心处理过程

可见MCTS算法本身并不复杂，它结合了对未知事件的探索及优化过程。其中的关键点之一是"如何选择下一步节点"，16.3节将做进一步分析。

16.3 UCB和UCT

在选择下一步节点时，有以下两个因素是需要重点考虑的。

(1) 开采(Exploitation)。如果是为了取得较好的效果，那么采用当前已经探索到的最佳值作为下一步无疑是不错的选择。

(2) 探索(Exploration)。我们面对的是一个未知世界里的问题——这意味着总是选择当前状态下看起来的最佳值作为下一步节点，有可能犯"一叶障目"的错误。或者更直白地说，就是在某些情况下很可能无法得到全局的最优解。

因而对于下一步节点的选择，通常更青睐于上述两者的结合。

上置信区间算法(Upper Confidence Bound1 Applied to Trees，UCT)算法是将它们二者结合的尝试之一，并且在当时很长一段时间都得到了广泛的应用。从名称中不难看出，它是对UCB (Upper Confidence Bound)的扩展。或者更确切地说，是UCB与树搜索的"强强联合"。

UCB1算法是为了解决Multi-armed bandit等类似问题而提出来的，后者又被称为"多臂赌博机"问题，这是一个经典的优化问题。下面摘录Wikipedia对其的描述：

"In probability theory, the multi-armed bandit problem (sometimes called the K- or N-armed bandit problem) is a problem in which a gambler at a row of slot machines (sometimes known as 'one-armed bandits') has to decide which machines to play, how many times to play each machine and in which order to play them."

大意：在概率论中，多臂老虎机问题(有时称为K-或N-臂老虎机问题)是这样一个问题：在一排老虎机(有时称为"一臂老虎机")上的赌徒必须决定玩哪台机器，每台机器玩多少次，以及以怎么样的顺序来玩。

简单而言就是如何优化赌徒(Gambler)的选择，以期达到老虎机奖励的最大化。

UCT针对下一节点的选择借鉴了UCB算法，具体来说就是采用能使如下表达式达到最大值的节点：

$$\frac{w_i}{n_i} + c\sqrt{\frac{\ln N_i}{n_i}}$$

其中：

w_i代表的是在i次操作后候选节点赢的次数。

n_i代表的是候选节点参与模拟的次数。

N_i代表的是父节点模拟次数的总和。

c是一个探索参数，可以根据需要来调整它的具体值。

既然说是开采和探索的结合体，那么当然有必要分析一下它是如何做到二者兼顾的。

(1) UCT中的开采设计。

上述表达式中的第一部分，即w_i/n_i代表了对已经探索过的经验数据的利用——只要赢的次数在总次数中的比率越大，那么最终值也越大。

(2) UCT中的探索设计。

上述表达式的剩余部分则体现了探索的考虑。换句话说，n_i次数与它被选中的机会成反比；同时还可以通过调整c参数来反映出探索的"力度"。这样一来就有效降低了未知的更佳状态被雪藏的风险了。

基于本节的分析，不难发现MCTS的优点如下。

(1) 具备一定的通用性。

MCTS对于特定问题的信息没有很强的依赖性，这意味着它可以在较小的修改范围内就适应其他问题领域。

(2) 非对称性的树增长。

MCTS总是带着"某种策略"来搜寻下一步状态，因而理论上它的树形会朝着更为有利的方向发展，与一些传统算法相比，MCTS在性能和最终结果上有更好的表现。MCTS的非对称性树示例如图16-4所示。

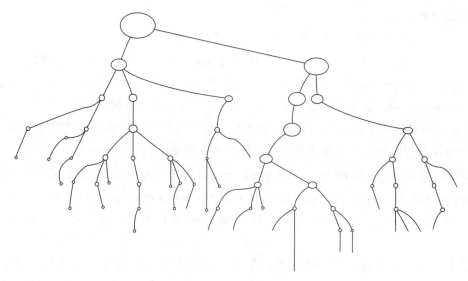

图16-4　MCTS的非对称性树示例

16.4　MCTS实例解析

本章的最后，通过一个范例来让读者更好地理解蒙特·卡罗树搜索，同时也为前述内容做个小结。

这个范例如图16-5所示，每个节点代表一种状态；圆圈中的数字A/B，表示在B次的访问中该节点赢了A次。现在要通过MCTS来进行搜索——根据前面学习到的知识，总共需要经历以下4个步骤。

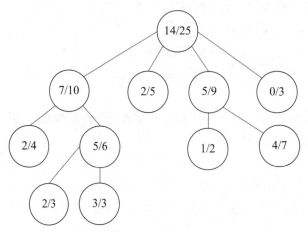

图16-5　MCTS范例

1. 选择(Selection)

从根节点开始，每次选择UCT值最大的节点往下走。例如，根节点下有4种选择，它们的UCT计算过程分别如下(取C为理论值)。

1) 7/10

$$\frac{w_i}{n_i} + C\sqrt{\frac{\ln N_i}{n_i}} = 7/10 + C\sqrt{\frac{\ln 25}{10}} = 0.7 + 0.567C = 1.5$$

2) 2/5

$$\frac{w_i}{n_i} + C\sqrt{\frac{\ln N_i}{n_i}} = 2/5 + C\sqrt{\frac{\ln 25}{5}} = 0.4 + 0.802C = 1.534$$

3) 5/9

$$\frac{w_i}{n_i} + C\sqrt{\frac{\ln N_i}{n_i}} = 5/9 + C\sqrt{\frac{\ln 25}{9}} = 0.556 + 0.598C = 1.402$$

4) 0/3

$$\frac{w_i}{n_i} + C\sqrt{\frac{\ln N_i}{n_i}} = 0/3 + C\sqrt{\frac{\ln 25}{3}} = 0 + 1.04C = 1.47$$

由此可见，当前的最佳选择是2/5节点。

2. 扩展(Expansion)

我们需要重复前一步骤，直到抵达叶子节点，在本例子中就是2/5节点本身。然后开始执行扩展操作，即为其新增一个(或多个)子节点0/0 (图16-6中用虚线区分出来了)。

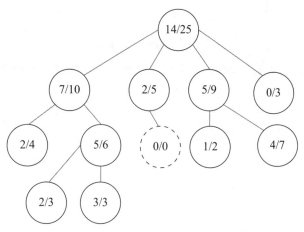

图16-6　扩展环节

3. 模拟(Simulation)

模拟是MCTS中非常重要的一个环节，它沿着扩展节点开始进行模拟，直至可以得出最终结果，如图16-7所示。

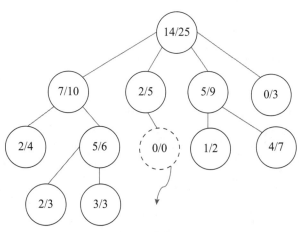

图16-7　模拟环节

值得一提的是，并不是所有问题场景都可以直接进行类似"围棋预测"这样的模拟，此时需要根据具体场景来做些改进工作。

4. 反向传播(Backpropagation)

将模拟的结果反向传播到父节点中。假设前一步骤中得到的结果是输，即扩展节点更新为0/1，那么其链路上的各节点数值更新如图16-8所示。

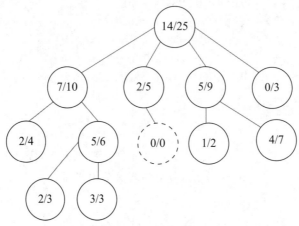

图16-8　反向传播环节

当然，如果是类似围棋这样的博弈场景，那么还需要综合考虑黑棋和白棋两种情况，具体问题具体分析。

机器学习应用实践及相关原理

实践是检验真理的唯一标准。

数据集建设的重要性是毋庸置疑的。它不仅是机器学习过程中资源和时间消耗占比最高的一个环节，而且也是关乎成败的核心因素——不少学者甚至认为一个好的数据集对于最终结果的提升作用已经超过了算法自身的优化。数据集及数据处理在项目中的时间占比参考如图17-1所示。

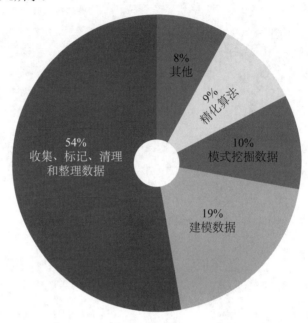

图17-1　数据集及数据处理在项目中的时间占比参考

与其重要性形成鲜明对比的是，数据集建设理论的严重缺失。截至目前，我们还没有看到学术界或者工业界提出机器学习训练数据集的统一建设标准。同样遗憾的是，人们似乎还无法清楚地回答，究竟什么样的数据集才是"最优秀"的；或者为了达到很好的模型效果，哪些方面的数据应该是不可或缺的，具体需要多少数量；我们又应该如何高效地建设一个数据集；等基础问题。

本章内容主要结合工业界在机器学习项目中的实践经验，为读者自建数据集提供一些参考建议。

17.1　数据集建设的核心目标

因为业界还没有严格的数据集建设标准，所以我们主要根据机器学习项目的经验来总结它的核心目标，简单来讲，就是提升训练数据集的质量和数量。

其中有如下几个关注点：

- 数据量(Scale)；
- 数据分布多样性(Diversity)；
- 数据准确性(Accuracy)。

做一个可能不太恰当的比喻，上述三个关注点或许和当今时代的主流择偶标准有类似之处——高(数据量大)、富(数据分布广)、帅(数据准确，质量高)。

1. 数据量

用于机器学习项目的数据量究竟应该有多大？很遗憾，到目前为止还没有人可以给出准确的理论依据和解答。不过，从实践角度来看，在保证数据质量的情况下，数据量大往往可以取得更好的业务效果。

下面通过几个例子来让读者对此有一个感性的认识。

(1) 深度学习理论其实在很多年前就已经出现了，但在当时没有掀起太大的波澜，而在沉寂了若干年后，它突然于2012年左右火爆起来，其中的原因是什么呢？不难发现，除了计算能力的大幅提升外，另一个重要原因就是数据集的建设达到了"质变"。特别是ImageNet提供的千万级别的高质量数据集，让学术界的算法模型(特别是以卷积神经网络为代表的深度学习模型)"打通了任督二脉"，从而爆发出了无穷无尽的力量。算法与数据量的关系如图17-2所示。

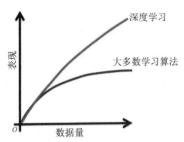

图17-2　算法与数据量的关系

(2) 2018年上半年，Facebook利用Instagram上的几亿级别的用户标注图片，帮助其图像识别等算法精度达到了历史新高度。这足以说明即便是达到亿+级别的超海量数据集，训练数据量的增加对于算法精度的提升仍然有帮助。

另外，不同类型的算法对于数据量的需求显然也有差异。为此，业界著名的scikit-learn还特意给开发人员提供了一份"小抄"，如图17-3所示。

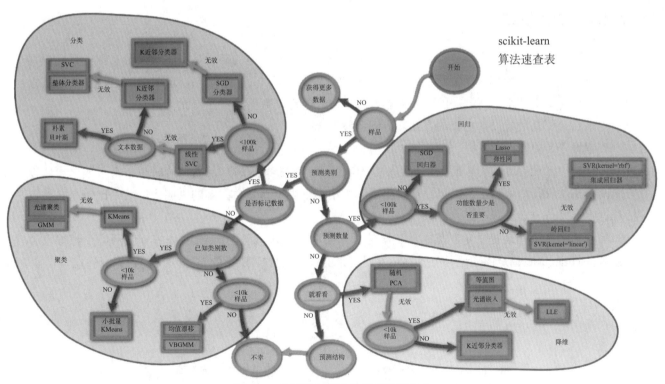

图17-3　数据量和算法类型的匹配关系

2. 数据分布多样性

我们针对训练数据集的采样，理论上要能代表现实中所有数据的分布，这样可以尽可能保证训练出来的模型的泛化能力。举个简单的例子，我们需要训练一个识别人类的模型。那么以下两个数据集哪个更符合要求呢？

数据集1：只提供了黑人的图片，数据量达到100万。

数据集2：数据量同样是100万，但提供了黑种人、白种人、黄种人等各类人种的图片资源。

显然，我们更倾向于后者，因为它的分布更广，更能代表"人类"这个类别的通用特征。反之，如果采用数据集1的话，那么训练出来的算法模型就有可能会错误地"学习"到"黑"这个特征，从而导致过拟合问题。

在数据分布问题上，我们主要关注：

(1) 数据的独立同分布。

(2) 数据的多样性。

3. 数据准确性

数据的准确性包括但不限于：

(1) 数据标签类型的合理性。

(2) 数据标注信息的准确性。

(3) 数据类别的均衡性。

(4) 数据噪声问题。

接下来的几节将围绕上述这些关注点展开讨论。

17.2 数据采集和标注

17.2.1 数据从哪来

毫不夸张地说，在采用同一种算法的情况下，目标识别数据集的建设情况将直接影响图像目标识别结果的好坏。虽然业界和学术界已经有一些现成的图片数据库(ImageNet等)，但遗憾的是，在实际工程项目中往往还是"杯水车薪"。因而如何建设属于自己的定制数据集就显得尤为重要。

本节将介绍几种建设数据集的方法，供读者参考选择。

1. 借助于专业的数据机构

俗语说"术业有专攻"，而且"有需求就有市场"，机器学习领域的繁荣同时也带来了数据集建设方面的商机。仅国内而言，目前已经涌现出了大大小小至少上百家数据集的供应商，其中比较有名的包括数据堂、MagicData等。

另外，很多公司还提供定制化的人工服务，比如百度、阿里巴巴、Amazon等互联网巨头都推出了众包服务 (ImageNet也是依靠这种方式逐步发展起来的)。如图17-4所示的是Alibaba的数据标注服务。

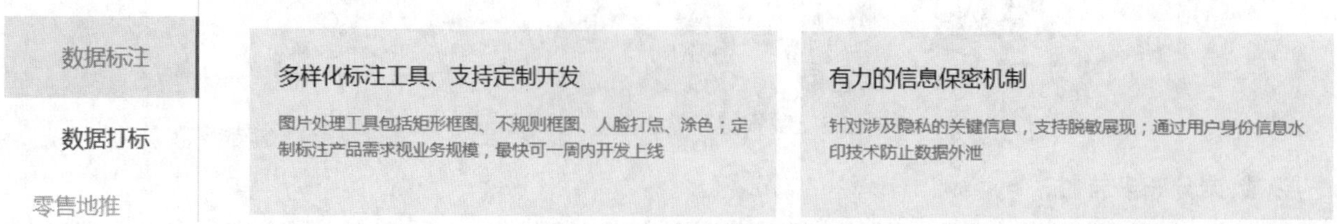

图17-4　Alibaba众包服务

如果有需要的话，建议针对感兴趣的几个平台进行实际试用后，再选择适合自己的数据标注服务提供商。

2. 自己动手，丰衣足食

在实际项目中，能直接找到完全符合要求的数据集的情况并不多；而且因为涉及机密信息、费用、周期等很多可能的因素，数据标注外包也未必是最优的方式——此时可以选择自己动手来建立数据集。

幸运的是，业界也有不少开源的工具来帮助大家提高标注效率，而不是"一切从零开始"。比如labelImg就是在图像标注领域应用很广泛的一款开源小工具，可以参考：

https://github.com/tzutalin/labelImg

它的使用也很简单，通常只需要几步操作就可以完成一张图上的多种类别标注，如图17-5所示。

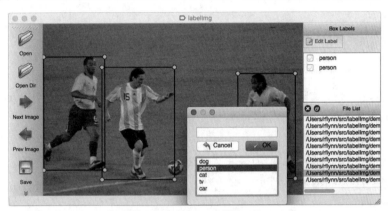

图17-5　labelImg开源工具

在图17-5中，首先通过拖曳鼠标来框选出原始图片中的目标物体。鼠标释放后会自动弹出一个类别提示框，此时既可以直接选择预置的几种类别(可以配置)，也支持输入新的类别。每幅图都可以进行多类别的标注，它们最终会被汇总到一个XML格式的文件中，如图17-6所示。

```
<annotation>
  <folder>Pictures</folder>
  <filename>2018-01-25_205235</filename>
  <path>C:/Users/Administrator/Pictures/2018-01-25_205235.png</path>
  <source>
    <database>Unknown</database>
  </source>
  <size>
    <width>616</width>
    <height>410</height>
    <depth>3</depth>
  </size>
  <segmented>0</segmented>
  <object>
    <name>person</name>
    <pose>Unspecified</pose>
    <truncated>0</truncated>
    <difficult>0</difficult>
    <bndbox>
      <xmin>56</xmin>
      <ymin>110</ymin>
      <xmax>104</xmax>
      <ymax>163</ymax>
```

图17-6　labelImg生成的XML格式文件

用于图像任务的深度神经网络所需的样本规模一般情况下都比较大，所以自建过程通常不是一朝一夕就可以完成的。另外，如此规模的样本集还可能由多人协同完成。这就涉及样本库的版本管理和人员协作的问题。

对于版本管理，可以考虑采用和代码管理类似的方式来完成，比如常用的SVN、Git系统等都可以胜任这一工作。在此基础上，还需要制定一定的规则来保证标注工作可以有条不紊地开展起来。以笔者所在的项目组为例，多人标注可以选择以下两种协同方式。

(1) 流水线的方式。

这是使用比较多的一种协同方式。具体而言，就是标注小组的所有人都要处理全部的样本图片，但每个人只负责其中的一部分类别(比如人、猫、狗等)。实践证明，这种方式不但有助于提高整体标注效率(每个人只需要记住较少的类别，操作相对简单)，而且不容易出错(越简单的事情通常就越不容易出错，特别是当人从早到晚都在重复做一件事情的时候)。缺点也是有的，其中之一就是多人协同就必然存在冲突和需要合并的地方。

(2) "一人包干"的方式。

这种方式也是比较常用的，即每个人独立完成其中一部分图片的所有类别的标注。优缺点和前述方式基本上是反过来的。对于样本类别不多的场景，也可以尝试使用这种不需要解决冲突问题的标注协同手段。

17.2.2 数据分布和多样性

1. 数据的典型概率分布

由前面章节的学习，我们知道离散型随机变量的概率分布可以参考如下的定义：

如果离散型随机变量R的所有可能值是$r_1, r_2, r_3, r_4, \cdots, r_n$，那么

$$P\{R = r_k\} = p_k \, (k = 1, 2, \cdots, n)$$

称为随机变量R的概率分布，有时也简称为分布列或者分布律。

另外，离散型随机变量的概率分布有很多类型，常见的有二项分布、伯努利分布(又名两点分布或0-1分布)、泊松分布等。

为了保持阅读的连贯性，下面再复习一下之前学习的内容。

以两点分布为例，如果随机变量的概率分布满足如下条件：

$$P\{R = k\} = p^k q^{1-k}, k=0, 1 \, (0<p<1, p+q=1)$$

称为两点分布。换句话说，这种情况下实验结果只有两种可能性，比如射击是否上靶，天气预报是否下雨等。

连续型随机变量的情况稍微复杂一些，首先需要了解概率密度函数。它的定义如下：

如果存在某函数$f(x)$，使得随机变量X在任一(a, b)区间的概率可以表示为 $P\{a<X\leq b\} = \int_a^b f(x)\mathrm{d}x$，那么这一随机变量$X$就是连续型的随机变量，且$f(x)$是它的概率密度函数。显然根据场景的不同，$f(x)$也有很多类型，包括但不限于：指数分布、均匀分布、正态分布等。以正态分布(又名高斯分布)为例，它是由德国数学家Moivre在18世纪提出来的，其所对应的概率密度函数为

$$f(x) = \frac{1}{\sqrt{2\pi}\sigma} \exp\left(-\frac{(x-\mu)^2}{2\sigma^2}\right)$$

其中，μ是位置参数，σ为尺度参数。当这两个参数的值分别为0和1时，正态分布也被称为标准的正态分布。

2. IID

IID(Independent Identically Distributed)，即独立同分布理论，最早出现于概率和统计学科，不过它在机器学习、信号处理、数据挖掘等领域中也得到了广泛的应用。

独立同分布简单来讲是指"随机过程中的任何时刻的取值都为随机变量。而如果这些随机变量服从同一分布，并且互相独立，那么它们就服从独立同分布。" IID理论是机器学习可以得到好的学习效果的一个基础保证。

1) 数据独立性

从概率的角度来说，独立性意味着一个事件A的发生并不依赖于另一事件B，也就是说它们同时发生的概率等于两个事件各自发生的概率之积。

$$P(A \times B) = P(A) \times P(B)$$

2) 数据同分布

根据实践经验来看，我们认为"同分布"的概念可以从以下两个角度来理解。

(1) 样本之间符合同种分布。

(2) 样本具备总体代表性。

打个比方来说，假设我们的目标是统计全国人民的身高分布，如果选取的大部分样本来自于"模特圈"，那么显然得出来的身高分布与真实情况有偏差；同理，如果只以小学生作为样本，那么也一样会"有失偏颇"。部分概率分布图示如图17-7所示。

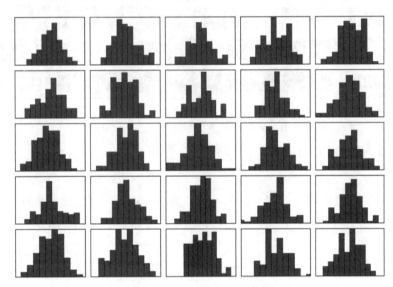

图17-7　部分概率分布图示

独立同分布理论上可以降低样本中个例的情况，使得数据尽可能具备多样性，从而有效提升训练出来的算法模型的泛化能力。

3. 图像数据的多样性衡量

虽然到目前为止，还没有出现可用于计算图像数据多样性的统一公式，不过业界有一些方法大家倒是可以尝试一下。例如，Stanford在构建ImageNet时，就特别关注diversity这个指标。参见"ImageNet: A Large-Scale Hierarchical Image Database"论文中的如下描述：

"ImageNet is constructed with the goal that objects in images should have variable appearances, positions, view points, poses as well as background clutter and occlusions."

大意：构建ImageNet的目的是使图像中的对象具有可变的外观、位置、视点、姿态以及背景杂波和遮挡。

而且ImageNet的作者认为——相比于业界当前各种类别的其他图像数据集，ImageNet的Diversity也是略胜一筹的。

但是如何证明呢？

论文中给出的方法是利用求同一类别下所有图片的平均值，然后再计算结果值大小来衡量。详细描述如下。

"In an attempt to tackle the difficult problem of quantifying image diversity, we compute the average image of each synset and measure lossless JPG file size which reflects the amount of information in an image. Our idea is that a synset containing diverse images will result in a blurrier average image, the extreme being a gray image, whereas a synset with little diversity will result in a more structured, sharper average image. We therefore expect to see a smaller JPG file size of the average image of a more diverse synset."

大意：为了解决图像多样性量化的难题，我们计算了每个synset中的平均图像，并测量了反映图像中信息量的无损JPG文件大小。我们的想法是，包含多样性图像的synset的平均图像将更模糊(极端的是灰色图像)，而缺乏多样性的synset将导致更结构化、更清晰的平均图像。因此，我们期望看到一个更小的JPG文件大小，且平均图像更多样化的synset。

最后的实验结果如图17-8所示。

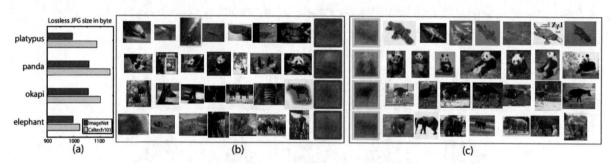

图17-8　ImageNet和其他数据集平台的diversity对比

读者可以结合项目实际情况，判断ImageNet的diversity计算方式是否符合要求。

4. 数据采集规划

在开展数据采集工作之前，建议大家先围绕项目的诉求，做一个完整的采集规划。因为实际执行数据采集的人往往不是算法工程师或者开发人员自己，所以清晰准确的采集需求从全局来看可以极大地缩减项目周期。

同时，提前做好采集规划也可以让算法工程师针对问题本身展开全面思考，从这个角度来看，这样做也是大有裨益的。

下面是数据采集规划应该注意的几点。

(1) 需要什么类型的数据(比如图片，文字等)。

(2) 需要多大的数据量(也可以分期迭代进行)。

(3) 如何采集，除人工外是否可以实现自动化，从而提升效率。

(4) 重点思考如何提升数据多样性的问题。

17.2.3　如何扩大数据量

1. 结合业务特点扩大数据量

结合项目的实际特点，我们有可能在较小的资源投入情况下获得数据集规模的快速增长。例如，前面提到的Facebook在2018年上半年改变了通过人工标注图片来产生训练数据的方式，而利用Instagram用户上传的带标签图片来产生上亿级的有监督学习数据，助力它的图像识别等算法精度提升到了历史新高度。

Google结合验证码业务来辅助构建带标签数据集，也给我们提供了一个很好的范例。它的验证码服务reCAPTCHA的思路最早是由CMU提出来的——通过在验证码中放置还没有被识别出的古籍扫描件、街景图片等数据，从而让人们在完成验证操作的同时，也顺便为机器学习标注工作贡献了一份力量。

reCAPTCHA验证码服务如图17-9所示。

这种"一箭双雕"甚至"一箭多雕"的方法，有的时候可以极大地促进我们的数据集建设效率，因而值得大家去思考如何落地。

图17-9 reCAPTCHA验证码服务

2. 数据增强

如果样本数量太少，那么很可能得不到好的机器学习效果。除了投入大量人力物力增加数据集外，如果数据本身具有一定特点的话，还可以选择"人工制造"出很多样本数据。这种方法在学术上也被称为数据增强(Data Augmentation)，其中一些常用的手段包括但不限于：

(1) 旋转变换(Rotation)。根据一定算法来旋转图像。

(2) 翻转变换(Flip)。沿着水平或者垂直方向翻转原始图像。

(3) 对比度变换(Contrast)。根据需求和一定算法改变原始图像的对比度。

(4) 亮度变换(Lightness)。根据需求和一定算法改变原始图像的亮度。

(5) 饱和度变换(Saturation)。根据需求和一定算法改变原始图像的饱和度。

(6) 缩放变换(Zoom)。按照一定的比例放大或者缩小图像。

(7) 颜色变换(Color)。根据需要改变原始图像各像素的颜色值。

(8) 噪声扰动(Noise)。对图像的每个像素RGB进行随机扰动，比如使用常用的高斯噪声模式。

(9) 平移变换(Shift)。根据需要对原始图像进行一定程度的平移。

(10) 随机裁减(Random Crop)。采用随机图像差值算法对原始图像进行裁剪、缩放等操作，包括但不限于尺寸抖动(Scale Jittering)(VGG及ResNet模型使用)或者尺度和长宽比的增强变换。

另外，开发者还可以根据项目的实际情况来考虑是否需要将多种增强手段组合起来，从而产生更多有效的样本数据。在后续章节中针对数据增强还会有更多阐述，可以结合起来阅读。

17.3 数据分析和处理

17.3.1 数据集分析的典型方法

通过一些典型的分析方法，可以更高效地获取数据集的均衡性、准确性等质量指标，从中找出需要改进的核心点。本节主要以混淆矩阵和数据聚类为例来展开讨论。

1.混淆矩阵

混淆矩阵(Confusion Matrix)有时也被称为误差矩阵,是一种常用的精度评价手段。在机器学习领域,混淆矩阵的n行n列可以用于比较分类结果和实际真值之间的差异,从而直观地展示出不同类别之间的耦合性、总体Precision、Recall等关键指标。

图17-10为混淆矩阵范例。

Actual/ Predicted	Class 1	2	3	4	5	6	7	8	9	10	Total	Recall
Class 1	**9.06**		0.07	0.05	0.01	0.03	0.06	0.59	0.01	0.14	10	90.60
Class 2		**8.20**			0.52	0.04	0.30		0.53	0.42	10	82.00
Class 3	0.03		**9.52**	0.03	0.01	0.02	0.01	0.15	0.02	0.22	10	95.20
Class 4	0.01	0.01	0.01	**9.01**	0.13	0.12	0.52	0.10	0.05	0.06	10	90.10
Class 5		0.48	0.01	0.05	**2.67**	1.87	1.40		2.63	0.90	10	26.70
Class 6		0.11			0.86	**7.75**	0.56		0.10	0.62	10	77.50
Class 7	0.02	0.18		0.32	1.47	1.50	**3.66**	0.11	2.08	0.67	10	36.60
Class 8	0.20		0.05	0.01			0.02	**9.70**		0.03	10	97.00
Class 9		0.39	0.01		1.21	0.11	0.42		**6.84**	1.02	10	68.40
Class 10		0.24	0.13	0.01	0.95	1.01	0.43	0.01	1.85	**5.37**	10	53.70
Total	9.32	9.61	9.80	9.48	7.83	12.45	7.38	10.66	14.11	9.45	100	
Precision	97.21	85.33	97.14	95.04	34.10	62.25	49.59	90.99	48.48	56.83		

图17-10 混淆矩阵范例

上述10×10的矩阵中,最左边一列表示的是真实的类别值,而最上面一行则表示的是模型预测得出的类别值。每一种真实类别都占10%,这样总数就是100%。以被预测为Class1的列为例,9.06表示有9.06%/10%的真实Class1被预测为Class1,也就是True Positive的情况;同理可以得到剩余的0.03、0.01等数字的含义。

根据Precision的定义:

$$Precision = \frac{TP}{TP + FP}$$

可知Class1的预测精度为

$$Precision = \frac{9.06}{9.06 + 0.03 + 0.01 + 0.02 + 0.20}$$

$$= \frac{9.06}{9.32} = 97.21\%$$

再来分析一下横坐标方向的情况。以Class5为例,0.48表示的是真实值为Class5的被测对象中,有0.48%/10%的比例被预测为Class2了;同理也可以得到剩余的0.01、0.05等数值的含义。

那么根据Recall的定义:

$$Recall = \frac{TP}{TP + FN}$$

可以得到Class5的Recall值为

$$Recall = \frac{2.67}{10} = 26.7\%$$

仔细观察混淆矩阵,还可以得到如下结论。

(1) 对角线方向表示的是各类别的TP情况。

也就是矩阵中加粗的部分,这些数值越大越好。

(2) 分析耦合性关系。

比如Class5中，有1.87/10的比例被预测为Class6。那么我们就可以有针对性地分析两者之间是否存在比较大的耦合关系，从而通过有针对地解决问题来提升精度。比如一个比较典型的原因是标注不准确——训练集中原本是Class5的样本被标注为Class6了。

(3) 直观的统计数据。

我们既可以得到各类别的数据，同时还能方便地计算出全局数据。

2. 数据聚类

混淆矩阵是通过模型预测后得到的，而数据聚类则可以在更早的阶段反映出数据集的某些重要属性，如图17-11所示的范例。

在这个范例中，存在Class1和Class2两个类。通过数据聚类方法，可以清楚地看到多个"簇"——它既指明了哪些样本之间具有较高的相似度，同时还给出了不能被归并、"偏离"在外的数据。

对于这些"孤立点"，我们需要进行重点检查。如果确实有异常的话可以将它们剔除出数据集，从而减少数据的噪声。

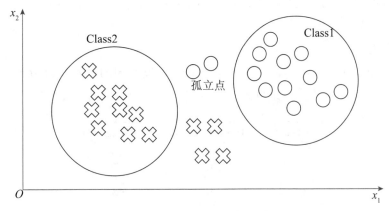

图17-11　数据聚类分析方法

17.3.2　标签类别合理性

从我们的项目实践经验来看，标签类别的合理性有时候可能会较大程度地影响模型的精度，需要特别注意。

下述所列的是针对数据标签类别的一些经验建议，供读者参考。

(1) 标签类别的粒度。

标签类别的粒度需要根据实际情况而定，太大或太小都不合适。举个例子来说，如果把猫和狗直接归为"宠物"类来学习，并不见得会比将它们区分对待的精度来得高，这属于粒度太大的情况；反之，如果非得分清"鼻子有点儿歪的猫"和"眼睛不大的猫"，那么效果恐怕也好不到哪儿去，这就是标签类别粒度太小所引发的麻烦了。

(2) 标签类别的定义不能"随心所欲"。

除了自然界的分类经验外，我们在实际项目中往往还需要基于机器学习的内部原理来给出合理的标签类别定义。机器学习或者说人工智能发展到现在，仍然处于相对"低级"的阶段——这虽然多少会让人觉得很沮丧，但却是事实。因而有的时候还是得"收起内心的高傲"，伸手搀扶着AI技术"往前走两步"，这样一来往往可以较大程度地提升机器学习项目的最终效果。

1. 数据标注准确性

有监督学习需要数据标注，而后者的来源主要有以下几种。

(1) 人工标注产生。

(2) 利用各种自动化手段生成。

(3) 半自动化手段。

无论是哪一种方式，我们都希望数据标注越准确越好。当然，有的时候总会有一些"拦路虎"出现，例如：

(1) 标签有歧义。

(2) 受限于人的知识和经验。

比如世界上猫的种类就有成百上千，我们并不能保证所有人都能标注准确。

(3) 人的主观错误导致。

人非圣贤，孰能无过，更何况我们是凡人。标注人员长时间的工作、精神状态不佳等各种原因，都有可能导致标注错误的问题。

关于标注准确性的问题，ImageNet在其论文"ImageNet: A Large-Scale Hierarchical Image Database"中也有讨论，建议读者阅读了解一下。

2. 数据类别均衡性

业界和学术界普遍认为，数据的不均衡性会给包括精度在内的机器学习指标带来负面的影响。例如，如图17-12所示是一个不均衡数据集范例。

Class	Balanced Data	Imbalanced Data
Class 1	218	218
Class 2	212	50
Class 3	217	217
Class 4	199	199
Total samples	846	684

图17-12　不均衡数据集范例

针对不均衡性数据的研究也有不少，图17-13所示的就是在不同数据集类型下的误差率(Error Rate)收敛情况。

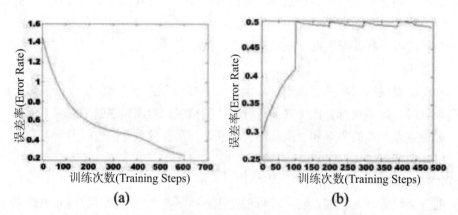

图17-13　不同数据集类型的误差率收敛

其中，图17-13(a)针对的是均衡数据集下，CNN算法的误差率收敛趋势，可以看到它是一个逐步递减的过程；而由图17-13(b)不难看出，类似的CNN算法在遇到不均衡数据时明显显得"力不从心"——

它的误差率一直处于振荡状态，甚至还在不断上升。

针对不均衡数据集，从大的方向上看有以下两种潜在的解决办法。

(1) 改进常规的算法，来适应不均衡问题。

虽然业界对此也有不少研究，但我们并不建议采用这种方式——除非数据集本身的限制导致无法进一步提升，或者某些迫不得已的特殊情况。

(2) 改进数据集，使它满足均衡性要求。

改进数据集或许才是我们应该首要去尝试的方式，而且它还可以尽量避免出现"本末倒置"的情况。

关于均衡性问题业界的讨论比较多，建议读者自行查阅相关资源来做进一步学习，这里不再赘述。

17.3.3 数据清洗

数据清洗是与数据集建设相关的另一个关键环节。虽然因为项目和需求的不同，数据清洗的目标和表现会有所差异，但普遍来讲它们的涉及面都挺广的。

下面列举一些典型的数据清洗目标，大家可以根据项目的实际情况做参考。

- 数据完整性。
- 数据合法性。
- 数据一致性。
- 数据唯一性。
- 数据去除冗余。
- 数据降维度。

通常需要围绕数据清洗的上述各个目标，来有针对性地开展更多的细化工作——因为业界对此已经有过很多讨论，本书就不一一详述了，感兴趣的读者可以自行查询相关资料做进一步学习。另外，它和本书后续章节有很大相关性，建议读者结合起来阅读。

本章将从实践的角度来讨论一下CNN在项目工程中的一些使用技巧(第17章讨论的数据集建设,可以看作CNN模型训练的前置条件),以便帮助读者在工作中更好地掌握这项关键技能。

为了帮助读者更好地理解本章的知识点,接下来的内容将主要以机器学习项目的端到端开发过程为线索来进行分析,如图18-1所示。

图18-1　CNN实践技巧分析线索

本章主要涉及数据预处理、数据增强、CNN框架的几大核心组件和超参数的择优、参数初始化策略分析等重要环节。其中,训练过程可视化是重点讲解的一种技巧。

18.1　数据预处理

我们知道,在深度神经网络获得广泛应用之前,数据预处理和数据特征提取,在机器学习项目中是绝对的"重头戏"(注:当然,传统机器学习方法也有其自身优势,大家应该根据实际项目需求选择最佳的实现方案,而不是一味追求新的技术)。从这个角度上来说,深度神经网络提供的"端到端"的解决方案,确实可以帮助科研人员节约不少时间和精力。

当然,这并不代表基于卷积神经网络来完成计算机图像任务不需要数据预处理。比如下面是CNN中比较常见的几种预处理操作。

- 数据零中心化(zero-centered);
- 数据标准化(normalization);
- 尺寸调整(resize)。

18.1.1　数据零中心化

图18-2(a)是原始数据,图18-2(b)是经过数据的零中心化(zero-centered)操作后的效果——简单来讲就是把数据"挪到了"原点中间,所以被称为零中心化操作。

那么为什么要这么做,它能带来什么好处?

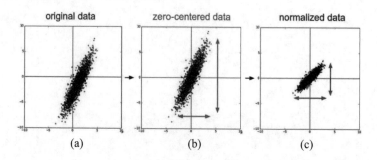

图18-2　典型数据预处理操作的直观展示

(引用自Stanford cs231n)

　　事实证明：这样一个简单的操作，可以有效移除图像中的共同部分，凸显出"真正的目标"部分，从而为深度神经网络的训练效果带来非常明显的提升。而且它和前面讲解的激活函数"均值非零"所带来的问题是比较类似的。为了加深理解，我们再结合数据非零中心化(non zero-centered)这个场景来做一下分析。我们知道，神经元的处理过程可以通过如图18-3所示的简化图来表示。

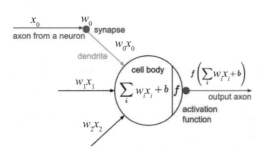

图18-3　神经元的处理过程

　　它接收前面一层的输出x_i，然后乘以权重w_i，最后和偏置(Bias)一起输入激活函数f中产生结果。如果用公式表示的话，就是

$$f\left(\sum_i w_i x_i + b\right)$$

或者

$$f = \sum w^{\mathrm{T}} x + b$$
$$L = \sigma(f)$$

　　其中，w是一个向量，代表的是$(w_1, w_2, \cdots)$。所以在反向传播算法的计算过程中，针对w的梯度计算公式就是

$$\frac{\partial L}{\partial w} = \frac{\partial L}{\partial f}\frac{\partial f}{\partial w}$$
$$= \frac{\partial L}{\partial f} x$$

　　假设输入数据x总是为正值，那么不难得出w向量中的所有元素$(w_1, w_2, \cdots)$一定全部为正或者全部为负；输入数据x如果总是为负值，上述结论也同样成立——换句话说，神经网络在训练过程中会是如图18-4所示的一种低效率的方式(zig zag path)。

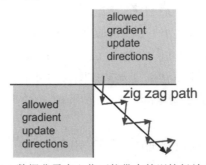

图18-4　数据非零中心化可能带来的训练低效率问题

　　所以和激活函数中的情况类似，我们希望尽量避免上述情况的发生。其中一个比较简单的解决办法就是在数据预处理时执行零中心化操作。如果利用numpy来完成的话，可以参考如下所示的代码行。

```
X -= np.mean(X, axis = 0)
```

特别需要注意的是，数据平均值(mean)的计算过程如下。

Step1：将数据划分为训练(Training)、验证(Validation)和测试(Test)等数据子集。

Step2：接着只计算训练数据集上的mean值，然后针对上述三个子集执行零中心化操作。换句话说，在原始数据集上求平均值的做法是错误的，一定要注意这一点。

18.1.2 数据标准化

数据标准化(Normalization)也是神经网络中一个典型的数据预处理操作。

由前面章节的学习，我们知道数据的标准化(这里使用的是泛指标准化的Normalization)指的是把原始数据按照一定的比例进行缩放，使它们落入一个更小的特定区间范围的过程。标准化有多种实现方法，其中常用的是z-score，表达式为

$$x_{new} = \frac{x - \mu}{\sigma}$$

其中，μ代表的是数据样本的均值，σ则是样本的标准差。采用z-score处理后的数据均值为0且标准差为1。

如果用numpy来实现这一操作的话，参考代码如下。

```
X /= np.std(X, axis = 0)
```

值得一提的是，标准化的典型应用场景是当数据的各个特征具备不同的尺度的时候。如果深度神经网络的输入数据是图像，那么就不一定需要执行标准化——因为图像的RGB值都在0～255范围内，本身就是比较规范的数据。

因而可以根据项目的实际情况，来决定是否需要执行标准化这一操作，以免造成不必要的资源浪费。

18.1.3 尺寸调整

尺寸调整(Resize)也是很多卷积神经网络模型的必备操作。例如，VGG网络就规定了输入是224×224，如果不满足要求的话会直接导致运行时错误。

那么为什么会有这样的限制呢？

我们可以回顾一下之前所讲解的神经网络结构——首先对于卷积层而言，输入图像的尺寸大小可以是任意的。换句话说，一个$M \times N$大小、L步长的卷积核，理论上可以应对任意大小的图像尺寸，它们是解耦的。主要的问题点出在CNN网络的后半部分，比如全连接层。因为全连接层的参数个数与前面层级的输出数据强相关，如果不强制规定输入图像尺寸的话就意味着它的参数数量是一个"变量"，这样理论上就加大了网络的复杂度(当然，业界也有一些其他手段可以解决这一问题，但总的来说各有利弊)。

下面是使用keras来完成图像数据预处理的一个范例代码。

```
img = image.load_img(img_path, target_size=(224, 224))
x = image.img_to_array(img)
x = np.expand_dims(x, axis=0)
x = preprocess_input(x)
```

18.1.4　其他

除了前几节讲解的内容，CNN中还有很多潜在的数据预处理方式可供选择，比如：

- 图像数据二值化/灰度化；
- 数据PCA；
- 数据白化(Whitening)。

如果你的项目模型是以图像作为输入数据，那么根据经验来看通常只要考虑尺寸调整、中心化等基础操作就可以了。不过，针对项目的某些特殊情况采用一些"奇招"，有的时候也能带来比较好的收益。比如某些图像数据背景噪声很大，在有限数量的数据集条件下不利于模型学习到真正的特征，那么结合一些类似二值化/灰度化等图像预处理操作，有可能提升模型的表现，如图18-5所示。

图18-5　灰度化和二值化范例

PCA是主成分分析(Principal Component Analysis)的简称，在前面章节已经做过详细分析，这里不再赘述。另外，它和数据白化一样，在针对图像的深度学习中并不是必需的数据预处理操作。

数据白化的参考代码如下。

```
X -= np.mean(X, axis = 0)
cov = np.dot( X.T, X) / X.shape[0]
U,S,V = np.linalg.svd(cov)
Xrot = np.dot(X, U)
Xrot_reduced = np.dot(X, U[:,:100])
Xwhite = Xrot / np. sqrt(s + 1e-5)
```

图18-6是斯坦福大学提供的一个效果范例。

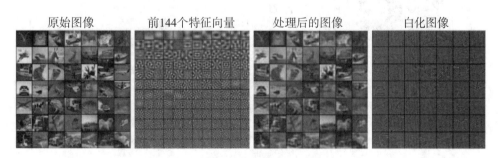

原始图像　　　　前144个特征向量　　　　处理后的图像　　　　白化图像

图18-6　PCA和白化图像效果图

它是针对CIFAR-10数据集中的原始图像(左一)，执行PCA(右二)和白化后(右一)的效果图，供读者参考。

18.2 数据增强

数据增强(Data Augmentation)几乎可以说是深度神经网络的一个"标配"操作。因为深度网络的参数数量相当庞大，理论上需要大量的样本才可能收敛到比较好的水平(这也是ImageNet能够如此受欢迎的重要原因之一)。前面说过，除了耗费人力物力来采集生成样本，还可以根据已有数据所呈现的特点来"人工构造"出很多样本数据——这种方法在学术上也被称为数据增强。在前面讲解数据集构造时已经涉及数据增强的常用手段，即:

(1) 旋转变换(Rotation)：根据一定算法来旋转图像。

(2) 翻转变换(Flip)：沿着水平或者垂直方向翻转原始图像。

(3) 对比度变换(Contrast)：根据需求和一定算法改变原始图像的对比度。

(4) 亮度变换(Lightness)：根据需求和一定算法改变原始图像的亮度。

(5) 饱和度变换(Saturation)：根据需求和一定算法改变原始图像的饱和度。

(6) 缩放变换(Zoom)：按照一定的比例放大或者缩小图像。

(7) 颜色变换(Color)：根据需要改变原始图像各像素的颜色值。

(8) 噪声扰动(Noise)：对图像的每个像素RGB进行随机扰动，比如使用常用的高斯噪声模式。

(9) 平移变换(Shift)：根据需要对原始图像进行一定程度的平移。

(10) 随机裁减(Random Crop)：采用随机图像差值算法对原始图像进行裁剪、缩放等操作，包括但不限于Scale Jittering(VGG及ResNet模型使用)或者尺度和长宽比的增强变换。

当然，并不是所有深度学习项目都适用以上数据增强方式，不恰当的"人造样本"反而可能影响模型的效果。例如，我们不建议对人脸识别样本做上下翻转操作；对于某些带有文字的样本，镜像变换有可能破坏它的含义，因而也是不值得提倡的；等等。开发人员还得根据项目的实际情况来选择最佳的数据增强方式。

图18-7是数据增强效果范例。

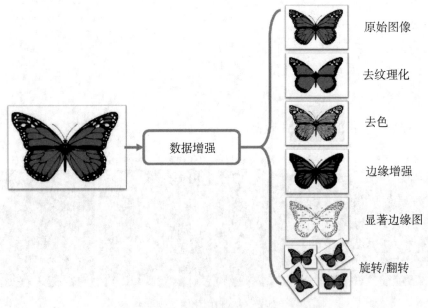

图18-7 数据增强效果范例

18.3 CNN核心组件择优

18.3.1 激活函数

本书的其他章节已经详细分析过激活函数和它们的特性了，这里主要从实践的角度再来做下强调。

从项目实践的角度来看，有如下一些建议。

(1) 选择何种激活函数，目前业界并没有定论。所以仍然需要根据项目的实际诉求，结合实验结果来得出最佳选择。

(2) 在分类问题上，建议首先尝试ReLU。这也是最为常用的一种激活函数。

(3) 当然，在使用ReLU的过程中，还需要特别注意学习率的设定，以及模型参数的初始值问题。

(4) 在上述基础上，结合模型的具体表现，可以考虑使用PReLU等其他激活函数，来尝试进一步提升模型的性能。

具体做法，可以参照前面章节针对激活函数的形态和优缺点的分析。

18.3.2 超参数设定

合理地设定超参数是构建神经网络的必备技能，超参数包括但不限于：

(1) 输入数据的尺寸大小。

(2) 网络层级。

(3) 卷积层相关参数。

(4) 池化层相关参数。

接下来选取其中的一些关键点进行讲解。

1. 输入图像的尺寸大小

我们知道，卷积神经网络的输入图像的尺寸大小不能是随意的，否则可能会导致一些问题。因而我们通常会在预处理阶段，将任意尺寸的原始图像做尺寸调整(Resize)后再输入CNN中。怎么选定CNN的输入图像尺寸呢？

可以先来参考一下一些经典的CNN模型，看看它们是怎么做的，如表18-1所示。

表18-1 经典CNN模型的输入尺寸

CNN模型	输入尺寸
LeNet	32×32
AlexNet	224×224
VGG	224×224

另外，ImageNet数据集常用的图像尺寸是224×224。

对于输入图像的尺寸大小，有如下几个注意点。

(1) 理论上来讲，图像的尺寸越大，越精细，模型的性能相对会更好。

(2) 图像尺寸越大，意味着对计算资源的诉求越高。

(3) 图像尺寸需要在硬件配置、计算资源、计算时长和模型性能上取一个平衡点。

(4) 图像尺寸一般是2^n。

(5) 可以多参考业界主流成熟的CNN模型的选型结果。

2. 卷积层相关参数

根据前面章节的学习，我们知道卷积层也有几个关键的超参数需要考虑，例如：

(1) 卷积核大小。

(2) 卷积核数量K。

(3) 步进(Stride)S。

(4) 零填充(Zero Padding)数量。

我们知道，ILSVRC 2013年度比赛冠军ZFNet和AlexNet相比，其中一个核心改动在于CONV1的卷积核从11×11步进4，改为7×7步进2，由此带来的改进效果是top-5错误率从AlexNet的16.4%下降到了11.7%。

而从GoogLeNet的设计思路中，可以看到小卷积核既能够有效减少参数量，也对网络模型性能的提升有一定帮助。所以综合而言，建议偏向于1×1、3×3或者5×5这样的小卷积核。与之相对应，步进值可以考虑设置为1。

另外，合理的填充值一方面可以让输入和输出大小保持一致，避免层级损失；另一方面有助于充分利用图像的边缘信息。所以填充值的设定和卷积核大小以及步进有关，比如3×3步进为1的卷积核，填充值可以取1；5×5步进为1的卷积核，填充值可以取2；等等。

3. 池化层相关参数

池化层的内核尺寸(Kernel Size)取值越大，理论上"下采用"的效果越明显，但数据丢失也会越多。反之，内核尺寸取值越小，数据损失也会越小，但"下采用"效果越差。所以我们希望在这两者之间取一个平衡点：从实践经验来看，2×2是一个不错的选择。

18.4　参数初始化策略

通过前面章节的学习，我们知道一个典型的深度神经网络的参数量可以达到几亿甚至是几十亿的级别。那么如此庞大的一个参数集合，应该如何给它们赋予初值呢？在实际操作中，大致会有如下几种策略。

策略1：全部置为零。

这是开发人员在编程时比较经常采用的一个初始化操作，但是在深度神经网络中却未必适用，稍后解释原因。

策略2：随机初始化策略。

这是潜在的一种初始化方案，我们将分析由此带来的优点和缺点。

策略3：以某种分布来做初始化。

这是比较可行的一种解决办法，不过需要避免多个典型的问题，将在接下来的内容中做详细分析。

策略4：采用预训练模型(Pre-trained Model)。

可以根据项目的实际情况，考虑采用业界相近的预训练模型作为基础，实践证明，这在一定程度上可以加快项目的进度。

18.4.1　全零初始化策略

如果把神经网络的参数全部初始化为零，会发生什么情况呢？

理想情况下，神经网络在收敛到稳定状态时是正的参数和负的参数各占一半左右。但这并不代表着

"将所有网络参数都置为零"这样一种看上去非常"省事"的做法是正确的，因为这有可能会导致模型无法训练的严重问题。

下面来分析一下其中的原因。

假设需要被训练的神经网络模型如图18-8所示。

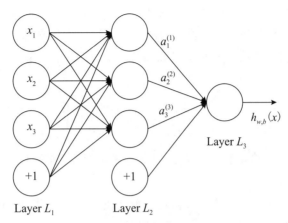

图18-8 需要被训练的神经网络

在这个简单的神经网络中，包含一个输入层，一个输出层以及一个隐藏层。根据神经元的定义，不难得出如下结果。

$$a_1^{(2)} = f\left(W_{11}^{(1)}x_1 + W_{12}^{(1)}x_2 + W_{13}^{(1)}x_3 + b_1^{(1)}\right)$$

$$a_2^{(2)} = f\left(W_{21}^{(1)}x_1 + W_{22}^{(1)}x_2 + W_{23}^{(1)}x_3 + b_2^{(1)}\right)$$

$$a_3^{(2)} = f\left(W_{31}^{(1)}x_1 + W_{32}^{(1)}x_2 + W_{33}^{(1)}x_3 + b_3^{(1)}\right)$$

$$h_{w,b}(x) = a_1^{(3)} = f\left(W_{11}^{(2)}a_1^{(2)} + W_{12}^{(2)}a_2^{(2)} + W_{13}^{(2)}a_3^{(2)} + b_1^{(2)}\right)$$

如果采用全零初始化策略，那么意味着上面的a_1、a_2和a_3都是相等的。换句话说，经过反向传播算法更新后，各层的参数值仍然都是一样的。这样导致的结果就是神经网络根本无法学习到正确的特征。

从理论层面来讲，上述这种问题是由神经网络的"对称性"引起的，同时我们也把打破这种局面的方法称为对称性破缺(Symmetry Breaking)。在接下来的几节中，读者将会学习到几种潜在的改进策略。

18.4.2 随机初始化策略

由前面的学习，我们知道神经网络的参数初始化不能是全零状态，否则可能会导致严重的问题。聪明的你肯定能想到，如果以随机方式来给各个参数赋予初值，是否可以做到对称性破缺呢？

理论上是可行的，而且可以细分为：

(1) 完全随机初始化。

(2) 遵循概率分布的随机初始化。

1. 完全随机初始化

完全随机初始化并不是我们推荐的一种做法。因为在完全随机的情况下，它的输出结果是不可预期的，这样一来就可能导致各种"不可控"的情况。

举例来说，完全随机化可能会遇到某些极端的情况：

(1) 全部参数都为正。

(2) 全部参数都为负。

(3) 全部参数都为0。

根据之前的学习，我们知道这些都是神经网络训练中希望去避免的情况，因而完全随机化并不是一个很好的策略。

2. 概率分布随机初始化

实践证明，均匀分布(Uniform Distribution)和高斯分布(Gaussian Distribution，也称为正态分布)都是神经网络参数初始化操作中比较有效的两种概率分布，因而可以优先考虑。

由前面章节的学习，我们知道正态分布是由德国数学家Moivre在18世纪提出来的，其所对应的概率密度函数为：

$$f(x) = \frac{1}{\sqrt{2\pi}\sigma} \exp\left(-\frac{(x-\mu)^2}{2\sigma^2}\right)$$

其中，μ是位置参数，σ为尺度参数，当这两个参数的值分别为0和1时，正态分布也称为标准正态分布。

需要特别指出的是，基于概率分布的随机初始化策略在实际执行过程中还要注意避开"前人趟过的一些坑"。以高斯分布(如图18-9所示)为例，如果具体采用的是下面的初始化策略：

```
W = 0.01* np.random.randn(D,H)  ##D和H参考下面的代码
```

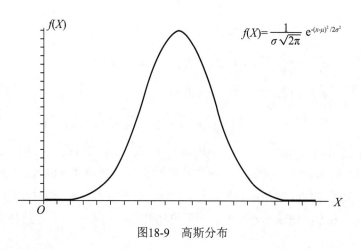

图18-9　高斯分布

那么会不会导致什么问题呢？

下面参考斯坦福大学提供的一段示例代码来做实验。

```
import numpy as np
import cv2
import matplotlib.pyplot as plt
D = np.random.randn(1000, 500)
hidden_layer_sizes = [500]*10
nonlinearities = ['tanh']*len(hidden_layer_sizes)
```

在这个神经网络中，D代表的是输入数据；同时它由10层网络构成，且每一层包含500个神经元。其中，numpy的randn函数用于从标准正态分布中返回一个或者多个样本值。原型如下。

numpy.random.randn(*d0, d1, ..., dn*)

Return a sample (or samples) from the "standard normal" distribution.

If positive, int_like or int-convertible arguments are provided, **randn** generates an array of shape `(d0, d1, ..., dn)`, filled with random floats sampled from a univariate "normal" (Gaussian) distribution of mean 0 and variance 1 (if any of the d_i are floats, they are first converted to integers by truncation). A single float randomly sampled from the distribution is returned if no argument is provided.

This is a convenience function. If you want an interface that takes a tuple as the first argument, use **numpy.random.standard_normal** instead.

所以，如果不特别指定randn的函数参数，那么它的返回值就只有一个随机值了(每次运行结果理论上都不一样)，参考如下的代码行。

```
print(np.random.randn())
```

其输出结果如图18-10所示。

```
D:\MyBook\Book_AI\Materials\Source\chapter_cnn_trick>python initialize.py
0.6934921011436649

D:\MyBook\Book_AI\Materials\Source\chapter_cnn_trick>python initialize.py
-0.43367827400232667

D:\MyBook\Book_AI\Materials\Source\chapter_cnn_trick>python initialize.py
2.2445424150386666
```

图18-10 输出结果1

如果指定参数，那么它将遵循正态分布并返回符合要求的数组。参考如下代码行。

```
print(np.random.randn(3, 5))
```

其输出结果如图18-11所示。

```
D:\MyBook\Book_AI\Materials\Source\chapter_cnn_trick>python initialize.py
[[-0.64634395 -0.14647279  0.14569185 -0.58853597  0.21322444]
 [ 0.60615785 -0.7184632   0.41788493 -0.20381852  0.01130744]
 [-0.83851546 -0.86024134  0.62529897  0.13068699  1.30047763]]

D:\MyBook\Book_AI\Materials\Source\chapter_cnn_trick>python initialize.py
[[ 0.36769462  0.80980757  0.72552769 -1.54861226  0.05551014]
 [-1.13497052  0.17769618  0.91594135 -1.55392203  0.3072199 ]
 [ 1.11564002  1.1818575  -0.19167925 -0.33702065  0.08918184]]
```

图18-11 输出结果2

```
act ={'relu':lambda x:np.maximum(0,x), 'tanh':lambda x:np.tanh(x)}
Hs = {}
for i in range(len(hidden_layer_sizes)):
    X=D if i==0 else Hs[i-1]
    fan_in = X.shape[1]
    fan_out = hidden_layer_sizes[i]
    W = np.random.randn(fan_in, fan_out)*0.01
    H = np.dot(X, W)
    print(nonlinearities[i])
    H = act[nonlinearities[i]](H)
    Hs[i] = H
```

上述代码段是神经网络前向传播的一个"简易版"实现。每一层的输入个数表示为fan_in，输出个数则是fan_out。首先利用numpy的randn产生一个fan_in×fan_out大小的高斯分布初始化参数数组，紧接着利用dot计算乘积，然后采用relu或者tanh(上述代码段中使用的是后者)作为激活函数来计算输出结果。

```
print ('input layer had mean %f and std %f'%(np.mean(D), np.std(D)))
layer_means = [np.mean(H) for i, H in Hs.items()]
layer_stds = [np.std(H) for i,H in Hs.items()]
for i, H in Hs.items():
    print ('hidden layer %d had mean %f and std %f'%(i+1, layer_means[i], layer_stds[i]))
```

完成了前向传播后，就可以逐层分析输出数据的特点了，主要包括它们的平均值，以及标准差等，并把它们打印出来。

可以参考如图18-12所示的打印结果。

```
input layer had mean 0.000146 and std 0.999535
hidden layer 1 had mean -0.000192 and std 0.213225
hidden layer 2 had mean 0.000024 and std 0.047378
hidden layer 3 had mean 0.000005 and std 0.010631
hidden layer 4 had mean 0.000002 and std 0.002385
hidden layer 5 had mean -0.000001 and std 0.000529
hidden layer 6 had mean -0.000000 and std 0.000119
hidden layer 7 had mean -0.000000 and std 0.000027
hidden layer 8 had mean -0.000000 and std 0.000006
hidden layer 9 had mean -0.000000 and std 0.000001
hidden layer 10 had mean -0.000000 and std 0.000000
```

图18-12　不适当的高斯分布初始化导致的问题

从图18-12不难看出，随着网络层级越来越深，输出数据的平均值和标准差都越来越逼近0。当然还可以再细化一点儿，从各层数据的分布情况角度来看下。

```
plt.figure()
plt.subplot(121)
plt.plot(Hs.keys(), layer_means, 'ob-')
plt.title('layer mean')
plt.subplot(122)
plt.plot(Hs.keys(), layer_stds, 'or-')
plt.title('layer std')
plt.figure()
for i, H in Hs.items():
    plt.subplot(1, len(Hs), i+1)
    plt.hist(H.ravel(), 30, range=(-1, 1))
plt.show()
```

上述代码段的输出结果如图18-13所示。

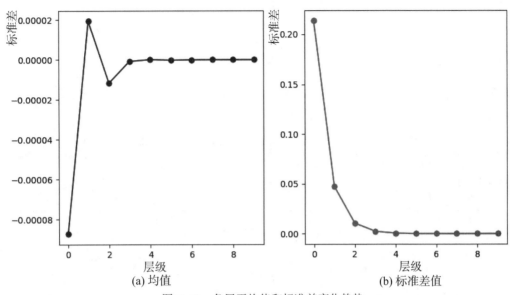

(a) 均值   (b) 标准差值

图18-13 各层平均值和标准差变化趋势

此时，细化的数据分布情况如图18-14所示。

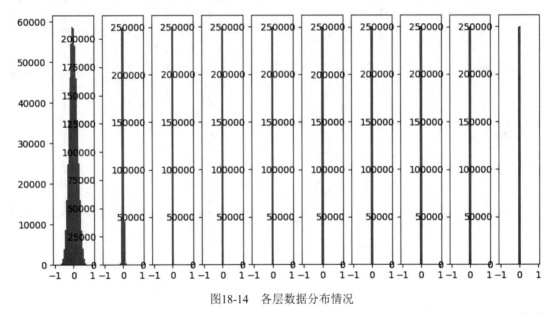

图18-14 各层数据分布情况

由图18-14可以清楚地看到，虽然是以高斯分布进行的参数初始化，但各个层级的输出数据会越来越小，到最后基本为0了。其实这也不难理解，因为每一层在计算过程中都在乘以一个很小的数值，所以导致了数值的逐渐"消失"。

这样一来，在反向传播时的梯度值也会非常小，对于很深的神经网络来说更是如此，因而很可能会影响整个网络的正常训练。

既然数值太小容易导致上述问题，那么如果反其道而行之是否可行呢？比如把具体的分布换成如下形式。

np.random.randn(fan_in, fan_out)*1.0

然后再次运行前面的程序，得到如图18-15所示的结果。

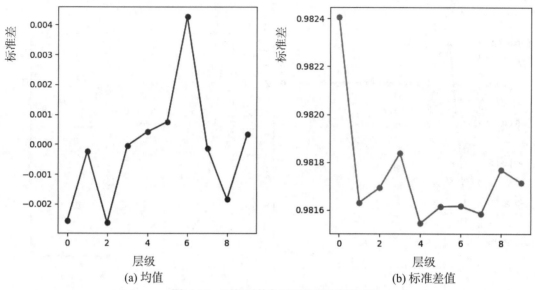

图18-15　更新后的各层平均值和标准差

此时，各层级的数据分布情况如图18-16所示。

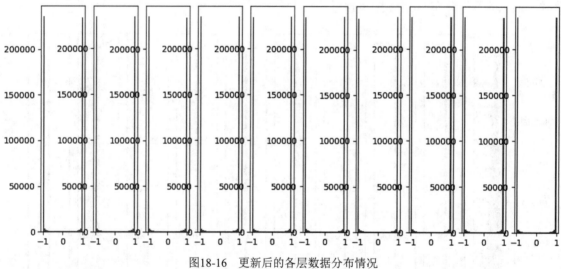

图18-16　更新后的各层数据分布情况

看上去随着层级的增加，输出数据不再趋近于0——然而这样就"万事大吉"了吗？

显然不是。细心的读者应该已经发现了，图18-16中数据的分布几乎都集中在了-1和1上面，从而导致梯度饱和现象。

针对这些问题，目前业界推荐的其中一种随机初始化策略是泽维尔初始化(Xavier Initialization)，对应的参考论文是"Understanding the difficulty of training deep feed forward neural networks"。在代码层面，可以做如下修改。

```
#W = np.random.randn(fan_in, fan_out)*1.0
W = np.random.randn(fan_in, fan_out)/ np.sqrt(fan_in)
```

当再次运行程序的时候，结果产生了变化，如图18-17所示。

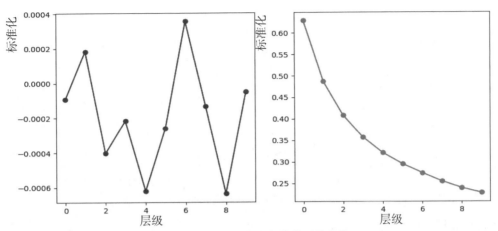

图18-17 采用泽维尔初始化后的变化

具体数值大小参考如图18-18所示。

```
input layer had mean 0.001438 and std 0.999654
hidden layer 1 had mean -0.000093 and std 0.628357
hidden layer 2 had mean 0.000184 and std 0.487062
hidden layer 3 had mean -0.000404 and std 0.408235
hidden layer 4 had mean -0.000217 and std 0.356968
hidden layer 5 had mean -0.000622 and std 0.321150
hidden layer 6 had mean -0.000260 and std 0.294577
hidden layer 7 had mean 0.000355 and std 0.273639
hidden layer 8 had mean -0.000135 and std 0.254520
hidden layer 9 had mean -0.000638 and std 0.238907
hidden layer 10 had mean -0.000052 and std 0.227671
```

图18-18 具体数值大小

同时各层数据的分布情况如图18-19所示。

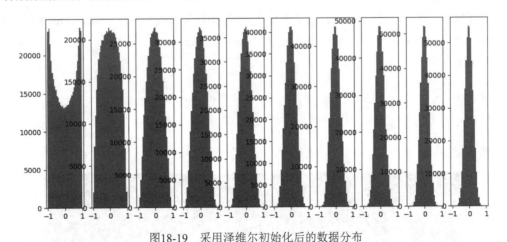

图18-19 采用泽维尔初始化后的数据分布

不过泽维尔初始化在应对relu激活函数时可能会"力不从心"。我们可以尝试做如下的代码修改。

```
#nonlinearities = ['tanh']*len(hidden_layer_sizes)
nonlinearities = ['relu']*len(hidden_layer_sizes)
```

然后观察发生的变化，如图18-20所示。

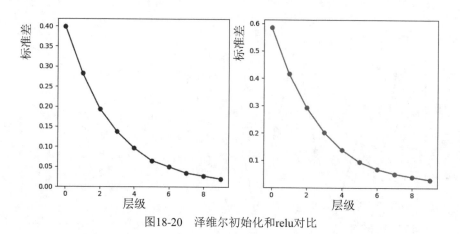

图18-20　泽维尔初始化和relu对比

各层数据分布情况如图18-21所示。

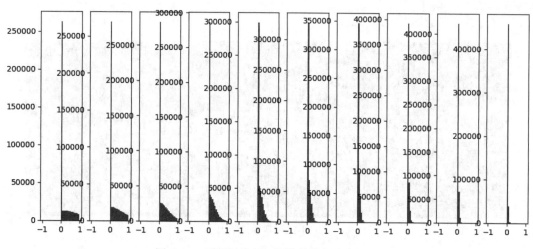

图18-21　采用泽维尔初始化的数据分布(relu)

针对这个问题，一个推荐的办法是尝试何恺明等人2015年在论文"Delving Deep into Rectifiers: Surpassing Human-Level Performance on ImageNet Classification"中阐述的思想。它在实现上也并不复杂，参考如下代码修改。

```
#W = np.random.randn(fan_in, fan_out)/ np.sqrt(fan_in)
W = np.random.randn(fan_in, fan_out)/ np.sqrt(fan_in/2)
```

结果如图18-22所示。

```
input layer had mean 0.000351 and std 1.001454
hidden layer 1 had mean 0.564800 and std 0.826294
hidden layer 2 had mean 0.558737 and std 0.831403
hidden layer 3 had mean 0.561600 and std 0.817968
hidden layer 4 had mean 0.541426 and std 0.810744
hidden layer 5 had mean 0.556495 and std 0.820538
hidden layer 6 had mean 0.552200 and std 0.821722
hidden layer 7 had mean 0.559068 and std 0.804304
hidden layer 8 had mean 0.535284 and std 0.799142
hidden layer 9 had mean 0.542697 and std 0.787620
hidden layer 10 had mean 0.536930 and std 0.774462
```

图18-22　修改后的输出结果

以图形直观展示来看，如图18-23所示。

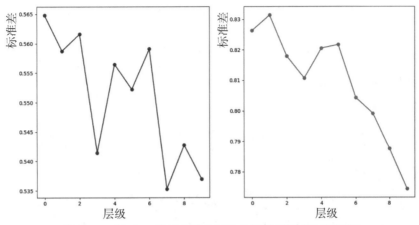

图18-23 针对relu激活函数的初始化策略(平均值和标准差)

此时,各层数据分布情况如图18-24所示。

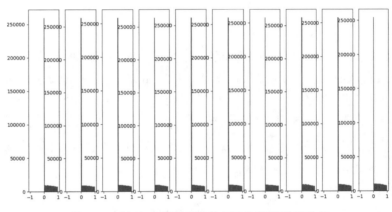

图18-24 针对relu激活函数的初始化策略(数据分布)

事实上,深度神经网络采用何种参数初始化策略业界目前还未有定论,不过遵循前人们所给出的一些建议,却可以帮助我们大大降低"趟坑"的几率。

18.4.3 采用预训练模型

针对神经网络的参数初始化问题,可能还有一条"捷径",即采用业界已经预训练过的模型来做微调(Fine-tuning)——当然,"捷径"并不是每一个人都适合,还得根据自己项目的实际情况来选择。比如业界有没有现成的模型可用,是否希望从头训练一个模型而不是使用微调的方式(各有利弊),以及项目的一些特征要求等。

至于如何下载并使用业界主流的预训练模型(Pre-trained Models)进行微调,在本书其他章节中可以找到详细的介绍,限于篇幅,这里就不再赘述了。

18.5 模型过拟合解决方法

18.5.1 正则化

我们在其他章节已经或多或少地接触过正则化了。简单来讲,正则化通过提供一些必要的手段来控制机器学习模型的复杂度,进而避免模型过拟合的情况。具体实现方式可以是多种多样的,例如,给模型的Loss Function上增加一个代表模型复杂度的penalty，即如下所示的$R(W)$：

$$L(W) = \frac{1}{N}\sum_{i=1}^{N}L_i\left(f(x_i,W),y_i\right) + \lambda R(W)$$

常见的$R(W)$函数是L_1和L_2 Regularization。

L_1 Regularization对应的公式为

$$R(W) = \sum_k\sum_l|W_{k,l}|$$

L_2 Regularization对应的公式为

$$R(W) = \sum_k\sum_l|W_{k,l}^2|$$

除此之外，在训练过程中以一定概率P来随机丢弃掉一些神经元的操作也是常用的正则化手段。

18.5.2　批标准化

1. BN简述

批标准化(Batch Normalization，BN)对应的论文为“Batch Normalization: Accelerating Deep Network Training by Reducing Internal Covariate Shift”，作者是来自Google的Sergey Ioffe和Christian Szegedy。

虽然深度神经网络已经拥有很多“黑科技”，但“理想很丰满，现实很骨感”——在某些情况下(特别是层级很深的网络)，它的调参过程依然可能像“炼丹”一般难以控制。Batch Normalization从字面意思理解是“批标准化”，其本质就是通过某些手段保证数据分布的稳定性，以期降低“炼丹”的难度，同时提升神经网络质量。

2. BN的提出背景——ICS

在学习BN之前，还需要学习另一个理论知识，即内部协变量偏移(Internal Covariate Shift，ICS)——从前面所指的论文标题中不难看出，它是除BN外的另一个重要的词汇，同时也是BN希望解决的核心难点。

在前面章节的学习中，曾提到过数据的独立同分布(Independent and Identically Distributed，IID)。简单来讲，它是指“在概率统计理论中，随机过程中的任何时刻的取值都为随机变量。而如果这些随机变量服从同一分布，并且互相独立，那么它们就服从独立同分布”——IID理论是机器学习可以得到好的学习效果的一个基础保证。

然而一个深度神经网络在实际训练过程中，往往没有想象中那么理想。简单来讲，它会出现内部协变量漂移的问题。

那么什么是ICS呢？

1) 如何理解协变量漂移

协变量漂移(Covariate Shift)并不是BN所创造的一个词，而是机器学习中一直存在的问题。具体来讲，它最早起源于统计学领域的一篇论文“Improving predictive inference under covariate shift by weighting the log-likelihood function”，目前则是迁移学习下的一个热门研究方向。

我们通常对它做如下定义。

假设源空间(Source Domain)和目标空间(Target Domain)的输入空间都为X，输出空间为Y。如果满足：

(1) 源空间和目标空间的条件概率一致，即

$$P_s(y|x) = P_t(y|x)$$

(2) 源空间和目标空间的边缘概率不同，即

$$P_s(X) \mathrel{!=} P_t(X)$$

两个条件，那么称之为协变量漂移。

在这个场景下，源空间和目标空间可以分别对应于训练(Training)和测试(Testing)两种情况。换句话说，就是训练数据和实际数据之间的分布是有差异的，如图18-25所示。

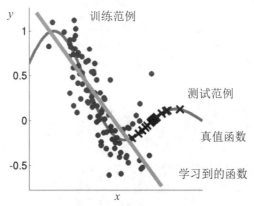

图18-25　Covariate Shift

再举一个图像处理领域的具体范例，以加深理解。

假设需要训练一个判断是否为玫瑰的二分类器(即输出结果只有1或者0)，现在有下面两组玫瑰数据。

(1) 训练数据组1，如图18-26所示。

图18-26　训练数据组1

可以看到，这组数据中的玫瑰都是"含苞欲放"类型的。

(2) 训练数据组2，如图18-27所示。

再来看下数据组2，注意观察它与前面数据组的区别。

图18-27　训练数据组2

数据组2和数据组1有显著差异——它们都是"鲜花怒放"的类型。那么这样一来会导致什么问题呢？我们给出两组数据的抽象分布图，如图18-28所示。

图18-28　两组数据的分布(抽象图)

由它们的分布图不难看出，两组数据的分布"大相径庭"，并不符合要求。我们称这种现象为协变量漂移。

在深度神经网络中，各层的输出显然与其对应的输入信号分布不同，而且在不加控制的情况下，这种差异会越来越大。同时样本的label却是保持不变的，所以，要满足上述协变量漂移的两个条件。

2) 如何理解"内部"

结合上面对深度神经网络协变量漂移的分析，不难看出这种现象发生在网络层内(比如隐藏层)，因而作者加上"内部(Internal)"形成了ICS的概念。

理解了ICS的基本概念后，再来进一步思考一下，它会给深度神经网络带来什么样的具体问题呢？包括但不限于以下两点。

(1) 网络学习慢。

根据前面的分析，神经网络的每一层输入输出的数据分布都在变化，导致后一层总是需要不停地"调整适应"，从而导致了网络收敛慢的问题。

(2) 训练过程容易陷入梯度饱和区。

当神经网络采用了类似sigmoid和tanh这类激活函数时，ICS就比较容易导致模型训练陷入饱和状态(Saturated Regime)。此时因为梯度很小(甚至趋近于0)，参数的更新速度自然就会变慢，严重的时候也可能无法完成正常的训练过程。

既然ICS有如上的潜在"危害"，那么学者们自然会想方设法来解决或者改善其所引发的问题。下面看下目前已有的一些解决办法。

(1) 白化，即Whitening，是机器学习中常用的一种规范化操作。它通过对数据进行变换，来达到以下目的。

① 数据分布的均值和方差控制在特定值。比如在PCA白化的情况下，均值为0，方差为1，其示例如图18-29所示。

② 去除数据相关性。

(2) BN。数据白化虽然在某些场合是一个有效的方法，但它对于这里的ICS并不是最佳的解决方案，主要原因如下。

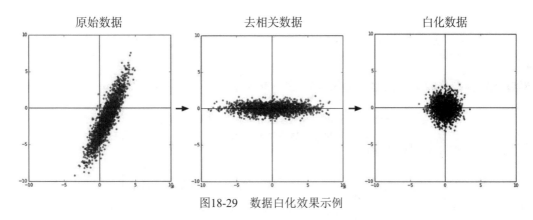

图18-29 数据白化效果示例

① 数据白化通常只适用于数据的预处理(参见其他章节的分析)。换句话说,也就是只对网络的输入层产生作用。

② 白化的计算成本很高。假设在神经网络的每一层中都执行白化操作,那么无疑将极大地提高计算成本,这是我们不希望看到的。

参考如下所示的白化范例代码。

```
X -= np.mean(X, axis = 0)
cov = np.dot( X.T, X) / X.shape[0]
U,S,V = np.linalg.svd(cov)
Xrot = np.dot(X, U)
Xrot_reduced = np.dot(X, U[:,:100])
Xwhite = Xrot / np. sqrt(s + 1e-5)
```

其中涉及多种比较消耗资源的运算操作。

③ 白化过程可能改变网络的表征能力。这一点是最致命的。因为神经网络学习到的信息会被白化操作丢掉,这样一来就相当于神经网络什么都学不到了。

④ 另外,BN所要解决的ICS强调的是"内部",它和白化在原理上相似,但"作用域"不同。

综合上面的分析,我们可以把批标准化理解为白化的一个变种——它解决了白化在针对ICS问题上的缺陷,例如,计算量大、破坏了网络表征能力等。

下面将从内部实现原理的角度详细分析批标准化是如何克服这些缺点的。

3. 带BN的神经网络训练

先来思考一下,如何解决白化在ICS问题上的缺点呢?

核心思路如下。

(1) 计算量大的问题。

从前面的分析可以看到白化的计算量还是非常大的。那么如何设法让BN的"类白化"操作尽可能高效呢?

① 可以尝试只针对每个特征单独做标准化操作,保证它们自己的均值为0且标准差为1就好了。·

② 除了针对所有数据集做标准化操作外,还可以退而求其次——只针对每次迭代中的小批量(Mini-batch)数据来完成类似工作。

(2) 网络表征能力破坏的问题。

因为上述操作在一定程度上减弱了神经网络的表达能力,因而BN的作者还加了一个变换操作来弥补这个损失。

当然，BN在具体实施过程中还有不少技术细节需要做特别的优化处理，在后续的内容中也会逐一讲解到。

先来看下批标准化的算法流程，伪代码如图18-30所示。

Input: Values of x over a mini-batch: $\mathcal{B} = \{x_{1...m}\}$;
Parameters to be learned: γ, β
Output: $\{y_i = \text{BN}_{\gamma,\beta}(x_i)\}$

$$\mu_{\mathcal{B}} \leftarrow \frac{1}{m}\sum_{i=1}^{m} x_i \qquad \text{// mini-batch mean}$$

$$\sigma_{\mathcal{B}}^2 \leftarrow \frac{1}{m}\sum_{i=1}^{m}(x_i - \mu_{\mathcal{B}})^2 \qquad \text{// mini-batch variance}$$

$$\widehat{x}_i \leftarrow \frac{x_i - \mu_{\mathcal{B}}}{\sqrt{\sigma_{\mathcal{B}}^2 + \epsilon}} \qquad \text{// normalize}$$

$$y_i \leftarrow \gamma\widehat{x}_i + \beta \equiv \text{BN}_{\gamma,\beta}(x_i) \qquad \text{// scale and shift}$$

图18-30　BN算法

(引用自BN对应的论文)

整个BN算法由如下几个部分所组成，接下来将逐一做详细讲解。

(1) BN的输入输出，及需要学习的参数。

先来看下与BN算法相关联的几个参数，即：

① 输入数据B。

根据之前的分析，BN算法并不直接作用于所有训练数据，因为这样会导致神经网络计算量过大的问题。取而代之的是针对每组小批量(Mini-batch)数据，在上述BN伪代码中以下面的方式来表示。

$$B = \{x_1 \cdots m\}$$

需要特别注意小批量数据组的大小和每个数据样本维度的关系(请结合后面的介绍来做综合理解)。

② 需要学习的参数γ。

因为BN有可能减弱神经网络的表征能力，所以作为补偿作者添加了一个变换操作——后者需要涉及两个参数，即γ与β。

③ 需要学习的参数β。

同上面的γ，可以参见后面的分析。

④ BN的输出。

从某种角度来看，任何算法或者函数说白了都是用于描述输入对象和输出对象二者之间的关系，BN算法也不例外。它的"函数"表达式如下。

$$y_i = \text{BN}_{\gamma,\beta}(x_i)$$

这里的x_i代表的是神经网络每一层每一节点的输入对象，y_i则是经过BN算法计算出的结果值。具体的计算过程由下面的小批量均值(Mini-batch Mean)、小批量方差(Mini-batch Variance)等几步操作所组成。

为了阐述方便，先来定义一个简单的神经网络，如图18-31所示。

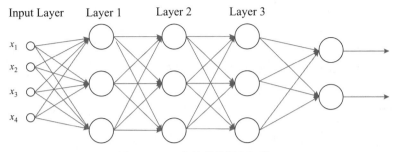

图18-31 一个简单的神经网络

这个神经网络有一个输入层(Input Layer)、输出层(Output Layer)以及若干个隐藏层(Hidden Layer)，它们以全连接(Fully Connected)的方式进行连接。需要特别注意的是，图18-31中$\{x_1 \cdots x_4\}$代表的是一个数据样本的4个维度，而不是数据集的数量大小。当然，对于中间隐藏层来说，前一层的输出就是它的输入。

那么BN算法将在神经网络中的哪些地方发挥作用呢？

答案就是神经元在进入激活函数之前，如图18-32所示。

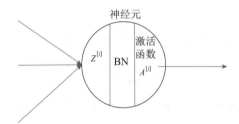

图18-32 BN在神经网络中的位置示意

图18-32中，BN将原先的神经元计算过程切分成了以下三段。

① Z操作。对于Z操作大家应该都不陌生了，它指的是：

$$Z^{[l]} = W^{[l]} A^{[l-1]} + b^{[l]}$$

其中，上角标l代表层(Layer)，比如第1层的l=1，第2层的l=2，以此类推。A就是激活函数的输出，b是bias。这些信息在以前章节中都做过详细介绍，这里不再赘述。

② BN操作。BN操作由后续小批量均值等多个步骤组成。

③ 激活函数。常见的神经网络激活函数包括ReLU等。

(2) 小批量均值。

BN操作的第一步是小批量均值(mini-batch mean)——从字面意思上理解，它指的是小批量中的数据求平均值。以如图18-33所示的数据集为例。

横向是这个小批量包含的各数据样本，批数量(Batch Size)=8；纵向代表的是每个数据样本的数据维度，在这里对应的是4。

那么小批量均值具体是指哪些数据的平均值呢？

							mini-batch, size =8
2.190353	8.491866	5.673551	4.568307	3.290008	7.834991	4.88744	8.093922
2.754632	2.772587	8.015383	4.216981	1.370713	6.204201	4.174496	8.137371
4.65898	8.427393	1.744917	8.94719	5.961148	2.714875	2.139146	0.671088
5.144578	8.624793	7.102362	3.728895	3.618261	4.294658	8.403662	1.587071

数据维度

这是一个数据样本

图18-33 数据样本范例

答案就是图18-34中的虚线部分(这里只是一个神经元,其他神经元类似)。

2.190353	8.491866	5.673551	4.568307	3.290008	7.834991	4.88744	8.093922
2.754632	2.772587	8.015383	4.216981	1.370713	6.204201	4.174496	8.137371
4.65898	8.427393	1.744917	8.94719	5.961148	2.714875	2.139146	0.671088
5.144578	8.624793	7.102362	3.728895	3.618261	4.294658	8.403662	1.587071

图18-34　小批量均值对应的具体数据示意

因而根据小批量均值的计算公式为

$$\mu_B \leftarrow \frac{1}{m}\sum_{i=1}^{m} x_i$$

可以得到均值为

$$(2.19 + 8.49 + \cdots)\,/8 = 5.63$$

其他神经元的计算过程也是类似的。

(3) 小批量方差。

学习了小批量均值后,小批量方差的计算过程就不难理解了。它所对应的公式为

$$\sigma_B^2 \leftarrow \frac{1}{m}\sum_{i=1}^{m}\left(x_i - \mu_B\right)^2$$

可以看到其与标准的方差计算公式是一致的,如果读者有疑问的话建议综合参考本书基础知识章节中的讲解。

(4) 标准化。

标准化(Normalize)是在均值和方差的基础上完成的,它所对应的公式为

$$'\widehat{x_i} \leftarrow \frac{x_i - \mu_B}{\sqrt{\sigma_B^2 + E}}$$

不难发现,BN中的标准化与基础的归一化(标准化)相比,整体来看并没有什么特殊之处,唯一的区别在于增加了一个来防止方差为零的无效计算。

(5) 尺寸调整和偏移(Scale and Shift)。

前面提到过BN有可能降低网络自身的表征能力,因而最后这一步操作实际上就用于缓解这个问题。它的计算公式为

$$y_i \leftarrow \gamma\widehat{x_i} + \beta \equiv BN_{\gamma,\beta}\left(x_i\right)$$

这个计算公式并不复杂,借助两个可学习参数即可完成一个线性变换。

4. 带BN的神经网络应用推理

前面讲解了带有BN操作的神经网络的训练过程,接下来还有一个问题需要思考,即在应用推理(Inference)阶段如何应用这个具备BN功能的模型呢?换句话说,它和普通的神经网络在推理应用时有何区别?

根据前面的分析,与BN相关联的几个组成部分中:

(1) 参数γ与β。这两个参数在训练过程中已经确定下来了,因而测试时不需要再特别关注。

(2) 输出数据。

(3) 计算公式。这部分和训练阶段也是一致的,同样可以做到复用。

(4) 输入数据。输入数据才是在测试阶段的"主角"。在训练阶段,数据是以小批量的方式"送

入"神经网络的，显然这一点在应用推理阶段就"不复存在"了，因为应用推理阶段针对的是一个数据对象(而非一组)，这样一来，基于小批量来计算均值或者方差等数值自然就不适用了。

有什么解决办法呢？

一种比较简单的解决思路就是利用训练阶段的数据来产生应用推理阶段的均值和方差等数值。具体来说有如下几种潜在的细化方案。

(1) 针对整个训练数据集进行计算。这样得到的数值虽然是最准确的，但计算量巨大，因而并非首选方式。

(2) 基于批处理(Batch)结果进行无偏估计。保留每组小批量数据在训练过程中产生的均值和方差计算结果，然后从全局角度来做无偏估计，得到可用于测试阶段的平均值和方差。由于这种方案既简单又有效，是当前使用最多的一种方案。

当然，业界也有不少论文给出了BN在测试阶段如何应用推理的建议，有兴趣的读者可以自行查阅相关资料了解详情。

5. BN的实验效果

毫不夸张地说，批标准化在当前阶段几乎是深度神经网络的标配，这一点也可以从斯坦福大学提供的神经网络建议中得到佐证，如图18-35所示。

Summary　　　　　　　　TLDRs
We looked in detail at:

- Activation Functions (use ReLU)
- Data Preprocessing (images: subtract mean)
- Weight Initialization (use Xavier init)
- Batch Normalization (use)

图18-35　深度神经网络相关的一些建议

而它能够受到广泛青睐的主要原因就在于批标准化可以在较小的代价下让模型取得不错的性能提升。

下面以原论文中完成的两个实验为例，来展示一下BN的"魅力"。

1) MNIST Network

作者基于MNIST数据集构建了一个相对简单的卷积神经网络：它的输入图像大小是28×28，中间包含3个全连接的隐藏层(每层100个神经元)，网络末端则是一个用于分类的全连接层(10个神经元)。除了针对这一基础的CNN执行50 000步训练(每个小批量大小为60)来获得结果，作者还选择在每一个隐藏层额外加上BN来与之做对比。

对比结果如图18-36所示。

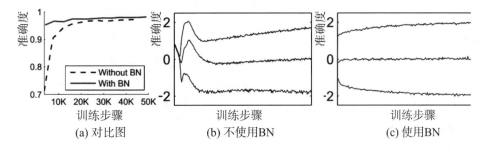

图18-36　带BN的神经网络效果对比

其中，图18-36(a)表示的是有无BN层的情况下，卷积神经网络所能取得的测试精度(Test Accuracy)的对比结果，从中可以看到带有BN的神经网络可以取得更好的效果。图18-36(b)和图18-36(c)展示的是有无BN层的两种情况下，卷积神经网络的数据波动对比，可以看到带有BN的神经网络更为稳定。

在这个实验中，作者给出一个结论，即BN可以在一定程度下降低内部协变量漂移所带来的不利影响。

2) ImageNet分类网络

另一个实验是基于ImageNet数据集进行的，如图18-37所示。

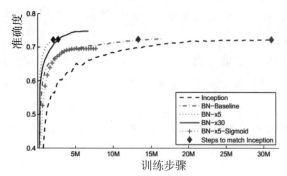

模型	达到72.2%的步数	最大精度
Inception	$31.0 \cdot 10^6$	72.2%
BN-Baseline	$13.3 \cdot 10^6$	72.7%
BN-x5	$2.1 \cdot 10^6$	73.0%
BN-x30	$2.7 \cdot 10^6$	74.8%
BN-x5-Sigmoid		69.8%

图18-37　基于ImageNet的BN实验效果

其中，左侧部分表示带有BN的网络(BN-Baseline是指以Inception为基准，同时加入了BN操作；而BN-x5则表示初始学习率的加速，其他几个网络也是类似的)达到与标准Inception网络相同的准确率(Inception网络执行31×10^6次后达到72.2%的准确率)所需的训练次数(Training Steps)。不难看出，BN明显降低了这个数值；右侧部分除了给出各个网络达到同样准确率所需的准确步数，同时还提供了它们所能达到的最大准确率。

带有BN的Inception网络与业界主流神经网络的性能对比结果，如图18-38所示。

模型	分辨率	裁切	模型数	top-1错误率	top-5错误率
GoogLeNet ensemble	224	144	7	-	6.67%
Deep Image low-res	256	-	1	-	7.96%
Deep Image high-res	512	-	1	24.88	7.42%
Deep Image ensemble	variable	-	-	-	5.98%
BN-Inception single crop	224	1	1	25.2%	7.82%
BN-Inception multicrop	224	144	1	21.99%	5.82%
BN-Inception ensemble	224	144	6	20.1%	**4.9%***

图18-38　BN-Inception与主流网络对比

由此可见，带有BN的Inception 集成模型的top-5 错误率可以达到4.9%，优于实验中对比的其他几种网络模型。

18.6　模型的可解释性

深度学习从2012年开始，不但在理论层面取得了重大进展——各种经典模型层出不穷，一再突破人类极限，而且从工业界的角度来看也取得了不少可喜的落地效果。除了Google、Facebook、Baidu等互联网大企业外，很多创业型小公司以及传统企业也都在积极拥抱这个有着几十年历史而又重返青春的"年轻的老伙计"。所以从这些角度来看，目前的人工智能或者说深度学习无疑是非常成功的。

读者可以参阅CN Insights给出的市场调研，毫不夸张地说，人们已经尝试在生活中的各个领域引入AI技术了，如图18-39所示。

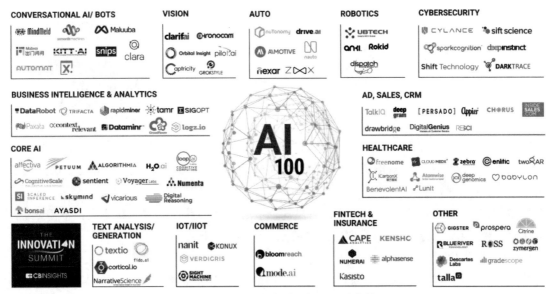

图18-39　全球AI创业公司如"雨后春笋"

但是，我们也应该看到深度学习还存在很多缺陷，其中最为人们诟病的一点，或许就是它的可解释性了。因为到目前为止，还没有成熟的理论可以解释为什么深度学习可以取得很好的业务结果，隐藏在背后的详细逻辑是什么，以及我们如何才能"准确"地帮助深度学习更快更好地完成目标——特别是最后一点，使得整个深度学习行业充满了"经验主义"和"随机性"。有人说，调参好比是一个"买彩票撞运气"的过程，而且参数上的细微改动就有可能"失之毫厘，谬以千里"。这也就不难理解为什么在NIPS2017大会上，MIT的Ali Rahimi(Test-of-Time award获奖者)在演讲时"抨击"(注：不同思想的碰撞对于业界是一件好事，所以这里加上了引号)目前的深度学习是炼丹术(alchemy)。

当然，对此业界也有不同的声音。例如，LeCun就在社交网站上表达了他的思考，如图18-40所示。

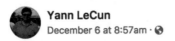

图18-40　LeCun在社交网站上的文章

之所以在这里描述这个事件，是因为它可以让大家更深入地认识深度学习以及它的现状。当然，任何新技术的缺陷也可能进一步驱动它的自我革新——至少学术界和工业界已经在朝深度学习模型的可解释性上努力了。

可解释性是什么？

假设我们做了一个汽车的分类器，那么如何界定这一模型是否真的"懂得"区分汽车和其他物体呢？针对这个问题，目前比较主流的一种做法就是CNN可视化，简单来讲就是让我们可以"看到"CNN模型所学习到的特征。

接下来的内容将介绍业界对此的若干思考，希望可以给读者带来一些启发。为了方便读者理解，把CNN的处理过程做了高度抽象，如图18-41所示。

图18-41　CNN的抽象理解

(1) 输入图像。

CNN的输入一般是原图，带RGB三个通道，也可能根据业务需要做少量的预处理(比如调整大小等)。

(2) CNN各层的处理。

一个典型的CNN层会包括卷积、激活和池化几个核心步骤。其中，激活和池化都不需要训练，因而对于可视化来说，我们实际上期望看到的是卷积核"学到了"什么特征。

(3) CNN各层的输出。

也就是我们所说的特征图(Feature Map)。不同层级的特征图所能提取的特征是不一样的，后面的学习中我们会发现低层网络所提取的特征都比较浅显，比如边缘、颜色等；反之，网络的层级越深，通常情况下获得的特征越抽象，如图18-42所示。

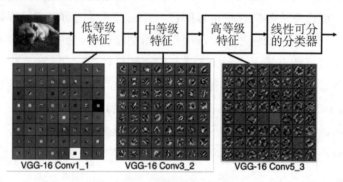

图18-42　CNN网络的层级特点

(引用自Stanford cs231n)

在阅读了CNN(有的方法也可以试用于机器学习其他模型)可视化领域的大量论文后，综述来看，可以将它们大致划分为如下几种类型。

(1) 特征图可视化。

这是比较直接的一种，主要借助一些工具将特征图显示出来，在某些场合下可以起到辅助作用。

(2) 特征图→输入。

这种类型的可视化技术，简单而言是基于一些特殊手段(反卷积、热力图等)将特征图反推映射到输入图像，从而让我们可以直观地看到具体是图像的哪个部位在对预测结果"负责"。当然，这种映射的实现技术不止一种，比如

① 业界知名的ZFNet中采用的反卷积(Deconvolution)网络；

② CAM(Class Activation Mapping)中提出的热力图。

(3) 输入→特征图。

这是和上述可视化技术相反的一种方法。它通过不断调整和构造输入，并观察特征图(以及预测结果)的变化来获知CNN"学习到了"什么特征。具体的实现技术也有多种，比如：

① 根据"输入图像与卷积核越接近，那么得到的激活值越大"的规律，我们可以人为构造和调整输入图像(初始值可以随机)，并利用类似梯度下降这样的优化算法来使得输出的值尽可能大。这样一

来，只要观察最后的构造图像就可以大致看出CNN学习到的核心特征了。

② 和上一条类似，不过它是通过遮挡输入图像，来观察CNN的输出变化，从而获得我们想要的结果。比较有名的是一种被称为LIME的框架，它的优点在于可以在将"模型"当成黑盒的情况下尝试"解释"模型可信度，因而通用性较强。

接下来几节将选择一些经典的可视化技术做细化分析。

18.6.1 反卷积网络

事实上，神经网络可视化的提出还是比较早的，只是当时人们还没有太重视而已。比如在揭开深度神经网络新篇章的AlexNet论文"ImageNet Classification with Deep Convolutional Neural Networks"中，作者就已经用到CNN的可视化手段了，如图18-43所示。

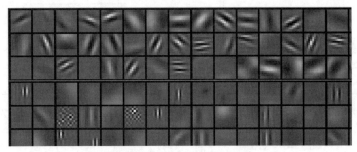

图18-43　AlexNet中的可视化

AlexNet针对第一个卷积层的96个11×11×3卷积核进行了可视化，其中前48个为GPU1的学习成果，余下的就是GPU2的杰作了。

AlexNet是如何实现可视化的呢？

这就涉及一项关键技术——反卷积(Deconvnet)了。不少人觉得反卷积这个命名不是特别好，它给人的第一感觉就是卷积的相反操作，但事实上并非如此。反卷积最早出现在"Adaptive deconvolutional networks for mid and high level feature learning"这篇论文中，是用于无监督学习的一种手段。当然，AlexNet主要使用它来做可视化，因而并不涉及训练的过程。

如图18-44所示，反卷积过程通常是由如下几个部分组成的。

● 非池化(Unpooling)。

● 矫正(Rectification)。

● 过滤(Filtering)。

可以看到，这个过程和神经网络模型的正向传导基本是相反的，而且它的输入是特征图，输出则是与神经网络原始输入一样大小的图像。

图18-44　反卷积处理核心过程

另外，ILSVRC 2013年度比赛的冠军ZFNet如果从网络结构上来看其实只是一个改良版的AlexNet。它的主要改进点在于：

(1) 第1层卷积层CONV1的卷积核从11×11步进4，改为7×7步进2。

(2) 第3～5层的卷积核数量从384、384及256分别上升到512、1024和512。

由此带来的改进效果是top-5错误率从AlexNet的16.4%下降到了11.7%。

相较于ZFNet在网络结构上所做的改进，业界普遍认为ZFNet的另一个创新点的意义更大，即运用"CNN可视化"这一利器去解释神经网络模型，同时以此为基础来发现网络模型中的潜在缺陷，并加以改进。

接下来分别做详细分析。

1. 非池化

图18-45展示了一个反卷积网络的工作流程，其中右上半部分是一个典型的CNN网络的处理过程，包括卷积、池化等；而左上半部分则是反卷积网络，它与右侧的处理过程基本上是相反的，最终重建得到一幅与右侧输入同尺寸的图像。

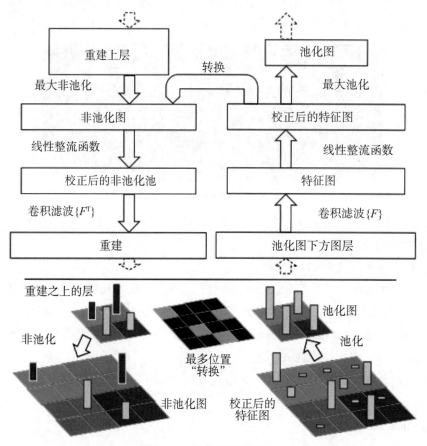

图18-45　反卷积处理流程

读者可能会有疑问——根据池化的定义(如图18-46所示的是最大池化)，其本身是一种不可逆的过程，那么又如何完成反池化操作呢？

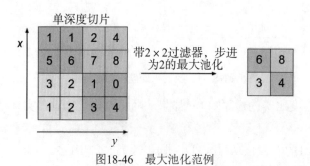

图18-46　最大池化范例

事实上我们并不能基于池化后的结果完全还原出其原始状态，但却可以结合"可视化"这一诉求来

"曲线救国"。具体操作过程是：记录下池化中最大值所在的位置坐标，然后在非池化过程中将此坐标的值激活，其他一律置0就可以了，如图18-47所示。

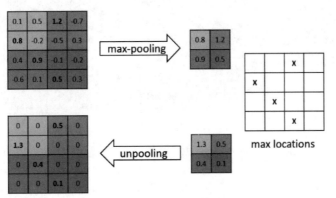

图18-47 最大非池化范例

以图18-47为例，上半部分是针对4×4大小的图进行最大池化的过程，而下半部分则是最大非池化的处理方法。比如我们在右侧的locations表格中记录下0.8的位置是第二行第一列。紧接着在执行最大非池化时，就可以首先在4×4大小的方格中将最大值依次填充上去，然后其他位置全部置0即可。

虽然这种方式不能完全还原出原始状态(这是不可能做到的)，但从实验结果来看仍然可以较好地完成我们的"可视化"工作。

2. 矫正

在AlexNet卷积神经网络中，作者采用了relu非线性函数来保证所有输出都为非负数，这个约束对于反卷积过程也是成立的。因此我们会将重构的信号送入relu函数中——这是第二个步骤。

3. 过滤

卷积层是CNN中最核心的组成元素，它可以通过各种核(Kernel)来提取图像特征，同时输出特征图。为了尽可能还原出原始图像，反卷积过程中也同样会涉及卷积操作，不过它们之间存在一些差异。

假设卷积层所使用的卷积核为{F}，那么反卷积层和它最大的区别在于，其卷积核是{F}的转置，如图18-48所示。

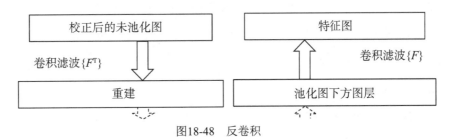

图18-48 反卷积

针对图18-49所示的网络结构，给出经过上面反卷积操作后的最终结果，如图18-50所示。

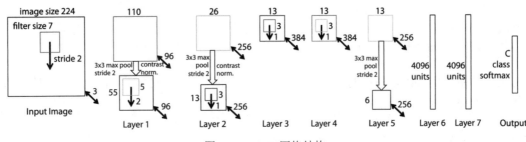

图18-49 CNN网络结构

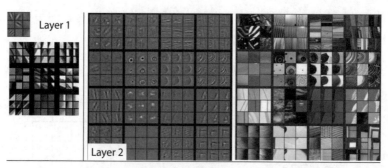

图18-50　反卷积结果

限于篇幅，只展示前两个层(Layer)的反卷积结果。

18.6.2　类别激活映射

类别激活映射(Class Activation Mapping，CAM)对应的论文是"Grad-CAM: Why did you say that? Visual Explanations from Deep Networks via Gradient-based Localization"。它的核心目标就是寻找出原图中能够对预测结果"负责"的那部分区域，并以热力图(Heat Map)的方式显示出来。

接下来直接基于keras的一个代码范例来理解CAM背后的原理，读者可以先参考如图18-51所示的CAM的实现效果。

(a) 原始输入图像　　　　　　　　(b) CAM得到的热力图

图18-51　CAM的实现效果范例

具体代码实现和注释如下。

```
from keras.applications.vgg16 import VGG16,preprocess_input, decode_predictions
from matplotlib import pyplot as plt
from keras.preprocessing import image
from keras import backend as K
import numpy as np
import cv2
K.clear_session()
model = VGG16(weights='imagenet')
```

首先完成一系列模块依赖关系的导入，并基于keras创建一个VGG16的ImageNet预训练模型。可以看到，在keras的辅助下很多工作确实便利了不少。

```
img_path = 'creative_commons_elephant.jpg'
```

```
img = image.load_img(img_path, target_size=(224, 224))
x = image.img_to_array(img)
x = np.expand_dims(x, axis=0)
x = preprocess_input(x)
```

完成图像的加载(尺寸为224×224)，将其转换为模型可以处理的格式，并做一些预处理。

```
preds = model.predict(x)
print('Predicted:', decode_predictions(preds, top=3)[0])
```

先检验一下模型的预测结果，如下所示。

```
Predicted: [('n02504458', 'African_elephant', 0.9094213), ('n01871265', 'tusker', 0.08618258), ('n02504013', 'Indian_elephant', 0.0043545924)]
```

可以看到预测结果是准确的。

其中，preds是未做Softmax之前的全连接层输出(参见如图18-52所示的VGG16网络结构图)，而decode_predictions可以看成代替Softmax完成了概率映射操作。

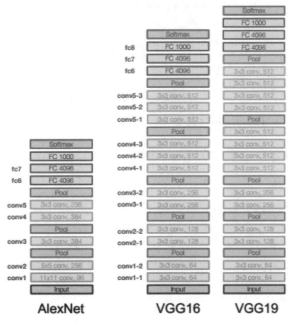

图18-52　VGG16网络结构

```
max = np.argmax(preds[0])
print(max)
```

紧接着利用numpy的argmax函数，找出preds中最大的那个值的序号，通过打印出来的max值可知是386，如下所示。

```
Predicted: [('n02504458', 'African_elephant', 0.9094213), ('n01871265', 'tusker', 0.08618258), ('n02504013', 'Indian_elephant', 0.0043545924)]
386
```

```
african_elephant_output = model.output[:, max]
last_conv_layer = model.get_layer('block5_conv3')
grads = K.gradients(african_elephant_output, last_conv_layer.output)[0]
```

得到了max值后，就可以从model.output中找到african_elephant这一类别在预测向量(Prediction Vector)中所对应的张量了。同时，model.get_layer得到的是VGG16的最后一个卷积层，它们二者再利用gradients函数来计算梯度值——我们在后续的原理分析时再具体讲解这么做的原因。其中，gradients的函数原型如图18-53所示。

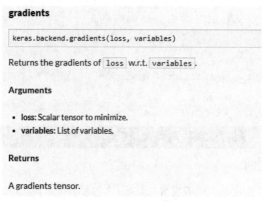

图18-53　gradients函数原型

另外，最后一个卷积层的输出尺寸为14×14×512。

```
pooled_grads = K.mean(grads, axis=(0, 1, 2))
```

经过梯度计算后，grads的尺寸是

$$shape=(?, 14, 14, 512)$$

因而执行mean后得到的pooled_grads的大小为(512,)。

```
iterate = K.function([model.input], [pooled_grads, last_conv_layer.output[0]])
pooled_grads_value, conv_layer_output_value = iterate([x])
```

K. function用于创建一个函数，它的原型如图18-54所示。

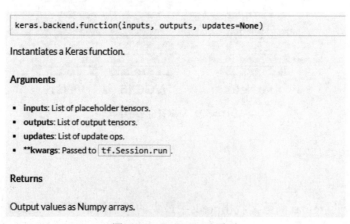

图18-54　K. function原型

简单来讲，这个函数可以在给定一幅图像的情况下(所以第一个参数是model.input)，得到前面定义的pooled_grads以及VGG16最后一个卷积层的输出(所以第二个参数是由两个变量组成的一个list)。实际上，keras并不会自己执行中间计算过程，而是交由当前所基于的后端(如Tensorflow、caffe等)来完成这一任务——这和我们使用Tensorflow的习惯也是一致的，即先定义一系列操作，然后通过Session.run来真正地执行。

```
for i in range(512):
    conv_layer_output_value[:, :, i] *= pooled_grads_value[i]
```

因为pooled_grads_value的大小是(512)，所以上述代码段中用到了一个for循环来逐一处理。针对每一个feature map，我们都计算它与pooled_grads_value的乘积。在接下来的学习中，我们会知道后者其实代表的是一种权重。而Grad-CAM与CAM相比的最大一个区别就在于它计算权重的方式更为便捷(不需要重新训练，不特别要求GAP层等)。

```
heatmap = np.mean(conv_layer_output_value, axis=-1)
heatmap = np.maximum(heatmap, 0)
heatmap /= np.max(heatmap)
```

针对计算后的conv_layer_output_value，我们首先应用了channel-wise mean，然后将它们normalize到[0,1]数值空间中。

```
plt.matshow(heatmap)
plt.show()
```

这里利用matshow把heatmap显示出来——这个函数也比较常用，它的原型描述如图18-55所示。

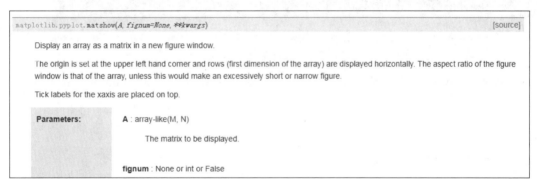

图18-55 matshow原型

在这个场景中，热力图如图18-56所示。

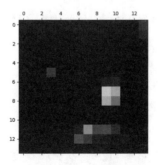

图18-56 热力图

其中，热力图中越亮，或者颜色越显著的地方，也就是激活度越高的区域。

```
img = cv2.imread(img_path)
##读取原始图片
heatmap = cv2.resize(heatmap, (img.shape[1], img.shape[0]))
```

```
##将heatmap的尺寸调整为和原图一致
heatmap = np.uint8(255 * heatmap)
##因为heatmap之前被normalize到[0,1]了，所以这里乘以255
heatmap = cv2.applyColorMap(heatmap, cv2.COLORMAP_JET)
##生成伪彩色图，这个函数接受多达12种模式，其中，COLORMAP_JET经常被用于产生各种各样的热力图
superimposed_img = heatmap * 0.4 + img
cv2.imwrite('./creative_commons_elephant_cam.jpg', superimposed_img)
```

最后，我们将热力图和原图进行叠加，然后保存下来，这样得到的结果就是最终的可视化效果图了。

读者可以实际执行一下上述代码，并仔细分析各个变量的含义。如果首次运行，keras会自动去下载所需的依赖元素，如vgg16，如下所示。

同时，keras会自动选择合适的backend去执行任务，如下所示。

当然，除了keras，也可以基于其他框架来实现Grad-CAM，例如Tensorflow。而且已经有不少研究人员提供了Tensorflow的实现版本，只要结合自己的实际情况进行修改就可以使用。

下面是Tensorflow版本的部分核心代码，供读者参考学习(https://github.com/insikk/Grad-CAM-tensorflow)。

```
#Create tensorflow graph for evaluation
eval_graph = tf.Graph()
with eval_graph.as_default():
    with eval_graph.gradient_override_map({'Relu': 'GuidedRelu'}):
        images = tf.placeholder("float", [batch_size, 224, 224, 3])
        labels = tf.placeholder(tf.float32, [batch_size, 1000])
        vgg = vgg16.Vgg16()
        vgg.build(images)
        cost = (-1) * tf.reduce_sum(tf.multiply(labels, tf.log(vgg.prob)), axis=1)
        #gradient for partial linearization. We only care about target
visualization class.
        y_c = tf.reduce_sum(tf.multiply(vgg.fc8, labels), axis=1)
        #Get last convolutional layer gradient for generating gradCAM visualization
        target_conv_layer = vgg.pool5
        target_conv_layer_grad = tf.gradients(y_c, target_conv_layer)[0]
        #Guided backpropagtion back to input layer
        gb_grad = tf.gradients(cost, images)[0]
        init = tf.global_variables_initializer()
```

```
#Run tensorflow
with tf.Session(graph=eval_graph) as sess:
    sess.run(init)
    prob = sess.run(vgg.prob, feed_dict={images: batch_img})
    gb_grad_value, target_conv_layer_value, target_conv_layer_grad_value
= sess.run([gb_grad, target_conv_layer, target_conv_layer_grad], feed_dict={images:
batch_img, labels: batch_label})
    for i in range(batch_size):
        utils.print_prob(prob[i], './synset.txt')
        # VGG16 use BGR internally, so we manually change BGR to RGB
        gradBGR = gb_grad_value[i]
        gradRGB = np.dstack((gradBGR[:, :, 2],gradBGR[:, :, 1],gradBGR[:, :, 0],))
        utils.visualize(batch_img[i], target_conv_layer_value[i], target_conv_layer_
grad_value[i], gradRGB)
```

另外，还有"热心人士"把它们包装成了更简单易用的工具，比如Darkon(http://darkon.io/)，在后续工具篇章中还会有所介绍。

18.6.3　LIME

"解释一个模型"本身应该怎么理解呢？针对人类来说，它指的是提供可视化的文字或者图像来让人们可以直观地理解模型是基于什么理由给出的预测结果。更通俗一点儿来讲，就是模型"自证清白"的过程。

如图18-57所示的范例中描述了一个用于"辅助看病"的模型向医生证实其可信的过程：模型不但要给出它的预测结果——流感，而且提供了得出这一结论的依据——打喷嚏、头痛以及不疲劳(反例)。这么做才能让医生有理由相信，它的诊断是有理有据的，从而避免"草菅人命"的悲剧发生。

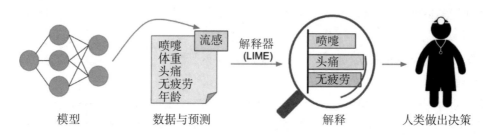

图18-57　解释一个模型

如果读者做过机器学习项目，那么可能遇到过这样的困惑：明明模型在训练时的准确率很高，但上线后的效果却大打折扣。导致这个问题的潜在因素很多，而其中有两个是我们必须要高度重视的。

(1) 数据泄漏(Data Leakage)。

请参见Shachar Kaufman等人所著的论文"Leakage in Data Mining:Formulation, Detection, and Avoidance"。

(2) 数据移位(Dataset Shift)。

请参见MIT Joaouin Quiñonerc-Candela等人所著的论文"Dataset Shift In Machine Learning"。

所谓"当局者迷"，我们总会倾向于"高估"自己的模型，而利用CNN可视化，可以在一定程度上解决或者缓解这个困惑。

当然，可视化还有其他一些好处，比如作者提到的可以帮助人们在多个模型中选择最优秀的实现，如图18-58所示。

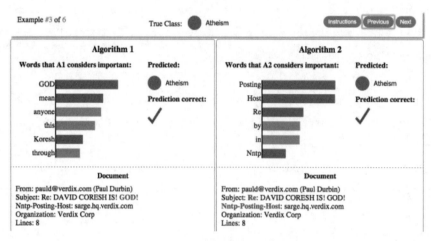

图18-58　可视化助力模型择优

上面这个例子告诉我们，训练时精度更高的算法模型事实上并不一定可信。因为从可视化过程来看，它所基于的"论据"并不能有效支撑它的"论点"。

接下来将从多个维度来讲解LIME。

1. 解释器的核心特征

在LIME对应的论文中，作者提出了解释器需要具备的几个核心特征，如下所述。

(1) 可解释性(Interpretability)。这一点是毋庸置疑的，在前面也已经强调过了。

(2) 局部忠诚(Local Fidelity)。解释器至少要是局部忠诚的，即对于被评估的样本可以很好地反映出模型的优劣。

(3) 模型无关(Model-agnostic)。这一点不难理解，即解释器与被评估模型之间是独立的，或者说模型可以被当成黑盒来处理。

(4) 全局视野(Global Perspective)。全局视野，即评估模型不能采用片面的指标。比如之前所举的例子中，模型在训练时的高精度未必是最好的评估指标。

LIME所提供的解释器的原理就是基于上述几个核心特征展开的，下面将做详细分析。

2. LIME原理

LIME是局部可解释模型不可知论解释(Local Interpretable Model-agnostic Explanations)的缩写，它的关键目标就是让模型以可解释的方式呈现出来。前面讲解了它所遵循的几个原则，不难理解，其实这些原则也已经体现在了它的名字中了。

接下来逐一分析LIME是如何践行这些原则的。

1) 局部可解释(Local Interpretable)

如图18-59所示，不同的颜色区域代表的是模型(对我们而言是黑盒的)的decision function(f)针对不同预测对象的输出结果。很明显这是一个复杂的模型，我们不能用一个线性模型(Linear Model)来轻易拟合它。但是我们却可以做到局部可解释——假设图中大的十字叉表示的是被预测对象(Instance)，那么通过一些扰动方法可以产生若干其他相邻的被预测对象，并利用f来获取模型对它们的预测结果。然后就可以基于这些数据集得到一个局部忠诚的线性模型。

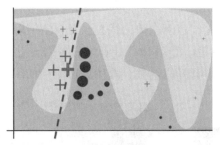

图18-59　LIME原理的直观理解

这样讲解读者可能觉得比较抽象，接下来以一个图像分类为例来做进一步分析，如图18-60所示。

(a) 原图　　　　　(b) 可解释的组件

图18-60　LIME针对图像分类的解释原理

假设需要被解释的对象是图18-60(a)，而且模型给出的top-3预测结果分别是：

```
tree frog
pool table
balloon
```

我们的问题是：在不了解模型内部实现的前提条件下，如何有效获知模型是基于图像中的哪些部位分别给出了上述三种预测结果的呢？

结合前面几节的分析，有一种办法看上去是既简单又有可行性的——如果遮掩原图中的若干部位，然后观察模型的预测结果变化，不就可以知晓不同部位对于结果值的"贡献"了吗？

其实LIME的原理就这么简单，只不过真正实现起来还有不少问题要解决，例如：

(1) 如何切分图像。

如果以像素为单位，那显然效率会非常低。所以LIME作者的做法是将具备相似颜色、纹理等特征的相邻像素点组成"块"来组成基础的处理单元，并称之为超像素(Super-pixels)。具体的实现算法有很多，比如quickshift、slic等。LIME就是使用了scikit-image库提供的这些算法来实现的。这一点可以从它的开源代码(https://github.com/marcotcr/lime)中了解到，如图18-61所示。

```
class SegmentationAlgorithm(BaseWrapper):
    """ Define the image segmentation function based on Scikit-Image
        implementation and a set of provided parameters

        Args:
        algo_type: string, segmentation algorithm among the following:
            'quickshift', 'slic', 'felzenszwalb'
        target_params: dict, algorithm parameters (valid model paramters
            as define in Scikit-Image documentation)
```

图18-61　scikit-image库的开源代码

(2) 如何选取不同部位的组合。

显然图像的分割部位越多，那么它们的潜在组合情况自然也越多——通过穷举来完成不同部位的选择和验证在理论上是可行的，但不是一个明智的选择。

LIME的作者另辟蹊径，他们通过有限次数的数据扰动(将某些部分变为灰色)来产生一个数据集，基于此数据集训练出一个简单的模型，然后利用后者来做拟合。这样一来只要将具有最高权重的一些super-pixels接合起来，就可以得到可解释的结果。具体处理流程如图18-62所示。

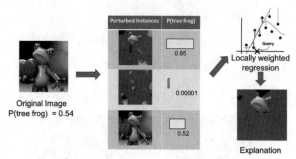

图18-62　LIME的具体处理流程

2) 模型不可知论(Model Agnostic)

根据上面的讲解，不难看出LIME的实现原理与具体的模型框架确实是完全解耦的。换句话说，它自然是满足Model Agnostic这一原则的。

而且利用LIME，还可以得到模型针对上述树蛙(Tree Frog)图像给出的预测结果中包含台球桌(Pool Table)和气球(Balloon)"的原因，如图18-63所示。

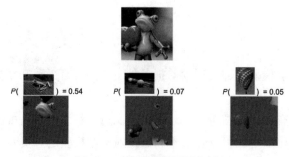

图18-63　模型预测原因分析

从图18-63中不难发现，这些支撑模型给出类别(中：台球桌；右：热气球)预测结果的重要部位，确实和该类别的特征是相匹配的。

3. LIME实践

下面以Inception v3模型为例，讲解基于LIME的可视化实践。

首先需要安装LIME，参考如下命令。

```
pip install lime
```

模型采用的是keras提供的预训练的Inception v3 model(参见https://keras.io/applications/)。

使用LIME来完成可视化的核心代码段如下。

```
from keras.applications import inception_v3 as inc_net
… ##导入各种依赖模块
inet_model = inc_net.InceptionV3() ##inception v3模型，keras会负责下载并加载weights
##接下来加载并预处理图像
img_path = 'asian-african-elephants.jpg'
```

```
img = image.load_img(img_path, target_size=(224, 224))
x = image.img_to_array(img)
x = np.expand_dims(x, axis=0)
x = preprocess_input(x)
preds = inet_model.predict(x)  ##利用inception v3来做预测
from imagenet_decoder import imagenet_decoder
top5_result = imagenet_decoder(preds)  ##将结果值与label结合起来，并打印出来
print(top5_result)
```

预测的top-5结果如图18-64所示。

```
[('Indian elephant, Elephas maximus', 385), ('African elephant, Loxodonta africana', 386), ('tusker', 101),
('African chameleon, Chamaeleo chamaeleon', 47), ('swimming trunks, bathing trunks', 842)]
```

图18-64　预测的top-5结果

```
explainer = lime_image.LimeImageExplainer()
explanation = explainer.explain_instance(x[0], inet_model.predict,
top_labels=5,
hide_color=0,
num_samples=1000)  ##只需要调用一个函数就可以实现可视化
Indian_elephant =385  ##类别所对应的index值
temp, mask = explanation.get_image_and_mask(Indian_elephant, positive_only=True, num_
features=5, hide_rest=True)
plt.imshow(mark_boundaries(temp / 2 + 0.5, mask))  ##针对重要部位做mask操作
plt.show()
```

最终效果图如图18-65所示。

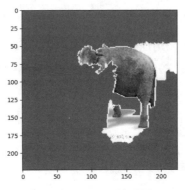

图18-65　LIME效果图

还可以把模型预测某个类别(Class)的优缺点(Pros and Cons)展示出来，示例代码如下。构成预测结果的优缺点如图18-66所示。

```
temp, mask = explanation.get_image_and_mask(Indian_elephant, positive_only=False, num_
features=10, hide_rest=False)
plt.imshow(mark_boundaries(temp / 2 + 0.5, mask))
```

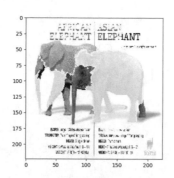

图18-66　构成预测结果的优缺点

其中，优点部分显示为绿色(主要集中在左侧大象的上半区域)，缺点部分则为红色(主要集中在右侧大象的背部和腿部)。

18.6.4　可视化集成工具Darkon

Darkon是一个免费并且开源的项目，官方网址如下：

http://darkon.io/

接下来以pretrained Inception v3 model为例，来讲解如何利用Darkon来理解CNN的内部工作机制。

Step1：对应的模型可以从以下网址获取到。

http://download.tensorflow.org/models/image/imagenet/inception-2015-12-05.tgz

Step2：通过tensorboard可视化，可以看到这是一个标准的Inception v3结构的网络(确保下载的模型是我们所期望的)。如图18-67所示是其中的一部分。

图18-67　利用tensorboard来检查网络结构

Step3：准备好模型后，可以通过调用Darkon提供的API来实现CNN的可视化。比如下面的范例中展示了使用Darkon来完成resnet_v1可视化的一些核心要点(黑色加粗部分)。

```
...
import darkon ##引入一系列依赖模块
tf.reset_default_graph()
nclasses = 1000 ##告知Darkon该模型预测的类别数量
inputs = tf.placeholder(tf.float32, [1,224,224,3]) ##该模型的输入
#加载resnet50
with slim.arg_scope(resnet_v1.resnet_arg_scope()):
    net, end_points = resnet_v1.resnet_v1_50(inputs, nclasses, is_training=False)
#恢复预训练的模型
saver = tf.train.Saver(tf.global_variables())
check_point = 'resnet_v1_50.ckpt'
sess = tf.InteractiveSession()
```

```
saver.restore(sess, check_point)
graph = tf.get_default_graph()
print(darkon.Gradcam.candidate_featuremap_op_names(sess, graph)[-5:])##打
```
印候选的feature map。如果你自己清楚应该如何正确设置下面的conv_name的话,那么这一步是可选的
```
conv_name = 'resnet_v1_50/block4/unit_3/bottleneck_v1/Relu' ##Grad-Cam所依赖的最后一个卷
```
积层。可以结合前面Grad-CAM章节的原理分析来理解
```
insp = darkon.Gradcam(inputs, nclasses, conv_name, graph = graph) ##构造Gradcam
image1 = cv2.imread('cat_dog.png') ##加载图片资源
image1_cvt = cv2.cvtColor(image1, cv2.COLOR_BGR2RGB)
plt.imshow(image1_cvt)
image1 = image1.astype(np.float)
probs = insp._prob_ts
probs_eval = sess.run(probs,feed_dict={inputs:np.reshape(image1,(1,224,224,3))}) ##利用
```
模型来做预测
```
top5_result = imagenet_decoder(probs_eval) ##将预测结果与ImageNet的label结合起来
print(top5_result)
##开始绘制Grad-CAM和Guided Grad-CAM的结果
fig, axes1 = plt.subplots(2, 5, figsize=(30, 10))
for j in range(5):
    ret = insp.gradcam(sess, image1, top5_result[j][1])
    axes1[0][j].set_axis_off()
    axes1[0][j].imshow(cv2.cvtColor(ret['gradcam_img'], cv2.COLOR_BGR2RGB))
    axes1[0][j].set_title('{}_gradcam_img'.format(top5_result[j][0]))
    axes1[1][j].set_axis_off()
    axes1[1][j].imshow(cv2.cvtColor(ret['guided_gradcam_img'], cv2.COLOR_BGR2RGB))
    axes1[1][j].set_title('{}_guided_gradcam_img'.format(top5_result[j][0]))
plt.show()
```

可以参考Darkon官方提供的效果图,如图18-68所示。

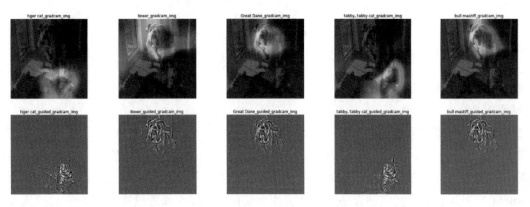

图18-68 Darkon效果图

不难看出,Darkon在CNN可视化方面还是相当简单易用的,建议有兴趣的读者可以实际试用
一下。

18.7 Auto ML

我们知道，无论是LeNet、AlexNet、GoogLeNet，抑或是ResNet等经典的深度神经网络，无一不是人工设计出来的。它们在获得各项大赛冠军的背后，其实凝聚了很多顶尖学者、开发人员夜以继日、辛勤工作的汗水。

这种情况似乎已经成为深度学习领域的一种常态。

对于这一领域的工作人员来说，即便他们已经具备了丰富的经验，在面对新项目时仍然需要大量的调参工作才有可能取得较好的效果。人们越来越意识到这一问题的严重性了。

2017年NIPS大会上，Test of Time Award获奖者Ali Rahimi发表的演讲中将机器学习形容为"炼金术"，即它的构建过程除了搭网络、调参数，更多的就是靠运气了。因而他希望机器学习的世界应该建立在更严格、更周密、可验证的知识体系之上，而不是没有规律的盲目尝试。

国内外的很多著名大学教授也陆续提出了类似观点，也有的人调侃深度神经网络的训练过程已经沦落成和"修补衣裤"类似的"街头手艺"。让人揶揄之余，却也体现了当前机器学习的一些无奈。

正所谓有需求就有市场，可以看到不少学者已经开始尝试解决上述问题了。虽然到目前为止还没有形成完整的解决方案，不过在某些方向上已经可以看到一些进展了。

除前面所述的模型可视化外，Auto ML可以说是其中的一个"先行者"。

Google在2017年的I/O大会上正式对外公布了Auto ML，随后它的两位作者Quoc Le和Barret Zoph将这一研究成果分享在了Google blog上。另外，也可以在arXiv上找到与之相关的一篇论文"Neural Architecture Search with Reinforcement Learning"。

值得一提的是，Auto ML其实是比较宽泛的概念，理论上应该包含整个模型从数据到训练等端到端的自动化构建流程。只不过当前提到的Auto ML更多是指模型算法选择、超参数调优等个别环节的自动化。

Google Auto ML的基础框架如图18-69所示。

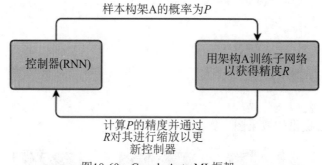

图18-69　Google Auto ML框架

(引用自"Neural Architecture Search with Reinforcement Learning")

它主要由以下两部分组成。

(1) 基于RNN的一个控制器。

(2) 由控制器生成的子网络。

简单而言，Google Auto ML有点儿类似于强化学习——控制器对应的是智能体(Agent)，而由它生成的子网络(Child Network)及验证子网络效果的整套工具(训练、测试、评估等)对应的是环境(Environment)。每次针对子网络的评估结果都会作为奖励(Reward)或者反馈(Feedback)返回给控制器，以供后者调整自己的策略，并在下一轮循环中产生更优秀的子网络。可见它的基本思路并不算太复杂。

那么Google Auto ML的效果如何呢？

从前述论文中，可以找到它针对CIFAR-10数据集所做的实验。其中，Auto ML和其他主流网络框架的效果对比如图18-70所示。

模型	深度	参数	错误率/%
Network in Network (Lin et al., 2013)	-	-	8.81
All-CNN (Springenberg et al., 2014)	-	-	7.25
Deeply Supervised Net (Lee et al., 2015)	-	-	7.97
Highway Network (Srivastava et al., 2015)	-	-	7.72
Scalable Bayesian Optimization (Snoek et al., 2015)	-	-	6.37
FractalNet (Larsson et al., 2016)	21	38.6M	5.22
with Dropout/Drop-path	21	38.6M	4.60
ResNet (He et al., 2016a)	110	1.7M	6.61
ResNet (reported by Huang et al. (2016c))	110	1.7M	6.41
ResNet with Stochastic Depth (Huang et al., 2016c)	110	1.7M	5.23
	1202	10.2M	4.91
Wide ResNet (Zagoruyko & Komodakis, 2016)	16	11.0M	4.81
	28	36.5M	4.17
ResNet (pre-activation) (He et al., 2016b)	164	1.7M	5.46
	1001	10.2M	4.62
DenseNet ($L = 40, k = 12$) Huang et al. (2016a)	40	1.0M	5.24
DenseNet($L = 100, k = 12$) Huang et al. (2016a)	100	7.0M	4.10
DenseNet ($L = 100, k = 24$) Huang et al. (2016a)	100	27.2M	3.74
DenseNet-BC ($L = 100, k = 40$) Huang et al. (2016b)	190	25.6M	3.46
Neural Architecture Search v1 no stride or pooling	15	4.2M	5.50
Neural Architecture Search v2 predicting strides	20	2.5M	6.01
Neural Architecture Search v3 max pooling	39	7.1M	4.47
Neural Architecture Search v3 max pooling + more filters	39	37.4M	3.65

图18-70　Google Auto ML和主流神经网络框架效果对比

Google Auto ML一经推出即得到了业界很大的反响，吸引了越来越多的专家学者投入这一方向。当然，它的两位作者也在有针对性地做持续优化工作。例如，在最近的版本中，他们已经将Auto ML应用到了ImageNet图像分类和COCO对象检测等数据集中，并提出了"NASNet"的概念，如图18-71所示。

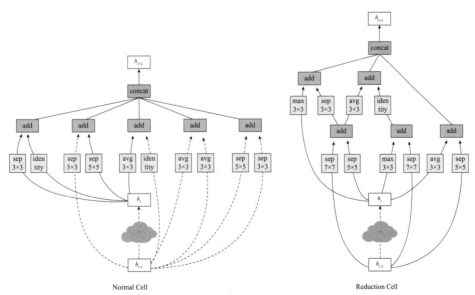

图18-71　Google Auto ML NASNet

对应的论文是"Learning Transferable Architectures for Scalable Image Recognition"。

建议读者可以阅读本节所提到的相关论文来进一步分析Auto ML的实现细节。相信随着模型可解释性、Auto ML等研究工作的持续开展和演进，机器学习在不久的将来一定能够真正摆脱"炼金术"的尴尬，成为人们可以熟练控制和掌握的一项基础技能。

19.1　CV发展简史

首先来了解一下计算机视觉(Computer Vision，CV)领域的发展简史。

从动物学家针对化石的研究中，人们发现生物的视觉系统大概起源于5亿4千3百万年前——在那之前，地球上只存活着非常少的一些物种。而之后短短的1000万年间，物种数量却呈现出了爆炸式的增长(如图19-1所示)。虽然人们还无法完全揭晓那一段历史时期内所发生的具体事情，但业界目前一个普遍的观点就是：视觉系统的出现和不断完善迫使不同物种间的竞争加剧，进而极大地缩短了它们的进化时间，最终导致了大爆炸现象的出现。

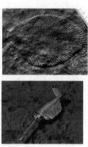

图19-1　物种进化大爆炸示例

视觉系统对于哺乳动物，特别是人类的重要性，是不言而喻的。经过漫长的进化过程，视觉已经成为人类感知世界最为重要的一个神经系统。人类视觉系统简图如图19-2所示。

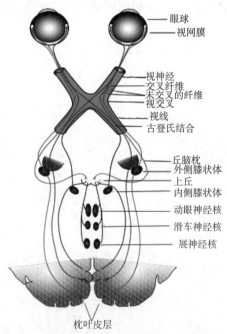

眼球
视网膜
视神经
交叉纤维
未交叉的纤维
视交叉
视线
古登氏结合
丘脑枕
外侧膝状体
上丘
内侧膝状体
动眼神经核
滑车神经核
展神经核

枕叶皮层

图19-2　人类视觉系统简图(Wikipedia)

相对于生物视觉系统漫长的进化历程，计算机视觉显然是"非常年轻而且稚嫩"的，因为人们是从20世纪50年代才开始尝试赋予计算机系统这一重要的感知能力。而且，这个学科的涉及面比较宽泛，它不仅依赖于计算机科学知识，同时还涉及生物学、数学、神经科学等多个领域，如图19-3所示。

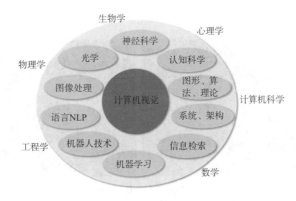

图19-3　计算机视觉是一门交叉学科

探索计算机视觉的道路可以说是非常曲折的，即便到了今天人们也不敢拍着胸脯说已经解决了这个领域的所有问题——甚至恰恰相反，计算机视觉仍然有很多障碍和瓶颈还未解决。例如，对于人类而言非常简单的图像识别任务，对于计算机来讲却困难重重，典型难点如下。

典型难点1：光照问题，如图19-4所示。

图19-4　光照问题

可以看到，不同光照条件下的物体形态各异，这将大大增加计算机系统的识别难度。

典型难点2：遮挡问题，如图19-5所示。

图19-5　遮挡问题

遮挡在计算机视觉中也是一个常见的问题。对于人类而言，即便只能看到猫的身体的一部分(比如尾巴、头)，也能够快速、准确地识别出来。

典型难点3：背景干扰，如图19-6所示。

图19-6　背景干扰

典型难点4：姿势形态，如图19-7所示。

图19-7　姿势形态

当然，这并不代表人类在这个领域一无所获。应该说，人们在多年的探索过程中，已经取得了不少阶段性的进展。

(1) 20世纪50年代：研究生物视觉工作原理。

人们总是在探索着他们所处世界中的万事万物——这其中当然包括人类自身。20世纪50年代左右，生物学家们做了很多努力来试图理解动物的视觉系统，其中比较有名的是Hubel和Wiesel的一些研究成果。他们从电生理学的角度来分析猫(据说选择猫的原因在于它和人类的大脑比较相近)的视觉皮层系统，从中发现了视觉通路中的信息分层处理机制，并提出了感受野的概念，实验示意图如图19-8所示。他们也因此获得了诺贝尔生理学或医学奖。

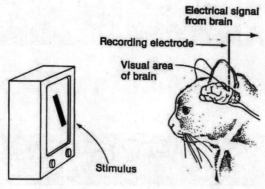

图19-8　Hubel和Wiesel的实验示意图

(2) 20世纪60年代。

严格意义上来讲，计算机视觉是在20世纪60年代逐步发展起来的。这个时期还诞生了人类历史上的第一位计算机视觉博士，即Larry Roberts。他在1963年撰写的论文"Machine perception of three-dimensional solids"中将物体简化为几何形状(立方体、棱柱体等)来加以识别(如图19-9所示)。当时人们相信只要提取出物体形状并加以空间关系的描述，那么就可以像"搭积木"般拼接出任何复杂的三维场景。人们的研究热情空前高涨，研究范围遍布角点特征、边缘、颜色、纹理提取以及推理规则建立等很多方面。

随后的1966年，MIT举办了一个名为"Summer Vision Project"的活动，与会人员"雄心勃勃"地希望在一个暑假的时间里彻底解决计算机视觉问题。虽然这个活动没能达到预期的目的，但随后几十年人们对于计算机视觉的热情却持续高涨，其影响范围也蔓延到了全世界。

(3) 20世纪70～80年代。

MIT的人工智能实验室在这一时期的计算机视觉领域中发挥了相当积极的推动作用。一方面，它于20世纪70年代设置了机器视觉(Machine Vision)课程；同时人工智能实验室还吸引了全球很多研究人员参与到计算机视觉的理论和实践研究中。

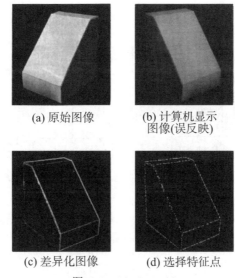

(a) 原始图像　　(b) 计算机显示图像(误反映)

(c) 差异化图像　　(d) 选择特征点

图19-9　Block world

其中，David Marr教授在计算机视觉理论方面做出了非常多的贡献。他融合了心理学、神经生理学、数学等多门学科，提出了有别于前人的计算机视觉分析理论，并在前后二十年的时间里影响了这一领域的发展。他的主要著作是*Vision: A computational investigation into the human representation and processing of visual information*(由于David在1980年不幸病逝，这本书据说是由其学生归纳总结出来的)，书中将视觉识别过程划分为三个阶段，如图19-10所示。

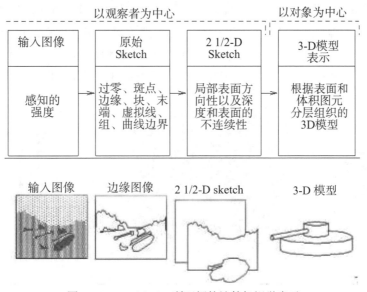

图19-10　David Marr所理解的计算机视觉表示

(4) 20世纪80年代。

20世纪80年代，逻辑学和知识库等理论在人工智能领域占据了主导地位。人们试图建立专家系统来存储先验知识，然后与实际项目中提取的特征进行规则匹配。这种思想也同样影响了计算机视觉领域，于是诞生了很多这方面的方法。例如，David G. Lowe在论文"Three-Dimensional Object Recognition from Single Two-Dimensional Images"中提出了基于知识的视觉(Knowledge-based Vision)的概念，如图19-11所示。有兴趣的读者可以下载论文了解详情。

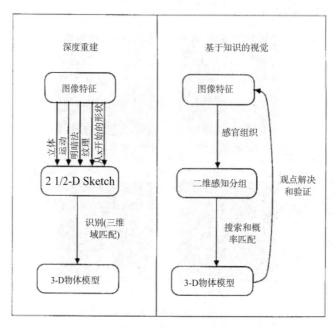

图19-11　基于知识的视觉

(5) 20世纪90年代。

此时计算机视觉虽然已经发展了几十年，但仍然没有得到大规模的应用，很多理论还处于实验室的水平，离商用要求相去甚远。人们逐渐认识到计算机视觉是一个非常难的问题，以往的尝试似乎都过于"复杂"，于是有的学者开始"转向"另一个看上去更简单点儿的方向——图像分割(Image Segmentation)。后者的目标在于运用一些图像处理方法将物体分离出来，以此作为图像分类的第一步。

另外，伴随着统计学理论在人工智能中的逐渐"走红"，计算机视觉在20世纪90年代也同样经历了这个转折。学者们利用统计学手段来提取物体的本质特征描述(如图19-12所示)，而不是由人工去定义这些规则。这一时期产生的多种基础理论直到现在还有广泛的应用，例如图像搜索引擎。

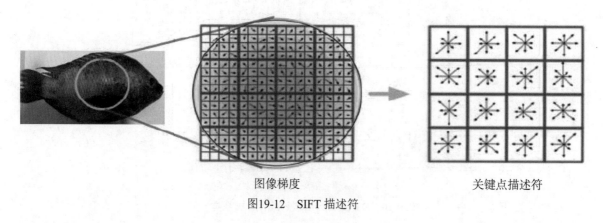

图像梯度　　　　　　　　　　　　关键点描述符
图19-12　SIFT 描述符

(6) 21世纪初。

随着机器学习的兴起，CV领域开始取得一些实际的应用进展。例如，Paul Viola和Michael Johns等人利用Adaboost算法出色地完成了人脸的实时检测，并被富士公司应用到商用产品中；同时SPM、HoG(如图19-13所示)、DPM等经典算法也如"雨后春笋"般涌现了出来。

输入图像

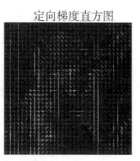
定向梯度直方图

图19-13 HoG示例

(7) 2010年之后：CNN大放异彩。

大家有幸正在经历人工智能大爆发的这个历史阶段——包括计算机视觉在内的多项人工智能领域取得了长足的进步。从其他章节的学习中，我们知道这主要归功于如下几个原因。

① 计算机运算能力呈现指数级的增长。

② ImageNet、PASCAL等超大型图片数据库(见图19-14)使得深度学习训练成为可能(注：大型图片数据库虽然在2000年后期就已经出现了，但真正大放异彩还是在最近十年)，同时，业界一些极具影响力的竞赛项目(例如ILSVRC)激励了全世界范围内的学者们竞相加入，从而催生了一个又一个优秀的深度学习框架。

图19-14 大型图片数据库

③ 模型算法的不断演进革新。

本章后续内容中，将围绕视觉识别这个任务，有选择地剖析业界的一些经典的CNN模型框架。

19.2 视觉识别概述

视觉识别具体包含哪些任务？读者可能会在脑海中浮现：图像分类、目标识别、图像分割、图像定位等。这么多五花八门的名词，它们之间究竟有什么关系呢？在深入讲解视觉识别算法之前，很有必要先来把一些基本术语和概念理顺了。

这里借用斯坦福大学cs231n课程上的一幅图来让大家有一个直观的感受，如图19-15所示。

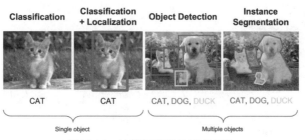

图19-15 计算机视觉的核心任务

图19-15非常清晰地描述了几种CV任务以及它们之间的关系，即：

(1) Classification (分类)。也就是输入为一幅画，分类器需要给出这幅图中描述的主体的类别归属。比如图19-15中的"主角"是一只猫、一只狗或者一个人等。

(2) Localization (定位)。分类只能告诉我们图片的类别归属，但并没有指出主体在图片中的具体位置，后者是由Localization来完成的。当然，通常大家会将分类和定位作为整体算法来研究，从而直接输出主体归属类别以及它在图片中的位置、大小等完整信息。

(3) Object Detection (目标识别)。前面的分类和定位针对的是图片中只有一个主体的情况，显然这还不够。比如你的家里养了猫、狗、乌龟等一堆动物，它们的大合照自然也就成为"多目标"识别的问题了。我们所说的目标识别简单来讲就是多物体+分类+定位，这也是在工业界应用最为广泛的一个视觉识别场景。

(4) Instance Segmentation (个体分割)。个体分割算法既要知道一幅图片中有哪些物体、它们的位置，而且还需要把物体的轮廓精准地界定出来，因而它的实现难度理论上会更高，算法也会复杂一些。

理解了几种CV任务后，接下来再来开开脑洞，思考一下如何针对各任务设计出有效的算法实现呢？

1. 分类+定位

分类和定位属性如表19-1所示。

表19-1　分类和定位属性

任务	输入	输出	评价指标	描述
分类	图像	分类标签	准确率	→ CAT
定位	图像	(x,y,w,h)	交并比(IoU)	→ (x, y, w, h)

首先，分类任务可以采用基于CNN的模型来完成，这是CNN的"传统强项"。结合ImageNet等图像数据库提供的大量已经标注好分类结果的图片资源，这个任务通常会有比较好的表现。

其次，在完成分类任务的基础上，如何扩展出定位功能？

下面是一些潜在的思路。

思路1：改造分类的神经网络，让它可以输出定位信息，如图19-16所示。

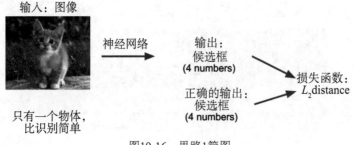

图19-16　思路1简图

具体来讲，可以细分为如下几个步骤。

Step1：利用AlexNet、VGG等分类算法构造并训练出分类模型，如图19-17所示。

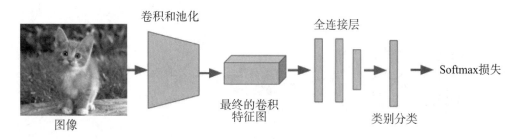

图19-17 构造并训练分类模型

Step2：改造上述模型，并在尾部添加可以输出定位结果的网络层，如图19-18所示。

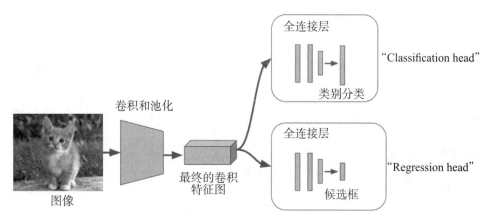

图19-18 添加网络层

Step3：利用SGD和L_2 Loss(L_2损失)来单独训练可以输出定位信息的新增网络层，如图19-19所示。

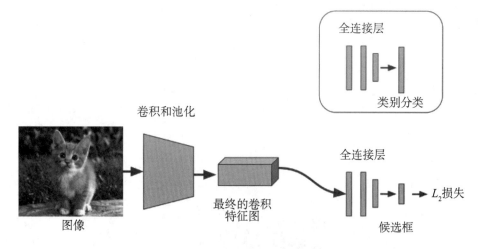

图19-19 训练新增网络层

Step4：在应用时同时使用分类和定位两种能力，如图19-20所示。

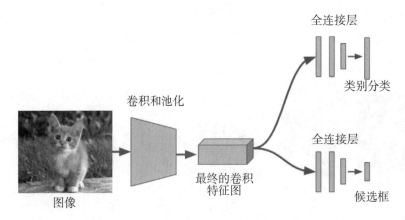

图19-20　分类+定位

当然，在改造分类网络结构并扩展定位网络能力层时，可以有多种添加位置。例如，图19-21中分别添加在了最后一个卷积层(VGG的实现)，以及最后一个全连接层后面(R-CNN的实现)。

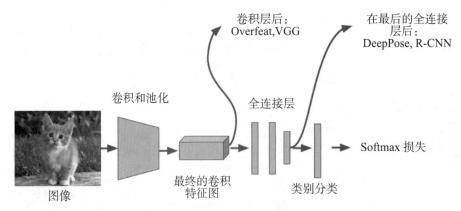

图19-21　改造网络结构

思路2：通过滑动窗口来做定位。

除了第一种思路，其实还可以有很多其他的解决方案。例如，不一定要计算出物体的位置，而是换一种思路——每次都"猜测"一下物体的位置，然后验证猜测的准确性。具体来讲，就是如下几个步骤。

Step1：选取一个框大小。

Step2：分别用这个框去选择原图中的不同区域。

Step3：计算所选区域的得分。

Step4：得分最高的就是要找的。

示意图如图19-22和图19-23所示。

图19-22　框选左上角得到的分数

网络输入：　　　　更大的图像：　　　　分类分数：$P(\text{cat})$
$3 \times 221 \times 221$　　$3 \times 257 \times 257$

图19-23　框选右下角得到的分数

读者应该会有疑问：框的大小如何确定呢？

最简单但也是最低效的办法，就是采用各种各样尺寸的框，然后逐一去做尝试，如图19-24所示。

图19-24　尝试各种尺寸的框

这种"笨办法"显然缺乏"技术含量"，同时还会浪费大量的计算和时间资源。所以我们希望可以寻找到更为高效的办法。至少可以先把原先的全连接层改为卷积层，如图19-25所示。

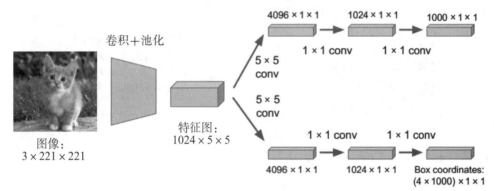

图19-25　将全连接层改为卷积层

其他的优化方式会和后面的目标识别结合起来一起讲解。

再来看下针对分类和定位的任务业界都有哪些有名的算法，以及它们的方案特点。

(1) AlexNet。

只能做图像分类，不能定位。

(2) Overfeat。

对应的论文是"OverFeat: Integrated Recognition, Localization and Detection using Convolutional Networks"，其中，Overfeat这个词代表的是"Along with this paper, we release a feature extractor named 'OverFeat'"，也就是类似于SIFT和HOG这样的特征算法。Overfeat主要把网络分成两部分：前面1～5层可以看作特征提取部分，而后面的网络层则可以供各种不同的任务来完成各自的功能，比如定位、检测等。它利用各种尺寸的框和位置来做物体定位，同时会考虑相交框的合并问题(和前述讲的思想基本类似)。

(3) VGG。

2014年的VGGNet的核心思想在于通过多层小核卷积层来代替大核卷积层，这也是它受欢迎的原因之一。同时相对于Overfeat，它可以不用考虑那么多的框尺寸和位置，所以效率和准确性都得到进一步提升。

(4) ResNet。

采用了一种名为"区域生成网络"的定位方法，并且引入了残差层的思想。由图19-26可以看到，基于深度神经网络的定位错误率在逐年下降。

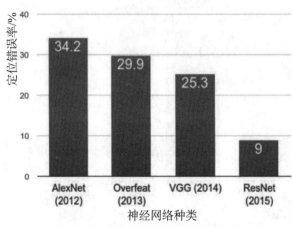

图19-26　几种深度神经网络的定位错误率对比

2. 目标识别

在目标识别场景中，需要在一幅图片中识别并定位出不止一种物体，这样一来，实现难度显然又增加了。也就是输出类似如图19-27所示这样的结果。

图19-27　定位多种物体

我们来思考一下，有哪些潜在的解决方案。

思路3：利用回归的思路来解决。

这个方案和前面"分类+定位"小节中的"思路1"有点儿类似。如图19-28所示的是针对包含两个物体图像的期望输出结果。

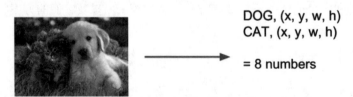

图19-28　两个物体的识别结果

当图像中包含更多物体时，采用回归(Regression)的方式得到的是如图19-29所示的结果。

图19-29　多个物体的识别结果

换句话说，采用这种方法会强依赖于被识别物体的数量，所以并非最佳方案。

思路4：结合窗口和图像分类来做识别。

也就是先框选出原图中的部分区域，然后来做分类，如图19-30所示。

图19-30 框选后分类

这似乎是一种可行的办法，但是缺点也很明显，就是要耗费大量的时间和资源来尝试各种框的大小和位置。有什么解决办法呢？

假如我们可以通过一些手段，预先得出一系列"高潜"的框，那自然会比漫无目的的尝试好很多。道理当然是没错的，关键是如何识别出这些"高潜"的框呢？有需求就有市场，世界各地的学者们纷纷"八仙过海，各显神通"，为我们提供了各种各样的"区域提议"(Region Proposal)算法。除了著名的"Selective Search"外，还有如图19-31所示的其他典型实现。

Method	Approach	Outputs Segments	Outputs Score	Control #proposals	Time (sec.)	Repea-tability	Recall Results	Detection Results
Bing	Window scoring		✓	✓	0.2	★★★	★	·
CPMC	Grouping	✓	✓	✓	250	-	★★	★
EdgeBoxes	Window scoring		✓	✓	0.3	★★	★★★	★★★
Endres	Grouping	✓	✓	✓	100	-	★★★	★★
Geodesic	Grouping	✓		✓	1	★	★★★	★★
MCG	Grouping	✓	✓	✓	30	★	★★★	★★★
Objectness	Window scoring		✓	✓	3	·	★	·
Rahtu	Window scoring		✓	✓	3	·	·	★
RandomizedPrim's	Grouping	✓		✓	1	★	★	★★
Rantalankila	Grouping	✓		✓	10	★★	·	★★
Rigor	Grouping	✓		✓	10	★	★★	★★
SelectiveSearch	Grouping	✓	✓	✓	10	★★	★★★	★★★
Gaussian				✓	0	·	·	★
SlidingWindow				✓	0	★★★	·	·
Superpixels		✓		✓	1	★	·	·
Uniform				✓	0	·	·	·

图19-31 区域提议算法

由此引申出一系列优秀的算法，例如，R-CNN、Fast R-CNN、Faster R-CNN、ResNet、YOLO等。后续将针对它们做详细讲解，陆续揭开这些算法的神秘面纱。

19.3 R-CNN

19.3.1 R-CNN简述

近几年深度学习在图像视觉识别领域取得了长足发展，涌现出了R-CNN、Fast R-CNN、Faster R-CNN、ResNet等一批代表当前最高水平的神经网络算法框架。这些算法框架本身是有关联和继承性的——后继者以"长江后浪推前浪"的架势不断改进着前人的不足，使得视觉识别领域得以源源不断地更新换代。

诞生于2014年的R-CNN可以说是深度学习在目标识别领域的开山之作。深度学习在目标识别中的应用效果如图19-32所示。R-CNN的全称为"Region based Convolutional Neural Network"，其第一作者是曾任职于微软研究院(Microsoft Research)的Ross Girshick。与之相对应的论文为"Rich feature hierarchies for accurate object detection and semantic segmentation"，并且作者在Github上公布了源码，有

兴趣的读者可以参考一下。

论文：https://arxiv.org/abs/1311.2524

代码：https://github.com/rbgirshick/rcnn

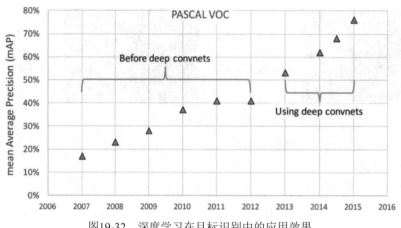

图19-32　深度学习在目标识别中的应用效果

根据在前面综述中学习到的知识，通俗地讲，R-CNN的核心点有以下两个。

1. 候选区域(Region Proposal)

即不是盲目地尝试各种框的大小和位置，而是利用特有的算法(例如Selective Search，选择性探索)预先生成很多候选区域。

2. 利用分类来做识别(Detection as Classification)

将识别问题转换为分类问题。

可以看到，以选择性探索等为代表的候选区域是R-CNN的基础之一，因而接下来首先针对这一算法做详细讲解，然后深入具体的目标识别框架本身。

19.3.2　R-CNN中的候选区域

我们知道，传统的目标检测方法主要存在以下两个问题。

1. 候选区域时间复杂度高

被检测目标可能出现在图像中的任何位置，同时目标的大小、长宽比例等预先也是不可知的。所以传统的目标检测方法普遍采用的是滑动窗口的策略：通过设置不同的尺度、不同的长宽比，来对整幅图像进行遍历处理。

这种近似于穷举的策略理论上确实可以覆盖目标所有可能出现的位置，但是缺点也是显而易见的——时间复杂度太高，需要大量的计算资源；而且冗余窗口太多，资源浪费严重。而如果为了提高性能而降低"穷举"的数量，那么无疑又会导致模型精度不高的问题。

2. 特征提取过程是由人工设计完成的，模型精度遇到瓶颈

针对上述第一个问题，候选区域提供了较好的解决方案。候选区域的基本思想是通过一定的策略，来计算出目标可能出现的各种位置。具体而言，它可能会利用图像中的纹理、边缘、颜色等信息，来保证尽可能以较少的窗口(几千个甚至几百个)数量，来达到较高的召回率。显然，这一方面降低了时间复杂度，另一方面由此计算出来的候选窗口比滑动窗口的质量要高一些。

R-CNN中采用的是选择性搜索的候选区域。选择性搜索本身的实现原理并不算太复杂，主要围绕相似性来展开。可以参考J. Uijlings和K. van de Sande等人在论文"Selective search for object recognition"中提供的伪代码，如图19-33所示。

```
Algorithm 1: Hierarchical Grouping Algorithm
Input: (colour) image
Output: Set of object location hypotheses L

Obtain initial regions R = {r₁,···,rₙ} using [13]
Initialise similarity set S = ∅
foreach Neighbouring region pair (rᵢ,rⱼ) do
    Calculate similarity s(rᵢ,rⱼ)
    S = S ∪ s(rᵢ,rⱼ)

while S ≠ ∅ do
    Get highest similarity s(rᵢ,rⱼ) = max(S)
    Merge corresponding regions rₜ = rᵢ ∪ rⱼ
    Remove similarities regarding rᵢ : S = S \ s(rᵢ,r∗)
    Remove similarities regarding rⱼ : S = S \ s(r∗,rⱼ)
    Calculate similarity set Sₜ between rₜ and its neighbours
    S = S ∪ Sₜ
    R = R ∪ rₜ

Extract object location boxes L from all regions in R
```

图19-33　选择性搜索伪代码

不难理解，如何计算相似度(Similarities)将直接影响选择性搜索的最终输出结果。上述论文的作者为此提出了多种相似度计算方法，如下所示。

- 颜色相似(Colour Similarity)；
- 纹理相似(Texture Similarity)；
- 尺寸相似(Size Similarity)；
- 填充相似(Fill Similarity)；

不过，选择性搜索实际使用的是基于上面四种情况的综合相似度，如下所示。

$$s\left(r_i,r_j\right) = a_1 s_{\text{colour}}\left(r_i,r_j\right) + a_2 s_{\text{texture}}\left(r_i,r_j\right) + \\ a_3 s_{\text{size}}\left(r_i,r_j\right) + a_4 s_{\text{fill}}\left(r_i,r_j\right)$$

选择性搜索不但计算速度较快，而且效果也还不错，因而在不少CNN框架中都有所应用。

19.3.3　R-CNN算法处理流程

前面已经讲解了选择性搜索，现在可以正式介入R-CNN以及它的一系列演进框架的学习了。除了候选区域，R-CNN还需要包含如下几个核心步骤。

(1) 利用选择性搜索给出候选区域。

(2) 利用CNN来提取区域图像中的特征。

(3) 利用SVM来训练出每个类别自己的分类器。

R-CNN处理框架如图19-34所示。

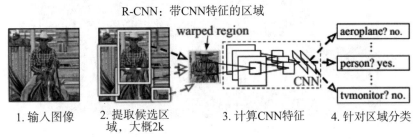

图19-34　R-CNN处理框架

(引用自"Rich feature hierarchies for accurate object detection and semantic segmentation")

下面以一幅具体的图像为例，详细操作步骤如下。

Step1：通过候选区域得到约两千个候选位置，如图19-35所示。

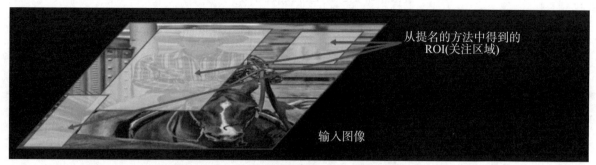

图19-35　R-CNN关键步骤1：生成ROI

(引用自Ross Girshick在ICCV15上的材料，下同)

Step2：每一个候选位置得到的图片形状可能是多种多样的，需要将它们统一调整到固定的尺寸大小，以便CNN进行处理，如图19-36所示。

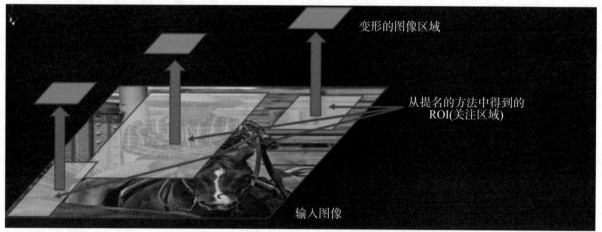

图19-36　R-CNN关键步骤2：将图片调整到统一尺寸

Step3：将前面步骤中得到的所有子图逐一送到卷积神经网络ConvNet中进行处理，从而提取出与它们相对应的特征图，如图19-37所示。

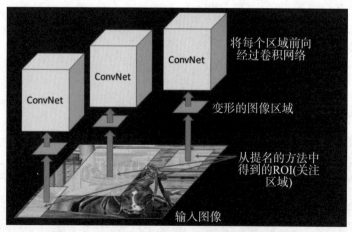

图19-37　R-CNN关键步骤3：ConvNet提取特征图

Step4：在R-CNN中，作者并没有直接利用深度神经网络来做目标识别工作，而是另辟蹊径地针对每一种目标物体类别分别训练出一个SVM分类器，如图19-38所示。这其中的一个主要原因在于训练样本数量有限，如果使用深度网络容易导致过拟合的现象。在本节后续内容中再做展开讨论。

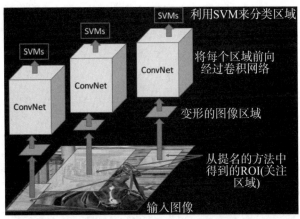

图19-38 R-CNN核心步骤4：训练专门的SVM分类器

Step5：最后利用边框回归(Bounding Box Regression)来做位置修正，得出最终结果，如图19-39所示。

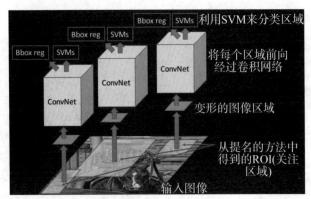

图19-39 修正结果

R-CNN的训练过程也比较烦琐，主要包括如下三个部分。

1. 监督预训练(Supervised Pre-training)

这也是很多基于深度学习的图像处理框架的常见做法——先通过一个大规模数据库(如ImageNet，已经有很多人工标注图像)来做预训练，得到模型后再进行适度微调(Fine-tuning)以适应自己的业务诉求。当然，也可以考虑直接采用别人已经训练好并分享出来的模型。

2. 领域特定微调(Domain-specific Fine-tuning)

预训练得到的模型需要进一步微调，以适用于目标物体。R-CNN的做法简单来说就是利用VOC提供的带边框(Bounding Box)的样本，结合候选区域和IOU理论来创造出正负样本，以供微调的执行。

3. 物体种类检测器(Object Category Classifiers)

最后一个环节，就是训练出各种物体的SVM分类器。读者肯定会有这样的疑问，为什么不直接使用上面微调出来的网络直接做目标识别器(Object Detector)，还要大费周章额外生成这么多SVM分类器呢？

作者这么做当然是有道理的。R-CNN的论文在Appendix B部分也专门做出了解释，即如果直接利用前面的目标识别器的话，效果很差(在VOC 2007上的mAP从54.2%下降到了50.9%)，而SVM可以解决这个问题。建议读者查阅论文原文来了解具体的分析过程。

当然，R-CNN也是有缺陷的，不然也不会出现后续的一系列改进算法了，其核心不足点在于：

(1) 训练非常慢，在当时的条件下需要84h左右。

(2) 占用磁盘空间非常大。

(3) 模型应用推理(Inference)过程也很慢(采用VGG16的情况下处理图像的平均速度是47秒/幅)。

最后这一点才是最致命的。一个机器学习算法的训练时间慢勉强还是可以接受的，但如果应用推理过程也非常耗时，那么它一定不能得到很好的推广应用。

为了解决这些问题，作者很快又发明了Fast R-CNN。

19.4　Fast R-CNN

Fast R-CNN主要是针对R-CNN的缺陷改进而来的。那么R-CNN的不足是什么呢？从前面的学习中我们知道，它最致命的一点就是太慢，不仅训练过程耗时，而且模型在应用过程中也很慢。

所以问题就转换成，R-CNN的耗时主要体现在哪些环节，又应该如何改进呢？仔细分析一下R-CNN，不难发现最大的问题在于每个候选区域都需要单独通过CNN网络来计算特征值，而卷积操作本身是非常耗时的。

基于这一点考虑，Fast R-CNN在框架上做了一些调整，如图19-40所示。

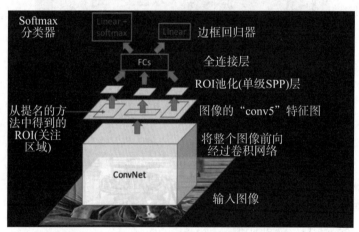

图19-40　Fast R-CNN框架

可以看到，改进后的Fast R-CNN针对输入图像只做了一次卷积网络(ConvNet)，其结果值可以供后续所有步骤来共享使用，这么做无疑可以大幅降低处理时间。下面来看下实验数据给出的耗时情况对比，如表19-2所示。

表19-2　R-CNN和Fast R-CNN耗时对比

Time	R-CNN	Fast R-CNN
Training Time	84 Hours	9.5 Hours
Test Time (without SS)	47 Seconds	0.32 Seconds
Test Time (with SS)	50 Seconds	2 Seconds

Fast R-CNN的训练时间从前一版本的84小时下降到了9.5小时，提升了8.8倍；在不考虑选择性搜索的情况下，测试耗时从47秒降至0.32秒，提升146倍；而如果加上选择性搜索的处理时长，则需2秒——这也为Faster R-CNN的出现埋下了伏笔。

19.5 SPP-Net

在讲解Faster R-CNN之前，有必要先学习一下SPP-Net，因为Faster R-CNN中的一些设计思想就来源于后者。事实上，SPP-Net的第一作者和Faster R-CNN的第二作者都是Kaiming He，而且Faster R-CNN的第一作者同时也是SPP-Net的第三作者，由此也可看出这两个网络模型的内在关联性。

SPP-Net对应的论文是"Spatial Pyramid Pooling in Deep Convolutional Networks for Visual Recognition"。它的最大贡献在于提出了一种"Spatial Pyramid Pooling(空间金字塔池化)"方法，有效解决了以前传统CNN模型只能输入固定大小的图片的弊端。

前面章节中介绍过，典型的CNN模型的网络参数及网络框架是和输入图像的大小强相关的。以AlexNet为例，它的网络结构如图19-41所示。

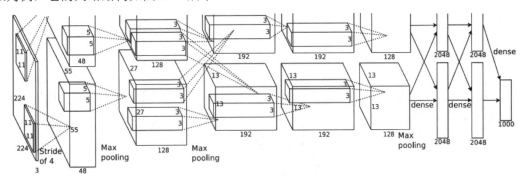

图19-41 AlexNet的整体框架

(引用自"ImageNet Classification with Deep Convolutional Neural Networks")

从图19-41中可以清楚地看到，AlexNet总共包含8个带权重的神经网络层(前5个卷积层+后3个全连接层)。同时最后一个FC层的输出结果与一个1000-way的softmax层进行连接，从而生成1000个类标签对应的分布概率。其中，输入图像的尺寸大小为224×224×3(经过处理后会变为227×227×3)，第一个卷积层包含96个11×11×3(步进4)的核。所以第一层的训练参数数量为：

11×11×3×96 = 35k

经过卷积后输出的尺寸为：

55×55×96

同理，第二个卷积层包含256个尺寸为5×5×48核，其参数数量为5×5×48×256等。注意，第一层会经过response-normalize(响应归一化)和pooling的(池化)。

由此可见，卷积层的参数数量主要取决于卷积核的大小，和图像尺寸没有直接关系。

但是到了网络的后端，即全连接层阶段情况就有所变化了。这是因为全连接层的输入和输出节点数都是要事先确定下来的，它的参数数量均与此相关。

SPP-Net就是为了解决这个问题而提出来的。而且它所设计的空间金字塔池化方法理论上可以适用于各种其他的CNN模型，如图19-42所示。

裁剪　　　　　　　变形

图19-42　采用了空间金字塔池化的模型处理过程

　　由于传统模型只能处理固定尺寸的图像，因而图片首先需要完成裁剪(Crop)或者扭曲(Warp)等预处理后才可以输入网络中，而SPP-Net通过在卷积层的最后加入空间金字塔池化来免去这些环节，保证模型可以处理任何尺寸的图像。

19.5.1　空间金字塔池化

　　通俗点儿说，空间金字塔池化(Spatial Pyramid Pooling)就是将卷积后的特征图变成固定大小的输出。图19-43描述了其中的实现原理。

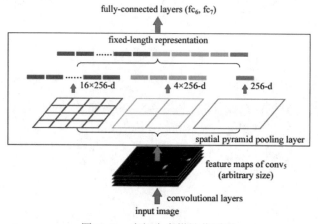

图19-43　空间金字塔池化原理

　　图19-43中包含如下几个操作过程。

　　Step1：任意大小的输入图像经过若干卷积层后得到任意尺寸的特征图。

　　Step2：这些任意尺寸的特征图进入空间金字塔池化层中，会经过三种网格的处理，分别是4×4、2×2和1×1。具体而言，特征图会被划分为相应数量的网格块，然后从每一块中提取出一个特征组成新的结果。

　　Step3：从每一块中提取出新特征的方法很多，例如，可以像最大池化那样选择最大值作为结果。这样一来，任意尺寸的特征图在上述三种网格的限制下将产生$4\times4+2\times2+1\times1=21$维特征的固定输出。

　　Step4：将空间金字塔池化的固定尺寸输出再送入原先网络模型中的全连接层，就完成操作过程了。

　　可以看到，空间金字塔池化的实现原理并不复杂，而且由此带来的额外计算量也处于可以接受的状态。

19.5.2 特征图和原图的映射关系

网络模型在训练过程中，需要根据特征图和原图的映射关系来确定正负样本。这一操作能够正确实施的一个前提在于卷积的位置不变性，如图19-44所示。

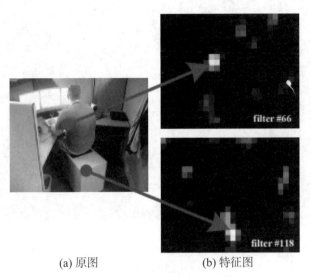

(a) 原图   (b) 特征图

图19-44 原图和特征图的位置关系

在SPP-Net论文中，作者假设特征图上有一个点(x', y')，那么它所对应的原图中的感受野(Receptive Field)中心(x, y)满足：

$$(x, y) = (S_x', S_y')$$

其中，S代表的是所有stride的乘积。反过来，则有如下对应关系。

left (top) boundary: $x' = \lfloor x / S \rfloor + 1$

right (bottom) boundary: $x' = \lceil x / S \rceil - 1$

以ZF-5网络为例，$S = 2 \times 2 \times 2 \times 2 = 16$；而Overfeat-5/7的$S = 2 \times 3 \times 2 = 12$ (可以参考如图19-45所示网络参数自行验证)。

模型	conv$_1$	conv$_2$	conv$_3$	conv$_4$	conv$_5$	conv$_6$	conv$_7$
ZF-5	96×7^2, str 2 LRN, pool 3^2, str 2 map size 55×55	256×5^2, str 2 LRN, pool 3^2, str 2 27×27	384×3^2 13×13	384×3^2 13×13	256×3^2 13×13	- 	-
Convnet*-5	96×11^2, str 4 LRN, map size 55×55	256×5^2 LRN, pool 3^2, str 2 27×27	384×3^2 pool 3^2, 2 13×13	384×3^2 13×13	256×3^2 13×13	- 	-
Overfeat-5/7	96×7^2, str 2 pool 3^2, str 3, LRN map size 36×36	256×5^2 pool 2^2, str 2 18×18	512×3^2 18×18	512×3^2 18×18	512×3^2 18×18	512×3^2 18×18	512×3^2 18×18

图19-45 网络模型参数

19.5.3 基于SPP-Net的目标识别

SPP-Net成文的时候，业界比较流行的框架是R-CNN，因而作者将它作为一个主要的参考对象。通过前面的学习我们知道，R-CNN需要通过选择性搜索先从每幅图片中提取出2000个候选窗口，然后将每个窗口调整为固定大小(227×227)，再针对它们去提取特征以及做SVM分类。

SPP-Net则是先对整幅图像做卷积得到特征图，然后在特征图中选取出的各个候选窗口的基础上应用空间金字塔池化，最后得出结论，如图19-46所示。这样做避开了需要多次做卷积计算的情况，因而相比R-CNN，SPP-Net自然可以提高效率。SPP-Net效果和运算速度对比如图19-47所示。

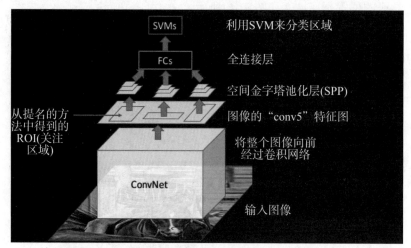

图19-46　SPP-Net用于目标识别

	SPP (1-sc) (ZF-5)	SPP (5-sc) (ZF-5)	R-CNN (Alex-5)
pool$_5$	43.0	44.9	44.2
fc$_6$	42.5	44.8	46.2
ftfc$_6$	52.3	53.7	53.1
ftfc$_7$	54.5	55.2	54.2
ftfc$_7$ bb	58.0	59.2	58.5
conv time (GPU)	0.053s	0.293s	8.96s
fc time (GPU)	0.089s	0.089s	0.07s
total time (GPU)	0.142s	0.382s	9.03s
speedup (*vs.* RCNN)	64×	24×	-

图19-47　SPP-Net效果和运算速度对比

在19.6节中，将看到SPP-Net几个核心设计思想是如何在Faster R-CNN模型中得到进一步的优化和应用的。

19.6　Faster R-CNN

19.6.1　Faster R-CNN简述

19.5节提到，Fast R-CNN在考虑选择性搜索的情况下耗时达到2s，而在剔除选择性搜索后可以做到低于1s的处理速度。因而Faster R-CNN需要考虑的问题就是：怎样进一步加速候选区域(Region Proposal)过程。

最直接的想法就是有没有办法去掉选择性搜索这个环节，换句话说，利用一个统一的神经网络来完成整个端到端的处理过程(注意：候选区域仍然是需要的)。

Faster R-CNN做到了上述这一点，具体网络结构如图19-48所示。

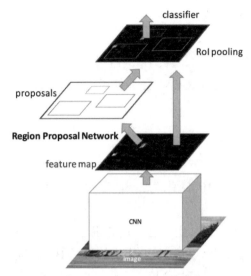

图19-48　Faster R-CNN网络结构

也可以参考CMU给出的针对Faster R-CNN的原理示意图，应该来讲也是很清晰的，如图19-49所示。

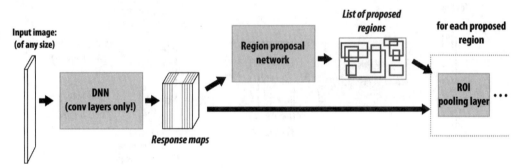

图19-49　Faster R-CNN的处理逻辑

Faster R-CNN的网络结构非常简洁，由如下几个核心部分组成。

(1) CNN。

Faster R-CNN首先使用一组基础的CONV+RELU+POOLING层来提取输入图像的特征图，后续的RPN层等都将共享这些特征图。

(2) RPN (Region Proposal Network，候选区域网络)。

RPN用于生成候选区域(Region Proposals)。它首先会通过softmax来判断锚点(Anchors)是属于前景(Foreground)还是属于背景(Background)，然后利用边框回归(Bounding Box Regression)进一步修正锚点，以获得更加精确的候选集(Proposals)。

(3) RoI Pooling。

RoI Pooling层的主要作用是综合输入的特征图和候选区域等信息，然后提取出候选特征图(Proposal Feature Maps)，作为分类器(Classifer)的输入。

(4) 分类器和边框回归(Classifier and Box Regressor)。

分类器会基于上一个步骤中产生的候选特征图来给出类别的预测结果，同时结合边框回归计算出准确的边框位置。

更通俗地讲，Faster R-CNN = RPN + Fast R-CNN。它的执行步骤可以概括如下。

Step1：针对输入的图像做卷积操作，提取出特征图。

Step2：基于特征图生成候选区域。

Step3：基于上述结果做分类预测。

Step4：最后针对初步结果进行精修，得到最终结果。

因而接下来的重点就在于，Faster R-CNN是如何通过RPN来做到只通过一个神经网络，就可以同时满足候选区域和分类器的。

19.6.2 候选区域网络

候选区域网络是Faster R-CNN的核心要点之一，它的设计目标用一句话来描述就是：如何通过卷积神经网络来直接完成候选区域。

候选区域网络的输入是一幅图像(并由后者经过卷积层产生卷积特征图)，输出则有两部分——其一是2k(k为锚点数量)大小的二分类结果，其二是4k大小的边框(Bounding Box)回归结果(x, y, w, h)。

细分来讲，RPN的处理流程包括以下4个核心步骤，如图19-50所示。

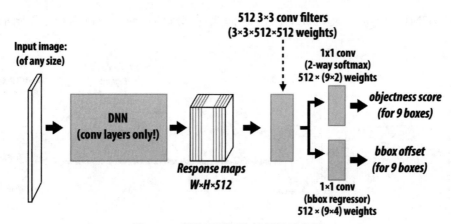

图19-50　候选区域网络的拆解示意图

Step1：由卷积层产生特征图。

由于RPN需要与Fast R-CNN实现尽可能多的计算共享，因而这个卷积层对于二者而言就是通用的。在Faster R-CNN的论文中，作者主要考查了拥有5个卷积层的Zeiler and Fergus model (ZF)以及有13个卷积层的Simonyan and Zisserman model (VGG-16)。

Step2：在特征图上通过一个小网络来做滑动处理。

这个滑动窗口(Sliding Window)的大小为$n \times n$(比如3)，每个窗口都映射为一个低维的特征(ZF是256-d, VGG则是512-d)。

Step3：将上述低维向量送入一个用于二分类(背景或者目标物体)的分类层。

不难理解，分类层用于预测该候选区域是目标物体(Object)抑或只是背景(Non-object)。每次滑动都将产生9个锚点，相对应地自然会有2×9个分类层(总共有2k个)。

Step4：同时将低维向量送入另一个用于做边框(Bounding Box)回归的回归层(Reg Layer)。

低维向量还同时会被送入另一个网络层，目的就是用于预测每个锚点对应的候选区域的四维位置信息(x, y, w, h)。另外，回归层和分类层在网络模型上有相似的地方，即它们都采用了1×1大小的卷积层。

可见候选区域网络的整体实现过程并不复杂。不过相信读者的心里还存有另一个疑问，即9个锚点具体是如何产生的呢？

1. 锚点的作用

锚点是Faster R-CNN中非常重要的一个技术点，同时也是不少初学者可能容易产生困惑的地方，因而有必要专门讲解一下。

1) 感受野

感受野表示的是在一个神经网络内部，不同的神经元针对原图像的感受范围大小。换句话说，就是特征图上的点在原始图像上映射的区域大小。如图19-51所示，Convolution1在原图中的感受野是3×3，而Convolution2的感受野则达到了5×5。

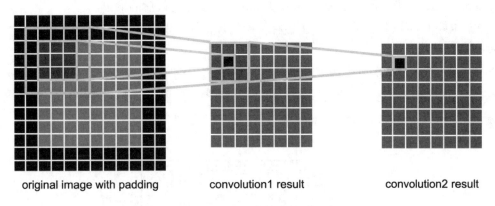

图19-51　感受野示例图

2) 锚点的作用

候选区域网络(RPN)的职责在于尽可能准确地提供包含目标类的图像区域，这一点和前面学习的选择性搜索(Selective Search)是一致的。不同之处在于，RPN是利用锚点来完成候选区域，如图19-52所示。

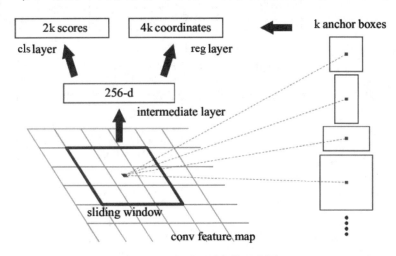

图19-52　候选区域网络示意图

具体而言，在最后一个特征图上采用了3×3的卷积核进行滑动，同时将卷积核的中心映射回输入图像，生成3种尺度(Scale)和3种长宽比(Aspect Ratio)共9种锚点。如果特征图的大小为$W×H$，则一共有$W×H×9$个锚点(实际尺寸大致为60×40，所以一共可以生成60×40×9≈20 000个锚点)。

另外，全连接层后还会接两个子连接层，即分类层(Cls Layer)和回归层(Reg Layer)。其中，分类层是一个二分类，用于判断该锚点属于目标类别还是背景(2000个)。回归层用于计算此锚点的偏移和缩放大小，包含4个参数[dx,dy,dw,dh]，共4000个向量。

概括起来，候选区域的生成过程如下。

Step1：计算最后一个特征图(也就是RPN的输入)映射到原始图像的所有锚点。

Step2：通过RPN前向计算得到锚点的得分和回归参数。

Step3：结合锚点坐标和边框回归参数计算得到预测框的坐标和大小。

Step4：针对上述结果进行过滤处理。比如去除坐标超出图像边界，或者尺寸(宽高)小于给定阈值的情况。

Step5：针对剩下的候选，按照目标得分从大到小排序，提取前pre_nms_topN(如6000)个候选。

Step6：对提取的候选进行非极大值抑制(Non-Maximum Suppression，NMS)，再根据NMS后的前景分数(Foreground Score)，筛选前post_nms_topN(如300)个候选作为最后的输出。

这样一来，RPN就可以基于锚点来给出各种可能包含目标类别的区域了。

2. 锚点代码

锚点是RPN借助CNN来生成候选区域的关键，它的选取规则的好坏，可能会直接影响整个Faster R-CNN的应用效果。我们知道，锚点总共有9种类型，如图19-53所示，大家可以首先通过作者提供的代码(https://github.com/rbgirshick/py-faster-rcnn)来对它们有一个感性的认识。

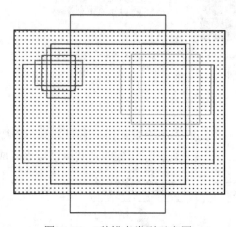

图19-53　9种锚点类型示意图

与生成锚点相关的文件路径是py-faster-rcnn-master\lib\rpn。其中，generate_anchors可以得到类似下面的结果。

```
[[ -84.  -40.   99.   55.]
 [-176.  -88.  191.  103.]
 [-360. -184.  375.  199.]
 [ -56.  -56.   71.   71.]
 [-120. -120.  135.  135.]
 [-248. -248.  263.  263.]
 [ -36.  -80.   51.   95.]
 [ -80. -168.   95.  183.]
 [-168. -344.  183.  359.]]
```

上面的每一行对应的是矩形框的左上角和右下角坐标(x_1, y_1, x_2, y_2)，因而9行数据就代表了9个锚点。其中包含三种ratio {1∶1, 1∶2, 2∶1}以及三种面积{128^2, 256^2, 512^2}的组合。这样得到的矩形框可以基本覆盖物体的检测需求。注意：输入的原始图像会被调整成固定尺寸。

接下来从源代码角度详细解析锚点的生成过程，主要对应的是generate_anchors.py这个文件。

```
def generate_anchors(base_size=16, ratios=[0.5, 1, 2], scales=2**np.arange(3, 6)):
base_anchor = np.array([1, 1, base_size, base_size]) - 1
```
##创建一个数组，用于存放基础anchor。这里的base_size取的是默认值16。这个数组可以理解为描述
##一个矩形框的[x1, y1, x2, y2]，分别代表window的左上角和右下角坐标点
##不难得出，base_anchor = [0　0 15 15]
```
ratio_anchors = _ratio_enum(base_anchor, ratios)
```
##在base anchor基础上考虑ratio。请参见_ratio_enum函数中的代码注释
```
    anchors = np.vstack([_scale_enum(ratio_anchors[i, :], scales)
                            for i in xrange(ratio_anchors.shape[0])])
```
##在上述基础上进一步考虑scale，得到最终结果。请参见_scale_enum函数中的代码注释
```
    return anchors
def _whctrs(anchor):
```
##这个函数的主要功能，在于计算一个给定anchor的宽度(width)、高度(height)，
##中心点的x坐标值(x_center)以及中心点的y坐标值(y_center)
```
    w = anchor[2] - anchor[0] + 1 ##计算宽度
    h = anchor[3] - anchor[1] + 1 ##计算高度
    x_ctr = anchor[0] + 0.5 * (w - 1)  ##计算中心点x坐标
    y_ctr = anchor[1] + 0.5 * (h - 1)  ##计算中心点y坐标
    return w, h, x_ctr, y_ctr
def _mkanchors(ws, hs, x_ctr, y_ctr):
    """
```
根据窗口的widths(ws)和heights(hs)以及窗口中心点(x_ctr, y_ctr)，来输出一系列窗口anchors
```
    """
    ws = ws[:, np.newaxis] ##为ws新增一个维度
    hs = hs[:, np.newaxis] ##为hs新增一个维度
    anchors = np.hstack((x_ctr - 0.5 * (ws - 1),
                          y_ctr - 0.5 * (hs - 1),
                          x_ctr + 0.5 * (ws - 1),
                          y_ctr + 0.5 * (hs - 1)))
```
##计算一系列窗口的左上角和右下角的x，y坐标值，并利用hstack把它们"组装"到一起
```
    return anchors
```

函数_ratio_enum和函数_scale_enum都调用到了_mkanchors。以前者而言，根据代码注释可知传入的参数ws = [23. 16. 11.]，hs= [12. 16. 22.]，x_ctr=y_ctr=7.5。

这样一来得到的输出结果如下，供读者有一个感性的认识。

[[−3.5 2. 18.5 13.]

 [0.　0. 15. 15.]

 [2.5 −3. 12.5 18.]]

以第一行为例，详细计算过程如下。

$7.5 - 0.5 \times (23 - 1) = -3.5$

$$7.5-0.5 \times (12-1) = 2$$
$$7.5+0.5 \times (23-1) = 18.5$$
$$7.5+0.5 \times (12-1) = 13$$

```python
def _ratio_enum(anchor, ratios):
    """
```
根据不同的宽高比ratio来输出一系列anchor窗口
```
    """
w, h, x_ctr, y_ctr = _whctrs(anchor)
```
##计算一个anchor的宽度(width)、高度(height)，中心点的x坐标值(x_center)以及中心点
##的y坐标值(y_center)
##这里传入的anchor是base_anchor，所以得出的w=16, h=16, x_ctr=y_ctr=7.5
```
size = w * h
```
##矩形框的面积大小。大家应该还记得faster r-cnn中设计了三种size。这里的base是16x16=256
```
size_ratios = size / ratios
```
##计算size和ratios比值，用于后续操作。这里的ratios采用的是默认值[0.5, 1, 2]
##由此计算出来的size_ratios= [512. 256. 128.]
```
ws = np.round(np.sqrt(size_ratios))
```
##size_ratios开平方根后计算round值，后者类似于浮点数四舍五入的效果(注意：取决于计算机
##的实际架构，这个函数并不能保证严格的四舍五入结果)。
##简单而言，就是在保持size不变的情况下，根据ratio来分别确定窗口宽度和高度的具体取值
##由此计算得出的ws = [23. 16. 11.]
```
hs = np.round(ws * ratios)
```
##计算高度值。由此得出的hs= [12. 16. 22.]
```
    anchors = _mkanchors(ws, hs, x_ctr, y_ctr) ##保持中心点不变，并生成各种anchors
    return anchors
def _scale_enum(anchor, scales):
    """
```
在_ratio_enum函数获得结果的基础上，根据不同的scale来输出一系列anchors。
这个函数将被多次调用，每次都传入ratio_anchors的一行内容，比如：
```
anchor = [-3.5  2.  18.5 13. ]
scales = [ 8 16 32]
    """
    w, h, x_ctr, y_ctr = _whctrs(anchor) ##请参见该函数中的详细代码注释
    ws = w * scales ##保持宽高比不变，同时扩大scales倍数
    hs = h * scales##保持宽高比不变，同时扩大scales倍数
    anchors = _mkanchors(ws, hs, x_ctr, y_ctr) ##生成同时考虑了ratio和scale的一行anchor结果
    return anchors
##主函数
if __name__ == '__main__':
```

```
import time
t = time.time()
a = generate_anchors() ##产生anchors的主要函数
print time.time() - t ##计算实际耗时
print a ##将anchors结果打印出来
from IPython import embed; embed()
```

总结来说，函数_ratio_enum在base_anchor的基础上考虑了比率(Ratio)，即0.5, 1, 2，输出了3个初步窗口；而后_scale_enum在保留前者比率的情况下，将宽高比同时扩大scales(即8, 16, 32)倍，获得最终的9个锚点。

因为base_anchor是16×16 =256，那么：

当scales=8时，256×8×8=128×128。

当scales=16时，256×16×16=256×256。

当scales=32时，256×32×32=512×512。

因而我们说RPN的锚点综合考虑了三种比率{1∶1, 1∶2, 2∶1}以及三种面积{128^2, 256^2, 512^2}。

19.6.3　分类器和边框回归

Faster R-CNN中其实有两份分类器(classifier)和边框回归(bounding box regressor)，它们分别用于以下情况。

(1) RPN中用于候选区域。在前面已经做过分析，RPN会基于特征图输出潜在的包含目标类别的区域的边框。

(2) 网络后端用于预测最终结果。Faster R-CNN的最后将利用分类器来预测类别结果；同时基于另一个模型给出边框的准确位置。

那么如何把上述两份网络"融合"在一起进行训练呢？业界针对这种共享卷积层参数的多任务网络模型提出了多种训练方法，例如，下面所示的是其中一种。

Step1：首先训练RPN，得到模型RPN_Model1。

Step2：利用上述生成的RPN_Model1，生成Region R1。

Step3：基于R1来训练后端网络，得到模型Faster_Model1。

Step4：再次训练RPN。可以用网络模型Faster_Model1来做初始化，且固定其卷积层参数。换句话说，就是在训练过程中只微调RPN相关的层，从而得到模型RPN_Model2。

Step5：利用网络模型RPN_Model2，生成R2。

Step6：再次训练后端网络。可以用RPN_Model2来做初始化，且保持它的卷积层参数不变。这和Step4中的情况是类似的，即在训练中只微调后端网络相关的层级，得到最终的模型Faster_Model2。

如果读者感兴趣的话，还可以查阅Faster R-CNN的论文以及其他相关资料来了解更多训练方案。

19.7　YOLO

YOLO的名字取得很有意思，它是"You Only Look Once"的缩写。另外，这个名字也反映出了YOLO的核心特点之一：把目标识别转换为回归问题，摒弃以往需要基于滑动窗口(Sliding Window)进行反复尝试的方式，从而将问题高效地一次性解决完。

就如作者在CVPR上发表的论文"You Only Look Once:Unified, Real-Time Object Detection"中所阐述的，使用YOLO的过程相比其他CNN深度神经网络模型是比较"simple and straightforward"的，如图19-54所示。

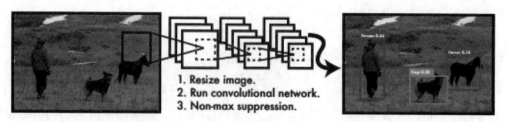

图19-54　YOLO的目标识别过程示意图

YOLO的核心步骤只有以下3个。

Step1：调整图像尺寸。

将任何尺寸的输入图像，重新调整为448 × 448的大小。

Step2：运行卷积网络。

通过一个卷积神经网络来提取图像特征，可以参见后续的分析。

Step3：利用回归方法来计算置信值，同时结合IOU等得到最终预测结果。

那么YOLO是如何做到不借助滑动窗口或者RPN就可以定位到对象的呢？如果用一个词来概括它的解决方法，那么可能就是"简单粗暴"了。可以从如图19-55所示框架图中初步"窥探"出YOLO的设计思路。

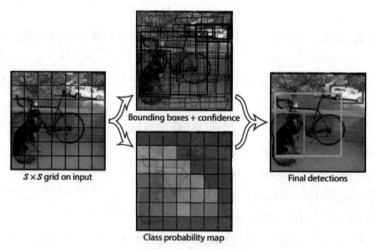

图19-55　YOLO算法的主要设计思路

之所以说YOLO"简单粗暴"，是因为它并不像前面所描述的R-CNN系列那样耗尽心思地采用锚点、RPN等手段来生成建议框，而是"破罐子破摔"直接将原始图片划分为$S \times S$大小的小格子(Grid)。例如，S取值为7的话，那么总共也就只有49个小格子。

对于每一个小网络，YOLO都会预测B个边框(Bounding Box)和框(Box)对应的置信度，以及C个类的概率。换句话说，整个处理过程需要$S \times S \times (B \times 5 + C)$个张量(Tensor)(注：5=边框的4个位置信息+1个置信度)。作者在将YOLO用于PASCAL VOC数据集的测试过程中，分别给各个参数赋予了如下具体值。

$S = 7$

$B = 2$

$C = 20$ (因为PASCAL VOC只有20个标注类)

所以总共就需要$7 \times 7 \times (2 \times 5 + 20) = 1470$个张量值。

下面结合YOLO所采用的CNN网络结构，展示一下完整的框架图，以便读者有一个直观的认识(引用自Taegyun Jeon的演讲)，如图19-56所示。

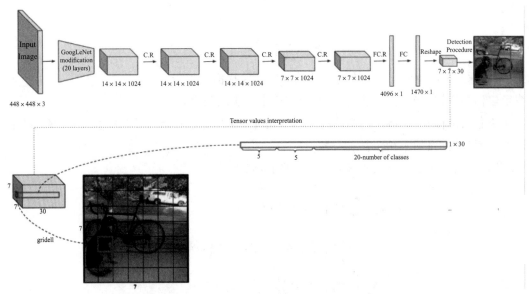

图19-56　YOLO框架全景图

不难看出，YOLO是基于GoogLeNet所做的改造，它比后者少了Inception Module，并且使用了1×1+3×3大小的卷积核来完成类似功能。另外，YOLO网络最后一层的输出大小是7×7×30，这和我们的计算结果是一致的。

在一次模型应用推理过程中，YOLO将产生B=2个边框(Bounding Box)，效果图如图19-57所示。

换句话说，整幅图像会产生7×7×2=98个边框。

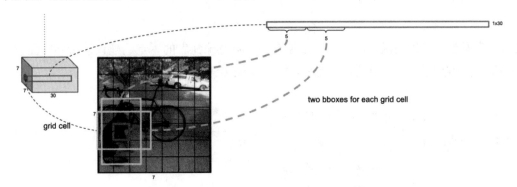

图19-57　YOLO针对每个小格产生两个边框

图19-57右上角的1×30代表的是每个格子所需的张量，开头的两个数值5分别对应图像中的两个bbox的如下几个参数。

x：指的是边框的中心点相对于小格子边界的x相对值([0, 1])。

y：指的是边框的中心点相对于小格子边界的y相对值([0, 1])。

w (Width)：预测的边框的宽度相对于整幅图像宽度的比例([0, 1])。

h (Height)：预测的边框的高度相对于整幅图像高度的比例([0, 1])。

c (Confidence)：预测的边框的置信度。

那么训练过程中的损失函数(Loss Function)如何选择呢？

这个问题可以分为以下两个方面来回答。

1. 损失函数

首先，YOLO挑选的损失函数并不复杂，就是常见的误差平方和(Sum-squared Error，SSE)，它的公式表述如下。

$$\text{SSE} = \sum_{i=1}^{n}\left(y_i - f(x_i)\right)^2$$

不过简单地采用SSE会带来一些不可避免的问题，包括但不限于：

(1) 将定位信息错误和分类错误同等对待很难产生理想的效果。

(2) 对于不包含object的小格，它们的置信度会是0(参见后面的计算)。这样的小格在整幅图像中占比还是挺多的，会导致网络的不稳定甚至发散。

有鉴于此，作者采用的实际损失函数公式如图19-58所示。

$$\lambda_{\text{coord}} \sum_{i=0}^{S^2} \sum_{j=0}^{B} \mathbb{1}_{ij}^{\text{obj}} \left[(x_i - \hat{x}_i)^2 + (y_i - \hat{y}_i)^2 \right]$$

$$+ \lambda_{\text{coord}} \sum_{i=0}^{S^2} \sum_{j=0}^{B} \mathbb{1}_{ij}^{\text{obj}} \left[\left(\sqrt{w_i} - \sqrt{\hat{w}_i}\right)^2 + \left(\sqrt{h_i} - \sqrt{\hat{h}_i}\right)^2 \right]$$

$$+ \sum_{i=0}^{S^2} \sum_{j=0}^{B} \mathbb{1}_{ij}^{\text{obj}} \left(C_i - \hat{C}_i\right)^2$$

$$+ \lambda_{\text{noobj}} \sum_{i=0}^{S^2} \sum_{j=0}^{B} \mathbb{1}_{ij}^{\text{noobj}} \left(C_i - \hat{C}_i\right)^2$$

$$+ \sum_{i=0}^{S^2} \mathbb{1}_{i}^{\text{obj}} \sum_{c \in \text{classes}} \left(p_i(c) - \hat{p}_i(c)\right)^2$$

图19-58　YOLO所采用的损失函数

作者从中引入了两个参数，分别赋值如下。

$$\lambda_{\text{coord}} = 5, \lambda_{\text{noobj}} = 0.5$$

相信第一次看到上述损失函数的读者，难免有种"眼花缭乱"的感觉。建议读者和前面讲解的几个参数$(x,y,w,h$等)对照起来分析，应该就会清楚很多，如图19-59所示。

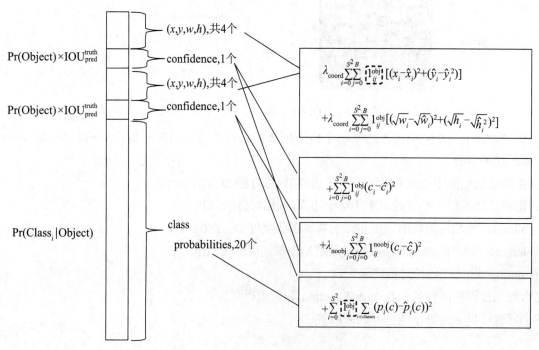

图19-59　YOLO损失函数的详细图解

不难理解，图19-59右半部分第1个框图代表的是(x, y, w, h)的损失计算，第4个框图代表的是如何计算各个类的概率错误。而第2个和第3个框图都用于置信值(Confidence)的计算，它们有什么区别呢？

简单而言，它们就是为了解决前面所述的简易SSE所会引入的第2个问题而做的区分设计——对于没有目标物体的边框(第3个框)，其损失权重(Loss Weight)会更小些；反之，第2个框中对应的就是有目标物体的情况了。

另外，注意下面几个符号的含义(图中的虚线框)。

$\mathbb{1}_{ij}^{obj}$：第i个小格中的第j个边框是否为此目标物体"负责"，即与该目标物体对应的人工标注(Ground Truth Box)的IOU最大的一个边框。

$\mathbb{1}_{i}^{obj}$：是否有目标物体的中心落入第i个小网格中。

2. 目标值的计算

我们已经详细讲解了YOLO所采用的损失函数。但还有几个知识点也是必须回答的，即公式中的各种目标值是如何计算出来的呢？

首先对于置信值，它的计算公式为

$$Pr(Object) \times IOU_{pred}^{truth}$$

可以看到它是由两部分的乘积组成的：

Pr(Object)表示是否有物体落在网格中。如果答案是肯定的，取值1，否则为0。

IOU表示预测的边框与人工标注的IOU值。

对于类别可能概率(Class Probability)，它的表达式如下。

$$Pr\left(Class_i \mid Object\right)$$

当然上述这两个值并不是孤立的，事实上，YOLO会用它们来为每个框计算类别特定置信分值(Class-Specific Confidence Score)。

$$Pr\left(Class_i \mid Object\right) \times Pr(Object) \times IOU_{pred}^{truth} = Pr\left(Class_i\right) \times IOU_{pred}^{truth}$$

下面再结合Taegyun Jeon的演示文稿，来讲解一下其中的细节。

对于每一个格子中的每一个边框，都计算得到类别特定置信分值，如图19-60和图19-61所示。

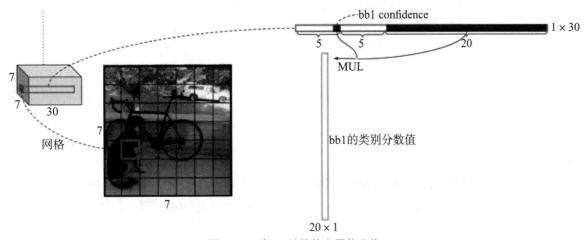

图19-60 为bb1计算特定置信分值

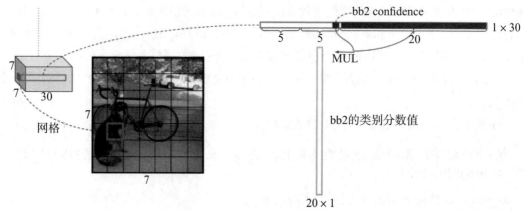

图19-61　为bb2计算特定置信分值

那么最终会得到98个结果，如图19-62所示。

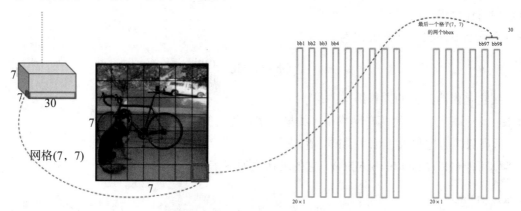

图19-62　总共得到98个特定置信分值

上述流程中计算出的98个特定置信分值只是初步结果，接下来还需要经过"过滤筛选"和NMS(非极大值抑制)两步操作后才能算"大功告成"，如图19-63所示。

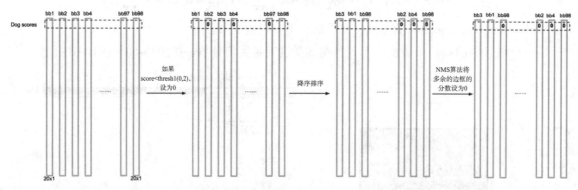

图19-63　YOLO的后期处理流程示意图

Step1：过滤筛选

YOLO前期产生的置信值非常多，因而可以利用一些方法首先过滤掉其中一些价值较低的分值。作者所使用的方法很简单，就是设置一个阈值，只要低于它的就会被置为0(如图19-63左边部分所示)。

紧接着对98个边框进行从高到低的排序(图19-63中间部分)，去掉得分低的边框，以便减少后续NMS过程的计算量。

Step2：NMS

NMS是Non-Maximum Suppression的缩写，在本书前面章节已经做过专门的介绍，如果对此不熟悉的话，可以结合起来阅读。

在YOLO这个场景中，"非极大值抑制"针对的是前一步骤中经过筛选保留下来的那些特定置信分值。

在如图19-64所示的例子中，针对的物体类型是狗。各个边框都包含一项狗的分值，并且已经按照从高到低的顺序进行了排列。首先选取其中分值最高的一个框，取名为bbox_max，图19-64中对应的是分值为0.5的这个框。然后选择分数排第二的框，取名为bbox_cur(对应的是分值为0.3的框)。接下来做如下的计算：

IOU (bbox_max, bbox_cur)

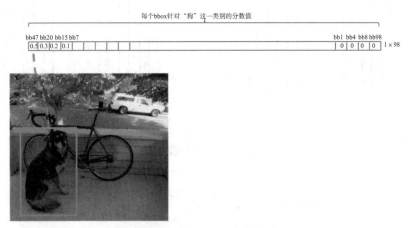

图19-64　NMS在YOLO中的应用

如果上述表达式>0.5，说明bbox_cur满足了"抑制"标准，此时可以把bbox_cur的分值置为0；反之就将其保留下来。比如在这个范例中，得到的结果如图19-65所示。

图19-65　IOU处理结果

如此循环往复，那么最终98个边框中又会产生很多数值为0的张量，如图19-66所示。此时就可以根据如下的逻辑规则做最终的判断了。

规则1：当前边框中分值最大值所属的类别就是它的预测类。

规则2：如果该分值>0，那么说明这就是最佳的预测框。此时可以在原始图像中把边框用类别对应的颜色标示出来。

这样一来，YOLO的整个处理过程就全部完成了。

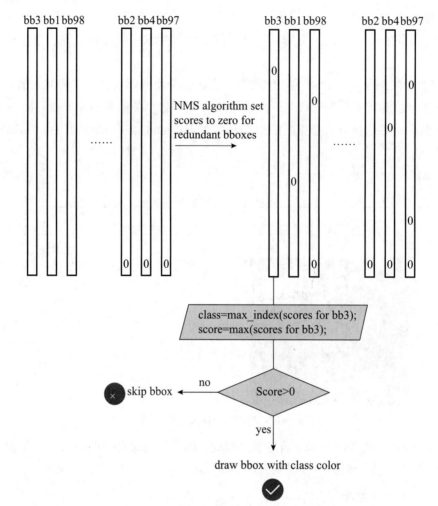

图19-66 循环处理

值得一提的是，YOLO除了常规版本，其实还提供了一个微(Tiny)版本，后者可以达到更高的计算速度。二者区别如图19-67所示。

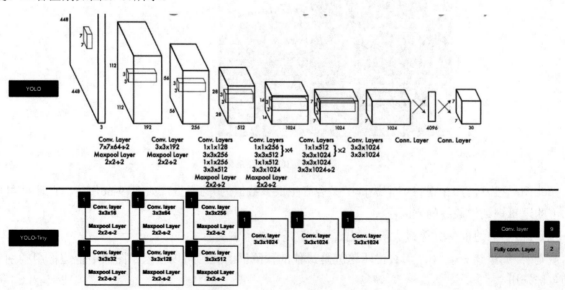

图19-67 YOLO Tiny版本的网络模型差异

YOLO虽然处理速度较快，但也有其固有缺点。例如：

(1) 对于一群小物体的检测效果不好。

其中一个原因就是一个网络只预测了一个物体类别。

(2) 对于相互靠得很近的目标识别效果不好。

原因和上面一条类似。

(3) 不能很好地适应一些非常规的宽高比。

(4) 定位错误是影响YOLO检测效果的一个主要原因。

如图19-68所示是YOLO与其他相关模型的一些对比数据(基于PASCAL VOC 2007)。

Real-Time Detectors	Train	mAP	FPS
100Hz DPM	2007	16.0	100
30Hz DPM	2007	26.1	30
Fast YOLO	2007+2012	52.7	**155**
YOLO	2007+2012	**63.4**	45
Less Than Real-Time			
Fastest DPM	2007	30.4	15
R-CNN Minus R	2007	53.5	6
Fast R-CNN	2007+2012	70.0	0.5
Faster R-CNN VGG-16	2007+2012	73.2	7
Faster R-CNN ZF	2007+2012	62.1	18
YOLO VGG-16	2007+2012	66.4	21

图19-68 YOLO与其他模型的对比数据

19.8节将介绍SSD算法，从某种程度上来说，它就是针对YOLO的缺点改进而来的。

19.8 SSD

SSD(Single Short Multibox Detector)和YOLO的一个重要共同点在于它们都采用了回归思想，因而可以做到"一把梭"就能快速得到识别结果。差异则在于SSD还借鉴了Faster R-CNN中的锚点机制，使用多尺度区域特征进行回归，从理论上避免了YOLO的一些缺点，提升了识别的准确度。

SSD的第一作者是来自UNC Chapel Hill的Wei Liu，对应的论文为"SSD: Single Shot MultiBox Detector"。读者可以从这里访问这篇文章：

https://arxiv.org/abs/1512.02325

19.8.1 SSD的网络框架

如图19-69所示的是SSD和YOLO的网络模型框架对比图。它们在神经网络架构上的主要区别如下。

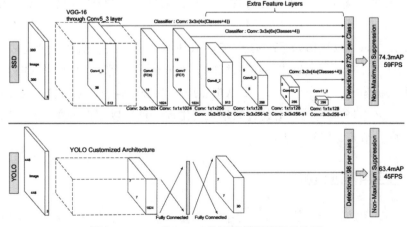

图19-69 SSD和YOLO的网络模型框架对比图

(1) SSD是基于VGG-16改造的，YOLO则基于GoogLeNet。

(2) SSD比YOLO在网络后半段多出几个卷积层，包括Conv6, Conv7, Conv8, Conv9, Conv10和Conv11。这些卷积层都会被用于做分类器，从而保证我们可以从多尺度的特征图中目标识别，相较YOLO而言提升了准确率。

(3) SSD没有采用全连接层。这也是它为什么能在多出几个卷积层的情况下，仍然可以比YOLO速度更快的原因之一。

(4) 两者输出的候选框数量不同。根据前面的分析，YOLO针对每种类别只有98个边框；而SSD通过多个卷积层输出了多达8732个候选框。

除了从全局角度了解SSD的网络框架外，还应该掌握它的如下几个基础概念，以便为后续的学习扫清障碍。

1. 多尺寸特征图(Multi-scale Feature Map)和特征图格子(Feature Map Cell)

SSD的一个重要特点就是通过多个卷积层产生多尺寸特征图，并让它们参与到分类中。而特征图格子就是指图中的一个个小格子。以图19-70为例，中间和右侧的特征图分别有64个和16个格子。

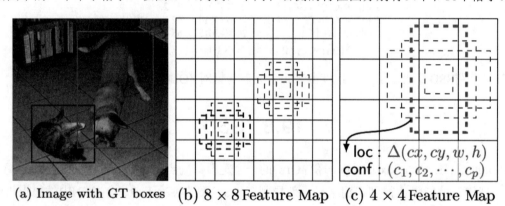

(a) Image with GT boxes (b) 8×8 Feature Map (c) 4×4 Feature Map

图19-70 特征图格子

2. 默认框(Default Box)

在SSD的设计中，每个特征图格子都将产生k个边框，这有点儿类似于Faster R-CNN中的锚点。不难推测出，每个边框都需要4个表示位置(Location)的张量(Tensor)和c个用于预测类别概率的张量。因而对于一个$m \times n$大小的特征图，就需要$m \times n \times k \times (4 + c)$个张量值了。

3. 前一框(Prior Box)

这个概念和上面的默认框很容易混淆，而且它们确实是有关联的。简单来讲，默认框是一个逻辑概念，每个格子所产生的k个默认框并非都会被派上用场；而前一框则是程序执行过程中实际上被采用的那些默认框。

SSD的核心设计思想可以概括如下：基于VGG-16进行改造，将最后两个全连接层改为卷积层并新增4个卷积层。其中，5个卷积层的输出(参见后续的详细分析)又分别用两个不同的3×3大小的卷积核进行卷积，从而产生两种输出。其一是为每个默认框生成(x, y, w, h)4个定位信息，其二则是它们的21个类别的置信值。另外，上述5个卷积层还会经过处理来产生前一框，以便正负样本的计算。

我们将通过后面几节来做展开分析。

19.8.2 SSD的应用推理过程

我们把SSD的框架图做进一步的"庖丁解牛"，从"竖向"来做细化分析，可以得到如图19-71所示的结果(引用deepsystem.io提供的资料)。

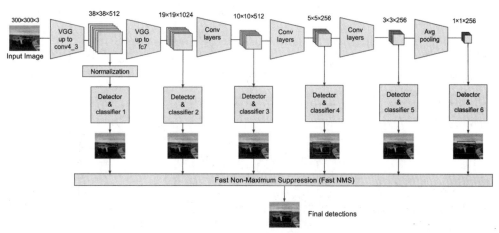

图19-71 SSD框架的"竖向"细化

通过图19-71可以清楚地看出，5个卷积层都将产生预测结果。具体来说，总共会有38×38×4 + 19×19×6 + 10×10×6 + 5×5×6 + 3×3×4 + 1×1×4= 8732个边框，这和SSD官方网络框架中的描述是一致的。

1. SSD分类器

我们将SSD的应用推理(Inference)过程拆为几个部分进行细化讲解。首先是基于多等级特征图 (Multi-scale Feature Map)实现的分类器。虽然SSD中有多个分类器，不过它们的基础框架都是一样的，如图19-72所示。

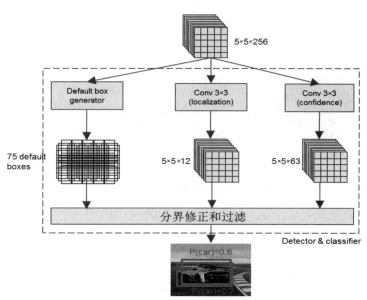

图19-72 SSD的分类器内部结构

如图19-72所示的输入是大小为5×5×256的特征图，它在分类器中将会经过以下3种类型的处理操作。

1) 通过卷积得到定位

前面已经提到了，SSD会利用3×3的卷积核来做卷积，为每个默认框生成(x, y, w, h)4个定位信息。不难算出，5×5×256大小的特征图，其定位的大小为5×5×3×4=5×5×12。在图19-72中3是指默认框的个数，4则代表了用于定位的4个元素。

2) 通过卷积得到置信值

另外，SSD还会利用另一个3×3大小的卷积核，通过卷积操作来分别计算出21个物体类别的置信分值。

3) 产生默认框

分类器中还有另一个重要的操作，即产生候选的默认框，在图19-72中将会有5×5×3=75个框。

那么这些框具体是怎么产生的，它们的形状大小又是如何确定的呢？

对于大小，它的计算公式为

$$s_k = s_{min} + \frac{s_{max} - s_{min}}{m-1}(k-1), k \in [1, m]$$

其中，$s_{min} = 0.2$，$s_{max} = 0.9$。

对于纵横比(Aspect Ratio)，它总共有5种类型，如下。

$a_r = \{1, 2, 3, 1/2, 1/3\}$

在SSD的设计中，默认框的宽计算公式是

$$w_k^a = s_k \sqrt{a_r}$$

同时，默认框的高计算公式是

$$h_k^a = s_k / \sqrt{a_r}$$

以前面的范例来说，它的第一个特征格子所产生的3个默认框，分别具有如图19-73所示的尺寸和纵横比。

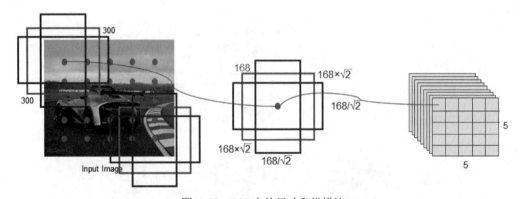

图19-73　SSD中的尺寸和纵横比

另外，如果所产生的默认框与原图的尺寸大小不相匹配的话，那么还需要进行一定的调整。也就是说，可以得到如图19-74所示结果。

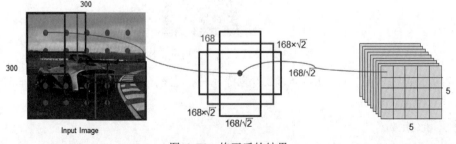

图19-74　修正后的结果

总的来说，SSD中的各个分类器都会经过上述这些操作步骤，从而产生一系列用于后续处理的默认框。

2. 正负样本

SSD利用IOU来得出它的正负样本集。具体操作步骤如下。

Step1：找出与真值框(Ground Truth Box)有最大杰卡得重叠(Jaccard Overlap)的默认框，由此可知，每个GTB只唯一对应一个默认框。其中，杰卡得重叠的示意图如图19-75所示。

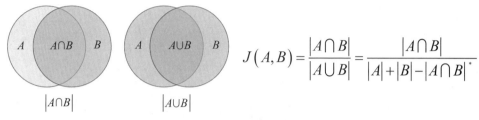

$$J(A,B) = \frac{|A \cap B|}{|A \cup B|} = \frac{|A \cap B|}{|A| + |B| - |A \cap B|}$$

图19-75 杰卡得重叠图示

换句话说，默认框和GTB相交部分越多，理论上杰卡得重叠越大。

Step2：如果直接将上述得到的结果设为阳性范例(Positive Example)，其他框设为阴性范例(Negative Example)，那么会不会产生什么问题呢？

一个显而易见的问题就是正负样本数量不平衡，甚至可以说是严重失衡了。因为负样本的数量将远远多于正样本，它们根本不在一个量级上。SSD的作者自然也意识到了这一点，因而他们针对样本集策略做了些调整处理。

他们将剩余还未配对的默认框与任意一个真值框进行配对，只要二者的IOU大于预设的阈值，那么就认为它们是匹配的(比如SSD300中采用的阈值是0.5)。通过类似的方法，SSD将正负样本的比例控制在了1∶3。

如图19-76所示是样本的匹配过程，读者可以参考一下。

图19-76 SSD中的配对策略

值得一提的是，SSD中还同时采用了如下数据增强方式。

(1) 使用原始的输入图像。

(2) 针对原始图像进行随机的采样，比如尺寸大小变为原始图像的[0.1, 1]区间，纵横比在[1/2, 2]区间。

3. 损失函数

除了多尺寸特征图、默认框和正负样本集，SSD中另一个关键的要素就是损失函数了。SSD中的损失函数并不是完全独创的，而是参考了Faster R-CNN和MultiBox中的实现。因而它们的形态非常类似，简单来讲就是都由分类和回归两部分组成(当然也有差异，比如SSD基于MultiBox做了扩展，从而支持多种物体分类)。SSD的损失函数可以简单表述如下。

$$L(x,c,l,g) = \frac{1}{N}\Big(L_{\text{conf}}(x,c) + \alpha L_{\text{loc}}(x,l,g)\Big)$$

其中，N是匹配的默认框的数量。而且如果$N=0$的话，loss也会被设为0。另外，定位损失(Localization Loss)是通过将预测的框(l)和Ground Truth Box (g)之间执行Smooth L_1 Loss计算得出来的。详细的定位损失的计算公式如下。

$$L_{\text{loc}}(x,l,g) = \sum_{i\in \text{Pos}}^{n}\sum_{m\in\{cs,cy,w,h\}} x_{ij}^k \text{smooth}_{L_1}\left(l_i^m - \hat{g}_j^m\right)$$

$$\hat{g}_j^{cx} = \left(g_j^{cx} - d_i^{cx}\right)/d_i^w \quad \hat{g}_j^{cy} = \left(g_j^{cy} - d_i^{cy}\right)/d_i^h$$

$$\hat{g}_j^w = \log\left(\frac{g_j^w}{d_i^w}\right) \quad \hat{g}_j^h = \log\left(\frac{g_j^h}{d_i^h}\right)$$

其中，$x_{ij}^p = \{1, 0\}$是指第i个默认框和第j个真值框是否匹配。

而置信损失(Confidence Loss)则是多个类别置信值(Classes Confidences)通过Softmax Loss计算得到的结果。详细计算公式如下。

$$L_{\text{conf}}(x,c) = -\sum_{i\in \text{Pos}}^{N} x_{ij}^p \log\left(\hat{c}_i^p\right) - \sum_{i\in \text{Neg}} \log\left(\hat{c}_i^0\right) \quad \text{其中，}\quad \hat{c}_i^p = \frac{\exp\left(c_i^p\right)}{\sum_p \exp\left(c_i^p\right)}$$

其中，α被设置为1。

综合来讲，我们将置信损失和定位损失二者结合起来，就得到了SSD总的损失函数了。

19.8.3 SSD的性能评估和缺点

在SSD的论文中，作者分别针对业界几个主流的数据集进行了结果验证。客观来说，SSD确实达到了不错的效果。

(1) 针对PASCAL VOC2007的测试结果，如图19-77所示。

Method	data	mAP	aero	bike	bird	boat	bottle	bus	car	cat	chair	cow	table	dog	horse	mbike	person	plant	sheep	sofa	train	tv
Fast [6]	07	66.9	74.5	78.3	69.2	53.2	36.6	77.3	78.2	82.0	40.7	72.7	67.9	79.6	79.2	73.0	69.0	30.1	65.4	70.2	75.8	65.8
Fast [6]	07+12	70.0	77.0	78.1	69.3	59.4	38.3	81.6	78.6	86.7	42.8	78.8	68.9	84.7	82.0	76.6	69.9	31.8	70.1	74.8	80.4	70.4
Faster [2]	07	69.9	70.0	80.6	70.1	57.3	49.9	78.2	80.4	82.0	52.2	75.3	67.2	80.3	79.8	75.0	76.3	39.1	68.3	67.3	81.1	67.6
Faster [2]	07+12	73.2	76.5	79.0	70.9	65.5	52.1	83.1	84.7	86.4	52.0	81.9	65.7	84.8	84.6	77.5	76.7	38.8	73.6	73.9	83.0	72.6
Faster [2]	07+12+COCO	78.8	84.3	82.0	77.7	68.9	65.7	88.1	88.4	88.9	63.6	86.3	70.8	85.9	87.6	80.1	82.3	53.6	80.4	75.8	86.6	78.9
SSD300	07	68.0	73.4	77.5	64.1	59.0	38.9	75.2	80.8	78.5	46.0	67.8	69.2	76.6	82.1	77.0	72.5	41.2	64.2	69.1	78.0	68.5
SSD300	07+12	74.3	75.5	80.2	72.3	66.3	47.6	83.0	84.2	86.1	54.7	78.3	73.9	84.5	85.3	82.6	76.2	48.6	73.9	76.0	83.4	74.0
SSD300	07+12+COCO	79.6	80.9	86.3	79.0	**76.2**	57.6	87.3	88.2	88.6	60.5	85.4	**76.7**	**87.5**	**89.2**	84.5	81.4	55.0	81.9	**81.5**	85.9	78.9
SSD512	07	71.6	75.1	81.4	69.8	60.8	46.3	82.6	84.7	84.1	48.5	75.0	67.4	82.3	83.9	79.4	76.6	44.9	69.9	69.1	78.1	71.8
SSD512	07+12	76.8	82.4	84.7	78.4	73.8	53.2	86.2	87.5	86.0	57.8	83.1	70.2	84.9	85.2	83.9	79.7	50.3	77.9	73.9	82.5	75.3
SSD512	07+12+COCO	**81.6**	86.6	88.3	82.4	76.0	66.3	88.6	88.9	89.1	65.1	88.4	73.6	86.5	88.9	85.3	84.6	59.1	85.0	80.4	87.4	81.2

图19-77　针对PASCAL VOC2007的测试结果

(2) 针对PASCAL VOC2012的测试结果，如图19-78所示。

Method	data	mAP	aero	bike	bird	boat	bottle	bus	car	cat	chair	cow	table	dog	horse	mbike	person	plant	sheep	sofa	train	tv
Fast[6]	07++12	68.4	82.3	78.4	70.8	52.3	38.7	77.8	71.6	89.3	44.2	73.0	55.0	87.5	80.5	80.8	72.0	35.1	68.3	65.7	80.4	64.2
Faster[2]	07++12	70.4	84.9	79.8	74.3	53.9	49.8	77.5	75.9	88.5	45.6	77.1	55.3	86.9	81.7	80.9	79.6	40.1	72.6	60.9	81.2	61.5
Faster[2]	07++12+COCO	75.9	87.4	83.6	76.8	62.9	59.6	81.9	82.0	91.3	54.9	82.6	59.0	89.0	85.5	84.7	84.1	52.2	78.9	65.5	85.4	70.2
YOLO[5]	07++12	57.9	77.0	67.2	57.7	38.3	22.7	68.3	55.9	81.4	36.2	60.8	48.5	77.2	72.3	71.3	63.5	28.9	52.2	54.8	73.9	50.8
SSD300	07++12	72.4	85.6	80.1	70.5	57.6	46.2	79.4	76.1	89.2	53.0	77.0	60.8	87.0	83.1	82.3	79.4	45.9	75.9	69.5	81.9	67.5
SSD300	07++12+COCO	77.5	90.2	83.3	76.3	63.0	53.6	83.8	82.8	92.0	59.7	82.7	63.5	89.3	87.6	85.9	84.3	52.6	82.5	**74.1**	**88.4**	74.2
SSD512	07++12	74.9	87.4	82.3	75.8	59.0	52.6	81.7	81.5	90.0	55.4	79.0	59.8	88.4	84.3	84.7	83.3	50.2	78.0	66.3	86.3	72.0
SSD512	07++12+COCO	**80.0**	90.7	86.8	80.5	67.8	60.8	86.3	85.5	93.5	63.2	85.7	64.4	90.9	89.0	88.9	86.8	57.2	85.1	72.8	88.4	75.9

图19-78　针对PASCAL VOC2012的测试结果

(3) 针对COCO test-dev2015的测试结果，如图19-79所示。

Method	data	Avg. Precision, IoU:			Avg. Precision, Area:			Avg. Recall, #Dets:			Avg. Recall, Area:		
		0.5:0.95	0.5	0.75	S	M	L	1	10	100	S	M	L
Fast [6]	train	19.7	35.9	-	-	-	-	-	-	-	-	-	-
Fast [24]	train	20.5	39.9	19.4	4.1	20.0	35.8	21.3	29.5	30.1	7.3	32.1	52.0
Faster [2]	trainval	21.9	42.7	-	-	-	-	-	-	-	-	-	-
ION [24]	train	23.6	43.2	23.6	6.4	24.1	38.3	23.2	32.7	33.5	10.1	37.7	53.6
Faster [25]	trainval	24.2	45.3	23.5	7.7	26.4	37.1	23.8	34.0	34.6	12.0	38.5	54.4
SSD300	trainval35k	23.2	41.2	23.4	5.3	23.2	39.6	22.5	33.2	35.3	9.6	37.6	56.5
SSD512	trainval35k	**26.8**	**46.5**	**27.8**	**9.0**	**28.9**	**41.9**	**24.8**	**37.5**	**39.8**	**14.0**	**43.5**	**59.0**

图19-79 针对COCO test-dev2015的测试结果

(4) 实验结果还表明数据增强对效果的提升作用很明显，如图19-80所示。

Method	VOC2007 test		VOC2012 test		COCO test-dev2015		
	07+12	07+12+COCO	07++12	07++12+COCO	trainval35k		
	0.5	0.5	0.5	0.5	0.5:0.95	0.5	0.75
SSD300	74.3	79.6	72.4	77.5	23.2	41.2	23.4
SSD512	76.8	81.6	74.9	80.0	26.8	46.5	27.8
SSD300*	77.2	81.2	75.8	79.3	25.1	43.1	25.8
SSD512*	**79.8**	**83.2**	**78.5**	**82.2**	**28.8**	**48.5**	**30.3**

图19-80 针对数据增强的测试结果

(5) 物体大小所产生的影响，如图19-81所示。

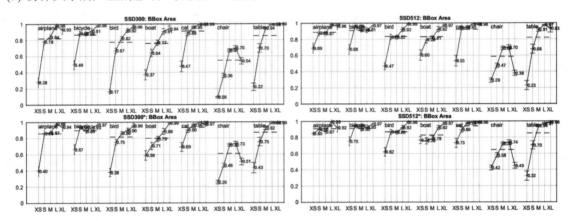

图19-81 针对不同物体大小的测试结果

(6) SSD中究竟是哪些方面的设计对结果的影响最大呢？作者在论文中同样做了实验来寻找答案，如图19-82所示。

	SSD300				
more data augmentation?		✔	✔	✔	✔
include $\{\frac{1}{2}, 2\}$ box?	✔		✔	✔	✔
include $\{\frac{1}{3}, 3\}$ box?	✔			✔	✔
use atrous?	✔	✔	✔		✔
VOC2007 test mAP	65.5	71.6	73.7	74.2	**74.3**

图19-82 SSD中的设计元素效果评估

(7) SSD的检测结果范例，如图19-83所示。

图19-83 SSD的检测结果范例

当然，SSD也同样不是"包打天下"的，它的缺点包括但不限于：

(1) 针对小目标的召回率一般，并没有超越Faster R-CNN的实现。一个可能的原因在于SSD是使用低层的特征图去检测小目标，存在特征提取不充分的问题。

(2) 部分参数需要人工通过经验值来设置，并不能从深度神经网络的训练过程中自动化地获取。这在某种程度上像回到了特征工程时代——虽然没有后者那么烦琐。

建议开发者在选择目标检测模型时，要结合项目自身的实际情况来"择优录用"。

19.9　不基于CNN来实现目标识别

虽然本章花费了很多篇幅来讲解基于深度学习的目标识别算法，但这并不代表其他机器学习算法就"无用武之地"了。"存在即合理"——每个事物总有它的优点和缺点。因而只有结合业务特点，"因地制宜"地选择最匹配的解决方案，才有可能造就优质的工程项目。

在目标识别这个问题上也是类似的。事实上，深度学习算法虽然很优秀，但也免不了有自身的缺陷。

(1) 框架重，资源耗费大。

深度神经网络的层级通常都比较多，动辄上亿的训练参数无疑是对计算能力的极大挑战。这同时也是深度学习直到2000年以后才又逐步流行起来的重要原因之一——硬件的不断升级换代，以及分布式计算能力让我们执行重量级的网络训练过程有了基础的保证。

(2) 需要充足的样本集支撑。

深度神经网络(特别是CNN)一个非常吸引人的地方在于其强大的特征提取能力，可以有效避免传统人工特征工程的一些弊端；但构建这种能力的一个基础在于有充足的样本集支撑。换句话说，在某些样本集严重匮乏的问题领域，深度学习就显得有些"心有余而力不足"了。

如果我们在工程中刚好遇到了上述的"困境"，那么就可以考虑一下是否可以利用一些经典的图像处理算法来完成目标识别的目标——作为范例，本节接下来的内容中，将以OpenCV作为工具，讲解如何快速有效地识别一些图像中的有规则的形状物体(如三角形、圆形等)。

19.9.1　相关的OpenCV函数

在分析具体的范例之前，先讲解OpenCV的相关核心函数。当然如果读者对这些函数都很熟悉的话，也可以直接跳过本节。

1. cvtColor

我们知道颜色有很多种表达系统，例如RGB、HLS等。OpenCV提供了一个便捷的函数来帮助大家在不同的颜色系统中进行转换，即cvtColor。它的原型描述如下(以Python版本的OpenCV 2.0为例)。

```
cv2.cvtColor(src, code[, dst[, dstCn]]) → dst
```

第一个参数src代表的是输入的图像；第二个参数code表示颜色空间转换代码。另外，转换后的图像可以作为函数返回值来处理。

其中，code的取值很多，基本可以满足开发者的各种转换需求了，如表19-3所示。

表19-3 cvtColor支持的核心转换代码一览

颜色系统	Code	描述
RGB ↔ GRAY	CV_BGR2GRAY, CV_RGB2GRAY, CV_GRAY2BGR, CV_GRAY2RGB	RGB空间和灰度空间的互相转换
RGB ↔ CIE XYZ	CV_BGR2XYZ, CV_RGB2XYZ, CV_XYZ2BGR, CV_XYZ2RGB	RGB系统和CIE颜色系统之间的互相转换
RGB ↔ YCrCb	CV_BGR2YCrCb, CV_RGB2YCrCb, CV_YCrCb2BGR, CV_YCrCb2RGB	RBG系统与YCrCb系统之间的互相转换
RGB ↔ HSV	CV_BGR2HSV, CV_RGB2HSV, CV_HSV2BGR, CV_HSV2RGB	RGB系统与HSV系统之间的互相转换
RGB ↔ HLS	CV_BGR2HLS, CV_RGB2HLS, CV_HLS2BGR, CV_HLS2RGB	RGB系统与HLS系统之间的互相转换
RGB ↔ CIE L*a*b*	CV_BGR2Lab, CV_RGB2Lab, CV_Lab2BGR, CV_Lab2RGB	RGB系统与非自照明的颜色系统CIE L*a*b之间的互相转换

值得一提的是，RGB三通道是有顺序关系的，因而上述code中既有"RBG"，也有"BGR"排列(OpenCV读取的图像默认是BGR，但不排除程序通过其他手段加载了图像资源，因而要特别注意一下)。

2. GaussianBlur

这个函数名直译成中文是"高斯平滑"或者"高斯模糊"，主要用于减少图像中的噪声，在很多著名的图像处理软件中都有应用。

其函数原型如下(以Python版本的OpenCV 2.0为例)。

```
cv2.GaussianBlur(src, ksize, sigmaX[, dst[, sigmaY[, borderType]]]) → dst
```

第一个参数代表输入图像；第二个参数表示高斯核大小；参数sigmaX和sigmaY表示高斯核函数在X和Y方向上的标准偏差。

以lena图片为例展示一下高斯平滑的处理效果，如图19-84所示。

(a) 原始图片　　　　(b) 处理后结果

图19-84 高斯平滑效果

3. threshold

图像处理中的另一个常用函数是threshold，它的核心功能是将图像做二值化处理，其函数原型如下

(以Python版本的OpenCV 2.0为例)。

```
cv2.threshold(src, thresh, maxval, type[, dst]) → retval, dst
```

第一个参数src是一个InputArray类型的输入数组，要求单通道且8位或32位浮点类型的数据；第二个参数thresh代表的是double类型的阈值，需要和第四个参数结合起来考虑；第三个参数maxval是一个double类型的数值，代表二值化处理后的最大值；第四个参数type指的是阈值的类型，其具体值参见后面的介绍。

图像的二值化操作并不复杂，简单来讲就是把原有图像(通常已经灰度化处理)中的像素值按照一定规则(具体采用哪种规则取决于函数的第四个参数type)重新赋值。各类型规则对应的函数如下。

THRESH_BINARY：

$$\text{dst}(x,y) = \begin{cases} \text{maxval}, & \text{src}(x,y) > \text{thresh} \\ 0, & \text{其他} \end{cases}$$

THRESH_BINARY_INV：

$$\text{dst}(x,y) = \begin{cases} 0, & \text{src}(x,y) > \text{thresh} \\ \text{maxval}, & \text{其他} \end{cases}$$

THRESH_TRUNC：

$$\text{dst}(x,y) = \begin{cases} \text{threshold}, & \text{src}(x,y) > \text{thresh} \\ \text{src}(x,y), & \text{其他} \end{cases}$$

THRESH_TOZERO：

$$\text{dst}(x,y) = \begin{cases} \text{src}(x,y), & \text{src}(x,y) > \text{thresh} \\ 0, & \text{其他} \end{cases}$$

THRESH_TOZERO_INV：

$$\text{dst}(x,y) = \begin{cases} 0, & \text{src}(x,y) > \text{thresh} \\ \text{src}(x,y), & \text{其他} \end{cases}$$

如果以图形化的方式表述上面这些函数，则得到如图19-85所示结果(OpenCV官方文档)。

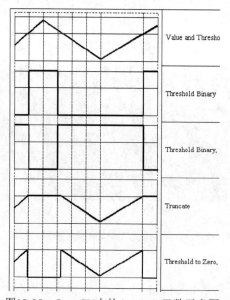

图19-85　OpenCV中的threshold函数示意图

4. findContours

基于轮廓的目标识别是目标识别中一种常用的非深度学习方法。OpenCV为此提供了一个非常便捷的函数，即findContours来帮助大家实现这个过程。它的函数原型如下(以Python版本的OpenCV 2.0为例)。

```
cv2.findContours(image, mode, method[, contours[, hierarchy[, offset]]]) → contours,
hierarchy
```

其中，第一个参数image代表的是输入的图像数据。具体来讲是一幅8位单通道的图像(256级灰度图)，所有非0的像素值会被当成1，而0值保持为0(即输入图像被当成一个二值图像对待，当然也可以直接输入二值图像数据)。开发人员可以使用compare()、inRange()、threshold()、adaptiveThreshold()、Canny() 或者其他方法来将灰度图或彩色图转换为二值图像。该函数在提取轮廓的过程中会改变图像。如果模式(mode)为CV_RETR_CCOMP 或者 CV_RETR_FLOODFILL，那么输入的图像也可以是32位的整型图像(CV_32SC1)。

第二个参数mode用于指定轮廓的检测模式，主要支持如下几种类型。

(1) CV_RETR_EXTERNAL。

只检测最外围的轮廓，同时所有contours的hierarchy[i][2]=hierarchy[i][3]=-1。

(2) CV_RETR_LIST。

检测出所有轮廓，但是不建立任何层级关系。

(3) CV_RETR_CCOMP。

检测出所有轮廓并且将它们组织成为两个级别的层次关系，即顶层是外部边界，第二层是hole的边界。

(4) CV_RETR_TREE。

检测出所有的轮廓，并且生成完整的嵌套的轮廓层次结构。

第三个参数method用于指定轮廓的近似方法(可以参见后面的代码范例)，支持如下几种核心类型。

(1) CV_CHAIN_APPROX_NONE。

保存轮廓上的所有点。

(2) CV_CHAIN_APPROX_SIMPLE。

仅保留轮廓中的拐点信息，比如一个矩形就只存储4个点。

(3) CV_CHAIN_APPROX_TC89_L1,CV_CHAIN_APPROX_TC89_KCOS。

应用Teh-Chin chain近似算法。有兴趣的读者可以参考论文"On the Detection of Dominant Points on Digital Curve"(TehC. H. 和Chin R. T.)。

函数的输出值有两个，其中，c o n t o u r s是一个用于保存轮廓点的数组，具体类型是vector<vector<Point>>；另一个输出值hierarchy则用于存储图像的拓扑结构信息(可选)，具体数据类型是vector<Vec4i>。

图19-86是findContours的一个效果范例，读者可以有一个直观的感受。

图19-86　findContours函数的效果范例

19.9.2 利用OpenCV识别形状物体范例

19.9.1节介绍了OpenCV中与物体轮廓相关的一系列核心API，接下来就可以用它们来完成一些特定形状物体的识别工作，比如图19-87所示的这样的输入图像。

图19-87 特定形状的物体

可以看到，图19-87中包含三角形、圆形、正方形、五边形等形状物体。我们的任务就是利用前面学习到的图像处理知识来把它们快速识别出来。

Step1：将原始图像转换为灰度图像。

示例代码如下。

```
…
image = cv2.imread(args["image"])
resized = imutils.resize(image, width=300)
ratio = image.shape[0] / float(resized.shape[0])
gray = cv2.cvtColor(resized, cv2.COLOR_BGR2GRAY)
```

由此产生的灰度图效果如图19-88所示。

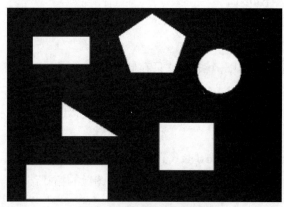

图19-88 灰度化处理结果

Step2：高斯模糊处理(可选，根据实际图像特点来做选择)。

示例代码如下。

```
blurred = cv2.GaussianBlur(gray, (5, 5), 0)
```

高斯平滑的处理结果如图19-89所示。

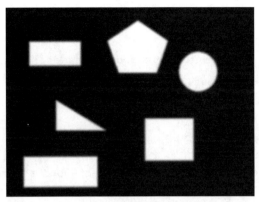

图19-89 高斯平滑处理效果

Step3：图像二值化处理。

示例代码如下。

```
thresh = cv2.threshold(blurred, 60, 255, cv2.THRESH_BINARY)[1]
```

这里使用的是THRESH_BINARY模式，阈值设置为60(注：阈值的具体数字理论上是和图像强相关的)。处理后的效果如图19-90所示。

图19-90 二值化处理结果

Step4：检测所有的物体轮廓。

示例代码如下。

```
cnts = cv2.findContours(thresh.copy(), cv2.RETR_EXTERNAL, cv2.CHAIN_APPROX_SIMPLE)
cnts = cnts[0] if imutils.is_cv2() else cnts[1]
```

此时已经成功获取到了二值化图像中所有形状的外围轮廓，接下来该是"大显身手"的时候了。

Step5：利用轮廓信息判断出形状类型。

示例代码如下。

```
...
shape = "unidentified"
    peri = cv2.arcLength(c, True)
    approx = cv2.approxPolyDP(c, 0.04 * peri, True) #对图像轮廓进行多边形拟合
    if len(approx) == 3:
```

```
                    shape = "triangle"   #三角形
                    elif len(approx) == 4:
                    (x, y, w, h) = cv2.boundingRect(approx)   #矩形框
                    ar = w / float(h)
                    shape = "square" if ar >= 0.95 and ar <= 1.05 else "rectangle" #判
断是正方形还是长方形
                    elif len(approx) == 5:
                              shape = "pentagon" #五角形
...
```

同时利用drawContours来把识别到的物体框起来，并标注出具体的形状类型。最终程序的执行结果如图19-91所示。

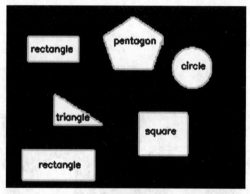

图19-91　形状物体的最终识别结果

由图19-91可以看到，我们基于轮廓的形状目标识别程序的效果还是可以的，准确率达到了100%(当然，作为范例我们所使用的背景相对简单)。读者可以根据项目中的实际情况，来判断是否适用类似本节所讲解的这种简单但又高效的目标识别方式。

20.1 NLP简述

自然语言处理(Natural Language Processing，NLP)是人工智能领域的一个重要方向，同时也是一门融合了语言学、数学、计算机科学等多领域知识的复杂学科(特别是针对中文的处理)。

一直以来，语言都是人类区别于其他生物的关键能力之一，人与人之间可以非常轻松顺畅地进行交流和对话——而人类这种"与生俱来"的能力却是计算机所不具备的。所以简单来说，NLP就是希望实现基于自然语言的人机交互方式。

当计算机"理解"了自然语言后，我们就可以据此产生很多实际的应用。NLP领域的权威专家Richard Socher曾按照难易等级把NLP做了如图20-1所示的划分。

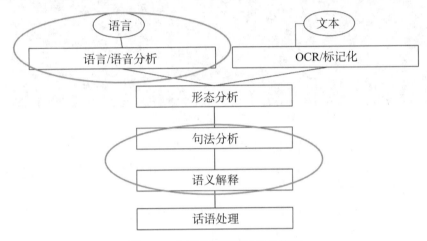

图20-1 自然语言处理的难易等级

具体来讲，NLP有如下一些典型的应用场景(由易到难)。

● 拼写错误的检查，同义词查找等简单的词处理。

● 关键信息提取，如人名、公司名、地址等。

● 对文本进行分级分类。

● 关系抽取(Relation Extraction)。

● 句法分析(Parsing)。

● 自动文摘(Automatic Summarization)。

● 机器翻译。

● 信息检索(Information Retrieval)。

● 口语对话系统。

● 复杂的问答系统。

或者也可以从如下角度对NLP的应用场景进行分类。

● 分析型：输入自然语言，并利用NLP来执行某种分析工作。例如，翻译系统、用户留言问题分析等。

● 生成型：利用NLP技术输出自然语言相关材料，解决某领域的问题。例如，智能写诗系统、自动化写作系统等。

● 交互型：交互型指的是机器和人利用NLP技术可以进行实时的交流沟通。例如，现在很流行的智能助理、智能客服等。

NLP在工业界的应用越来越广泛，国内的百度、腾讯等多家厂商都对外开放了面向NLP的云服务能力，如图20-2所示。

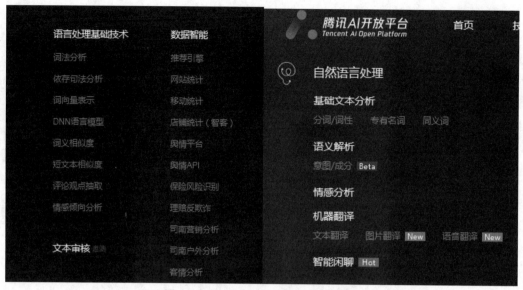

图20-2　各大云平台纷纷开放NLP能力

另外，NLP在搜索引擎、广告系统、机器翻译等多个与人们日常生活息息相关的领域中也有广泛应用。可以说，NLP已经走进了"千家万户"，并仍将持续发挥它独特的商业价值。但同时我们也应该清楚地认识到，NLP领域仍然存在很多技术瓶颈需要突破。

NLP(特别是中文的自然语言处理)在技术实现上为什么很难呢？我们摘选了网上广为流传的一道汉语8级考试题(仅供参考，真实性有待考证)，读者可以感受一下。

> 阿呆给领导送红包时，两个人一段颇有意思的对话。
>
> 领导："你这是什么意思？"
>
> 阿呆："没什么意思，意思意思。"
>
> 领导："你这就不够意思了。"
>
> 阿呆："小意思，小意思。"
>
> 领导："你这人真有意思。"
>
> 阿呆："其实也没有别的意思。"
>
> 领导："那我就不好意思了。"
>
> 阿呆："是我不好意思。"
>
> 题目：请解释文中每个"意思"的意思。

在上面这段对话中，"意思"这个词反复出现了多次。其中的巧妙之处在于它在每句话中所表达的意思却并不相同——由于汉语的"博大精深"，就连熟悉中文的外国人都很难理解，更不用说天生只懂机器语言的计算机了。

NLP的技术栈如图20-3所示。

应用领域	文本分类	情感分析	语音识别	问答系统
	信息检索	机器翻译	自动文摘	信息抽取
	文字纠错	文本挖掘	关系抽取	…

关键能力	自动分词	实体标注	词性标注
	句法分析	语义分析	…

关键技术 (框架/算法)	语言模型	形式语言与自动机	概率图模型
	词表达	语言知识库	…

工具平台	word2vec	CRF++	GIZA
	Kaggle	chardet	…

基础理论	信息熵	概率与统计	最大似然估计	贝叶斯法则
	自动机理论	神经网络	分类器	…

数据集 语料库	知网	CLKB	HNC	YFCC
	WordNet	FrameNet	EDR	…

图20-3　NLP的技术栈

20.2　NLP发展历史

最开始的时候，人们其实只是想通过NLP来做机器翻译——而且大家可能很难想象得到，这一功能其实在17世纪就已经有人开始尝试了。当然，早期的机器翻译还相对简单，远远达不到商用的要求。真正有一定应用价值的NLP工具则是一种具备"双语字典"功能的翻译器，它出现于20世纪30年代。

到了20世纪50年代，著名的科学家Alan Turing(图灵)发表了一篇名为"Computing Machinery and Intelligence"的论文，并提出了时至今日仍然被广泛认可的人工智能测试标准——"图灵测试"。随后的二十几年，人们发明了多种基于NLP的系统，例如，俄语-英语句子翻译系统、简易的"医生模拟诊断"系统等。

不过，1980年之前的NLP系统都是基于复杂的人工定制规则来实现的，因而不可避免地会有很多限制。这种情况直到20世纪80年代后期才真正出现转机，这其中的关键点就在于机器学习算法逐步开始在NLP领域中发挥作用。当然，引发这种变化的因素是多方面的，比如硬件计算能力的提升、语言学理论的进一步完善等。

早期在NLP领域中使用的机器学习算法主要是决策树这类相对简单的实现方案，如图20-4所示。而后才慢慢出现了很多非监督学习和半监督学习算法——它们使得NLP系统逐步具备了更多的灵活性，而不用像监督学习一样只能给出标定的答案。自然语言所表现出来的多样性，使得我们不能指望所有问题都可以通过人工提供的既成答案来得到解决，因而非监督或者半监督类型的算法实现在NLP领域中是有先天性优势的。

图20-4　早期人们对NLP的理解

近几年来，深度学习的强势崛起，使得已经处于"瓶颈期"的图像识别、物体分割等多个领域又重新焕发了生机，并取得了令人瞩目的成绩。"好奇的人们"自然不会把这么好的武器只应用于图像领域——他们迫切地希望知道，深度学习+NLP又会碰撞出什么样的火花。因而深度学习在自然语言处理中的学术论文也越来越多，各类研究成果如"雨后春笋"般涌现出来。

截至目前，基于深度学习的模型在语言模型化、自然语言分析等多个NLP任务上都打败了其他机器算法能力，当之无愧地成为NLP领域的最佳方案。图20-5为基于深度神经网络的NLP与经典NLP的区别。

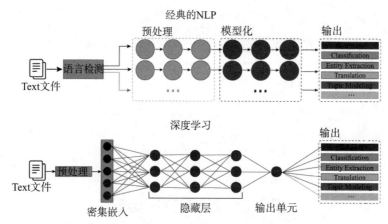

图20-5　基于深度神经网络的NLP与经典NLP的区别

20.3　自然语言基础

在进入NLP的具体分析之前，有必要先了解一下人类大脑中与自然语言相关的控制系统，如图20-6所示。

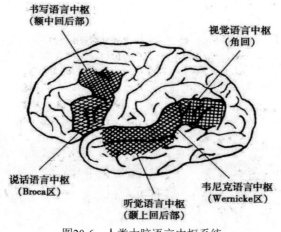

图20-6　人类大脑语言中枢系统

科学研究发现，人类大脑的语言中枢系统可以控制人体进行语言理解、语言表达等多种意识形态的高级活动。其中又可以细分为如下几个中枢区域。

(1) 书写语言中枢。

书写语言中枢的主要功能在于控制人类写字、绘画等精细运动，因而如果受到意外损伤的话有可能导致"失写症"。

(2) 视觉语言中枢。

视觉语言中枢用于控制人类识别视觉信号的语言，因而如果意外受损的话有可能导致"失读症"。根据百度百科上的描述，其症状表现为：有些失读症的儿童会倒过来朗读或写字；有些失读症的儿童在大声朗读时常常漏字或反复读错字而浑然不觉；有些失读症的儿童在朗读时严重口吃，无法读完短短一篇课文；有些失读症的儿童不敢大声朗读，唯恐出洋相；还有一些失读症的儿童无法准确、迅速、清楚地发音或模仿教师发音。

(3) 说话语言中枢。

说话语言中枢，或者运动性语言中枢又被称为Broca's Area，它的主要功能在于控制与语言有关的肌肉性刺激。因而如果意外受损的话，有可能导致"运动性失语症"。

(4) 听觉语言中枢。

听觉语言中枢是韦尼克区域的一部分。如果意外受损的话，有可能导致患者虽然可以听到别人讲话却不能完全理解意思，即"感觉性失语症"。

(5) 韦尼克语言中枢。

韦尼克区是德国医生Wernicke于1874年发现并以自己名字命名的大脑中一个重要的语言区域。它的主要作用在于控制人体的语言理解技能。

人们在对话过程中，大脑各语言中枢的处理流程大致如图20-7所示。

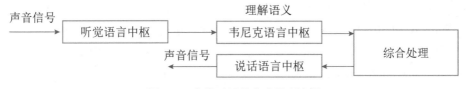

图20-7　人类对话的大致处理流程

借鉴人类大脑的语言处理过程，一个NLP系统通常需要具备如下三个要素。

(1) 语言解析能力。

(2) 语义理解能力。

(3) 语言生成能力。

虽然NLP在经过这么多年的发展后已经取得了长足进步，并且在越来越多的领域获得了广泛应用，但它背后的支撑技术仍然没有超过上述三个范畴——换句话说，这些应用都可以说是基于上述关键要素演化而来。

接下来讲解一下人类自然语言中的几个基础概念，以为读者们后续的学习扫清障碍。

1. 语素

语素是自然语言中最小的有意义的语言单位。

语素包括如下几种构词方式。

1) 单音节语素

由一个有意义的字构成的语素。例如，山、海、天、地、人、红、黑。

2) 双音节语素

由两个字组成才有意义的语素。双音节语素又可以细分为叠韵、双声、外来词、专用名词等多种类型。

(1) 叠韵。例如，当啷、惝恍、魍魉、缥缈、飘渺、耷拉、苍茫、朦胧、苍莽、邋遢等。

(2) 双声。例如，荆棘、蜘蛛、踯躅、踌躇、仿佛、瓜葛、忐忑、淘汰等。

(3) 外来词。外来词即音译过来的词。例如，夹克、的士、巴士、尼龙、吉普、坦克、芭蕾、踢踏、吐司等。

(4) 专用名词。例如，纽约、巴黎、北京、苏轼、李白、孔子等。

3) 多音节语素

由两个以上的字组成的有意义的语素。和双音节语素有点儿类似，多音节语素可以细分为专用名词、外来词和拟声词等。例如，法兰克福、奥林匹克、白兰地、凡士林、噼里啪啦、淅淅沥沥、马克思主义、中华人民共和国等。

2. 语法和句法

语法和句法是容易混淆的两个概念，也是很多新人经常会问及的两个专有名词。

语法，简单而言可以分为句法和词法两个部分。其中，句法研究的是句子(sentence)的内部结构，以词作为基本单位(见图20-8)；词法研究的则是词的内部结构，以语素作为基本单位(朱德熙《语法讲义》，北京商务印书馆)。

不同语言的句法会有所差异，例如，英文的陈述句、疑问句、祈使句等。

祈使句：Let's run to the police station on fourth street.

疑问句：Have you been living here?.

陈述句：We are very busy preparing for the exams.

否定句：I don't know this. No news is good news.

强调句：You may put the meeting off only when it is absolutely necessary.

名词性从句：Whether he can come to the party on time depends on the traffic.

同位语从句：I had no idea that you were here.

定语从句：In the presence of so many people he was little tense, which was understandable.

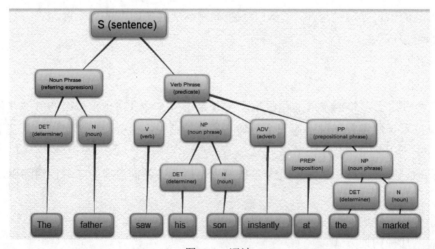

图20-8　语法

3. 语义

语义(semantic)可以分为两部分：研究单个词的语义(即词义)以及单个词的含义怎么联合起来组成

句子(或者更大的单位)的含义。语义分析如图20-9所示。

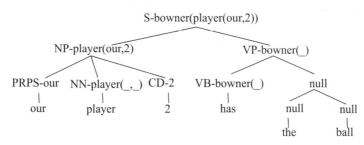

图20-9 语义分析(Semantic Parsing)

20.4 词的表达方式

在做自然语言处理时,首先要回答一个基础问题,即用什么方式去表述自然语言,作为计算机的输入呢?这其实也是视觉识别、语音识别、文字识别等其他机器学习领域要回答的一个问题。图20-10给出了机器学习任务的三种输入。

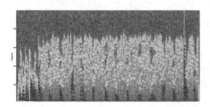

图20-10 视觉识别等其他机器学习任务的输入

结合本书其他章节的学习,我们知道视觉识别等机器学习任务中的输入数据大致如下。

(1) 视觉识别。以图像像素作为输入,可能涉及预处理。

(2) 文字识别。和视觉识别类似,通常也是输入带文字信息的图片。

(3) 语音识别。典型做法是输入音频频谱序列(Audio Spectrogram)。

那么是否可以做一个大胆的假设,即将自然语言的词用向量表示出来,作为NLP的输入呢?这种想法很"直接",在某种程度上来讲并不能说完全没有道理,但也肯定"不全对"。原因之一就是,自然语言本身的复杂性。在前面举了一个关于汉语考试试题的范例,从中可以看到在脱离文章背景和"文化风俗"情况下的NLP肯定是做不好的——这和缺乏中文语言环境"熏陶"的外国人通常很难理解汉语的"博大精深"的道理是类似的。

为了解决上述问题,学者们"八仙过海,各显神通",提出了很多有建设性的方案。如下是其中的两类典型。

1. 独热编码表示(One-hot Representation)

独热编码表示是传统的词表达方式,它的优点就是简单直接。比如把苹果表示为[0 0 0 1 0 0 0 0 0 0 0 0 0 0 0 0 …],把梨子表示为[0 0 0 0 0 0 0 0 1 0 0 0 0 0 0 0 …]。

在实际的应用中,需要结合样本本身来决定如何做独热编码(One-hot Encoding)。比如小学生可能有如下一些属性。

属性1:性别 [male, female]

属性2:年级 [1, 2, 3, 4, 5, 6]

属性3:班级 [1, 2, 3]

对于一个"2年级1班的男同学"，一种表示方法是[0, 1, 0]，此时每一个数字对应的是属性表中的序号。另一种表达方式就是独热编码。其中，性别属性是2维的，年级是6维的，班级是3维的。那么这个小男孩对应的独热输出为：

[1,0,0,1,0,0,0,0,1,0,0]

采用独热来做词表达的主要缺点如下。

(1) 数据稀疏，高维度问题。

(2) 没有表达出词之间的关联性。

(3) 不好做模糊匹配等处理。

2. 分布式表示(Distributed Representation)

和独热表达方式不同，分布式表示是一种低维度的实数向量，类似于[0.893, 0.232, −0.248, −0.984,…]。在后续内容中还会做更为详细的解析。

分布式表示思想是什么时候出现的呢？普遍认为最早可以追溯到Geoffrey Hinton的一篇论文"Learning distributed representations of concepts"(用向量来表示词的做法则可以追溯到20世纪60年代)——虽然这篇文章里并没有直接提出分布式表示这一概念。

到了2000年前后，Bengio等人先后发表了一系列关于语言模型的论文(比如"A Neural Probabilistic Language Model"等)，用于减小传统词表达方式的维度灾难问题。由此可见，分布式表示和语言模型是息息相关的。

分布式表示被应用于做"词的表达方式"，从而产生了人们所熟知的"Word Representation"或者"Word Embedding"，中文被翻译为"词向量"或者"词嵌入"(听上去有些别扭，但这已经成为人们相对认可的叫法了)。

值得一提的是，除了Distributed Representation外，还有一个非常相近的词Distributional Representation，它们很容易让人产生混淆。其中，Distributional Representation是指根据分布式思想来表达出词的语义，或者也可以说是将语义融合到词的表示中。其背后的理论基础并不复杂，简单描述如下：

"上下文相似的词，其语义也相似。"

它蕴含着的是概率统计上的"分布"意义。

作为对比，本节所述的Distributed Representation则表达的是另一重含义，它并非指统计学上的"分布"，而是"分散"的概念——这是相对于独热而言的，即将原本需要高维空间来完成的任务"分散"到一个低维空间上，从而解决传统方式中的缺陷。

这样描述可能有点儿抽象，下面举一个简单的例子来帮助理解。

假设词库中有3个词：

{苹果，梨子，香蕉}

那么用独热表示就是一个三维空间，而且很稀疏：

```
苹果 [1, 0, 0]
梨子 [0, 1, 0]
香蕉 [0, 0, 1]
```

如果直观地表达出来，就类似于图20-11。

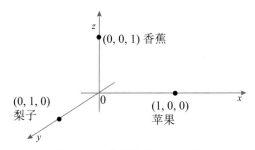

图20-11 独热的直观示意图

现在换一种思路：能不能把这些点"Distributed(分散)"在一个二维的空间里呢？答案当然是可以的，类似于图20-12。

图20-12 Distributed一词的含义的二维表达

这样一来，就可以在一个低维空间中通过实数来做词表达了。当然，这里所举的只是一个简单的例子，实际应用时的情况要复杂得多。比如词库数量很可能达到百万级别；分布式表示也并非就一定是二维的，我们允许它利用多个维度来表达更多的信息量。

所以理论上分布式表示要解决的就是如何通过更为"低廉的成本"(稠密实数向量)来表达各个词，只要可以把它们区分开来用于后续计算就可以了。但具体应该怎么表达，以及每个词对应的各维度的值如何获得，就有很多其他"讲究"了。直白点儿讲，这些又属于另外的"坑"了。

另外，词的表达和自然语言模型有很大关联，因而需要结合起来分析。

20.5 自然语言模型

自然语言模型，通俗来讲，就是用于判定一句话"从人类的角度来理解，是不是正常的语句"。对于一个受过一定教育的人来说这通常不是一件难事。

例如，下面的简单句子：

我每天8点钟准时去上班。

它是一句比较正常的话。

而如果是类似下面这样的句子：

我吃饭不知道如何上班。

相信读者就会在心里打一个大大的问号了——"这是什么意思？"

自然语言模型可以在多个领域发挥重要作用，比如：

- 机器翻译如何产生更好的结果
- 语句的拼写错误纠正
- 语音识别结果优化

- 自动文摘系统
- 实时问答系统

如果单纯从组成元素来看，一个语句通常是由如下一些典型元素构成的：

- 词
- 语法
- 语义

传统的自然语言处理系统主要依靠人工基于上述组成元素来编写出各种规则，从实践结果来看，这种方式耗时耗力，而且效果并不理想。这种情况在图像识别领域也同样存在。例如，在图像识别领域的早期，如果要识别一只猫，那么首先就要提取和制定出猫的各种特征规则。由于猫的形态是多种多样的，而且可能出现遮挡、扭曲等情况，所以人工提取特征的做法很难达到很好的效果。

有鉴于此，NLP领域出现了多种语言模型(见图20-13)。除了文法语言模型，最常见的就是统计语言模型(Statistical Language Model)了，它依据概率统计理论来得到一个句子的最佳结果。

统计语言模型又可以细分为如下多种类型。

- 基于N-Gram的语言模型
- 基于隐马尔可夫(HMM)的语言模型
- 基于最大熵的语言模型
- 基于决策树的语言模型

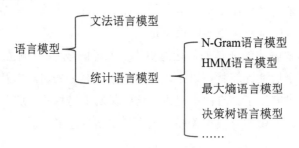

图20-13　语言模型的分类

另外，业界也出现了不少开源的语言模型工具，如果有需要的话，可以参考它们的主页来了解详情。

SRILM(http://www.speech.sri.com/projects/srilm/)

IRSTLM(http://hlt.fbk.eu/en/irstlm)

MITLM(http://code.google.com/p/mitlm/)

BerkeleyLM(http://code.google.com/p/berkeleylm/)

接下来针对其中几种模型做详细阐述。

20.5.1　基于N-Gram的语言模型

考虑这样一个场景：我们在做语音识别时输入一个"wogeinijugelizi"的语音序列，想要解答的问题是——它到底指的是"我给你举个例子"还是"我给你举个栗子"或者是其他句子呢？如果应用统计模型的话，那么它就会明确告诉我们，前者的出现概率会高很多，因而它才是最佳答案。

在统计语言模型中，假设一段文本序列被表示为$S = w_1 w_2 w_3 w_4 \cdots w_T$，那么计算这一序列概率的理论公式如下：

$$P(S) = P(w_1, w_2, \cdots, w_T) = \prod_{t=1}^{T} P(w_t \mid w_1, w_2, \cdots, w_{t-1})$$

由于参数众多且复杂度高，直接采用上述公式并不现实。因而在实践中通常用的是N-Gram、最大熵模型等近似表达方式。类似于

$$P(w_t \mid w_1, w_2, \cdots, w_{t-1}) \approx (w_t \mid w_{t-n+1}, \ldots, w_{t-1})$$

其中，N-Gram又被称为n元模型或者n-1阶马尔可夫(Markov)模型。因为在本书其他章节中对马尔可夫已经有过详细解析，所以这里只对马尔可夫性质做一个简单的回顾：简而言之，它是指当前状态的概率只与前n个(n可以取值1)状态有关，而与更前面的状态无关。

在N-Gram模型中，n的典型取值有3个：当n=1时它又被称为Unigram模型；当n=2时是Bigram模型，而当n=3时则对应的是Trigram模型。从实践的角度来看，其中应用最广泛的是二元的Bigram模型和三元的Trigram模型。

N-Gram的基本思想就是计算语句中各个词在遵循马尔可夫模型情况下的条件概率的乘积——这可能有点儿抽象，可以打个比方。当我说了一个词"北京"以后，那么接下来最可能出现的词就是"天安门"或者"故宫"等，它们都属于高概率事件；与之相反，一般人都不会认为"北京"后面会跟着"窗帘""杯子"这种"八竿子打不着"的词。换句话说，一个由w_1, w_2, w_3, $\cdots$, w_n组成的句子，它的概率为

$P(T) = P(w_1 w_2 w_3 \cdots w_n) = P(w_1) P(w_2 \mid w_1) P(w_3 \mid w_1 w_2) \cdots P(w_n \mid w_1 w_2 \cdots w_{n-1})$

顺便提一下，上述公式中用到了条件概率的如下计算法则。

法则1：

$P(B \mid A) = P(AB) / P(A)$

法则2：

$P(AB) = P(A)P(B \mid A)$，其中，$P(A) > 0$。

法则3：

$P(A_1 A_2 A_3 \cdots A_n) = P(A_1) P(A_2 \mid A_1) P(A_3 \mid A_1 A_2) P(A_n \mid A_1 A_2 A_3 \cdots A_{n-1})$，其中，$P(A_1 A_2 A_3 \cdots A_{n-1}) > 0$。

由于上述公式的计算过程太过于烦琐，因而可以根据马尔可夫的"当前状态只与前面n个状态相关联"这一指导思想来做一下精简。

当n=1时，Unigram Model的表达式为

$$P(w_1, w_2, \cdots, w_m) = \prod_{i=1}^{m} P(w_i)$$

当n=2时，Bigram Model的表达式为

$$P(w_1, w_2, \cdots, w_m) = \prod_{i=1}^{m} P(w_i \mid w_{i-1})$$

当n=3时，Trigram Model的表达式为

$$P(w_1, w_2, \cdots, w_m) = \prod_{i=1}^{m} P(w_i \mid w_{i-2} w_{i-1})$$

理论上，n的取值越大，最终效果越好。不过大量的实验结果表明：n取值为2或者3时，不仅模型的整体计算量可控，而且精度也还不错，因而这两个取值在实际项目中是比较受欢迎的。

接下来的问题就很明确了，即怎么样得到上述公式中各个词的条件概率值呢？

答案就是用于训练的语料。斯坦福大学cs224d课程中对此有一个范例，这里摘录下来给读者做个

参考。

语料库：

- Ilikedeeplearning.
- IlikeNLP.
- Ienjoyflying.

那么针对这一语料库生成的适用于Bigram的词频表如表21-1所示。

表21-1　词频表范例

counts	I	like	enjoy	deep	learning	NLP	flying	.
I	0	2	1	0	0	0	0	0
like	2	0	0	1	0	1	0	0
enjoy	1	0	0	0	0	0	1	0
deep	0	1	0	0	1	0	0	0
learning	0	0	0	1	0	0	0	1
NLP	0	1	0	0	0	0	0	1
flying	0	0	1	0	0	0	0	1
.	0	0	0	0	1	1	1	0

比如上述语料库中出现了两次"I like"这样前后衔接的样式，因而对应表格项的取值就是2；同时"I enjoy"出现了一次，因而取值为1。

不难理解，对于一个包含m个词的语料库，其词频表规模为m^n，其中，n代表的是N-Gram。例如，Bigram对应的是m^2，Trigram则达到m^3。这种数量级的增长关系，决定了n的取值不可能太大(通常语料库包含的单词数量都是10 000+以上的规模)，否则就没有太大的实用价值。

目前业界和学术界已经有一些可用的N-Gram数据集了，读者可以参考一下。

- Google Web1T5-gram

  http://googleresearch.blogspot.com/2006/08/all-our-n-gram-are-belong-to-you.html

  Total number of tokens: 1 306 807 412 486

  Total number of sentences: 150 727 365 731

  Total number of unigrams: 95 998 281

  Total number of bigrams: 646 439 858

  Total number of trigrams: 1 312 972 925

  Total number of fourgrams: 1 396 154 236

  Total number of fivegrams: 1 149 361 413

  Total number of n-grams: 4 600 926 713

- Google Book N-Grams(http://books.google.com/ngrams/)
- Chinese Web 5-gram

  http://www.ldc.upenn.edu/Catalog/catalogEntry.jsp?catalogId=LDC2010T06

当然，N-Gram还有很多细节需要处理，比如数据平滑。想象一下，前面计算概率时取的是各词条间概率的乘积。根据乘法法则，一旦其中有一个因子为0，那么整个公式的结果自然就为0了，这显然不是我们想要的结果(即便整个句子确实不太通顺，我们也不希望它被"一刀切"为0)。

因而数据的平滑处理是非常有意义的。目前业界已经出现了很多经典的平滑算法，包括但不限于：

- Laplacian (add-one) smoothing；
- Add-k smoothing；
- Jelinek-Mercer interpolation；
- Katz backoff；
- Absolute discounting；
- Kneser-Ney。

有兴趣的读者可以自行搜索相关资料来阅读了解其中的实现原理。因为不是本章的重点，所以就不过多阐述了。

20.5.2　基于神经网络的语言模型——经典NNLM

20.5.1节学习了N-Gram模型，它其实有一些固有的缺陷。

(1) 无法推测内在的联系性。

举个例子，对于语料"草地上有一只猫"，N-Gram只是单纯地计算词之间的条件概率。所以当面对的是"草地上有一只狗"这类语料库中缺失的语句时，它并不能依据关联性很好地推测出语句的正确性。

(2) 容易引起维度灾难。

这一点在20.5.1节已经做过分析。

(3) 需要大规模的训练样本。

那么有没有办法在不使用词频表的情况下，也还是能达到同样的效果呢？

仔细思考一下，这其实就是神经网络所擅长的事情——用一堆固定数量的参数(当然，前期需要训练)去拟合理论上任何一个非线性函数。值得一提的是，在本书的后续章节会看到强化学习在解决Q-table维度爆炸时也面临同样的问题，所以才引出了结合深度神经网络的DRL。可见知识的力量是共通的，只要深刻掌握了其中一种，通常就可以举一反三地把它应用到更多相似的领域。

前面在讲解词的分布式表达时提到了Bengio的"A Neural Probabilistic Language Model"，也就是在这篇论文中提出了后来影响非常深远的基于神经网络的统计语言模型框架NNLM(Neural Network Language Model)。

NNLM的网络结构并不复杂，如图20-14所示。

NNLM的基本思想就是利用一个前向反馈神经网络来拟合一个可以输出文本序列条件概率的函数。它包含如下3个核心网络层级。

1. 输入层(Input Layer)

从图20-14中可以看到，输出有w_{t-1}到w_{t-n+1}共$t-1-(t-n+1)+1=n-1$个词，也就是w_t之前出现的词。C代表的是一个大小为$m \times |V|$的矩阵，其中，$|V|$是语料库的词总数，m则指的是词向量的维度，这样一来，$C(w)$显然就是w对应的词向量。

输入层所要完成的功能，简单来讲就是把$n-1$个词对应的词向量，即$C(w_{t-n+1}) \cdots C(w_{t-1})$拼接成为$m \times (n-1)$大小的列向量(类似于二维数组转换为一维数组，这在数学运算上还是比较常见的)。这样做的一个重要原因就是为后续网络层级的运算提供方便。

假设输入层结果为x，那么

$$x = [C(w_{t-n+1}) \cdots C(w_{t-1})]$$

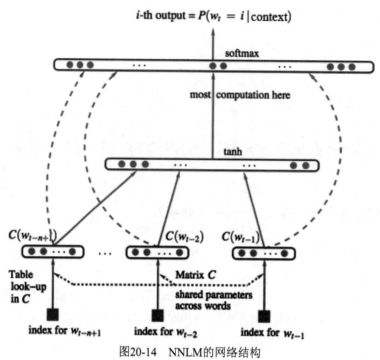

图20-14　NNLM的网络结构

(引用自"A Neural Probabilistic Language Model")

2. 隐藏层(Hidden Layer)

隐藏层在前面输入层给出的$m \times (n-1)$列向量的基础上，通过tanh函数来做激励输出，得到如下结果。

$$\tanh(d + \boldsymbol{H}x)$$

其中，d代表的是biases (如果有疑问，可以参考本书的神经网络激活函数相关章节了解详情)；$\boldsymbol{H}$是权重矩阵；x则是输入层输出的列向量。

3. 输出层(Output Layer)

输出层一共有$|V|$个节点，从图20-14中可以看到每一个节点对应的是

$$\text{output}_{i\text{-th}} = P(w_t = i \mid \text{context})$$

意即在输入为w_{t-1}到w_{t-n+1}共$n-1$个词的上下文场景(context)下，下一个词为w_t的可能概率。具体的计算公式为

$$y = b + \boldsymbol{W}_x + U\tanh(d + \boldsymbol{H}x)$$

细心的读者可能已经发现了$\boldsymbol{W}_x$，它表示的是输入层到输出层的直连边。根据论文中的阐述，这样的做法虽然可以显著降低迭代数量，不过也会在一定程度上影响输出结果。其他参数中，b是偏置值；W是直连边的权重矩阵，大小为$|V| \times m \times (n-1)$。由于概率分布的总数值为1，所以还需要通过Softmax来做一次归一化。具体的计算方式为

$$P(w_t \mid w_{t-n+1}, \cdots, w_{t-1}) = \frac{e^{y_{w_t}}}{\sum_i e^{y_{v_i}}}$$

那么这个神经网络的目标函数该如何设定呢？NNLM采用的是最大化如下函数

$$L = \frac{1}{T}\sum_t \log f(w_t, w_{t-1}, \cdots, w_{t-n+2}, w_{t-n+1}; \theta) + R(\theta)$$

同时结合梯度算法来完成训练过程。

$$\theta \leftarrow \theta + \alpha \frac{\partial \log^{P(w_i|w_{i-n+1},\dots,w_{i-1})}}{\partial \theta}$$

不难看出，NNLM网络结构的主要计算量在于隐藏层到输出层的tanh运算，以及输出层的Softmax运算。

NNLM和N-Gram等语言模型的另一个特点就是，它在神经网络的训练过程中可以"顺便生成"词向量(保存在矩阵**C**里)。同时它还自带平滑能力，所以也就免去了后续的一大堆麻烦。如果要打个比方的话，基于神经网络的很多机器学习算法有点儿像"东北乱炖"或者火锅。它们不像有些煎、炸、煮、炒、蒸等烹饪方式需要严格的菜谱和烦琐的操作过程，而是另辟蹊径"一锅出"，让各种食材相互"渗透"。最让人欣喜的是，大自然的鬼斧神工往往会让人有出乎意料的感觉——乱炖出来的味道还相当不错！

关于NNLM的更多技术细节，建议读者参考"A Neural Probabilistic Language Model"这篇论文。

20.5.3　基于神经网络的语言模型——NNLM的改进者CBOW模型

一看到"改进"一词，大家可能就已经形成了一种条件反射，即20.5.2节所述的"NNLM"一定是有一些让人无法接受的缺陷。

确实如此，NNLM作为影响深远的NLP模型，一方面开创了一个新方向，另一方面也遗留下了不少问题。包括但不限于：

(1) 训练速度太慢。

曾有人做过实验，利用NNLM来训练100万级别的数据集，集合40个CPU的能力也需要以周为单位才能完成。

(2) 只能处理固定长度的文本序列。

从NNLM的网络结构图中，可以看到它可以处理的文本长度固定为N。

(3) 对于词向量的考虑略显不足，因为它只是NNLM的"附属品"。

于是它的多个改进版本就陆续横空出世了，其中最为人们津津乐道的便是CBOW和Skip-gram了。它们都出于同一作者Tomas Mikolov之手，而且还是业界非常有名的word2vec(20.6节做详细介绍)的背后模型。

Mikolov曾供职于Google Brain团队(因而word2vec通常被冠以Google出品)，不过2014年他已经转战Facebook的人工智能实验室了。Mikolov有三篇代表作建议有兴趣的读者不妨阅读学习一下：

(1) "Efficient Estimation of Word Representation in Vector Space"，发表于2013年。

这也是催生word2vec的一篇论文。作者在文中一口气提出了CBOW (Continuous Bag-of-Words Model)和Skip-gram (Continuous Skip-gram Model)两个模型。稍后还会做具体分析。

(2) "Distributed Representations of Sentences and Documents"，发表于2014年。

(3) "Enriching Word Vectors with Subword Information"，发表于2016年。

"Efficient Estimation of Word Representation in Vector Space"论文中提出的CBOW和NNLM比较相似，不过它把中间的隐藏层去掉了。主体框架图如图20-15所示。

那么word2vec背后的CBOW模型，是如何摆脱本节开头提出的NNLM缺陷，特别是"计算量庞大，训练慢"的问题呢？

其中的关键点在于它们应用了Huffman树理论，从而大幅降低了Softmax层的映射(从前面的分析可知，这是NNLM中最耗时的操作)。如果读者对Huffman树原理不太熟悉的话，建议回头复习一下本书基础知识章节。

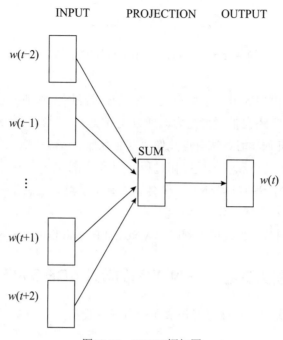

图20-15　CBOW框架图

可以看到，CBOW模型的网络结构如下。

(1) 输入层。

输入层是某个词的前后上下文，在图20-15中即是从t-2到t+2(不包含这个词本身)。

(2) 投影层(Projection Layer)。

CBOW没有隐藏层，但有一个投影层。它的计算过程很简单，就是将输入层的几个向量直接做累加操作，公式为

$$x_w = \sum_{i=1}^{2c} v\left(\text{Context}(w)_i\right)$$

(3) 输出层。

CBOW网络结构最后的输出层代表的是与上下文背景最相关的词的概率，即对应如下的公式：

$$p(w \mid \text{Context}(w))$$

这和NNLM中的情况是相似的，只不过它在这一过程中通过Huffman树来降低了计算量。稍后做详细解析。

当然，上下文的具体取值范围是可以设定的。例如，如图20-16所示范例的上下文就是8个词。

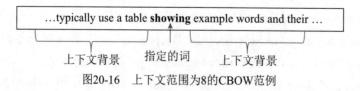

图20-16　上下文范围为8的CBOW范例

综合而言，CBOW和之前的NNLM有如下核心区别。

(1) 移除了隐藏层，但有投影层。

(2) 针对输入层的各个词向量，只执行累加操作，而非NNLM中的拼接。

(3) 最后的输出层基于Huffman树来降低计算量，而不是像NNLM中直接通过Softmax来得到结果。

所以CBOW中的这一技术又称为层次化(Hierarchical) Softmax，以此和线性的Softmax相区分。

接下来需要回答的一个核心问题就是，CBOW具体是如何结合Huffman树来计算$p(w \mid contex(w))$的呢？换句话说，就是下面这个公式应该如何定义。

$$p \; (w \mid \mathtt{context} \; (w)) = f(X_w)$$

其中，X_w代表的是投影层的输出，或者说是上下文各向量的累加和。

下面结合一个范例来回答这个问题，以帮助读者更快地理解整个过程。假设CBOW需要处理的上下文是"……专家预计今年上半年的房价有望出现大幅度的下降……"，而且按照词频特征，已经构建出了一棵Huffman树，如图20-17所示。

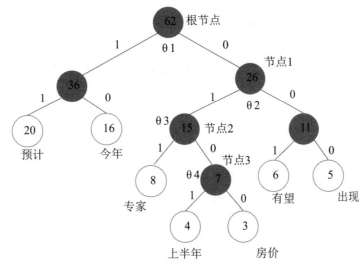

图20-17　Huffman树在CBOW中的应用范例

在这棵Huffman树中，根节点到"房价"这个词对应的节点的路径为0100。直白一点儿讲，在context(w)的上下文背景下，"房价"这个词出现的概率取决于这条路径上所有分支的出现概率。

从计算公式的角度来看，各分支只有0或者1两种选择。这样一来就可以直接应用前面章节学习过的二分类逻辑回归知识了。其中，Sigmoid对应的公式是：

$$\delta(z) = \frac{1}{1 + \mathrm{e}^{-z}}$$

节点被归为正类(1)的概率为

$$\sigma\left(x_w^{\mathrm{T}}\theta\right) = \frac{1}{1 + \mathrm{e}^{-x_w^{\mathrm{T}}\theta}}$$

节点被归为负类(0)的概率为

$$1 - \sigma\left(x_w^{\mathrm{T}}\theta\right)$$

所以分支概率的具体计算过程如下。

第1条分支(分支$_1$ = 根节点->节点1)：

$$p \; (分支_1 \mid X_w, \; \theta_1) = 1 - \sigma\left(x_w^{\mathrm{T}}\theta_1^w\right)$$

第2条分支(分支$_2$ = 节点1->节点2)：

$$p \; (分支_2 \mid X_w, \; \theta_2) = \sigma\left(x_w^{\mathrm{T}}\theta_2^w\right)$$

第3条分支(分支$_3$ = 节点2->节点3)：

$$p\left(\text{分支}_3|X_w, \ \theta_3\right)= \sigma\left(x_w^{\mathrm{T}}\theta_3^w\right)$$

第4条分支(分支$_4$ = 节点3->"房价"节点):

$$p\left(\text{分支}_4|X_w, \ \theta_4\right)= 1-\sigma\left(x_w^{\mathrm{T}}\theta_4^w\right)$$

不过我们要的最终结果是$p\left(w\,|\,\text{context}\,(w)\right)$，它对应的是上述分支概率的乘积：

$$p\left(w\,|\,\text{context}\,(w)\right) = \prod_1^4 p\left(\text{分支}_m|X_w,\theta_m\right)$$

综合来看，CBOW利用基于Huffman树的结构化Softmax来代替NNLM中的线性Softmax，可以将时间复杂度从原先的$O(n)$降低至$O(\log(n))$，从而有效解决了之前训练速度慢的问题。

CBOW的代码实现可以参考word2vec在Github中的工程：

https://github.com/dav/word2vec

它的程序主体是由C语言撰写的，代码数量不多。例如，输入层到投影层的实现代码如图20-18所示。

```
// in -> hidden
cw = 0;
for (a = b; a < window * 2 + 1 - b; a++) if (a != window) {
  c = sentence_position - window + a;
  if (c < 0) continue;
  if (c >= sentence_length) continue;
  last_word = sen[c];
  if (last_word == -1) continue;
  for (c = 0; c < layer1_size; c++) neu1[c] += syn0[c + last_word * layer1_size];
  cw++;
}
```

图20-18　代码示例

建议读者可以结合源码来理解本节内容。

20.5.4　基于神经网络的语言模型——NNLM的改进者Skip-gram模型

除了前面分析的基于Hierarchical Softmax的CBOW模型，论文"Efficient Estimation of Word Representation in Vector Space"还提出了另一个支撑了word2vec的模型：Skip-gram。从整体实现框架上来看，它和CBOW正好是相反的——后者的输入是上下文背景中涉及的几个词context(w)，输出则是词w；而Skip-gram的输入是w，而输出则是与之最相关的n个上下文背景词(n值和CBOW一样)的概率——具体是指Softmax概率排名靠前的n个词。

Skip-gram的主体框架如图20-19所示，也包含三层。

(1) 输入层。

输入层是词$w(t)$的词向量。

(2) 投影层。

Skip-gram的投影层是"空"的，或者说是恒等映射，保留的目的主要在于与CBOW模型做横向对比。

(3) 输出层。

和CBOW类似，Skip-gram的输出层也同样使用到了Huffman树来降低计算量，从这个角度看它们并没有本质区别。

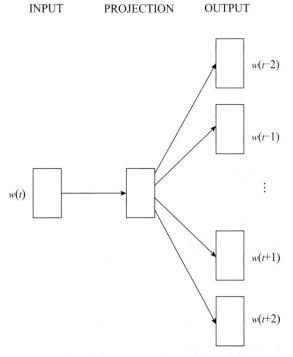

INPUT　　　　　PROJECTION　　　OUTPUT

图20-19　Skip-gram框架

因为Skip-gram是利用中心词w来预测它的上下文context(w)的，所以它的条件概率函数自然就发生了变化。不过基本原理都是相通的，如以下公式所示。

$$p\big(\text{context}(w)\,|\,w\big) = \prod_{u\in\text{context}(w)} p\big(u\,|\,w\big)$$

根据前面所讲解的结构化Softmax的概率计算方式，不难理解

$$p\big(u\,|\,w\big) = \prod_{j=2}^{\ell^u} p\big(d_j^u\,|\,\mathrm{V}(w),\theta_{j-1}^u\big)$$

再进一步来分析，可以得到

$$p\big(d_j^w\,|\,\boldsymbol{x}_w,\theta_{j-1}^w\big) = \Big[\sigma\big(\boldsymbol{x}_w^{\mathrm{T}}\theta_{j-1}^w\big)\Big]^{1-d_j^w} \cdot \Big[1-\sigma\big(\boldsymbol{x}_w^{\mathrm{T}}\theta_{j-1}^w\big)\Big]^{d_j^w}$$

其中，d_j根据当前分支路径，有可能取值0或者1。

可以看到，整个计算过程和CBOW中的情况相当类似，因而不再赘述。Skip-gram的实现代码同样可以从word2vec开源工程中获取到。它和CBOW是"二选一"的关系，如以下代码段所示。

```
/*word2vec.c*/
void *TrainModelThread(void *id) {
...
   if (cbow) {  //train the CBOW architecture
      ...
} else {  //train skip-gram
...
```

从源代码角度来分析，word2vec默认情况下使用的是CBOW模型。Skip-gram的核心实现如图20-20所示。

```
for (a = b; a < window * 2 + 1 - b; a++) if (a != window) {
  c = sentence_position - window + a;
  if (c < 0) continue;
  if (c >= sentence_length) continue;
  last_word = sen[c];
  if (last_word == -1) continue;
  l1 = last_word * layer1_size;
  for (c = 0; c < layer1_size; c++) neu1e[c] = 0;
  // HIERARCHICAL SOFTMAX
  if (hs) for (d = 0; d < vocab[word].codelen; d++) {
    f = 0;
    l2 = vocab[word].point[d] * layer1_size;
    // Propagate hidden -> output
    for (c = 0; c < layer1_size; c++) f += syn0[c + l1] * syn1[c + l2];
    if (f <= -MAX_EXP) continue;
    else if (f >= MAX_EXP) continue;
    else f = expTable[(int)((f + MAX_EXP) * (EXP_TABLE_SIZE / MAX_EXP / 2))];
    // 'g' is the gradient multiplied by the learning rate
    g = (1 - vocab[word].code[d] - f) * alpha;
    // Propagate errors output -> hidden
    for (c = 0; c < layer1_size; c++) neu1e[c] += g * syn1[c + l2];
    // Learn weights hidden -> output
    for (c = 0; c < layer1_size; c++) syn1[c + l2] += g * syn0[c + l1];
  }
```

图20-20　代码示例

值得一提的是，word2vec中其实还开发了另一种称为Negative Sampling(负采样)的技术来代替结构化 Softmax，有兴趣的读者可以自行分析其中的实现原理。

20.6　word2vec

20.6.1　word2vec简介

在前面几节中，已经多次提到了word2vec这个业界公认的"利器"。它的作者是曾供职于Google的Tomas Mikolov，他还同时开发出了CBOW和Skip-gram两个NNLM的改进框架。虽然word2vec被外界认为是一个深度学习的模型，但从之前的学习中不难发现，无论是CBOW还是Skip-gram的网络层级都还是非常浅的。这其中的原因，或许和Tomas Mikolov师从于深度学习"门派"有关。

那么word2vec到底有什么作用呢？

虽然前面的学习都是围绕语言模型来进行的，但需要特别指出的是：word2vec其实"醉翁之意不在酒"，它只是借助于模型来训练出词向量，后者才是"隐藏在幕后的大老板"。这一点和NNLM倒是正好相反，因为它是为了得到模型而"顺便"训练出了词向量。word2vec整体处理流程如图20-21所示。

word2vec的逐步流行并非偶然，它所得到的词向量可以包含很多关联性信息，甚至在某些场景下会产生让人意想不到的语义推理效果。其中最让人"津津乐道"的，当属vec(king)-vec(man)+vec(woman) = vec(queen)了，如图20-22所示。

当然，我们并不指望可以从word2vec生成的词向量中推理出所有词之间的语义关系，这显然也不现实。不过它还是从侧面反映出，word2vec生成的词向量的质量还是很高的。这一点在后续的实践环节也可以看出来。

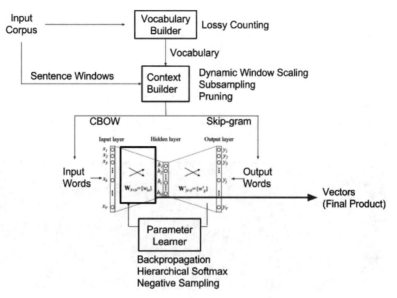

图20-21 word2vec整体处理流程简图

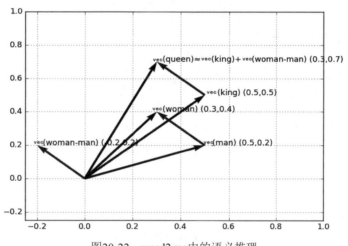

图20-22 word2vec中的语义推理

20.6.2 word2vec源码与编译

前面提到过，word2vec的实现代码是开源的。作者的原始实现版本托管于Google Code上：

https://code.google.com/archive/p/word2vec/

虽然Google Code已经停止服务，不过上面的代码已经被迁移到了Github上的新地址，请读者在下载代码时注意一下：

https://github.com/tmikolov/word2vec

word2vec的实现并不复杂，主要包含如表21-2所示的几个核心文件。

表21-2 word2vec源文件解析

源文件	概述
word2vec.c	word2vec的主程序
word-analogy.c	利用向量加减法计算词之间的类比。例如，vec(king)- vec(queen) vec(man) - vec(woman) 有点儿类似于：A之于B，相当于C之于D
word2phrase.c	短语训练主程序

(续表)

源文件	概述
compute-accuracy.c	计算准确率
distance.c	计算词之间的相似性
demo-xx.sh	word2vec的使用范例

代码下载完成后，接下来需要编译出上述所示的各个可执行程序。直接在工程下调用make命令就可以了，如图20-23所示。

```
s@ubuntu:~/1_AI/word2vec/word2vec-master$ make
gcc word2vec.c -o word2vec -lm -pthread -O3 -march=native -Wall -funroll-loops -
Wno-unused-result
gcc word2phrase.c -o word2phrase -lm -pthread -O3 -march=native -Wall -funroll-l
oops -Wno-unused-result
gcc distance.c -o distance -lm -pthread -O3 -march=native -Wall -funroll-loops -
Wno-unused-result
gcc word-analogy.c -o word-analogy -lm -pthread -O3 -march=native -Wall -funroll
-loops -Wno-unused-result
gcc compute-accuracy.c -o compute-accuracy -lm -pthread -O3 -march=native -Wall
-funroll-loops -Wno-unused-result
chmod +x *.sh
```

图20-23　编译各可执行程序

接下来就可以利用word2vec来执行多种NLP任务了。

20.6.3　word2vec使用范例

本节结合几个范例来讲解如何利用word2vec来执行一些NLP任务，前提是大家已经完成了前述的源码下载和编译。

任务1：训练词向量

首先要做的当然是根据词料库来训练出属于自己的词向量。比如可以下载如下地址提供的一个词料库：

http://mattmahoney.net/dc/text8.zip

然后直接调用word2vec来做训练。它支持的训练选项比较多，如表20-3所示。

表20-3　word2vec核心选项释义

选项	描述
-train <file>	使用file指定的词料库进行训练
-output <file>	输出词向量文件
-size <int>	向量维数
-window <int>	上下文窗口大小，默认值为5
-sample <float>	高频词亚采样的阈值
-hs <int>	是否启用Hierarchical Softmax，默认值是0
-negative <int>	指定负例数量，默认值是5
-threads <int>	并行线程数，默认值为12
-iter <int>	指定训练迭代轮数，默认值是5
-min-count <int>	低于这个阈值的低频词会被剔除
-alpha <float>	学习率 Skip-gram情况下的默认值：0.025 CBOW情况下的默认值：0.05
-classes <int>	输出词的分类，而非词向量。可以参考demo-classes.sh了解详情
-debug <int>	设置调试模式，以便获得更多信息

(续表)

选项	描述
-binary <int>	将词向量以二进制形式输出，默认值是0
-save-vocab <file>	将词料库保存到file中
-read-vocab <file>	从file中读取词料库用于训练
-cbow <int>	使用CBOW模式(当值为1时)，或者Skip-gram模式(当值为0时)，默认值为1

训练成功后会有如图20-24所示输出。

```
Starting training using file text8
Vocab size: 71291
Words in train file: 16718843
Alpha: 0.000005  Progress: 100.10%  Words/thread/sec: 88.52k
real    12m12.234s
user    46m56.163s
sys     0m24.655s
```

图20-24　训练后的输出

同时在工程目录下会生成对应的词向量文件。当我们设置"-binary"选项为1时，生成的词向量文件是二进制形式的，无法直接查阅。因而如果需要分析它的话，建议将这个选项设置为0。这样会得到类似如图20-25所示的输出结果。

```
simple 1.406060 1.037521 -0.306304 -0.298688 -1.516819 -0.312256 0.767201
-0.113754 -0.335788 -2.010222 0.021550 1.775551 -1.869255 0.778111 1.778633
1.949917 0.804511 0.083122 -1.682554 -1.155314 -1.718845 0.314444 0.826172
2.015818 0.582443 2.631521 -1.491694 0.884346 -0.397376 -0.212277 -1.171617
-0.943714 -3.875974 -3.397110 1.488995 -1.417508 0.313126 0.013222 0.244692
-1.730225 0.910432 -1.222264 -0.183290 0.564245 -1.105149 -0.070955 -0.487729
-0.862261 -0.888217 0.222231 -1.777846 -0.683363 0.343162 1.753009 3.238163
-0.789009 -1.770602 0.336594 -2.003236 -1.909981 0.648106 -1.212128 1.577296
```

图20-25　词向量范例

任务2：查找相似词

我们利用前一任务输出的词向量来计算词之间的相似性。

值得一提的是，本节所采用的是英文语料库。英语的一个特点在于词与词之间原本就是隔开的，比如"To compare the quality of different versions of word vectors…"。但是世界上还有很多其他语言的词排列不是必须要求有间隔符的，比如"我们利用前一任务输出的词向量来计算词之间的相似性"这句中文的中间就完全没有间隔符。换句话说，如果要使用word2vec来处理类似中文这种类型的语言，那么还需要额外添加一步"分词"操作。所幸的是已经有不少"前辈"针对中文做了充分的分词研究，而且还提供了开源的实现(其中比较有名的，如Jieba、SnowNLP、THULAC、NLPIR等)。

利用word2vec来计算词的相似性并不复杂，其中一种方式就是直接调用工程编译生成的distance程序，如图20-26所示。

```
s@ubuntu:~/1_AI/word2vec/word2vec-master$ ./distance vectors.bin
Enter word or sentence (EXIT to break): beijing

Word: beijing  Position in vocabulary: 3882

                                    Word       Cosine distance
-------------------------------------------------------------
                                guangzhou              0.637228
                                 nanjing              0.581431
                                  peking              0.572306
                               guangdong              0.561446
                               chongqing              0.551805
                                shanghai              0.548007
                                   wuhan              0.543370
                                hangzhou              0.533578
                                shenzhen              0.504778
                                 chinese              0.501673
                               kaohsiung              0.495404
```

图20-26　word2vec计算词相似性范例

如图20-26所示的例子中,输入"beijing"这个词,可以看到,输出结果中包含"guangzhou""nanjing""chongqing"等其他相似词。它们都是中国的城市名,因而在"距离"上是相近的。

任务3:词的类比计算

接下来利用word2vec来完成词之间的类比。

选取的例子就是前面提到过的"king"和"queen",具体关系如下。

vec(king)−vec(queen)≈vec(man) − ?

利用word2vec得到的结果值如图20-27所示。

```
Enter three words (EXIT to break): king man queen

Word: king  Position in vocabulary: 187

Word: man  Position in vocabulary: 243

Word: queen  Position in vocabulary: 903

                                    Word        Distance
------------------------------------------------------------
                                   woman        0.601229
                                    girl        0.480330
                                    maid        0.447396
                                    baby        0.431824
                                brunette        0.430155
                                 spinster       0.418877
                                    lady        0.418176
                                   loner        0.411637
                               beautiful        0.408230
                                   senex        0.405862
```

图20-27　word2vec的类比功能示例

可以看到,排在输出值列表中第一位的是"woman"这个词,这和我们预期的结果确实是一致的。

20.7　常用语料库

古语有云,"兵马未动,粮草先行",说明粮草之于战争的重要性。毫不夸张地说,语料库的数量和质量也是"NLP战争"的成败关键之一。前面范例中使用的text8只是一个比较小的语料库,真正商用项目中的语料库规模通常都会大得多。

本节将重点介绍一下各种常用的语料库,帮助读者在参与NLP项目时可以快速了解和选择最适合自己的资源。

1. Wikipedia资源

Wikipedia(维基百科)是全球最大的百科网站,不仅词条内容丰富,还支持很多国家的语言,因而是非常好的NLP"原材料"。更加值得称道的是,Wikipedia官方整理并提供了多种类型的语料资源,参见如下网址:

https://dumps.wikimedia.org/

读者也可以选择直接下载打包后的百科词条数据。

英文版本:

https://dumps.wikimedia.org/enwiki/latest/enwiki-latest-pages-articles.xml.bz2

中文版本:

https://dumps.wikimedia.org/zhwiki/latest/zhwiki-latest-pages-articles.xml.bz2

因为文件体积很大,可能需要很长时间才能下载完成。当然,也可以根据实际情况选择更合适的镜像网站进行下载。

另外,还得针对下载后的数据进行一系列预处理才能让它们符合word2vec等工具所要求的格式。

比如：

预处理1：格式转换。

简单而言，就是将XML转换为text格式。如果不想从头编写相应代码，推荐使用Gensim项目。

预处理2：文章转换。

Wikipedia中的每个词条是一篇文章，所以这里还需要把它们分别转换为一行文本(同时去除标点符号)，这样得到的结果才可以送到word2vec进行处理。下面是处理过的范例。

> "…hat hold the state to be undesirable unnecessary or harmful these movements advocate some form of stateless society instead often based on self governed voluntary institutions or non hierarchical free associations although anti statism is central to anarchism as political philosophy anarchism also entails rejection of and often hierarchical organisation in general as an anti dogmatic philosophy anarchism draws on many currents of thought and strategy anarchism does not offer fixed body of doctrine from single particular world view instead fluxing and flowing as philosophy there are many types and traditions of anarchism not all of which are mutually exclusive anarchist schools of thought can…"

针对中文百科数据的处理步骤会更多一些，包括但不限于繁体转简体、去除某些不符合要求的字符编码格式、中文分词等(可以参考后续分词一节的详细分析和范例解析)。

2. 语料库在线

参考网址：http://www.aihanyu.org/cncorpus/index.aspx

"语料库在线"网站收集的资源分为现代汉语语料库和古代汉语语料库两大类。

现代汉语语料库简介如下。

语料库样本数：9487个(样本数即篇章数)。

语料库字符数：194 553 28个(含汉字、字母、数字、标点等)。

语料库总词语数：12 842 116个(含单字词、多字词、字母词、外文词、数字串、标点符号等)。

语料库总词语个数：162 875(指语料库出现的分词单位的个数)。

语料库总汉字词语个数：151 300(含汉字的词语个数，不包括外文词、标点、数字串等)。

语料库说明：现代汉语语料库是一个大规模的平衡语料库，语料选材类别广泛，时间跨度大。在线提供检索的语料经过分词和词性标注，可以进行按词检索和分词类的检索。

古代汉语语料库简介如下。

语料库字数：约1亿字。

语料库说明：古代汉语语料库包含自周至清各朝代的约1亿字语料，含《四库全书》中的大部分古籍资料。部分书目如下：《诗经》《尚书》《周易》《老子》《论语》《孟子》《左传》《楚辞》《礼记》《大学》《中庸》《吕氏春秋》《尔雅》《淮南子》《史记》《战国策》《三国志》《世说新语》《文心雕龙》《全唐诗》《朱子语类》《封神演义》《三国演义》《水浒传》《西游记》《红楼梦》《儒林外史》等。

语料库检索：语料库未经标注，支持全文检索、模糊检索，支持语料出处、关键词居中(KWIC)排列显示。

3. Sogou实验室语料库

参考网址：http://www.sogou.com/labs/resource/list_pingce.php

Sogou实验室提供了互联网语料库、链接关系库、SogouRank库、用户查询日志、中文词语搭配库、新闻数据等多种语料库资源，如图20-28所示。

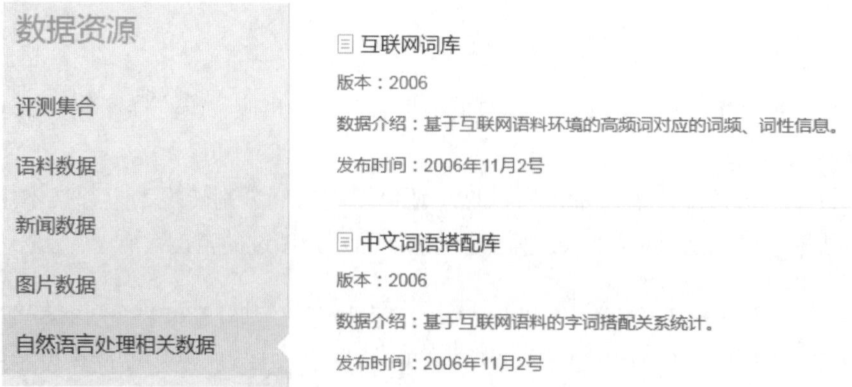

图20-28　Sogou实验室提供的词库资源

4. 新闻类语料库

参考网址：http://www.datatang.com/data/13484

本语料库包含两部分资源：中文新闻语料库和英语新闻语料库。其中，英文新闻语料库为Reuters-21578的ModApte版本。

根据Datatang上的描述，中文语料库是"项目组采用自行设计的'基于通用模板的新闻类网页正文抽取算法'从凤凰、新浪、网易、腾讯等版面搜集的。搜集时间在2009年12月—2010年3月。(注：新闻著作权归以上网站所有，任何人未经上述公司允许不得抄袭)。"

中文新闻语料共分为8类：Reading、Entertainment、History、Education、Society & Law、Culture、IT、Military，数据规模如表20-4所示。

表20-4　中文新闻语料数据规模

类型	表单名称	文章ID范围	类别数目	是否为平衡语料
训练集	NewTrainingCorpus	1～13 026	8	否
测试集	ReutersTestingCorpus	1～3254	8	否

英文新闻语料库则为Reuters-21578的ModApte版本，总共有90个类别。其中，训练集中有7769个文档，测试集包含3019个文档。不过，不同类别的数量分布是非均匀的，最大的类别有2877个文档，但也有82%的类别的训练文档不到100个，33%的类别中文档数甚至小于10个。

5. 知网

参考网址：http://www.keenage.com/

知网(HowNet)是国内比较有名的一个"以汉语和英语的词语所代表的概念为描述对象，以揭示概念与概念之间以及概念所具有的属性之间的关系为基本内容的常识知识库"，创建者是董振东和董强。至于为什么要建设知网，他们在官网中给出了很好的解释，即：

(1) 自然语言处理系统最终需要更强大的知识库的支持。

(2) 关于什么是知识，尤其是关于什么是计算机可处理的知识，他们提出：知识是一个系统，是一个包含着各种概念与概念之间的关系，以及概念的属性与属性之间的关系的系统。一个人比另外一个人有更多的知识说到底是他不仅掌握了更多的概念，尤其重要的是他掌握了更多的概念之间的关系以及概念的属性与属性之间的关系。

(3) 关于如何建立知识库，他们提出，应首先建立一种可以被称为知识系统的常识性知识库。它以通用的概念为描述对象，建立并描述这些概念之间的关系。

(4) 关于由谁来建立知识库，他们认为，知识掌握在千百万人的手中，知识又是那样博大精深，靠三五个人甚至三五十个人是不可能建成真正意义上的全面的知识库的。他们提出：首先应由知识工程师来设计知识库的框架，并建立常识性知识库的原型。在此基础上再向专业性知识库延伸和发展。专业性知识库或称百科性知识库主要靠专业人员来完成。这里很类似于通用的词典由语言工作者编纂，百科全书则是由各专业的专家编写。

在知网的设计理念中，它力求反映概念之间以及概念属性之间的各种关系，从而"教会"计算机理解一些知识。

知网的关系图例如图20-29所示。

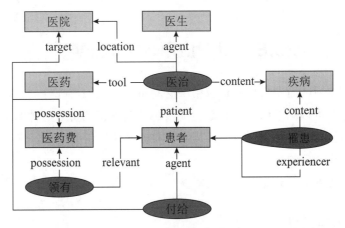

图20-29　知网的关系图例

随着人工智能步入了深度学习时代，我们已经有可能只通过大规模无人工标注的文本数据中就可以很好地学习到词语的语义了。例如，前面讲解的word2vec就是从一大堆文章中"主动学习"到词的低维向量表示，而在这一过程中并不需要任何人工知识库的辅助。也正是因为这个原因，人们对知网等知识库的关注度也出现了一定程度的下降。图20-30是CNKI平台的学术趋势统计结果。

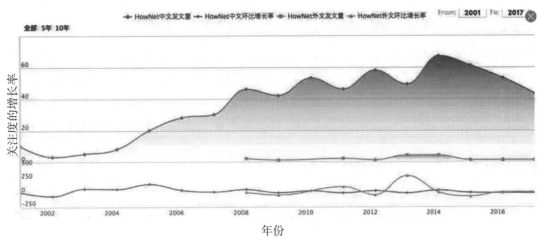

图20-30　CNKI学术趋势统计

当然，这并不代表知识库和深度学习方法是完全互斥的。相反，它们完全可以做到"相得益彰"。譬如有不少学者在研究如何将"知识"融入词的表示过程中，以达到更好的效果；或者利用"知识"来实现词典的自动扩展等，这些都是把传统的知识体系和深度学习理论融合后所产生的成果。

6. 其他

上面主要提供的是部分常见的中文语料资源。如果需要做英语的语言处理，那么可以参考WordNet、COCA、BNC等。值得一提的是，和HowNet所遇到的情况类似，WordNet的学术热度在近几年也有所下降，如图20-31所示。

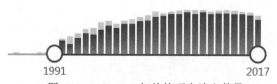

图20-31　WordNet相关的研究论文数量

20.8　NLP应用：文本分类

文本分类可以说是NLP领域的一个经典且应用广泛的特性，例如，邮件的自动分类、文章分类、垃圾邮件识别、情感分析等都可以基于这个基础来完成。由于其独特的价值，针对文本分类的研究也有比较长的历史(大致可以追溯到20世纪50年代)。和其他很多机器学习任务类似，文本分类的具体解决方案也是随着技术的发展而不断革新的。

本书简单地把这些解决方案划分为以下两类。

20.8.1　传统的文本分类方法

早期的文本分类方法不可避免地会强依赖于人工经验，即通过人工提取的规则来实现。虽然后来演进到了通过知识工程来建立专家系统，但不难理解这种方式"吃力不讨好"，并不是很好的可持续发展途径。这种情况在互联网时代逐步有了些改善，因为这个时候不论是计算能力还是可用于训练的文本数据都有了长足的发展。

此时比较流行的文本分类方法主要由以下几部分组成。

1. 文本表示

通过前面的学习，我们知道NLP处理中一个关键的环节就是把文本转换成计算机可以理解的方式。比如已经学习过的BOW、CBOW等都属于这一范畴，如果读者有什么疑问可以复习前面内容。

2. 文本预处理

和很多机器学习应用过程一样，文本分类也同样涉及预处理过程。具体到中文文本，主要是分词和去除停止词等。

3. 特征提取

常用的方法包括文档频率(DF)、信息增益(IG)、互信息(MI)、TF-IDF等。以IG为例，它指的是通过统计某一个特征词t在文本类别中是否出现的文档频次来计算该特征项t对于文本类别C_i的信息增益值。参考公式如下。

$$\mathrm{IG}(t) = -\sum_{i=1}^{m} p(C_i)\log p(C_i) + p(t)\sum_{i=1}^{m} p(C_i \mid t)\log p(C_i \mid t) + P(t)\sum_{i=1}^{m} p(C_i \mid t)\log p(C_i \mid t)$$

4. 分类器

传统的文本分类器主要还是基于统计学理论来完成的，例如比较常用的朴素贝叶斯、SVM、最大熵、K-NN(见图20-32)等。

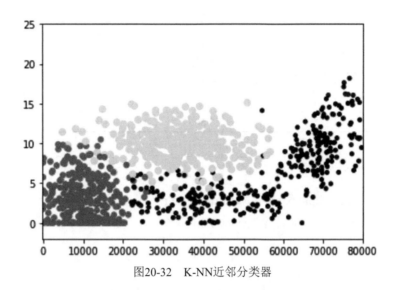

图20-32　K-NN近邻分类器

20.8.2　基于深度学习的文本分类方法

20.8.1节了解了文本分类的传统解决方法，可以看到它们有如下一些缺陷。

(1) 需要人工完成特征工程。

这和图像处理领域很类似，在CNN出现之前处理图像问题大多需要人工提取和挖掘图像特征。而人工特征工程无疑需要大量的先知经验，既耗时又耗力。

(2) 没有贴合文本数据的自身特点。

文本数据的特点在于高维度且高稀疏，这一点和图像、语音以及视频等数据有区别。因而如何有效地表达文本数据，对于分类结果是非常重要的一个环节。

我们知道，深度学习可以很好地应用于图像识别，那么它是否也适合文本呢？事实上，从计算机的角度来讲，不管是文本或是图像都是二进制数值，因而只要处理得当，那么"理论上是行得通"的。换句话说，CNN也可以被用于文本处理领域。

聪明的人们自然早已经想到了这一点，他们通过不断的研究和实验，最后证明了这条路的确是可行的。在这个结合CNN的探索过程中，同样产生了多种文本分类解决方案，例如，基于词的文本分类(Word-based Text Classification)和基于字符的文本分类(Character-level Text Classification)等。

1. 数据集

先来讨论一下文本分类任务中涉及的各种数据集。

首先当然是用于生成词向量的语料库，通过本章其他节的学习不难发现它们多数是非标注的数据集(可以结合起来阅读)。

文本分类所需的另一种数据集就是带有标注信息的训练数据(验证平台数据)。幸运的是，工业界和学术界已经有很多类似的资源，可以考虑优先选用它们(当然，要特别注意是否有版权的问题)。比如在一篇名为"Convolutional Neural Networks for Sentence Classification"(Yoon Kim, 纽约大学)的论文中，作者提到了如表20-5所示的一些文本资源。

表20-5　文本数据源

Data	c	l	N	V	$\lvert V_{pre} \rvert$	Test
MR	2	20	10 662	18 765	16 448	CV
SST-1	5	18	11 855	17 836	16 262	2210
SST-2	2	19	9613	16 185	14 838	1821

(续表)

Data	c	l	N	V	$|V_{pre}|$	Test
Subj	2	23	10 000	21 323	17 913	CV
TREC	6	10	5952	9592	9125	500
CR	2	19	3775	5340	5046	CV
MPQA	2	3	10 606	6246	6083	CV

下面对这些数据源做一些简单的描述。

1) MR

https://www.cs.cornell.edu/people/pabo/movie-review-data/

电影评论(Movie Reviews)，每一条评论(Review)都是一句话，包含正向(Positive)/负向(Negative)结果。

2) SST-1

http://nlp.stanford.edu/sentiment/

斯坦福情感树库(Stanford Sentiment Treebank)，是基于上述MR的扩展。它提供了更为完善的标签(Label)信息(Very Positive, Positive, Neutral, Negative, Very Negative等)。

3) SST-2

和上述类似，不过又做了一些调整。

4) Subj

用于判定一句话是主观(Subjective)的抑或是客观(Objective)的。

5) TREC

http://cogcomp.cs.illinois.edu/Data/QA/QC/

TREC问题数据库，将每一问题都归类成6种类型(Person, Location等)。

6) CR

http://www.cs.uic.edu/~liub/FBS/sentiment-analysis.html

顾客评论(Customer Review)(如Cameras, MP3等产品)，用于判定评语的积极的/消极的(Positive/Negative)性质。

7) MPQA

http://www.cs.pitt.edu/mpqa/

MPQA数据集。

8) 业务相关的数据集

我们在实际项目的开展过程中，或多或少都会有与自己业务强相关的一些数据集，建议读者也要综合考虑和利用这一部分信息(甚至可以让它们参与到词向量的生成过程中)。

原因至少有两个：其一，它们与业务自身强相关，因而对项目所要达成的最终结果通常都会有正向的促进作用；其二，它们可以弥补通用数据集中某些数据不均衡的问题，从而改善分类精度。

总而言之，不论是数据集还是具体算法的选型，我们认为都应该以最终业务结果的达成状况来作为其中一条重要的衡量标准。

2. 基于词的文本分类

基于词的文本分类，从字面意思也不难理解它的作用对象是"词"，因而首先就涉及自然语言模型以及词向量的表示问题。

1) 基于深度学习的自然语言模型和词向量

基于深度学习的词向量可以较好地克服前面所说的文本数据高维高稀疏问题，因而得到了越来越广泛的应用。这方面也出现了不少经典的自然语言模型，比如前面所讲解的CBOW、Skip-gram等模型，如图20-33所示。

经过这些"端到端"解决方案的处理后，文本数据可以在不需要很多人工经验导入的情况下转换为类似图像的连续稠密数据，这对文本处理任务的精度(不论具体采用何种模型)提升起到了关键作用。

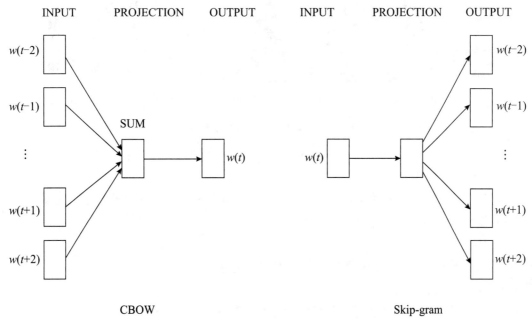

图20-33　CBOW和Skip-gram模型

这些知识点在前面都已经做了详细分析，这里就不再赘述了。

2) 基于词的文本分类模型

基于词的文本分类框架范例如图20-34所示。

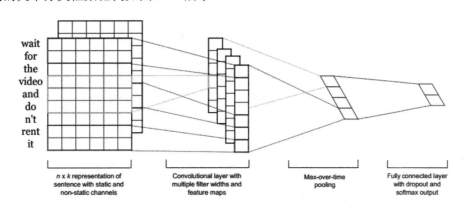

图20-34　基于词的文本分类框架范例

学术界在基于词的文本分类模型上面已经有过很多研究，而且其中不乏经典之作。市面上已经有不少这方面的资料了，所以建议感兴趣的读者可以自行查阅学习。接下来重点介绍一下基于字符的文本分类。

3. 基于字符的文本分类

当人们对"基于词的文本分类"产生了思维定式的时候，有一种不一样的声音跳了出来——于是被称为"基于字符的文本分类"的新方法横空出世了，如图20-35所示。

这方面的最早研究可能起源于"Character-level Convolutional Networks for Text Classification"这篇

论文(作者是来自纽约大学的Xiang Zhang、Junbo Zhao、Yann LeCun)。它的处理方式很有意思，即针对字符层面直接应用CNN手段。

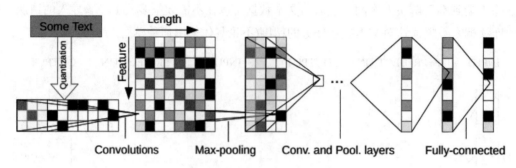

图20-35　基于字符的文本分类

这种处理方式的转变，使得它和基于词的系列方法产生了多种差异。

(1) 不需要分词(中文等语言)。

我们知道，针对中文或者其他类似的语言，在具体的NLP任务之前大多需要执行分词操作。而基于字符的处理方式则直接"豁免"了这个环节。

(2) 通用性更强。

针对字符的操作手段对于不同语言种类的操作通用性更好，因而可移植性强。

(3) 模型更为简洁。

后面还会讲到实验结果，可以看到基于字符在文本分类任务上相对于前面的方法也是毫不逊色的。

1) 字符的表达方法

和词表达类似，基于字符的文本分类自然也要考虑如何对字符进行量化表示。

(1) 针对英文及类似语言的情况。

英文的情况会稍微简单一些，因为我们知道英文的可用字符数量较少，不像中文那么庞大。具体而言，可以把如下一些字符纳入字典表中：

abcdefghijklmnopqrstuvwxyz0123456789
-,;.!?:'''/\|_@#$%^&*~'+-=<>()[]{}

也就是共有26个字母+10个数字+34个其他字符=70个字符。

在编码方式上，可以采用独热码的方式，然后针对原始文本数据集进行逐一编码处理，从而产生可以输入到CNN之中的训练数据。

(2) 针对中文及类似语言的情况。

中文以及其他类似语言的情况就复杂了不少，其中一个重要原因在于它们所包含的字符数量明显比英语要多。所以可以在前述处理基础上再设定一个最大数量值，并且按照文字的出现频率来保留最常用的那些文字。

2) 分类模型

用于文本分类的卷积神经网络的层级大多数并不是很深，例如，本节开头给出的示例图中只有9层，包括6个卷积层和3个全连接层，如图20-36和图20-37所示。

其中，large和small分别限定了数据的最大长度(实验显示，1024的长度大小可以基本保证精度不会有损失)。

3) 实验结果

虽然网络结构并不复杂，但基于CNN的文本分类任务的精度却普遍不错。在"Character-level Convolutional Networks for Text Classification"这篇论文中，作者在如图20-38所示的一些数据集上做了实验尝试。

Layer	Large Feature	Small Feature	Kernel	Pool
1	1024	256	7	3
2	1024	256	7	3
3	1024	256	3	N/A
4	1024	256	3	N/A
5	1024	256	3	N/A
6	1024	256	3	3

图20-36 6个卷积层的配置情况

Layer	Output Units Large	Output Units Small
7	2048	1024
8	2048	1024
9	Depends on the problem	

图20-37 3个全连接层的配置情况

Dataset	Classes	Train Samples	Test Samples	Epoch Size
AG's News	4	120 000	7 600	5 000
Sogou News	5	450 000	60 000	5 000
DBPedia	14	560 000	70 000	5 000
Yelp Review Polarity	2	560 000	38 000	5 000
Yelp Review Full	5	650 000	50 000	5 000
Yahoo! Answers	10	1 400 000	60 000	10 000
Amazon Review Full	5	3 000 000	650 000	30 000
Amazon Review Polarity	2	3 600 000	400 000	30 000

图20-38 基于字符的文本分类的实验数据集

和原有一些文本分类方法相比，这种新型的处理手段取得了相当不错的效果(当然，具体效果取决于业务本身以及模型的具体配置)，如图20-39所示。

Model	AG	Sogou	DBP.	Yelp P.	Yelp F.	Yah. A.	Amz. F.	Amz. P.
BoW	11.19	7.15	3.39	7.76	42.01	31.11	45.36	9.60
BoW TFIDF	10.36	6.55	2.63	6.34	40.14	28.96	44.74	9.00
ngrams	7.96	2.92	1.37	**4.36**	43.74	31.53	45.73	7.98
ngrams TFIDF	**7.64**	**2.81**	**1.31**	4.56	45.20	31.49	47.56	8.46
Bag-of-means	16.91	10.79	9.55	12.67	47.46	39.45	55.87	18.39
LSTM	13.94	4.82	1.45	5.26	41.83	29.16	40.57	6.10
Lg. w2v Conv.	9.92	4.39	1.42	4.60	40.16	31.97	44.40	5.88
Sm. w2v Conv.	11.35	4.54	1.71	5.56	42.13	31.50	42.59	6.00
Lg. w2v Conv. Th.	9.91	-	1.37	4.63	39.58	31.23	43.75	5.80
Sm. w2v Conv. Th.	10.88	-	1.53	5.36	41.09	29.86	42.50	5.63
Lg. Lk. Conv.	8.55	4.95	1.72	4.89	40.52	29.06	45.95	5.84
Sm. Lk. Conv.	10.87	4.93	1.85	5.54	41.41	30.02	43.66	5.85
Lg. Lk. Conv. Th.	8.93	-	1.58	5.03	40.52	28.84	42.39	5.52
Sm. Lk. Conv. Th.	9.12	-	1.77	5.37	41.17	28.92	43.19	5.51
Lg. Full Conv.	9.85	8.80	1.66	5.25	38.40	29.90	40.89	5.78
Sm. Full Conv.	11.59	8.95	1.89	5.67	38.82	30.01	40.88	5.78
Lg. Full Conv. Th.	9.51	-	1.55	4.88	38.04	29.58	40.54	5.51
Sm. Full Conv. Th.	10.89	-	1.69	5.42	**37.95**	29.90	40.53	5.66
Lg. Conv.	12.82	4.88	1.73	5.89	39.62	29.55	41.31	5.51
Sm. Conv.	15.65	8.65	1.98	6.53	40.84	29.84	40.53	5.50
Lg. Conv. Th.	13.39	-	1.60	5.82	39.30	**28.80**	40.45	**4.93**
Sm. Conv. Th.	14.80	-	1.85	6.49	40.16	29.84	**40.43**	5.67

图20-39 基于字符的文本分类效果——测试误差(Testing Error)

总的来讲，基于字符的文本分类方法不仅简单高效，而且其效果也是"可圈可点"的，因而也可以在自己的项目中考查选用。

本章挑选一个比较有意思的项目进行分析，以期让读者可以从实际的项目实践中学习到端到端的机器学习应用过程。

21.1　应用程序场景识别背景

我们知道，全球的Android应用程序数量已经达到了200万+的规模，可以说是非常庞大了。而另一方面，这么多App的质量却是良莠不齐的。因而如何有效地针对它们进行自动化测试是不少公司关心的重点方向。

虽然利用Android系统提供的UIAutomator或者业界的开源工具Appium等，已经可以进行一些基础的自动化测试，但这种实现方式显然还只能完成诸如遍历测试(即通过页面控件的遍历性算法来较为粗略地覆盖应用程序的一些非功能性问题，例如crash、ANR等)这类普通测试。

那么，有没有可能基于机器学习的各项技术，针对上述缺陷来做进一步的测试提升，甚至实现部分功能性测试的自动化能力呢？

学术界和工业界对此都有不少研究。接下来就以"Automation of Android Applications Testing Using Machine Learning Activities Classification"(Ariel Rosenfeld、Odaya Kardashov和Orel Zang) 这篇论文为例，来讲解如何利用机器学习算法来突破传统测试技术中的一些瓶颈。

这篇论文的实现思路并不复杂，概述如下。

(1) 基于机器学习的活动(Activity)分类。

让机器学会分辨不同的活动类型，例如Splash Activity、Login Activity、Mail Activity、Advertisement Activity等。

(2) 针对不同类型的活动执行相应的测试策略。

(3) 应用程序虽然五花八门，但事实上它们基本上可以被分类为屈指可数的若干个场景，如图21-1所示。因而一旦能够做到动态的活动场景识别，那么针对后者制定一些功能性的测试策略理论上是可以取得不错的效果的。

图21-1　不同应用程序的同种类型Activity示例

所以现在的重点转换为如何通过机器学习来自动识别活动的类型。

21.2　特征向量

可以用于识别一个活动所属类型的潜在特征有很多，例如：

(1) 活动中的关键词。例如，"登录""邮件""账号"等都可能为类型鉴别提供关键因素。

(2) 活动的界面布局。例如，很多应用程序的主界面，几乎清一色地在下方位置有一个可单击的Tab页，同时中间部分用于展示内容，上方则显示标题栏，如图21-2所示。

图21-2　应用程序主界面特征

(3) 活动界面包含的控件元素类型、属性等。例如，视频播放界面可能包含MediaPlayer，浏览网页的界面可能有WebView的存在，等等。

同时，针对大量应用程序进行观察以后，作者得出以下两个结论。

其一，利用用户可见的元素基本可以识别出活动的类型。

其二，根据Android的官方设计指导，可以把应用程序的界面大致划分为三部分，如图21-3所示。

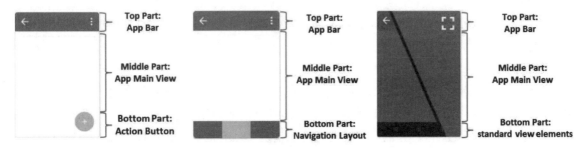

图21-3　Android App界面布局

在这篇论文中，作者一共使用了15个特征变量，并且将它们分成3组，详细描述如表21-1所示。

表21-1　15个特征变量

分组	元素	描述
分组	可点击元素	用于处理用户触摸点击事件的元素
	横向可滑动元素	用户可以左右滑动的元素
	竖向可滑动元素	用户可以上下滑动的元素
	文本相关元素	用户可以输入文本的元素

(续表)

分组	元素	描述
分组2	通用元素	通用元素数量
	可长点击元素	屏幕上可长点击元素数量
分组3	导航栏	布尔变量 如果有导航栏，变量值设置为真

其中，分组1是指前面所述顶部(Top)、中部(Middle)、底部(Bottom)三大部分的4种元素数量，所以有3×4=12个变量；分组2包含两个变量；而分组3只有一个变量，因而总共有15个变量。

21.3 数据采集

毫不夸张地说，数据采集和标注(针对监督学习)是机器学习中资源和时间消耗占比最高，但通常也是最为"无趣"的两个环节。对此业界已经有不少统计和讨论，图21-4就是第四范式的一个统计。

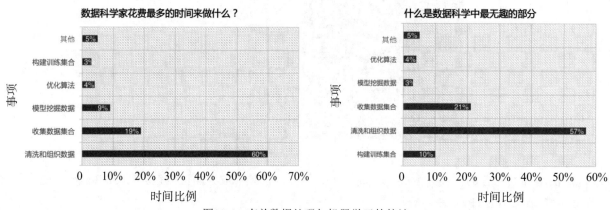

图21-4 有关数据处理与机器学习的统计

在本节这个业务场景中，根据前面所述论文中的反馈，作者们同样花费了大量的精力在数据采集和标注上。

1. 数据采集

基于一种Test Project Elements Spy来获取界面元素，并且编写了一个自动化脚本来按照自定义格式保存这些信息。

2. 数据标注

采集数据只是第一步，而且理论上是可以自动化完成的。但数据标注环节在没有很好的办法的情况下(例如半监督学习)，就只能依靠手工来完成了。作者反馈他们花费了超过100小时完成了大约50款应用，7种类型活动的标注工作。当然，在经费充足的情况下，有的项目也可以选择人力外包或者众包来做数据标注工作(ImageNet就是采用这种方式建立起来的)。更多信息可以参考本书其他章节的详细分析。

最终得到如图21-5所示的数据集(总共80个活动)。

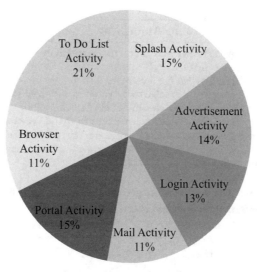

图21-5 数据集中的类型分布

21.4 算法模型

不难发现，在21.3节采集到的数据集不但数量较少，而且数据本身也是离散的。我们需要结合这些特点来选择合适的分类器。在前述论文中，作者们重点尝试了Decision Tree、K-NN、Logistic Regression等多种模型，得到如图21-6所示的测试结果。

分类器	准确率
Decision Tree	63.75%
K-Nearest Neighbours	77.5%
Logistic Regression	77.5%
Random Forest	82.5%
Multi-Layer Perceptron	83.75%
KStar	86.25%

图21-6 多种模型的实际测试结果

由上面的量化数据可以看到，基于实例的KStar(KStarclassifer)得到的结果准确率最高(笔者认为该论文的特征向量和数据集大小还有不小的改进空间，因而相信准确率还可以得到进一步提升)。

"是骡子是马，拉出来遛遛"——机器学习模型的好坏(包括参数的选取)同样需要用实际的数据说话，这已经成为当前机器学习落地过程中不可或缺的一个环节。

21.5 落地应用

模型训练完成后，接下来自然是上线运营和应用阶段。

在这个业务场景下，论文作者采用了如图21-7所示的算法逻辑来使用前面生成的分类器模型。

Algorithm 1 ACAT's Main Algorithm

```
1:  procedure AUTOMATEDFUNCTIONALTESTING(firstActivity)
2:      currentActivity ← firstActivity
3:      while currentActivity has not been tested do
4:          activityFeatures ← extractActivityFeatures(currentActivity)
5:          activityClassification ← classifyActivity(activityFeatures)
6:          activityGenericTest ← deriveGenericTest(activityClassification)
7:          for each functionalTestCase ∈ activityGenericTest do
8:              testCaseSteps ← functionalTestCase.getTestCasePreliminarySteps()
9:              for each step ∈ testCaseSteps do
10:                 step.executeStep()
11:             assert functionalTestCase.getTestCaseExpectedGUIChange()
12:         currentActivity ← getCurrentActivity()
13:     return Test'sReport
```

图21-7　活动分类器模型的应用

在实验过程中，不同应用程序的分类呈现了不一样的准确率，如图21-8所示。

应用类别	应用名称	分类精度	功能测试用例百分比
邮件客户端	Email TypeApp	100%	100%
	MailDroid	100%	66%
	Email mail box	100%	33%
	Zoho Mail	100%	83%
	Yandex.Mail	100%	66%
	Email - email mailbox	100%	100%
新闻杂志类	CNN	100%	83%
	Sky News	100%	100%
	Mirror	100%	100%
	USA Today	0%	—
	CBS News	100%	100%
	Euronews	100%	100%
浏览器	APUS Browser	0%	—
	Fastest Mini Browser	100%	100%
	Browser for Android	100%	100%
	Boat Browser	100%	75%
	Mercury Browser	100%	75%
	DU Browser	100%	50%
效率型应用	MyLifeOrganized	100%	33%
	TODOList	100%	66%
	Simple To Do	0%	—
	Checklist	0%	—
	Listing it!	100%	33%
	Tasks: Todo list	100%	100%

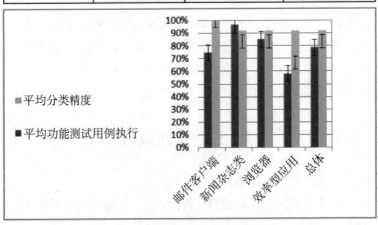

图21-8　不同应用的Activity分类准确率

在此基础上，结合前面所讲的针对各类别活动的功能测试，基本上就可以实现论文所提的目标了。应用效果如图21-9所示，对应大意如表21-2所示。

Application and Activity Name	Original /Faulted	Activity Classified as:	Real-Time Crashes Discovered	Logical Bugs Discovered
K-9Mail: MessageList	original	mail activity	0 crashes have been found	1 bug has been found – • Sending an email with invalid recipient address - Failed
	faulted			4 bugs have been found – • Opening an email from the inbox mails list – Failed • Sending an email without recipient address – Failed • Sending an email with invalid recipient address – Failed • Sending and receiving a valid email - Failed
K-9Mail: setup.Account SetupBasics	original	login activity		0 bugs have been found
	faulted			3 bugs have been found – • Login without username and password – Failed • Login with wrong username and password – Failed • Login with valid username and password - Failed
CrimeTalk: MainActivity	original	portal activity		0 bugs have been found
	faulted			3 bugs have been found – • Browsing through the portal's sections by swiping left and right – Failed • Switching between portal's tabs – Failed • Opening an article - Failed

图21-9 应用效果一览

表21-2 应用效果翻译

应用和活动名称	原始/故障	活动分类为	发现实时崩溃	发现逻辑错误
K-9Mail：邮件列表	原始	邮件活动	未发现宕机	发现1个错误：发送带有无效收件人地址的电子邮件——失败
	故障			发现4个错误：从收件箱邮件列表中打开电子邮件——失败；发送没有收件人地址的电子邮件——失败；发送带有无效收件人地址的电子邮件——失败；发送和接收有效的电子邮件——失败
K-9Mail：建立账户，基础设置	原始	登录活动		没有发现错误
	故障			发现3个错误：没有用户名和密码的登录——失败；使用错误的用户名和密码登录——失败；使用有效的用户名和密码登录——失败
CrimeTalk：主要活动	原始	门户网站活动		没有发现错误
	故障			发现3个错误：左右滑动即可浏览门户的各个部分——失败；在门户的标签之间切换——失败；打开一篇文章——失败

当然也有一些执行失败的意外情况，论文作者也进行了归类，如图21-10所示。

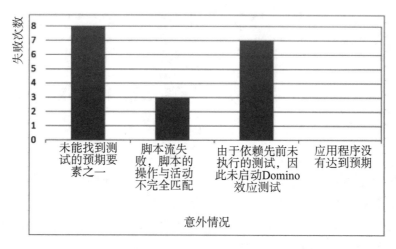

图21-10 执行失败的原因分析

总的来讲，基于机器学习的活动分类测试确实可以克服传统遍历性测试的某些缺点，为自动化测试引入新的力量，因而值得大家参考。

22.1 什么是软件自动修复

22.1.1 软件自动修复的定义

软件自动修复(英文通常对应Automatic Bug Fixing、Automatic Patch Generation、Automatic Bug Repair、Automatic Program Repair等；与它们相对应的简称分别是ABF、APG、ABR、APR等，如图22-1所示)严格意义上来说是指"在不需要人工(特别是程序员)介入的情况下，通过自动化生成正确的修复(Patch)包来修复目标软件中存在的Bug的一种程序"。图22-2给出一个软件自动修复范例。

```
Expression
automatic repair (program repair, self-repair)
automatic fixing (bug fixing, program fixing)
automatic patching
healing (self-healing)
automatic correction (self-correcting)
automatic recovery (self-recovering)
resilience
automatic workaround
survive (survival, survivability)
rejuvenation
biological metaphors: allergies, immunity, vaccination
```

图22-1 软件自动修复有多个"同义词"

```
    ...
+ if(repeat)
  for (int i = 0; i < searchList.length; i++) {
    int greater = replacementList[i].length()
      - searchList[i].length();
    if (greater > 0) increase += 3 * greater;
  } ...
```

⬇ **软件自动修复**

```
    ...
  for (int i = 0; i < searchList.length; i++) {
+   if (searchList[i] == null ||
+       replacementList[i] == null) {
+     continue;
+   }
    int greater = replacementList[i].length()
      - searchList[i].length();
    if (greater > 0) increase += 3 * greater;
  } ...
```

图22-2 软件自动修复范例

当然，完全不需要人工介入的全自动化软件修复技术在现阶段还是很难实现的。因而可以结合项目的实际情况，采取相应措施来适当弥补这种缺陷，目的就是保障修复技术可以真正得到商业落地。例如：

(1) 将Bug分为多种类型，让自动修复技术只负责处理它可以胜任的那部分Bug，其他Bug仍然由人工来完成。

(2) 某些场景下还可以通过自动修复技术+人工复核的方式。这样一方面可以提高程序员修复问题的效率，另一方面也保证了准确性。

22.1.2　软件自动修复的价值

软件自动修复的重要性是毋庸置疑的——它不仅具备学术价值，而且在工业领域同样可以"大放异彩"(如果应用得当的话)。

软件自动修复的潜在价值体现但不局限于以下方面。

1. 大幅缩短软件TTM

从软件端到端的开发流程来看，软件修复实际上是时间占比非常高的一个环节。根据软件工程的经典文献和研究报告显示，软件维护时间可以达到整个软件周期的90%以上，而软件维护中又有35%以上的时间是花费在了软件修复上面。所以毫不夸张地说，它的重要性和软件编码过程不相上下。以开源软件项目 Eclipse 为例，其在2001—2010 年，共接收了 333 371个人工提交的 Bug，算下来平均每天新增约76 个Bug。

所以，如果可以自动完成(或者能解决一部分问题)软件修复的话，那么很明显可以大幅缩短软件的上市周期(Time To Market，TTM)。这也就解释了为什么越来越多的大型公司正在研究或者应用软件自动修复技术来帮助开发人员解决实际项目中所遇到的程序Bug。

2. 提升软件质量

一方面，人类是高级动物，但其技术能力难免会受到多种因素的影响(如天气、心情、生病等)；另一方面，开发人员的素质本身就"良莠不齐"——没办法保证项目组招聘的人员都是高端人才，这是所有软件公司都会遇到的实际问题。

鉴于这些原因，软件编码或者问题修复的质量就会出现不确定性。这就导致某些软件问题可能要到上市之后在客户手中才出现，而此时的修复成本就非常高了。从这个角度来说，遵循客观规律的软件自动修复技术可以显著提升软件质量。

3. 其他用途

除了一些常规应用场景，软件修复技术其实还有其他潜在用途。例如，可以将它预置在太空飞船之类的航天器材中，使这些高精密、高投入的设备在发生软件故障时可以做到自动修复，以期最大可能地挽救某些特殊场景下的损失。

22.2　软件自动修复基础知识

22.2.1　软件自动修复技术分类

软件自动修复的典型工作流程如图22-3所示。

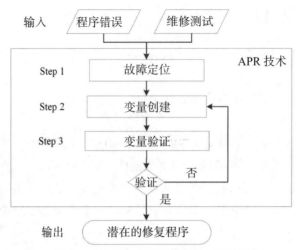

图22-3　软件自动修复的典型工作流程

由于具备潜在的巨大商业价值，不管是工业界还是学术界都有不少针对APR的理论研究和项目实践。从技术实现的角度来分析，可以将它们划分为以下两大类。

1. 行为型修复(Behavioral Repair)

简单来讲，通过自动修改程序代码的方式来完成修复目标的APR被归属于行为型修复。不过这里的"代码"既可以是源代码，也可能是二进制码(比如Java字节码或者x86、ARM机器码等)。

达到这种代码级的修复目标虽然也有很多种途径，不过概括来说基本上离不开下面三个阶段(见图22-4)。

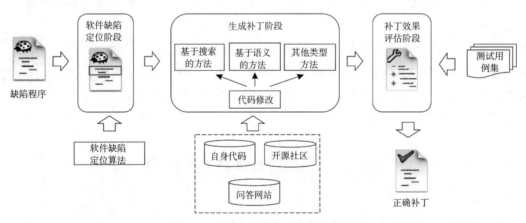

图22-4　软件自动修复研究框架简图

1) 软件缺陷定位阶段

这是自动修复的第一步，同时也是后续环节可以顺利开展的基础。它的目标是识别并定位出程序代码中可能含有缺陷的地方。

2) 针对问题/缺陷生成补丁阶段

一旦定位出代码问题后，接下来APR就要针对它们来执行修复操作了——根据前面的讲解，我们知道修复过程通常是由一系列的修复操作元(Repair Operator)组合而成的。

3) 补丁效果评估阶段

补丁的评估方式有很多种。例如，通过测试用例(Bug和Regression)来考查程序是否已经成功解决了问题，同时没有引入新的问题。有的时候，还可以适当地借助开发人员来人工校验最终结果。

另外，行为型修复的运行模式也有两种：

1) 离线(Offline)

当程序处于非运行状态时的软件自动修复技术，比如开发人员所使用的IDE(集成开发工具)完成的代码级别的APR就属于离线模式。

2) 在线(Online)

当程序处于运行时(Runtime)的软件自动修复技术。

行为型修复是由基础的操作元(Operator)组成的，我们称之为修复操作元。如图22-5所示的是一些常见的操作元。

Operator

add/remove/replace code
add a precondition
replace a condition
replace assignment RHS
addition or removal of method calls
adding a modulo for array read, truncating data for array write

图22-5　一些常见的操作元

2. 状态型修复(State Repair)

与行为型修复相对应的是状态型修复，它指的是那些"在程序动态运行过程中，通过修改程序状态来达到修复目的"的APR。

当然，上述两个大类下面还可以细分为很多小类。例如，第一种行为型修复可以基于测试套件(Test-suites)、协议集(Contracts)或者模型(Models)等来实现。而基于测试套件的方案又可以被细分为多种类型，例如：

(1) 基于搜索的自动修复。

(2) 基于代码穷举的自动修复。

(3) 基于约束求解的补丁生成修复。

限于篇幅，没办法涵盖所有软件自动修复技术方案，因而在接下来的几节中，将针对上述各分类选取一些最有代表性的技术方案(主要围绕行为型修复)来做细化剖析。

22.2.2　软件自动修复基础概念

1. Bug

我们知道，软件自动修复是针对Bug而展开的活动，但实际上Bug有很多英文近义词，而且其中有一些词还是需要特别区分开来的，包括但不限于：

- Defect(缺陷)
- Fault(故障)
- Error(错误)
- Failure(故障)
- Mistake(错误)

比如Failure是指我们所观察到的，程序表现出来的不可接受的行为；Error是在Failure之前程序出现的错误状态；而Fault指的是Error的根因。

所以针对Bug，也需要给出一个相对严谨的定义，参考如下。

A bug is a deviation between the expected **behavior** of a **program execution** and what it actually happened.

2. 观察者(Observer)

上述定义中除了有3个关键词需要特别注意(以加粗显示)，还隐含着另一个重要角色——观察者。它的主要职责就是判定程序什么样的行为是符合预期(Expected)的，以及什么样的行为是不符合预期(Unexpected)的。

而且，理论上观察者的具体形态可以是多样化的，例如：

(1) 观察者由人工来担当。

这种情况下的场景类似于人工判定程序的行为是否符合预期。

(2) 观察者由Specification来约束。

Specification中文通常译为"规格"或"说明书"。在APR这个场景中，它可以被概括为"一系列期望的行为"。

3. 规格

另外，规格也可以是多形态的，包括但不限于：

(1) 自然语言描述的文档。

(2) 测试用例(在APR中很常用)。

(3) 逻辑公式描述的规格。

(4) 使用某些语言约束的规格。

(5) 甚至是某些隐含的规格。例如我们都知道，任何应用程序都不应该出现程序崩溃(Crash)。换句话说，这是一条"约定俗成"的程序行为规格，不一定需要显式地把它编写到规格中。

4. APR的另一种定义

从上述针对Bug、规格的描述出发，还可以给出软件自动修复的另一个定义。

Automatic repair is the transformation of an unacceptable behavior of a program execution into an acceptable one according to a specification.

大意：自动修复是根据规格将程序执行中不可接受的行为转换为可接受的行为。

5. Oracle

APR中另一个常见的概念是Oracle，它和规格既有相同的地方，也有差异的地方。比如它们虽然都与期望(Expectation)、可接受性(Acceptability)、正确性(Correctness)有关联，但实际上是一种"包含"关系。具体而言，Oracle是规格的一部分。后者的范围可以更广，它不仅包括输入范围，还囊括非功能属性在内的一系列信息。举个例子来讲，如果规格是测试用例集合，那么Oracle只是测试用例中的断言(Assertions)部分。

对于APR来说，Oracle通常分为以下两种类型。

(1) Bug Oracle。

Bug Oracle用于检测出非预期的程序行为。

(2) Regression Oracle。

相对应于Bug Oracle，Regression Oracle的职责是确认自动修复后的程序，没有引入新的Bug。

6. Bug 分类

Bug 分类代指的是具备某些相同特性的Bug，例如，它们有一样的根因，或者解决方案相同，又或者现象一样，比如内存泄漏(Memory Leak)。

22.3 阶段1：缺陷定位

缺陷定位是APR的第一步，不难理解，它的结果准确性将直接影响到后续修复工作的开展情况。传统的缺陷定位主要依靠人工完成，比如开发人员可以在调试过程中设置断点，采用单步调试等手段观察程序变量和其他内存状态的变化，逐步定位出缺陷所在的位置，如图22-6所示。

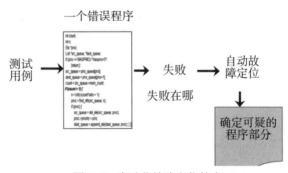

图22-6 传统的缺陷定位手段

虽然这是开发人员最常使用的一种缺陷定位方式，但是它的缺点在于：一方面需要耗费大量的时间和精力，另一方面强依赖于人员素质以及他们的项目经验。

因而自动化缺陷定位技术应运而生(见图22-7)。目前业界的缺陷定位方法有很多，而且从不同的维度出发可以有各种不一样的类别划分方式。例如，从是否需要动态执行的角度来看，至少可以将其分为以下几类。

1. 静态缺陷定位

如果在不需要运行目标程序的情况下就可以实现缺陷的准确定位，那么可以称之为静态缺陷定位法。它主要采用代码审查等方式，对目标程序的内在结构(例如控制依赖关系、数据依赖关系或类型约束等)进行自动化分析，进而确定缺陷语句在被测程序内的可能位置。

一个错误程序

测试用例 → 失败 失败在哪 → 自动故障定位 → 确定可疑的程序部分

图22-7 自动化缺陷定位技术

鉴于静态缺陷定位的特点，它可以在很多场合发挥作用。例如，可以在开发者所使用的集成开发环境中集成静态缺陷定位工具，如图22-8所示。

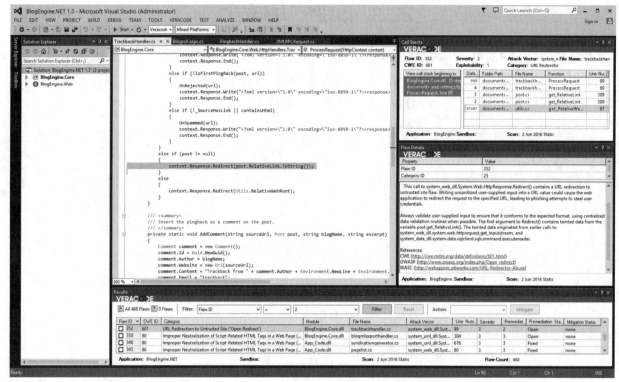

图22-8　Visual Studio中的一款静态缺陷定位工具(Veracode)

2. 动态缺陷定位

与静态缺陷定位相对应，如果需要借助程序的运行过程才能准确定位出它的缺陷，那么就是动态缺陷定位法了。

典型的实现过程如下。

Step1：执行测试用例来得到程序的执行信息。

Step2：分析上述步骤输出的程序执行轨迹和运行结果。

Step3：基于特定的模型或者范式(Pattern)来定位出目标程序中所有可能的缺陷，以及它们的位置。

3. 静态+动态缺陷定位

静态缺陷定位和动态缺陷定位方法有它们各自的优缺点，所以在某些情况下需要把它们结合起来以实现"利益的最大化"。

如果从技术实现的角度来看，在软件缺陷定位的发展历程中已经出现了很多经典的技术方案了，包括但不限于：

- 基于静态切片的缺陷定位技术。
- 基于动态切片的缺陷定位技术。
- 基于模型的缺陷定位技术。
- 基于程序状态的缺陷定位技术。
- 基于程序频谱的缺陷定位技术。

接下来的几节中，以目前业界应用较为广泛的基于程序频谱的动态缺陷定位(Spectrum Based Dynamic Fault Localization，SFL)技术为例，来阐述一下动态缺陷定位方法的典型实现思路。

22.3.1　基于程序频谱的缺陷定位

1. 什么是程序频谱

程序频谱是测试用例在执行过程中所涉及的程序实体(Program Entities)的相关信息。例如，程序代码中的语句、谓词或者函数等实体被覆盖的次数，以及它们之间的调用序列等。

图22-9所示是程序实体的示例。

```
int max = 0;
void Setmax(int x, int y) {
1: max -= x; // should be 'max=x;'
2: if (max<y) {
3:     max = y;
4:     if(x*y<0)
5:         print ("diff. sign"); }
6: print ("%d", max); }
```

图22-9　程序实体示例

研究人员普遍认为，程序频谱可以被用于有效地描述程序的行为特征。

2. 基于程序频谱的缺陷定位典型实现框架

基于程序频谱的动态缺陷定位方法的典型框架如图22-10所示。

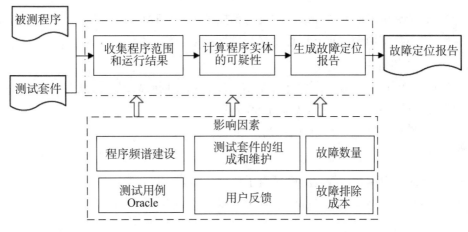

图22-10　基于程序频谱的动态缺陷定位方法框架

3. 基于程序频谱的缺陷定位的基本假设

我们需要理解基于程序频谱的缺陷定位技术的理论基础和假设条件，以便"知其然，并知其所以然"。针对这个问题，已经有不少研究人员在诸多文献中给出了答案。例如，Steimann等人就抽象出了SFL的如下4个关键的基本假设。

假设1：偶然正确性。

缺陷具有偶然正确属性，即缺陷语句既可能被成功的测试用例覆盖到，也可能被失败的测试用例覆盖到。

假设2：必然覆盖性。

不难理解，测试用例的失败必然是由于程序中的某些缺陷语句造成的。换句话说，每个失败的测试用例至少会覆盖到一个缺陷语句。

假设3：缺陷分布概率无法预知。

因为我们无法事先预知被测程序内缺陷分布的先验概率，所以在软件调试过程中也就无法利用缺陷分布信息来指导开发人员进行准确的缺陷定位。

假设4：完美缺陷检测假设。

我们还需要进一步假设开发人员(或者其他人员)可以在代码审查时准确判断出SFL给出的可疑语句是否真的是缺陷语句，以此来支撑SFL方法有效性的评估——同时假设开发人员可以有效移除该缺陷。

4. 基于程序频谱的缺陷定位的基本定义

下面列出基于程序频谱的缺陷定位技术将会涉及的几个基本定义，以便大家可以形成统一的认知。

基本定义如下。

基本定义1：测试用例的执行结果。

假设$T=\{\text{test}_1, \text{test}_2, \cdots, \text{test}_m\}$为缺陷程序$P$的配套测试套件。

其中，第j个测试用例test_j可用一个有序对$<i_j, o_j>$表示，i_j表示测试用例test_j的实际输入，o_j表示test_j的预期输出。

我们再假设o_j'为测试用例的实际输出，那么存在以下两种情况。

Case1：测试用例的实际输出与预期输出保持一致。此时可以称该测试用例为成功的测试用例(passed test case)。

Case2：测试用例的实际输出与预期输出不一致。此时称该测试用例为失败的测试用例(failed test case)。

如果以$Q(\text{test}_i)$表示测试用例test_i的运行结果，那么有如下公式：

$$Q(\text{test}_i) = \begin{cases} 1, & \text{表示测试用例的实际运行结果与预期结果不一致} \\ 0, & \text{表示测试用例的实际运行结果与预期结果一致} \end{cases}$$

基本定义2：程序实体覆盖。

假设目标程序P有n个程序实体，集合为$\{S_1, S_2, S_3, S_4, \cdots, S_n\}$。同时测试用例集为$T=\{\text{test}_1, \text{test}_2, \cdots, \text{test}_m\}$。当某个测试用例在运行过程中，程序实体被覆盖的情况可以定义为：

$$E(\text{test}_i) = \{T(S_1), \ T(S_2), \ T(S_3), \ T(S_4), \cdots, T(S_n)\}$$

其中，$T(S)$的定义如下。

$$T(S_j) = \begin{cases} 1, & \text{表示测试用例在运行过程中覆盖了该程序实体} \\ 0, & \text{表示测试用例在运行过程中没有覆盖该程序实体} \end{cases}$$

基本定义3：可疑度参数。

对于程序实体s，它的可疑度参数以如下四元组来表示：

$$N(s)=<n_{ep}(s), n_{ef}(s), \ n_{up}(s), n_{uf}(s)>$$

它们的释义如下。

$n_{ep}(s)$：表示覆盖程序实体s的成功测试用例数量。

$n_{ef}(s)$：表示覆盖程序实体s的失败测试用例数量。

$n_{up}(s)$：表示未覆盖程序实体s的成功测试用例数量。

$n_{uf}(s)$：表示未覆盖程序实体s的失败测试用例数量。

根据上述四元组$N(s)$的定义，不难得出测试套件T中所有成功的测试用例数量为：

$$n_p=n_{ep}(s)+n_{up}(s)$$

同时，所有失败的测试用例数量为：

$$n_f=n_{ef}(s)+n_{uf}(s)$$

所有测试用例的数量为

$$n=n_p+n_f$$
$$= n_{ep}(s)+n_{up}(s) + n_{ef}(s)+n_{uf}(s)$$

举个例子来说，如图22-11所示这个程序中，S_4的四元组为<5, 2, 0, 0>。

S	mid(){	test$_1$ 3,3,5	test$_2$ 1,2,3	test$_3$ 3,2,1	test$_4$ 5,5,5	test$_5$ 5,3,4	test$_6$ 2,1,3	test$_7$ 3,2,4	f_{s_i}	rank
S_1	int x,y,z,m;	1	1	1	1	1	1	1	0.500	4
S_2	read ("Enter 3numbers:",x,y,z);	1	1	1	1	1	1	1	0.500	5
S_3	m=z;	1	1	1	1	1	1	1	0.500	6
S_4	if(y<z)	1	1	1	1	1	1	1	0.500	7
S_5	if(x<y)	1	1	0	0	1	1	1	0.625	3
S_6	m=y;	0	1	0	0	0	0	0	0.000	9
S_7	else if(x<z)	1	0	0	0	1	1	1	0.714	2
S_8	m=y; //缺陷语句	1	0	0	0	0	1	1	0.833	1
S_9	else if（x>y)	0	0	1	1	0	0	0	0.000	10
S_{10}	m=y;	0	0	1	0	0	0	0	0.000	11
S_{11}	else if (x>z)	0	0	0	1	0	0	0	0.000	12
S_{12}	m=x;	0	0	0	0	0	0	0	0.000	13
S_{13}	print("Middle number is:",m);}	1	1	1	1	1	1	1	0.500	8
	Q	0	0	0	0	0	1	1		

图22-11 可疑度参数范例

基于定义4：覆盖信息表。

覆盖信息表是一个矩阵，它的每一行表示的是测试用例对程序实体的覆盖情况，它的每一列就是每个程序实体被各测试用例的覆盖情况。

如图22-12所示是一个覆盖信息表的范例。

	S_1	S_2	S_3	S_4	S_5	S_6	S_7	R
test$_1$	1	0	0	0	0	0	1	1
test$_2$	1	1	1	1	1	0	0	0
test$_3$	1	1	1	1	0	1	0	0
test$_4$	0	1	1	1	1	1	1	1
test$_5$	1	0	0	0	0	0	1	1
test$_6$	0	1	0	0	0	1	1	1
test$_7$	1	0	1	1	0	0	0	0
test$_8$	0	1	0	0	1	1	0	1
test$_9$	1	0	1	0	0	0	0	0
test$_{10}$	1	1	0	1	0	1	1	1

图22-12 覆盖信息表范例

不难发现，覆盖信息表和可疑度参数是强相关的。

5. 基于程序频谱的缺陷定位的处理流程

在上述几条关键假设的基础上，SFL就可以通过执行大量的测试用例来产生程序频谱和执行结果，然后基于特定的模型来给出缺陷代码的潜在位置。

缺陷定位典型流程如图22-13所示。

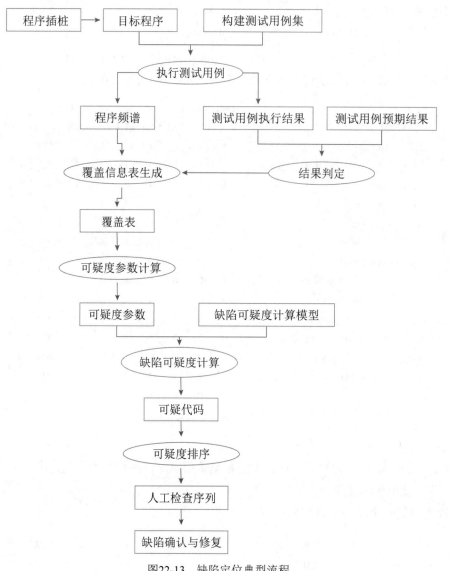

图22-13　缺陷定位典型流程

如果进一步细化的话，SFL的典型实现步骤可以概括如下。

Step1：构造测试套件。

测试套件需要重点关注的是偶然正确测试用例、相似测试用例和测试用例权重设置等对缺陷定位效果的影响。另外，还需要考虑测试套件的维护问题。例如，测试套件的维护策略(测试用例优先级排序方法、测试用例生成方法和测试套件缩减方法等)以及它对缺陷定位效果的影响。

Step2：执行测试用例。

根据各个测试用例在程序P上的执行结果，可以将测试套件T划分为以下两个集合。

集合1：T_p。

这个集合包含所有成功的测试用例。

集合2：T_f。

这个集合包含所有失败的测试用例。

测试用例和程序图谱如图22-14所示。

int max = 0; void Setmax(int x, int y) {	Spectrum of test cases					Jaccard	
	tc 1 (3,1)	tc 2 (5,-4)	tc 3 (0,-4)	tc 4 (0,7)	tc 5 (-1,3)	Susp.	Rank
1: max -= x; // should be`max=x;`	●	●	●	●	●	0.40	6
2: if (max<y) {	●	●	●	●	●	0.40	6
3:　　max = y;	●	●	●	●		0.50	3
4:　　if(x*y<0)	●	●		●	●	0.50	3
5:　　　print ("diff. sign"); }		●			●	0.50	3
6: print ("%d", max); }	●	●	●	●	●	0.40	6
Pass/Fail status	Fail	Fail	Pass	Pass	Pass		

图22-14　测试用例和程序图谱

Step3：构造程序频谱。

程序频谱的构造方式决定了我们是否可以对程序行为特征做出准确的描述。不同的程序频谱构造方式会影响到程序实体类型、程序实体的怀疑率取值、缺陷定位方式和构造开销等多重因素。后面将做专门的讲解分析。

Step4：缺陷可疑度预测。

如何针对程序频谱等信息来给出最终的缺陷预测结果，是缺陷预测模型的主要职责。目前的主流做法是给出各个程序实体的缺陷概率，然后按照从高到低的顺序输出最终的预测报告。后面将做进一步分析。

Step5：反馈与改进。

我们需要结合开发人员或者其他相关人员来确定缺陷预测结果的准确性，并从缺陷修复开销等多个因素来评估SFL的有效性，持续改进。例如，有学者提出可以基于候选补丁的数量来做有效性评测：在SFL找到有效的补丁前所生成的候选补丁数越低，那么表示修复程序效果越好。

22.3.2　SFL中测试套件的构造

1. 偶然成功测试用例

由前面的分析，我们知道测试套件是程序频谱分析以及后续缺陷定位的前置条件，所以它的选取和构造将直接影响到最终的结果。

学术界针对测试套件的影响做了很多研究工作。例如，J. M. Voas在论文"PIE: A dynamic failure-based technique"中就提出了一个名为PIE的模型，论证了以下三点是测试用例失败的必要条件。

(1) 测试用例触发了缺陷语句的执行。

只有缺陷语句被执行到了，才可能导致测试用例的失败。这同时也是计算程序频谱的依据之一。

(2) 缺陷语句的执行造成了程序内部状态出现错误。

缺陷语句是如何导致测试用例的失败结果的呢？研究人员认为，缺陷语句的执行首先会造成程序内部状态出现错误。

(3) 程序的内部状态错误将影响到程序的输出，进而导致失败。

不难理解，内部状态出现的错误会有传播作用，这样一来就会逐步影响到程序的输出，最终导致测试用例的失败，如图22-15所示。

Failing test case t1

```
Public class targetTest{
 @Test
 void t1(){
   target t = new target();
   int a=1;
   assertEquals(2, t.inc(a));
   int b=1;
   assertEquals(0, t.dec(b));
   int c=3;
   assertEquals(1, t.dec_twice(c));
 };
}
```

Target code

```
Public class target{
 int inc(int n){
   return ++n;
 };
 int dec(int n){
   return ++n;
 };
 int dec_twice(int n){
   n = dec(n);
   return dec(n);
 };
}
```

图22-15 缺陷代码将导致测试用例的失败

根据上述PIE模型理论，可以得出至少有如下几种测试用例会对缺陷的定位结果产生较大的偏差影响。

(1) 偶然正确测试用例。

(2) 相似测试用例。

我们就以“偶然正确测试用例”为例来分析一下。不难发现，偶然正确测试用例满足上面所述的必要条件1和必要条件2，但不满足必要条件3。换句话说，某些测试用例虽然不会必然失败，但并不代表它是成功的测试用例。所以需要缓解偶然正确测试用例对缺陷定位效果的影响。为了达到这个目标，我们将面临如下的挑战。

缺陷语句在被测程序内的准确位置是无法事先预知的。

如何从成功测试用例T_p中精确识别出偶然正确测试用例。

虽然偶然正确测试用例到目前为止还无法“根治”，但研究人员还是从不同角度提出了不少缓解影响的措施。例如：

(1) 通过启发式方法来从成功测试用例中识别出偶然正确测试用例。

例如，Masri W. 等人在论文“Cleansing test suites from coincidental correctness to enhance fault-localization”中就使用了启发式方法来识别偶然成功测试用例。

(2) 利用缺陷模型来降低偶然正确测试用例的影响。

这种研究方法需要假设开发人员预先知道目标程序的缺陷类型，然后利用这些缺陷类型所对应的模型来排除偶然正确测试用例所产生的频谱信息，从而尽可能规避它们所带来的影响。

2. 测试用例的生成策略

既然测试用例集是生成程序频谱，继而达到缺陷定位目的的关键，那么我们自然会有这样的疑问——即什么样的测试用例最有利于缺陷的定位，换句话说，针对于缺陷定位应该采用什么样的测试用例生成策略呢？

当然，如何生成测试用例并不是缺陷定位领域独有的问题。譬如软件开发人员在编码阶段就需要构造各种测试用例，以保证代码的质量；而测试驱动开发(Test-Driven Development，TDD)作为敏捷开发的一种核心实践，则把测试用例的重要性进一步提升到“前无古人”的地位了，如图22-16所示。

从测试用例的构造方式来看，主要分为以下两大类。

1) 人工构造

人工构造测试用例的优点在于非常有针对性，缺点则是可能需要开发人员投入额外的时间和精力。

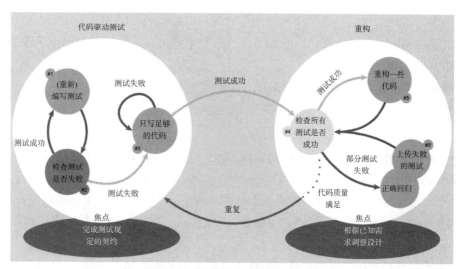

图22-16　测试驱动开发(Wikipedia)

2) 自动生成

自动生成测试用例也是近几年业界使用较多的一种方法。它的优势在于不需要额外的人力资源投入，因而可以弥补人工构造测试用例的缺陷。不过，从工业界项目实践的经验来看，完全自动化生成测试用例的做法未必是最好的选择，在某些极端的条件下甚至有可能生成一大堆无用的测试用例。因而至少到目前为止，还是建议将上述两种方式结合起来，做到取长补短。

另外，缺陷定位领域的测试用例构造方法和传统软件开发是有区别的。例如，后者在大多数情况下，是以如何达到代码覆盖率的最大化作为目标的；而这个目标显然不是缺陷定位的"刚需"——它更看重的是测试用例能否有力提升缺陷的定位效果。

基于这一目标，业界已经出现了不少测试用例的构建方案。例如：

Baudry B. 等人在"Improving test suites for efficient fault localization"中借助"反向推导分析"，构建出一套方案。他们首先通过分析有效的缺陷定位所需的信息，提出了动态基本语句块的概念。然后基于动态基本语句块，提出面向调试的测试(test-for-diagnosis)准则。同时，他们以提高动态基本语句块的数量为目的，来逐步添加测试用例数量。实验证明，遵循这个方案可有效地缓解测试套件和缺陷定位效果之间存在的折中问题。

Artzi S. 等人则在"Directed test generation for effective fault localization"中提出了一种围绕测试用例相似性的方案。他们首先提出了多种测试用例相似性准则来度量不同测试用例之间执行特征的相似性，然后有针对性地生成与失败测试用例的执行特征相似的测试用例。

Campos J. 等人在"Entropy-Based test generation for improved fault localization"中提出了一个有趣的观点，即基于SFL方法的现有缺陷定位技术的效果取决于配套测试套件的规模，以及它所包含的测试用例的多样性。那么如何衡量测试用例的多样性呢？他们想到的是基于信息熵来作为指导——由此提出了一种名为ENTBUG的测试用例生成方法。在具体实现上，它充分结合了基于搜索的测试用例生成方法，并借助信息熵来指导遗传算法的实施，从而提升测试用例的多样性。建议有兴趣的读者可以阅读原文来做进一步的学习。

鉴于测试用例构造方法有很多，在实践中应该审视并结合项目自身的实际情况来选取(或者定制)最优的解决方案。

3. 测试用例的排序

测试用例的执行顺序对缺陷定位的效果有影响吗？

答案是肯定的。因而如何优化测试用例的排序规则，也是缺陷定位领域的研究方向之一。目前业界已经出现了不少针对测试用例排序优化的研究工作，总的来说可以将它们分为以下两种类型。

1) 正向分析

即正向分析测试用例优化级排序规则对缺陷定位效果的影响。

例如，"On the integration of test adequacy, test case prioritization, and statistical fault localization"一文的作者就从正向分析中得到如下几个核心观点。

(1) 当测试时间有限时，TCP方法是辅助缺陷定位的一种有效方法。

(2) 在完成测试用例排序后，若执行的测试用例数较少，则对缺陷定位效果的影响较大。

(3) 在已执行的测试用例中，若包含的失败测试用例较多，则有助于提高缺陷定位效果。

(4) 在考虑的排序策略中，随机策略效果最好，Additional策略和自适应随机策略其次，Total策略最差。

(5) 测试用例执行时搜集的程序实体粒度对缺陷定位效果的影响不显著。

(6) 满足MC/ DC覆盖准则的测试套件的缺陷定位效果要优于分支覆盖准则，而满足语句覆盖准则的测试套件的缺陷定位效果最弱。

2) 反向分析

反向分析即以缺陷定位效果最大化为目标来反向指导测试用例排序优化。

例如，Yoo等人在"Fault localization prioritization: Comparing information theoretic and coverage based approaches"中基于"TCP方法和缺陷定位可以互为补充"的思想，提出了如下的迭代优化过程。首先，按序执行测试用例，直到检测到首个内在缺陷为止；随后不断修复该缺陷并继续按序执行余下测试用例，直到检测到下一个缺陷为止。针对上述迭代过程，他们提出了缺陷定位优先级(Fault Localization Prioritization)问题，也就是在发现缺陷后，对余下的测试用例如何设定最优排序策略，以最大化早期缺陷检测能力。他们借助香农信息论提出FLINT方法，该方法不仅可以对语句进行排序，而且可以对测试用例进行排序。

4. 测试用例的精简

另一个需要我们思考的问题是如何精简测试用例套件的数量，移除部分未起到实际效果的测试用例，以减少不必要的测试资源的浪费。

测试用例的精简(Test Suite Reduction，TSR)同样不是缺陷定位领域的"专利"。例如，很多工业界公司都在尝试的"精准测试"就有异曲同工之妙，如图22-17所示。精准测试的目的和TSR是基本类似的，只不过它们在实施的过程中存在较大差异。

例如，Yu Y. B.等人就在"An empirical study of the effects of test-suite reduction on fault localization"中深入分析了测试套件缩减对缺陷定位效果的影响。除了传统的基于语句的TSR策略，他们还额外考虑了基于向量(即考虑语句执行次序)的TSR策略。实践结果表明：在执行基于语句的TSR策略时，测试套件规模和缺陷定位效果间存在折中现象。换句话说，执行这种策略虽然可以大幅度缩减测试套件规模，但也会显著降低缺陷定位效果；而在执行基于向量的TSR策略时，测试套件规模的缩减程度虽然较小，但对缺陷定位效果的影响可以忽略不计，甚至有时会略微提高。具体细节可以通过阅读上述论文来了解。

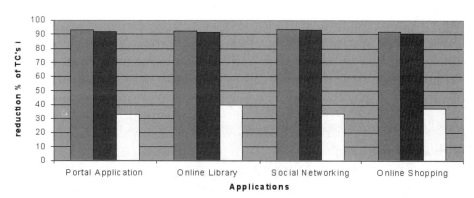

图22-17 测试用例精简是工业界研究热点之一

22.3.3 SFL中程序频谱的构造

1. 轻量级程序频谱构造方法

前面介绍了针对程序实体s的可疑度参数四元组：

$N(s)=<n_{ep}(s),n_{ef}(s), n_{up}(s),n_{uf}(s)>$

以及它们的释义：

$n_{ep}(s)$：表示覆盖程序实体s的成功测试用例数量。

$n_{ef}(s)$：表示覆盖程序实体s的失败测试用例数量。

$n_{up}(s)$：表示未覆盖程序实体s的成功测试用例数量。

$n_{uf}(s)$：表示未覆盖程序实体s的失败测试用例数量。

简单而言，轻量级的程序频谱构造方式就是基于上面所示的程序实体四元组设计的一系列统计方法。虽然在统计算法上可能存在差异，但这些轻量级的频谱构造方式也有共同点。例如，它们基本上遵循了一些统一的原则。Wong W. E. 等人在 "The DStar method for effective software fault localization" 中就曾分析了频谱构造的如下一些假设。

(1) 程序实体s的怀疑率与该程序实体被成功测试用例覆盖的次数成反比。

(2) 程序实体s的怀疑率与该程序实体被失败测试用例覆盖的次数成正比。

(3) 程序实体s的怀疑率与该程序实体未被失败测试用例覆盖的次数成反比。

另外，应该为被失败测试用例覆盖的程序实体设置更高的权重。

程序频谱的构造涉及统计学的一些知识，所以有时可以在某些论文中看到"基于统计学的缺陷定位方法"的说法。我们可以把它看作是"针对同一种事物的不同视角"来理解——例如，基于统计学的缺陷定位方法通常要求具备以下三个要素。

(1) 测试用例。

测试用例是验证目标程序在不同情况下的执行结果和执行过程的基础之一，而且通常我们希望测试用例的数量要足够大。

(2) 执行测试用例时的程序剖面。

程序剖面包含测试用例执行过程中所覆盖的每条可执行语句、分支或者插桩谓词的覆盖信息等状态数据。

(3) 测试用例的运行结果。

这些测试用例的运行结果是成功或者失败。

同时，基于统计学的缺陷定位技术的实现原理并不复杂，核心处理过程概述如下。

(1) 大量运行测试用例。

(2) 收集成功与失败的测试用例在执行过程中产生的程序剖面元素(例如语句、分支或者插桩谓词等)动态信息。

(3) 基于上述收集的这些动态信息与程序错误之间建立关联性。

(4) 基于关联关系为每个程序剖面元素计算可疑度值。

(5) 理论上来讲，与程序错误的关联性越强的程序元素自然可疑度值就越大。因而可以按照可疑度值由大到小的顺序输出缺陷定位报告。

(6) 开发人员或者其他相关人员可以依据报告中的顺序来检查相应的程序剖面元素，直到最终找到缺陷错误所在。

1) 程序剖面

从学术界发表的论文来看，以谓词为基础的程序剖面是轻量级程序构建方法近十几年来的研究热点。图22-18所示基于谓词的缺陷定位范例——其中有多个经典实现。例如，Ben Liblit等人在"Scalable Statistical Bug Isolation"中提出来的CBI模型；Liu C等人在"Statistical debugging: A hypothesis testing-based approach"中提出的SOBER等。

```
L1:     char esc(char *s, int *i){
L2:         char result;
L3:         if(s[*i]!='@')                              P1
L4:             result=s[*i];
L5:         else{
L6:             if(s[*i+1]=='\0')                       P2
L7:                 result=10; /*fault; result='@'*/
L8:             else{
L9:                 *i= *i+1;
L10:                if(s[*i]=='n')                       P3
L11:                    result=10;
L12:                else{
L13:                    if(s[*i]=='t')                   P4
L14:                        result=9;
L15:                    else
L16:                        result=s[*i]; }}}
L17:        return result; }                             P5
```

图22-18　基于谓词的缺陷定位范例

上述这些模型主要是围绕谓词的特点、采集落地可行性、信息利用强度等多个维度，来提升最终的缺陷定位的准确性。例如，Safla框架的作者经过实验，提出了"程序在运行时谓词提供信息的能力存在显著差别；以及对所有谓词采用固定信息利用强度不合理"等观点，并据此改进了以前的CBI等框架。

Safla论文中提供了如图22-19所示的一个基于谓词的缺陷定位范例，通过实验得出了它在成功和失败测试用例下的执行次数表现。

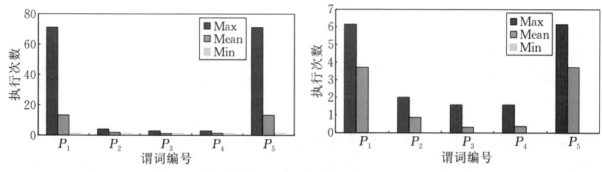

图22-19 各谓词在成功(左)和失败测试(右)用例下的执行次数

从图22-19中可以看到，不同谓词之间的执行情况存在明显不同。因而如果以执行次数多少来衡量谓词提供信息的能力，作者认为并不是特别合理。具体如何解决这些问题，感兴趣的读者可以阅读Safla论文了解详情。

2) 怀疑率计算公式

学者们围绕程序频谱提出了不少对应的怀疑率计算公式，其中不乏一些比较典型的实现，包括但不限于：

(1) Tarantula 怀疑率。

由Jones J. A. 等人在"Visualization of test information to assist fault localization"中提出。它的核心思想是程序实体被失败测试用例覆盖的越多，那么该实体含有缺陷的可能性就越大；同样地，如果程序实体被成功测试用例覆盖的越少，那么它的可疑度也越高。

Tarantula公式如下。

$$\text{Tarantula}(s) = \frac{n_{\text{ef}}(s)/n_f}{n_{\text{ef}}(s)/n_f + n_{\text{ep}}(s)/n_p}$$

Tarantula公式的取值范围是[0,1]。其中，取值为1表示该程序实体的怀疑率最高，而取值为0则表示它的怀疑率最低。

(2) Ochiai怀疑率。

Ochiai怀疑率是Abreu R. 等人在"An evaluation of similarity coefficients for software fault localization"中提出来的。作者将分子生物学的公式引入到了缺陷定位中，如下所示。

$$\text{Ochiai}(s) = \frac{n_{\text{ef}}(s)}{\sqrt{n_f \times \left[n_{\text{ef}}(s) + n_{\text{ep}}(s) \right]}}$$

(3) Wong怀疑率。

Wong W E等人在"Effective fault localization using code coverage"中强调了失败测试用例的重要性，并提出如下三组怀疑率公式。

$$\text{Wong1}(s) = n_{\text{ef}}(s) \tag{22-1}$$

$$\text{Wong2}(s) = n_{\text{ef}}(s) - n_{\text{ep}}(s) \tag{22-2}$$

$$\text{Wong3}(s) \begin{cases} n_{\text{ef}}(s) - n_{\text{ef}}(s), & n_{\text{ef}}(s) = 0,1,2 \\ n_{\text{ef}}(s) - 2 - (n_{\text{ef}}(s) - 2) \times 0.1, & 2 < n_{\text{ef}}(s) \leqslant 10 \\ n_{\text{ef}}(s) - 2.8 - (n_{\text{ef}}(s) - 10) \times 0.001, & n_{\text{ef}}(s) > 10 \end{cases} \tag{22-3}$$

它们的侧重点不同——其中，式(22-1)只考虑了程序实体被失败用例覆盖的次数；式(22-2)在式(22-1)

的基础上引入了程序实体被成功测试用例覆盖的次数；而式(22-3)则是在式(22-2)的基础上，按照被成功测试用例覆盖的次数不同划分为三种情况来区分对待(具体来讲就是权重上有所差异)。

(4) Jaccard怀疑率。

Jaccard怀疑率是由Abreu R等人在"An evaluation of similarity coefficients for software fault localization"中提出来的，其公式如下。

$$\text{Jaccard}(s) = \frac{n_{\text{ef}}(s)}{n_f + n_{\text{ef}}(s)}$$

除了上述几种怀疑率以外，业界还有很多其他的尝试。请参考如图22-20所示的公式描述，限于篇幅就不一一讲解了。

2. 重量级程序频谱构造方法

与轻量级程序频谱构造方法不同，重量级的频谱构造方法不再只是简单地依赖于程序实体四元组，而是综合考虑了更多的程序运行信息。例如：

(1) 程序实体之间的控制依赖关系。

(2) 程序实体之间的数据依赖关系。

(3) 面向对象的程序特征信息。

(4) 综合考虑测试用例的执行时间等因素。

(5) 结合程序切片提供更多信息。

Ochiai2	$\dfrac{a_{\text{ef}}a_{\text{np}}}{\sqrt{(a_{\text{ef}}+a_{\text{ep}})(a_{\text{np}}+a_{\text{nf}})(a_{\text{ef}}+a_{\text{nf}})(a_{\text{ep}}+a_{\text{np}})}}$
Geometric Mean	$\dfrac{a_{\text{ef}}a_{\text{np}}-a_{\text{nf}}a_{\text{ep}}}{\sqrt{(a_{\text{ef}}+a_{\text{ep}})(a_{\text{np}}+a_{\text{nf}})(a_{\text{ef}}+a_{\text{nf}})(a_{\text{ep}}+a_{\text{np}})}}$
Harmonic Mean	$\dfrac{(a_{\text{ef}}a_{\text{np}}-a_{\text{nf}}a_{\text{ep}})((a_{\text{ef}}+a_{\text{ep}})(a_{\text{np}}+a_{\text{nf}})+(a_{\text{ef}}+a_{\text{nf}})(a_{\text{ep}}+a_{\text{np}}))}{(a_{\text{ef}}+a_{\text{ep}})(a_{\text{np}}+a_{\text{nf}})(a_{\text{ef}}+a_{\text{nf}})(a_{\text{ep}}+a_{\text{np}})}$
Arithmetic Mean	$\dfrac{2a_{\text{ef}}a_{\text{np}}-2a_{\text{nf}}a_{\text{ep}}}{(a_{\text{ef}}+a_{\text{ep}})(a_{\text{np}}+a_{\text{ep}})+(a_{\text{ef}}+a_{\text{nf}})(a_{\text{nf}}+a_{\text{np}})}$
Cohen	$\dfrac{2a_{\text{ef}}a_{\text{np}}-2a_{\text{nf}}a_{\text{ep}}}{(a_{\text{ef}}+a_{\text{ep}})(a_{\text{np}}+a_{\text{ep}})+(a_{\text{ef}}+a_{\text{nf}})(a_{\text{nf}}+a_{\text{np}})}$
Scott	$\dfrac{4a_{\text{ef}}a_{\text{np}}-4a_{\text{nf}}a_{\text{ep}}-(a_{\text{nf}}-a_{\text{ep}})^2}{(2a_{\text{ef}}+a_{\text{nf}}+a_{\text{ep}})(2a_{\text{np}}+a_{\text{nf}}+a_{\text{ep}})}$
Fleiss	$\dfrac{4a_{\text{ef}}a_{\text{np}}-4a_{\text{nf}}a_{\text{ep}}-(a_{\text{nf}}-a_{\text{ep}})^2}{(2a_{\text{ef}}+a_{\text{nf}}+a_{\text{ep}})+(2a_{\text{np}}+a_{\text{nf}}+a_{\text{ep}})}$
Rogot1	$\dfrac{1}{2}\left(\dfrac{a_{\text{ef}}}{2a_{\text{ef}}+a_{\text{nf}}+a_{\text{ep}}}+\dfrac{a_{\text{np}}}{2a_{\text{ep}}+a_{\text{nf}}+a_{\text{ep}}}\right)$
Rogot2	$\dfrac{1}{4}\left(\dfrac{a_{\text{ef}}}{a_{\text{ef}}+a_{\text{ep}}}+\dfrac{a_{\text{ef}}}{a_{\text{ef}}+a_{\text{nf}}}+\dfrac{a_{\text{np}}}{a_{\text{np}}+a_{\text{ep}}}+\dfrac{a_{\text{np}}}{a_{\text{np}}+a_{\text{nf}}}\right)$

图22-20　怀疑率公式

下面挑选其中的一些经典实现来进行分析。

1) 基于程序实体间关系建模的构造方式

如何为程序实体间的关系建模呢？

信息安全领域的信息流分析是学者们借鉴的建模手段之一，例如，Masri W等人在论文Fault localization based on information flow coverage中就使用了这种方法。具体来说，他们据此分析了程序实体间的如下几种依赖关系。

(1) 动态数据依赖。

(2) 动态控制依赖。

(3) 3种过程间的动态依赖。

得到了这些程序频谱信息后，他们进一步提出了基于信息流的Tarantula方法，并与前面所讲解的Tarantula方法进行了比较。实验结果表明，在大部分情况下，前者都要优于传统的Tarantula方法。

如图22-21所示的是论文中提供的一个范例，供参考。

```
/* Statement 5 is faulty. The correct statement is:
y = -x[i] - 1/x[i]; */
public static void foo(int [] x)
{
```

	Passing test cases				Failing test cases		M_{S1}	M_{S2}	M_S	R_S
	1, 2, −3	0, 1, −2	−2, −3, −4	−5, −300, 1	−3, −1, −100	100, 1, −1				
1 int y; int z;	✓	✓	✓	✓	✓	✓	0.5	1.0	0.75	8
2 for (int i = 0; i < x.length; i++){	✓	✓	✓	✓	✓	✓	0.5	1.0	0.75	8
3 y = 0;	✓	✓	✓	✓	✓	✓	0.5	1.0	0.75	8
4 if (x[i] < 0) {	✓	✓	✓	✓	✓	✓	0.5	1.0	0.75	8
5 y = -x[i] + 1/x[i];	✓	✓	✓	✓	✓	✓	0.5	1.0	0.75	8
6 } else if (x[i] > 0) {	✓	✓		✓		✓	0.4	0.5	0.45	10
7 y = x[i] - 1/x[i];	✓	✓		✓		✓	0.4	0.5	0.45	10
}										
8 if (y == 0) {	✓	✓	✓	✓	✓	✓	0.5	1.0	0.75	8
9 z =	✓	✓		✓	✓	✓	0.57	1.0	0.78	1
} else {										
10 z =	✓	✓	✓	✓	✓	✓	0.5	1.0	0.75	8
}										
}										
11										

图22-21　基于信息流的程序频谱构造范例(传统方式)

在这个代码范例中，第5行是出错的地方。测试用例一共有6个，它们分别由3个元素组成。不难看出，当x[i]等于-1时会导致测试用例执行失败(R_S指的是该语句需要被检查的排序)。如果利用传统的程序频谱构造方式来做缺陷定位的话，可以看到并不是特别理想——缺陷语句并没有被很好地识别出来。

如图22-22所示的则是基于信息流的程序频谱构造方式。

可以看到从最终效果来看，信息流$(5, y, 9, z)$的情况对应的是：

(1) 所有两个失败测试用例。

(2) 并且避开了所有4个成功的测试用例。

这样一来，就让它在一众信息流(Flow)中“脱颖而出”，MF和RF值都是1。

因而从这个范例中可以看到，基于信息流的程序频谱构造方式确实表现更好。感兴趣的读者可以自行阅读前述论文了解实现细节。

2) 结合程序切片的频谱构造方式

(1) 程序切片。

首先来简单讲解一下程序切片的基本概念，更详细的分析请参考本书附录的讲解。

程序切片最早是由Xerox PARC的首席科学家Mark D. Weiser在1979年发表的博士论文“Program slices: formal, psychological, and practical investigations of an automatic program abstraction method”中提出来的一个概念(Mark同时也是“普适计算之父”)。

程序切片的简要定义如下。

一个程序切片是由程序中的一些语句和判定表达式组成的集合。假设给定感兴趣的程序点 p 和变量集合 V 来作为切片标准($<p, V>$)，那么所有影响该程序点 p 处的变量 V 的程序语句构成切片。

程序切片技术在之后几十年的发展过程中，主要经历了如下一些变化。

① 从静态到动态。

② 从前向到后向。

③ 从单一过程到多个过程。

④ 从非分布式程序到分布式程序。

Flow (source statement, source object, target statement, target object)	Passing test cases				Failing test cases		M_{F1}	M_{F2}	M_F	R_F
	1,2,-3	0,1,-2	-2,-3,-4	-5,-300,1	-3,-1,-100	100,1,-1				
(5,y,9,z)					✓	✓	1.0	1.0	1.0	1
(6,-,10,z)	✓					✓	0.67	0.5	0.58	16
(7,y,10,z)	✓					✓	0.67	0.5	0.58	16
(8,-,9,z)	✓	✓		✓	✓	✓	0.57	1.0	0.78	4
(2,-,9,z)	✓	✓		✓	✓	✓	0.57	1.0	0.78	4
(4,-,9,z)	✓	✓		✓	✓	✓	0.57	1.0	0.78	4
(5,y,8,-)	✓	✓	✓	✓	✓	✓	0.5	1.0	0.75	14
(2,-,4,-)	✓	✓		✓	✓	✓	0.5	1.0	0.75	14
(2,-,8,-)	✓	✓		✓	✓	✓	0.5	1.0	0.75	14
(2,-,3,y)	✓	✓		✓	✓	✓	0.5	1.0	0.75	14
(4,-,5,y)	✓	✓		✓	✓	✓	0.5	1.0	0.75	14
(8,-,10,z)	✓	✓		✓	✓	✓	0.5	1.0	0.75	14
(2,-,5,y)	✓	✓		✓	✓	✓	0.5	1.0	0.75	14
(2,-,10,z)	✓	✓		✓	✓	✓	0.5	1.0	0.75	14
(4,-,8,-)	✓	✓	✓	✓	✓	✓	0.5	1.0	0.75	14
(4,-,10,z)	✓	✓	✓	✓	✓	✓	0.5	1.0	0.75	14
(7,y,8,-)	✓	✓		✓		✓	0.4	0.5	0.45	25
(6,-,7,y)	✓	✓		✓		✓	0.4	0.5	0.45	25
(4,-,6,-)	✓	✓		✓		✓	0.4	0.5	0.45	25
(4,-,7,y)	✓	✓		✓		✓	0.4	0.5	0.45	25
(2,-,6,-)	✓	✓		✓		✓	0.4	0.5	0.45	25
(7,y,9,z)	✓	✓		✓		✓	0.4	0.5	0.45	25
(6,-,8,-)	✓	✓		✓		✓	0.4	0.5	0.45	25
(2,-,7,y)	✓	✓		✓		✓	0.4	0.5	0.45	25
(6,-,9,z)	✓	✓		✓		✓	0.4	0.5	0.45	25
(5,y,10,z)	✓	✓	✓	✓	✓		0.33	0.5	0.41	26
...										

图22-22　基于信息流的程序频谱构造方式

举个例子来说，如图22-23所示的程序代码，它所要完成的功能很简单：首先读取一个数值n，然后分别计算从1到n的和，以及从1到n的乘积，最后针对这两个数值执行写操作。

如果只关心最后的函数write和变量prod，那么应该如何执行切片操作呢？

```
1.  read(n);
2.  i := 1;
3.  sum := 0;
4.  prod := 1;
5.  while (i < n ) do
     begin
6.       sum := sum + i;
7.       prod := prod * i;
8.       i := i + 1;
     end
9.  write(sum);
10. write(prod);
```

图22-23　范例代码

此时就可以指定程序中的位置10和变量prod来作为切片标准<10, {prod}>，并以此来执行程序切片，最终得到如图22-24所示结果。

```
1.  read(n);
2.  i := 1;
3.
4.  prod := 1;
5.  while (i < n ) do
      begin
6.
7.       prod := prod*i;
8.        i := i + 1;
      end
9.
10. write(prod);
```

图22-24 范例程序切片结果

不难看出，经过程序切片后只保留了与变量prod强相关的代码部分，而其他无关代码行都被移除了。

(2) 结合程序切片的频谱构造方式。

程序切片是我们观察程序的一个有力工具，因而有不少学者已经尝试将它引入缺陷定位领域，从而催生了不少SFL技术。

下面简要列出其中的几个经典实现方案。

① 基于执行切片(Execution Slice)和砍片(Dicing)的SFL。

动态切片技术是H. Agrawal和J. Horgan等人在1990年的"Proceedings of the ACM SIGPLAN'90 Conference on Programming Language Design and Implementation"上提出的一种新的切片思路。除了提出动态切片技术，他们还在1995年发表的"Fault localization using execution slices and dataflow tests"中提出了一种基于执行切片和砍片的缺陷定位方法。

其中，执行砍片简单来说就是指两个执行砍片之间的差值，换句话说就是在某个切片中出现，而在另一个切片中缺失的那些基础块(Basic Block)和决定(Decision)。

Agrawal等人的研究主要面向的是C语言，他们在实验时首先将UNIX的sort程序中的某些代码手工改成错误的代码，然后利用上述技术来做验证。更改前后的对比如图22-25所示。

Line #	Original code	Modified code
177	((c) == ' ' || (c) == '\t')	((c) == ' ' && (c) == '\t')
206	dirtry[0] = *++argv	dirtry[0] = *argv
211	break	continue
235	p->nflg = q->nflg	q->nflg = p->nflg
336	if(cp[len − 2] != '\n')	if(cp[len − 2] != '\t')
414	while(++k < j)	while(++j < k)
439	while((*dp++ = *cp++) != '\n')	while((*++dp = *cp++) != '\n')
442	if(rline(ibuf[i−1]))	if(rline(ibuf[i]))
450	while(···ip[−1]->l)<0)	while(···ip[−1]->l)<0)
507	else return(eargv[i])	delete this statement
511	filep[1] = i%26 + 'a'	filep[1] = i/26 + 'a'
608	if(pb<lb&&*pb==tabchar)	if(pb<lb||*pb==tabchar)
631	if(b = *--ipb = *--ipa)	if(b = *--ipb = --*ipa)
634	if(*--ipa != '0')	if(--*ipa != '0')
689	*pb == '\n' ?−fields[0].rflg	*pb == '\n' ?−fields[0].nflg
691	−fields[0].rflg	fields[0].rflg
772	p->ignore = dict+128	p->ignore = dict+290
782	case 'c': cflg = 1 continue	delete this case
783	cflg = 1	cflg = 0
806	if(p->m[k] == −1)	if(p->m[k−−] == −1)
811	p->m[k+d] = number(&s)	p->m[k+d−1] = number(&s)
851	n /= 2	delete this statement
882	goto loop	delete this statement
896	for(k=lp+1; k<hp;) **k++ = '0'	for(k=lp+1; k<hp;) **k++ = '0'

图22-25 人工制造25个错误来进行实验

作者这样做的目的之一，在于可以较全面地评估一个SFL方案在应对各种缺陷情况时的表现。建议感兴趣的读者可以参考Agrawal的论文来理解具体的分析过程和实验结果。

② 基于执行切片和语句块间数据关系的SFL。

Wong W. E.等人在"An execution slice and inter-block data dependency-based approach for fault localization"中提出了基于执行切片和语句块之间的数据关系的SFL方法，有某些场景下可以显著提升缺陷定位能力。

③ 基于削减的动态切片的SFL。

Zhang X Y和Gupta N等人在2006年的"Pruning dynamic slices with confidence"中提出了一种基于削减的动态切片的缺陷定位方法，其主要研究点在于如何以更小的动态切片来达到相似的错误定位效果，从而节约人力物力资源。

22.4　阶段2：补丁生成

完成了"程序错误"的定位后，接下来就可以进入阶段2，即补丁生成阶段了。我们知道补丁生成类似于一个"试错"的过程——抽象来看，它主要包含如下几个步骤。

Step1：尝试生成一个补丁。

生成补丁的方法很多，后面将做重点分析。

Step2：评估上述步骤中生成的补丁的质量。

目前大部分自动修复技术通过测试用例集合来检验补丁的质量，可以将其进一步细分为如下几步。

Step2.1：将生成的补丁应用到程序中。

Step2.2：针对新生成的程序，运行"正测试用例集"，以保证本次修复没有引入新的问题。

Step2.3：针对新生成的程序，运行"反测试用例集"，以检查本次修复是否成功解决了Bug。

Step2.4：如果新生成程序通过了上述"正反"两个测试用例集，那么称本次修复是成功的，否则就是修复失败。

Step3：根据补丁评估结果决定下一步操作。

(1) 如果补丁符合要求，则得到最优解，算法结束。

(2) 如果补丁不符合要求，返回Step1。

(3) 如果程序达到终止条件(例如最大尝试数量)，则即便没有得到最优解也会结束程序。

补丁生成阶段示意图如图22-26所示。

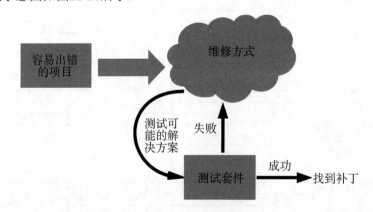

图22-26　补丁生成阶段示意图

经过多年的发展，学术界和工业界已经提出了非常多的补丁生成技术。为了方便理解，我们把它们归纳为如下几种类型。

(1) 基于搜索的补丁生成和修复。

(2) 基于代码穷举的补丁生成和修复。

(3) 基于约束求解的补丁生成和修复。

(4) 基于变异的补丁生成和修复。

(5) 基于模板的补丁生成和修复。

限于篇幅，只能挑选部分类型的补丁生成和自动修复技术进行讲解。

22.4.1　基于搜索的补丁生成和自动修复

英国伯明翰大学的Andrea Arcuri在一篇名为"On the Automation of Fixing Software Bugs"的论文中首次提出了基于搜索的自动修复技术。

大概一年后的2009年，来自Virginia大学的Westley Weimer等人在"Automatically Finding Patches Using Genetic Programming"中围绕基于遗传算法的程序自动修复技术展开了分析，并在后续的工作中(相关成果在论文"GenProg: A Generic Methodfor Automatic Software Repair"等中可以找到)开发出了GenProg。这个工具在APR领域有不小的影响力，而且是开源的，可以参考：

https://squareslab.github.io/genprog-code/

https://github.com/squaresLab/genprog-code

后续小节针对GenProg还有更详细的分析。

近十年来业界又陆续出现了不少基于搜索的自动修复技术(虽然我们不得不承认，自动修复技术离取代人工还有非常长的路要走，但还是可以看到这个领域在一点一点地进步)，它们主要从以下几个方向进行尝试和突破。

(1) 缺陷定位。

(2) 搜索策略。

(3) 测试用例质量。

当然，上述的几个方向目前都还存在不少"瓶颈"问题亟待解决，如表22-1所示。

表22-1　基于搜索的软件自动修复关键问题(部分)列表

编号	关键问题	阶段
1	大规模软件的缺陷定位	缺陷定位
2	缺陷的真实来源	测试范围确定
3	修复问题的模型建立	基于搜索的补丁生成
4	基于搜索的求解方法	基于搜索的补丁生成
5	高质量的测试用例生成	测试用例更新
6	测试用例的选择	回归测试

其中，缺陷定位的相关问题在前面章节已经讲解过了，这里不再赘述。

1. 搜索策略

在基于搜索的软件自动修复技术中，搜索策略毋庸置疑是最为关键的因素之一。

搜索策略简单来讲就是从候选空间中以某种方式寻找补丁，应用到被测软件中并进行评价的循环过程。目前业界已经有不少搜索方法，可以将它们进行如表22-2所示归类。

表22-2　业界主流的搜索策略

搜索的方法	进化的种群
遗传规划方法	程序语法树
随机方法	程序语法树
自适应的进化算法	程序语法树
多种群进化算法	缺陷程序和测试用例集

这些搜索策略可以说是各有优缺点，例如，遗传规划方法相对比较耗时，随机方法则需要较多的先验知识等。在实际应用过程中，可以结合项目的具体目标和需求来选择正确的搜索策略。

2. 测试用例质量

因为候选的补丁需要依靠测试用例进行验收校准(包括检查有无引发新问题的测试用例集，以及检查之前问题是否得到有效解决的测试用例集)，所以测试用例的质量也直接决定了自动修复的最终效果。需要强调的是，这一点其实并不是基于搜索的自动修复技术所独有的。换句话说，APR领域对于测试用例的依赖性普遍都较强(除非是采用软件规约等其他方式)。除了初始的测试用例集如何生成的基础问题外，测试用例的管理还涉及诸如测试用例更新升级、精准用例挑选等一系列问题。这些都是我们在设计软件自动修复方案中需要思考并解决的。

22.4.2　基于模板的补丁生成和自动修复

与前面章节所述的完全自动化的修复技术相比，业界其实还有一些结合人工的自动修复方案，比如基于模式的自动程序修复(PAR)。本节以PAR工具为例，来讲解这种修复方式。

PAR对应的论文是"Automatic Patch Generation Learned from Human-Written Patches"，全称为"Pattern-based Automatic program Repair"。如其名所示，这个工具的核心点之一就在于模式(Pattern)——可以把它们看作作者在检视了超过60 000个人工提交的补丁后，从中提取出来的一些问题的共性特征。

PAR的整体流程简图如图22-27所示。

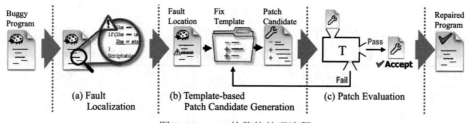

图22-27　PAR的整体处理流程

整个流程和前面章节中学习过的其他自动程序修复是基本上一致的，所以接下来只着重介绍一下中间的"Template-based Patch Candidate Generation(基于模板的补丁候选生成)"环节。

1. 通用修复模式(Common Fix Patterns)

PAR在人工检视的基础上，结合多种工具手段，首先从Eclipse JDT中提取出了6种通用修复模式。选择JDT的原因如下。

(1) 它是一个有很长历史的项目。

JDT项目历史已经超过10年，有很多"版本提交"记录。

(2) 它应用广泛。

这意味着社区活跃，并且有实践价值。

在JDT项目中，仅作者提取的这6种类型预计就占到了所有补丁的30%左右。

2. 修复模板

我们可以把通用修复模式看作开发人员可理解的"问题修复模式"，那么如何让计算机也能够理解它们，进而让后续的修复过程可以实际落地呢？

这就是修复模板了。简单来说，它是按照修复模式的描述来自动重写程序语法抽象树(AST)的一个脚本。可以参考如图22-28所示的一个修复模板，对应的是前面所述的空指针检测器(Null Pointer Checker)。

```
 1  [Null Pointer Checker]
 2  P = program
 3  B = fault location
 4
 5  <AST Analysis>
 6  C ← collect object references (method invocations,
       field accesses, and qualified names) of B in P
 7
 8  <Context Check>
 9  if there is any object references in C ⇒ continue
10  otherwise ⇒ stop
11
12  <Program Editing>
13  insert an if() statement before B
14
15  loop for all objects in C {
16    insert a conditional expression that checks whether a
         given object is null
17  }
18  concatenate conditions by using AND
19
20  if B includes return statement {
21    negate the concatenated conditional expression
22    insert a return statement that returns a default value
         into THEN section of the if() statement
23    insert B after the if() statement
24  } else {
25    insert B into THEN section of the if() statement
26  }
```

图22-28　修复模板示例

其中包含如下几个核心点。

Lines 13～26：修改程序的具体过程。

Lines 9～10：用于确认当前的上下文环境是否符合修复模板场景。

Line 6：在缺陷定位(Fault Location)收集所有的对象引用信息。

其他修复模板在表现形式上也是类似的。PAR围绕前面的通用修复模式总共产生了10个模板。

3. PAR 算法

PAR的算法逻辑并不是特别复杂，可以参考如图22-29所示的伪代码。

Algorithm 1: Patch generation using fix templates in PAR.

Input : fitness function Fit: Program → $\mathbb{R}$
Input : T: a set of fix templates
Input : $PopSize$: population size
Output: $Patch$: a program variant that passes all test cases

```
1  let Pop ← initialPopulation(PopSize);
2  repeat
3      let Pop ← apply(Pop,T);
4      let Pop ← select(Pop,PopSize,Fit);
5  until ∃ Patch in Pop that passes all test cases;
6  return Patch
```

图22-29　PAR算法逻辑

也可以结合如图22-30所示的范例来理解算法逻辑。

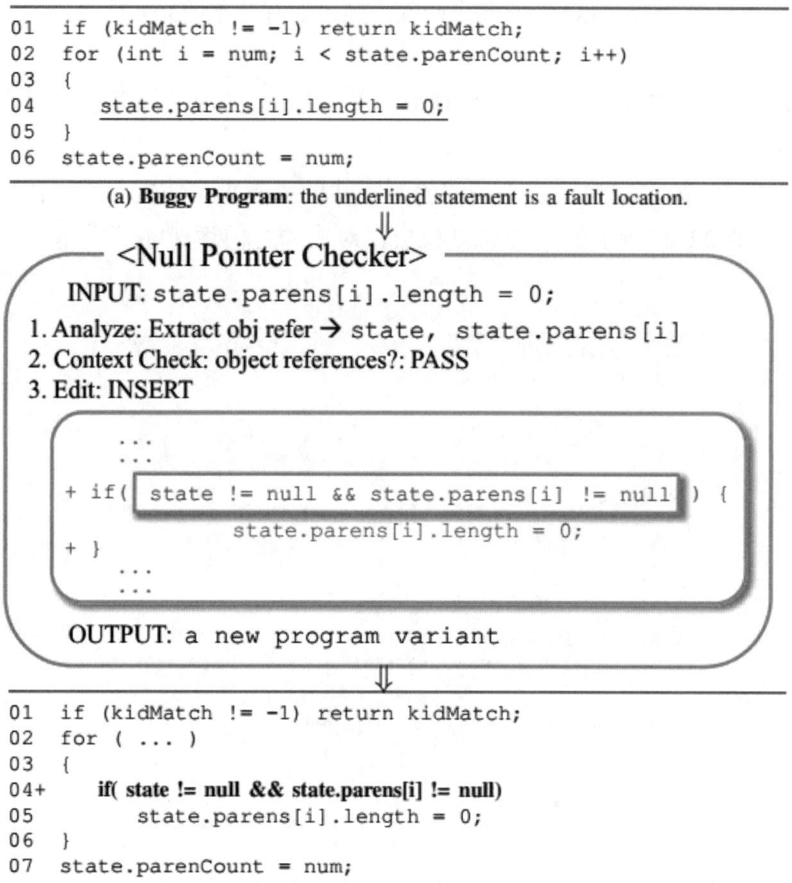

```
01   if (kidMatch != -1) return kidMatch;
02   for (int i = num; i < state.parenCount; i++)
03   {
04       state.parens[i].length = 0;
05   }
06   state.parenCount = num;
```

(a) Buggy Program: the underlined statement is a fault location.

⇓

```
─── <Null Pointer Checker> ───
    INPUT: state.parens[i].length = 0;
1. Analyze: Extract obj refer → state, state.parens[i]
2. Context Check: object references?: PASS
3. Edit: INSERT

      ...
      ...
+ if( state != null && state.parens[i] != null ) {
              state.parens[i].length = 0;
+ }
      ...
      ...

  OUTPUT: a new program variant
```

⇓

```
01   if (kidMatch != -1) return kidMatch;
02   for ( ... )
03   {
04+      if( state != null && state.parens[i] != null)
05          state.parens[i].length = 0;
06   }
07   state.parenCount = num;
```

图22-30　PAR的实际操作过程示例

实验过程显示，PAR的整体表现要优于GenProg，如表22-3所示。

表22-3　PAR与GenProg的修复效果对比

目标对象	bug数量	GenProg修复的Bug数量	Par修复的Bug数量	两者都修复的Bug数量
Rhino	17	7	6	4
AspectJ	18	0	9	0
log4j	15	0	5	0
Math	29	5	3	1
Lang	20	1	0	0
Collections	20	3	4	0
Total	119	16	27	5

综合来看，PAR这种结合了人工成分的软件修复技术，虽然在前期会有一些额外的工作量，但在某些场景下确实可以提升问题修复的能力，因而可以作为选择自动程序修复时的一个备选方案。

22.5　APR领域经典框架

经过几十年的发展和沉淀，APR(Automatic Program Repair，自动程序修复)领域出现了很多经典的算法框架、解决方案和工具集。下面几节将挑选一些经典工具(主要是业界比较新的，并且尽可能是具备一定应用价值的框架)进行讲解。

22.5.1 Facebook SapFix

SapFix是Facebook于2018年发布的一款代码自动修复工具。相关资料显示，Facebook已经在它内部的很多大型项目中对SapFix进行了验证，而且取得了不错的效果。不过截至目前，Facebook还未对外公开SapFix的源代码。

Facebook官方将SapFix定位于"业界首个能够被应用到大规模程序的自动修复工具"。我们认为SapFix可以做到业界首创至少有以下两个方面的原因。

(1) Facebook强大的研发工程管理能力。

Facebook拥有业界最先进的工程管理能力，以支撑其快速迭代的互联网产品需求。

(2) "取长补短"。

不得不承认的事实是，目前的AI技术不要说"通用人工智能"，就连特定领域的智能也还远未达到成熟的地步。所以结合我们的项目经验来看，很多时候需要适当与人工方式相结合，"取长补短"才能将AI能力真正落地到实际项目中。

SapFix也是"取长补短"的一个很好的例子。我们可以先来参考一下官方提供的端到端的工作流程(Workflow)，如图22-31所示。

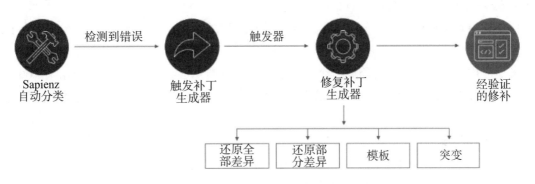

图22-31 SapFix的工作流程-1

可以看到，SapFix的工作流程中包含如下几个关键环节。

Step1：利用Sapienz工具自动化提供潜在Bug集

Sapienz是Facebook的另一个"杀手锏"级工具，主要的应用场景是自动化软件测试。SapFix理论上可以独立于Sapienz工具运行，不过Facebook认为它在当前阶段还不够成熟，无法"自立门户"。因而目前的设计方案是"取长补短"，即借助Sapienz作为"上游"给它提供"Bug"作为输入，这样一来它就可以暂时只专注于"Bug Fix"这一个事情上了。

Sapienz实现框架如图22-32所示。

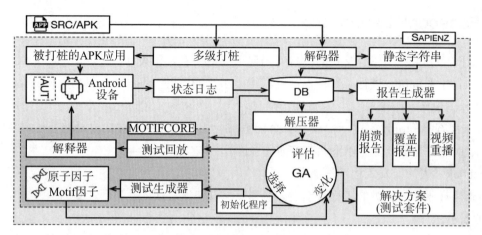

图22-32　Sapienz实现框架

感兴趣的读者可以参考以下链接来进一步了解Sapienz：

https://code.fb.com/developer-tools/sapienz-intelligent-automated-software-testing-at-scale/

或者参考其作者发表的一篇名为"Sapienz: Multi-objective Automated Testingfor Android Applications"的论文。

Step2：触发修补包生成器(Trigger Patch Generator)

根据前面的讲解，Sapienz所检测出来的Bug会输入SapFix中，表现上就是会触发修补包生成器。

Step3：修补包生成器(Fix Patch Generator)

修补包生成器是SapFix的核心模块，它直接决定了如下关键目标：机器给出的修补包(Fix Patch)的准确性。

此时又是应用"取长补短"思路的一个地方了。因为我们知道，完全依赖于机器给出100%准确的修补包无异于"天方夜谭"(至少目前的技术水平下确实是这样子的)。那么应该如何帮助机器更好地完成工作呢？

Facebook给出的答案包括如下几个核心点。

(1) SapFix并不以"三头六臂"作为自己的目标，相反它只专注于某些类型问题的修复上。

(2) SapFix会产生一些包(Patch)，它们的职责在于部分回退(Partially Revert)或者完全回退(Fully Revert)引入了Bug的代码提交(Code Submission)。换句话说，SapFix的修补不一定是代码级别的。这种设计所带来的好处有以下三个。

① 大大降低了修复难度。

② 提高了准确性。

③ 提高了实用性。

(3) SapFix还可以从开发人员的历史修复记录中，自动学习并输出各种模板化的修复方案(Templated Fixes)，以应对某些复杂的情况。

(4) SapFix支持的另一种高级模式被称为基于变异的修复(Mutation-based Fix)，它主要是基于程序崩溃(Crash)的原因和抽象语法树(AST)反复进行代码的小幅修改，直到找到一个潜在的解决方案为止。

Step4：已验证的修订(Validated Revision)

不过，上述几个步骤的结果如果被直接应用在生产环境中，特别是像Facebook这样的大规模工程环境中还是不够的，还需要进一步保证结果的准确性。

此时需要引入另一个流程，如图22-33所示。

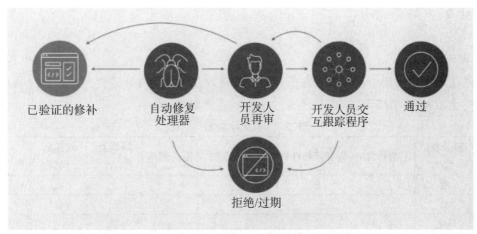

图22-33 SapFix的工作流程-2

SapFix会从以下几个维度来保证修复的质量。

(1) 是否有编译错误。

这是最基础的质量保证，不正确的代码修改有可能引入编译错误。

(2) 之前的Bug(主要是程序崩溃)是否还存在。

如果Bug还存在，说明修复是无效的。

(3) 是否引入新的Bug(例如程序崩溃)。

这就要求我们运行一系列的测试用例，包括开发人员编写的用例，以及Sapienz自动化产生的用例，以验证包是否严格满足上述三个条件。

不过满足上述要求并不是终点，SapFix会把结果以报告等形式推送给开发人员进行审查(Review)。这其实和人工编写代码的场景基本一致，而且有时候还需要邀请多个开发人员进行"互查"，以避免各种人为因素导致的失误。

在某些情况下，SapFix会生成多种可能的方案以供开发人员选择。开发人员的审核结果有如下两种情况。

(1) 拒绝(Rejected)：这种情况说明本次修补是失败的，需要被遗弃掉。

(2) 可接受(Accepted)：这种情况表明开发人员认可本次修复，然后修补包(Fix Patch)才能被真正部署应用到实际的工程项目中。

总的来说，SapFix的关键就在于权衡并取舍机器学习的优点和缺点，并"取长补短"地将它应用到生产环境中。

22.5.2 Microsoft DeepCoder

DeepCoder是微软研究院出品的一个基于人工智能的自动编程框架，对应的论文是"DeepCoder: Learning to Write Programs"。值得一提的是，业界对于自动编程的研究其实已经有很长的历史了，它并非最近几年才兴起的新领域。学术界有一个潜在的规律，即每当一种新技术流行起来以后，总是会有各个领域的人去尝试把这一新技术应用到以前领域的瓶颈上，以期得到新的突破。

读者应该已经猜到了，这个场景下所指的"催化剂"就是目前仍然如日中天的深度神经网络技术。

1. 自动编程学派

在本书前面章节中介绍过AI发展过程中出现的几大学派，例如：

● 符号主义；

- 连接主义；
- 行为主义；
- 贝叶斯派。

这些学派在AI历史长河中，凭借着它们特有的风格以及时代的发展需要，"各领风骚数十年"，几大学派横向对比如表22-4所示。

表22-4　几大学派横向对比

学派	知识表达能力	可解释性	数据依赖性	计算复杂性	组合爆炸	环境互动性	过拟合问题	特征提取
符号主义	强	强	弱	高	多	无	无	无
连接主义	弱	弱	强	高	少	无	有	有
行为主义	强	强	弱	中	中	有	无	无

自动编程领域虽然也存在学派之分，不过主要还是符号主义和连接主义两大学派之争。下面围绕自动编程领域再来解释一下它们的特点。

1) 符号主义学派自动编程

我们知道，符号主义(Symbolism)也被称为逻辑主义(Logicism)、心理学派(Psychlogism)或计算机学派(Computerism)，其主要利用的是物理符号系统以及有限合理性原理来实现人工智能。更具体来讲，符号主义认为人类思维的基本单元是符号，而基于符号的一系列运算就构成了认知过程。所以人和计算机都可以被看成具备逻辑推理能力的符号系统，换句话说，计算机可以通过各种符号运算来模拟人的"智能"。

具体到自动编程领域，它的基本思路并不复杂，主要包含如下几个核心步骤。

Step1：构建一个完整的程序定义空间。

比如Java语言有if、else、while、for等关键词，它们都是开发人员构建一个程序大厦的"基础砖块"。

Step2：以某种方式描述待生成程序的需求。

这和人类编写程序的场景也是类似的，即开发人员需要以"功能需求"作为程序的编码的"前向输入"，不然就成了"无源之水"了。

Step3：基于搜索算法来生成一个符合需求的程序。

这是最为关键的一个步骤，它直接决定了生成的程序的质量。这就好比盖房子一样，钢筋水泥等原材料都是一样的，但构造出的房子质量却还是有所差异。

基于符号主义的自动编程还可以结合如下一些领域来开展。

(1) 静态程序分析。

静态程序分析可以有效助力自动编程的实现，在前面对它已有专门的介绍。

(2) 编程语言理论。

编程语言理论可以为构建程序提供指导思想，因而同样对自动编程大有裨益。

(3) 机器自动证明。

什么是"机器自动证明"呢？简单而言，就是想办法让计算机自动地进行推理和数学定理证明，所以其又被称为自动定理证明(ATP)。它最早起源于17世纪，在G. W. Leibniz 创立数理逻辑时就产生了。而20世纪40年代计算机诞生以后，它进一步发扬光大。

基于符号主义的自动编程技术仍然面临着不小的挑战，包括但不限于：

(1) 计算量问题。

不难理解，在问题本身或者编程语言相对复杂的情况下，那么搜索算法的计算量往往是比较可观的。

(2) 准确性问题。

这种技术的另一个较大问题，在于它不一定能完全抓住问题的本质，从而导致自动编程结果与预期结果出现偏差。

2) 连接主义学派自动编程

我们知道，连接主义(Connectionism)也被业界称为"仿生学派"——这是因为它的其中一个研究重点在于人脑的运行机制，然后将其研究成果应用到人工智能的分析中。由于这种交叉学科关系，因而我们有时候会发现研究人工智能的科学家，可能同时也是脑神经科学家或者是心理学家。

连接主义学派中的一个典型代表"人物"是神经网络，后者也是近几年来造就人工智能产业巅峰的直接推动力和催化剂。神经网络发展历程如图22-34所示。

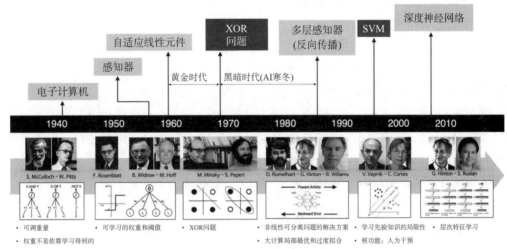

图22-34 神经网络发展历程

具体到自动编程领域，学者们尝试通过深度神经网络的强大力量来突破以前的一些瓶颈，如图22-35所示。例如，前面所讲到的符号主义编程的缺点之一是搜索空间太大，导致计算量到了无法承受的程度。利用神经网络将程序空间看成一个连续的空间，那么就意味着搜索过程变成了采用可微分优化方法的最优解问题，而不再是费时费力的穷举过程了。

Timeout needed	DFS			Enumeration			λ^2			Sketch		Beam
to solve	20%	40%	60%	20%	40%	60%	20%	40%	60%	20%	40%	20%
Baseline	41 ms	126 ms	314 ms	80 ms	335 ms	861 ms	18.9 s	49.6 s	84.2 s	>10^3 s	>10^3 s	>10^3 s
DeepCoder	2.7 ms	33 ms	110 ms	1.3 ms	6.1 ms	27 ms	0.23 s	0.52 s	13.5 s	2.13 s	455 s	292 s
Speedup	15.2×	3.9×	2.9×	62.2×	54.6×	31.5×	80.4×	94.6×	6.2×	>467×	>2.2×	>3.4×

图22-35 基于深度神经网络的搜索加速对比

2. DeepCoder实现原理

1) 原理简述

根据DeepCoder作者在论文"Deepcoder: Learning to Write Programs"中的描述，它背后的原理并不算特别复杂，其中的关键点在于：

"The approach is to train a neural network to predict properties of the program that generated the outputs from the inputs. We use the neural network's predictions to augment search techniques from the programming languages community, including enumerative search and an SMT-based solver."

大意：该方法通过训练神经网络来预测"从输入产生输出的程序"的属性。我们使用神经网络的预测来增强编程语言社区的搜索技术，包括枚举搜索和基于SMT的求解器。

纵观整个DeepCoder的实现过程，它主要有如下几点贡献。

(1) 定义了一种领域特定语言(Domain Specific Language，DSL)。

(2) 提供了一种神经网络模型，用于将{input, output}映射到程序的属性(Program Property)中。

(3) 通过实验表明DeepCoder相对于采用传统搜索算法的归纳式程序合成(IPS)框架有很大的性能提升(最高可达数百倍的加速)。

具体来讲，它又包含如下一些核心元素。

● 归纳式程序合成(Inductive Program Synthesis)。

● 领域特定语言。

● 数据生成(Data Generation)。

● 机器学习模型(Machine Learning Model)。

● 搜索相关技术(Search Technique)。

我们在接下来几节中分别进行分析。

2) 归纳式程序合成(Inductive Program Synthesis)

Inductive Program Synthesis简称为IPS，中文通常译为"归纳式程序合成"。如果需要给它下一个简要的定义，那么就是"given input-output examples, produce a program that has behavior consistent with the examples"。换句话说，IPS是"能够根据问题的输入和输出，自动编写出解题程序"的算法。而且这样自动生成的程序，可以与我们所提供的范例在行为上保持一致。

这样描述可能有点儿抽象，下面来举个例子，读者可能就理解了，如图22-36所示。

```
a ← [int]              An input-output example:
b ← FILTER (<0) a      Input:
c ← MAP (*4) b         [-17, -3, 4, 11, 0, -5, -9, 13, 6, 6, -8, 11]
d ← SORT c             Output:
e ← REVERSE d          [-12, -20, -32, -36, -68]
```

图22-36　IPS范例

图22-37右侧部分就是我们给IPS提供的范例(包括输入和输出两个部分，这和机器学习中的学习样本很相似)。对于IPS来讲，它需要从这个范例中"寻找"规律，并生成一个可以具备相同的{输入,输出}表现的程序，其中左侧部分就是它生成的一个程序范例。

这和人类编写代码的过程既有相似之处，也有不一样的地方。

(1) 相似之处。

无论是人工或者AI自动编码，都需要有某种形式的"需求"作为输入，这样才能"有的放矢"。

(2) 差异之处。

在AI自动编码场景下，提供给机器的"原始需求"对它而言必须是可理解的。换句话说，我们需要围绕机器的实际能力进行严格的需求描述定义。

而对于人工编码的场景来说，我们所提供的"原始需求"大多数情况下显得有些"随意"——以自然语言描述。

例如，类似图22-37所示的这样的"原始需求"。

Description:

Vivian loves rearranging things. Most of all, when she sees a row of heaps, she wants to make sure that each heap has more items than the one to its left. She is also obsessed with efficiency, so always moves the least possible number of items. Her dad really dislikes if she changes the size of heaps, so she only moves single items between them, making sure that the set of sizes of the heaps is the same as at the start; they are only in a different order. When you come in, you see heaps of sizes (of course, sizes strictly monotonically increasing) s[0], s[1], ... s[n]. What is the maximal number of items that Vivian could have moved?

Description:

Zack always promised his n friends to buy them candy, but never did. Now he won the lottery and counts how often and how much candy he promised to his friends, obtaining arrays p (number of promises) and s (number of promised sweets). He announces that to repay them, he will buy s[1]+s[2]+...+s[n] pieces of candy for the first p[1] days, then s[2]+s[3]+...+s[n] for p[2] days, and so on, until he has fulfilled all promises. How much candy will he buy in total?

图22-37 人工编码"原始需求"范例

而IPS显然还无法直接处理这种类型的需求。它需要人们提供更为"量化"、可被机器理解以及有规律的需求表述方式。更贴切地说，IPS是在它"可理解的需求"的基础上，通过穷举或者其他手段"猜出"了一个程序。

概括来讲，任何基于IPS的技术方案都需要解决如下三大典型问题。

(1) 搜索算法的实现。

例如，DFS就是经典的搜索算法。在后面的学习中，会看到DeepCoder其实并没有提出新的搜索算法，而是为这些经典算法提供了辅助能力，使得效率最高提升了100+倍。

(2) 排名算法的实现。

思考这样的一个问题：如果在搜索过程中发现了多个符合要求的"程序"，那么该如何取舍呢？排名算法就用于解决这个问题。

(3) 领域特定语言。

DSL直接决定了能否生成出满足"需求"的程序的可行性问题，因而也是IPS的重点和难点之一。

下面结合DeepCoder的内部实现，来看下作者是如何解决上述三大问题的。

3) 学习归纳程序综合(Learning Inductive Program Synthesis)

根据论文中的描述，DeepCoder的作者将它的技术实现框架命名为"Learning Inductive Program Synthesis"，简称LIPS。顾名思义，如何通过学习来实现"IPS"是DeepCoder的关键能力。因而围绕"学习"这一主题，可以将IPS的三大问题进一步细化成机器学习模型(Machine Learning Model)、数据生成(Data Generation)等子问题。

如图22-38所示的简图可以帮助读者直观地理解DeepCoder。

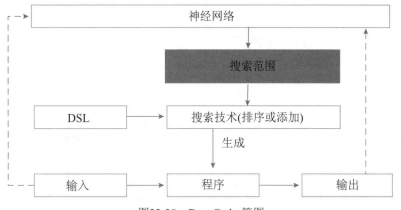

图22-38 DeepCoder简图

我们可以从以下三个维度来审视DeepCoder背后的逻辑。

(1) 利用{input, output}来作为程序的规约。

在某个输入条件下运行程序，会得到一个输出结果。只有满足{input,output}规约的程序，才是正确(行为一致)的答案。

(2) DSL的定义。

DSL的定义需要满足一定的条件，后续小节将做详细分析。

(3) 神经网络的作用。

需要特别提醒读者的是，DeepCoder中的神经网络并不负责直接生成满足条件的程序，而是提供搜索范围(Search Scope)作为搜索技术(例如DFS)的前端输入。因为搜索空间小了，计算量自然也就降下来了。

当然，为了避免出现某次搜索范围中提供的"原材料"满足不了房子的建造要求的问题，DeepCoder实际上采取的是一种排序和添加的搜索策略。简单来讲，这种策略就是一个逐步增加"原材料"的过程——先基于一部分"原材料"，搜索看下能不能找到答案，如果找到的话自然"皆大欢喜"，找不到的话大不了我再多加一点儿，然后迭代着再次搜索。

我们知道，神经网络的训练是一种监督学习，因而如何产生大量的数据集也是DeepCoder需要解决的问题。

4) 领域特定语言

DSL可以针对某些特定领域提供"小而精致"的解决方案，从而避免全功能编程语言(Full-featured Programming Languages)所带来的"臃肿"、效率低下的问题。

在IPS领域，目前多数研究工作都是基于DSL来开展的。因为如果采用像C++或者Java这种通用的语言，那么首先无法解决的就是庞大的搜索空间(Search Space)与有限的计算力之间的矛盾。所以在IPS领域，一个好的DSL最少要满足如下两个条件。

(1) 表达能力足够强。

试想一下，如果只能提供一堆海绵泡沫，那么再厉害的建筑师也会"巧妇难为无米之炊"的。同理，一个优秀的DSL必须要具备足够的能力，支撑我们"拼接"出可以解决问题的程序来。

(2) 足够精简。

越复杂的DSL，其搜索空间就越大。因而，"增之一分则太肥、减之一分则太瘦。施之粉则太白、施之朱则太赤"是我们所追求的DSL的理想状态。

对照DeepCoder所提供的DSL，主要包含如下几大部分。

(1) 一阶函数(First-order Functions)，如图22-39所示。

- **TAKE** :: int -> [int] -> int
  lambda n, xs: xs[:n]
  Given an integer n and array xs, returns the array truncated after the n-th element. (If the length of xs was no larger than n in the first place, it is returned without modification.)
- **DROP** :: int -> [int] -> int
  lambda n, xs: xs[n:]
  Given an integer n and array xs, returns the array with the first n elements dropped. (If the length of xs was no larger than n in the first place, an empty array is returned.)
- **ACCESS** :: int -> [int] -> int
  lambda n, xs: xs[n] if n>=0 and len(xs)>n else Null
  Given an integer n and array xs, returns the (n+1)-st element of xs. (If the length of xs was less than or equal to n, the value NULL is returned instead.)

图22-39　一阶函数

(2) 高阶函数(Higher-order Functions)，如图22-40所示。

- MAP :: (int -> int) -> [int] -> [int]
  lambda f, xs: [f(x) for x in xs]
  Given a lambda function f mapping from integers to integers, and an array xs, returns the array resulting from applying f to each element of xs.

- FILTER :: (int -> bool) -> [int] -> [int]
  lambda f, xs: [x for x in xs if f(x)]
  Given a predicate f mapping from integers to truth values, and an array xs, returns the elements of xs satisfying the predicate in their original order.

- COUNT :: (int -> bool) -> [int] -> int
  lambda f, xs: len([x for x in xs if f(x)])
  Given a predicate f mapping from integers to truth values, and an array xs, returns the number of elements in xs satisfying the predicate.

图22-40　高阶函数

(3) 其他匿名函数，例如Lambdas。

INT->INT lambdas：

(+1), (-1), (*2), (/2), (*(-1)), (**2), (*3), (/3), (*4), (/4)

属于一种自解释型的操作。

INT->BOOL lambdas：

(>0), (<0), (%2==0), (%2==1)

则属于逻辑判断类的操作。

INT->INT->INT lambdas：

(+), (-), (*), MIN, MAX

则是基于一系列的整数(Integer)输入中，产生单一的整数结果值。

5) 数据生成(Data Generation)

根据在本书DNN章节的学习可知，如何生成大量的训练数据，是深度神经网络能否取得很高精度的基础条件之一。

在DeepCoder中，数据集被表示为

$$\left(\left(p^{(n)}, a^{(n)}, \varepsilon^{(n)}\right)\right)_{n=1}^{N}$$

数据集释义如表22-5所示。

表22-5　数据集释义

子项	释义
p	基于DSL的程序
α	各程序中所包含的程序属性，可以参考前面的讲解
ε	表示该程序对应的{input, output}实例

产生数据集的方案有很多(范例如图22-41所示)，其中相对简单的可能是通过枚举DSL中合法的程序来生成大量的训练数据(理想情况下，我们需要百万+级别的训练数据集)。这其中自然会涉及很多细节的处理，比如怎样移除无效的程序、输入数据的选取等。感兴趣的读者可以阅读论文"Deepcoder: learning to write programs"来了解数据生成的处理过程。

Program 0:	Input-output example:	Description:
k ← int b ← [int] c ← SORT b d ← TAKE k c e ← SUM d	Input: 2, [3 5 4 7 5] Output: [7]	A new shop near you is selling n paintings. You have k < n friends and you would like to buy each of your friends a painting from the shop. Return the minimal amount of money you will need to spend.
Program 1:	Input-output example:	Description:
w ← [int] t ← [int] c ← MAP (*3) w d ← ZIPWITH (+) c t e ← MAXIMUM d	Input: [6 2 4 7 9], [5 3 6 1 0] Output: 27	In soccer leagues, match winners are awarded 3 points, losers 0 points, and both teams get 1 point in the case of a tie. Compute the number of points awarded to the winner of a league given two arrays w, t of the same length, where w[i] (resp. t[i]) is the number of times team i won (resp. tied).
Program 2:	Input-output example:	Description:
a ← [int] b ← [int] c ← ZIPWITH (−) b a d ← COUNT (>0) c	Input: [6 2 4 7 9], [5 3 2 1 0] Output: 4	Alice and Bob are comparing their results in a recent exam. Given their marks per question as two arrays a and b, count on how many questions Alice got more points than Bob.

图22-41 数据范例

6) 机器学习模型

机器学习模型的目的在于从{input,ouput}中学习到它们之间的模式，从而预测各程序属性是否存在。DeepCoder所采用的神经网络模型包含编码(Encoder)和解码(Decoder)两部分，网络框架如图22-42所示。

图22-43所示的就是利用神经网络来预测各程序属性是否存在的一个结果范例。因为DeepCoder采用的DSL有34个程序属性，所以预测结果是34列。

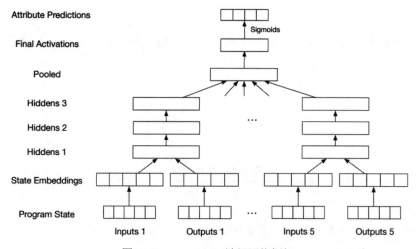

图22-42 DeepCoder神经网络框架

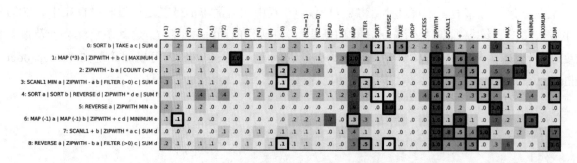

图22-43 DeepCoder神经网络预测结果范例

为了提升神经网络的性能，DeepCoder做了多方面的努力。例如，通过混淆矩阵(Confusion Matrix)

来分析神经网络最容易"搞混"的程序属性是哪些,从而更有针对性地进行解决和优化。对于混淆矩阵的释义,可以参考图22-44和如下网址。

https://en.wikipedia.org/wiki/Confusion_matrix

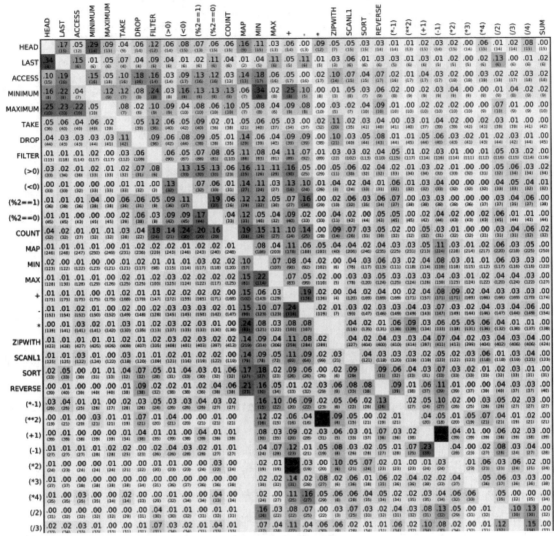

图22-44　条件混淆矩阵

这样一来,就可以利用神经网络的预测结果来缩小搜索技术的搜索范围,从而达到加速的目的。

7) 搜索技术

需要强调的是,DeepCoder并不是利用深度神经网络来取代以往的搜索技术,而是增强它们——理解这一点很重要,否则可能会陷入误区。

具体来讲,它是利用神经网络的输出结果来"指导"搜索过程。更直白地说,其实就是限制了后者单次搜索的范围,然后采用排序和添加来逐步扩大搜索范围,直到问题解决。这就好比是搜寻嫌疑犯一样,"大海捞针"式的地毯式搜索往往收效甚微,不是最理想的解决方案。而高额的悬赏令就是为了尽可能缩小"搜索范围",一旦能够把嫌疑犯锁定到某个可控的区域内,那么基本上就剩下"瓮中捉鳖"了。

在论文中,DeepCoder的作者主要基于如下一些搜索算法进行了增强。

● 深度优先搜索(Depth-first Search)。

● 排序和添加枚举(Sort and add Enumeration)。

● 快速搜索(Sketch)。

其实验结果如图22-45所示。

Timeout needed to solve	DFS			Enumeration			λ^2
	20%	40%	60%	20%	40%	60%	20%
Baseline	163s	2887s	6832s	8181s	>10^4s	>10^4s	463s
DeepCoder	24s	514s	2654s	9s	264s	4640s	48s
Speedup	6.8×	5.6×	2.6×	907×	>37×	>2×	9.6×

图22-45 基于DeepCoder的增强结果

可以看到各搜索技术都得到了显著提速。

8) 排序(Ranking)

在IPS领域,有多种潜在的排序方案,例如:

(1) 直接选择满足要求的各个程序中长度最短的。

(2) 设定一些比较机制,并对各生成的程序进行评判和打分,选择分数最高的作为最终结果。

因为排序并不是DeepCoder的重点,所以作者在论文中对它的描述很少。感兴趣的读者可以自行查阅其他资料做进一步学习。

22.5.3 GenProg

前面已经简单介绍过GenProg框架了,这里再从以下几个维度进行扩展分析。

1. GenProg的主要难点

GenProg是Genetic Program Repair(基于遗传算法的程序修复)的缩写,从中不难看出它的核心基础就是遗传算法。具体来讲,GenProg和遗传算法的关系如下所示。

"It uses genetic programming(GP) to search for a **program variant** that **retains required functionality** but is not vulnerable to the defect in question."

大意:它使用遗传编程(GP)来搜索"保留所需功能同时不易受问题缺陷影响"的程序变体。

其中粗体部分是GenProg的两个核心实现逻辑,将在后面结合实例来做详细分析。这里可以先总结一下GenProg所遇到的最大的难点,以及它所提供的解决方案,以便为理解后续内容做好铺垫。

那么GenProg在以遗传算法为基础的过程中,遇到的最大难点是什么呢?

前面也已经提到过了,就是搜索空间过大的问题。换句话说,它的核心贡献就在于如何采用各种手段来降低搜索空间大小(同时还要保证最终效果),主要有如下三个核心点。

1) 以表达式(Statement)为粒度

GenProg将程序看成表达式的集合,在搜索粒度增大的同时,自然也大幅地降低了搜索空间。

2) 合理的假设

GenProg和其他软件自动修复框架相比有一个独特的地方,就是它做了一个假设,即修复程序中某个地方缺陷的"原材料",很可能在程序的其他地方出现。所以它就褪去了"生产者"的外衣,转而承担起了"搬运工"的角色。不得不说,这个方法虽然会有一定的缺陷(因为这个假设不太可能对所有的程序缺陷场景都成立),但从实验结果来看表现还是不错的。

3) 特有的错误定位(Fault Localization)方式。

根据前面的分析,错误定位是修复的前提和关键,而错误定位本身也是"悬而未决"的业界难题。"当断不断,反受其乱",所以GenProg通过一些特别的方式来解决这一问题,我们将在下面讲解其中的细节。

2. GenProg的实现思路和算法

下面结合一个范例程序来讲解GenProg背后的实现思路。

这是从nullhttpd webserver(一款小型的多线程Web服务程序)项目的v0.5.0版本中，抽取出来的一个真实的范例程序。代码片段如图22-46所示。

```
1   char* ProcessRequest() {
2     int length, rc;
3     char[10] request_method;
4     char* buff;
5     while(line = sgets(line, socket)) {
6       if(line == "Request:")
7         strcpy(request_method, line+12)
8       if(line == "Content-Length:")
9         length=atoi(line+16);
10    }
11    if (request_method == "GET")
12      buff=DoGETRequest(socket,length);
13    else if(request_method == "POST") {
14      buff=calloc(length, sizeof(char));
15      rc=recv(socket,buff,length)
16      buff[length]='\0';
17    }
18    return buff;
19  }
```

图22-46　代码片段

大家来思考一下，上述代码段中是否隐含着严重的缺陷？以第14行为例，它主要是想通过calloc来申请一段内存，而具体的内存大小length则是在POST请求中指定的。

那么这可能会引发什么问题呢？设想：如果某些人(不管是无意的犯错，或者是有心为之)提供的内存大小值是负数的话，那么就很可能产生基于堆的缓冲区溢出——在这基础上还可以进一步衍生出远程权限获取和恶意攻击，从而造成严重后果。

了解了缺陷之后，再回头来思考一下GenProg如何应对这种类型的缺陷。

首先是如何定义测试用例集。比如至少要构造一个测试用例，用来向nullhttpd发起一个带有负数的Content-Length的POST请求。那么显然不做任何修改的nullhttpd是无法通过这个测试用例的检验的。

紧接着需要考虑的是如何实现"错误定位"。GenProg的做法是先打桩(Instrument)被测程序，然后在跑测试用例的过程中记录下有哪些代码行被覆盖了。那么理论上被负向测试用例(Negative Test Case)覆盖的那些"独有(Exclusively)的位置"就是"可疑"的。例如在这个场景下，常规回归测试覆盖的是1～12和18行，而失败用例则对应的是1～11和13～18行。此时我们的重点怀疑目标就聚集在13～17行了。

再来看下我们应该如何产生出nullhttpd的各个变种(Variants)。前面其实已经给出了答案，那就是以"搬运工"的方式来从程序的其他地方寻找答案。针对nullhttpd的这个问题，"搬运工"的工作结果还算让人满意，因为它的cgi_main函数中有如下代码语句正好可以提供参考。

502　if　(length <=0) return null;

以上就是GenProg的主要"破题思路"——当然，其中还涉及很多其他细节，限于篇幅，这里没有一一讲解。例如，通过上述方法有可能会产生一些"垃圾代码"，它们虽然不会对结果产生直接的负面影响，但也没有起到正面的作用。举个例子来说，GenProg有可能在这个例子的函数末尾自动插入一行：

return DoGetRequest(socket,length);

虽然这行代码永远不会被执行到(在它之前函数就已经返回了)，所以理论上不会产生太大影响——但同时也由于其毫无用处而被视为"垃圾代码"。针对这些情况，GenProg自然需要做一些扫尾清理工作。

由此，在nullhttpd这个场景下GenProg最终输出的修复结果如图22-47所示。

```
 4      ...
 5      while(line = sgets(line, socket)) {
 6        if(line == "Request:")
 7          strcpy(request_method, line+12)
 8        if(line == "Content-Length:")
 9          length=atoi(line+16);
10      }
11      if (request_method == "GET")
12        buff=DoGETRequest(socket,length);
13      else if(request_method == "POST") {
14 +      if (length <= 0)
15 +          return null;
16        buff=calloc(length, sizeof(char));
17        rc=recv(socket,buff,length)
18        buff[length]='\0';
19      }
20      return buff;
21    }
```

图22-47 最终修复结果

可以看到，GenProg给出的方案中通过增加了对length的判断，确实成功地规避了缺陷的发生，因而我们认为是一次有效的修复。

总结来看，GenProg的主要实现算法如图22-48所示(伪代码)。

Input: Program P to be repaired.
Input: Set of positive test cases $PosT$.
Input: Set of negative test cases $NegT$.
Input: Fitness function f.
Input: Variant population size pop_size.
Output: Repaired program variant.
1: $Path_{PosT} \leftarrow \bigcup_{p \in PosT}$ statements visited by $P(p)$
2: $Path_{NegT} \leftarrow \bigcup_{n \in NegT}$ statements visited by $P(n)$
3: $Path \leftarrow$ set_weights$(Path_{NegT}, Path_{PosT})$
4: $Popul \leftarrow$ initial_population$(P,$ pop_size$)$
5: **repeat**
6:   $Viable \leftarrow \{\langle P, Path_P \rangle \in Popul \mid f(P) > 0\}$
7:   $Popul \leftarrow \emptyset$
8:   $NewPop \leftarrow \emptyset$
9:   **for all** $\langle p_1, p_2 \rangle \in$ select$(Viable, f,$ pop_size$/2)$ **do**
10:    $\langle c_1, c_2 \rangle \leftarrow$ crossover(p_1, p_2)
11:    $NewPop \leftarrow NewPop \cup \{p_1, p_2, c_1, c_2\}$
12: **end for**
13: **for all** $\langle V, Path_V \rangle \in NewPop$ **do**
14:    $Popul \leftarrow Popul \cup \{$mutate$(V, Path_V)\}$
15: **end for**
16: **until** $f(V) =$ max_fitness for some V contained in $Popul$
17: **return** minimize$(V, P, PosT, NegT)$

图22-48 GenProg的核心算法(伪代码)

读者可以认真对照前面所讲的核心思路，来看下它们在算法中的具体实现位置。

3. GenProg的实验数据

GenProg在实验过程中使用的被测对象大部分都是业界真实的项目，而且有些还是代码规模较大的工程项目，例如PHP。

可以参考表22-6来了解GenProg所选定的16个基准程序(Benchmark Program)。

表22-6　GenProg的16个基准程序一览表

程序	代码行数		描述	缺陷
	总计	模块		
gcd	22	22	example	infinite loop
zune	28	28	example [33]	infinite loop
uniq utx 4.3	1146	1146	duplicate text processing	segmentation fault
look utx 4.3	1169	1169	dictionary lookup	segmentation fault
look svr 4.0 1.1	1363	1363	dictionary lookup	infinite loop
units svr 4.0 1.1	1504	1504	metric conversion	segmentation fault
deroff utx 4.3	2236	2236	document processing	segmentation fault
nullhttpd 0.5.0	5575	5575	webserver	remote heap buffer overflow (code)
openldap 2.2.4	292 598	6519	directory protocol	non-overflow denial of service
ccrypt 1.2	7515	7515	encryption utility	segmentation fault
indent 1.9.1	9906	9906	source code processing	infinite loop
lighttpd 1.4.17	51 895	3829	webserver	remote heap buffer overflow (variables)
flex 2.5.4a	18 775	18 775	lexical analyzer generator	segmentation fault
atris 1.0.6	21 553	21 553	graphical tetris game	local stack buffer exploit
php 4.4.5	764 489	5088	scripting language	integer overflow
wu-ftpd 2.6.0	67 029	35 109	FTP Server	format string vulnerability
合计	1 246 803	121 337		

其中，"代码行数"列用于指明此程序的代码规模，16个程序总共包含超过124万行代码；"描述"列描述了各个程序的功能属性，例如，nullhttpd是一个应用较广泛的轻量级Web服务器，wu-ftpd是一个FTP服务器等；最后一列"缺陷"则用于表述该程序所存在的缺陷类型。这些缺陷是基于项目的漏洞报告(Vulnerability Report)抽取出来的典型问题，涵盖了无限循环(Infinite Loop)、分段缺陷(Segmentation Fault)、远程堆缓存溢出造成的代码注入(Remote Heap Buffer Overflow to Inject Code)等共8种类型。

针对前面所述的16个基准程序的修复任务的统计结果如表22-7所示。

表22-7　针对16个基准程序的修复任务的统计结果

程序	阳性结果		初始修复				最终修复			
	Tests	|Path|	Time/s	Fitness	Success/%	Size	Time	Fitness	Size	Effect
gcd	5x human	1.3	153	45.0	54	21	4s	4	2	Insert
zune	6x human	2.9	42	203.5	72	11	1s	2	3	Insert
uniq	5x fuzz	81.5	34	15.5	100	24	2s	6	4	Delete
look-u	5x fuzz	213.0	45	20.1	99	24	3s	10	11	Insert
look-s	5x fuzz	32.4	55	13.5	100	21	4s	5	3	Insert
units	5x human	2159.7	109	61.7	7	23	2s	6	4	Insert
deroff	5x fuzz	251.4	131	28.6	97	61	2s	7	3	Delete
nullhttpd	6x human	768.5	578	95.1	36	71	76s	16	5	Both
openldap	40x human	25.4	665	10.6	100	73	549s	10	16	Delete
ccrypt	6x human	18.01	330	32.3	100	34	13s	10	14	Insert
indent	5x fuzz	1435.9	546	108.6	7	221	13s	13	2	Insert

(续表)

程序	阳性结果		初始修复				最终修复			
	Tests	|Path|	Time/s	Fitness	Success/%	Size	Time	Fitness	Size	Effect
lighttpd	3x human	135.8	394	28.8	100	214	139s	14	3	Delete
flex	5x fuzz	3836.6	230	39.4	5	52	7s	6	3	Delete
atris	2x human	34.0	80	20.2	82	19	11s	7	3	Delete
php	3x human	30.9	56	15.5	100	139	94s	11	10	Delete
wu-ftpd	5x human	149.0	2256	48.5	75	64	300s	6	5	Both
average		573.52	356.5	33.63	77.0	67.0	76.3s	8.23	5.7	

作者将修复过程分为两个阶段，并分别进行统计。

阶段1：初始修复(Initial Repair)

其中，"Time"这一列表明开展每轮尝试的平均时长，整体(16个程序)来说，这个平均值约等于357s；"Fitness"是遗传算法中的一个概念，这里用于表示每一轮尝试(Trial)需要执行的Fitness 评估(Evaluations)的平均数量；"Success"则指出了尝试中能够成功生成一个修复的比例，总体平均值是77%；"Size"这一列用于统计初始修复对应的代码行数(以diff方式来统计)。

阶段2：最终修复(Final Repair)

阶段2是在阶段1的基础上开展的，各个列的释义和前面基本一致。例如，"Time"指的是由初始修复生成最终修复的时长；"Effect"代表修复所采用的操作，包括插入(Insert)、删除(Delete)以及两者兼有(Both)等几种类型。

由上述实验结果可以看到，GenProg在特定条件下的效果还是不错的。感兴趣的读者也可以下载GenProg来实际操作验证一下。

23.1　AlphaGO简述

AlphaGO诞生于后来被Google收购的DeepMind公司，是历史上第一个打败人类围棋世界冠军的AI程序。在此之前，人们普遍认为类似围棋这类凝聚了"人类智慧结晶"的领域对于人工智能来讲是不可突破的，因而AlphaGO的出现可以说意义非凡。

当然，AlphaGO从诞生到最终打败围棋世界冠军也并非"一蹴而就"。它幕后的核心作者主要有如下几位。

1. Demis Hassabis

Demis既是DeepMind公司的创始人，同时也被人们称为"AlphaGO之父"。他在13岁时曾经获得过国际象棋大师的称号，而围棋则是其在大学时才开始研究的。Demis较早的时候就发现了人工智能的一些瓶颈，于是选择神经科学作为博士攻读方向，以期从针对"人类"的研究中获得突破。

2. David Silver

David博士毕业于加拿大ALBERTA大学，是DeepMind公司的资深研究员，而且是AlphaGO发表于*Nature*上的"Mastering the Game of Go with Deep Neural Networks and Tree Search"论文的第一作者，可见其在AlphaGO的发展过程中起到了非常关键的作用。

3. Aja Huang

Aja Huang的中文名为"黄士杰"，他是中国台湾人。根据公开资料显示，Aja接触围棋的时间较早，其博士论文"New Heuristics for Monte Carlo Tree Search Applied to the Game of Go"研究的也是这一领域。2012年，Aja加入DeepMind并担任高级研究员，彼时AlphaGO项目事实上只有他唯一一个开发工程师(David是项目经理，而Demis是公司老板)。所以后来我们看到发表于*Nature*上的论文中，Aja和David为并列第一作者，见图23-1；AlphaGO的几次与人类棋手的世纪大战，也皆是由他作为"人肉臂"来完成比赛的，因而他在AlphaGO发展过程中的重要作用可见一斑。

David Silver[1]*, Aja Huang[1]*, Chris J. Maddison[1], Arthur Guez[1], Laurent Sifre[1], George van den Driessche[1], Julian Schrittwieser[1], Ioannis Antonoglou[1], Veda Panneershelvam[1], Marc Lanctot[1], Sander Dieleman[1], Dominik Grewe[1], John Nham[2], Nal Kalchbrenner[1], Ilya Sutskever[2], Timothy Lillicrap[1], Madeleine Leach[1], Koray Kavukcuoglu[1], Thore Graepel[1], Demis Hassabis[1].

图23-1　发表于*Nature*上的"Mastering the Game of Go with Deep Neural Networks and Tree Search"论文的作者列表(星号代表两位作者的贡献是一样的)

AlphaGO的主要战绩如下。

2015年10月，以5∶0战胜欧洲冠军樊麾(这一消息在2016年才对外公布，在此之前樊麾曾担任AlphaGO的教练)。

2016年3月，以4∶1击败李世石。

2016年12月开始，化名"Master"在围棋网络平台横扫各路围棋高手，取得60连胜。

2017年5月，在中国乌镇对局世界排名第一的柯洁，并获得3∶0全胜战绩。

2017年5月，在与柯洁对弈结束后，DeepMind宣布AlphaGO不再参加围棋比赛。

2017年10月，*Nature*杂志上发表了AlphaGO的最新进展——在无须人类输入的条件下，"无师自通"并以100∶0击败它的前一个版本。

从AlphaGO的如上对战史中，可以大概看出它的几个关键阶段。

阶段1：AlphaGO早期版本(击败了李世石)。

阶段2：AlphaGO Master(击败了柯洁)。

阶段3：AlphaGO Zero(无师自通击败了它的前辈)。

为了让读者可以更好地理解隐藏在AlphaGO背后的技术实现，接下来将分几节做一些更为详细的解析。

23.2　AlphaGO核心原理

我们以AlphaGO早期参与人机大战的版本作为它的阶段1产品。值得一提的是，在此之前AlphaGO在内部已经断断续续地经历了很多次改进，有兴趣的读者可以自行搜索相关资料了解详情。

简单而言，AlphaGO是由如下几个核心部件组成的。

(1) Policy Network，即策略网络，用于根据当前局面来预测下一步棋怎么走。

(2) Value Network，即估值网络，用于根据当前局面来预测胜率。

(3) Monte Carlo Tree Search，即蒙特·卡罗树搜索，它是网络和估值网络的基础。

(4) Fast Rollout，即快速走子网络，其功能和策略网络类似，区别在于后者可以在损失一定精度的情况下达到1000倍以上的计算效率提升。

在讲解AlphaGO的内部原理之前，读者可以先自己思考一下，如果你是AlphaGO的设计师，那么你能想到的实现方案是什么？

方案1：首先可能想到的是传统的监督学习方案。围棋已经经历了数千年的历史沉淀，不仅名师荟萃，而且我们也可以相对容易地找到各种前人总结的棋谱、著作、围棋比赛对战记录等，这些无疑都可以作为监督学习的训练数据。

事实上，AlphaGO的更早期版本的确考虑过这种方案。但是据此做出来的围棋程序达到一定水平后就再也上不去了，和人类高手相比还是有很大差距。这其中的原因包括但不限于：

(1) 围棋的状态空间太过巨大。

这既是围棋的难点所在，也是它能够吸引人们数千年不间断地开展研究，仍能保持长盛不衰的原因之一。围棋近乎浩瀚的状态空间(250^{150})，使得即便是数千万的人工训练数据也显得"杯水车薪"。

(2) 人类的训练数据存在"思维定式"。

这就像围棋培训时，老师总是会反复强调"这里这样走子是最好的，这里不应该这样选择"。遵循人类几千年来总结的围棋经验确实可以让选手少走一些弯路，但同时也扼杀了各种看似凶险，实则有可能"出奇制胜"的"妙招"。在这种情况下，"依葫芦画瓢"的围棋程序能画出个像样的"瓢"就不错了，当然不能指望它能"青出于蓝而胜于蓝"了。

那么，还有没有其他的解决方案呢？

方案2：既然人工数据可能存在思维定式，那么，是否可以结合深度强化学习来让围棋程序自学成材呢？

理论上是可行的。因为像围棋这类游戏虽然很难，但相对来讲还是有套路可寻，因而很适合"穷举"的办法，并且计算机最擅长做这个事情。

但是"现实总是骨感"的，"拦路虎"依然是围棋中惊人的状态空间。换句话说，只要状态空间在可承受的范围内，那么类似的游戏事实上是可以找出必胜方案的。举个例子来说，五子棋就已经被证明"先下的人"有必胜的方法了。

既然"穷举"这种最直接的办法行不通，那么有没有可能在牺牲一定条件的情况下，帮助程序做些有目的的"穷举"呢？答案是肯定的，而且这也是AlphaGO的核心原理——前面讨论到的策略网络、估值网络等核心组件，实际上都是在为这个原理服务。

有意思的是，AlphaGO的这个做法和人类职业棋手的下棋过程是非常相似的。首先，当棋手们看到围棋盘面时，他们会很快地在脑海中得出有哪些区域/走子是需要重点考虑的，还有哪些区域是基本可以摒弃的，这就是人类通过以往的学习经验得出的"棋感"。当然，这种"第六感"不是围棋特有的。打个比方来说，当我们阅读了大量的英语学习材料和习题后，那么也可能培养出所谓的"语感"。对于AlphaGO而言，它的"棋感"是由策略网络体现出来的。因而有些专业人士点评AlphaGO下棋的风格有点儿像人类，倒是不无道理的(虽然AlphaGO事实上并不"懂"围棋)。

其次，当棋手们确定了大致思考范围后，他们还会做具体的"推演"，也就是人们常说的可以提前想到"N步"以后的棋。对于顶尖的棋手来说，这个N值有可能达到30步以上。和很多其他棋类程序类似，AlphaGO也基于MCTS来完成类似于人的"推演"动作，而且理论上计算机的优势在于它可以一直计算(如果时间允许的话)到一盘棋的结束(赢或者输)，从而得到更全面的估算。

AlphaGO的整体框架如图23-2所示。

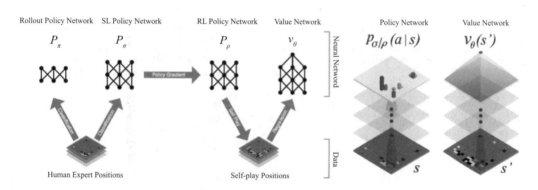

图23-2　AlphaGO的核心实现框架

(引用自"Mastering the Game of Go with Deep Neural Networks and Tree Search")

注：如无特别说明，本节后面的引用均来自于这篇论文。

接下来针对AlphaGO中的各个核心组件做逐一解释。

23.3　策略网络

通过前面的讲解，大家知道了策略网络(Policy Network)在AlphaGO中起到了"棋感"的作用。具体来说，AlphaGO会给出当前棋盘中可选的落子位置的"赢率"。那么，这样的策略网络是如何训练出来的呢？主要有以下三个步骤。

Step1：策略网络的训练，利用监督学习(Supervised Learning)来完成。策略网络采用的是13层的卷积神经网(CNN)，并通过最后的Softmax层来输出棋盘所有空位的概率值。另外，这个CNN的输入值代表了如图23-3所示的棋盘状态信息。

Feature	# of planes	Description
Stone colour	3	Player stone / opponent stone / empty
Ones	1	A constant plane filled with 1
Turns since	8	How many turns since a move was played
Liberties	8	Number of liberties (empty adjacent points)
Capture size	8	How many opponent stones would be captured
Self-atari size	8	How many of own stones would be captured
Liberties after move	8	Number of liberties after this move is played
Ladder capture	1	Whether a move at this point is a successful ladder capture
Ladder escape	1	Whether a move at this point is a successful ladder escape
Sensibleness	1	Whether a move is legal and does not fill its own eyes
Zeros	1	A constant plane filled with 0
Player color	1	Whether current player is black

图23-3 策略网络的输入特征

这一阶段的训练采用的是有监督学习，数据源来自KGS围棋平台上职业棋手的3000万步走棋。这样产生的网络用于预测人类高手的下棋手法，可以达到57%的准确率(当时其他围棋程序最高只能达到44.4%)，如图23-4所示。

Architecture			Evaluation				
Filters	Symmetries	Features	Test accuracy/%	Train accuracy/%	Raw net wins/%	AlphaGo wins/%	Forward time/ms
128	1	48	54.6	57.0	36	53	2.8
192	1	48	55.4	58.0	50	50	4.8
256	1	48	55.9	59.1	67	55	7.1
256	2	48	56.5	59.8	67	38	13.9
256	4	48	56.9	60.2	69	14	27.6
256	8	48	57.0	60.4	69	5	55.3
192	1	4	47.6	51.4	25	15	4.8
192	1	12	54.7	57.1	30	34	4.8
192	1	20	54.7	57.2	38	40	4.8
192	8	4	49.2	53.2	24	2	36.8
192	8	12	55.7	58.3	32	3	36.8
192	8	20	55.8	58.4	42	3	36.8

图23-4 经过监督学习的策略网络训练结果

Step2：策略网络的训练，利用增强学习(Reinforcement Learning)来完成。虽然经过人类职业棋手数据"洗礼"后的策略网络已经具备一定的能力，但它与真正的高手相比还有非常大的差距。3000万步的走棋对于监督学习来说仍然是不够的，此时需要其他手段来进一步提升AlphaGO的水平，这就是增强学习。

增强学习策略网络的网络结构和前面的监督学习策略网络是一样的，而且初始值也直接采用了后者训练后的终值。在增强学习训练过程中，设计人员让两个策略网络进行"左右互搏"，这样一来就不再需要人类数据的输入了。另外，AlphaGO采用的是策略梯度增强学习(Policy Gradient Reinforcement Learning)来进行目标优化。关于策略梯度优化的更多细节，可以参考本书的其他章节。

经过增强学习后的增强学习策略网络，在对抗监督学习策略网络时可以取得80%的胜率。在与其他围棋程序的对比测试中，它也有不错的表现(例如以85%的概率赢得另一个有名的围棋程序Pachi)。

由于策略网络走棋耗时较长(3ms)，AlphaGO又利用局部特征和线性Softmax模型训练出了一个辅助网络，称为"Rollout Policy Network"。它的作用就是在牺牲一定精度的情况下实现快速走棋(2 μs)。

23.4 估值网络

虽然增强学习产生的增强学习策略网络已经可以对抗其他围棋程序，但在面对人类顶尖高手时还是不够的。所以可以毫不夸张地说，估值网络是让AlphaGO走向巅峰的关键。通俗来讲，它的作用就是让程序有能力快速评估当前局面的"赢率"。在围棋比赛中有的棋手会在中途选择"弃子投降"，这多半就是因为他们已经预估到赢的希望很渺茫了。不过即便是人类，对于棋面赢率的判断也是非常有限的——通常需要比赛进行到靠后阶段才能较准确地判断出来。而AlphaGO所要做的则是对于每种状态都有尽可能准确的赢率判断，这显然是非常困难的。

估值网络和策略网络的大部分网络结构是一致的，只不过输出层不是概率分布，而是一个预测值标量。在训练数据的选取上，AlphaGO曾尝试从人类对弈产生的完整棋局中进行抽取，但由于它们的相关性太强，所以很容易导致过拟合的现象。因而AlphaGO的做法是从左右互搏(Self-play)产生的3000万盘棋中提取出(棋面、收益)组合用于训练，如此一来才克服了上述问题。

23.5 MCTS

现在已经训练出了非常强大的策略网络和估值网络了，但是怎么把它们结合起来应用于比赛中呢？这就是MCTS所起的作用了。MCTS并不是AlphaGO的"专利"，事实上在它之前已经有很多围棋智能程序的设计都采用了这个方法。

如图23-5所示，MCTS主要包含选择(Selection)、扩展(Expansion)、评估(Evaluation)和后备(Backup)四个阶段，读者可以结合本书的其他章节来深入学习。这里需要重点了解的是它是如何与两个网络联系起来的。关于这个问题，"Mastering the Game of Go with Deep Neural Networks and Tree Search"论文在开篇就言简意赅地提出了(不得不说*Nature*上的很多文章都是"惜字如金"、"一语中的")：

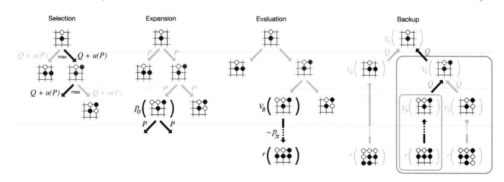

图23-5 MCTS在AlphaGO中的应用

"The game of Go has long been viewed as the most challenging of classic games for artificial intelligence due to its enormous search space and the difficulty of evaluating board positions and moves..."

大意：围棋一直被视为人工智能最具挑战性的经典游戏，因为它有巨大的搜索空间和难以评估棋盘的位置和移动……

紧接着它给出了AlphaGO所采用的解决方案，其中针对估值网络的描述是：

"First, the depth of the search may be reduced by position evaluation: truncating the search tree at state s and replacing the subtree below s by an approximate value function v(s) ≈ v*(s) that predicts the outcome from state s."

大意：首先，可以通过位置评估来降低搜索的深度：截断状态s处的搜索树，用一个近似值函数$v(s)≈v*(s)$替换s下面的子树。该函数预测来自状态s的结果。

同时还有策略网络对于降低搜索空间广度的描述：

"Second, the breadth of the search may be reduced by sampling actions from a policy p(a|s) that is a probability distribution over possible moves a in position s."

大意：第二，搜索的广度可以通过从策略$p(a|s)$中采样操作来减少，该策略是指位置s中可能移动数量a的概率分布。

所以答案已经比较清楚了——MCTS在做树搜索的过程中综合考虑了策略网络，从而有效降低了搜索面，而后它利用快速走子网络来针对各个候选位置进行快速推演。在后者的执行过程中，它还借助于估值网络来提前得到预计的终值，这样一来也就避免了过深的网络搜索。最后经过多轮的模拟和值更新后，AlphaGO才会选择出下一步的最佳走棋位置。

机器学习平台篇

工欲善其事，必先利其器。

机器学习领域在几十年的算法演进过程中，也催生了众多优秀的工具平台。特别是近些年深度学习的再次崛起，更是进一步推动了Tensorflow、Caffe等工具在学术界乃至工业界的迅速普及。"工欲善其事，必先利其器"，毫不夸张地说，如何熟练地运用这些工具是很多机器学习项目的关键因素之一，可以起到"事半功倍"的效果。为此，本书将在工具篇中为读者展示目前市面上最流行的几个框架的"前世今生"，以帮助读者从零开始快速掌握它们。

目前业界主流的机器学习框架包括但不限于：

- Tensorflow
- Caffe
- PyTorch
- MXNet
- Scikit-learn

图1为从Github数据来看各主流机器学习平台的受欢迎程度。

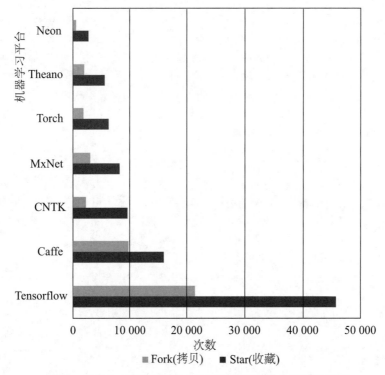

图1　从Github数据来看各主流机器学习平台的受欢迎程度

截至目前，机器学习领域的几个主流平台基本上都从学术界走向了工业界。俗话说"背靠大树好乘凉"，相信在各大公司强大的资源支撑下，它们一定会发展得越来越好。

表1是几大主流框架的横向对比，供读者参考。

表1　机器学习各主流工具平台横向对比

属性/框架	Tensorflow	Caffe	Torch	MXNet	Scikit-learn	PaddlePaddle
所属机构	Google	Caffe: UC Berkeley Caffe2: Facebook	Torch: NYU/ Facebook PyTorch: Facebook	Amazon	开源项目	Baidu

(续表)

属性/框架	Tensorflow	Caffe	Torch	MXNet	Scikit-learn	PaddlePaddle
支持语言	Java Python C++…	Python MATLAB	C++ Lua CUDA	C++ CUDA	Python	Python
是否支持 分布式	是	否	否	是	NA	是
速度	**	***	***	***	***	***
支持的硬件	GPU CPU Mobile TPU	CPU GPU	CPU GPU FPGA	CPU GPU Mobile	CPU	CPU GPU Mobile
支持的操作 系统	所有	所有	所有	所有	所有	所有

  "存在即合理"，目前并没有一个机器学习平台可以做到"一统天下"，这就说明它们必定有各自的优缺点。因而开发者应该学习如何区分它们，并根据自己的实际项目诉求来选择一个最佳的框架平台。

24.1 分布式机器学习核心理念

神经网络模型的参数规模和数据量的指数级增长，使得业界对于机器学习框架的性能诉求越来越强烈。在单机环境下训练一个大数据量的网络模型，理论上有可能需要数月甚至数年，无论是在学术界还是在工业界，这显然都是无法接受的。

因而，如何实现分布式的机器学习框架是近年来兴起的又一个热门研究方向。本节将梳理目前这个研究方向上的一些前沿技术和成果，以及它们的主要优缺点。

在一个分布式机器学习框架中，至少包含如下几个核心元素。

(1) 机器学习模型。

既可以是机器学习模型，也可以是深度学习模型。

(2) 模型参数。

机器学习模型和模型参数的关系类似于"程序和数据"——程序是只读的代码，数据则是每一个运行代码的实例所独有的部分。换句话说，训练的目的就是通过不断迭代更新模型参数的过程。

(3) 训练数据。

训练数据好比"机油"，它源源不断的输入是驱动整个"训练机器"高速运转的关键，最终达到损失函数最小化的目的。

(4) 计算节点。

计算节点是分布式框架中的一个个"发动机"，它们针对训练数据进行运算处理，并通过互相协同(有可能依赖于管理节点)来保证大家都朝着同一个目标前进。

(5) 数据节点。

数据和计算既有可能在同一个节点(通常是数据量较小时)，也有可能是分开的(比如数据量很大，需要分布式存储的情况)。存储训练数据的节点称为数据节点。

(6) 管理节点。

在中心化的分布式框架中，管理节点负责统筹安排整个训练过程。它需要为不同角色的个体或者同一角色的不同个体做全局调度，保证工作"有条不紊"地开展。

分布式机器学习框架简图如图24-1所示。

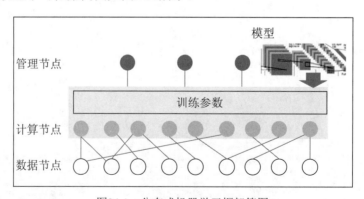

图24-1 分布式机器学习框架简图

针对上述这几个核心元素，可以来思考一下：分布式机器学习框架中将涉及哪些核心技术难题呢？为了回答这个问题，可以首先梳理一下分布式机器学习模型在训练时都经历了哪些阶段，然后从中"窥探"出潜在的"瓶颈"。

Step0：训练数据准备。

"数据"是否与"计算"在同一个节点，很大程度上将影响分布式性能。因为大量的网络间传输将耗费不少时间，造成效率低下。

Step1：任务派发。

将任务派发到各个分布式节点的方法有很多。例如，有的分布式框架由中心管理节点将任务分发给子节点，而有的则需要人工操作子节点来启动任务。

Step2：启动一轮训练迭代。

Step3：预读取数据。

如果可以在一轮新的迭代训练开始前完成数据的预读取，那么就有可能将网络传输成本尽可能"隐藏"起来。

Step4：执行每批次数量(Batch Size)的数据量的前向传播。

读者应该会有疑问——每批次数量的取值对于训练性能是否会有影响，应该取多大的值呢？答案是肯定的。而且对于分布式框架而言，每批次数量的大小对于训练性能影响还是不小的。理论上，每批次数量越大，一次性传输的数据量越多，那么从全局角度来看消耗在网络通信上的时间占比就会越小。不过每批次数量超过一定程度以后，通常情况下误差率(Error Rate)就会上升。因而，学术界近几年有不少研究人员做了大量的实验，并提出了一些可行的解决方案来避免这一问题。请参见后续的分析，了解详情。

Step5：计算损失函数。

模型训练的目的，简单而言就是使得误差最小化。

$$\underset{w \in \Omega}{\min \text{imize}} \, f(w) = \frac{1}{n} \sum_{i=1}^{n} f_i(w)$$

其中，$f(w)$可以有多种计算方式，例如比较常用的欧几里得距离(Euclidean Distance)：

$$f_i(w) = \| \langle w, x_i \rangle - y_i \|_2^2$$

Step6：后向传播。

通过反向求导来确定梯度向量。

Step7：计算参数更新值。

例如，采用如下公式：

$$w_{t+1} = \underset{\Omega}{\text{proj}} \left[w_t - H_t \sum_{i \in I_t} \partial f_i(w_t) \right], \ I_t \subseteq \{1, \cdots, n\}$$

Step8：根据同步或者异步模型来决定具体的下一步操作。

对于同步参数更新，所有节点都需要把参数传回中心节点，比如参数服务器(Parameter Server)，然后做统一处理；对于异步参数更新，则可以由各个节点自行更新参数。

Step9：回到Step2直到满足结束条件。

分布式迭代训练算法范例如图24-2所示。

从上述几个步骤中，大致可以归纳出整个分布式机器学习框架中有可能影响到性能的一些核心点，如图24-3所示。

Algorithm 1 Distributed gradient-based optimization

1: Initialize w_0 at every machine
2: **for** $t = 0, \ldots$ **do**
3:     Partition $I_t = \bigcup_{k=1}^{m} I_{t_k}$
4:     **for** $k = 1, \ldots, m$ **do in parallel**
5:         Compute $g_t^{(k)} \leftarrow \sum_{i \in I_{t_k}} \partial f_i(w_t)$ on machine k
6:     **end for**
7:     Aggregate $g_t \leftarrow \sum_{k=1}^{m} g_t^{(k)}$ on machine 0
8:     Update $w_{t+1} \leftarrow w_t - H_t^{-1} g_t$ on machine 0
9:     Broadcast w_{t+1} from machine 0 to all machine
10: **end for**

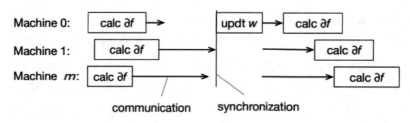

图24-2　分布式迭代训练算法范例

(引用自"Scaling Distributed Machine Learning with System and Algorithm Co-design")

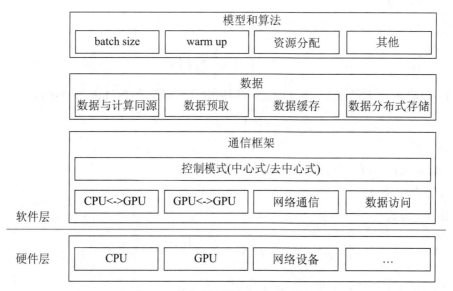

图24-3　分布式机器学习框架性能要点

1. 硬件

与分布式框架性能强相关的硬件资源包括但不限于：

(1) CPU资源。大量实验结果证实，模型训练时间不但取决于GPU，而且与CPU的频率、核数息息相关。

(2) GPU资源。毋庸置疑，GPU资源对于加速模型训练过程大有裨益。

(3) 网络设备。网络设备在分布式环境中也起到至关重要的作用，包括参数和训练数据在内的大量数据需要在训练过程中传输，因而网络设备的带宽和性能好坏将直接影响分布式训练框架的表现。

2. 通信框架

这里的通信框架，是指分布式环境中个体与个体之间的具体通信方式。通信框架取决于个体类型的差异，通信方式也有所区别，主要表现在以下几个方面。

(1) 控制模式。

(2) CPU与GPU之间的通信。

(3) GPU与GPU之间的通信。

(4) 网络通信。

(5) 数据访问方式。

3. 数据

与训练数据相关的关键点包括但不限于：

(1) 数据与计算同源。如果数据与计算在同一个节点，或者"相近"，那么无疑将降低数据的传输量从而提升效率。

(2) 数据预取。数据预取是常用的一种隐藏工作负载(Work Load)的方式，例如，在计算节点执行运算任务的同时去准备下一轮数据。

(3) 数据缓存。如果针对访问过的数据做合理的缓存，那么在降低数据重复访问次数的同时，也可以达到提升训练效率的目的。

(4) 数据分布式存储。对于大规模的模型训练场景，通常需要使用分布式环境来存储和管理数据。采用什么类型的分布式文件系统也将影响训练性能，因而需要结合具体的业务场景做出正确的选择。

4. 模型和算法

除了上述一些影响因素外，当前不少主流的分布式机器学习框架还依赖于模型算法本身的优化，只有将它们结合起来才有可能达到最佳的性能状态。例如，每批次数量的选择、数据的切分等手段都需要由上层应用来配合完成。

24.2　GPU硬件设备

"有需求就有市场"，机器学习带动的不仅是算法和软件的繁荣，同时也促进了GPU等硬件设备的蓬勃发展，例如，nVIDIA就是其中最大的受益方之一。它的股价随着近几年深度学习的火热而不断"水涨船高"，从2015年的一股20美元左右，到两年后的190多美元，涨幅超过800%，如图24-4所示。这种强劲的涨势也让它成功地把多家竞争对手远远地甩在了身后。

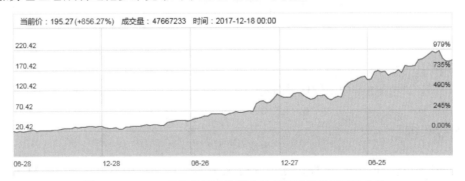

图24-4　nVIDIA的股价暴涨体现出的是机器学习领域的火热

目前，市面上能够支持机器学习(特别是深度学习)的GPU有很多，仅nVIDIA一家预计就有几十种。它们按照不同价位被划分为多个系列，如表24-1所示。

表24-1　nVIDIA系列GPU

nVIDIA系列GPU	型号	价位
Tesla	Tesla K80 Tesla K40 Tesla K20 Tesla C207X等	高
Quadro	Quadro GP100 Quadro P6000 Quadro P5000等	中高
NVS	NVS 810 NVS 510等	中低
GeForce	TITAN Xp GTX 1080Ti GTX 980等	中高

使用GPU往往可以让机器学习效率得到一个较大的提升。如图24-5所示是几种典型的卷积神经网络在CPU和GPU硬件上的表现对比图。

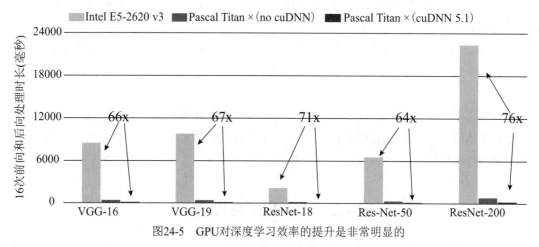

图24-5　GPU对深度学习效率的提升是非常明显的

图24-5同时还对比了开发者自己编写的GPU版本程序与基于cuDNN实现的程序的效率差异。这种结果并非偶然，因为后者融入了nVIDIA的多重性能优化，使得同样的功能实现可以用更少的时间完成。

我们知道，GPU不仅可以用于机器学习，同时也是支撑大型游戏的"必备利器"。从这种角度来看，搭建用于机器学习的硬件平台和资深游戏玩家的"攒机"过程是非常类似的。搭建硬件平台主要有以下两种方式。

(1) 购买整机。

(2) 自己购买零配件进行组装。

接下来将分为几节详细讲解GPU硬件设备的一些基础知识。

24.2.1　GPU架构

GPU (Graphics Processing Unit，图形处理器)最初是为了在计算机中执行复杂的数学计算而专门设计的一种硬件设备。不过随着近些年机器学习(特别是深度学习)的兴起，GPU已经是这个领域研究人员必备的硬件资源了。

如图24-6所示是GPU的硬件架构简图。

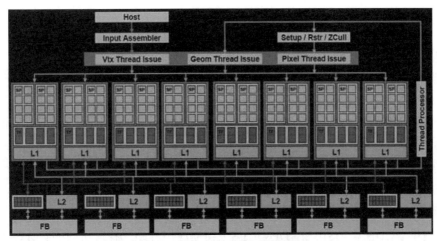

图24-6　GPU的硬件架构简图

GPU架构中会涉及如下一些基本概念。

1. 流式处理器(Streaming Processor，SP)

它是GPU中最基本的处理单元，也称为CUDA core，负责执行具体的指令和任务。我们所说的GPU并行计算，就是指有多个SP在同时工作。

2. 流式多处理器(Streaming Multiprocessor，SM)

由多个SP以及一些其他的必要资源(比如存储、共享内存、寄存器等)组成了SM，也被称为GPU大核。通常情况下，每个SM包含的SP数量因GPU架构不同而有所差异。例如，Fermi架构GF100是32个，GF10X是48个，Kepler架构都是192个，Maxwell架构都是128个。相同架构的GPU包含的SM数量则根据GPU的中高低端来决定。

3. 线程

线程是GPU运算中的最小执行单元。

4. 线程束

线程束是GPU中的基本执行单元，且线程束中的线程是同时执行的。

如图24-7所示是GPU的并行计算架构示意图，有兴趣的读者可以自行查阅相关资料了解更多信息。

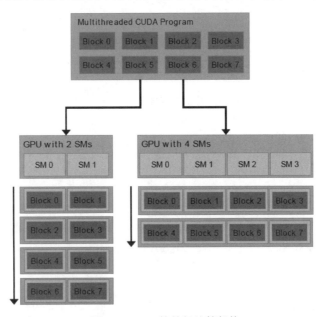

图24-7　GPU的并行计算架构

24.2.2 GPU的共享访问

可能很多机器学习的研究人员都曾遇到过类似下面的问题：

(1) 一个实验室有多人想共享有限的GPU资源，如何保证大家的访问可以"有条不紊"地开展？

(2) 如何更好地提升GPU的资源利用率？

有多种方法都可以实现GPU的共享访问，可以根据自己的实际项目诉求选择最合适的解决方案。

1. 单机多GPU供多个程序各自访问

每个应用程序各自使用机器上独立的GPU的情况相对比较容易解决。

以Tensorflow为例，可以通过如下一些方法来解决。

1) 通过变量来配置

Tensorflow提供了CUDA_VISIBLE_DEVICES来帮助应用程序选择可访问的具体GPU，变量的附值范围是机器上的所有GPU的ID，如图24-8所示。

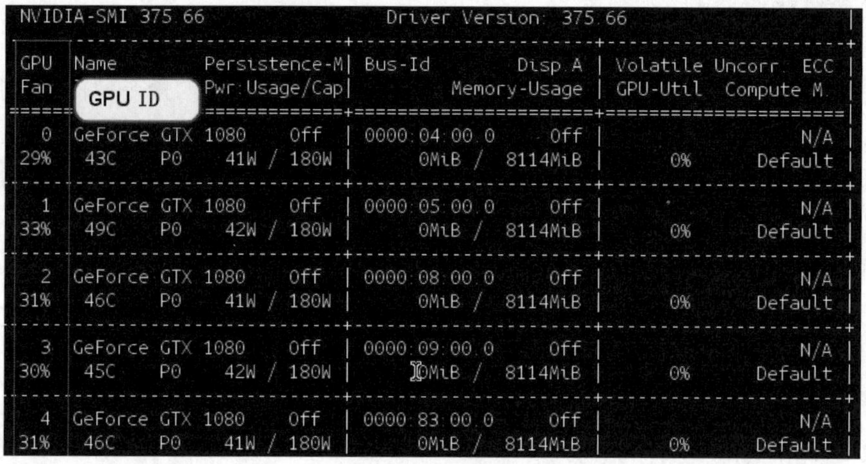

图24-8　GPU ID

2) 在代码中指定

开发人员还可以在源代码中达到同样的效果。

参考范例1：代码中设置变量。

```
import os
os.environ["CUDA_VISIBLE_DEVICES"]= xx
```

参考范例2：利用机器学习框架提供的API来完成。

```
with tf.device('/gpu:2'):
   a = tf.constant([1.0, 2.0, 3.0, 4.0, 5.0, 6.0], shape=[2, 3],
name='a')
  b = tf.constant([1.0, 2.0, 3.0, 4.0, 5.0, 6.0], shape=[3, 2], name='b')
  c = tf.matmul(a, b)
sess = tf.Session(config=tf.ConfigProto(log_device_placement=True))
print sess.run(c)
```

另外，可以利用GPUOptions来指定程序占用的GPU的显存大小，尽量避免因为个别程序使用不当而造成的不必要的资源浪费。具体可以参见如下声明(https://github.com/tensorflow/tensorflow/blob/r1.8/

tensorflow/core/protobuf/config.proto)。

```
message GPUOptions {
    //A value between 0 and 1 that indicates what fraction of the
    //available GPU memory to pre-allocate for each process.  1 means
    //to pre-allocate all of the GPU memory, 0.5 means the process
    //allocates ~50% of the available GPU memory.
    double per_process_gpu_memory_fraction = 1;
    //The type of GPU allocation strategy to use.
    //Allowed values:
    string allocator_type = 2;
    //Delay deletion of up to this many bytes to reduce the number of
    //interactions with gpu driver code.  If 0, the system chooses
    //a reasonable default (several MBs).
    int64 deferred_deletion_bytes = 3;
    //If true, the allocator does not pre-allocate the entire specified
    //GPU memory region, instead starting small and growing as needed.
    bool allow_growth = 4;
...
```

2. GPU虚拟化

随着全球各大云计算平台的持续发展，业界对它的应用场景诉求也从单一的CPU资源扩展到了多种异构计算能力上。特别是近几年人工智能、深度学习的火热，更是催生了对于GPU、TPU、FPGA等异构资源"上云"销售的这一新市场。

异构硬件资源"上云"首先要解决的就是虚拟化问题。回顾过去的十年，GPU的虚拟化技术经历了多个阶段的发展，出现了多种经典方案，并呈现"越来越精细化"的特点。

1) GPU直通模式

GPU直通模式(Pass-through)可以说是业界最早采用而且也是最成熟的方案之一。

不难理解，直通模式还可以根据服务对象的数量分成以下两种。

(1) 固定直通模式(Fixed Pass-through)，如图24-9所示。

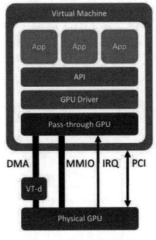

图24-9 固定直通模式

在这种透传模式下，一个GPU只能供一个虚拟机使用。

(2) 调整型数据直通(Mediated Pass-through)，如图24-10所示。

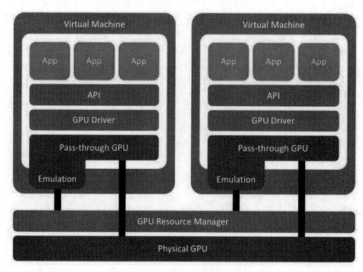

图24-10　调整型数据直通

在这种模式下，一个GPU理论上可以提供给多个虚拟机使用。

根据实验显示，GPU直通是几种共享方案中性能损失最小的，如图24-11所示。

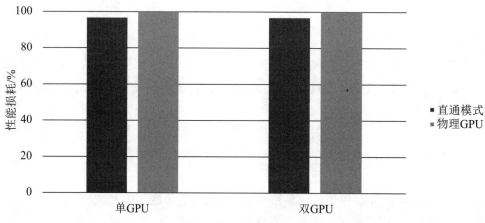

图24-11　直通模式与物理GPU的性能损耗对比

2) GPU虚拟化

GPU虚拟化是一个相对高级的技术方案，即部分型号的GPU设备可以虚拟化为n个vGPU，从而提供给多个虚拟机共享使用。这意味着多名用户可以共享同一个GPU，从而改善了用户密度，同时也保证了PC性能与兼容性。

3. GPU容器化

除了虚拟机以外，GPU还可以提供给容器使用，比如Docker，如图24-12所示。

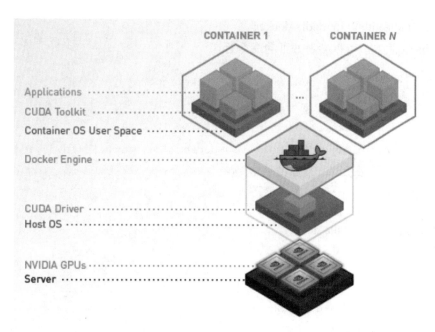

图24-12 Docker容器访问GPU资源

这样一来，我们既可以将特定的GPU资源分配给容器，获得很好的隔离效果和性能提升，同时还能帮助需要GPU加速的应用程序跨不同环境快速部署在多个新的系统或者云化平台中，从而提高运维效率。

当然，支持GPU的Docker版本是需要另行安装的(各家GPU厂商情况有可能不同，比如nVIDIA公司提供了nvidia-docker)，而不是直接使用原生的Docker。下面简单讲解一下其中的几个关键步骤。

Step1：软件环境要求。

- GNU/Linux x86_64 with kernel version > 3.10
- Docker ≥ 1.12
- nVIDIA GPU with Architecture > Fermi (2.1)
- nVIDIA drivers ≈ 361.93

Step2：移除老版本的nvidia-docker(如果有的话)。

- Ubuntu 发行版

参见如下命令行。

```
docker volume ls -q -f driver=nvidia-docker | xargs -r -I{} -n1 docker ps -q -a -f
volume={} | xargs -r docker rm -f
sudo apt-get purge nvidia-docker
```

- CentOS 发行版

参见如下命令行。

```
docker volume ls -q -f driver=nvidia-docker | xargs -r -I{} -n1 docker ps -q -a -f
volume={} | xargs -r docker rm -f
sudo yum remove nvidia-docker
```

Step3：安装与开发机器系统环境相对应的正确仓库(Repository)。

参见：https://nvidia.github.io/nvidia-docker/。

针对debian-based版本，可以参考如下的命令行。

```
curl -s -L https://nvidia.github.io/nvidia-docker/gpgkey | \
  sudo apt-key add -
distribution=$(. /etc/os-release;echo $ID$VERSION_ID)
curl -s -L https://nvidia.github.io/nvidia-docker/$distribution/nvidia-docker.list | \
  sudo tee /etc/apt/sources.list.d/nvidia-docker.list
sudo apt-get update
```

Step4：安装最新版本的nvidia-docker。

● Ubuntu发行版

参见如下命令行。

```
sudo apt-get install nvidia-docker2
sudo pkill -SIGHUP dockerd
```

● CentOS发行版

参见如下命令行。

```
sudo yum install nvidia-docker2
sudo pkill -SIGHUP dockerd
```

Step5：运行nvidia-docker。

需要注意的是，在运行时必须指定nVIDIA为Runtime环境才可以。

参考如下命令行。

```
docker run --runtime=nvidia --rm nvidia/cuda nvidia-smi
```

24.3 网络标准

分布式机器学习框架中涉及GPU、CPU、网络设备与标准等。本节重点讲解InfiniBand、Ethernet等网络标准。

24.3.1 Ethernet

Ethernet就是人们常说的"以太网"，在LAN(Local Area Networks)中应用非常广泛。它最初是由著名的Xerox公司于1973年左右开发出来的。1980年，业界联合发表了关于Ethernet的第一个标准规范，即"The Ethernet, A Local Area Network. Data Link Layer and Physical Layer Specifications"。与它同类的竞争者包括令牌环(Token-Ring)、FDDI、帧中继(Frame Relay)和ATM等，如图24-13所示。

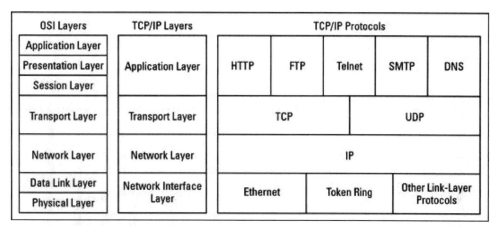

图24-13 Ethernet在网络栈中的位置

关于Ethernet的更多细节，可以参考802.3系列标准。这一系列的标准已经历了很多个修改版本，如图24-14所示。

802.3bs	2017 (Dec.)	200GbE (200 Gb/s) over single-mode fiber and 400GbE (400 Gb/s) over optical physical media
802.3bt	2018 (TBD)	Power over Ethernet enhancements up to 100 W using all 4 pairs balanced twisted-pair cabling, lower standby and specific enhancements to support IoT applications (e.g. lighting, sensors, building automation).
802.3bu	2016	Power over Data Lines (PoDL) for single twisted-pair Ethernet (100BASE-T1)
802.3bv	2017	Gigabit Ethernet over plastic optical fiber (POF)
802.3bw	2015[4]	100BASE-T1 – 100 Mb/s Ethernet over a single twisted pair for automotive applications
802.3-2015	2015	802.3bx – a new consolidated revision of the 802.3 standard including amendments 802.3bk/bj/bm
802.3by	2016 (June)[5]	Optical fiber, twinax and backplane 25 Gigabit Ethernet[6]
802.3bz	2016 (Sep.)[7]	2.5GBASE-T and 5GBASE-T – 2.5 Gigabit and 5 Gigabit Ethernet over Cat-5/Cat-6 twisted pair
802.3ca	2019 (TBD)	100G-EPON – 25 Gb/s, 50 Gb/s, and 100 Gb/s over Ethernet Passive Optical Networks

图24-14 802.3系列标准节选

Ethernet以其低廉的价格优势在商业发展道路上击败了众多的竞争对手。它在当前持续火热的分布式深度学习场景下是否仍然可以占据"一席之地"？我们拭目以待。

24.3.2 InfiniBand

除了Ethernet以外，当前各种分布式深度学习框架中使用得最多的网络标准就非InfiniBand莫属了。InfiniBand简称IB，是HPC(High-Performance Computing)领域广泛使用的一种计算机网络通信标准，它的主要优势简单来讲就是高吞吐、低延时(High Throughput, Low Latency)。

InfiniBand标准由成立于1999年的InfiniBand Trade Association组织来定义和维护，主要成员包括IBM、Intel、Mellanox、Oracle等。InfiniBand设备的主要生产厂商，已经从最初的Mellanox和Intel逐步扩展到Oracle等更多公司。随着深度学习对IB市场诉求的持续增长，相信后续还会有越来越多的企业加入这一竞争中。

正因为InfiniBand相比传统以太网有更高的带宽和更小的时延，所以据权威统计报告显示，全球Top500的HPC中有超过一半都采用了InfiniBand，如图24-15所示。

当然，为了保证基于TCP/IP的应用可以正常兼容InfiniBand，研究人员还给出了类似Internet Protocol over InfiniBand (IPoIB)的实现方案，如图24-16所示。

这样一来，上层应用程序在不做修改的情况下，就可以很好地适配InfiniBand了。

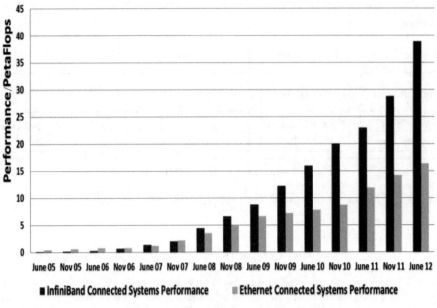

图24-15　InfiniBand在HPC中应用广泛

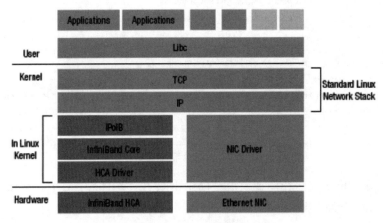

图24-16　IPoIB协议栈

24.4　分布式通信框架

24.4.1　MPI

MPI，即信息传递接口(Message Passing Interface)，是广泛应用于并行计算的一组消息传递标准，其官方网址如下所示。

https://www.mpi-forum.org/

它的历史可以追溯到1991年，由一小组研究人员在澳大利亚创立。随后他们于1992年4月在Virginia举行了第一次研讨会，并成立了一个工作组来开展标准化进程。其中的领军人物包括Jack Dongarra, Tony Hey和David W. Walker等，他们一同发布了首个MPI标准草案，即MPI 1。其后在经历了多轮的研讨和修改后，MPI 1版本于1994年6月正式对外发表。

目前，MPI论坛大致包括八十多个人，来源于大学、政府、工业界等四十多个不同的组织机构。这些组织中还包含生产并行计算硬件设备的厂商，它们可以基于MPI标准来有针对性地设计兼容的硬件产品。

目前最新的版本是MPI 3.1，建议有兴趣的读者可以自行下载阅读(https://www.mpi-forum.org/docs/mpi-3.1/mpi31-report.pdf)。对于MPI新人来说，需要了解下面这些信息。

(1) MPI不是一种语言，而是一种标准。

(2) MPI描述了数百个函数调用接口——基于C/C++等语言编写的并行计算程序可以通过调用它们来更快速地实现功能。

(3) MPI是一种消息传递编程模型。

基于MPI标准，工业界和学术界已经推出了多个实现库，而且其中不少还是开源的。当前比较有名的包括但不限于：

(1) Open MPI。

Open MPI是由科研机构和企业共同开发和维护的MPI实现库，其主要特性如图24-17所示。

- Full MPI-3.1 standards conformance
- Thread safety and concurrency
- Dynamic process spawning
- Network and process fault tolerance
- Support network heterogeneity
- Single library supports all networks
- Run-time instrumentation
- Many job schedulers supported
- Many OS's supported (32 and 64 bit)
- Production quality software
- High performance on all platforms
- Portable and maintainable
- Tunable by installers and end-users
- Component-based design, documented APIs
- Active, responsive mailing list
- Open source license based on the BSD license

图24-17　Open MPI主要特性

更多信息请参考官方主页：

https://www.open-mpi.org/

(2) MPICH。

由Argonne国家实验室和密西西比州立大学联合开发,具有很好的可移植性。

(3) MPI 1。

(4) MPI 2。

下面这个范例程序展示了如何基于MPI，将"Hello"消息在多个进程间进行有效传递的过程。

```c
#include <assert.h>
#include <stdio.h>
#include <string.h>
#include <mpi.h> //MPI头文件
int main(int argc, char **argv)
{
    char buf[256];
    int my_rank, num_procs;
    /* Initialize the infrastructure necessary for communication */
    MPI_Init(&argc, &argv);
    /* Identify this process */
    MPI_Comm_rank(MPI_COMM_WORLD, &my_rank);
```

```c
    /* Find out how many total processes are active */
    MPI_Comm_size(MPI_COMM_WORLD, &num_procs);
    if (my_rank == 0) {
        int other_rank;
        printf("We have %i processes.\n", num_procs);
        /* Send messages to all other processes */
        for (other_rank = 1; other_rank < num_procs; other_rank++)
        {
            sprintf(buf, "Hello %i!", other_rank);
            MPI_Send(buf, sizeof(buf), MPI_CHAR, other_rank,
                    0, MPI_COMM_WORLD);
        }
        /* Receive messages from all other process */
        for (other_rank = 1; other_rank < num_procs; other_rank++)
        {
            MPI_Recv(buf, sizeof(buf), MPI_CHAR, other_rank,
                    0, MPI_COMM_WORLD, MPI_STATUS_IGNORE);
            printf("%s\n", buf);
        }
    } else {
        /* Receive message from process #0 */
        MPI_Recv(buf, sizeof(buf), MPI_CHAR, 0,
                0, MPI_COMM_WORLD, MPI_STATUS_IGNORE);
        assert(memcmp(buf, "Hello ", 6) == 0),
        /* Send message to process #0 */
        sprintf(buf, "Process %i reporting for duty.", my_rank);
        MPI_Send(buf, sizeof(buf), MPI_CHAR, 0, 0, MPI_COMM_WORLD);
    }
    /* Tear down the communication infrastructure */
    MPI_Finalize();
    return 0;
}
```

可以基于上述代码启动4个进程，正常情况下会输出如下结果。

```
$ mpicc example.c && mpiexec -n 4 ./a.out
We have 4 processes.
Process 1 reporting for duty.
Process 2 reporting for duty.
Process 3 reporting for duty.
```

不难理解，这是一个SPMD类型的分布式程序。

24.4.2 P2P和聚合通信

MPI规范中提供了两种通信方式，即点对点通信(P2P Communication)和聚合通信(Collective Communication)。

(1) 点对点通信。

点对点通信，顾名思义，就是指两个进程之间的通信机制。

(2) 聚合通信。

和P2P相对应的是聚合通信，简单来讲，它就是一组或者多组进程之间的通信机制。

1. 点对点通信

P2P通信方式很好理解，相信不少开发人员以前已经接触过类似的工程实现。下面以MPI提供的一个简单代码范例来讲解一下。

```
#include "mpi.h"
int main( int argc, char *argv[])
{
    char message[20];
    int myrank;
    MPI_Status status;
    MPI_Init( &argc, &argv );
    MPI_Comm_rank( MPI_COMM_WORLD, &myrank );
    if (myrank == 0) /* code for process zero */
    {
                strcpy(message,"Hello, there");
                MPI_Send(message, strlen(message)+1, MPI_CHAR, 1, 99, MPI_COMM_
WORLD);
    }
    else if (myrank == 1) /* code for process one */
    {
                MPI_Recv(message, 20, MPI_CHAR, 0, 99, MPI_COMM_WORLD, &status);
                printf("received :%s:\n", message);
    }
    MPI_Finalize();
    return 0;
}
```

P2P通信模式下的两个基础操作就是发送(Send)和接收(Receive)。在上面的代码范例中，利用MPI_Send和MPI_Recv就可以轻松地实现进程0(Process Zero)和进程1(Process One)之间的消息传递。当然，如果需要的话开发人员也可以利用MPI提供的其他功能来实现更加复杂的P2P通信场景。

对于分布式机器学习框架来说，P2P通信并不是最重要的，因而本书不做过多的讲解。有兴趣的读者可以参考MPI的官方文档做深入学习。

2. 聚合通信

相较于点对点通信，聚合通信显然会复杂得多。根据MPI官方文档的描述，它为这种通信模式提供了如下一些核心的功能。

- MPI_BARRIER, MPI_IBARRIER；
- MPI_BCAST, MPI_IBCAST；
- MPI_GATHER, MPI_IGATHER, MPI_GATHERV, MPI_IGATHERV；
- MPI_SCATTER, MPI_ISCATTER, MPI_SCATTERV, MPI_ISCATTERV；
- MPI_ALLGATHER, MPI_IALLGATHER, MPI_ALLGATHERV, MPI_IALLGATHERV；
- MPI_ALLTOALL, MPI_IALLTOALL, MPI_ALLTOALLV, MPI_IALLTOALLV, MPI_ALLTOALLW, MPI_IALLTOALLW；
- MPI_ALLREDUCE, MPI_IALLREDUCE, MPI_REDUCE, MPI_IREDUCE；
- MPI_REDUCE_SCATTER_BLOCK, MPI_IREDUCE_SCATTER_BLOCK, MPI_REDUCE_SCATTER, MPI_IREDUCE_SCATTER；
- MPI_SCAN, MPI_ISCAN, MPI_EXSCAN, MPI_IEXSCAN。

下面这些示意图应该可以帮助读者更好地理解上述这些MPI的功能，如图24-18~图24-21所示。

图24-18　广播(broadcast)释义

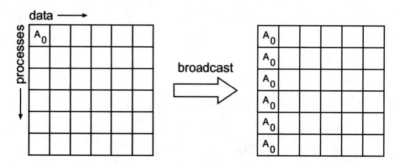

图24-19　分散(scatter)和聚合(gather)释义

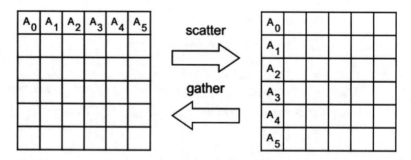

图24-20　all-gather释义

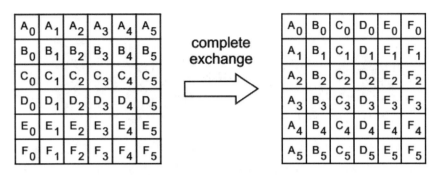

图24-21　complete exchange释义

后续几节中讲解的内容，或多或少都会涉及MPI的这些概念。希望读者可以补充必要的MPI基础知识，为进一步学习扫清障碍。

24.4.3 NCCL

NCCL是"nVIDIA Collective multi-GPU Communication Library"的缩写，从名称不难理解它是nVIDIA提供的一种多GPU之间聚合通信(Collective Communication)的库。

NCCL的初衷是降低多个GPU之间的通信成本，并尽可能提升GPU资源的利用率，从而保证GPU的扩展效能达到较好的水平。同时它还是nVIDIA的一个开源项目(至少NCCL 1.0是开源的)，其Github主页如下。

https://github.com/NVIDIA/nccl

NCCL在设计的过程中也借鉴了MPI的通信思想，如图24-22～图24-24所示。因而，熟悉MPI的开发人员应该可以比较快地上手NCCL编程。例如，如图24-23所示阐述的是NCCL中的all-reduce，可以看到和前面讲解的MPI中的概念是基本一致的。

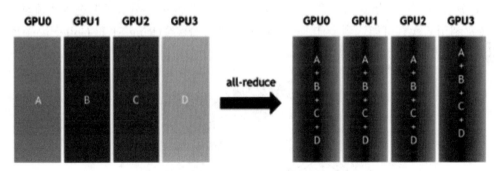

图24-22　NCCL的all-reduce释义

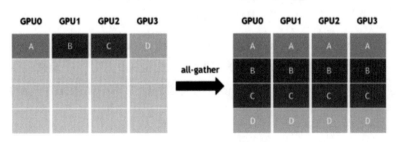

图24-23　NCCL的all-gather释义

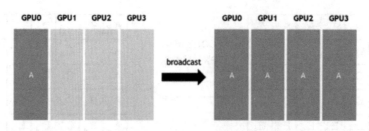

图24-24 NCCL的broadcast释义

不难理解，GPU之间的聚合通信与拓扑结构有很大关系。举个简单的例子，如图24-25所示的PCIe拓扑结构。

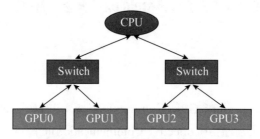

图24-25 一个简单的PCIe拓扑结构

如果需要完成GPU0到其他节点的广播，那么至少有如下几种执行方案。

方案1：先从GPU0把消息发送到GPU2，然后GPU0和GPU2再各自把消息发送给GPU1和GPU3。

方案2：先从GPU0把消息发送到GPU1，然后GPU0和GPU1再各自把消息发送给GPU2和GPU3。

显然，上述方案中比较有优势的是第1种，因为它完成广播任务的总路径相比于另一个方案要小。换句话说，方案1的性能更快。

那么除了方案1，还有更好的选择吗？答案是肯定的。譬如，图24-26所示的GPU的环序(Ring order of GPU)。在这种情况下，广播的信息会被切分为很多小块，然后在GPU环中进行"流动"。此时传输过程中的带宽利用率就有可能达到最佳水平。这种环风格的聚合(Ring Style Collectives)也是nVIDIA NCCL所采用的方式。

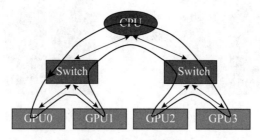

图24-26 GPU的环序

目前，NCCL已经支持all-gather、all-reduce、broadcast、reduce和reduce-scatter等几种典型的聚合方式(Collectives)。使用NCCL也并不复杂，简单来讲就是引用nccl.h头文件以及它提供的库文件。很多机器学习框架都会考虑兼容NCCL，例如，Caffe2项目中会通过USE_NCCL宏来控制是否要支持NCCL。

```
//include/caffe/util/Nccl.hpp
#ifndef CAFFE_UTIL_NCCL_H_
#define CAFFE_UTIL_NCCL_H_
#ifdef USE_NCCL
```

```
#include <nccl.h>
#include "caffe/common.hpp"
#define NCCL_CHECK(condition) \
{ \
  ncclResult_t result = condition; \
  CHECK_EQ(result, ncclSuccess) << " " \
<< ncclGetErrorString(result); \
}
...
```

NCCL提供的API函数就是前面所讲的广播等几种聚合方式，例如：

```
//nccl.h
/* Copies count values from root to all other devices.
 * Root specifies the source device in user-order
 * (see ncclCommInit).
 * Must be called separately for each communicator in communicator clique. */
ncclResult_t  ncclBcast(void* buff, int count, ncclDataType_t datatype, int root,
    ncclComm_t comm, cudaStream_t stream);
ncclResult_t pncclBcast(void* buff, int count, ncclDataType_t datatype, int root,
    ncclComm_t comm, cudaStream_t stream);
```

在单线程(Single-process)机器上，只需要调用ncclCommInitAll进行初始化即可。而在多进程(Multi-process)的环境下，要求每个GPU都要调用ncclCommInitRank，后者会负责所有GPU资源之间的同步。下面这段代码是针对单线程环境的一个简单范例。

```
#include <nccl.h>
typedef struct {
  double* sendBuff;
  double* recvBuff;
  int size;
  cudaStream_t stream;
} PerThreadData;
int main(int argc, char* argv[])
{
  int nGPUs;
  cudaGetDeviceCount(&nGPUs);
  ncclComm_t* comms = (ncclComm_t*)malloc(sizeof(ncclComm_t)*nGPUs);
  ncclCommInitAll(comms, nGPUs);
  PerThreadData* data;
  ... //Allocate data and issue work to each GPU's
      //perDevStream to populate the sendBuffs.
```

```
for(int i=0; i<nGPUs; ++i) {
  cudaSetDevice(i);
  ncclAllReduce(data[i].sendBuff, data[i].recvBuff, size,
      ncclDouble, ncclSum, comms[i], data[i].stream);
}
... //Issue work into data[*].stream to consume buffers, etc.
}
```

根据nVIDIA官方提供的数据显示，NCCL所带来的性能提升还是比较明显的，如图24-27所示。

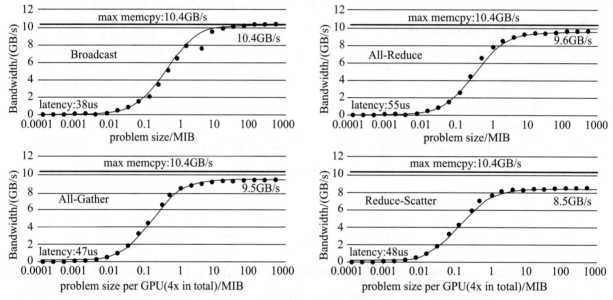

图24-27　NCCL性能测试数据

开发人员可以根据项目的实际情况选择是否支持NCCL，或者直接采用基于NCCL的一些机器学习框架。

24.4.4　NV-Link

我们知道，随着深度学习对计算资源需求的日益增长，多GPU设备将成为常态。这样一来连接多个GPU的传统的PCIe总线就逐步成为系统瓶颈，因而我们急需新型的多处理器互连技术。

nVIDIA自然也意识到了这个问题，并提出了NV-Link技术。

例如，nVIDIA Tesla V100产品就采用了NVLink技术，将信号发送速率提升了20%以上，如图24-28所示。单个 nVIDIA Tesla® V100 GPU最高可支持多达6条 NVLink 链路，所以总带宽为300GB/秒，这个数据是PCIe 3带宽的10倍。

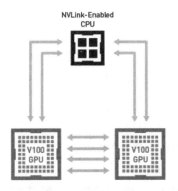

图24-28 Tesla V100中以NVLink连接GPU和GPU，以及GPU和CPU

更为专业的8GPU服务器DGX-1V则是混合架构，如图24-29所示。

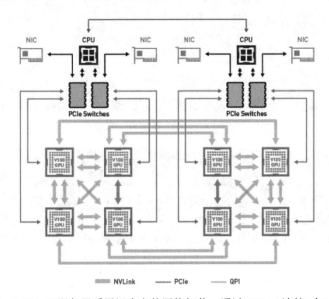

图24-29 DGX-1V服务器采用混合立体网络拓扑，通过NVLink连接8个Tesla V100

总的来说，NVLink的出现提升了GPU和GPU、GPU和CPU之间的带宽，这在一定程度上缓解了数据传输的瓶颈，如图24-30所示。

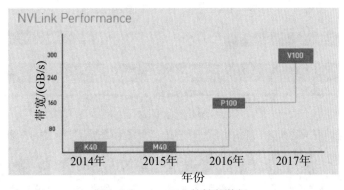

图24-30 NVLink的性能数据

当然，带宽得到提升的同时，也意味着硬件成本的增长，所以应该根据项目的实际需求来决定是否使用这些技术。

24.4.5 RDMA

RDMA，即"Remote Direct Memory Access"，是一种高性能的远程内存直接存取机制，主要用于满足某些网络通信场景(例如，HPC、分布式深度学习等)中对于低延迟的要求。传统网络通信需要经由CPU处理，这是性能无法提升的重要原因之一，如图24-31所示。学习过计算机原理的读者应该对DMA不会陌生——它指的是一种完全由特殊硬件(不需要CPU全程参与，从而大幅降低CPU的负担，提升整体性能)来执行IO交换的数据访问机制。RDMA也是一种内存直接存取机制，不同之处在于它是在网络区域内跨不同机器实现的，如图24-32所示。

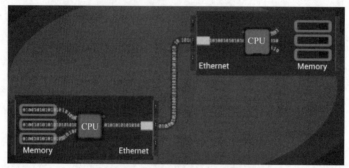

图24-31　传统网络通信处理方式

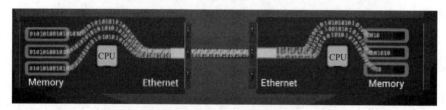

图24-32　RDMA处理方式示意图

业界根据RDMA不同的应用场景提出了多种具体的网络实现方案，包括Infiniband、RoCE、iWARP等。

其中，Infiniband可以从硬件级别来保证RDMA，所以性能是最好的；而后两者则是基于Ethernet实现的RDMA技术，虽然性能相对没有那么高，但成本上有较大优势。另外，RoCE的v1版本是基于以太网链路层实现的RDMA，而v2版本则基于UDP层实现，如图24-33所示。

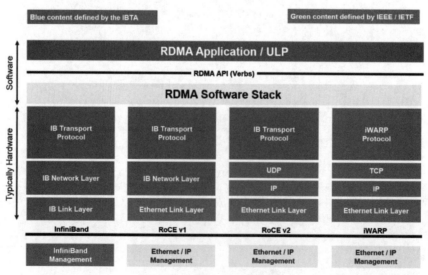

图24-33　三种RDMA软件栈

从图24-34中不难发现：无论何种类型的RDMA，它们都可能向上层应用提供RDMA API接口，从而有效保证兼容性。

24.5 经典分布式ML框架Caffe-MPI

Caffe-MPI是由浪潮集团的HPC应用开发团队开发的一款高性能高可扩展的深度学习计算框架，同时也是一个开源项目。参见其Github主页：

https://github.com/Caffe-MPI/Caffe-MPI.github.io

Inspur官方对Caffe-MPI的主要特点做了描述，引用如下。

(1) 基于HPC系统设计。

Caffe-MPI是基于HPC架构设计的，其硬件系统采用了Lustre存储+IB网络+GPU集群。其中，Lustre并行存储采用了多进程+多线程机制来并行读取训练数据，可以实现较高的IO吞吐；IB网络实现了高速互联网，以及参数的快速传输和模型更新；数据并行机制则利用GPU集群来实现大规模的训练。软件编程模型采用MPI+多线程+CUDA，节点间采用MPI通信，节点内实现CPU多线程并行和CUDA线程并行。

(2) 高性能与高可扩展性。

Caffe-MPI可以采用多机多GPU卡同时进行训练，每秒可以训练2000幅图片，较BVLC单GPU卡在性能上实现了大幅提升，并可以被部署到大规模的训练平台上。同时，它支持针对大规模数据样本的训练过程。如面向GoogLeNet模型，Caffe-MPI较单GPU版本在性能上可以提升16倍以上，并支持24+ GPU的扩展，并行效率达到了72%以上。

(3) 良好的继承性与易用性。

Caffe-MPI计算框架基于伯克利的Caffe架构进行开发，完全保留了原始Caffe架构的特性和最新功能，并支持最新的cuDNN 5.1，即纯粹的C++/CUDA架构；支持命令行、Python和MATLAB接口等多种编程方式，具备上手快、速度快、模块化、开放性等众多特性，可以为用户提供很好的应用体验。

Caffe MPI的组网结构如图24-34所示。

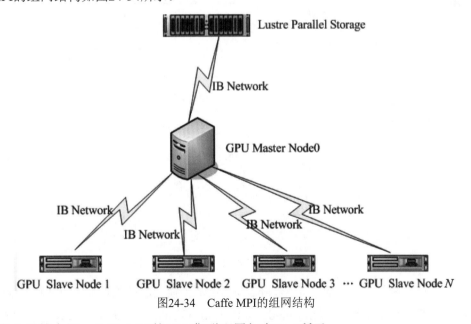

图24-34 Caffe MPI的组网结构

根据浪潮公司的介绍，Caffe-MPI的GPU集群配置如表24-2所示。

表24-2　Caffe-MPI参考配置

种类	参考配置
GPU MasterNode	Multi GPUs
GPU SlaveNode	Multi GPUs
Storage	Lustre
Network	56Gb/s IB
Software	Linux/Cuda7.5/Mvapich2

更具体地说，它的软件和硬件环境可以参考下面的描述。

● 硬件环境：

- Colfax CX2660s-X6 2U 4-node "Odin" cluster

- Dual-Socket 16-Core Intel E5-2697v4 @ 2.60 GHz CPUs

- Mellanox ConnectX-4® EDR InfiniBand and 100Gb/s Ethernet VPI adapters

- Mellanox Switch-IB SB7700 36-Port 100Gb/s EDR InfiniBand switches

- Memory: 64GB DDR4 2133MHz RDIMMs per node

- NVIDIA Kepler K80 和 Pascal P100 GPUs

● 操作系统和软件环境：

- OS: Ubuntu 14.04

- InfiniBand driver: MLNX_OFED_LINUX-3.4-1.0.0.0 InfiniBand SW stack

- MPI: Mellanox HPC-X v1.7.0-406

- Compilers: GNU compilers 4.8.4

- CUDA Library: 8.0, CUDNN version 5.1.5

- Application: Caffe-MPI master (6c2c347)

MPI主从式模型如图24-35所示。

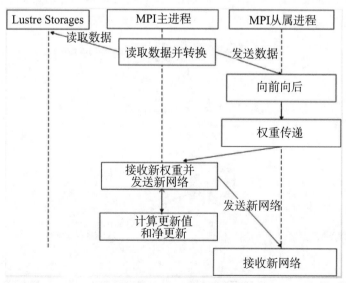

图24-35　MPI 主从模式

根据业界多篇论文中的实验结果显示，Caffe-MPI在多个模型的性能评估上优于MXNet、Tensorflow等同类框架。以"Performance Modeling and Evaluation of Distributed Deep Learning Frameworks on

GPUs"论文中的描述为例,各种计算框架在单GPU、单机多GPU、分布式GPU等情况下的横向对比如图24-36~图24-38所示。

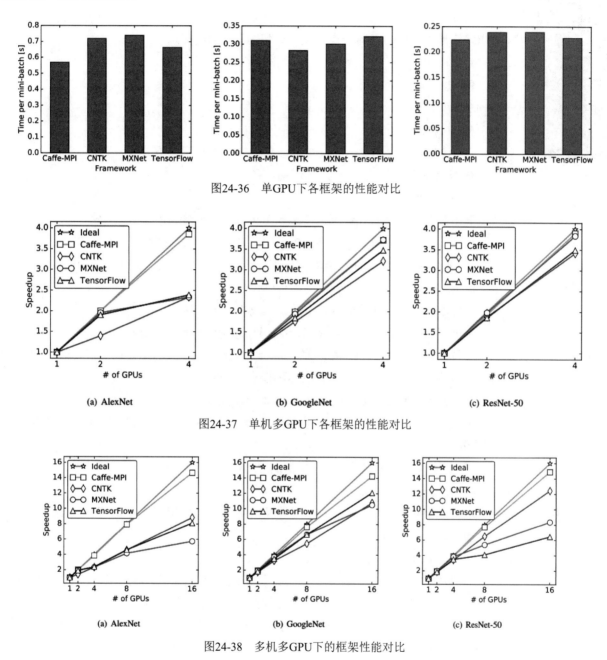

图24-36 单GPU下各框架的性能对比

(a) AlexNet

(b) GoogleNet

(c) ResNet-50

图24-37 单机多GPU下各框架的性能对比

(a) AlexNet

(b) GoogleNet

(c) ResNet-50

图24-38 多机多GPU下的框架性能对比

由此可见,Caffe-MPI确实在多种硬件环境下都取得了优于同类框架的性能表现。

25.1 Tensorflow安装过程

Tensorflow是一个跨平台多语言的机器学习工具,开发人员可以根据自己的实际需求来选择下列中的具体操作系统平台和编程语言。

- Ubuntu
- Mac OS
- Windows
- Java/Go/C等语言

以Windows平台为例,它又可以细分为如下两种安装方式。

- Native Pip
- Anaconda

其中,利用Native Pip来安装Tensorflow的核心步骤如下。

Step0 (可选):如果希望安装GPU版本的Tensorflow,那么需要保证:

(1) 确认开发机器具备可兼容的GPU显卡。具体可以从这个网址查询:

https://developer.nvidia.com/cuda-gpus

安装CUDA® Toolkit x.x (版本号),官方安装网址如下:

http://docs.nvidia.com/cuda/cuda-installation-guide-microsoft-windows/

要特别注意的是,不同版本的Tensorflow支持的CUDA也是有差异的,而且它们必须严格匹配才可以正常工作。具体可以查阅Tensorflow的官方说明:

https://www.tensorflow.org/install/install_windows

如果不遵循这种约束,在后续的机器学习过程中有可能会遇到各种意想不到的异常情况。

(2) 安装与CUDA Toolkit相匹配的nVIDIA驱动。

(3) 安装cuDNN vx.x。

这是nVIDIA CUDA提供的深度神经网络库,专门用于支撑深度神经网络的GPU硬件加速。可以查阅:

https://developer.nvidia.com/cudnn

nVIDIA对下载cuDNN有一定的条件,因而可能需要填写一些资料,不过整体来讲不会太麻烦。另外,Tensorflow既对CUDA的版本号有要求,同时对cuDNN的版本也有一定约束。在下载cuDNN时一定要特别注意。例如,如图25-1所示的是兼容Tensorflow 1.4的正确的cuDNN版本。

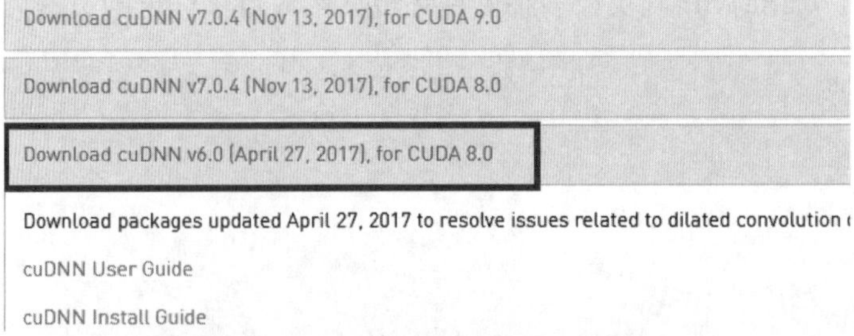

Download cuDNN v7.0.4 (Nov 13, 2017), for CUDA 9.0

Download cuDNN v7.0.4 (Nov 13, 2017), for CUDA 8.0

Download cuDNN v6.0 (April 27, 2017), for CUDA 8.0

Download packages updated April 27, 2017 to resolve issues related to dilated convolution

cuDNN User Guide

cuDNN Install Guide

图25-1 兼容Tensorflow 1.4的cuDNN

下载到的cuDNN应该是一个压缩包,需要把每个目录下的文件分别复制到CUDA

Toolkit安装目录下的对应文件夹中。

(4) 同时要保证这些下载的资源在系统变量PATH的覆盖范围内。

Step1：下载和安装Python。

https://www.python.org/downloads/

Step2：利用pip命令安装Tensorflow。

```
pip3 install --upgrade tensorflow
```

注意：上述使用的pip3命令适用于Python 3的场景，读者应该根据实际情况选取正确的命令。

如果安装Tensorflow的开发平台运行环境符合硬件加速条件，那么可以使用如下命令安装GPU版本的Tensorflow。

```
pip3 install --upgrade tensorflow-gpu
```

注意：到目前为止，Tensorflow的Windows版本只支持Python 3.5和3.6，如图25-2所示，所以在安装过程中一定要先检查Python环境是否满足这一要求。

If one of the following versions of Python is not installed on your machine, install it now:

- Python 3.5.x 64-bit from python.org
- Python 3.6.x 64-bit from python.org

图25-2　Tensorflow的Windows版本支持的Python

另外，如果由于某些不可预期的因素出现了网络访问问题，建议尝试配置一下pip的国内镜像。可以选择在~/.pip/pip.conf中编辑如下信息：

```
[global]
index-url = https://pypi.tuna.tsinghua.edu.cn/simple
```

Step3：检查Tensorflow安装环境是否就绪。

开发者可以打开一个Terminal，启动Python环境，然后依次编写如下范例代码。

```
import tensorflow as tf
hello = tf.constant('Hello tensorflow platform!')
sess = tf.Session()
print(sess.run(hello))
```

如果一切顺利的话，可以得到如下的运行结果。

```
>>> print(sess.run(hello))
b'Hello tensorflow platform'
```

另外，如果不太清楚机器上安装的Tensorflow是GPU还是CPU版本的话，可以通过如下范例代码来判断。

```
import numpy
import tensorflow as tf
a = tf.constant([1.0, 2.0, 3.0, 4.0, 5.0, 6.0], shape=[2, 3], name='a')
b = tf.constant([1.0, 2.0, 3.0, 4.0, 5.0, 6.0], shape=[3, 2], name='b')
c = tf.matmul(a, b)
```

```
sess = tf.Session(config=tf.ConfigProto(log_device_placement=True))
print(sess.run(c))
```

当Tensorflow运行在GPU下时，将会有类似图25-3所示的输出。

```
D:\ai\projects\tmp>python test.py
2018-06-02 00:15:34.131606: I T:\src\github\tensorflow\tensorflow\core\common_runtime\gpu\gpu_device.
cc:1356] Found device 0 with properties:
name: GeForce GT 650M major: 3 minor: 0 memoryClockRate(GHz): 0.835
pciBusID: 0000:01:00.0
totalMemory: 2.00GiB freeMemory: 1.93GiB
2018-06-02 00:15:34.131606: I T:\src\github\tensorflow\tensorflow\core\common_runtime\gpu\gpu_device.
cc:1435] Adding visible gpu devices: 0
2018-06-02 00:15:35.171665: I T:\src\github\tensorflow\tensorflow\core\common_runtime\gpu\gpu_device.
cc:923] Device interconnect StreamExecutor with strength 1 edge matrix:
2018-06-02 00:15:35.171665: I T:\src\github\tensorflow\tensorflow\core\common_runtime\gpu\gpu_device.
cc:929]      0
2018-06-02 00:15:35.171665: I T:\src\github\tensorflow\tensorflow\core\common_runtime\gpu\gpu_device.
cc:942] 0:   N
2018-06-02 00:15:35.172665: I T:\src\github\tensorflow\tensorflow\core\common_runtime\gpu\gpu_device.
cc:1053] Created TensorFlow device (/job:localhost/replica:0/task:0/device:GPU:0 with 1722 MB memory)
 -> physical GPU (device: 0, name: GeForce GT 650M, pci bus id: 0000:01:00.0, compute capability: 3.0
)
Device mapping:
/job:localhost/replica:0/task:0/device:GPU:0 -> device: 0, name: GeForce GT 650M, pci bus id: 0000:01
:00.0, compute capability: 3.0
2018-06-02 00:15:35.391678: I T:\src\github\tensorflow\tensorflow\core\common_runtime\direct_session.
cc:284] Device mapping:
/job:localhost/replica:0/task:0/device:GPU:0 -> device: 0, name: GeForce GT 650M, pci bus id: 0000:01
:00.0, compute capability: 3.0
```

图25-3　输出结果

通过Anaconda来安装Tensorflow的方式也比较简单，而且和上面描述的过程差异不大。读者可以自行查阅官方资料来了解详情。

25.2　Tensorflow基础知识

25.2.1　Tensorflow核心概念

1. 数据流图(Dataflow Graph)

在Tensorflow框架中，与机器学习算法相关的计算过程和状态都通过数据流图来表达，如图25-4所示。这其中涉及如下几个核心元素。

- 张量(Tensor)。
- 操作(Operation)和核(Kernel)。
- 变量(Variable)。
- 对话(Session)。

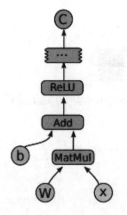

图25-4　Tensorflow数据流图

1) 张量

理解一个系统框架往往可以从其名称入手，本章的主角也不例外——"Tensorflow"是一个合成词，即Tensor和Flow，它们代表了Tensorflow平台最重要的两个核心概念。

那么什么是Tensor呢？

Tensor通常翻译为"张量"，在物理学和数学中应用广泛。简单来说，可以把它看成标量、矢量的扩展。这些"X量"都是对物理量的一种表达方式。例如，今天的气温30℃，它是一个标量；而重力既有大小又有方向，那么就可以通过向量(具有幅度和方向)来阐述。但是"大千世界，无奇不有"，仅利用标量和向量来表示还是不够，所以"睿智的先人们"又引入了张量。

为了理解张量，还需要讲解另外两个概念，即分量和基向量。在笛卡儿坐标系中，基向量的长度为1，方向是坐标系中的坐标方向。换句话说，笛卡儿坐标系有x、y、z方向共3个基向量；对于一个向量A来说，它可以分别被分解到这3个基向量，即A_x、A_y和A_z，如下所示。

$$A_x$$
$$A_y$$
$$A_z$$

因为向量的分量下标只有一个，所以它又被称为一阶张量；标量则为零阶张量，同理还会有二阶至N阶张量。

张量在Tensorflow平台中是最基础的数据格式。从编程的角度来讲，张量的具体表现形式是n维数组。

2) 操作和核

操作的作用类似于函数，只不过它以若干张量为输入，以若干张量为输出，并且Tensorflow中的所有"操作"都有对应的类型(Type)，例如MatMul、Assign等。

核则指的是操作在某种具体设备形态(例如GPU或者CPU等)中的实现。对于使用Tensorflow来编写程序的开发者来说，通常情况下，他们并不需要太关心核这一偏底层的具体实现。

Tensorflow支持的部分操作如图25-5所示。

类别	举例
Element-wise mathematical operations	Add, Sub, Mul, Div, Exp, Log, Greater, Less, Equal, ...
Array operations	Concat, Slice, Split, Constant, Rank, Shape, Shuffle, ...
Matrix operations	MatMul, MatrixInverse, MatrixDeterminant, ...
Stateful operations	Variable, Assign, AssignAdd, ...
Neural-net building blocks	SoftMax, Sigmoid, ReLU, Convolution2D, MaxPool, ...
Checkpointing operations	Save, Restore
Queue and synchronization operations	Enqueue, Dequeue, MutexAcquire, MutexRelease, ...
Control flow operations	Merge, Switch, Enter, Leave, NextIteration

图25-5 Tensorflow支持的部分操作

3) 变量

变量指的是在运行过程中可以被多次读/写，允许发生改变的参数。可以参见下面的代码示例。

```
import tensorflow as tf
b = tf.Variable(tf.zeros([100])) #100-d vector, init to zeroes
W = tf.Variable(tf.random_uniform([784,100],-1,1)) #784x100 matrix w/rnd vals
x = tf.placeholder(name="x") #Placeholder for input
relu = tf.nn.relu(tf.matmul(W, x) + b) #Relu(Wx+b)
C = [...] #Cost computed as a functionof Relu
```

```
s = tf.Session()
for step in xrange(0, 10):
input = ...construct 100-D input array ... #Create 100-d vector for input
result = s.run(C, feed_dict={x: input}) #Fetch cost, feeding x=input
print step, result
```

其中，变量也是一种操作，它的返回值是一个指向可读写缓存(Buffer)的句柄，并且在程序全局范围内有效。

4) 对话

开发者使用Tensorflow编程时，需要创建一个对话，后者将保存上层程序与Tensorflow系统交互过程中的所有状态值，包括前述的数据流图。这种编程方式在不少开放平台中都是类似的，例如OpenGL。

2. Tensorflow的运行模型

如图25-6所示，Tensorflow的整体框架由以下两大部分组成。

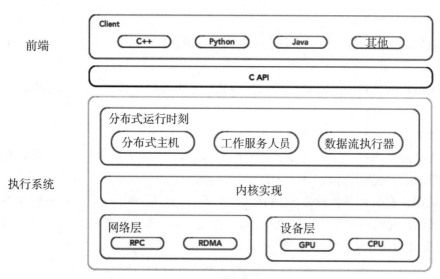

图25-6　Tensorflow架构(引用自Tensorflow官方文档)

(1) 前端系统：提供面向多种语言的编程模型，负责构造计算图。

(2) 后端系统：提供运行时环境，负责执行计算图。

具体来讲，可以细分为如下一些核心元素。

(1) 客户端(Client)。

客户端支持多种编程语言(例如Java、Python等)，开发人员以数据流图的方式来定义计算过程，并使用对话来启动图的执行。

(2) 分布式管理(Distributed Master)。

Tensorflow支持分布式训练。其中，分布式管理可以说是"大管家"——它首先会从整个图中裁剪出特定的子图，切分为若干份，然后分发给下面的工作者服务(Worker Service)来执行。

(3) 工作者服务。

工作者服务通过可用的硬件设备(CPU、GPU等)所对应的平台核实现(Kernel Implementation)来执行图中定义的操作。各个服务之间并不是孤立的，它们会互相收发一些数据，以确保工作的顺利开展。

(4) 平台核实现。

针对图中的某个操作描述，执行其对应的计算元(这些计算元都是经过深度优化的，因而性能通常很好)。

需要特别指出的是，上面的分布式管理和工作者服务只存在于Tensorflow的分布式版本中。对于单进程(Single-process)版本的Tensorflow，对话基本上代替了分布式管理的工作，而且所有操作都只会在本机内完成。

25.2.2　Tensorflow模型/数据的保存和恢复

模型/数据的保存及恢复是Tensorflow中的一个重要功能。可以考虑下面几个场景。

场景1：训练执行了三天三夜，突然断电了……这就和我们从网络上下载一些大文件的过程中遇到断网的情况一样，模型和数据的保存功能就类似于机器训练场景下的"断点续传"。

场景2：我们需要根据自己的数据训练一个模型。但从头训练显然很浪费时间，而且由于我们自己的数据集规模通常比较有限，所以有可能得不到很好的结果。

场景3：学术界和业界已经有很多预训练的模型，如何利用它们来解决我们的业务问题。

Tensorflow提供了多种实现保存和恢复的方法(这也是让很多新人困惑的地方)，这里重点介绍两种：检查点(Checkpoint)和pb。它们之间的关系如图25-7所示。

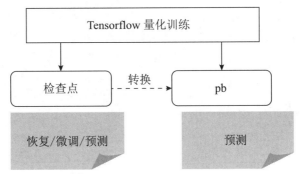

图25-7　检查点和pb的关系

(1) 检查点。

我们可以让Tensorflow在训练过程中，每隔一段时间将自己的"进度"保存下来，这就是检查点。而且针对每一个检查点，还可以具体细化为4个文件。其中，扩展名为".meta"(注意：用户可以自己定制扩展名，这里指的是默认情况)的文件代表的是当前模型对应的图形结构(graph structure)；扩展名为".index"的文件用于鉴定某个检查点；扩展名为".data"的文件是模型中各权重参数的当前值；而检查点文件则类似于它们的概述性"目录"(可以结合本节后面的范例来理解)。

(2) pb和pbtxt。

虽然检查点提供了详尽的信息，但体积较为庞大。于是pb文件就将上述的"meta"和"data""合二为一"，在一个文件中同时包含模型的网络结构和各权重参数值，这样一来就为开发者使用预训练模型(Pre-Trained Models)来做预测(Prediction)提供了便捷的实现方式。另外，pb和pbtxt文件的主要区别在于前者经过了压缩，且去除了与预测不相关的所有中间数据，因而体积更小；而后者包含更多相关信息，可以用于debug场景。

接下来，通过一个检查点范例来帮助读者进一步理解这个核心功能。为了阐述方便，将其分为保存和恢复两个部分。

1. 模型/数据的保存

Step1：首先是导入这个范例程序所依赖的包，如下所示。

```
import tensorflow as tf
import numpy as np
import matplotlib.pyplot as plt
```

其中，plt用于绘制图形，这样可以把我们需要了解的信息以图形化界面形象地展示出来。

```
tf.reset_default_graph()
X = tf.placeholder("float")
Y = tf.placeholder("float")
var_a = tf.Variable(0.0, name='var_a')
var_b = tf.Variable(0.0, name='var_b')
```

Step2：这个范例中学习的是函数$y=3x^2-2$，涉及的变量包括：占位符变量x和y，需要学习的参数var_a和var_b。

```
a = 3
b = -2
x_data = np.linspace(-5,5,300)
random_noise = np.random.randn(*x_data.shape) * 0.01
y_data = a*(x_data) ** 2 + b + random_noise
plt.rcParams['figure.figsize'] = (10, 6)
plt.scatter(x_data, y_data)
plt.xlabel('x')
plt.ylabel('y')
plt.show()
```

Step3：上述代码段用于生成输入数据(x的取值范围是-5~5，同时加入了一些噪点处理)，并利用matplotlib把数据集绘制出来，如图25-8所示。

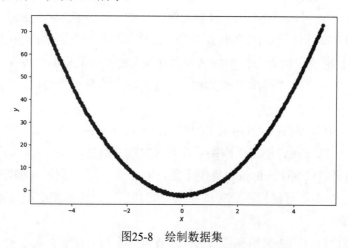

图25-8　绘制数据集

```
y_output = var_a*tf.square(X) + var_b
cost_func = (tf.pow(Y - y_output, 2))
train_op = tf.train.GradientDescentOptimizer(0.002).minimize(cost_func)
```

```
saver = tf.train.Saver()
init = tf.global_variables_initializer()
```

Step4：构建网络框架。最主要的就是定义y_output这个tensor节点，以及损失函数。同时采用步进为0.002的梯度下降法来求最优解。

最后，就可以执行训练任务了。

```
def train_graph():
    with tf.Session() as sess:
        sess.run(init)
        for i in range(200):
            for (x, y) in zip(x_data, y_data):
                sess.run(train_op, feed_dict={X: x, Y: y})
            saver.save(sess, './saver-ckpt', global_step=i)
        saver.save(sess, './saver-last')
        return sess.run(var_a),sess.run(var_b)
result = train_graph()
print("After training,a = %.2f, b = %.2f" % result)
```

Step5：这里将训练次数限制在了200次，并保存了中间的训练过程以及最终的训练结果，分别以"saver-ckpt"和"saver-last"为文件名。训练结束后，可以在文件夹中找到这些文件，如图25-9所示。

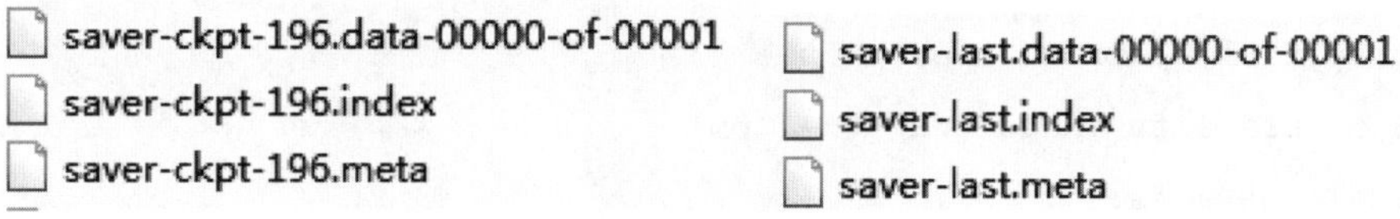

图25-9 训练文件

另外，目录中还有一个"checkpoint"文件，它保存的是一些文本信息，如图25-10所示。

```
model_checkpoint_path: "saver-last"
all_model_checkpoint_paths: "saver-ckpt-196"
all_model_checkpoint_paths: "saver-ckpt-197"
all_model_checkpoint_paths: "saver-ckpt-198"
all_model_checkpoint_paths: "saver-ckpt-199"
all_model_checkpoint_paths: "saver-last"
```

图25-10 文本信息

上述代码得到的最终参数值是：

```
could speed up CPU computations.
After training,a = 2.98, b = -2.00
```

可见，最终参数值与$y=3x^2-2$的目标函数已经比较接近了(我们的目的是示范模型的保存和恢复功能，读者如果希望得到更好的结果，可以针对参数做进一步的调整)。

2. 模型/数据的恢复

紧接着讲解如何对上述保存的模型/数据进行恢复。

```
tf.reset_default_graph()
```

```
imported_meta = tf.train.import_meta_graph("saver-last.meta")
```

Step1：我们以恢复最终训练结果为例，利用的是Tensorflow的标准函数import_meta_graph，并存入"saver-last.meta"作为参数。这个API的主要职责是加载包含网络框架图的.meta文件。

```
with tf.Session() as sess:
    imported_meta.restore(sess, tf.train.latest_checkpoint('./'))
    a_restore = sess.run('var_a:0')
    b_restore = sess.run('var_b:0')
print("a_restore: %.2f, b_restore: %.2f" % (a_restore, b_restore))
```

Step2：加载.meta文件成功后，现在就可以通过restore函数来还原出之前的网络图了。最后得出的结果如下。

```
After training,a = 2.98, b = -2.00
a_restore: 2.98, b_restore: -2.00
```

可以看到还原出的参数值和前述训练结果是完全一致的。

接下来再看下pb文件。由于pb已经将参数固化了，所以它的处理过程和上述checkpoint是有区别的。以下面地址提供的pb文件为例：

http://download.tensorflow.org/models/image/imagenet/inception-2015-12-05.tgz

可以利用如下代码段来读取其中的所有节点信息。

```
import tensorflow as tf
from tensorflow.python.platform import gfile
GRAPH_PB_PATH = 'classify_image_graph_def.pb'
with tf.Session() as sess:
  print("load graph")
  with gfile.FastGFile(GRAPH_PB_PATH,'rb') as f:
    graph_def = tf.GraphDef()
    graph_def.ParseFromString(f.read())
    sess.graph.as_default()
    tf.import_graph_def(graph_def, name='')
    graph_nodes=[n for n in graph_def.node]
    print(graph_nodes)
```

得到如图25-11所示的结果(节点很多，这里只是部分节选)。

当然，也可以选择将pb文件转换为Tensorboard可以识别的数据，然后利用这个可视化工具来查看网络模型和参数信息。具体处理过程可以参见后续其他节中针对Tensorboard的讲解。

至于如何利用预训练模型(Pre-trained model)来进行微调(Fine-tune)，将放在25.2.3节中来做讲解。

```
load graph
[name: "DecodeJpeg/contents"
op: "Const"
attr {
  key: "dtype"
  value {
    type: DT_STRING
  }
}
attr {
  key: "value"
  value {
    tensor {
      dtype: DT_STRING
      tensor_shape {
      }
      string_val: "\377\330\377\340\000\020JFIF\000\001\001\000\000\001\000\001\000\000\377\333\000C\000
    }
  }
}
, name: "DecodeJpeg"
op: "DecodeJpeg"
input: "DecodeJpeg/contents"
attr {
  key: "acceptable_fraction"
  value {
    f: 1.0
  }
}
```

图25-11　读取pb文件中的节点

25.2.3　Tensorflow模型fine-tuning

25.2.2节通过检查点机制成功地保存并还原了原先训练过程中产生的参数值。本节将继续讲解另一个问题——是否可以在预训练模型的基础上，利用自己的数据进行"二次加工"呢？

答案当然是肯定的，而且这个业务场景很常见。譬如一个已经可以识别出"小猫"和"小狗"的目标识别(Object Detection)模型，需要再扩展识别出"小羊"及其他小动物。那么一个合理的诉求就是希望能在原模型的基础上，结合提供的新数据来微调出能够支持更多小动物识别的新模型。

为了保持连贯性，接下来仍然以25.2.2节的范例来做讲解。只不过在调用Saver.save之前需要做一些修改，如下所示。

```
...
train_op = tf.train.GradientDescentOptimizer(0.002).minimize(cost_func)
###下面是新添加的语句：将变量和操作放入收集器中
tf.add_to_collection('train_op', train_op)
tf.add_to_collection('cost_func', cost_func)
tf.add_to_collection('input', X)
tf.add_to_collection('target', Y)
tf.add_to_collection('y_output', y_output)
tf.add_to_collection('var_a', var_a)
tf.add_to_collection('var_b', var_b)
saver = tf.train.Saver()...
```

紧接着就开始编写fine-tune.py程序了。完整代码如下。

```
import tensorflow as tf
import numpy as np
import matplotlib.pyplot as plt
saver = tf.train.import_meta_graph('./saver-last.meta') ##还原meta graph
#Launch the graph
with tf.Session() as sess:
    saver.restore(sess, './saver-last') ##还原权重参数
    train_op = tf.get_collection('train_op')[0] ##还原训练函数
    cost_func = tf.get_collection('cost_func')[0] ##还原损失函数
    X = tf.get_collection('input')[0]
    Y = tf.get_collection('target')[0]
    y_output = tf.get_collection('y_output')[0]
    var_a = tf.get_collection('var_a')[0]
    var_b = tf.get_collection('var_b')[0]
    print(sess.run(var_a)) #打印点1
    print(sess.run(var_b))


    ###产生新的训练数据
    a = 3
    b = -2
    x_data = np.linspace(-5,5,500)
    random_noise = np.random.randn(*x_data.shape) * 0.001
    y_data = a*(x_data) ** 2 + b + random_noise
    plt.rcParams['figure.figsize'] = (10, 6)
    plt.scatter(x_data, y_data)
    plt.xlabel('x')
    plt.ylabel('y')
    plt.show()
    ###针对新数据进行fine-tune
    for i in range(300):
                for (x, y) in zip(x_data, y_data):
                    sess.run(train_op, feed_dict={X: x, Y: y})
    saver.save(sess, './restore-model.ckpt', global_step=i)
    saver.save(sess, './restore-last')
    print("Fine-tuning result: var_a: %.2f, var_b: %.2f" % (sess.run(var_a), sess.
run(var_b))) #打印2
```

　　fine-tune.py首先做的是从saver-last.meta文件中导入meta graph。根据前面的讲解我们知道，checkpoint中的框架图和参数是分开的，所以还需要调用Saver.restore来还原后者。同时训练函数train_op和损失函数cost_func等也可以通过get_collection被还原出来。此时的a和b值分别如下(对应打印点1)。

可见还原过程确实成功了。

微调时的数据通常与预训练时采用的数据不同。因而在fine-tine.py中也对随机生成的数据做了差异处理——降低了噪声值，并扩大了数据集大小。

万事俱备，现在可以执行微调训练了。具体过程和前面所描述的是基本一致的，不过为了区分两次训练我们把生成的ckpt名称改为了"restore-model.ckpt"。经过了300次的微调后，最后得到的a和b值如下(对应打印点2)。

从结果值可以看到，这已经是相当理想的结果了。

当然，在Tensorflow中执行微调的方法还有很多种。例如，开发者也可以考虑通过Tensorflow Slim来完成。简单来讲，Slim是基于Tensorflow官方提供的API的一层高级封装，使得开发者在很多场景下可以节省不少工作量。譬如针对图像分类(Image Classification)的微调，Slim提供了一个train_image_classifier.py文件，这样一来，只需要执行如下几行命令就可以了(以fine-tuning inception-v3为例)。

```
$ DATASET_DIR=/tmp/flowers
$ TRAIN_DIR=/tmp/flowers-models/inception_v3
$ CHECKPOINT_PATH=/tmp/my_checkpoints/inception_v3.ckpt
$ python train_image_classifier.py \
    --train_dir=${TRAIN_DIR} \
    --dataset_dir=${DATASET_DIR} \
    --dataset_name=flowers \
    --dataset_split_name=train \
    --model_name=inception_v3 \
    --checkpoint_path=${CHECKPOINT_PATH} \
    --checkpoint_exclude_scopes=InceptionV3/Logits,InceptionV3/AuxLogits/Logits \
    --trainable_scopes=InceptionV3/Logits,InceptionV3/AuxLogits/Logits
```

隐藏在train_image_classfier.py背后的实现流程大致如下。

```
#Step1. Create the train_op
train_op = slim.learning.create_train_op(total_loss, optimizer)
#Step2. Create the initial assignment op
checkpoint_path = '/path/to/old_model_checkpoint'
variables_to_restore = slim.get_model_variables()
init_assign_op, init_feed_dict = slim.assign_from_checkpoint(
    checkpoint_path, variables_to_restore)
#Step3.  Create an initial assignment function.
def InitAssignFn(sess):
```

```
      sess.run(init_assign_op, init_feed_dict)
#Step4. Run training.
slim.learning.train(train_op, my_log_dir, init_fn=InitAssignFn)
```

感兴趣的读者可以参考Slim源码目录中的learning.py文件来了解其中的实现细节。

25.2.4 Tensorflow模型调试

除了代码开发，调试也是开发人员必须掌握的技能。Tensorflow针对AI模型的构建过程，提供了不少调试手段，包括但不限于：

(1) 通过Session.run()获取变量的值。

(2) 利用Tensorboard查看一些可视化统计。

(3) 使用tf.Print()和tf.Assert()打印变量。

(4) 使用Python的调试工具：ipdb, pudb。

(5) 利用tf.py_func()向图中插入自定义的打印代码：tdb。

(6) 使用官方调试工具：tfdbg。

下面以tfdbg为例，来实际讲解一下如何执行AI模型的调试工作。tfdbg同时适用于训练(Training)和应用推理(Inference)两个阶段，它可以帮助开发人员随时监测Tensorflow Graph的运行时状态和各种内部结构。另外，和很多调试器类似，tfdbg也提供CLI(Command Line Interface)和GUI两种交互方式。

为了阐述方便，下面结合一个官方范例来分析，命令行如下。

```
python -m tensorflow.python.debug.examples.debug_mnist
```

上述程序用于训练一个能够识别MNIST图像的简单CNN模型。不过因为程序中有一个Bug，它的训练过程会出现如下问题。

```
Accuracy at step 0: 0.1113
Accuracy at step 1: 0.3183
Accuracy at step 2: 0.098
Accuracy at step 3: 0.098
Accuracy at step 4: 0.098
```

可以看到，随着训练步骤的增多，精确度并没有朝着预想的方向改进。

这是为什么呢？

Step1：tfdbg的准备工作。

如果要使用tfdbg进行调试，那么被调试程序中需要添加如下代码。

```
from tensorflow.python import debug as tf_debug
sess = tf_debug.LocalCLIDebugWrapperSession(sess)
```

其实就是为之前的Session加了一层包装(wrapper)，以便调试器可以控制你的程序。

Step2：启动tfdbg。

tfdbg的启动并不需要太多的操作，开发人员只要加上--debug选项就可以了。参考下面的命令行。

```
python -m tensorflow.python.debug.examples.debug_mnist --debug
```

这样一来，tfdbg就会在Session.run()之前自动启动，如图25-12所示。

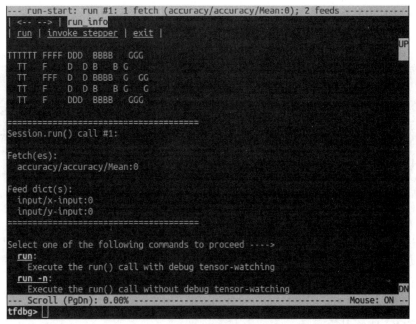

图25-12 TFDBG调试界面(CLI)

Step3：执行tfdbg。

根据实际需要来执行各种调试命令，比如run命令会促使程序一直执行到下一个Session.run()。
部分调试命令的节选如图25-13所示。

Command	Syntax or Option	Explanation	Example
lt		List dumped tensors.	lt
	-n <name_pattern>	List dumped tensors with names matching given regular-expression pattern.	lt -n Softmax.*
	-t <op_pattern>	List dumped tensors with op types matching given regular-expression pattern.	lt -t MatMul
	-f <filter_name>	List only the tensors that pass a registered tensor filter.	lt -f has_inf_or_nan
	-f <filter_name> -fenn <regex>	List only the tensors that pass a registered tensor filter, excluding nodes with names matching the regular expression.	lt -f has_inf_or_nan -fenn .*Sqrt.*
	-s <sort_key>	Sort the output by given sort_key, whose possible values are timestamp (default), dump_size, op_type and tensor_name.	lt -s dump_size
	-r	Sort in reverse order.	lt -r -s dump_size
pt		Print value of a dumped tensor.	
	pt <tensor>	Print tensor value.	pt hidden/Relu:0
	pt <tensor> [slicing]	Print a subarray of tensor, using numpy-style array slicing.	pt hidden/Relu:0[0:50,:]
	-a	Print the entirety of a large tensor, without using ellipses. (May take a long time for large tensors.)	pt -a hidden/Relu:0[0:50,:]

图25-13 tfdbg部分调试命令

Step4：定位程序中的Bug。

在这个范例中，导致问题的原因很可能是"nans(not a number) and infs(Infinity)"。因而可以执行如
下命令：

```
tfdbg> run -f has_inf_or_nan
```

然后程序会不停地运行，直到遇上"nans and infs"的情况，这和条件断点(Conditional Breakpoints)
的作用基本上是类似的。除了"has_inf_or_nan"这种tfdbg预置的过滤器(Filter)外，开发人员当然也可

以自定义一些过滤器来满足具体需求。

结果如图25-14所示。

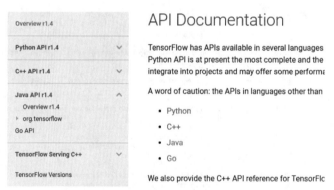

图25-14　执行结果

可以看到，36个张量中包含nan或者inf数值，所以导致了前面所说的精确度训练异常。初步排查出问题所在后，还可以使用其他调试命令来做进一步分析。例如，可以通过pt命令来查看张量节点的具体值；通过ni命令可以显示节点的更多信息等，从而支撑我们最终准确定位并解决问题。

25.2.5　Tensorflow的多语言支持

基于Tensorflow来开发模型，很多开发者主要使用的语言是Python。不过Tensorflow其实是支持使用多种语言来开发的，包括Java、C/C++、Go、Python等。而且Tensorflow面向不同的开发语言还分别提供了对应的API，以便开发者可以直接调用，如图25-15所示。

图25-15　Tensorflow针对不同开发语言提供了对应的API

本节以Java语言为例，演示如何在Java工程中(Android程序也是类似的)引用通过Python生成的训练模型。

Python生成和保存pb模型：

```
output_graph = tf.graph_util.convert_variables_to_constants(sess,
sess.graph_def, output_node_names=['your_tensor_name'])
with tf.gfile.FastGFile('/models/mnist.pb', mode='wb') as f:
    f.write(output_graph.SerializeToString())
```

然后在Java程序中，通过TensorFlowInferenceInterface这个标准接口来调用和执行上述生成的算法模型。核心语句如下。

```
private TensorFlowInferenceInterface inferenceInterface;
```

```
...
inferenceInterface = new TensorFlowInferenceInterface(assetManager, modelFilename);
...
Operation operation = inferenceInterface.graphOperation('your_tensor_name');
int numClasses = (int) operation.output(0).shape().size(1);
...
Trace.beginSection("feed");
inferenceInterface.feed(inputName, floatValues, 1, inputSize, inputSize, 3);
Trace.endSection();
//执行inference
Trace.beginSection("run");
inferenceInterface.run('your_tensor_name', logStats);
Trace.endSection();
//从Tensorflow模型中获取到inference的最终结果
Trace.beginSection("fetch");
inferenceInterface.fetch('your_tensor_name', outputs);
Trace.endSection();
```

可见，利用Java语言来使用Tensorflow模型还是比较方便的，只需要几行核心语句就可以实现了。

25.2.6　可视化利器TensorBoard

TensorBoard是Tensorflow平台提供的一个可视化工具，合理地使用它可以帮助开发者更好地理解和优化模型的整个训练过程。

TensorBoard有多种启动方式，包括但不限于：

方式1：通过如下Python命令行启动。

```
python -m tensorflow.tensorboard
```

方式2：直接通过TensorBoard启动。

```
tensorboard --logdir=path/to/log-directory
```

请务必注意，需要在安装Tensorflow时同时安装tensorflow-tensorboard，否则可能会出现如图25-16所示的错误(和Tensorflow具体版本有关系)。

TensorBoard的实现过程概括起来就两点，即：

(1) 如何在Tensorflow运行过程中产生概述性数据(Summary Data)，并生成事件文件(Event Files)。

(2) 如何解析Tensorflow事件文件，并按照开发者的要求显示出来。

Tensorflow的使用过程虽然不算太复杂，不过需要在代码程序中做一些修改，因而属于"侵入式"的手段。开发人员可以通过tf.summary来标记需要收集的各种数据——通常就是针对感兴趣的节点添加tf.summary.scalar或者tf.summary.histogram操作。

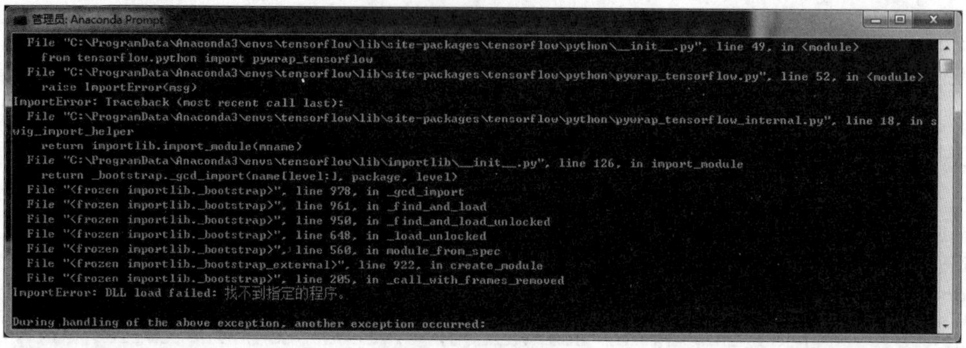

图25-16　错误信息

如以下范例所示。

```
def variable_summaries(var):
    """Attach a lot of summaries to a Tensor (for TensorBoard visualization)."""
    with tf.name_scope('summaries'):
        mean = tf.reduce_mean(var)
    tf.summary.scalar('mean', mean)
    with tf.name_scope('stddev'):
        stddev = tf.sqrt(tf.reduce_mean(tf.square(var- mean)))
    tf.summary.scalar('stddev', stddev)
    tf.summary.scalar('max', tf.reduce_max(var))
    tf.summary.scalar('min', tf.reduce_min(var))
    tf.summary.histogram('histogram',var)
```

收集到了summary信息后，还需要按照既定的格式把它写到文件中，以便后续TensorBoard可以处理。通常情况下，调用tf.summary.FileWriter就可以了。

如以下范例所示。

```
train_writer = tf.summary.FileWriter(FLAGS.summaries_dir +'/train',sess.graph)
    train_writer.add_summary(summary, i)
```

完成上述操作后，就可以在浏览器中输入"localhost:6006"(默认情况下端口号为6006)来启动TensorBoard了，效果如图25-17所示。

值得一提的是，TensorBoard还可以用于查看预训练模型(Pretrained Model)——这一点在实际项目中还是挺有用的。因为有时候我们使用的模型并不是自己开发的，又或者要基于其他人的成果来做二次扩展，此时就希望可以通过一些手段来理解预训练模型。

核心操作步骤如下。

Step1：首先需要确保TensorBoard已经正确安装，并且最好是比较新的版本(老版本有可能不支持)。

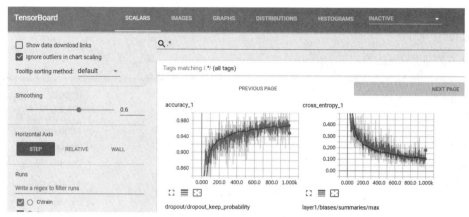

图25-17 TensorBoard效果

Step2：将TensorFlow工程克隆到本地。需要用到下面这个Python程序：

https://github.com/tensorflow/tensorflow/blob/master/tensorflow/python/tools/import_pb_to_tensorboard.py

从名称不难看出，这个程序专门用于将pb文件导入TensorBoard中。当然，如果按照pb文件的格式来做解析，那么就可以在不借助任何工具的情况下理解这个模型了——使用工具的优势就在于节省时间，提升效率。

Step3：准备好预训练模型文件，通常是.pb文件。为了方便讲解，这里采用了mnist模型，可以从这个地址下载到pb模型：

https://github.com/daj/AndroidTensorFlowMNISTExample/blob/master/app/src/main/assets/mnist_model_graph.pb

Step4：使用上述Python程序来把pb文件转换为TensorBoard可接受的数据格式，可以参考下面的命令行：

```
python import_pb_to_tensorboard.py --model_dir ./data/mnist_model_graph.pb --log_dir ./data
```

如果执行正确的话，会看到如图25-18所示结果。

```
D:\MyBook\Book_AI\Materials\Source\chapter_tools\tensorboard>python import_pb_to_tensorboard.py --mod
el_dir ./data/mnist_model_graph.pb --log_dir ./data
2018-09-30 18:50:46.663981: I T:\src\github\tensorflow\tensorflow\core\common_runtime\gpu\gpu_device.
cc:1356] Found device 0 with properties:
name: GeForce GT 650M major: 3 minor: 0 memoryClockRate(GHz): 0.835
pciBusID: 0000:01:00.0
totalMemory: 2.00GiB freeMemory: 1.93GiB
2018-09-30 18:50:46.664982: I T:\src\github\tensorflow\tensorflow\core\common_runtime\gpu\gpu_device.
cc:1435] Adding visible gpu devices: 0
2018-09-30 18:50:48.169068: I T:\src\github\tensorflow\tensorflow\core\common_runtime\gpu\gpu_device.
cc:923] Device interconnect StreamExecutor with strength 1 edge matrix:
2018-09-30 18:50:48.169068: I T:\src\github\tensorflow\tensorflow\core\common_runtime\gpu\gpu_device.
cc:929]      0
2018-09-30 18:50:48.169068: I T:\src\github\tensorflow\tensorflow\core\common_runtime\gpu\gpu_device.
cc:942] 0:   N
2018-09-30 18:50:48.171068: I T:\src\github\tensorflow\tensorflow\core\common_runtime\gpu\gpu_device.
cc:1053] Created TensorFlow device (/job:localhost/replica:0/task:0/device:GPU:0 with 1722 MB memory)
-> physical GPU (device: 0, name: GeForce GT 650M, pci bus id: 0000:01:00.0, compute capability: 3.0
)
Model Imported. Visualize by running: tensorboard --logdir=./data
```

图25-18 执行结果

Step5：在pb文件成功转换以后，它还会提示我们需要执行的下一步命令：

```
tensorboard --logdir=./data
```

上面这行命令的目的就是让TensorBoard加载预训练模型并做好显示准备。

Step6：接下来打开浏览器并输入如下网址就可以了。

http://localhost:6006/

此时可以看到如图25-19所示的结果。

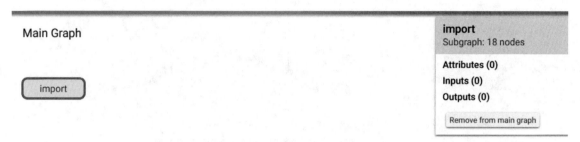

图25-19　TensorBoard中预训练mnist模型

对于第一次使用TensorBoard的开发人员来说，可能会有一个疑惑：图25-19的正中间只有一个导入(Import)节点，但右上角为什么显示的是有18个节点(Node)呢？这是因为TensorBoard对其进行了隐藏，需要双击才能把它展开，如图25-20所示。

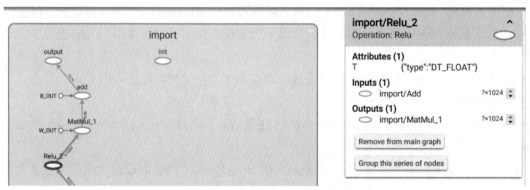

图25-20　展开显示节点信息

最后解释一下TensorBoard各图形元素的含义，以便帮助大家更好地理解模型结构，如图25-21所示。

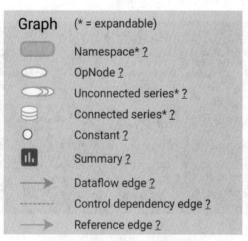

图25-21　TensorBoard 图形元素

(1) Namespace(命名空间)：这是一个灰色的方框，其中包含若干元素的集合。

(2) OpNode：操作节点，比如加和(Add)、乘法(Mul)之类的。

(3) Unconnected Series：按照顺序命名的一系列节点，但没有相连。

(4) Connected series：和上述类似，但它们直接相连。

(5) Constant：常数节点，比如一些超参数。

(6) Summary：总结节点，用于辅助TensorBoard显示的特殊节点。

25.3 Tensorflow分布式训练

25.3.1 Tensorflow的分布式原理

1. Google DisBelief

分析Tensorflow的分布式原理，不得不先提到Google的另一个系统DisBelief，因为Tensorflow的一些分布式核心理念都来源于后者。简单来讲，DisBelief是Google内部开发的第一代面向深度学习的分布式系统。虽然DisBelief具备较好的扩展性，但它对一些研究场景的支持却不够灵活，所以Google才设计出了第二代深度学习分布式系统，也就是大家所熟知的Tensorflow。它相比第一代系统不仅速度更快，更为灵活，而且更能满足新的研究场景需求。据悉这两套系统都被广泛应用于Google的技术产品中，例如语音识别、图像识别及翻译等。

在DisBelief的设计框架中，主要包含如下两个核心元素。

1) 参数服务器(Parameter Server)

参数服务器负责保存和更新模型状态(例如参数)，同时可以根据Worker计算出的梯度下降数值来更新参数。

2) 工作节点(Worker Replica)

工作节点的主要任务是执行具体的计算工作，它会计算神经网络的loss函数以及梯度下降值。

Tensorflow作为Google的第二代深度学习分布式系统，不但很好地继承了DisBelief的上述设计，而且做了不少功能上的扩展改进和性能上的优化。例如，在灵活性方面，Tensorflow与DisBelief最大的区别在于：后者的ps和Worker是两个不同的程序，而在Tensorflow中ps和Worker的运行代码几乎完全相同。

DisBelief的核心实现可以参考图25-22的描述。

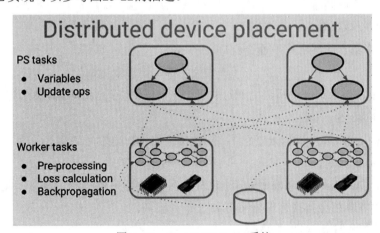

图25-22　Google DisBelief系统

图25-23是Tensorflow的分布式示意图。

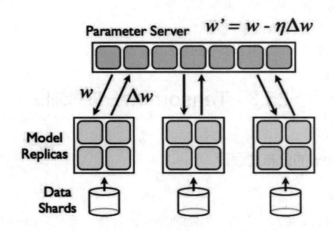

图25-23　Tensorflow分布式示意图

2. 分布式Tensorflow的基本概念

我们先针对Tensorflow分布式实现中的几个重要概念进行讲解，这样后续再遇到它们时就不会"一头雾水"了。

1) Tensorflow 集合(Cluster)

Tensorflow 集合指的是一系列针对图进行分布式计算的任务，其中每一个任务又和服务器相关联，而服务器则包含一个用于创建会话的管理(Master)节点和一个用于图计算的工作节点。

2) 任务

前面提到了集合是任务的集合，读者肯定会有疑问——任务是什么呢？简单来讲，任务就是主机上的一个进程。而且大多数情况下，一台机器只运行一个任务。

3) 任务集

Tensorflow的一个集合也可以被划分为一个或者多个任务集，然后每个任务集则包含一个或者多个任务，所以任务集是任务的集合。那么为什么会有任务集这个概念，它想解决什么样的问题呢？

这是因为在分布式深度学习框架中，存在两种任务集——Parameter Job和Worker Job。根据之前的讲解，我们应该知道前者用于执行参数的存储和更新工作，而后者则负责实际的图计算。当参数数量太大时，就需要多个任务来协同了。

4) 参数服务器和工作结点

参数服务器和工作结点的概念在前面介绍DisBelief时已经做过解释，这里就不再赘述了。

5) 客户端

客户端一般由Python或者C++编写，它通过构建Tensorflow Graph和会话来与集合交互。

6) 管理器服务(Master Service)

管理器服务实现了tensorflow::Session接口，同时负责协调1个或3个管理器服务。

7) 工作者服务(Worker Service)

工作者服务实现了worker_service.proto，它利用本地设备来执行Tensorflow Graph中的一部分。Tensorflow中的所有服务器都会实现管理器服务和工作者服务。

Tensorflow分布式核心元素如图25-24所示。

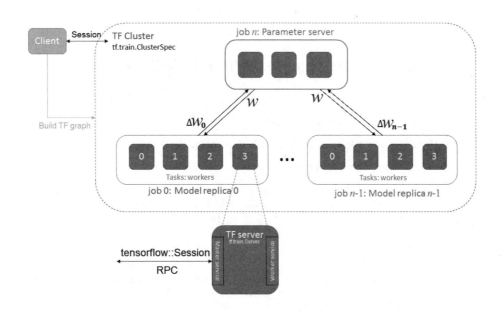

图25-24 Tensorflow分布式核心元素示意图

25.3.2 单机多GPU下的并行计算

Tensorflow相比于其他机器学习平台的一个明显优势还在于其强大的并行计算能力。那么应该怎么理解这个"并行"的概念呢？通俗来讲，"并行"就是指任务可以被拆分成多份，同步执行计算过程，从而有效降低任务耗时。

不过在机器学习这个场景下，我们认为"并行"还可以被进一步细分。下面逐一分析各种可能的Tensorflow程序的运行情况。

1. 一对一的情况(任务不拆分)

一对一的情况是指一个任务(不拆分)在一个CPU/GPU上运行，此时并不涉及并行计算，如图25-25所示。

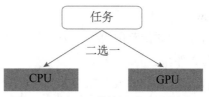

图25-25 一对一的情况(任务不拆分)

那么怎么指定一个Task是在CPU上或者GPU上运行呢？事实上，Tensorflow已经充分考虑到了这一点，并提供了tf.device接口来满足开发者的需求。而且Tensorflow还提供了log_device_placement选项来打印出每步运算操作的硬件承载体。

下面结合范例来做详细讲解。如以下代码段所示。

```
import tensorflow as tf
var_a = tf.constant([2], name='var_a')
var_b = tf.constant([3], name='var_b')
var_c = var_a + var_b
```

```
sess = tf.Session(config=tf.ConfigProto(log_device_placement=True))
print (sess.run(var_c))
```

如果你的Tensorflow程序是在CPU上执行的话，那么会有类似如下的输出。

```
Device mapping: no known devices.
add: (Add): /job:localhost/replica:0/task:0/device:CPU:0
var_b: (Const): /job:localhost/replica:0/task:0/device:CPU:0
var_a: (Const): /job:localhost/replica:0/task:0/device:CPU:0
...
```

而如果是在GPU上执行的话，输出如下。

```
Device mapping:
/job:localhost/replica:0/task:0/device:GPU:0 -> device: 0, name: GeForce GT 650M, pci
bus id: 0000:01:00.0, compute capability: 3.0
add: (Add): /job:localhost/replica:0/task:0/device:GPU:0
var_b: (Const): /job:localhost/replica:0/task:0/device:GPU:0
var_a: (Const): /job:localhost/replica:0/task:0/device:GPU:0
...
```

其中，cpu:0是Tensorflow对CPU的编号。不过不管设备上有几个CPU，都只会显示cpu:0。而GPU的情况则不同，Tensorflow会给设备上的所有GPU分配不同的名称，如gpu:0、gpu:1等。

如果设备属于如下几种情况，那么Tensorflow会默认选择CPU来执行程序。

(1) 没有GPU。

(2) 有GPU，但不在Tensorflow的支持范围内。

(3) 有GPU且在支持范围内，但没有安装配套的驱动软件。

(4) 有GPU，但安装的是Tensorflow的CPU版本。

相对应地，如果设备满足以下条件，那么Tensorflow则默认选择GPU来执行程序。

(1) 安装了GPU版本的Tensorflow。

(2) 设备有GPU，而且在Tensorflow的支持范围内。

(3) 正确安装了GPU的辅助配套软件。

当然，开发者也可以人为地指定需要在CPU或者GPU上执行程序。范例代码如下。

```
import tensorflow as tf
with tf.device('/cpu:0'):
     var_a = tf.constant([2], name='var_a')
     var_b = tf.constant([3], name='var_b')
     var_c = var_a + var_b
sess = tf.Session(config=tf.ConfigProto(log_device_placement=True))
print (sess.run(var_c))
```

上述代码在符合条件的GPU设备上运行时，会有如下输出。

```
Device mapping:
/job:localhost/replica:0/task:0/device:GPU:0 -> device: 0, name: GeForce GT 650M, pci
bus id: 0000:01:00.0, compute capability: 3.0
add: (Add): /job:localhost/replica:0/task:0/device:CPU:0
var_b: (Const): /job:localhost/replica:0/task:0/device:CPU:0
var_a: (Const): /job:localhost/replica:0/task:0/device:CPU:0
...
```

这就说明利用tf.device来有目的性地选择处理器产生效果了。

2. 一对一的情况(任务拆分)

一个任务就只能选择在同一种处理器上端到端地执行吗？

答案是否定的，如图25-26所示。

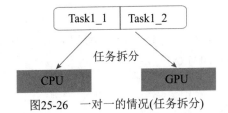

图25-26　一对一的情况(任务拆分)

针对前面的代码再做一下改造，如下。

```
import tensorflow as tf
with tf.device('/cpu:0'):
    var_a = tf.constant([2], name='var_a')
    var_b = tf.constant([3], name='var_b')
with tf.device('/gpu:0'):
    var_c = var_a + var_b
sess = tf.Session(config=tf.ConfigProto(log_device_placement=True))
print (sess.run(var_c))
```

上面代码段就把一个任务成功地拆分成两份了，它们将分别在CPU和GPU上执行。程序执行过程中的log输出也可以证明这一点。

```
Device mapping:
/job:localhost/replica:0/task:0/device:GPU:0 -> device: 0, name: GeForce GT 650M, pci
bus id: 0000:01:00.0, compute capability: 3.0
add: (Add): /job:localhost/replica:0/task:0/device:GPU:0
var_b: (Const): /job:localhost/replica:0/task:0/device:CPU:0
var_a: (Const): /job:localhost/replica:0/task:0/device:CPU:0
...
```

需要特别注意的是，并不是所有的Tensorflow运算都可以在GPU上执行。如果强制指定不适当的处理器的话，有可能导致类似下面的错误。

```
…\Local\Programs\Python\Python36\lib\site-packages\tensorflow\python\framework\ops.py",
line 3160, in create_op    op_def=op_def)
  File "C:\Users\Administrator\AppData\Local\Programs\Python\Python36\
lib\site-packages\tensorflow\python\framework\ops.py", line 1625, in __init__
    self._traceback = self._graph._extract_stack()  # pylint: disable=protected-access
InvalidArgumentError (see above for traceback): Cannot assign a device
for operation 'var_a': Could not satisfy explicit device specification '/device
:GPU:0' because no supported kernel for GPU devices is available.
Colocation Debug Info:
Colocation group had the following types and devices:
VariableV2: CPU
Identity: CPU
Assign: CPU
          [[Node: var_a = VariableV2[container="", dtype=DT_INT32, shape=[1], shared_
name="", _device="/device:GPU:0"]()]]
…
```

3. 一对多GPU的情况 (任务拆分)

前面讲解的是一种任务拆分后分别在CPU和GPU上运行的情况。不难理解，同一任务也可以在多个GPU上分别执行，如图25-27所示。

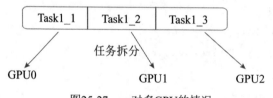

图25-27　一对多GPU的情况

在这种情况下，也可以通过tf.device来指定哪些操作具体需要在哪个GPU上执行，这和前面所述是基本一致的。不过之前的范例比较简单，并不涉及多个GPU之间的复杂协同关系——竞争与协同在计算机领域几乎无处不在，同时也是一个让开发者比较头疼的问题，因为如果处理不当就很容易导致各种异常情况。

接下来，结合Tensorflow的一个官方范例来讲解如何利用多GPU来协同完成模型的训练工作。这个范例是基于CIFAR-10数据集(https://www.cs.toronto.edu/~kriz/cifar.html)开展的，如果对此不熟悉的话可以参考一下本书其他章节的介绍。

不论是什么类型的深度神经网络，基本上都可以把它们抽象成如下几个步骤。

Step1：初始化神经网络参数。

Step2：一轮迭代开始，根据既定策略选择(部分)数据集。

Step3：通过前向传播来计算出结果值。

Step4：利用反向传播算法来更新原有参数。

Step5：回到Step2开始下一轮迭代。

由此可见，神经网络的训练时间主要耗费在N轮的迭代过程中——而且这种迭代理论上是可以并行进行的。具体来讲，在多个GPU上同步训练一个神经网络至少有两种可选方式，即同步协同和异步协同。

在异步协同模式下，各GPU之间是相对独立的。大致的过程就是：首先每个GPU都读取同一份参数值，然后独立开展迭代，最后用反向传播算法得到的结果来更新参数值。异步模式虽然在多GPU协同上不需要做太多工作，但一方面容易引发参数更新冲突，另一方面也有可能导致迭代过程无法达到最优点的问题，因而并不推荐采用这种方式。

同步协同方式的其中一个关键点在于如何有效地管理每个GPU各自迭代后产生的参数值更新。换句话说，每个GPU虽然还是独立进行迭代，但它们必须等待所有设备都完成反向传播，得到统一的参数更新(通常采用取平均值的方式)后才能进行到下一轮的工作中。

异步协同的示意图如图25-28所示。

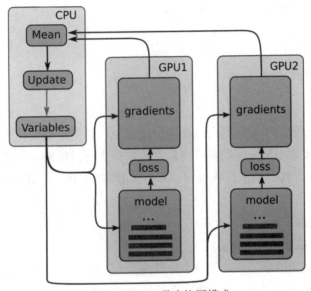

图25-28　GPU异步协同模式

在如图25-29所示的设计中有一个细节，即CPU会负责收集所有GPU设备的输出结果，统一计算更新值后再让它们共享。

下面的代码用于完成在多个GPU上并行执行AlexNet深度神经网络的训练过程，我们将逐一注释其中的一些关键代码行。因为代码比较长，下面进行分段阅读。

```
def train():
  with tf.Graph().as_default(), tf.device('/cpu:0'):
  global_step = tf.get_variable('global_step', [],initializer=tf.constant_initializer(0),
  trainable=False)
    # Calculate the learning rate schedule.
    num_batches_per_epoch = (cifar10.NUM_EXAMPLES_PER_EPOCH_FOR_TRAIN
                             FLAGS.batch_size)
    decay_steps = int(num_batches_per_epoch * cifar10.NUM_EPOCHS_PER_DECAY)
```

前面介绍过，并不是所有操作都可以在GPU上执行；另外，兼顾到CPU与GPU之间的数据传输耗时等因素，因而上述代码段被指定在CPU上完成。其中，global_step是一个全局的参数，可以用于训练过程中的计数。紧接着计算每轮迭代所需的训练数据，以及学习率(Learning Rate)的更新周期(即decay_steps变量)。这两个变量是为了接下来进一步推算出学习率而准备的。

```
#Decay the learning rate exponentially based on the number of steps.
lr = tf.train.exponential_decay(cifar10.INITIAL_LEARNING_RATE, global_step, decay_
steps,
                                   cifar10.LEARNING_RATE_DECAY_FACTOR,
                                   staircase=True)
#Create an optimizer that performs gradient descent.
opt = tf.train.GradientDescentOptimizer(lr)
#Get images and labels for CIFAR-10.
images, labels = cifar10.distorted_inputs()
batch_queue = tf.contrib.slim.prefetch_queue.prefetch_queue(
        [images, labels], capacity=2 * FLAGS.num_gpus)
#Calculate the gradients for each model tower.
tower_grads = []
```

在神经网络的训练过程中,学习率既可以是固定值,也可以是动态变化的值。采用固定值的优点在于简单,而采用动态值则被很多实验证明确实可以对收敛产生有益的影响。学习率的调整可以有很多种具体方式,比如Tensorflow中就提供了指数衰减、多项式衰减等API。上述exponential_decay就是指数衰减函数,它的原型如下。

exponential_decay(learning_rate, global_step, decay_steps,

decay_rate, staircase=False, name=None)

第一个参数代表的是初始的学习率;第二个参数为全局计数值;第三个参数是学习率的更新周期;第四个参数为衰减率;第五个参数代表是否采用非连续性的衰减方式。

学习率的计算方式确定后,接下来还要为训练过程设置优化器。这里采用的是"Gradient Descent Optimizer",即梯度下降优化器。最后的tower_grads数组用于存储各GPU设备的输出结果,以便在每轮结束后执行参数的统一计算。

程序执行到现有为止基本可以说是"万事俱备,只欠东风"了,接下来就可以请主角登场了。

```
with tf.variable_scope(tf.get_variable_scope()):
  for i in xrange(FLAGS.num_gpus):
    with tf.device('/gpu:%d' % i):
      with tf.name_scope('%s_%d' % (cifar10.TOWER_NAME, i)) as scope:
        #Dequeues one batch for the GPU
        image_batch, label_batch = batch_queue.dequeue()
        #Calculate the loss for one tower of the CIFAR model. This function
        #constructs the entire CIFAR model but shares the variables across
        #all towers.
        loss = tower_loss(scope, image_batch, label_batch)
        #Reuse variables for the next tower.
        tf.get_variable_scope().reuse_variables()
        #Retain the summaries from the final tower.
        summaries = tf.get_collection(tf.GraphKeys.SUMMARIES, scope)
```

```
        #Calculate the gradients for the batch of data on this CIFAR tower.
        grads = opt.compute_gradients(loss)
        #Keep track of the gradients across all towers.
        tower_grads.append(grads)
```

不难看出，上述代码段的主循环逻辑在于将任务分发到多个GPU(由FLAGS.num_gpus决定)进行同步训练。每个GPU的工作都是相对平等的，它们从批次队列(Batch Queue)中获取到图像和标签，然后调用tower_loss来执行前向传播算法。所获取到的loss再借助compute_gradients的后向传播过程进一步计算出梯度值。最后将该GPU的梯度计算结果保存到tower_grads数组中。这个代码段中体现神经网络训练过程的主要是两个函数：tower_loss和compute_gradients。它们的实现原理在本书其他章节也已经做过详细的讲解了，因而限于篇幅就只聚焦于多GPU协同方式上，而不再赘述这些细枝末节了。

```
...
grads = average_gradients(tower_grads)
...
    #Apply the gradients to adjust the shared variables.
    apply_gradient_op = opt.apply_gradients(grads, global_step=global_step)
```

各GPU完成自己的一轮迭代后，接下来就该做参数的统一更新了——首先是通过average_gradients来计算"平均梯度"值，然后调用apply_gradients来更新优化器中的训练参数。

当然，到目前为止只是配置了很多变量，但还未实际执行它们。这是由下面的代码段完成的。

```
    train_op = tf.group(apply_gradient_op, variables_averages_op)
    #Create a saver.
    saver = tf.train.Saver(tf.global_variables())
    #Build the summary operation from the last tower summaries.
    summary_op = tf.summary.merge(summaries)
    #Build an initialization operation to run below.
    init = tf.global_variables_initializer()
    sess = tf.Session(config=tf.ConfigProto( allow_soft_placement=True,
        log_device_placement=FLAGS.log_device_placement))
    sess.run(init)
    #Start the queue runners.
    tf.train.start_queue_runners(sess=sess)
    summary_writer = tf.summary.FileWriter(FLAGS.train_dir, sess.graph)
    for step in xrange(FLAGS.max_steps):
      start_time = time.time()
      _, loss_value = sess.run([train_op, loss])
      duration = time.time() - start_time
      assert not np.isnan(loss_value), 'Model diverged with loss = NaN'
      if step % 10 == 0:
        num_examples_per_step = FLAGS.batch_size * FLAGS.num_gpus
```

```
        examples_per_sec = num_examples_per_step / duration
        sec_per_batch = duration / FLAGS.num_gpus
format_str = ('%s: step %d, loss = %.2f (%.1f examples/sec; %.3fsec/batch)')
        print (format_str % (datetime.now(), step, loss_value,
                             examples_per_sec, sec_per_batch))

    if step % 100 == 0:
        summary_str = sess.run(summary_op)
        summary_writer.add_summary(summary_str, step)
...
```

这样一来，基于CIFAR10数据集的多GPU协同训练过程就完成了。总的来说，整个程序的执行逻辑基本上就是按照前面给出的同步协同结构进行的。其中的主要难点在于：

(1) 如何合理的分工，即哪些属于CPU的工作范畴，而哪些则是GPU更擅长的内容。

(2) 同步模式下，所有GPU设备在每轮训练结束后都需要做统一的"调度"。

(3) 各GPU的迭代结果首先保存到一个数组中，计算出最终参数值后再做统一更新，并保证所有设备共享同一份参数。

25.3.3 多机多GPU下的分布式计算

随着深度学习的持续火热，模型的复杂度越来越高。比如有的深度神经网络模型的参数个数可以达到百亿以上级别，需要训练的数据则以TB为单位来衡量。此时即便是一台机器中配置多个GPU也已经"力不从心"了，所以就引出了多机多GPU的诉求。

1. Tensorflow服务器集群

先来讲解如何创建一个Tensorflow的集群。

Tensorflow官方版本就支持服务器集群搭建，而且实现过程并不复杂，不过需要熟悉几个核心的API函数。例如，tf.train.ClusterSpec就是专门用于描述Tensorflow分布式集群的一个类别(Class)实现，如图25-29所示。

```
@tf_export("train.ClusterSpec")
class ClusterSpec(object):
    """Represents a cluster as a set of "tasks", organized into "jobs".

    A `tf.train.ClusterSpec` represents the set of processes that
    participate in a distributed TensorFlow computation. Every
    @{tf.train.Server} is constructed in a particular cluster.
```

图25-29 tf.train.ClusterSpec

举个例子来说，如果希望创建一个包含两个工作(Job)和5个任务的集群，可以采用下面的代码行。

```
cluster = tf.train.ClusterSpec({"worker": ["worker0.example.com:2222",
                                           "worker1.example.com:2222",
                                           "worker2.example.com:2222"],
                                "ps": ["ps0.example.com:2222",
```

```
                                    "ps1.example.com:2222"]})
```

这样一来就产生了我们所需的集群了。它包含两个Job(worker和ps)，其中，worker中有三个任务(即有三个任务执行Tensorflow op操作)，ps有两个任务。

当然，也可以在本地机器上创建集群。下面就是一个单进程集群(Single-process Cluster)的范例，可以看到实现过程同样很简单。

```python
import tensorflow as tf
c = tf.constant("Hello, distributed TensorFlow!")
server = tf.train.Server.create_local_server()
sess = tf.Session(server.target)  # Create a session on the server.
sess.run(c)
```

其中，create_local_server就用于创建一个运行于本地主机(Localhost)的单进程集群，其原型如图25-30所示。

create_local_server

```
@staticmethod
create_local_server(
    config=None,
    start=True
)
```

图25-30　create_local_server原型

紧接着，需要在每个任务中创建一个tf.train.Server实例。服务器用于管理如下一些元素。

(1) 一系列本地的设备。

(2) 与其他任务的连接操作。

(3) 可以用于执行分布式计算的一个tf.Session实例。

例如，下述代码描述了运行于本地主机上的两个服务器。

```python
#In task 0:
cluster = tf.train.ClusterSpec({"local": ["localhost:2222", "localhost:2223"]})
server = tf.train.Server(cluster, job_name="local", task_index=0)
#In task 1:
cluster = tf.train.ClusterSpec({"local": ["localhost:2222", "localhost:2223"]})
server = tf.train.Server(cluster, job_name="local", task_index=1)
```

完成了集群的创建后，就可以进一步在模型中使用它来实现分布式操作了。

```python
with tf.device("/job:ps/task:0"):
  weights_1 = tf.Variable(...)
  biases_1 = tf.Variable(...)
with tf.device("/job:ps/task:1"):
  weights_2 = tf.Variable(...)
  biases_2 = tf.Variable(...)
with tf.device("/job:worker/task:7"):
```

```
  input, labels = ...
  layer_1 = tf.nn.relu(tf.matmul(input, weights_1) + biases_1)
  logits = tf.nn.relu(tf.matmul(layer_1, weights_2) + biases_2)
  #...
  train_op = ...
with tf.Session("grpc://worker7.example.com:2222") as sess:
  for _ in range(10000):
    sess.run(train_op)
```

上述这个范例中包含两个job，其中，ps Job里的两个任务用于创建变量，而worker Job里的任务用于执行计算操作。另外，ps Job和worker Job包含的众多任务之间的交互显然是双向的。

ps → worker：深度网络的前向传播。

worker → ps：参数更新。

那么这些ps Job和worker Job具体是如何进行交互的？有几种可选的模式呢？接下来将逐一"揭开面纱"。

2. 分布式交互模式

1) 图内复制(In-graph replication)

图内复制是Tensorflow提供的分布式模式中较为简单的一种。它的特点在于数据集中在一个节点上进行分发，然后结合其他计算节点来完成训练，如图25-31所示。

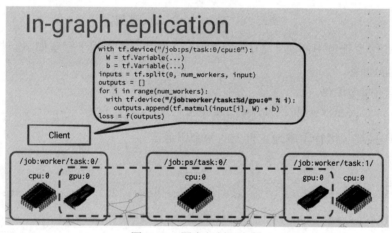

图25-31　图内复制示意图

显然这种方式配置简单，也很好实现，所以在某些场景下具备一定的优势。但对于很大的模型，图内复制的单点分发会严重影响并发训练速度。

2) 图间复制(Between-graph replication)

在图间复制的设计中，每一个/job:worker任务都有独立的客户端(典型情况下，任务和客户端在一个进程中)。换句话说，每个worker都会创建一个图来跑计算，并把数据保存在本地。同时，ps任务会协同不同客户端之间的数据变化。

那么ps Task是如何做到的呢？实现原理也并不复杂，说得直白些就是"共享内存"——为worker任务创建同样名字的变量，并存放在ps的内存中进行共享。这样，当一个worker任务更新了变量，其他任务也是可见的，如图25-32所示。

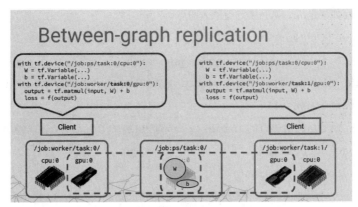

图25-32　图间复制

3) 同步和异步训练

在同步训练模式下，每次迭代都需要等待所有分发出去的数据计算完成并返回了结果以后，才可以执行梯度更新，如图25-33所示。优点在于我们在寻找最优解的过程中较为稳定，不容易出异常状况；缺点也是很明显的，就是会造成不必要的等待耗时(因为不同worker计算所需时间有长有短，这样一来"快的"就必然要等待"慢的")。

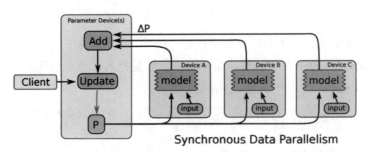

图25-33　同步训练模式

和上述同步训练模式相对应的是异步训练模式，此时大家各自更新计算结果，因而可以充分利用计算资源，如图25-34所示。缺点就在于有可能造成寻优过程的不稳定和抖动的情况。

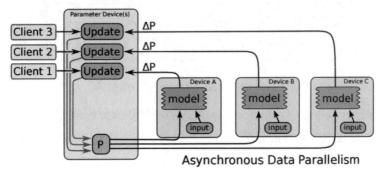

图25-34　异步协同训练模式

3. 代码范例

下面以一个简单的代码范例来演示图间(Between-graph)的分布式训练。

这个范例需要拟合的是一个函数$y=5x+8$，核心代码如下。

```
#distributed_between_graph.py
if FLAGS.job_name == "ps":
```

```
    server.join()  ##如果是ps，则只要等待别人即可
  elif FLAGS.job_name == "worker":
   with tf.device(tf.train.replica_device_setter(
            worker_device="/job:worker/task:%d" % FLAGS.task_index,
            cluster=cluster)):
     global_step = tf.Variable(0, name='global_step', trainable=False)
     input = tf.placeholder("float")
     label = tf.placeholder("float")
     weight = tf.get_variable("weight", [1], tf.float32, initializer=tf.random_normal_
initializer())
       bias = tf.get_variable("bias", [1], tf.float32, initializer=tf.random_normal_
initializer())
     pred= tf.multiply(input, weight) + bias
     loss_value = loss(label, pred)
     optimizer = tf.train.GradientDescentOptimizer(learning_rate)
     grads_and_vars = optimizer.compute_gradients(loss_value)
```

以上代码段用于定义变量、优化器以及梯度计算等操作，这和单机的训练情况没有本质区别。需要特别注意的是replica_device_setter这个函数，简单来讲，它是把各个变量按照Round-robin的方式依次分配到ps节点上。引用dev summit上的一张图例如图25-35所示。

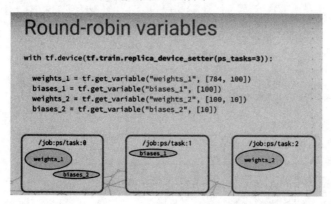

图25-35　按照Round-robin方式分配变量

可以看到上述4个变量(weights_1、biases_1等)被按照顺序依次分配到3个ps节点上了(其中，task:0分配了两个变量)。当然，还有很多其他的分配算法，例如负载均衡(Load Balancing)等。

```
    if issync == 1:
      rep_op = tf.train.SyncReplicasOptimizer(optimizer,
                      replicas_to_aggregate=len(worker_hosts),
                      replica_id=FLAGS.task_index,
                      total_num_replicas=len(worker_hosts),
                      use_locking=True)
      train_op = rep_op.apply_gradients(grads_and_vars, global_step=global_step)
      init_token_op = rep_op.get_init_tokens_op()
```

```
    chief_queue_runner = rep_op.get_chief_queue_runner()
```

由前面的学习我们知道：在同步模式下，需要各个worker将计算结果协同后才能更新参数。这种情况下可以通过调用SyncReplicasOptimizer来实现。

```
    else:
        train_op = optimizer.apply_gradients(grads_and_vars,
                                        global_step=global_step)
```

异步模式下则要简单一些，因为各个worker只需要"各自为政"就可以了。

```
    init_op = tf.initialize_all_variables()
    saver = tf.train.Saver()
    tf.summary.scalar('cost', loss_value)
    summary_op = tf.summary.merge_all()
 sv = tf.train.Supervisor(is_chief=(FLAGS.task_index == 0),
                            logdir="./checkpoint/",
                            init_op=init_op,
                            summary_op=None,
                            saver=saver,
                            global_step=global_step,
                            save_model_secs=60)
```

Supervisor直译是"管理者"，顾名思义，就是统领全局的人。具体而言，类似于参数初始化、模型保存等公共事务它都可以一并代劳，同时还能兼领"居中协调"的职责，保证分布式任务"有条不紊"地开展。

```
    with sv.prepare_or_wait_for_session(server.target) as sess:
        if FLAGS.task_index == 0 and issync == 1:
            sv.start_queue_runners(sess, [chief_queue_runner])
            sess.run(init_token_op)
        step = 0
        while   step < 200000:
            train_x = np.random.randn(1)
            train_y = 5 * train_x + np.random.randn(1) * 0.22  + 8
                _, loss_v, step = sess.run([train_op, loss_value,global_step], feed_
dict={input:train_x, label:train_y})
            if step % steps_to_validate == 0:
                w,b = sess.run([weight,bias])
                print("step: %d, weight: %f, bias: %f, loss: %f" %(step, w, b, loss_v))
        sv.stop()
```

为了可以快速得到最终结果，设置的step步数不会太大(<200 000)，并且每隔1000步打印出当前的

最新状态。接下来可以在本地机器上启动3个进程来模拟运行上述代码，请参考下面的命令行。

```
##ps节点：
python distribute.py --ps_hosts=192.168.1.101:2222 --worker_hosts=192.168.1.101:2224,192.168.1.101:2225 --job_name=ps --task_index=0
##worker1节点：
python distribute.py --ps_hosts=192.168.1.101:2222 --worker_hosts=192.168.1.101:2224,192.168.1.101:2225 --job_name=worker --task_index=0
##worker2节点：
python distribute.py --ps_hosts=192.168.1.101:2222 --worker_hosts=192.168.1.101:2224,192.168.1.101:2225 --job_name=worker --task_index=1
```

当ps和两个worker运行起来后，它们各自就会互相协同来完成分布式训练任务了。

其中，ps节点的状态如图25-36所示。

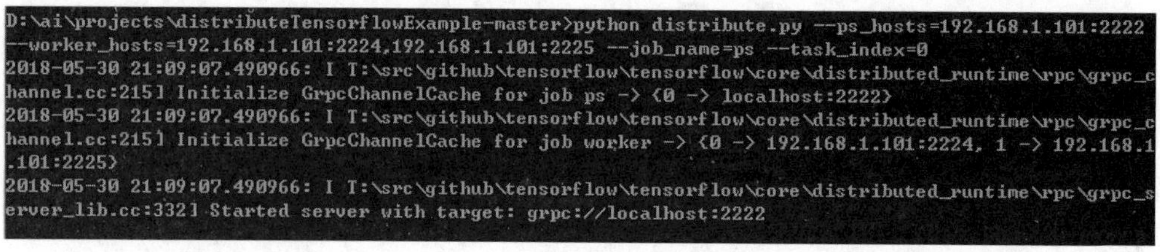

```
D:\ai\projects\distributeTensorflowExample-master>python distribute.py --ps_hosts=192.168.1.101:2222
--worker_hosts=192.168.1.101:2224,192.168.1.101:2225 --job_name=ps --task_index=0
2018-05-30 21:09:07.490966: I T:\src\github\tensorflow\tensorflow\core\distributed_runtime\rpc\grpc_c
hannel.cc:215] Initialize GrpcChannelCache for job ps -> {0 -> localhost:2222}
2018-05-30 21:09:07.490966: I T:\src\github\tensorflow\tensorflow\core\distributed_runtime\rpc\grpc_c
hannel.cc:215] Initialize GrpcChannelCache for job worker -> {0 -> 192.168.1.101:2224, 1 -> 192.168.1
.101:2225}
2018-05-30 21:09:07.490966: I T:\src\github\tensorflow\tensorflow\core\distributed_runtime\rpc\grpc_s
erver_lib.cc:332] Started server with target: grpc://localhost:2222
```

图25-36 ps节点状态

第1个worker的状态如图25-37所示。

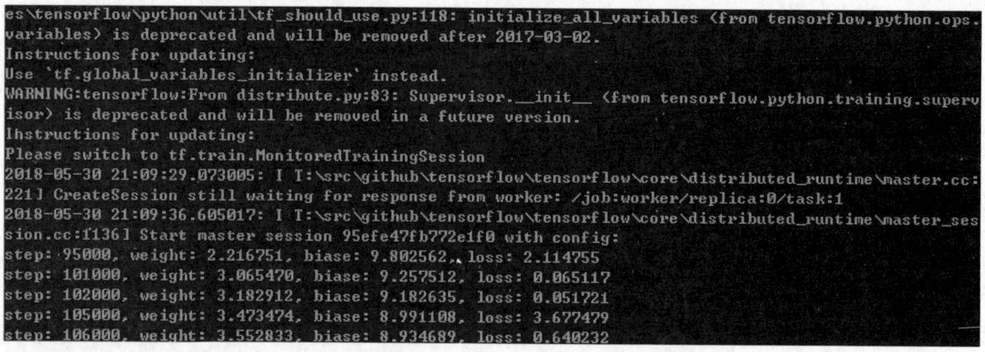

```
es\tensorflow\python\util\tf_should_use.py:118: initialize_all_variables (from tensorflow.python.ops.
variables) is deprecated and will be removed after 2017-03-02.
Instructions for updating:
Use `tf.global_variables_initializer` instead.
WARNING:tensorflow:From distribute.py:83: Supervisor.__init__ (from tensorflow.python.training.superv
isor) is deprecated and will be removed in a future version.
Instructions for updating:
Please switch to tf.train.MonitoredTrainingSession
2018-05-30 21:09:29.073005: I T:\src\github\tensorflow\tensorflow\core\distributed_runtime\master.cc:
221] CreateSession still waiting for response from worker: /job:worker/replica:0/task:1
2018-05-30 21:09:36.605017: I T:\src\github\tensorflow\tensorflow\core\distributed_runtime\master_ses
sion.cc:1136] Start master session 95efe47fb772e1f0 with config:
step: 95000, weight: 2.216751, biase: 9.802562,, loss: 2.114755
step: 101000, weight: 3.065470, biase: 9.257512, loss: 0.065117
step: 102000, weight: 3.182912, biase: 9.182635, loss: 0.051721
step: 105000, weight: 3.473474, biase: 8.991108, loss: 3.677479
step: 106000, weight: 3.552833, biase: 8.934689, loss: 0.640232
```

图25-37 第1个worker的状态

第2个worker的状态如图25-38所示。

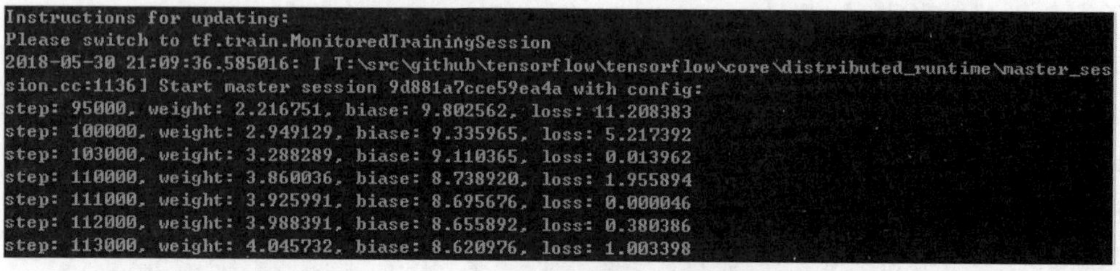

```
Instructions for updating:
Please switch to tf.train.MonitoredTrainingSession
2018-05-30 21:09:36.585016: I T:\src\github\tensorflow\tensorflow\core\distributed_runtime\master_ses
sion.cc:1136] Start master session 9d881a7cce59ea4a with config:
step: 95000, weight: 2.216751, biase: 9.802562, loss: 11.208383
step: 100000, weight: 2.949129, biase: 9.335965, loss: 5.217392
step: 103000, weight: 3.288289, biase: 9.110365, loss: 0.013962
step: 110000, weight: 3.860036, biase: 8.738920, loss: 1.955894
step: 111000, weight: 3.925991, biase: 8.695676, loss: 0.000046
step: 112000, weight: 3.988391, biase: 8.655892, loss: 0.380386
step: 113000, weight: 4.045732, biase: 8.620976, loss: 1.003398
```

图25-38 第2个worker的状态

可以看到，最终得到的分布式训练结果和$y=5x+8$基本相近。

25.4　Tensorflow分布式部署

25.4.1　Tensorflow Serving概述

Tensorflow Serving是支撑机器学习模型部署的一个非常有用的开源软件库，它可以帮助开发人员更好地管理训练后产生的模型的生命周期，如图25-39所示。

CONTINUOUS TRAINING PIPELINE

Data　Learner　Model 2　Model 1

SERVING

Model 2　Model 1　Tensorflow Serving

Request　Clients　Response

图25-39　Tensorflow Serving业务示意图

25.4.2　基于GPU的Tensorflow Serving

值得一提的是，按照Tensorflow官方描述的方式(不论是编译或者apt-get install)安装的Serving版本默认只支持基于CPU的应用推理，官网的这个"小疏忽"事实上给众多开发者带来了不小的困惑。

所以本节将讲解如何部署基于GPU的Tensorflow Serving。

Step1：确保下载并安装了CUDA工具集(Toolkit)，如图25-40所示。

https://developer.nvidia.com/cuda-downloads

需要特别注意的是，Tensorflow对CUDA版本是有要求的，不配套的版本有可能导致不必要的麻烦。

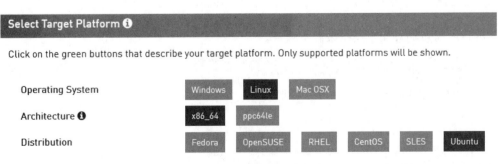

Select Target Platform ❶

Click on the green buttons that describe your target platform. Only supported platforms will be shown.

Operating System	Windows	Linux	Mac OSX			
Architecture ❶	x86_64	ppc64le				
Distribution	Fedora	OpenSUSE	RHEL	CentOS	SLES	Ubuntu

图25-40　选择目标平台

如果是Ubuntu系统，参考如下安装命令(假设下载的是deb文件)。

```
sudo dpkg -i cuda-repo-ubuntu1604-9-0-local_9.0.176-1_amd64.deb
sudo apt-key add /var/cuda-repo-<version>/7fa2af80.pub
sudo apt-get update
sudo apt-get install cuda
```

还有另一种比较便捷的方式就是采用cuda_9.0.176_384.81_linux.run，然后执行：

```
sudo sh cuda_9.0.176_384.81_linux.run
```

就可以了。

采用cuda提供的便携方法实现快速安装界面如图25-41所示。

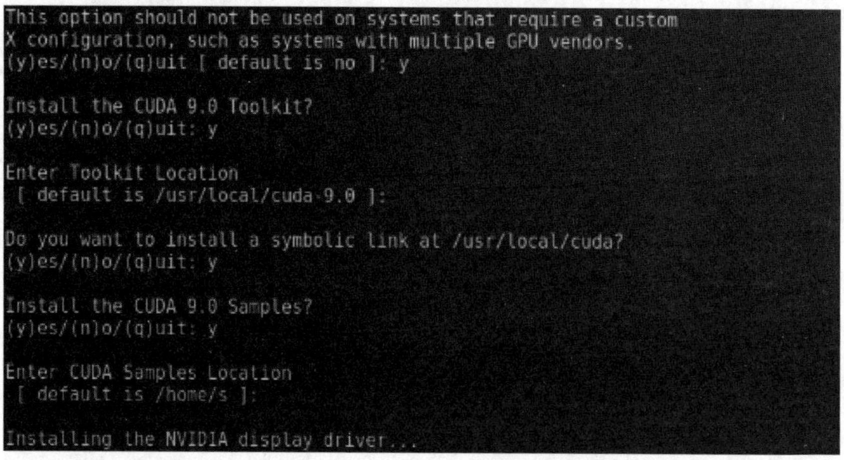

图25-41　采用cuda提供的便携方法实现快速安装

Step2：确保下载并安装了nVIDIA CUDA Deep Neural Network library (cuDNN)。

首先需要确保已经安装了足够新的nVIDIA 图形驱动(Graphics Driver)，否则后面会报错：

https://www.nvidia.com/Download/index.aspx?lang=en-us

获取cuDNN的官方网址：

https://developer.nvidia.com/cudnn

如果是Ubuntu系统，参考如下安装命令(假设下载的是deb文件)。

```
sudo dpkg -i libcudnn7_7.0.3.11-1+cuda9.0_amd64.deb
sudo dpkg -i libcudnn7-dev_7.0.3.11-1+cuda9.0_amd64.deb
sudo dpkg -i libcudnn7-doc_7.0.3.11-1+cuda9.0_amd64.deb
```

安装完成后，可以通过如下操作来做下验证。

```
$cp -r /usr/src/cudnn_samples_v7/ $HOME
$ cd  $HOME/cudnn_samples_v7/mnistCUDNN
$make clean && make
$ ./mnistCUDNN
```

如果输出如下结果就表示成功了：

Test passed!

Step3：下载并安装GPU性能优化实现库NCCL。

https://github.com/NVIDIA/nccl.git

https://developer.nvidia.com/nccl

nVIDIA提供的NCCL实现库如图25-42所示。

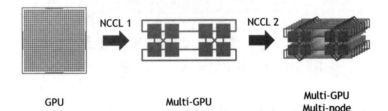

图25-42　nVIDIA提供的NCCL实现库

Step4：下载Tensorflow Serving源代码。

https://github.com/tensorflow/serving

可以参考后续的讲解。

Step5：修改编译配置。

```
cd ~/serving/tensorflow
./configure
```

需要在这里开启GPU支持，并指定CUDA等库的位置。

注：Tensorflow Serving版本还在快速更迭中，因而代码层级经常会出现变化。例如上面所示的Serving目录中如果没有Tensorflow，则还要特别执行如下命令行。

```
git clone --recursive https://github.com/tensorflow/tensorflow.git
```

Step5：修改tools/bazel.rc。

这是因为官方源码中有一个Bug，所以必须做如下修改：将其中的@org_tensorflow//third_party/gpus/crosstool 改为 @local_config_cuda//crosstool:toolchain。

Step6：编译Tensorflow Serving源代码。

```
cd ~/serving
bazel clean --expunge && export TF_NEED_CUDA=1
```

```
bazel build --config=opt --config=cuda tensorflow_serving/...
```

请特别注意上述编译指令中的加粗部分，这是编译出GPU版本的Tensorflow Serving的关键点之一。另外，如果上述opt选项无法正常执行的话，可以采用下述替代命令。

```
bazel build -c opt --config=cuda tensorflow_serving/...
```

其余操作(例如bazel、gRPC等依赖组件)与后续的部署实例是一样的，建议读者可以结合起来阅读。

支持GPU的Tensorflow Serving版本编译如图25-43所示。

图25-43　支持GPU的Tensorflow Serving版本编译

25.4.3　Tensorflow Serving的核心概念

Tensorflow Serving中的核心概念如下。

- 可计算物(Servable)。
- 模型(Model)。
- 加载器(Loader)。
- 寻源服务(Source)。
- 管理器(Manager)。

1. 可计算物

可计算物是Tensorflow Serving中对可计算物(例如lookup或者inference)的一种抽象表达。换句话说，可计算物并不是单纯的指模型，也可以包含其他可计算服务，如数据查询服务等。

2. 模型

Tensorflow Serving中通常用一个或多个可计算物来表示模型。对于复合型的模型，则可以通过多个独立的可计算物，或一个大的、复合型的可计算物来表示它。

3. 加载器

加载器用于管理可计算物的生命周期，比如加载或者卸载一个可计算物。

4. 寻源服务

寻源服务的职责是查找和提供可计算物。对于每个可计算物，寻源服务会为其每一个可用的版本提供相应的加载器。另外，寻源服务具备从各种文件系统发现可计算物的能力，这在项目实施过程中还是很有用的。

5. 管理器

管理器用于管理可计算物的全生命周期，包括以下内容。

- 加载可计算物(Loading Servable)。
- 服务可计算物(Serving Servable)。
- 卸载可计算物(Unloading Servable)。

和加载器相比，管理器扮演的角色更偏向于"全局管控"。例如，它有可能会根据既定策略来延缓一个可计算物的卸载请求(直到有一个新版本的可计算物就绪了)，以保证当前系统中始终有一个可用的可计算物。

我们用图25-44把上述概念"串联"起来。

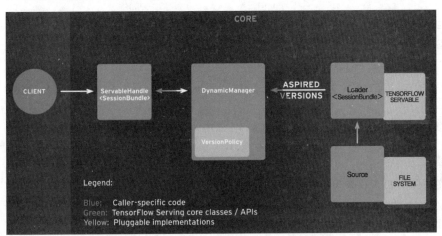

图25-44　Tensorflow Serving中可计算物的全生命周期

详细流程如下。

Step1：寻源服务针对特定版本的可计算物生成一个加载器。图25-45中的FILE SYSTEM属于可定制插件，意味着我们可以根据实际需求来实现定制。

Step2：寻源服务通过回调通知管理器当前有匹配的版本(Aspired Version)，也就是当前已经就绪，需要加载的一系列可计算物版本(Servable Version)。

Step3：管理器根据当前配置的版本策略(Version Policy)来决定下一步的操作，比如卸载或者加载某个版本的可计算物。

Step4：管理器为加载器分配所需的资源，以便后者可以实际去执行加载动作。

Step5：客户端向管理器请求一个可计算物(可以指定版本号，或者要求最新的版本)服务，最终获取的是该可计算物所对应的句柄(Handle)。

25.4.4　Tensorflow模型分布式部署实例

1. Docker安装

首先需要安装Docker并制作正确的镜像。

Docker有两种类型，即Docker CE和Docker EE，建议使用前者。在安装Docker之前，需要确定开发环境的操作系统是否满足下述其中一个条件。

- Artful 17.10 (Docker CE 17.11 Edge and higher only)
- Xenial 16.04 (LTS)
- Trusty 14.04 (LTS)

Step1：卸载Docker老版本(如果有的话)。

参考如下命令行。

```
$ sudo apt-get remove Docker docker-engine docker.io
```

Step2：安装存储驱动器(Storage Driver)。

Docker CE的Ubuntu版本支持overlay2和aufs两种存储驱动器。

(1) 4.0以上版本的Linux kernel支持overlay2，这是首选。

(2) 其他版本的Linux kernel还不支持overlay或者overlay2,此时需要安装aufs存储驱动器。例如，在Ubuntu Trusty 14.04上，参考如下命令行。

```
$ sudo apt-get update
$ sudo apt-get install \
    linux-image-extra-$(uname -r) \
    linux-image-extra-virtual
```

注：源列表可以先设置为国内的镜像，否则有可能无法成功更新。参考如下的源列表(/etc/apt/sources.list)。

```
deb http://mirrors.ustc.edu.cn/ubuntu/ xenial main restricted universe multiverse
deb http://mirrors.ustc.edu.cn/ubuntu/ xenial-security main restricted universe multiverse
deb http://mirrors.ustc.edu.cn/ubuntu/ xenial-updates main restricted universe multiverse
deb http://mirrors.ustc.edu.cn/ubuntu/ xenial-proposed main restricted universe multiverse
deb http://mirrors.ustc.edu.cn/ubuntu/ xenial-backports main restricted universe multiverse
deb-src http://mirrors.ustc.edu.cn/ubuntu/ xenial main restricted universe multiverse
deb-src http://mirrors.ustc.edu.cn/ubuntu/ xenial-security main restricted universe multiverse
deb-src http://mirrors.ustc.edu.cn/ubuntu/ xenial-updates main restricted universe multiverse
deb-src http://mirrors.ustc.edu.cn/ubuntu/ xenial-proposed main restricted universe multiverse
deb-src http://mirrors.ustc.edu.cn/ubuntu/ xenial-backports main restricted universe multiverse
```

Step3：安装Docker CE。

安装Docker CE至少有3种方法，接下来以Docker Repository安装为例进行讲解(官方推荐方式)。

Step3.1：配置仓库(Repository)。

参考如下命令。

```
$ sudo apt-get update
$ sudo apt-get install \
    apt-transport-https \
    ca-certificates \
    curl \
    software-properties-common
```

紧接着添加Docker官方提供的GPG key。

```
$ curl -fsSL https://download.docker.com/linux/ubuntu/gpg | sudo apt-key add -
```

添加完成后，建议做一下验证。

```
$ sudo apt-key fingerprint 0EBFCD88
```

如果显示如图25-45所示结果，表示验证通过。

```
pub    4096R/0EBFCD88 2017-02-22
       Key fingerprint = 9DC8 5822 9FC7 DD38 854A  E2D8 8D81 803C 0EBF CD88
uid                    Docker Release (CE deb) <docker@docker.com>
sub    4096R/F273FCD8 2017-02-22
```

图25-45 验证通过

Docker的稳定仓库(Stable Repository)可以通过如下命令进行设置(针对的是x86_64/amd64，其他硬件架构请参考官方文档说明)。

```
$ sudo add-apt-repository \
    "deb [arch=amd64] https://download.docker.com/linux/ubuntu \
    $(lsb_release -cs) \
    stable"
```

Step3.2：安装Docker CE(见图25-46)。
请参考如下命令。

```
$ sudo apt-get update
$ sudo apt-get install docker-ce
```

```
s@ubuntu:~$ sudo apt-get install docker-ce
Reading package lists... Done
Building dependency tree
Reading state information... Done
The following extra packages will be installed:
  aufs-tools cgroup-lite pigz
The following NEW packages will be installed:
  aufs-tools cgroup-lite docker-ce pigz
0 upgraded, 4 newly installed, 0 to remove and 697 not upgraded.
Need to get 34.1 MB of archives.
After this operation, 185 MB of additional disk space will be used.
Do you want to continue? [Y/n] y
Get:1 http://us.archive.ubuntu.com/ubuntu/ trusty/universe pigz amd64 2.3-2 [59.
4 kB]
```

图25-46 安装Docker CE

安装结束后，可以通过"hello world"来验证Docker环境是否就绪。

```
$ sudo docker run hello-world
```

正确的输出结果应该类似图25-47。

```
s@ubuntu:~$ sudo docker run hello-world
Unable to find image 'hello-world:latest' locally
latest: Pulling from library/hello-world
9bb5a5d4561a: Pull complete
Digest: sha256:f5233545e43561214ca4891fd1157e1c3c563316ed8e237750d59bde73361e77
Status: Downloaded newer image for hello-world:latest

Hello from Docker!
This message shows that your installation appears to be working correctly.
```

图25-47　输出结果

2. 创建Docker镜像

Tensorflow提供了一个模板来编译出Docker镜像，参考：

https://github.com/tensorflow/serving/tree/master/tensorflow_serving/tools/docker/Dockerfile.devel

Step1：编译Docker容器(见图25-48)。

参考如下命令行。

```
$ docker build --pull -t $USER/tensorflow-serving-devel -f tensorflow_serving/tools/
docker/Dockerfile.devel.
```

```
s@ubuntu:~/1_AI/distributed$ sudo docker build --pull -t $USER/tensorflow-servin
g-devel -f Dockerfile.devel .
[sudo] password for s:
Sending build context to Docker daemon  3.072kB
Step 1/9 : FROM ubuntu:16.04
16.04: Pulling from library/ubuntu
297061f60c36: Pull complete
e9ccef17b516: Pull complete
dbc33716854d: Pull complete
8fe36b178d25: Pull complete
686596545a94: Pull complete
Digest: sha256:1dfb94f13f5c181756b2ed7f174825029aca902c78d0490590b1aaa203abc052
```

图25-48　编译Docker容器

Step2：本地启动上述Docker容器(见图25-49)。

```
$ docker run --name=inception_container -it $USER/tensorflow-serving-devel
```

```
s@ubuntu:~/1_AI/distributed$ sudo docker run --name=inception_container -it $USE
R/tensorflow-serving-devel
[sudo] password for s:
root@8f3d8fa3fcc1:/#
```

图25-49　本地启动Docker容器

Step3：克隆、配置、编译Tensorflow Serving服务实例，如图25-50所示。

参考如下命令行。

```
root@c97d8e820ced:/# git clone -b r1.6 --recurse-submodules https://github.com/
tensorflow/serving
root@c97d8e820ced:/# cd serving
root@c97d8e820ced:/#git clone --recursive https://github.com/tensorflow/tensorflow.git
```

##注: 可能是因为Tensorflow Serving的版本更新太快，导致其官方文档时常没有及时跟进——
例如上述这行代码就是我们根据Serving的git change才得出来的。在阅读官方文档请特别注意这一点

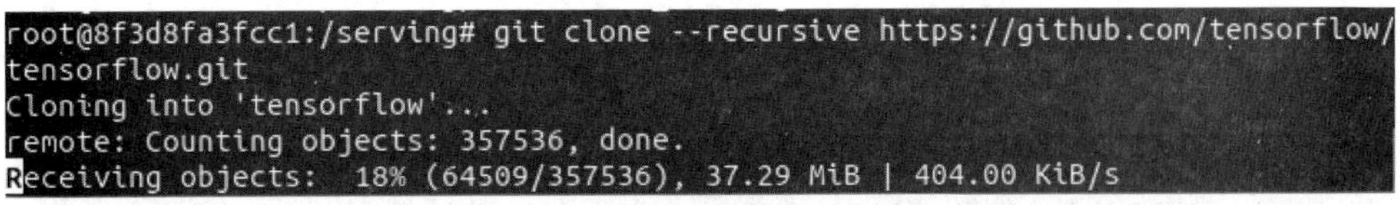

图25-50　利用git远程克隆Tensorflow Serving

```
root@c97d8e820ced:/# cd tensorflow
root@c97d8e820ced:/serving/tensorflow# ./configure
```

配置成功示例如图25-51所示。

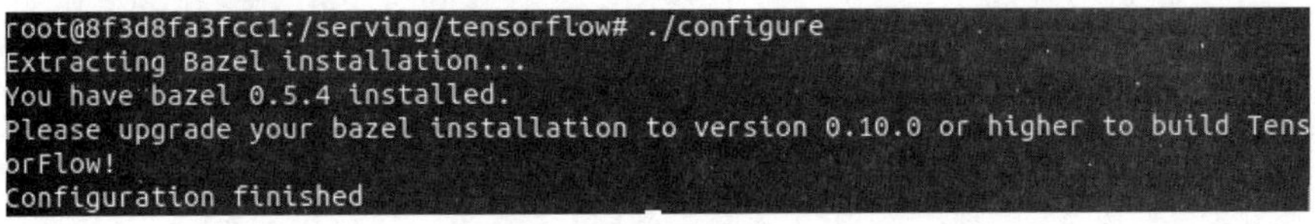

图25-51　配置成功示例

```
root@c97d8e820ced:/serving# cd ..
root@c97d8e820ced:/serving# bazel build -c opt tensorflow_serving/example/...
```

编译过程示例如图25-52所示。

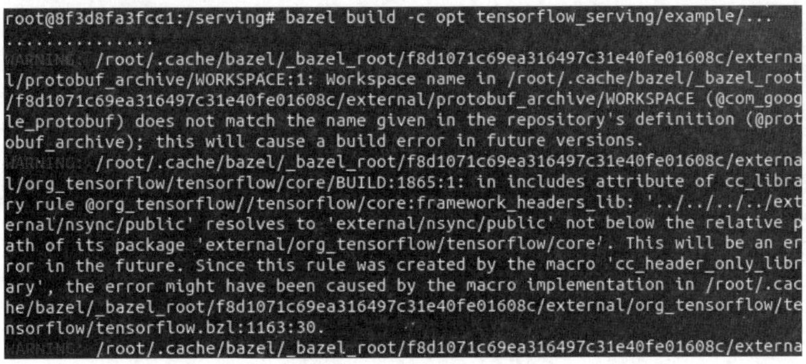

图25-52　编译过程示例

Step4：安装Tensorflow Model Server。

既可以选择通过apt-get来安装Model Server，也可以利用bazel从源码开始编译出所需组件(见图25-53)，参考如下命令。

```
root@c97d8e820ced:/serving# bazel build -c opt tensorflow_serving/model_
servers:tensorflow_model_server
```

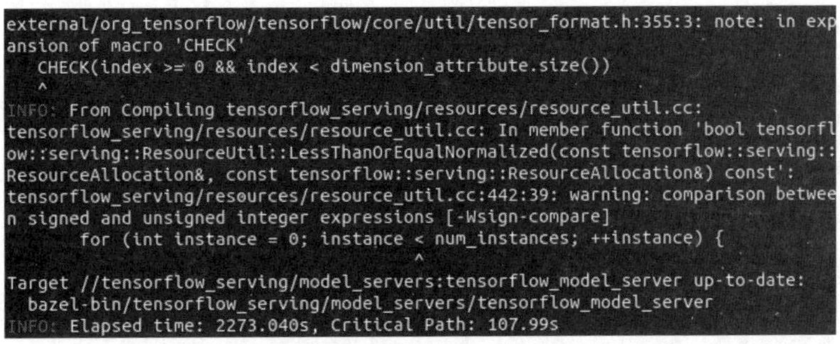

图25-53　编译Model Server

Step5：导出容器中的初始模型(Inception Model)。

参考如下命令行。

```
root@c97d8e820ced:/serving# curl -O
 http://download.tensorflow.org/models/image/imagenet/inception-v3-2016-03-01.tar.gz
root@c97d8e820ced:/serving# tar xzf inception-v3-2016-03-01.tar.gz
root@c97d8e820ced:/serving# ls inception-v3
README.txt  checkpoint  model.ckpt-157585
root@c97d8e820ced:/serving# bazel-bin/tensorflow_serving/example/
inception_saved_model --checkpoint_dir=inception-v3 --output_dir=/tmp/inception-export
```

这里的inception_saved_model用于训练并导出一个初始模型。另外，还可以利用tensorflow_serving/example/inception_saved_model.py来实现同样的效果。

```
root@c97d8e820ced:/serving# ls /tmp/inception-export
1
root@c97d8e820ced:/serving# [Ctrl-p] + [Ctrl-q]
```

Step6：将修改提交到镜像(image)中。

参考如下命令行。

```
$ docker commit inception_container $USER/inception_serving
$ docker stop inception_container
```

可以看到，通过源码来使用Tensorflow Serving确实比较麻烦，因而Tensorflow还提供了它的pip版本来减少大家的工作量。例如，可以从bazel官网下载sh版本来安装。

https://github.com/bazelbuild/bazel/releases

同时，Tensorflow Serving以及它的依赖关系通过pip也一样可以实现便捷安装。

```
sudo apt-get update && sudo apt-get install -y \
        build-essential \
        curl \
        libcurl3-dev \
        git \
        libfreetype6-dev \
        libpng12-dev \
        libzmq3-dev \
        pkg-config \
        python-dev \
        python-numpy \
        python-pip \
        software-properties-common \
        swig \
        zip \
```

```
        zlib1g-dev
pip install tensorflow-serving-api
```

友情提醒：如果在Docker的上述操作过程中出现了异常(例如机器断电、异常重启等)，还可以通过 docker exec -it [container_name] bash来进行恢复(见图25-54)。

图25-54　利用exec命令恢复Docker

3. 本地使用Docker镜像

前面已经生成出了基于初始模型服务的Docker镜像，现在可以利用它来做本地的部署了。

Step1：运行初始模型服务Docker。

参考如下命令行。

```
$ docker run -it $USER/inception_serving
```

Step2：启动Model Server。

```
root@f07eec53fd95:/# cd serving
root@f07eec53fd95:/serving# bazel-bin/tensorflow_serving/model_servers/
tensorflow_model_server --port=9000 --model_name=inception --model_base_path=/tmp/
inception-export &> inception_log &
[1] 45
```

Step3：发起客户端查询。

参考如下命令行。

```
root@f07eec53fd95:/serving# bazel-bin/tensorflow_serving/example/
inception_client --server=localhost:9000 --image=/path/to/my_cat_image.jpg
outputs {
  key: "classes"
  value {
    dtype: DT_STRING
    tensor_shape {
      dim {
        size: 1
      }
      dim {
        size: 5
      }
    }
    string_val: "tiger cat"
    string_val: "Egyptian cat"
    string_val: "tabby, tabby cat"
```

```
      string_val: "lynx, catamount"
      string_val: "Cardigan, Cardigan Welsh corgi"
    }
  }
}
outputs {
  key: "scores"
  value {
    dtype: DT_FLOAT
    tensor_shape {
      dim {
        size: 1
      }
      dim {
        size: 5
      }
    }
    float_val: 9.5486907959
    float_val: 8.52025032043
    float_val: 8.05995368958
    float_val: 4.30645561218
    float_val: 3.93207240105
  }
}
```

由此可见，Model Server已经生效了。

25.5　Tensorflow范例解析

随着人工智能的持续火热，新的目标识别框架也如雨后春笋般涌现出来。如何甄别它们的优缺点，从而选择最适合自己的框架，就摆在开发者面前。Google的研究人员也意识到了这个问题，他们发表了一篇名为"Speed/accuracy trade-offs for modern convolutional object detectors"的论文，同时还基于Tensorflow提出了本节的"主角"——目标识别(Object Detection) API。

接下来先讲解如何安装和使用Tensorflow的目标识别API。

Step1：下载Tensorflow Models。对应的网址如下。

https://github.com/tensorflow/models

Tensorflow平台下的Models分为三种类别，其中，Official是官方提供的，这类模型不仅经过了较为严格的测试，而且会随Tensorflow的升级换代而做相应的更新维护；Research Models是由研究人员提供的模型集合，通常是比较前沿的一些框架；最后一类Tutorial Models则是Tensorflow官网上的指导教程对应的工程。

其中，目标识别API位于上述Models文件夹下的research/object_detection中。

Setp2：安装各种依赖工具包。工具包包括但不限于：

- Protobuf；
- Pillow；
- lxml；
- tf Slim；
- Jupyter notebook；
- Matplotlib；
- Tensorflow。

除了Protobuf (https://github.com/google/protobuf/releases)，可以通过pip来方便地安装其他依赖包。

Step3：将object_detection下的所有protos转换为Protobufs格式，命令如下。

```
protoc object_detection/protos/*.proto --python_out=.
```

Step4：将上述各类依赖包的可执行文件添加到系统PATH中。例如：

```
export PYTHONPATH=$PYTHONPATH:'pwd':'pwd'/slim
```

这样一来，目标识别就安装完成了。接下来以Tensorflow的object_detection_tutorial为例来分步讲解一下如何使用它来完成目标识别任务。

Step1：首先导入所需的模块，并准备好运行环境。

```
import numpy as np
…
from matplotlib import pyplot as plt
from PIL import Image
%matplotlib inline #将matplotlib产生的图表直接嵌入到jupyter notebook中
sys.path.append("..")
from utils import label_map_util
from utils import visualization_utils as vis_util
```

Step2：利用pretrained models来构建我们的目标识别程序。

```
MODEL_NAME = 'ssd_mobilenet_v1_coco_11_06_2017'
MODEL_FILE = MODEL_NAME + '.tar.gz'
DOWNLOAD_BASE = 'http://download.tensorflow.org/models/object_detection/'
PATH_TO_CKPT = MODEL_NAME + '/frozen_inference_graph.pb'
PATH_TO_LABELS = os.path.join('data', 'mscoco_label_map.pbtxt')
NUM_CLASSES = 90
```

上述代码段为下载pretrained models做准备。其中，**MODEL_FILE**是一个压缩包，将从服务器端下载。它包括一系列模型相关文件，其中的核心则是ckpt(目标识别模型)。从名称中不难看出，这是基于ssd mobilenet和coco数据集实现的模型。

下载过程所对应的代码如下。

```
opener = urllib.request.URLopener()
opener.retrieve(DOWNLOAD_BASE + MODEL_FILE, MODEL_FILE)
tar_file = tarfile.open(MODEL_FILE)
for file in tar_file.getmembers():
  file_name = os.path.basename(file.name)
  if'frozen_inference_graph.pb' in file_name:
    tar_file.extract(file, os.getcwd())
```

MODEL_FILE下载完成后，程序会自动进行解压缩操作，并提取出frozen_inference_graph.pb文件。

```
detection_graph = tf.Graph()
with detection_graph.as_default():
  od_graph_def = tf.GraphDef()
  with tf.gfile.GFile(PATH_TO_CKPT,'rb') as fid:
    serialized_graph = fid.read()
    od_graph_def.ParseFromString(serialized_graph)
tf.import_graph_def(od_graph_def, name='')
…
```

现在可以将模型加载到内存中了，并利用Tensorflow的import_graph_def接口来完成模型图的构造。同时还需要处理的是标签列表，它包含一系列代表目标对象类别的标签。限于篇幅这里把代码略去了。

到目前为止已经"万事俱备"，就等着主角"目标识别"上场了。

```
PATH_TO_TEST_IMAGES_DIR = 'test_images' #需要做目标识别的图片所在目录
TEST_IMAGE_PATHS = [ os.path.join(PATH_TO_TEST_IMAGES_DIR, 'image{}.
jpg'.format(i)) for i in range(1, 3) ] #只从上述目录中挑选其中两张来做验证，即image1.jpg和
#image2.jpg
IMAGE_SIZE = (12, 8) #输出结果的图片尺寸
with detection_graph.as_default():
  with tf.Session(graph=detection_graph) as sess:
image_tensor = detection_graph.get_tensor_by_name('image_tensor:0')
#从模型图中找到名为'image_tensor:0'的张量
detection_boxes = detection_graph.get_tensor_by_name('detection_boxes:0')
#detection_boxes用于标准目标物体在图片中的位置和尺寸大小
    detection_scores = detection_graph.get_tensor_by_name('detection_scores:0')
    detection_classes = detection_graph.get_tensor_by_name('detection_classes:0')
num_detections = detection_graph.get_tensor_by_name('num_detections:0')
#上述3个张量表示被识别出的物体类别的数量，以及它们的可信度分值，这些都将体现在最终的结果图片中
    for image_path in TEST_IMAGE_PATHS: #逐一处理image1和image2
      image = Image.open(image_path) #打开image文件
      image_np = load_image_into_numpy_array(image) #以numpy array来表示图像数据
      image_np_expanded = np.expand_dims(image_np, axis=0)
```

```
(boxes, scores, classes, num) = sess.run(
    [detection_boxes, detection_scores, detection_classes, num_detections],
    feed_dict={image_tensor: image_np_expanded})
```
#利用Session.run来向Tensorflow后台发起实际的识别任务，输入的数据是image_np_expanded，
#输出的结果就包含在detection_boxes等3个张量中
```
vis_util.visualize_boxes_and_labels_on_image_array(
    image_np, np.squeeze(boxes),.squeeze(classes).astype(np.int32),
    np.squeeze(scores), category_index,use_normalized_coordinates=True,
    line_thickness=8)
plt.figure(figsize=IMAGE_SIZE)
plt.imshow(image_np)
```
#最后调用matplotlib将结果以图形化的方式直接绘制在jupyter notebook页面中

如果一切顺利的话，开发者将看到如图25-55所示的目标识别结果(部分截图)。

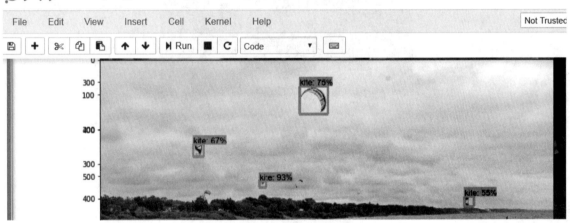

图25-55　目标识别结果

可见程序运行成功了。

25.6　Tensorflow的"变种"

25.6.1　Tensorflow Lite

在2017年的Google I/O大会上，这家互联网巨头宣布了从移动优先(Mobile First)到AI优先(AI First)转型的战略，如图25-56所示。

为了支撑这一战略的实际落地，Google提出了一系列计划。其中移动端作为连接用户的重要一环，自然是AI的一个"战略要地"——Tensorflow Lite横空出世了。它的初衷就是让移动端设备也变成机器学习的"前沿阵地"，从而摆脱以前模型需要强依赖服务器端处理能力的困境。

图25-56　Google CEO Sundar Pichai宣布公司AI优先的战略转型

当然，"端侧AI"中有一个需要重点考虑的问题，那就是如何有效利用移动设备五花八门的硬件设备性能来服务于AI。我们知道，Android系统的开源性虽然促进了它的繁荣，但也导致了它的"分裂"和兼容性问题。全球每年至少有数以万计的Android新产品诞生。

一直受困于Android碎片化问题的Google(见图25-57)，自然会在发布Tensorflow Lite之前就预先考虑到了这个"老生常谈"的问题。它给出的答案是：在Android系统的框架层中特别添加一层神经网络API，以起到"承上启下"的作用。

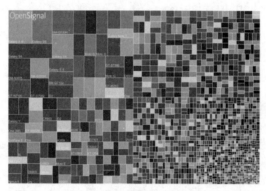

图25-57　Android碎片化问题(引用自opensignal)

Android神经网络的实现框架如图25-58所示。

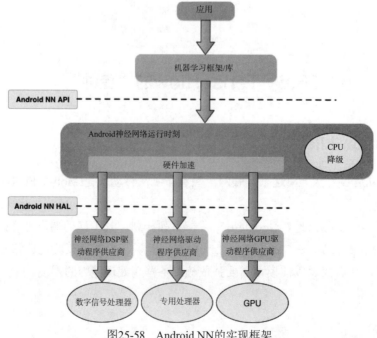

图25-58　Android NN的实现框架

我们从两个角度来分析Android神经网络的设计。

(1) "启下"统一设备的硬件差异。

机器学习模型既可以通过多种硬件方式来执行，例如，GPU或者这两年兴起的NPU(截至目前，国产手机品牌华为的多款手机都已经配备了NPU处理器)等，也可以通过纯软件的方式来执行。

受限于价格、定位等多重因素，终端设备的底层硬件肯定是形色各异的。因而神经网络的其中一个重要任务就是通过统一的HAL接口和VTS测试等方式来尽可能屏蔽底层的硬件差异。

(2) "承上"为机器学习框架提供支撑。

这里的机器学习框架就包括本节所描述的Tensorflow Lite。另外，从NN的框架图中不难发现，它并不建议应用程序直接调用神经网络API，而是经由机器学习框架来完成。

25.6.2 Tensorflow RS

"金无足赤，人无完人"，Tensorflow虽然经过多年的发展，已经取得了长足进步，但这并不代表它没有任何缺点。例如，业界一些公司在使用Tensorflow进行工业化落地的过程中，针对它的不足就提出了自己的解决方案，其中在国内小有名气的是阿里巴巴的Tensorflow RS。

根据阿里巴巴官方社区的描述，Tensorflow RS主要解决的是如下一些问题。

(1) 原生Tensorflow的水平扩展能力差问题。

阿里巴巴在大量模型的性能测试中发现随着数据并行度的增加，Tensorflow中单个Worker的样本处理QPS会急剧下降。而当Worker数量增大到一定规模的时候，系统整体QPS不但不再增长甚至还会下降。

(2) 原生Tensorflow缺乏完备的分布式容错(Failover)机制问题。

Tensorflow基于静态拓扑配置来构建集合，不支持动态组网，这就意味着当某个ps或者Worker挂掉重启之后，如果IP或者端口发生变化(例如机器崩溃)，训练将无法继续。另外，Tensorflow的checkpoint只包含服务器存储的参数信息，不包含Worker端的状态，不是全局一致性的检查点(checkpoint)，无法实现正好一次(Exactly-Once)等基本的Failover语义。

针对上述问题，阿里巴巴提供的Tensorflow RS采取了如下一些解决方案(以下描述是基于阿里巴巴官方社区的介绍进行了优化调整)。

(1) 通过对接独立的参数服务器提升水平扩展能力。

阿里巴巴研究人员在对Tensorflow做过细致的分析之后，发现Tensorflow原生的ps由于设计和实现方面的多种原因(grpc，lock，graph-engine)，很难达到良好的水平扩展能力。于是他们决定丢掉TF-PS的包袱，重新实现一个高性能的参数服务器：PS-Plus。此外，他们还提供了完整的TF on PS-Plus方案，可以支持用户在Native-PS和PS-Plus之间自由切换，并且完全兼容Tensorflow原有的Graph语义和所有API。用户可以在一行不改深度神经网络代码的情况下，将参数分布和运行在PS-Plus上，享受高性能的参数交换和良好的水平扩展能力。

(2) 重新设计Failover机制，支持动态组网和Exactly-Once的Failover。

(3) Tensorflow RS引入了工作节点状况(Worker State)，在检查点中存储了Worker的状态信息。这样一来，当Worker重启后，还会接着上次的进度开始继续训练。此外，Tensorflow RS通过zk来生成Cluster配置，支持了动态组网的Failover。新的Failover机制可以保证在任意角色挂掉的情况下，系统都能在分钟级内完成Failover，并且不会产生多算或者漏算数据的现象。

Tensorflow RS的主体架构如图25-59所示。

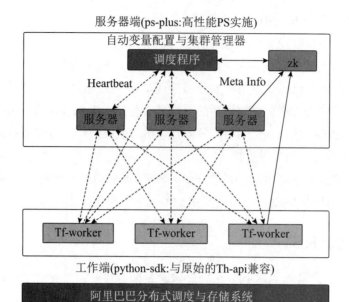

图25-59　Tensorflow RS主体架构

另外，针对高并发情况下中断和线程上下文切换所带来的开销和延迟问题，Tensorflow RS也做了专门的优化，如图25-60所示。

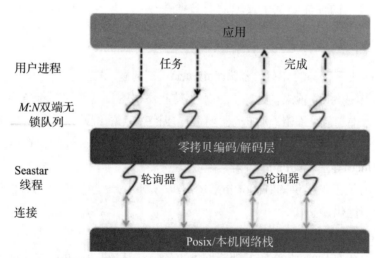

图25-60　Tensorflow RS的通信优化

可以看到，整个通信架构采用了Seastar作为基础，同时以"pooling + run to completion"作为处理逻辑。官方具体描述如下。

(1) 外部线程交互队列。

借鉴Seastar核心之间的交互机制，提供了一个 $M:N$ 无锁生产者消费者队列，用于外部线程与Seastar内部线程进行交互。相比传统队列性能有极大的提升。

(2) 写请求顺序调度。

从外部线程轮询(Poll)到的写请求，如果直接调用Seastar的写接口，会导致写缓存无法保证有序进行。通过队列机制的改造，自动保证了写顺序，同时基本不损失多连接的并发写的性能。

(3) 灵活的编解码层。

提供了一套编解码层的抽象接口，方便用户使用，从而不需要借助protobuf等传统的序列化、反序列化的第三方库，同时也避免了protobuf的一些性能问题。

如图25-61是阿里巴巴针对Tensorflow RS和原生TF的测试结果对比。

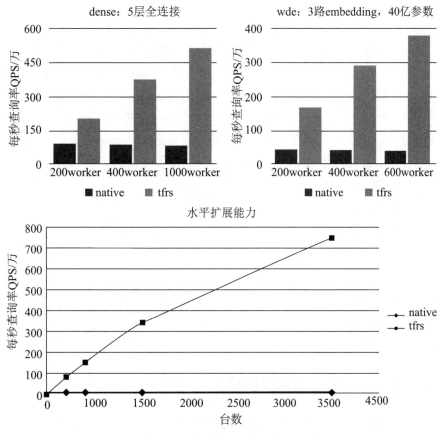

图25-61　性能和水平扩展指标对比

感兴趣的读者可以查找Tensorflow RS的相关资料了解详情。

26.1　Caffe的安装

Caffe是一种深度学习框架，全称为Convolutional Architecture for Fast Feature Embedding，中文翻译为"快速特征嵌入的卷积框架"，其创始人是UC Berkeley的贾扬清博士。作为一个遵循BSD 2-Clause许可证(License)的开源项目(https://github.com/BVLC/caffe)，Caffe在学术界的应用非常广泛，因而也是我们学习机器学习的"必备神器"。

截至本书写作时，Caffe官方推荐的系统平台是Ubuntu 16.04-12.04，或者OS X 10.11-10.8。当然，用户也可以基于其开源分支来完成Windows等其他平台的安装。理论上，Caffe支持在如下平台中使用。

- Docker；
- Ubuntu；
- Debian；
- OS X installation；
- RHEL / CentOS / Fedora；
- Windows；
- OpenCL；
- AWS AMI。

26.1.1　Ubuntu下安装Caffe

Ubuntu系统下的Caffe安装相对简单，因为它的官方版本就已经支持(Windows平台上的安装方式参见26.1.2节)了。不过针对不同版本的Ubuntu系统，Caffe的安装方式也有一些差异，下面分别进行介绍。

1. 针对≥17.04版本的Ubuntu

高版本(≥17.04)的Ubuntu已经集成了Caffe，因而这种情况下的安装过程是最简单的。理论上只需要采用如下命令即可完成。

1) CPU-only version

```
sudo apt install caffe-cpu
```

可以访问如下网址了解CPU版本的最新状态：

https://launchpad.net/ubuntu/+source/caffe

2) CUDA version

```
sudo apt install caffe-cuda
```

可以访问如下网址了解CUDA版本的最新状态：

https://launchpad.net/ubuntu/+source/caffe-contrib

需要注意的是，采用如上命令来安装CUDA版本的一个前提是，nVIDIA driver 和 CUDA toolkit都已经通过APT安装成功了

当然，高版本的Ubuntu也支持基于源代码来编译并安装Caffe。接下来详细介绍其中的几个核心步骤。

Step1：从Github平台上下载Caffe的官方开源代码。具体的地址如下。

https://github.com/BVLC/caffe.git

下载后的代码除了若干源代码文件夹外，在根目录下还有一个Makefile和一个Makefile.config. example文件，如图26-1所示。

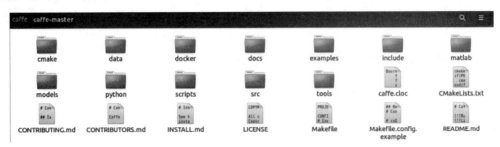

图26-1　下载后的代码文件

Step2：在执行编译之前，需要保证编译依赖的所有环境已经准备好。在高版本的Ubuntu下，这个条件也很容易满足，参考如下命令。

```
sudo apt build-dep caffe-cpu        #dependencies for CPU-only version
sudo apt build-dep caffe-cuda       #dependencies for CUDA version
```

Step3：从这里开始，就正式进入编译环节了。Caffe目前支持两种编译方式，即Make和CMake。其中前者已经得到了官方的支持，而CMake主要来源于社区的贡献。为了让读者有个完整的认识，这两种方式在接下来的内容中都会讲解——不过这个过程和<17.04版本的Ubuntu中的处理是完全一样的，因而在后面一并阐述。

2. 针对<17.04版本的Ubuntu

<17.04版本的Ubuntu系统下的Caffe安装过程相对来说会麻烦一些，需要多个步骤才能完成。

Step1：从Github下载Caffe源代码，请参考前面的描述。

Step2：安装各种依赖环境。

主要包括如下几部分。

(1) 通用依赖(General Dependency)。

```
sudo apt-get install libprotobuf-dev libleveldb-dev libsnappy-dev libopencv-dev
libhdf5-serial-dev protobuf-compiler
sudo apt-get install --no-install-recommends libboost-all-dev
```

代码执行中的部分截图如图26-2所示。

```
Setting up libopencv-videostab-dev:amd64 (2.4.8+dfsg1-2ubuntu1) ...
Setting up libopencv-stitching-dev:amd64 (2.4.8+dfsg1-2ubuntu1) ...
Setting up libopencv-superres-dev:amd64 (2.4.8+dfsg1-2ubuntu1) ...
Setting up libopencv2.4-jni (2.4.8+dfsg1-2ubuntu1) ...
Setting up libopencv2.4-java (2.4.8+dfsg1-2ubuntu1) ...
Setting up libopencv-dev (2.4.8+dfsg1-2ubuntu1) ...
Setting up libprotobuf-lite8:amd64 (2.5.0-9ubuntu1) ...
Setting up libprotoc8:amd64 (2.5.0-9ubuntu1) ...
Setting up libraw1394-tools (2.1.0-1ubuntu1) ...
Setting up opencv-data (2.4.8+dfsg1-2ubuntu1) ...
Setting up libprotobuf-dev:amd64 (2.5.0-9ubuntu1) ...
Setting up libsnappy-dev (1.1.0-1ubuntu1) ...
Setting up protobuf-compiler (2.5.0-9ubuntu1) ...
Processing triggers for libc-bin (2.19-0ubuntu6) ...
```

图26-2　代码执行中的部分截图

(2) CUDA依赖 (CPU模式不需要)。

通过apt-get或者nVIDIA.run安装包(package)来安装。这两种方式各有优缺点，可以查阅nVIDIA官网来了解详情。

(3) BLAS依赖。

BLAS(Basic Linear Algebra Subprograms)是一个基础线性代数子程序库。开发者至少有如下三种选择。

① ATLAS。参考如下命令行。

```
sudo apt-get install libatlas-base-dev
```

② OpenBLAS。参考如下命令行。

```
sudo apt-get install libopenblas-dev
```

③ Intel MKL。

(4) Python依赖。

除了常规的Python依赖外，还需要执行：

```
sudo apt-get install python-dev
```

因为在编译pycaffe时会用到上述环境。

(5) 其他各种依赖条件。

① Ubuntu 16.04。这个版本的Ubuntu需要配套CUDA 8。

② Ubuntu 14.04。可以通过如下命令行来安装其他依赖。

```
sudo apt-get install libgflags-dev libgoogle-glog-dev liblmdb-dev
```

③ Ubuntu 12.04。

④ 12.04平台下最为烦琐，请参考如下命令行。

```
#glog
wget https://github.com/google/glog/archive/v0.3.3.tar.gz
tar zxvf v0.3.3.tar.gz
cd glog-0.3.3
./configure
make && make install
#gflags
wget https://github.com/schuhschuh/gflags/archive/master.zip
unzip master.zip
cd gflags-master
mkdir build && cd build
export CXXFLAGS="-fPIC" && cmake .. && make VERBOSE=1
make && make install
#lmdb
```

```
git clone https://github.com/LMDB/lmdb
cd lmdb/libraries/liblmdb
make && make install
```

Step3：编辑Makefile.config配置文件。

接下来就正式进入编译环节了。如前所述，将分别针对Make和CMake两种方式进行详细讲解。

(1) Make。

以Makefile.config.example为模板，并做进一步修改：

```
cp Makefile.config.example Makefile.config
```

按照官方的描述，所需修改的内容如下。

- For CPU & GPU accelerated Caffe, no changes are needed.
- For cuDNN acceleration using NVIDIA's proprietary cuDNN software, uncomment the USE_CUDNN := 1 switch in Makefile.config. cuDNN is sometimes but not always faster than Caffe's GPU acceleration.
- For CPU-only Caffe, uncomment CPU_ONLY := 1 in Makefile.config.

Step4：执行编译。

如果需要分发到其他机器，可以选择下面的命令行。

```
make distribute
```

否则，可以采用如下命令行。

```
make all -j8
```

其中的数字代表的是并发编译数目，可以根据机器的实际配置进行调整。

如果出现如图26-3所示的界面，那么恭喜你，Caffe编译成功了。

```
AR -o .build_release/lib/libcaffe.a
LD -o .build_release/lib/libcaffe.so.1.0.0
CXX/LD -o .build_release/tools/extract_features.bin
CXX/LD -o .build_release/tools/caffe.bin
CXX/LD -o .build_release/tools/upgrade_net_proto_binary.bin
CXX/LD -o .build_release/tools/compute_image_mean.bin
CXX/LD -o .build_release/tools/upgrade_solver_proto_text.bin
CXX/LD -o .build_release/tools/convert_imageset.bin
CXX/LD -o .build_release/tools/upgrade_net_proto_text.bin
CXX/LD -o .build_release/examples/siamese/convert_mnist_siamese_data.bin
CXX/LD -o .build_release/examples/mnist/convert_mnist_data.bin
CXX/LD -o .build_release/examples/cifar10/convert_cifar_data.bin
CXX/LD -o .build_release/examples/cpp_classification/classification.bin
```

图26-3　Caffe编译成功

(2) CMake。

Caffe要求CMake的版本≥2.8.7。

Step3：社区开发者提供了如下的CMake编译方式。

```
mkdir build
cd build
```

```
cmake ..
make all
make install
make runtest
```

还可以参考如下网址来做进一步理解。

https://github.com/BVLC/caffe/pull/1667

26.1.2 Windows下安装Caffe

前面学习了Caffe在Ubuntu系统下的安装过程，总的来讲还是比较便捷的。相对而言，Windows下的Caffe安装似乎就没有那么"友好"了。考虑到不少开发人员也会选择在Windows下做机器模型训练，因而本书也把相关经验一并介绍给大家。

接下来的内容中，主要以Windows 7操作系统为例来进行讲解，其他版本的Windows系统可能存在一些差异。

1. Caffe官方安装方式

Step1：Prebuilt binaries和要求。

和Tensorflow等其他AI框架类似，Caffe也支持CPU和GPU两个版本。作者在Github上已经分别提供了Visual Studio、Python等必要工具的CPU和GPU版本的Prebuilt binaries供大家直接下载使用。可以查看如下网址获取最新更新。

https://github.com/BVLC/caffe/tree/windows

另外，还需要CMake来完成编译工作。请从官网下载安装正确的Windows版本。

https://cmake.org/

Step2：可选依赖工具。

有如下一些可选工具，建议安装。

- Python for the pycaffe interface. Anaconda Python 2.7 or 3.5 x64 (or Miniconda)
- Matlab for the matcaffe interface
- CUDA 7.5 or 8.0 (use CUDA 8 if using Visual Studio 2015)
- cuDNN v5

Step3：设置系统属性。

例如，cmake.exe、python.exe等都应该在系统PATH路径下。

Step4：配置并编译Caffe工程。

和Tensorflow等不同，Caffe需要在本地通过源代码来完成编译安装，建议遵循官方提供的如下范例。

```
C:\Projects> git clone https://github.com/BVLC/caffe.git
C:\Projects> cd caffe
C:\Projects\caffe> git checkout windows
:: Edit any of the options inside build_win.cmd to suit your needs
C:\Projects\caffe> scripts\build_win.cmd
```

2. Microsoft移植版本安装

除了前面所讲的官方提供的方法外，还可以选择安装微软公司移植的针对Windows的Caffe版本，理论上会更简单一些。

Step1：首先，需要保证Visual Studio可以正常运行使用。虽然目前VS的最新版本是Microsoft VS 2017(有免费的Community版本)，不过还是建议采用官方推荐的Visual Studio版本(例如Visual Studio Community 2013)——经验证明，"听取官方建议"可以在一定程度上避免各种奇奇怪怪的问题。

注意：Visual Studio需要在CUDA之前安装，否则会出现一些问题。

Step2：从Github同步Microsoft提供的Caffe版本源代码，网址如下。

https://github.com/Microsoft/caffe

它和官方代码的主要区别在于增加了一个windows文件夹(如图26-4所示)，并针对Visual Studio工程化做了不少改造工作。

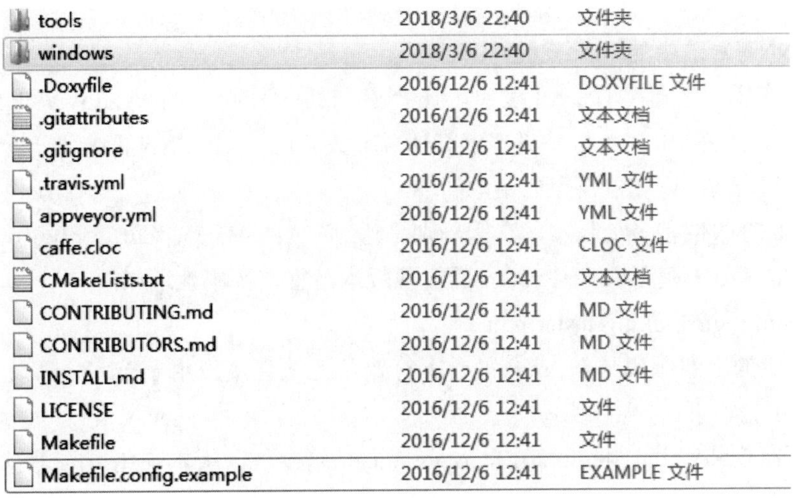

名称	日期	类型
tools	2018/3/6 22:40	文件夹
windows	2018/3/6 22:40	文件夹
.Doxyfile	2016/12/6 12:41	DOXYFILE 文件
.gitattributes	2016/12/6 12:41	文本文档
.gitignore	2016/12/6 12:41	文本文档
.travis.yml	2016/12/6 12:41	YML 文件
appveyor.yml	2016/12/6 12:41	YML 文件
caffe.cloc	2016/12/6 12:41	CLOC 文件
CMakeLists.txt	2016/12/6 12:41	文本文档
CONTRIBUTING.md	2016/12/6 12:41	MD 文件
CONTRIBUTORS.md	2016/12/6 12:41	MD 文件
INSTALL.md	2016/12/6 12:41	MD 文件
LICENSE	2016/12/6 12:41	文件
Makefile	2016/12/6 12:41	文件
Makefile.config.example	2016/12/6 12:41	EXAMPLE 文件

图26-4 Microsoft移植版Caffe

Step3：针对上述已经获取的源代码工程，首先备份.\windows\CommonSettings.props.example，然后再将其更名为 .\windows\CommonSettings.props。

Step4：如果希望使用GPU版本的Caffe，那么CUDA和cuDNN是必需的，可以从nVIDIA的官网上下载它们的最新版本。如果只是通过CPU来运行Caffe，那么需要在CommonSettings.props中将CpuOnlyBuild设为true，并将UseCuDNN设为false。

Step5：如果需要使用Python，可以在CommonSettings.props中将PythonSupport设为true。然后从如下网址中下载Miniconda，并将Python设置到系统PATH环境中。

https://conda.io/miniconda.html

安装完成Miniconda后，通过如下命令来安装Caffe的一些依赖库。

```
conda install --yes numpy scipy matplotlib scikit-image pip
pip install protobuf
```

Step6：通过Visual Studio导入Caffe源码目录下的.\windows\Caffe.sln工程，然后执行编译命令来生成Caffe文件。

如果一切顺利的话，会在源码工程的Build目录下生成最终结果，如图26-5所示。

图26-5　Build目录下最终结果

3. Faster R-CNN等算法中的Caffe安装

相信不少读者在学习机器模型的过程中，还会遇到另一种版本的Windows Caffe，那就是Faster R-CNN开源代码中依赖的Caffe。可以参见本书其他章节关于Faster R-CNN的详细分析，接下来主要讲解这一版本的Caffe如何在Windows中正确地编译部署。

首先，Faster R-CNN也有多个版本，它们分别是通过MATLAB或者Caffe、Tensorflow等不同平台来实现的。我们选择的是RBG基于Caffe(Python)的实现版本，官方源码地址如下。

https://github.com/rbgirshick/py-faster-rcnn

但是，RBG提供的上述源码只在Linux平台下有效，无法直接应用于Windows系统，所以需要做一些适配工作，核心步骤如下。

Step1：首先下载安装Visual Studio 2013 Community，这个社区版本是免费的。因为不是最新版本，所以可能在官方下载网页无法直接获取到。可以通过Google关键词来找到，或者参考如下链接来下载安装。

https://www.visualstudio.com/zh-hans/vs/older-downloads/

Step2(可选)：下载并安装CUDA套件，参考如下网址。

https://developer.nvidia.com/cuda-toolkit-archive

建议安装CUDA Toolkit 7.5版本。

Step3(可选)：下载并安装nVIDIA cuDNN，参考如下网址。

https://developer.nvidia.com/cudnn

建议安装cuDNN v4或者v5，如图26-6所示。

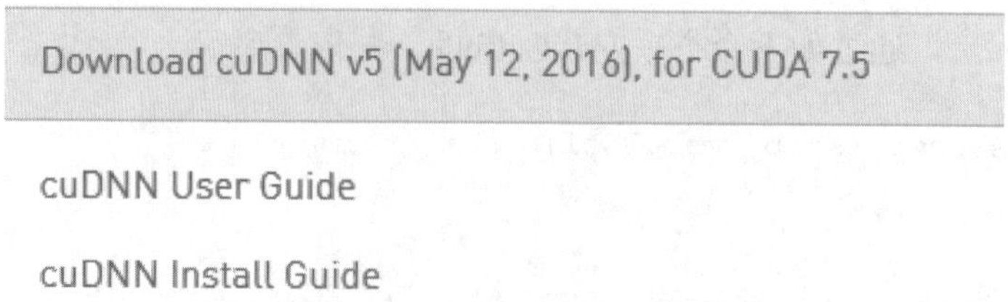

Download cuDNN v5 (May 12, 2016), for CUDA 7.5

cuDNN User Guide

cuDNN Install Guide

图26-6　下载cuDNN v5

将cuDNN压缩包中的子文件夹内容，分别存放到CUDA安装目录的对应位置，如图26-7所示(如果不执行这一步，后续使用过程中会报错)。

图26-7　存放文件

可以利用Visual Studio创建一个CUDA项目来验证是否所有的依赖环境都全部满足了，如图26-8所示。

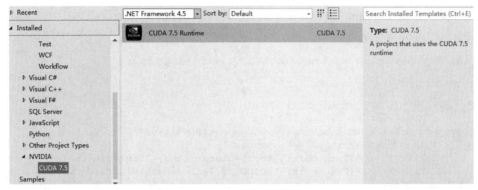

图26-8　新建CUDA项目

在kernel.cu的main函数最后添加一行getchar()，如果最终能够输出类似图26-9的结果就表明成功了。

```
printf("{1,2,3,4,5} + {10,20,30,40,50} = {%d,%d,%d,%d,%d}\n",
    c[0], c[1], c[2], c[3], c[4]);

// cudaDeviceReset must be called before exiting
// tracing tools such as Nsight and Visual Profi
cudaStatus = cudaDeviceReset();
if (cudaStatus != cudaSuccess) {
    fprintf(stderr, "cudaDeviceReset failed!");
    return 1;
}

getchar();
return 0;
}
```

图26-9　测试CUDA环境

Step4：从Github下载Microsoft Caffe源代码(参考前面的介绍)，然后在工程中的windows目录下找到CommonSettings.props.example文件，把它改名为CommonSettings.props。

紧接着编辑上述这一文件，主要注意如下几点。

(1) 如果需要使用CUDNN，把UseCuDNN设置为true，并把CpuOnlyBuild设置为false，同时CudaVersion根据实际情况填写真实版本号，如图26-10所示。

```
<CpuOnlyBuild>false</CpuOnlyBuild>
<UseCuDNN>true</UseCuDNN>
<CudaVersion>7.5</CudaVersion>
```

图26-10　设置参数

另外，如果前面操作中没有把cuDNN放置到CUDA对应目录下，那么也可以通过配置CuDnnPath来指向它们。

(2) 根据需要配置Python和MATLAB。

例如，如图26-11所示的配置打开了Python支持，但没有打开MATLAB支持。

```
<PythonSupport>true</PythonSupport>
<!-- NOTE: If Matlab support is enabled, MatlabDir (below) needs to be
 set to the root of your Matlab installation. -->
<MatlabSupport>false</MatlabSupport>
```

图26-11　配置Python和MATLAB

(3) 如果需要支持Python，官方推荐安装Miniconda 2.7 64-bit Windows installer (经过实验，安装其他版本的Python也是可行的)，参考如下地址。

https://conda.io/miniconda.html

然后通过如下命令安装依赖项。

```
conda install --yes numpy scipy matplotlib scikit-image pip
pip install protobuf
```

同时还要正确配置如图26-12所示选项。

```
<PropertyGroup Condition="'$(PythonSupport)'=='true'">
    <PythonDir>C:\Python27</PythonDir>
    <LibraryPath>$(PythonDir)\libs;$(LibraryPath)</LibraryPath>
    <IncludePath>$(PythonDir)\include;$(IncludePath)</IncludePath>
</PropertyGroup>
```

图26-12　配置文件

注意：虽然理论上Python的各个版本都应该支持Caffe，但实践证明，除了Python 2.7以外其他版本都容易导致编译过程中出现各种异常问题。因而建议直接采用这一版本，避免浪费时间(https://www.python.org/download/releases/2.7/)。推荐安装版本如图26-13所示。

- Gzipped source tar ball (2.7.0) (sig)
- Bzipped source tar ball (2.7.0) (sig)
- Windows x86 MSI Installer (2.7.0) (sig)
- Windows X86-64 MSI Installer (2.7.0) [1] (sig)

图26-13　推荐安装版本

如果安装的是Python官网版本，那么需要执行的操作过程如下。

① pip安装。

Python的2.x版本还没有预集成pip，所以需要开发者自行安装。可行的方法有很多种，下面以常见的方法为例。

- 首先安装setuptools。下载地址参见：https://pypi.python.org/pypi/setuptools#downloads。

需要将下载后的tar文件解压，然后进入解压后的文件所在目录，执行如下命令行。

```
python setup.py install
```

- 安装pip。下载地址参见：https://pypi.python.org/pypi/pip#downloads。

将下载后的tar文件解压，然后进入解压后的文件所在目录，执行如下命令行。

```
python setup.py install
```

或者可以下载pypa.io提供的get-pip.py来安装，下载地址如下。

https://bootstrap.pypa.io/get-pip.py

然后直接执行如下命令行来安装pip(在get-pip.py的存放目录下)。

```
python get-pip.py
```

注：如果在执行过程中发生类似下面的错误：

那么可以尝试在get-pip.py头部加入下面的代码行来解决。

```
import sys
reload(sys)
sys.setdefaultencoding('utf-8')
```

如果希望“一劳永逸”(否则安装其他组件也可能出现类似错误)，也可以尝试在[Python安装目录]\Lib\site-packages下新建一个sitecustomize.py文件，然后将上述代码行复制到这个文件中。

成功安装pip后会有如图26-14所示提示(get-pip.py还会同时安装setuptools、wheel等工具——如果这些是缺失的话)。

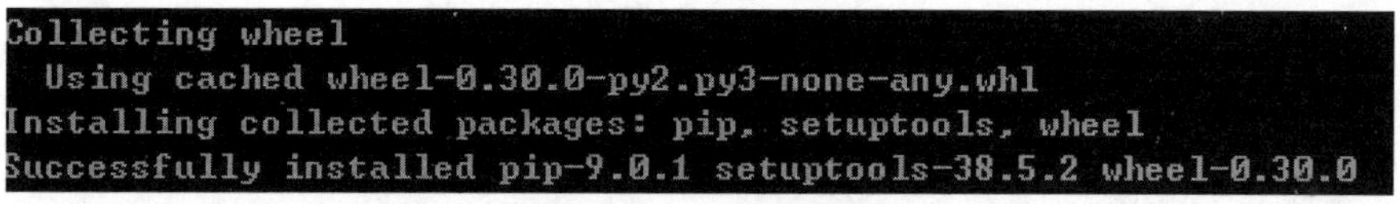

```
Collecting wheel
  Using cached wheel-0.30.0-py2.py3-none-any.whl
Installing collected packages: pip, setuptools, wheel
Successfully installed pip-9.0.1 setuptools-38.5.2 wheel-0.30.0
```

图26-14 pip安装成功

② numpy安装。参考如下命令行。

```
pip install numpy
```

③ scipy等。参考如下命令行。

```
pip install matplotlib scikit-image
```

④ protobuf。参考如下命令行。

```
pip install protobuf
```

⑤ Microsoft Visual C++ Compiler for Python 2.7。这个组件包含可产生二进制轮(binary wheels)的编译器和各种标头(headers)。

http://aka.ms/vcpython27

(4) 正确填写显卡计算能力(见图26-15)。

这个配置可以让Caffe充分利用机器平台上的GPU能力，如图26-16所示，具体值可以参考如下网址。

https://developer.nvidia.com/cuda-gpus

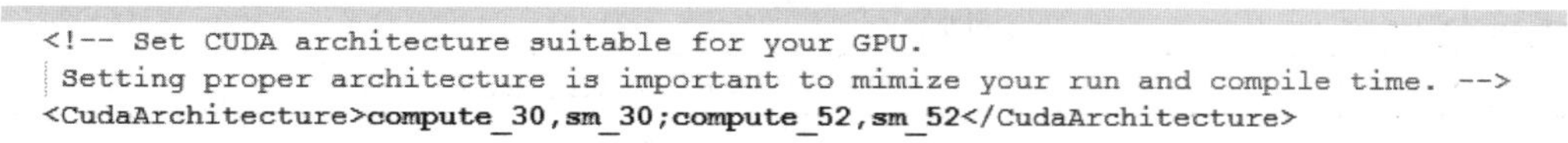

```
<!-- Set CUDA architecture suitable for your GPU.
Setting proper architecture is important to mimize your run and compile time. -->
<CudaArchitecture>compute_30,sm_30;compute_52,sm_52</CudaArchitecture>
```

图26-15 正确填写显卡计算能力

GeForce GTX 550 Ti	2.1	GeForce GTX 660M	3.0
GeForce GTX 460	2.1	GeForce GT 750M	3.0
GeForce GTS 450	2.1	GeForce GT 650M	3.0
GeForce GTS 450*	2.1	GeForce GT 745M	3.0
GeForce GTX 590	2.0	GeForce GT 645M	3.0

图26-16　GPU运算能力

Step5：一切准备就绪，可以开始在Windows下编译Caffe版本了。打开Windows目录下的Caffe.sln，它包含如图26-17所示子模块。

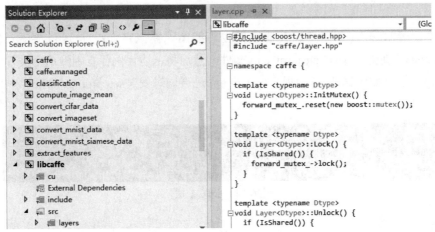

图26-17　利用VS编译Caffe

各个模块的释义如表26-1所示。

表26-1　Caffe工程各模块释义

模块	描述
caffe	Caffe主程序模块
classification	图像分类模块
compute_image_mean	计算图像均值
convert_cifar_data	针对cifar数据集进行转换
convert_imageset	针对imageset数据集进行转换
convert_mnist_data	针对mnist数据集进行转换
convert_mnist_siamese_data	针对mnist siamese数据集进行转换
extract_features	提取图像特征
libcaffe	Caffe的核心库模块
matcaffe	基于MATlAB平台的Caffe
pycaffe	基于Python平台的Caffe
test_all	测试实现
upgrade_net_proto_binary	生成一个用于将"V0"network prototxts升级到新格式的工具
upgrade_net_proto_text	同上
upgrade_solver_proto_text	生成一个用于将老的solver prototxts升级为新格式的工具

Step6：编译Caffe工程的第一步目标是需要构建libcaffe这个核心模块。建议选择Release模式，操作如图26-18所示。

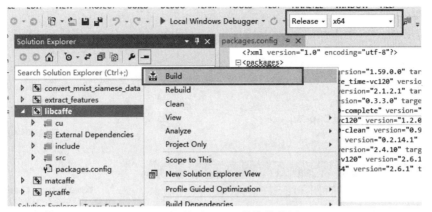

图26-18　针对libcaffe模块的编译

不过如果直接编译libcaffe工程，从实践过程来看经常会失败，而且失败的原因多数和开发者的平台强耦合(大家遇到的问题有可能不一样)。这也从侧面反映出Caffe对Windows平台的支持，至少到目前为止还不是特别完善(这也是可以理解的，毕竟开源社区主要依赖的是开发者的业余时间)，如图26-19所示。

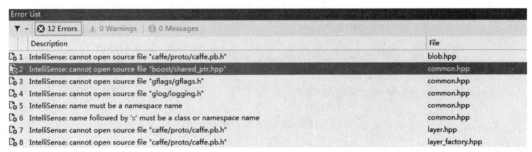

图26-19　Caffe编译过程很可能产生各种错误

所以本书特意汇总了开发人员经常遇到的一些问题以及解决办法，以帮助读者可以尽量少走一些"弯路"。

(1) 手工添加缺失的文件。

不知道是出于什么原因，下载后打开的官方版本会遗漏工程中的某些源文件，因而需要手工进行添加。主要涉及以下三个文件。

① roi_pooling_layer.cu。

操作方法是：在libcaffe→cu→layers上右击选择Add→Existing Item命令，如图26-20所示。

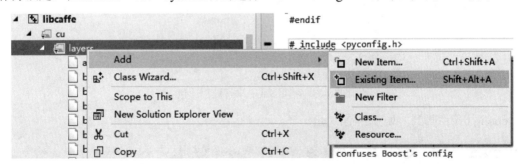

图26-20　选择Existing Item

然后在Windows Caffe工程中找到roi_pooling_layer.cu这个文件(src→caffe→layers)，就可以把它添加到Visual Studio解决方案中了。

② roi_pooling_layer.cpp。

在libcaffe→src→layers下添加roi_pooling_layer.cpp(可以在src→caffe→layers下找到)，操作方法如图26-21所示。

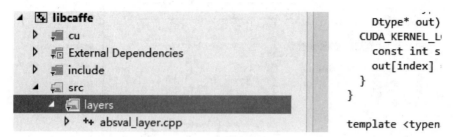

图26-21　添加文件

③ roi_pooling_layer.hpp。

在libcaffe→include→layers下添加roi_pooling_layer.hpp(可以在include→caffe→layers下找到)，操作方法如图26-22所示。

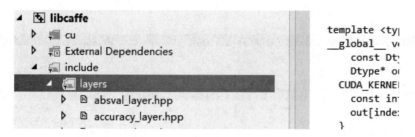

图26-22　添加文件

(2) 依赖包错误。

Visual Studio是通过Nuget来管理依赖关系的，可以在编译前先在solution中单击右键，选择"启用NuGet程序包还原"命令来更新依赖，如图26-23所示。

图26-23　利用NuGet来管理程序包

(3) pyconfig.h无法找到，如图26-24所示。

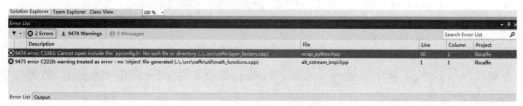

图26-24　文件无法找到

我们知道，pyconfig.h属于Python提供的一个头文件，因而上述错误很可能是Python的开发环境缺失导致的。

① 未安装Python。

没有安装Python，或者未正确安装。

② 安装了Python，但是环境未正确配置。

参考如下的配置选项。

```
<PropertyGroup Condition="'$(PythonSupport)'=='true'">
<PythonDir>C:\Users\Administrator\AppData\Local\Programs\Python\Python36</PythonDir>
<LibraryPath>$(PythonDir)\libs;$(LibraryPath)</LibraryPath>
<IncludePath>$(PythonDir)\include;$(IncludePath)</IncludePath>
```

(4) OpenCV错误。

OpenCV版本不匹配也有可能导致Caffe工程在编译时产生多种错误，此时可以尝试通过Visual Studio中集成的NuGet插件来解决。首先建议删除掉NuGet安装包下对应的缓存，如图26-25所示。

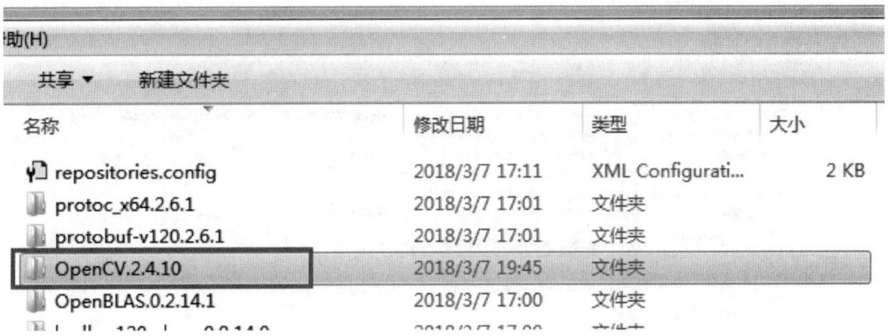

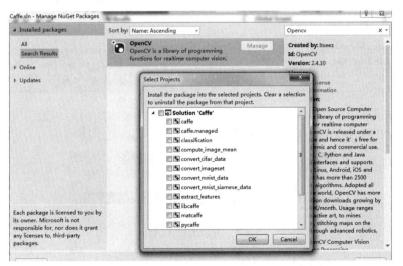

图26-25　Nuget安装包下存放各安装模块文件

然后通过Tools→NuGet Package Manager→Manage NuGet Packages for Solution进入安装包的管理界面，紧接着在窗口中输入Opencv关键字进行搜索。在结果中单击OpenCV对应的Manage按钮，此时会有一个对话框出现，如图26-26所示。

图26-26　NuGet Package Manager

此时只要把Solution前面的"勾"去掉，然后单击OK按钮，就表明希望删除Caffe解决方案与当前OpenCV版本的关联关系了。NuGet会根据这一配置动作在项目工程中"卸载"掉OpenCV安装模块。

最后再次搜索OpenCV，安装它的最新版本，如图26-27所示。

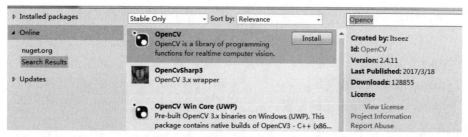

图26-27　通过NuGet更新OpenCV版本

(5) 警告被当成错误，如图26-28所示。

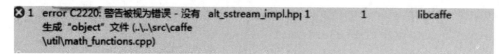

图26-28　"警告被视为错误"示意图

此时可以通过右击libcaffe→Properties→Configuration Properties→C/C++，然后在General中将Treat Warnings As Errors设置为No，如图26-29所示。

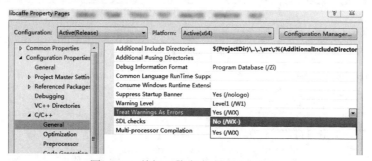

图26-29　关闭"警告当成错误"选项

(6) NuGet更新服务器不稳定导致的问题。

这个问题的发生和网络环境有关系。一种可以尝试的解决方法就是更换NuGet官方服务器源为国内的镜像地址。操作方法就是通过NuGet Package Manager→Package Manager Settings进入设置界面，如图26-30所示。

图26-30　更换NuGet官方服务器源

然后在Package Sources页面中配置合理的地址就可以了，如图26-31所示。

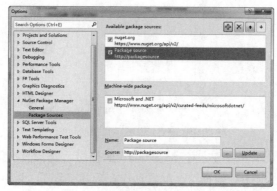

图26-31　管理NuGet Package Sources

最后，如果解决了所有可能遇到的问题，并得到类似图26-32的结果——那么恭喜你，基于Windows平台的libcaffe模块就编译成功了。

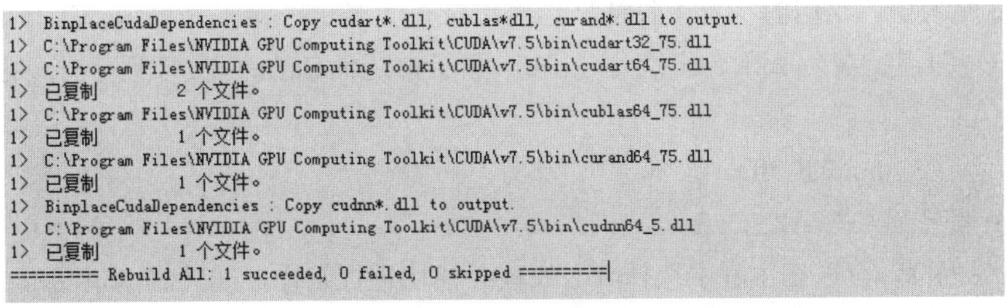

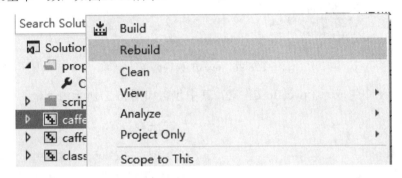

图26-32　Windows Caffe编译成功示例

Step7：上面几个步骤已经编译出了libcaffe这一核心模块，接下来可以进一步输出Caffe主程序了。操作方法和libcaffe基本一致，如图26-33所示。

图26-33　输出Caffe主程序

通常情况下，解决了libcaffe工程的各种错误后，Caffe工程的编译就比较顺利了(请注意，截至目前最好选择2.7版本的Python)。生成Caffe可执行程序如图26-34所示。

名称	修改日期	类型	大小
caffe.exe	2018/3/11 13:07	应用程序	7,384 KB
caffe.pdb	2018/3/11 13:07	Program Debug...	20,412 KB
caffe.exp	2018/3/11 13:07	Exports Library ...	4 KB
caffe.lib	2018/3/11 13:07	Object File Library	6 KB
libcaffe.lib	2018/3/11 12:28	Object File Library	369,124 KB
libglog.dll	2018/3/7 19:45	应用程序扩展	90 KB
libglog.pdb	2018/3/7 19:45	Program Debug...	819 KB

图26-34　生成Caffe可执行程序

如果Caffe可执行程序编译正确，那么直接调用它将输出如图26-35所示提示。

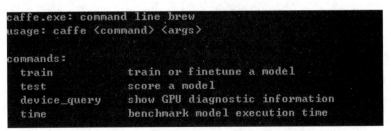

图26-35　利用Windows版的Caffe来做机器学习

各选项含义如下。

● train：训练或者微调一个模型。

● test：测试一个模型并评分。

- device_query：打印GPU调试信息。
- time：测试神经网络各个层在前向(Forward)和后向(Backward)过程中消耗的时间。

Step8：到目前为止，我们的"万里长征"已经完成一大半了。接下来的编译工作取决于开发者的实际项目诉求——即需要在什么平台上运行Caffe。除了前述的Caffe可执行程序外，还有其他选择，例如：

- pycaffe：基于Python的Caffe。
- matcaffe：基于MATLAB的Caffe。

以生成pycaffe为例，可以在工程中选择pycaffe核心模块进行编译，如图26-36所示。

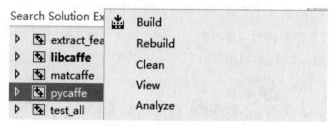

图26-36　pycaffe模块编译

最终会在build目录中生成一个pycaffe文件夹，其中包含如图26-37所示内容。

名称	修改日期	类型
caffe	2018/3/12 21:05	文件夹
classify.py	2016/12/6 12:41	Python File
detect.py	2016/12/6 12:41	Python File
draw_net.py	2016/12/6 12:41	Python File

图26-37　pycaffe文件夹内容

图26-37中三个Python文件分别实现了分类、检测和绘制网络模型的功能。

Step9：经过前面的努力，已经编译出了用于训练任务的Caffe核心组件。换句话说，到目前为止已经可以支撑正常的神经网络训练了。接下来还可以编译另外几个有用的模块，即classification和compute_image_mean等。它们的作用就是利用训练出来的caffemodel来完成实际的分类任务，可以参考后面的应用范例。

编译过程和前面是一致的，如图26-38所示。

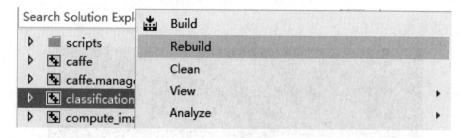

图26-38　编译

最后会在build目录下产生classification.exe、compute_image_mean.exe等相关文件，如图26-39所示。

如果执行了本节的所有步骤且没有发生错误，那么恭喜你——Windows Caffe平台已经成功编译完成了。

caffe.pdb	2018/3/17 14:00	Program Debug...	20,412 KB
classification.exe	2018/3/17 13:01	应用程序	7,306 KB
classification.pdb	2018/3/17 13:01	Program Debug...	19,764 KB
compute_image_mean.exe	2018/3/17 14:01	应用程序	7,283 KB
compute_image_mean.exp	2018/3/17 14:01	Exports Library ...	1 KB
compute_image_mean.lib	2018/3/17 14:01	Object File Library	3 KB
compute_image_mean.pdb	2018/3/17 14:01	Program Debug...	19,668 KB

图26-39 编译生成的文件

4. Caffe平台验证测试

现在已经在Windows平台下成功编译出Caffe了。接下来可以通过一些小测试来验证Caffe是否可以正常工作，比如利用mnist数据集来做数字识别模型的训练和验证。

Step1：首先需要下载mnist数据集，目前该数据集寄存在lecun的个人主页上：

http://yann.lecun.com/exdb/mnist/

它由4个数据子集组成，如图26-40所示。

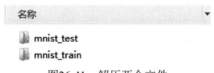

图26-40 mnist数据集

其中，training set和test set分别用于训练和测试过程，数据包尺寸都不算太大 (<10MB)。

Step2：将mnist的training和test数据子集分别解压缩到两个文件夹中(每个文件夹中包含两个文件)，方便后续操作的进行，如图26-41所示。

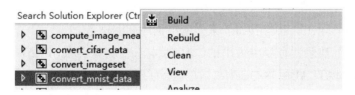

图26-41 解压两个文件

Step3：为了利用Caffe来训练和测试mnist，需要把上述原始数据集转换成它支持的数据库格式(参考本章其他节的详细讲解)。因为Caffe已经为我们考虑到了这一诉求，因而只需要几条命令行就可以了。

(1) 编译转换所需工具。

Caffe提供的转换工具对应的是工程中的convert_mnist_data模块，因而开发者需要先把它编译出来，如图26-42所示。

图26-42 编译转换所需工具

(2) 将mnist train原始数据转换为lmdb数据库格式。

参考如下命令行(在工程的根目录下)，如图26-43所示。

```
.\Build\x64\Release\convert_mnist_data.exe  .\data\mnist\mnist_train\
train-images.idx3-ubyte  .\data\mnist\mnist_train\train-labels.idx1-ubyte  .\examples\
mnist\mnist_train_lmdb
```

```
E:\MyBook\Book_AI\Materials\SourceCode\caffe-master-microsoft>.\Build\x64\Release\convert_mnist_dat
yte .\data\mnist\mnist_train\train-labels.idx1-ubyte .\examples\mnist\mnist_train_lmdb
I0312 21:47:25.933790  2196 db_lmdb.cpp:40] Opened lmdb .\examples\mnist\mnist_train_lmdb
I0312 21:47:25.933790  2196 convert_mnist_data.cpp:93] A total of 60000 items.
I0312 21:47:25.933790  2196 convert_mnist_data.cpp:94] Rows: 28 Cols: 28
I0312 21:47:29.694414  2196 convert_mnist_data.cpp:113] Processed 60000 files.
```

图26-43　将mnist train原始数据转换为lmdb数据库格式

(3) 将mnist test原始数据转换为lmdb数据库格式。

参考如下命令行，如图26-44所示。

```
.\Build\x64\Release\convert_mnist_data.exe .\data\mnist\mnist_test\t10k-images.idx3-ubyte .\data\mnist\mnist_test\t10k-labels.idx1-ubyte .\examples\mnist\mnist_test_lmdb
```

```
E:\MyBook\Book_AI\Materials\SourceCode\caffe-master-microsoft>.\Build\x64\Release\convert_mnist_data
.exe .\data\mnist\mnist_test\t10k-images.idx3-ubyte   .\data\mnist\mnist_test\t10k-labels.idx1-ubyte
 .\examples\mnist\mnist_test_lmdb
I0312 21:55:08.063874  2076 db_lmdb.cpp:40] Opened lmdb .\examples\mnist\mnist_test_lmdb
I0312 21:55:08.066874  2076 convert_mnist_data.cpp:93] A total of 10000 items.
I0312 21:55:08.066874  2076 convert_mnist_data.cpp:94] Rows: 28 Cols: 28
I0312 21:55:08.440675  2076 convert_mnist_data.cpp:113] Processed 10000 files.
```

图26-44　将mnist test原始数据转换为lmdb数据库格式

(4) 编辑examples\mnist\lenet_solver.prototxt配置文件。

根据开发者的实际环境和项目需求来编辑如上配置文件，例如，选择合理的GPU或者CPU用于训练和测试，如图26-45所示。

```
# snapshot intermediate results
snapshot: 5000
snapshot_prefix: "examples/mnist/lenet"
# solver mode: CPU or GPU
solver_mode: GPU
```

图26-45　lenet_solver.prototxt配置文件

(5) 编辑examples\mnist\lenet_train_test.prototxt配置文件。

根据开发者的实际环境和项目需求来编辑如上配置文件，例如，train和test对应的lmdb数据集的正确存储路径，如图26-46所示。

```
data_param {
  source: "examples/mnist/mnist_train_lmdb"
  batch_size: 64
  backend: LMDB
}
```

图26-46　train和test对应的lmdb数据集的存储路径

(6) 完成所有配置后，现在可以调用Caffe来做网络训练和测试了。

根据前面的分析，不难想到有多个可用的Caffe版本——例如，采用Caffe可执行程序，或者基于Python的Caffe，抑或是MATLAB版本的Caffe。以前者为例，可以参考如下的命令行来发起lenet的训练(在Caffe工程根目录下)。

```
.\Build\x64\Release\caffe.exe train --solver=.\examples\mnist\lenet_solver.prototxt
```

因为lenet并不是一个复杂的神经网络，因而使用GPU进行训练的话耗时不会太长，如图26-47所示。

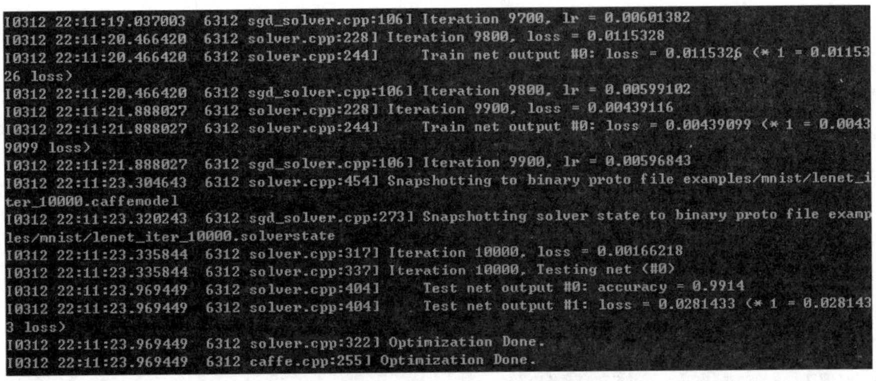

```
I0312 22:11:19.037003  6312 sgd_solver.cpp:106] Iteration 9700, lr = 0.00601382
I0312 22:11:20.466420  6312 solver.cpp:228] Iteration 9800, loss = 0.0115328
I0312 22:11:20.466420  6312 solver.cpp:244]     Train net output #0: loss = 0.0115326 (* 1 = 0.0115326 loss)
I0312 22:11:20.466420  6312 sgd_solver.cpp:106] Iteration 9800, lr = 0.00599102
I0312 22:11:21.888027  6312 solver.cpp:228] Iteration 9900, loss = 0.00439116
I0312 22:11:21.888027  6312 solver.cpp:244]     Train net output #0: loss = 0.00439099 (* 1 = 0.00439099 loss)
I0312 22:11:21.888027  6312 sgd_solver.cpp:106] Iteration 9900, lr = 0.00596843
I0312 22:11:23.304643  6312 solver.cpp:454] Snapshotting to binary proto file examples/mnist/lenet_iter_10000.caffemodel
I0312 22:11:23.320243  6312 sgd_solver.cpp:273] Snapshotting solver state to binary proto file examples/mnist/lenet_iter_10000.solverstate
I0312 22:11:23.335844  6312 solver.cpp:317] Iteration 10000, loss = 0.00166218
I0312 22:11:23.335844  6312 solver.cpp:337] Iteration 10000, Testing net (#0)
I0312 22:11:23.969449  6312 solver.cpp:404]     Test net output #0: accuracy = 0.9914
I0312 22:11:23.969449  6312 solver.cpp:404]     Test net output #1: loss = 0.0281433 (* 1 = 0.0281433 loss)
I0312 22:11:23.969449  6312 solver.cpp:322] Optimization Done.
I0312 22:11:23.969449  6312 caffe.cpp:255] Optimization Done.
```

图26-47 利用Windows Caffe来训练lenet

这样一来训练就完成了，整个过程还是比较简单的。后续还将进一步讲解利用上述训练完成的模型来做数字识别的端到端过程，请结合起来阅读。

26.2 Caffe支持的数据集格式

Caffe支持多种数据集格式，这一点从它的层类型(Layer Type)也可以看出来。例如：

- Database – LevelDB 和 LMDB是两种常用的数据库
- HDF5 Input – 可读取HDF5格式数
- HDF5 Output – 可以HDF5格式写数据

等等 (请参考后面的详细介绍)。

Caffe所支持的这些数据集格式既有正儿八经的数据库，也有分层数据格式(Hierarchical Data Format)这种用于存储和分发科学数据的文件格式，以及内存数据(Memory Data)等。

本节主要以其中使用最广泛的LevelDB和LMDB两种数据库格式为例，来揭开Caffe在数据集处理上所做的一些努力。

26.2.1 LevelDB

LevelDB是一个轻量级、稳定高效的数据库工具，最初由Google开发并且开放了源代码(不得不说，Google真的为软件业界的进步做了非常多的贡献)。其官方网址如下。

http://leveldb.org/

这个(Key/Value)数据库的核心特点如下。

(1) 键值(Key)和数值(Value)都是任意长度的字节数组。

(2) 数据在存储时以Key进行排序 (支持开发者重载)。

(3) 基础操作功能很简单，包括Put(Key和Value)、Get(Key)、Delete(Key)等。

(4) 支持在一次原子批次操作(Atomic Batch)中做多种更改操作。

(5) 支持创建快照(Snapshot)。

(6) 支持通过前向(或后向)迭代器遍历数据。

(7) 数据将自动通过敏捷压缩库(Snappy Compression Library)进行压缩。

(8) 底层提供了一些抽象接口，允许用户进行定制。

(9) 具有很高的随机写、顺序读和写的性能(不过随机读的性能较一般)。

官方提供的测试数据如下。

① 写性能(Write Performance)。

fillseq: 1.765 micros/op；   62.7 MB/s

fillsync: 268.409 micros/op；   0.4 MB/s (10 000 ops)

fillrandom: 2.460 micros/op；   45.0 MB/s

overwrite: 2.380 micros/op；   46.5 MB/s

② 读性能(Read Performance)。

readrandom: 16.677 micros/op；   (approximately 60 000 reads per second)

readseq: 0.476 micros/op；   232.3 MB/s

readreverse: 0.724 micros/op；   152.9 MB/s

③ 总体资源消耗非常小，轻量便捷。

LevelDB: version 1.1

Date: Sun May 1 12:11:26 2011

CPU: 4 x Intel(R) Core(TM)2 Quad CPU   Q6600 @ 2.40GHz

CPUCache: 4096 KB

Keys: 16 bytes each

Values: 100 bytes each (50 bytes after compression)

Entries: 1000000

Raw Size: 110.6 MB (estimated)

File Size: 62.9 MB (estimated)

LevelDB的安装比较简单，例如，可以通过pip来完成：

```
pip-python3 install leveldb
```

当然，如果希望基于源码来编译安装的话，也是可行的。对应的Github地址是：

```
git clone https://github.com/google/leveldb.git
```

下面再简单介绍一下LevelDB的核心框架，以便读者对它的内部实现有一个全局性的认识，如图26-48所示。

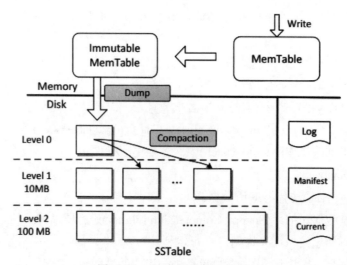

图26-48　LevelDB的核心框架

(引用自"An Efficient Design and Implementation of LSM-Tree based Key-Value Store on Open-Channel SSD")

LevelDB的主要组成元素，包括但不限于：

(1) LSM树。日志结构的合并树(Log-Structured Merge Tree，LSM树)是LevelDB的基础之一，主要用于实现有序的键-值对存储能力。不过LSM树并非LevelDB的专利，早在多年前Google就针对BigTable发表了一系列文章，其中就包含这种文件组织方式。而且LSM树在Google "派系"产品中得到了广泛应用，例如，除了LevelDB外，还有HBase、SQLite、MangoDB等。这主要得益于LSM树极其优秀的写操作吞吐量，有兴趣的读者可以自行搜索相关论文来理解其中的实现细节。

(2) MemTable。

(3) Immutable MemTable。由图26-48可以看出，LevelDB中用于存储K/V数据的载体包括MemTable、Immutable MemTable和SSTable。那么它们有什么区别呢？

前两者都带有 "MemTable"，从字面意思上不难理解它们属于内存表，相对应的SSTable就是被保存在磁盘中的表格了； "Immutable" 是指 "不可改变" 的，因而它与另一个内存Table的主要区别就在于对方是可读写的，而它是只读的。具体而言，就是当MemTable中写入的数据达到一定的阈值后，就会自动被转换为Immutable MemTable，然后再根据预设的条件逐步dump到磁盘中形成SSTable。同时系统还会生成新的MemTable以供写入新数据。

(4) SSTable。仔细观察框架图中的描述，可以看到SSTable (Sorted String Table)是分层级的，这主要是和Compaction的实现有关联。另外，LevelDB中有大量SSTable文件，它的作用如其名字所言，就是有序保存任意数量key-value对的文件，如图26-49所示。

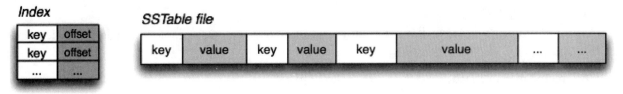

图26-49　SSTable示意图

从这个角度来看，SSTable的内部实现不但不 "神秘"，相反非常 "质朴实用"。

(5) 压缩。压缩是LevelDB保证数据操作速度的关键举措。它可以对现有数据进行压缩整理，并删除掉一些无用的K/V数据，从而减少数据的访问时间。具体来讲还分为三种类型，即轻度(Minor)、主要(Major)和完全(Full)。

简单而言，轻度指的是将MemTable保存到磁盘中，主要是指合并不同层级之间的SSTable文件，而完全则是针对所有SSTable进行合并。

(6) 日志。很多数据库系统都有日志文件的设计，它们的主要功能是类似的。当我们朝LevelDB写入一条K/V数据时，它会首先产生日志记录，然后才往MemTable中插入数据——这样才算操作成功了。当系统不幸发生崩溃时，日志的作用就显现出来了。设想一下，如果直接写MemTable而没有日志，那么之前内存中的记录随着系统崩溃也会一起丢失。而日志文件则可以提供基础的恢复保障，帮助系统避免这种数据不一致现象的发生。

LevelDB产生的记录示例如图26-50所示。

关于LevelDB的内部实现还有很多细节，建议读者阅读源代码或者搜索相关论文来做深入了解，限于篇幅，本书不再一一细化了。

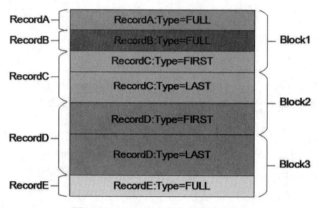

图26-50　LevelDB产生的记录示例

26.2.2　LMDB

LMDB是闪电内存映射数据库(Lightning Memory-Mapped Database)的缩写(注意：部分开发人员经常将LMDB混淆成IMDB。一方面是因为字母"I"和"L"的小写形式不好辨别，另一方面I可以理解为"image"的缩写——但事实上这是错误的)，中文直译为"闪电内存映射数据库"，由此可见，它的一大特点就是"极速"。LMDB和LevelDB类似，都属于KV数据库。它最初的作者是Howard Chu，通过C语言编写而成。其目前的官方网址是：

https://symas.com/lmdb/

官网上对LMDB的一句话描述是"An ultra-fast, ultra-compact, crash-proof key-value embedded data store"。展开来讲，它具备如下一些特色。

● Ordered-map interface。

按照key进行排序。

● 完全交易性(Fully-transactional)。

遵从ACID，即原子性(Atomicity)、一致性(Consistency)、隔离性(Isolation)、持久性(Durability)，以及MVCC (Multi-Version Concurrency Control)。

● 同步支持读和写操作(Reader/Writer Transactions)。

读操作和写操作不会互相阻塞。

● 完全序列化写操作(Fully Serialized Writers)。

有效保证写操作总是不会死锁(Deadlock-free)的。

● 读操作成本低。

有效保证读操作可以在没有阻塞的情况下执行。

● 支持多线进程和多进程并发(Multi-thread and Multi-process Concurrency)。

支持在同一个主机环境下的多个进程并发执行。

● 支持多个子数据库。

支持创建多个子数据库，彼此之间可以实现交互。

● 内存映射(Memory-mapped)。

内存映射型数据库实现。

● 免维护(Maintenance-free)。

不需要开发人员额外投入精力进行数据库的维护，如后台手工清理或者压缩等操作。

- 防崩溃(Crash-proof)。

这样一来就无需额外的修复(Recovery)环节。

- 没有应用级别的缓存(No Application-level Caching)。

LMDB充分利用了操作系统的缓冲区缓存(buffer cache)实现，因而在缓存设计上就精简了。

- 代码量小(对象编码只有32KB)。

如此"迷你"的身段，保证了它可以很好地适应CPU的L1 缓存。这也是LMDB能够实现"闪电"般速度的重要保障之一。

LMDB和LevelDB的安装方式基本一致。如果选择Python pip安装的话，可以参考如下的命令行。

```
pip install lmdb
```

当需要在Python程序中使用时，直接导入LMDB就可以了。

我们知道，LMDB采用的也是key-value存储对。其中，key是字符串形式的ID，而value则是Datum类的序列化形式。下面就简单介绍一下Datum，以便读者在后续使用过程中可以理解这一特殊的存储格式。

Datum并不是Caffe中的专利，严格来讲它属于Google Protobuf Message的一部分(不过Caffe进行了扩展)，主要包含如下几个维度。

(1) width：宽度，如图片的宽。

(2) height：高度，如图片的高。

(3) channel：通道，如RGB有3个通道，灰度图只有1个通道。

(4) data：object的具体数据，例如图片数据。

(5) label：标签，例如图片的标签值。

具体的class definition如下。

```
message Datum {
  optional int32 channels = 1;
  optional int32 height = 2;
  optional int32 width = 3;
  //the actual image data, in bytes
  optional bytes data = 4;
  optional int32 label = 5;
  //Optionally, the datum could also hold float data.
  repeated float float_data = 6;
  //If true data contains an encoded image that need to be decoded
  optional bool encoded = 7 [default = false];
}
```

下面是Datum的一个使用范例，供读者参考学习。

```
  Datum datum;
datum.set_channels(3);
datum.set_height(kCIFARSize);
datum.set_width(kCIFARSize);
```

```
  LOG(INFO) << "Writing Training data";
  for (int fileid = 0; fileid < kCIFARTrainBatches; ++fileid) {
    //Open files
    LOG(INFO) << "Training Batch " << fileid + 1;
    string batchFileName = input_folder + "/data_batch_"+ caffe::format_int(fileid+1) +
".bin";
    std::ifstream data_file(batchFileName.c_str(),std::ios::in | std::ios::binary);
    CHECK(data_file) << "Unable to open train file #" << fileid + 1;
    for (int itemid = 0; itemid < kCIFARBatchSize; ++itemid) {
      read_image(&data_file, &label, str_buffer);
datum.set_label(label);
datum.set_data(str_buffer, kCIFARImageNBytes);
      ...
  }
```

26.2.3　数据库的生成

通过前面两节的学习，我们已经了解了Caffe所支持的两种数据库 (即LevelDB和LMDB)。不过相信还有一个问题是很多开发者希望进一步了解的——如何把原始的图像和标签等数据转换成Caffe所支持的这两种数据库格式，从而保证它们可以正确参与到模型的训练过程中呢？

Caffe的作者自然也想到了这个问题，他们在项目工程的tools目录下提供了一个convert_imageset.cpp (编译过后在build/tools中)，用于将图片文件转换成Caffe框架中能直接使用的数据库文件，如图26-51所示。

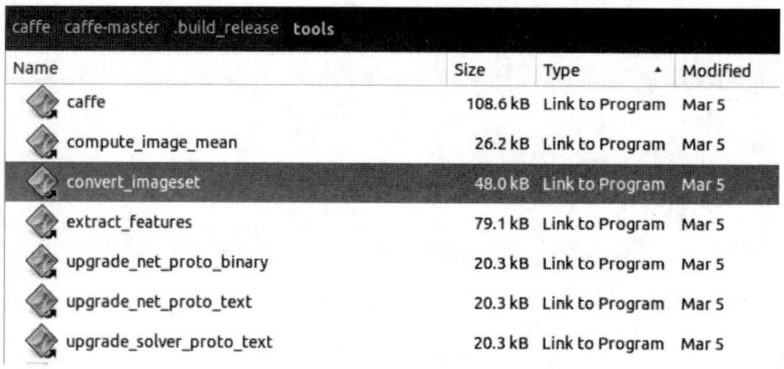

图26-51　convert_imageset小工具

这个实用小工具支持如下的命令格式。

```
convert_imageset [FLAGS] ROOTFOLDER/ LISTFILE DB_NAME
```

ROOTFLODER：代表的是图片资源存放的绝对路径，对于Linux系统而言就是从根目录开始的路径。

LISTFILE：用于描述所有将要被转换成数据库的图片资源。它是一个文本格式的文件清单，通常每一行只描述一幅图片信息。

DB_NAME：利用此工具生成的最终数据库文件的存储路径和名称。

FLAGS：可选的一系列转换选项，主要包括如表26-2所示几个核心项。

表26-2　FLAGS核心选项

核心选项	描述
--gray	bool类型选项，默认值为false 如果打开的话，那么图像将以grayscale来处理
--shuffle	bool类型选项，默认值为false 如果打开的话，则对所有图片文件和它们的标签顺序进行随机排序
--backend	string类型选项，默认值为"lmdb" 需要转换成什么类型的数据库(LMDB, LevelDB)
--resize_width	int32类型选项，默认值为0 (不改变) 将图像的宽度调整到什么尺寸
--resize_height	int32类型选项，默认值为0 (不改变) 将图像的高度调整到什么尺寸
--check_size	bool类型选项，默认值为false 如果打开的话，将检查是否所有的Datum都具备相同尺寸
--encoded	bool类型选项，默认值为false 如果打开的话，将编码的图像保存到Datum中
--encode_type	string类型选项 和上一个选项是配套的，用于指定将图像以何种格式(png, jpg等)进行编码

下面通过一个实例来讲解如何生成Caffe平台支持的数据库。原始图片来源于Caffe工程下的examples/images目录中(有cat和bike两个类别)。按照前面的介绍，不难理解首先要创建一个LISTFILE。这个文件的创建既可以手工来完成，也可以自己写一个Shell脚本来自动化输出。最终得到类似下面的结果。

```
cat.jpg 1
fish-bike.jpg 2
```

现在可以说是"万事俱备，只欠东风"了。这股东风就是前面讲解的convert_imageset工具。开发者可以根据自己的实际项目需要来选择相应的配置选项，例如，采用如下所示的命令行范例来产生LMDB数据库，如图26-52所示。

```
./build/tools/convert_imageset --shuffle --resize_height=512 --resize_width=512 \
/home/s/1_AI/caffe/caffe-master/examples/images/ \
/home/s/1_AI/caffe/caffe-master/examples/images/train.txt  ./img _lmdb
```

图26-52　产生LMDB数据库

或者采用如下命令行来产生LevelDB数据库。

```
./build/tools/convert_imageset --shuffle --backend leveldb --resize_
height=512 --resize_width=512 /home/s/1_AI/caffe/caffe-master/examples/
images/ /home/s/1_AI/caffe/caffe-master/examples/images/train.txt  ./img_leveldb
```

由此生成的数据库就可以供Caffe在训练中进行高效读取了。例如，下面所示的代码段就是一个常见的LMDB数据库处理过程。

```python
in_db = lmdb.open(train_lmdb, map_size=int(1e12))
with in_db.begin(write=True) as in_txn:
    for in_idx, img_path in enumerate(train_data):
        if in_idx %  6 == 0:
            continue
        img = cv2.imread(img_path, cv2.IMREAD_COLOR)
        img = transform_img(img, img_width=IMAGE_WIDTH, img_height=IMAGE_HEIGHT)
        if 'cat' in img_path:
            label = 0
        else:
            label = 1
        datum = make_datum(img, label)
        in_txn.put('{:0>5d}'.format(in_idx), datum.SerializeToString())
        print '{:0>5d}'.format(in_idx) + ':' + img_path
in_db.close()
...
```

26.3　Caffe中的网络模型构建

Caffe平台下的网络模型可以通过prototxt来描述，因而理论上任何文本编辑工具都可以胜任(比如vim、sublime等)。

prototxt支持很多选项，参考下面的范例。

```
layer {
  name: 'data'
  type: 'Python'
  top: 'data'
  top: 'rois'
  top: 'labels'
  top: 'bbox_targets'
  top: 'bbox_inside_weights'
  top: 'bbox_outside_weights'
  python_param {
    module: 'roi_data_layer.layer'
    layer: 'RoIDataLayer'
    param_str: "'num_classes': 21"
  }
}
```

(1) name：网络层名称。

(2) type：网络层的类型，如表26-3所示。

表26-3　网络层的类型

大类	具体类型
Data Layers	• Image Data • Database • HDF5 Input • HDF5 Output • Input • Window Data • Memory Data • Dummy Data • Python (自定义的data layer)
Vision Layers	• Convolution Layer • Pooling Layer • Spatial Pyramid Pooling (SPP) • Crop • Deconvolution Layer • Im2Col
Recurrent Layers	• Recurrent • RNN • Long-Short Term Memory (LSTM)
Common Layers	• Inner Product • Dropout • Embed
Normalization Layers	• Local Response Normalization (LRN) • Mean Variance Normalization (MVN) • Batch Normalization
Activation / Neuron Layers	• ReLU / Rectified-Linear and Leaky-ReLU • PReLU • ELU • Sigmoid • TanH • Absolute Value • Power $- f(x) = (\text{shift} + \text{scale} * x)\,\hat{}\,\text{power}$ • Exp $- f(x) = \text{base}\,\hat{}\,(\text{shift} + \text{scale} * x)$ • Log $- f(x) = \log(x)$ • BNLL $- f(x) = \log(1 + \exp(x))$ • Threshold • Bias • Scale

(续表)

大类	具体类型
Utility Layers	• Flatten • Reshape • Batch Reindex • Split • Concat • Slicing • Eltwise • Filter / Mask • Parameter • Reduction • Silence • ArgMax • Softmax • Python
Loss Layers	• Multinomial Logistic Loss • Infogain Loss • Softmax with Loss • Sum-of-Squares / Euclidean • Hinge / Margin • Sigmoid Cross-Entropy Loss • Accuracy / Top-k layer • Contrastive Loss

(3) top：网络层的输出。

一个网络层可以有多个top名称，比如上述例子中就包含'data'、'rois'、 'labels'、'bbox_targets'等多个top。

(4) bottom：网络层的输入。

(5) include：用于区分网络层属于训练阶段，还是测试阶段。

Caffe对深度神经网络的很多共性特征进行了抽象，以便开发者只需要通过prototxt中的配置项就可以搭建出各种网络层。不过例外情况总还是难免的，因而Caffe同时也支持开发人员进行一些必要的定制。

```
layer {
  name: 'data'
  type: 'Python'
  ...
python_param {
    module: 'roi_data_layer.layer'
    layer: 'RoIDataLayer'
    param_str: "'num_classes': 21"
  }
}
```

上面这个范例中的类型是Python，代表它不属于固定的几种静态类型。具体的描述内容则通过python_param来提供——后者也是由若干选项组成的。其中，module表示这个定制的网络所属的模块名称，可以在工程中找到(一般是Python文件)，如图26-53所示。

图26-53 定制网络所属的模块文件

而"layer"就是该定制网络对应的具体类(class)了(在上述Python文件中实现)，如图26-54所示。

```
class RoIDataLayer(caffe.Layer):
    """Fast R-CNN data layer used for training."""

def _shuffle_roidb_inds(self):
    """Randomly permute the training roidb."""
```

图26-54 定制网络对应的具体类

Caffe中的定制网络层通常需要提供如下一些函数实现。

(1) setup：网络层创建工作。比如检查top、bottom参数的准确性，处理内部的缓存以及初始化loss weights等。

(2) forward：网络层的前向传导实现。它的原型如下。

```
inline Dtype Forward(const vector<Blob<Dtype>*>& bottom,
const vector<Blob<Dtype>*>& top);
```

bottom和top分别代表输入和输出。

(3) backward：网络层的后向传播实现。它的原型如下。

```
inline void Backward(const vector<Blob<Dtype>*>& top,
const vector<bool>& propagate_down,
    const vector<Blob<Dtype>*>& bottom);
```

(4) reshape：调整top blobs的形状以及内部缓冲区，以适应bottom blobs的需求。它的函数原型如下。

```
virtual void Reshape(const vector<Blob<Dtype>*>& bottom,
const vector<Blob<Dtype>*>& top) = 0;
```

不过对于一些比较复杂的深度学习模型，我们有时候希望借助于可视化手段来看到更直观的效果——幸运的是开源社区已经有很多热心的开发者提供了这方面的工具，例如：

http://ethereon.github.io/netscope/#/editor

我们只要把符合prototxt格式的描述文本复制到这个编辑器就可以产生所需的神经网络"框架全貌"了。例如，Faster R-CNN的效果图如图26-55所示。

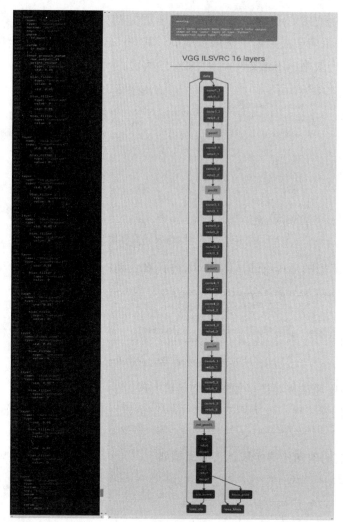

图26-55　Faster R-CNN的可视化效果

26.4　Google Protocol Buffer

Caffe依赖于Google Protocol Buffer(简称protobuf)，后者是Google公司开发的一种轻便高效的结构化数据存储格式，同时也是一种混合语言数据标准。它不仅在Google内部得到了广泛使用(据称目前已经有五万多种报文格式)，而且在业界也得到了广泛认可——Caffe、Tensorflow等多种知名开源平台都使用protobuf来构建其数据格式。

protobuf目前提供了C++、Java、Python等多种语言的API，它很适合做数据存储或 RPC 数据交换格式，并可用于通信协议、数据存储等多个领域中的与语言、平台无关的可扩展的序列化结构数据格式。

下面通过一个代码范例来学习如何使用protobuf。

```
//pbtext.myMsg.proto
package pbtest;
message myMsg
{
    required int32     id = 1;  // ID
}
```

上面书写了一个proto文件，其中包含一个message myMsg，它有一个int32类型的变量id。接下来通过protoc对其执行编译操作，例如：

```
protoc -I=$SRC_DIR --cpp_out=$DST_DIR  pbtext.myMsg.proto
```

此时会生成.h和.cpp两个文件，它们分别定义和实现了针对myMsg的各种操作方法，使得开发人员只需要几步简单的操作便可以完成myMsg结构体的序列化和反序列化。

```
#include "xx.pb.h" //引用前面生成的.h文件
 int main(void)
 {
pbtest::myMsg msg1;
  msg1.set_id(1000);
  fstream output("./serialize", ios::out | ios::trunc | ios::binary);
  if (!msg1.SerializeToOstream(&output)) {
      cerr << "Failed to serialize." << endl;
      return -1;
  }
  return 0;
 }
```

可以看到，只需要调用protobuf提供的SerializeToOstream函数就可以轻松地把一个结构体序列化并保存到磁盘中了。接下来可以再验证一下，上述代码段生成的serialize文件是否可以完全还原出myMsg实例。

如以下代码段所示。

```
#include "xx.pb.h"
int main(int argc, char* argv[]) {
pbtest::myMsg msg1;
  {
    fstream input("./serialize", ios::in | ios::binary);
    if (!msg1.ParseFromIstream(&input)) {
      cerr << "Failed to parse file." << endl;
      return -1;
    }
  }
  cout << msg1.id() << endl;
}
```

如果一切顺利，上述代码的正确输出结果是：

```
1000
```

这样一来就完成了一个简单的protobuf范例了。

protobuf相较于其他类似手段的一个优势在于速度非常快。多个benchmark平台的测试结果显示，它的性能指标可以说是处于顶尖水平，如图26-56所示。

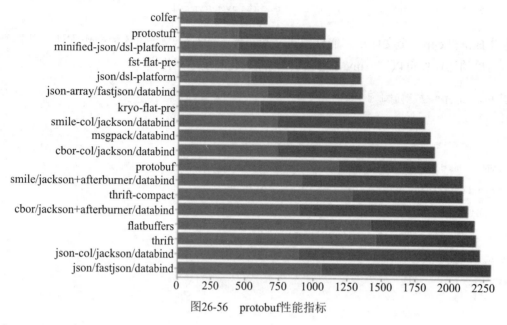

图26-56　protobuf性能指标

同时，protobuf的语法简洁、语义清晰、后向兼容性好等特点，也帮助它成为开发人员最喜爱的数据交换格式之一。

26.5　Caffe2源码结构

Caffe源码工程主要利用C++语言编写而成，因而大量使用了面向对象编程语言的各种关键特点，比如继承、多态等。可以参见它的开源项目主页：

https://github.com/BVLC/caffe

Caffe源码工程所包含的目录结构如图26-57所示。

.github	2018/6/6 21:22	文件夹
cmake	2018/6/6 21:22	文件夹
data	2018/6/6 21:22	文件夹
docker	2018/6/6 21:22	文件夹
docs	2018/6/6 21:22	文件夹
examples	2018/6/6 21:22	文件夹
include	2018/6/6 21:22	文件夹
matlab	2018/6/6 21:22	文件夹
models	2018/6/6 21:22	文件夹
python	2018/6/6 21:22	文件夹
scripts	2018/6/6 21:22	文件夹
src	2018/6/6 21:22	文件夹
tools	2018/6/6 21:22	文件夹

图26-57　Caffe源码目录

其中核心目录的功能释义如表26-4所示。

表26-4 Caffe工程目录释义

一级目录	二级目录	释义
cmake	External	使用CMake进行编译所需的各种描述文件统一存放在这个目录下
	Modules	
	Templates	
data	cifar10	此目录用于获取、存储cifar等多种业界知名的数据集
	ilsvrc12	
	mnist	
docker	cpu	通过Docker容器来运行CPU版本的Caffe
	gpu	通过Docker容器来运行GPU版本的Caffe
docs	tutorial等	Caffe提供的帮助、指导等各类文档
examples	cifar10等	基于Caffe实现的多个深度学习demo
include	caffe等	Caffe工程的头文件集中放置在这个目录
matlab	demo等	MATLAB版本的Caffe，参见前面章节的描述
models	bvlc_alexnet等	基于Caffe实现的多个经典神经网络结构
python	caffe等	Python版本的Caffe，参见前面章节的描述
scripts	travis等	各类脚本文件
src	caffe	Caffe深度学习框架的主要源代码实现都在这个目录下，可以看到其中大部分是由.cpp文件所构成
	gtest	针对Caffe源码的gtest测试
tools	extra等	各种辅助类工具，在前面章节中也已经涉及了

26.6 Caffe工程范例

26.1节在验证Caffe安装是否成功的时候，曾训练了一个基于mnist的lenet模型。那么怎么进一步利用这个结果，来构建我们自己的数字识别能力呢？

Step1：准备mnist数据集，并转换为Caffe支持的LMDB数据库。

这个过程可以参考安装小节的详细讲解，这里不再赘述。

Step2：配置各prototxt文件。

Caffe主要通过prototxt来描述网络结构以及数据集等信息。在数字识别这个场景中，我们调用Caffe训练lenet时引用的是一个lenet_solver.prototxt文件，它可以被看成"配置文件入口"。为了让大家熟悉整个过程，下面针对每一行信息都做了注释。

```
#The train/test net protocol buffer definition
net: "examples/mnist/lenet_train_test.prototxt" ##网络模型配置文件，后面详细讲解
test_iter: 100
##这个参数要和batch_size结合起来理解，后者指的是网络一次正向传播处理的输入样本数量。参数test_iter
#则表示在TEST阶段需要经历多少次迭代。因为总共有10 000张图片资源，所以batch_size和test_iter分
#别设置为100就可以全部覆盖了
test_interval: 500
##这个参数用于指定多少次前向训练后执行一次test过程，这里设置的是500。意味着在训练的过程中，每
#500次训练就会输出一行描述test的log
#The base learning rate, momentum and the weight decay of the network.
```

```
base_lr: 0.01
momentum: 0.9
weight_decay: 0.0005 ##防止过拟合的一个参数
#The learning rate policy
lr_policy: "inv"
gamma: 0.0001
power: 0.75
```

上述几行可以结合起来理解，它们用于设置和调整学习率。其中，base_lr就是基准学习速率，然后lr_policy用于决定如何在训练过程中进行动态调整。具体有如下几种常用的衰减策略。

- fixed：保持base_lr值不变，不做动态调整。
- step：step需要和stepsize结合起来使用，此时学习率的衰减计算公式为

$$base\_lr \times gamma \char`\^ (floor(iter / stepsize))$$

其中，iter表示当前的迭代次数。

- exp：需要与gamma结合起来使用。学习率的衰减计算公式为

$$base\_lr \times gamma \char`\^ iter$$

- inv：inv需要和power结合起来使用，学习率的衰减计算公式为

$$base\_lr \times (1 + gamma \times iter) \char`\^ (- power)$$

- multistep：multistep需要和stepvalue结合起来使用。这个参数和step类似，区别在于它的变化取决于stepvalue，而非均等变化。
- poly：学习率进行多项式误差衰减，学习率的衰减计算公式为

$$base\_lr (1 - iter/max\_iter) \char`\^ (power)$$

- sigmoid：学习率进行sigmod衰减，学习率的衰减计算公式为

$$base\_lr (1/(1 + exp(-gamma \times (iter - stepsize))))$$

另外，动量(Momentum)的主要作用是加速学习。它会在训练的过程中加入"惯性"的考虑(有点儿类似牛顿定律)，如图26-58所示。

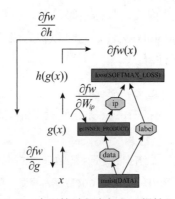

图26-58　在训练过程中加入"惯性"元素

```
display: 100
#每隔100次训练在屏幕上打印一条log
max_iter: 10000
#最多迭代次数
```

```
snapshot: 5000
#将训练的中间过程进行快照保存
snapshot_prefix: "examples/mnist/lenet"
#solver mode: CPU or GPU
solver_mode: GPU
#训练所选的运行模式，即CPU或者GPU
```

　　另一个配置文件lenet_train_test.prototxt针对每一个网络层级进行了描述，下面选取数据层和卷积层等进行讲解。

　　(1) 数据层的配置。

```
layer {
  name: "mnist" //网络层名称
  type: "Data" //这是一个数据层
  top: "data" //它的输出
  top: "label" //它的输出
  include { //代表在哪个阶段起作用。这里设置为TRAIN，说明它是训练阶段的数据
    phase: TRAIN
  }
  transform_param {
    scale: 0.00390625
  }
//transform_param是指对像素值进行调整以使它们落入[0,1]数值范围，其中0.00390625 = 1/256
  data_param {//对训练数据集进行描述
    source: "examples/mnist/mnist_train_lmdb"
    batch_size: 64
    backend: LMDB
  }
}
```

　　(2) 卷积层的配置。

```
layer {
  name: "conv1" //网络层名称
  type: "Convolution" //这是一个卷积层
  bottom: "data" //它的输入是data layer
  top: "conv1" //它的输出
  param {
    lr_mult: 1
  }
  param {
    lr_mult: 2
```

```
   }
//上述两个param分别代表的是weight和bias参数的学习率系数。当然，它们都要乘以前面在solver配置文件中设
//置的base_lr
   convolution_param {//设置卷积相关的属性
      num_output: 20   //卷积核(filter)的个数
      kernel_size: 5 //卷积核的大小
      stride: 1 //步长
      weight_filler { //weight参数的初始化
         type: "xavier" //采用xavier算法进行初始化
      }
      bias_filler {//bias参数的初始化
         type: "constant" //表示所有初始值为0
      }
   }
}
```

(3) 池化层(pooling layer)的配置。

```
layer {
   name: "pool1" //网络层名称
   type: "Pooling" //这是一个池化层
   bottom: "conv1" //它的输入是卷积层1
   top: "pool1" //它的输出
   pooling_param { //pooling 属性设置
      pool: MAX //这是一个max pooling
      kernel_size: 2 //卷积核大小，如果长和宽不等可以用 kernel_h 和 kernel_w 分别设定
      stride: 2 //步进
   }
}
```

(4) 损失层(loss layer)的配置。

```
layer {
   name: "loss" //网络层名称
   type: "SoftmaxWithLoss" //采用的loss类型
   bottom: "ip2" //它的输入
   bottom: "label" //它的输入
   top: "loss" //它的输出
}
```

值得一提的是，既可以选择手工直接编辑prototxt配置文件，也可以通过编写代码的方式来生成。
下面是一个参考范例。

```
def lenet(lmdb, batch_size):
```

```
#our version of LeNet: a series of linear and simple nonlinear transformations
n = caffe.NetSpec()
n.data, n.label = L.Data(batch_size=batch_size, backend=P.Data.LMDB, source=lmdb,
                         transform_param=dict(scale=1./255), ntop=2)
  n.conv1 = L.Convolution(n.data, kernel_size=5, num_output=20, weight_
filler=dict(type='xavier'))
  n.pool1 = L.Pooling(n.conv1, kernel_size=2, stride=2, pool=P.Pooling.MAX)
  n.conv2 = L.Convolution(n.pool1, kernel_size=5, num_output=50, weight_
filler=dict(type='xavier'))
  n.pool2 = L.Pooling(n.conv2, kernel_size=2, stride=2, pool=P.Pooling.MAX)
  n.fc1 =   L.InnerProduct(n.pool2, num_output=500, weight_filler=dict(type='xavier'))
  n.relu1 = L.ReLU(n.fc1, in_place=True)
  n.score = L.InnerProduct(n.relu1, num_output=10, weight_filler=dict(type='xavier'))
  n.loss =  L.SoftmaxWithLoss(n.score, n.label)
  return n.to_proto()
with open('mnist/lenet_auto_train.prototxt', 'w') as f:
    f.write(str(lenet('mnist/mnist_train_lmdb', 64)))
with open('mnist/lenet_auto_test.prototxt', 'w') as f:
    f.write(str(lenet('mnist/mnist_test_lmdb', 100)))
```

Step3：通过Caffe来做lenet的网络训练和测试。

这一过程和安装小节中的描述是一致的，不再赘述。

Step4：准备用于识别的数字图像。

接下来开始讲解如何利用前面步骤生成的caffemodel来实际地完成一个数字识别任务。为了让读者熟悉整个流程，我们选择自己书写一个数字。可选的方法有很多——比如直接利用Windows的画图程序，新建一个28×28的画板，然后写一个数字，如图26-59所示。

图26-59　利用画图板书写一个数字

最后把上面手写数字保存成24位的bmp文件(7.bmp)。

Step5：图像灰度化预处理。

上一步骤中生成的bmp文件是24位的，并不符合lenet的数据需求，因而还需要做一下图像的预处理。图像灰度化并不复杂，可以选择通过MATLAB、OpenCV或者自己直接手写的方式来实现。如果采用OpenCV的话，还需要保证开发环境中已经安装了cv2 (执行pip install opencv-python命令)。OpenCV安装示意图如图20-60所示。

```
E:\MyBook\Book_AI\Materials\SourceCode\caffe-master-microsoft\examples\mnist\my>pip install opencv-p
ython
Collecting opencv-python
```

图26-60　OpenCV安装示意图

如下是基于OpenCV的图像灰度化范例代码。

```
import cv2
image = cv2.imread('7.bmp')
gray = cv2.cvtColor(image, cv2.COLOR_BGR2GRAY)
cv2.imshow("Image", gray)
cv2.waitKey(0)
imwrite(uint8(image),'7.gray.bmp')
```

效果如图26-61所示。

图26-61　图像灰度化

紧接着在examples\mnist目录下新建一个**my_digit**文件夹，然后把灰度化后的图片资源复制到这一路径下(可以创建多幅图片)。

Step6：建立标签文件。

在**my_digit**文件夹下新建一个**word.txt**文件，然后输入如图26-62所示标签内容。

```
0
1
2
3
4
5
6
7
8
9
```

图26-62　新建标签文件

Step7：生成mean.binaryproto均值文件。

图像均值计算有利于准确度的提升，Caffe已经帮用户提供了完成这一任务所需的工具，即**compute_image_mean**。它的用法如下。

```
compute_image_mean [FLAGS] INPUT_DB [OUTPUT_FILE]
```

接下来在Windows Caffe根目录下，输入如下命令行。

```
Build\x64\Release\compute_image_mean.exeexamples\mnist\mnist_train_lmdb
 examples\mnist\my_digit\mean.binaryproto
```

命令执行成功后会在**my_digit**下生成mean.binaryproto均值文件。

Step8：利用classification程序来识别手写数字。

在Windows Caffe的根目录下，新建一个my_mnist.bat文件，然后输入如下参考命令行。

```
Build\x64\Release\classification.exe examples\mnist\lenet.prototxt
examples\mnist\lenet_iter_10000.caffemodel examples\mnist\my_digit\mean.
binaryproto examples\mnist\my_digit\word.txt examples\mnist\my_digit\7.bmp
pause
```

最终的识别结果如图26-63所示。

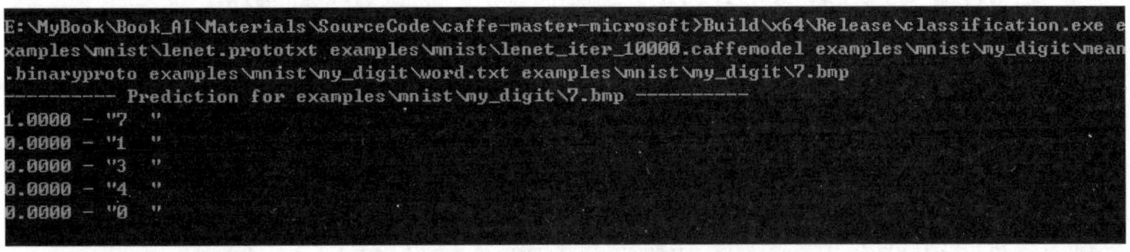

图26-63　最终识别结果

从图26-63可以看到，分类(Classification)给出了预测概率最高的几个类别排行，其中数字7的概率达到100%，可见识别结果是准确的。

26.7　Caffe中的Model Zoo

毋庸置疑，学术界和工业界都有不少通过Caffe(Tensorflow等其他框架也是类似的)和各种数据集训练出来的模型。我们是否可以"站在巨人的肩膀上"，让这些模型为我们所用呢？

答案是肯定的。Caffe的作者也意识到了这一点的重要性，所以他们提出了一个名为"Model Zoo"的共享计划。官方说明如下。

http://caffe.berkeleyvision.org/model_zoo.html

具体而言，Model Zoo包含如下一些内容。

● A standard format for packaging Caffe model info.

建议模型分享者可以按照Model Zoo的标准格式来提供相关信息。

● Tools to upload/download model info to/from Github Gists, and to download trained caffemodel binaries.

从Github Grists下载/上传模型信息的工具和下载训练过的caffemodel binary的工具位于Caffe源码工程的scripts目录下。

● A central wiki page for sharing model info Gists.

Wiki的网址为https://github.com/BVLC/caffe/wiki/Model-Zoo其网页共享Github Gists上的模型信息。

Caffe的模型可以分为两类，第一类由Caffe官方随源码工程一起提供给开发者，即[Caffe_Root]/models目录下的几个子文件夹，如图26-64所示。

bvlc_alexnet
bvlc_googlenet
bvlc_reference_caffenet
bvlc_reference_rcnn_ilsvrc13
finetune_flickr_style

图26-64　子文件夹

它们通常是没有任何使用限制条件的预训练模型。

另外一类即是模型作者上传提供的。以残缺网络ResNet为例，我们可以从Model Zoo的Wiki中找到它的共享地址：

https://github.com/KaimingHe/deep-residual-networks

我们可以在上述Github页面上找到ResNet各个版本的予训练模型(Pretrained model)，然后下载到本地进行二次开发，比如ResNet-152对应的caffemodel和prototxt文件，如图26-65所示。

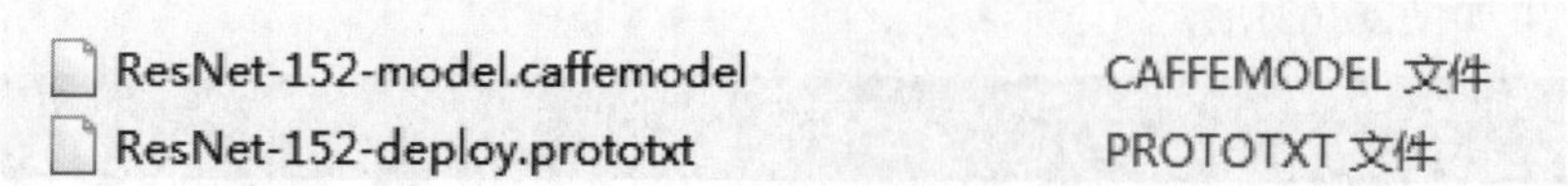

ResNet-152-model.caffemodel   CAFFEMODEL 文件
ResNet-152-deploy.prototxt   PROTOTXT 文件

图26-65　ResNet-152对应的caffemodel和prototxt文件

其中，CaffeNet属于官方模型，可以通过以下命令下载到本地：

```
python ./scripts/download_model_binary.py models/bvlc_reference_caffenet
```

然后就可以利用下载到的预训练模型来执行各项工作了。譬如利用CaffeNet来完成分类任务的一个范例如下。

```
./build/examples/cpp_classification/classification.bin \
  models/bvlc_reference_caffenet/deploy.prototxt \
  models/bvlc_reference_caffenet/bvlc_reference_caffenet.caffemodel \
  data/ilsvrc12/imagenet_mean.binaryproto \
  data/ilsvrc12/synset_words.txt \
  examples/images/cat.jpg
```

如果输出类似如图26-66所示的结果，表示执行成功了。

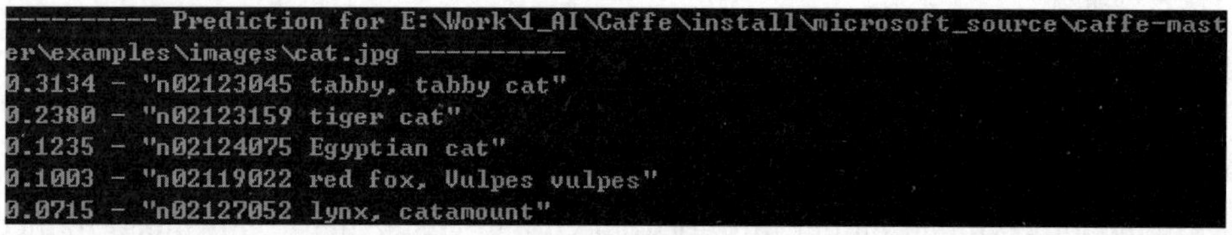

图26-66　执行成功

这里的classification.bin是一个通过C++调用Caffe接口实现的程序，开发人员也可以根据自己的需要来选择其他编程语言。

scikit-learn是机器学习和数据挖掘领域的一个功能强大的Python包，其官方网站将它的主要特点概括如下：

- Simple and efficient tools for data mining and data analysis
- Accessible to everybody, and reusable in various contexts
- Built on NumPy, SciPy, and matplotlib
- Open source, commercially usable – BSD license

大意：

- 简单高效的数据挖掘和数据分析工具
- 每个人都可以访问，并且可在不同的上下文中重用
- 建立在NumPy、SciPy和matplotlib之上
- 开源，商业使用——BSD许可证

scikit-learn起源于2007年，最初版本的作者是David Cournapeau，其后归功于社区爱好者的贡献得以快速发展壮大，相继发布了如下一些重要版本(节选)。

- July 2017. scikit-learn 0.19.0
- September 2016. scikit-learn 0.18.0
- November 2015. scikit-learn 0.17.0
- March 2015. scikit-learn 0.16.0
- July 2014. scikit-learn 0.15.0
- August 2013. scikit-learn 0.14
- January 2010. scikit-learn v0.1 beta

从名称上来看，"scikit"实际上是"SciPy Toolkit"的缩写，意味着它是以SciPy的三方扩展插件存在的。相信大家对SciPy也不会陌生，其中的"Sci"代表的是"Science"，是一个致力于提供科学计算中常见问题(比如插值、图像处理、积分、统计等)的工具箱。SciPy的各个模块提供了各式各样的功能，如表27-1所示。

表27-1　SciPy核心模块释义

模块	释义
scipy.cluster	矢量量化等聚类实现
scipy.constants	各种物理和数学常数
scipy.fftpack	傅里叶变换
scipy.integrate	积分程序
scipy.interpolate	插值实现
scipy.io	数据的输入输出
scipy.linalg	线性代数程序
scipy.ndimage	n维的图像包
scipy.odr	正交距离回归
scipy.optimize	优化处理
scipy.signal	信号处理
scipy.sparse	稀疏矩阵处理
scipy.spatial	空间数据结构和算法
scipy.special	各种特殊数学函数
scipy.stats	统计处理

另外，scikit是一系列工具集(Toolkit)的实现，而scikit-learn则专注于机器学习领域，它和scikit-image可以说是目前维护最好且最流行的两个scikit工具套件了。

27.1 scikit-learn的安装

scikit-learn的安装过程并不复杂，首先要保证如下依赖环境已经准备就绪。

- Python (≥2.7或≥ 3.3)
- NumPy (≥ 1.8.2)
- SciPy (≥ 0.13.3)

在满足上述条件的情况下，最简单的安装方式就是通过pip或者conda来完成。

- pip对应命令行：

```
pip install -U scikit-learn
```

通过pip安装scikit-learn的安装过程截图如图27-1所示。

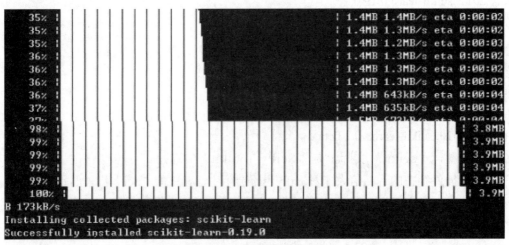

图27-1 安装过程截图

- conda对应命令行：

```
conda install scikit-learn
```

只要成功执行上述的其中一个命令，那么scikit-learn开发包就已经在开发机器上准备就绪了。

27.2 scikit-learn中的机器学习算法

总的来说，scikit-learn支持六大类别的机器学习任务，即分类(Classification)、回归(Regression)、聚类(Clustering)、降维(Dimensionality Reduction)、模型选择(Model Selection)和预处理(Preprocessing)。

27.2.1 分类

分类任务就是识别出对象所属的类别的过程，scikit-learn支持的Classification算法如表27-2所示。

表27-2　scikit-learn支持的Classification算法

任务	算法	模块	应用场景
Classification	SVM	sklearn.svm	Spam detection Image recognition
	Nearest neighbors	sklearn.neighbors	
	random forest	sklearn.ensemble	
	Naïve Bayes	sklearn.naive_bayes	
	Decision Trees	sklearn.tree	
	Neural Network	sklearn.neural_network	

可见主流的分类算法都在scikit-learn的支持范围内。不过相对于Tensorflow和Caffe这种专注于深度学习的平台，scikit-learn的神经网络通常只用于做一些规模较小的网络模型的训练和测试(毕竟"术业有专攻")。

27.2.2　回归

回归任务主要用于预测一个物体的连续值属性，无论在学术界还是工业界都有非常广泛的应用——比如预测股票价格或者药物反应。scikit-learn同样提供了较为丰富的Regression算法模型来满足开发者的需求，而且针对每种算法还附带了从原理到使用范例、scikit-learn API释义等一系列信息。

主要算法及相关信息描述如表27-3所示。

表27-3　scikit-learn 支持的Regression算法

任务	算法	模块	应用场景
Regression	LinearRegression	sklearn.linear_model.LinearRegression	药物反应, 股票价格
	SVR	sklearn.svm.SVR	
	Ridge Regression	sklearn.linear_model.Ridge	
	Lasso	sklearn.linear_model.Lasso	
	Multi-task Lasso	sklearn.linear_model.MultiTaskLasso	
	Elastic Net	sklearn.linear_model.ElasticNet	
	Multi-task Elastic Net	sklearn.linear_model.MultiTaskElasticNet	
	Least Angle Regression	sklearn.linear_model.Lars	
	LARS Lasso	sklearn.linear_model.LassoLars	
	Orthogonal Matching Pursuit	sklearn.linear_model.OrthogonalMatchingPursuit	
	Bayesian RidgeRegression	sklearn.linear_model.BayesianRidge	
	Logistic regression	sklearn.linear_model.LogisticRegression	
	PassiveAggressiveRegressor	sklearn.linear_model.PassiveAggressiveRegressor	
	HuberRegressor	sklearn.linear_model.HuberRegressor	

27.2.3　聚类

聚类属于无监督学习，用于自动化地将具有相似属性的对象进行归类。

另外，scikit-learn还提供了上述这些Clustering算法的可视化的对比结果，供开发人员比较选择，如图27-2所示。

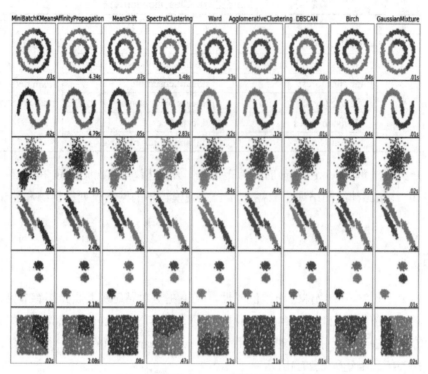

图27-2   各种Clustering算法可视化比较

27.2.4   降维

降维指的是将高维空间的数据映射到低维度空间中的处理过程。比如图27-3所示是将四维的IRIS数据集降维到二维空间的结果。

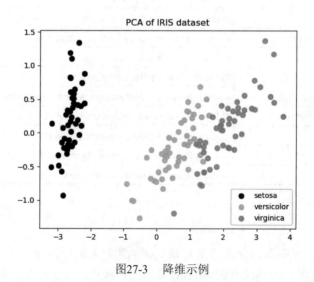

图27-3   降维示例

scikit-learn主要支持如下几种类型的降维手段(每种类型可能还包含多个子类型)。

- Principal Component Analysis (PCA);
- Incremental PCA;
- PCA using randomized SVD;

- Kernel PCA；
- Sparse Principal Components Analysis (Sparse PCA and Mini Batch Sparse PCA)；
- Truncated singular value decomposition and latent semantic analysis；
- Dictionary Learning；
- Sparse coding with a precomputed dictionary；
- Generic dictionary learning；
- Mini-batch dictionary learning；
- Factor Analysis；
- Independent Component Analysis (ICA)；
- Non-negative Matrix Factorization (NMF or NNMF)；
- NMF with the Frobenius norm；
- NMF with a beta-divergence；
- Latent Dirichlet Allocation (LDA)。

其中，PCA可以说是应用最广泛的降维方法之一，在其他章节有详细讲解，请结合起来阅读。

27.3 scikit-learn中的Model selection

"Model selection"如其名所示，旨在为开发者比较、验证和选择参数及模型提供一系列工具手段。模型的设计和验证可以说是机器学习的重点和难点，虽然随着技术的演进会不断出现更多智能的手段来帮助开发者完成这一任务(例如AutoML)，但从短期来看最可行的方案可能还是模型设计人员利用工具来进行人工调整。

scikit-learn主要提供了如下几个方面的支撑：网络搜索(Grid Search)、交叉验证(Cross Validatoin)和度量标准(Metric)等。

27.3.1 网络搜索

网络搜索用于寻找模型的最佳参数。应该说使用网络搜索进行参数搜索是目前使用最广泛的一种参数优化方法。它的核心思想用一句话来概括就是：

"It is possible and recommended to search the hyper-parameter space for the best cross validation score."

具体来讲，一个典型的网络搜索包含如下几个核心元素。

元素1：评估器(An estimator)(分类器或回归器，例如sklearn.svm.SVC())。

元素2：参数空间(A parameter space)。

元素3：搜索和取样候选对象的方法(A method for searching or sampling candidates)。

元素4：交叉验证机制(A cross-validation scheme)。

元素5：估分函数(A score function)。

另外，除了网络搜索外，scikit-learn其实还支持随机搜索(Randomized Search)。它们的本质区别在于Grid Search是以穷举的方式遍历所有可能的参数组合，而随机搜索则是根据某种分布对参数空间进行采样，然后随机地得到一些候选参数组合方案(这样一来就可以实现性能的提升了)。

下面就结合一个实际的代码范例来进一步讲解网络搜索以及它和随机搜索之间的区别。

```
/*scikit-learn中的Grid Search和Randomized Search*/
```

```
import numpy as np
from time import time
from scipy.stats import randint as sp_randint
from sklearn.model_selection import GridSearchCV
from sklearn.model_selection import RandomizedSearchCV
from sklearn.datasets import load_digits
from sklearn.ensemble import RandomForestClassifier
```

导入一系列scikit-learn的相关包，包括数据库资源、分类器以及网络搜索等。

```
digits = load_digits()
X, y = digits.data, digits.target
```

这是scikit-learn提供的一个手写数字数据集，包含1797个样本。每个样本都是一个8×8像素的图像和一个[0, 9]的整数标签。

```
clf = RandomForestClassifier(n_estimators=20)
```

紧接着建立一个随机森林分类器，子模型数设置为20。

```
#Utility function to report best scores
def report(results, n_top=3):
    for i in range(1, n_top + 1):
        candidates = np.flatnonzero(resul'ts['rank_test_score'] == i)
        for candidate in candidates:
            print("Model with rank: {0}".format(i))
            print("Mean validation score: {0:.3f} (std: {1:.3f})".format(
                    results['mean_test_score'][candidate],
                    results['std_test_score'][candidate]))
                print("Parameters: {0}".format(results['params']
[candidate]))
            print("")
```

上述函数用于输出最佳分数值，它同时服务于网络搜索及随机搜索。

```
param_dist = {"max_depth": [3, None],
              "max_features": sp_randint(1, 11),
              "min_samples_split": sp_randint(2, 11),
              "min_samples_leaf": sp_randint(1, 11),
              "bootstrap": [True, False],
              "criterion": ["gini", "entropy"]}
```

随机搜索的参数配置由param_dist提供。其中，max_depth表示最大的树深度，min_samples_split代表分裂所需最小样本数，min_samples_leaf代表叶节点最小样本数，max_features代表的是分裂时考虑的最大特征数，criterion则是分裂条件。所以param_dist的key属于随机森林的属性，不过它们的value则体现了分布性质。

```
#run randomized search
n_iter_search = 20
random_search = RandomizedSearchCV(clf, param_distributions=param_dist,
                                   n_iter=n_iter_search)
start = time()
random_search.fit(X, y)
print("RandomizedSearchCV took %.2f seconds for %d candidates"
      " parameter settings." % ((time() - start), n_iter_search))
report(random_search.cv_results_)
```

RandomizedSearchCV用于创建一个随机化搜索器，其中，第一个参数是前面的随机森林分类器，第二个参数用于设定一个参数分布规则，第三个参数表示抽样迭代次数。

随机搜索的输出结果如图27-4所示。

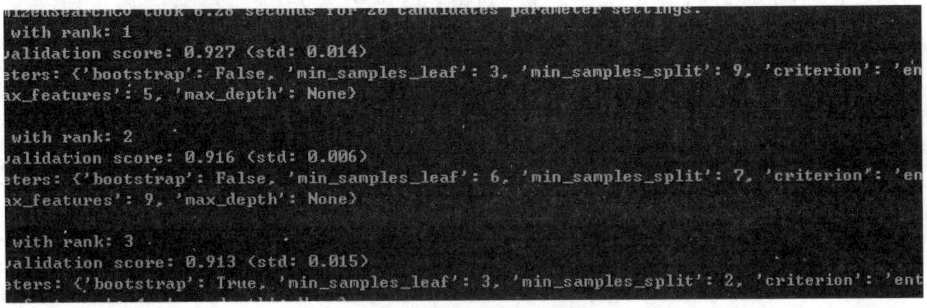

图27-4 随机搜索输出结果

```
#use a full grid over all parameters
param_grid = {"max_depth": [3, None],
              "max_features": [1, 3, 10],
              "min_samples_split": [2, 3, 10],
              "min_samples_leaf": [1, 3, 10],
              "bootstrap": [True, False],
              "criterion": ["gini", "entropy"]}
```

这里的param_grid各属性和随机搜索是一样的，它们都用于配置随机森林分类器。区别在于param_grid提供的是参数的取值空间而不是它们的分布。不难理解，在采用暴力搜索的条件下，上述配置共会产生$2 \times 3 \times 3 \times 3 \times 2 \times 2 = 216$种可能组合。

```
#run grid search
grid_search = GridSearchCV(clf, param_grid=param_grid)
start = time()
grid_search.fit(X, y)
print("GridSearchCV took %.2f seconds for %d candidate parameter settings."
      % (time() - start, len(grid_search.cv_results_['params'])))
report(grid_search.cv_results_)
```

上述代码段中，网络搜索的输出结果如图27-5所示。

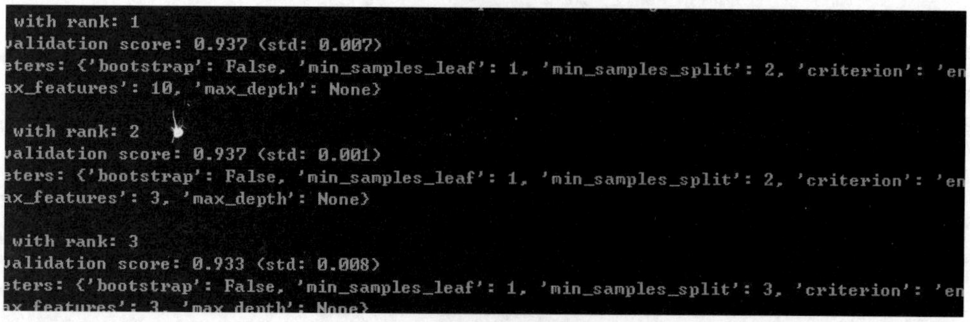

图27-5　网络搜索输出结果

可以看到，随机搜索虽然最终得到的验证分数比网络搜索差一些，但是执行速度快了很多倍(6.28s vs63.39s)。

27.3.2　交叉验证

交叉验证基本上是机器学习的一个"标配"。通常我们不会在同一个数据集上既进行训练也进行测试，而是将数据集分为两部分：training set和test set——这样训练和测试出来的模型才是可靠的。具体的切分规则和处理过程可以参考本书开头章节的讲解。

下面是利用scikit-learn进行交叉验证的一个范例，读者可以参考学习一下。

```
>>> import numpy as np
>>> from sklearn.model_selection import train_test_split
>>> from sklearn import datasets
>>> from sklearn import svm
>>> iris = datasets.load_iris()
>>> iris.data.shape, iris.target.shape
((150, 4), (150,))
>>> X_train, X_test, y_train, y_test = train_test_split(
...     iris.data, iris.target, test_size=0.4, random_state=0)
>>> X_train.shape, y_train.shape
((90, 4), (90,))
>>> X_test.shape, y_test.shape
((60, 4), (60,))
>>> clf = svm.SVC(kernel='linear', C=1).fit(X_train, y_train)
>>> clf.score(X_test, y_test)
0.96...
```

27.3.3　度量标准

scikit-learn提供了三种不同的API来评估模型的预测质量，包括：

1. 评估器评分方法(Estimator Score Method)

scikit-learn中的评估器(Estimators)都有一个score函数，用于提供默认的评估准则。比如如图27-6所示的是LinearSV中包含的score函数定义。

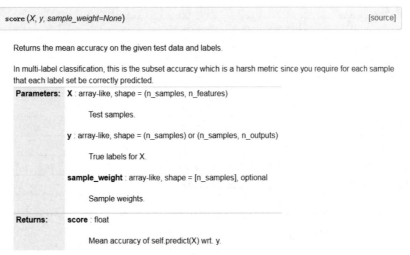

图27-6 score函数定义

各个评估器具体的评分方法(Score Method)可以参考它们对应的指导文档来了解详情。

2. 评分参数(Scoring Parameter)

模型选择和评估工具,例如前面看到的model_selection.GridSearchCV,会带有一个评分参数,用于指定针对被评估对象采用何种度量标准。例如,下面是GridSearchCV的构造函数。

```
class sklearn.model_selection.GridSearchCV(estimator, param_grid, scoring=None, fit_
params=None, n_jobs=1, iid=True, refit=True, cv=None, verbose=0, pre_dispatch= '2*n_
jobs', error_score='raise', return_train_score='warn')
```

而且这个评分参数实际上只是一个字符串,它的取值可以参照表27-4。

表27-4 评分参数的取值范围

计分方法	函数	注释
Classification		
'accuracy'	metrics. accuracy_score	
'average_precision'	metrics. average_precision_score	
'f1'	metrics. f1_score	for binary targets
'f1_micro'	metrics. f1_score	micro-averaged
'f1_macro'	metrics. f1_score	macro-averaged
'f1_weighted'	metrics. f1_score	weighted average
'f1_samples'	metrics. f1_score	by multilabel sample
'neg_log_loss'	metrics. log_loss	requires predict_proba support
'precision'	metrics. precision_score	suffixes apply as with 'f1'
'recall'	metrics. recall_score	suffixes apply as with 'f1'
'roc_auc'	metrics. roc_auc_score	
Clustering		
'adjusted_mutual_info_score'	metrics. adjusted_mutual_info_score	
'adjusted_rand_score'	metrics. adjusted_rand_score	
'completeness_score'	metrics. completeness_score	
'fowlkes_mallows_score'	metrics. fowlkes_mallows_score	
'homogeneity_score'	metrics. homogeneity_score	

续表

计分方法	函数	注释
'mutual_info_score'	metrics. mutual_info_score	
'normalized_mutual_info_score'	metrics. normalized_mutual_info_score	
'v_measure_score'	metrics. v_measure_score	
Regression		
'explained_variance'	metrics. explained_variance_score	
'neg_mean_absolute_error'	metrics. mean_absolute_error	
'neg_mean_squared_error'	metrics. mean_squared_error	
'neg_mean_squared_log_error'	metrics. mean_squared_log_error	
'neg_median_absolute_error'	metrics. median_absolute_error	
'r2'	metrics. r2_score	

下面是采用评分参数的一个代码范例。

```
from sklearn import svm, datasets
from sklearn.model_selection import cross_val_score
iris = datasets.load_iris()
X, y = iris.data, iris.target
clf = svm.SVC(probability=True, random_state=0)
cross_val_score(clf, X, y, scoring='neg_log_loss')
```

3. 度量函数(Metric Function)

除了上述两种类型之外，scikit-learn还提供了一个专门用于模型度量的模块，即sklearn.metrics。这个模块中的度量手段还是比较丰富的，包括：

- 评分方法 (Score Function)；
- 性能度量 (Performance Metric)；
- 成对度量(Pairwise Metric)；
- 距离计算(Distance Computation)。

这些方法分布在各类机器学习任务中，被称为分类度量(Classification Metric)、多标签排序度量(Multilabel Ranking Metric)、 回归度量(Regression Metric)以及聚类度量(Clustering Metric)。

请参照下面几张表，了解各分类下的具体度量方法，如表27-5～表27-8所示。

表27-5　分类度量

分类	具体度量方法	释义
分类度量	accuracy_score	分类准确度
	condusion_matrix	分类混淆矩阵
	classification_report	分类报告
	precision_recall_fscore_support	计算精确度、召回率、f值、支持率等
	jaccard_similarity_score	计算jcaard相似度
	hamming_loss	计算汉明损失
	zero_one_loss	计算0-1损失
	hinge_loss	计算hinge损失
	log_loss	计算log损失

表27-6 多标签排序度量

分类	具体度量方法	释义
多标签排序度量	coverage_error	涵盖误差
	label_ranking_average_precision_score	基于排名的平均误差
	Ranking loss	排名损失

表27-7 回归度量

分类	具体度量方法	释义
回归度量	mean_absolute_error	计算平均绝对误差
	mean_squared_error	计算均方误差
	mean_squared_log_error	计算均方对数误差
	median_absolute_error	计算绝对中位误差
	r2_score	计算可决系数

表27-8 聚类度量

分类	具体度量方法	释义
聚类度量	silhouette_score	计算所有样本的平均轮廓系数
	silhouette_sample	计算每一个样本的轮廓系数
	adjusted_mutual_info_score	计算用于衡量两个数据分布吻合度的调整型互信息
	adjusted_rand_score	计算兰德数
	calinski_harabaz_score	计算CH值
	completeness_score	计算完整性数值
	fowlkes_mallows_score	计算FM值
	homogeneity_completeness_v_measure	同时计算同质性(homogeneity)、完整性(completeness)和V度量值(V-measure)
	homogeneity_score	计算同质性
	mutual_info_score	计算互信息
	normalized_mutual_info_score	计算归一化互信息
	v_measure_score	计算V度量值

27.4 scikit-learn中的预处理

scikit-learn中提供的数据预处理(Preprocessing)功能同样很丰富，主要分为以下两大类。

(1) 数据的标准化等预处理。

(2) 数据的特征提取预处理。

27.4.1 数据标准化等预处理

这一部分的预处理主要包括缩放(Scaling)、中心化(Centering)、正则化(Normalization)、二值化(Binarization)和缺失值处理(Imputation)，共5大类。具体的函数原型和它们的释义如表27-9～表27-13所示。

表27-9 各种数据预处理器

预处理器	释义
preprocessing.Binarizer([threshold, copy])	数据二值化处理类，即数值小于threshold的设为0，否则为1
preprocessing.FunctionTransformer([func, …])	自定义的数据转换器，其中，func是一个回调Python函数

(续表)

预处理器	释义
preprocessing.Imputer([missing_values, ⋯])	专门处理缺失数据的类
preprocessing.KernelCenterer	生成核矩阵，用于将 SVM核的数据标准化
preprocessing.LabelBinarizer([neg_label, ⋯])	标签二值化处理类
preprocessing.LabelEncoder	将类别标签标记为 0 ~ n_classes - 1 的数
preprocessing.MultiLabelBinarizer	多标签二值化类
preprocessing.MaxAbsScaler([copy])	绝对值最大标准化类
preprocessing.MinMaxScaler([feature_range, copy])	最小最大值标准化
preprocessing.Normalizer([norm, copy])	数据归一化类
preprocessing.OneHotEncoder([n_values, ⋯])	OneHot编码器，请参见本书NLP章节了解详情
preprocessing.PolynomialFeatures([degree, ⋯])	将数据多项式结合生成多维特征
preprocessing.QuantileTransformer([⋯])	利用分位数信息来做数据转换
preprocessing.RobustScaler([with_centering, ⋯])	利用Interquartile Range (IQR) 标准化数据
preprocessing.StandardScaler([copy, ⋯])	标准正态分布化处理类

表27-10　数据增强类预处理

预处理器	释义
preprocessing.add_dummy_feature(X[, value])	通过增加一个额外的dummy特征来扩大数据集

表27-11　数据二值化预处理

预处理器	释义
preprocessing.binarize(X[, threshold, copy])	将数据二值化，即大于threshold的为1，否则为0。适用于scipy.sparse matrix(稀疏矩阵)等场景
preprocessing.label_binarize(y, classes[, ⋯])	将标签类型二值化(采用one-vs-all) 参见下面的代码范例

表27-12　数据标准化预处理

预处理器	释义
preprocessing.maxabs_scale(X[, axis, copy])	将特征值缩放到[-1, 1] 范围内，并且不破坏原始数据的稀疏性
preprocessing.minmax_scale(X[, ⋯])	将数据值缩放到固定区间，默认缩放到区间 [0, 1]
preprocessing.robust_scale(X[, axis, ⋯])	和RobustScaler类似，不过是沿着相应轴做数据标准化处理
preprocessing.scale(X[, axis, with_mean, ⋯])	和StandardScaler类似，不过是沿着相应轴做数据标准化处理
preprocessing.quantile_transform(X[, axis, ⋯])	利用分位数信息来做数据转换

表27-13　数据归一化预处理

预处理器	释义
preprocessing.normalize(X[, norm, axis, ⋯])	数据归一化处理，参见本书基础知识章节的详细介绍

下面是一个LabelBinarizer的使用和效果范例。

```
from sklearn import preprocessing
from sklearn import tree
featureList=[[1,0],[1,1],[0,0],[0,1]]
labelList=['yes', 'no', 'no', 'yes']
label = preprocessing.LabelBinarizer()
```

```
dummY=label.fit_transform(labelList)
clf = tree.DecisionTreeClassifier()
clf = clf.fit(featureList, dummY)
p=clf.predict([[1,1]])
print(p)
inv=label.inverse_transform(p)
print(label)
```

输出结果为

```
[0]
['no']
```

27.4.2 数据特征提取预处理

scikit-learn中的sklearn.feature_extraction模块提供了数据的特征提取功能，即从文本和图像等资源中提取出可以用于机器学习算法的特征。再具体点儿说，就是把文本或者图像等转换成量化特征。

下面结合一些代码范例来说明。

1. 处理python dict特征

在项目开发过程中，可能会经常遇到如下情况。

```
measurements = [
    {'city': 'Dubai', 'temperature': 33.},
    {'city': 'London', 'temperature': 12.},
    {'city': 'San Francisco', 'temperature': 18.},
]
from sklearn.feature_extraction import DictVectorizer
vec = DictVectorizer()
print(vec.fit_transform(measurements).toarray())
print(vec.get_feature_names())
```

可以看到measurements中既有温度(temperature)这样的连续数字，也有城市(City)这样的离散类别。为此scikit-learn提供了DictVectorizer来帮助我们将类似城市的类别属性(Categorical Attribute)进行转换。

上述代码段的输出如图27-7所示。

```
[[ 1.  0.  0. 33.]
 [ 0.  1.  0. 12.]
 [ 0.  0.  1. 18.]]
['city=Dubai', 'city=London', 'city=San Francisco', 'temperature']
```

图27-7 输出结果

2. 文本特征提取

显然原始的文本数据并不能直接送到机器学习模型中进行处理，它们首先需要被处理成数值特征矩阵。提取文本特征的一种常用手段是词袋模型(Bags of words)，它的核心思想主要包括如下几点。

(1) Tokenizing：为训练集中所有可能出现的词给予一个固定的ID值，换句话说，就是建立一个具备索引的字典。

(2) Counting：计算每篇文章中，某个ID对应的词出现的次数。

(3) Normalizing：在上述两个步骤的基础上，进一步区分词语的权重值。

词袋模型需要考虑稀疏性的问题——假设有N(很容易达到100 000+级别)个可能的词，文档个数为M(通常10 000+)，每个特征需要4B来记录，那么词袋模型所需的文本特征将达到$N \times M \times 4$B。即便不考虑这么大的数据量是否适合于存储，如此庞大的特征向量中绝大多数元素的取值为0，本身就是一个不容忽视的问题了(矩阵的行表示一篇文章，列表示的是词的ID。不难理解每篇文章中实际上只会用到很少量的不同词汇)。

针对这个问题，scikit-learn的建议解决方案是采用仅存储非零特征来节约空间。它提供的scipy.sparse已经帮我们实现了这个方案，因而直接调用API就可以了。

下面结合一个代码范例来讲解文本特征的提取，它主要使用到了scikit-learn提供的CountVectorizer这个类。

```
from sklearn.feature_extraction.text import CountVectorizer
vectorizer = CountVectorizer()
print(vectorizer)           ##打印点1
corpus = [
    'This is the first document.',
    'This is the second second document.',
    'And the third one.',
    'Is this the first document?',
]
X = vectorizer.fit_transform(corpus)
print(X) ##打印点2
count = vectorizer.vocabulary_.get(u'is')
print(count) ##打印点3
```

其中，打印点1的输出如图27-8所示。

```
CountVectorizer(analyzer=u'word', binary=False, decode_error=u'strict',
        dtype=<type 'numpy.int64'>, encoding=u'utf-8', input=u'content',
        lowercase=True, max_df=1.0, max_features=None, min_df=1,
        ngram_range=(1, 1), preprocessor=None, stop_words=None,
        strip_accents=None, token_pattern=u'(?u)\\b\\w\\w+\\b',
        tokenizer=None, vocabulary=None)
```

图27-8　打印点1的输出

打印点2的输出如图27-9所示。

```
(0, 1)          1
(0, 2)          1
(0, 6)          1
(0, 3)          1
(0, 8)          1
(1, 5)          2
(1, 1)          1
(1, 6)          1
(1, 3)          1
(1, 8)          1
(2, 4)          1
(2, 7)          1
(2, 0)          1
(2, 6)          1
(3, 1)          1
(3, 2)          1
(3, 6)          1
(3, 3)          1
(3, 8)          1
```

图27-9   打印点2的输出

打印点3代表的是"is"出现的次数，结果为

接下来还需要进一步思考文本处理任务中可能会经常出现的另一个问题。我们知道，篇幅越长的文章中某个词出现的次数理论上比篇幅短的文章要多，即便是这两篇文章讨论的内容是非常相近的。因而单纯地计算出现次数有时还不足以表达词的特征，此时还可以考虑如下两个因素。

(1) 词频(Term Frequency)：即某个词在某文档中出现的次数与该文档的词语总和之商。

(2) 权重(Weight)：有不少词语在很多文章中都属于高频词，但它们本身并不见得很重要(例如the、this、a等)，此时可以通过赋予适当的权重来区分不同词语之间的重要性。

综合考虑了上述两点因素的模型被称为tf-idf，它是"Term Frequency times Inverse Document Frequency"的缩写，其中tf指词频，idf指逆文档频率。

其中，词频的计算公式可以参考

$$\mathrm{tf}_{i,j} = \frac{n_{i,j}}{\sum_k n_{k,j}}$$

上述公式中的分子$n_{i,j}$指词语在文件j中出现的次数，而分母指的是文件j中所有词语的出现次数总和。

逆文档频率(Inverse Document Frequency)的计算公式可以参考

$$\mathrm{idf}(t) = \log\frac{1+n_d}{1+\mathrm{df}(d,t)} + 1$$

其中，n_d代表的是所有文档的数量，$\mathrm{df}(d,t)$是包含词t的文档数量。

所以tf-idf就可以表达为

$$\text{tf-idf}(t,d) = \mathrm{tf}(t,d) \times \mathrm{idf}(t)$$

不管是tf还是tf-idf, scikit-learn都提供了相应的实现供开发者直接调用，可以参考如下的代码范例。

```python
from sklearn.feature_extraction.text import CountVectorizer
from sklearn.datasets import fetch_20newsgroups
categories = ['alt.atheism', 'soc.religion.christian', 'comp.graphics', 'sci.med']
```

```
twenty_train = fetch_20newsgroups(subset='train',
    categories=categories, shuffle=True, random_state=42)


count_vect = CountVectorizer()
X_train_counts = count_vect.fit_transform(twenty_train.data)
from sklearn.feature_extraction.text import TfidfTransformer
tf_transformer = TfidfTransformer(use_idf=False).fit(X_train_counts)
X_train_tf = tf_transformer.transform(X_train_counts)
print(X_train_tf.shape)
```

首先通过TfidfTransformer.fit来处理原始的文本数据(来源于scikit-learn提供的20newsgroups数据集，参见http://qwone.com/~jason/20Newsgroups/)，然后再调用transform将其转换为tf-idf模型，最后将结果打印出来，如下所示(数据集下载速度较慢，需要等待一段时间)。

```
Downloading 20news dataset. This may take a few minutes.
Downloading dataset from https://ndownloader.figshare.com/files/5975967 (14 MB)
```

处理结果如下。

```
Downloading 20news dataset. This may take a few minutes.
Downloading dataset from https://ndownloader.figshare.com/files/5975967 (14 MB)
(2257, 35788)
```

当然，也可以使用"复合"函数来一次性完成上述任务，例如：

```
tfidf_transformer = TfidfTransformer()
X_train_tfidf = tfidf_transformer.fit_transform(X_train_counts)
print(X_train_tfidf.shape)
```

得到的结果是完全一致的。

另外，由于某些网络原因可能会出现国外数据集无法直接下载的情况。此时可以选择不直接使用scikit-learn提供的封装函数(例如fetch_20newsgroups)，改为从候选地址下载一样的数据集，然后再进行处理。范例代码如下。

```
import urllib
import tarfile
def Schedule(a,b,c):   ##下载进度
    per = 100.0 * a * b / c
    if per > 100 :
        per = 100
    print '%.2f%%' % per
urllib.urlretrieve("remote_location", "local.tar.gz",Schedule) ##从候选地址下载所需数据集
tar = tarfile.open("data.tar.gz", "r:gz")
tar.extractall() ##解压
tar.close()
categories = ['alt.atheism','soc.religion.christian',
             'comp.graphics', 'sci.med']
```

```
from sklearn.datasets import load_files
twenty_train = load_files('20news-bydate/20news-bydate-train',
        categories=categories,
        load_content = True,
        encoding='latin1',
        decode_error='strict',
        shuffle=True,random_state=42)
print(twenty_train.target_names)
```

3. 图像特征提取

scikit-learn提供了图像块(2D或3D)的处理，如以下范例代码所示。

```
import numpy as np
from sklearn.feature_extraction import image
one_image = np.arange(4 * 4 * 3).reshape((4, 4, 3))
print(one_image[:, :, 0])  # R channel of a fake RGB picture
print('\n')
patches = image.extract_patches_2d(one_image, (2, 2), max_patches=2, random_state=0)
patches.shape
print(patches[:, :, :, 0])
print('\n')
patches = image.extract_patches_2d(one_image, (2, 2))
patches.shape
print(patches[4, :, :, 0])
print('\n')
```

输出结果如图27-10所示。

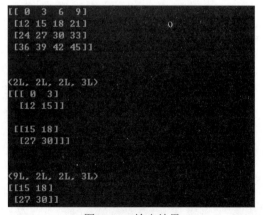

图27-10 输出结果

另外，scikit-learn提供了img_to_graph等函数来支持图像连通图的计算。对于某些评估器(Estimator，例如Hierarchical Clustering)来说，连通图信息是非常关键的。连通图示例如图27-11所示。

图27-11　连通图示例

可以参考scikit-learn的官方示例了解详情，核心代码如下。

```python
import time as time
import numpy as np
import scipy as sp
import matplotlib.pyplot as plt
from sklearn.feature_extraction.image import grid_to_graph
from sklearn.cluster import AgglomerativeClustering
#####################################################################
#数据生成
try:  # SciPy >= 0.16 have face in misc
    from scipy.misc import face
    face = face(gray=True)
except ImportError:
    face = sp.face(gray=True)
X = np.reshape(face, (-1, 1))
#定义数据的结构，同时将相邻节点做数据处理
connectivity = grid_to_graph(*face.shape) ##计算连通矩阵
#开始聚类计算
print("Compute structured hierarchical clustering...")
st = time.time()
n_clusters = 15   #区域数量
ward = AgglomerativeClustering(n_clusters=n_clusters, linkage='ward',
                               connectivity=connectivity) ##利用连通信息做clustering
ward.fit(X)
label = np.reshape(ward.labels_, face.shape)
print("Elapsed time: ", time.time() - st)
print("Number of pixels: ", label.size)
print("Number of clusters: ", np.unique(label).size)
```

```
#将结果以图形方式绘制出来
plt.figure(figsize=(5, 5))
plt.imshow(face, cmap=plt.cm.gray)
for l in range(n_clusters):
    plt.contour(label == l, contours=1, colors=[plt.cm.spectral(l / float(n_
clusters)), ])
plt.xticks(())
plt.yticks(())
plt.show()
```

计算结果如图27-12所示。

图27-12　计算结果

随着机器学习的流行，业界几大云计算平台(Microsoft、Google、Baidu、Amazon、Alibaba等)纷纷推出了自家的一栈式机器学习平台，这样一来开发者不用"从零开始"构建算法模型，理论上可以较大程度地节省人力物力。

28.1　Microsoft OpenPAI

OpenPAI，即AI开放平台(Open Platform for AI)，是微软联合北京大学、中国科学技术大学等四所国内顶尖高校共同建设的一个人工智能开放科研教育平台。这个平台目前已经在Github上开源，可以通过如下网址来访问：

https://github.com/Microsoft/pai

根据官方的描述，OpenPAI具备如下一些优点。

(1) 为深度学习量身定制，可以通过扩展来支撑更多的AI和大数据框架。

通过创新的PAI运行环境支持，几乎所有深度学习框架如CNTK、Tensorflow、PyTorch等无须修改即可直接运行；其基于Docker的架构则让用户可以方便地扩展更多的AI与大数据框架。

(2) 容器与微服务化，让AI流水线实现DevOps。

(3) OpenPAI是100%基于微服务架构的，让AI平台以及开发人员便于实现DevOps的开发运维模式。

OpenPAI 主界面如图28-1所示。

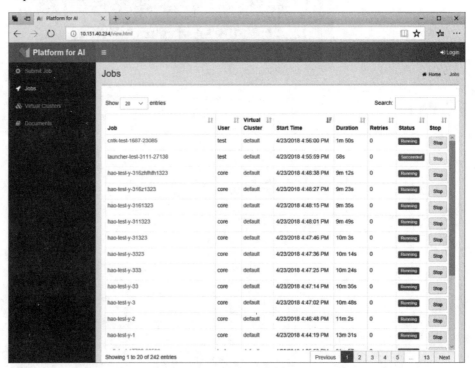

图28-1　OpenPAI 主界面

(4) 支持GPU多租，可统筹集群资源调度与服务管理能力(见图28-2)。

在深度学习负载下，GPU逐渐成为计算资源领域的"一等公民"。OpenPAI提供了针对GPU优化的调度算法，丰富的端口管理，支持虚拟集合(Virtual Cluster)多租机制，可通过桌面服务器(Launcher Server)为服务作业的运行保驾护航。

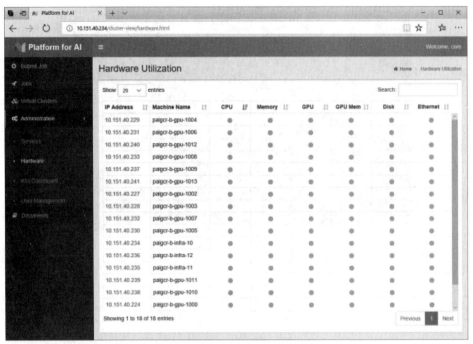

图28-2　支持GPU多租

(5) 提供丰富的运营、监控、调试功能，降低运维复杂度(见图28-3)。

PAI为运营人员提供了硬件、服务、作业的多级监控，同时开发者还可以通过日志、SSH等方便调试作业。

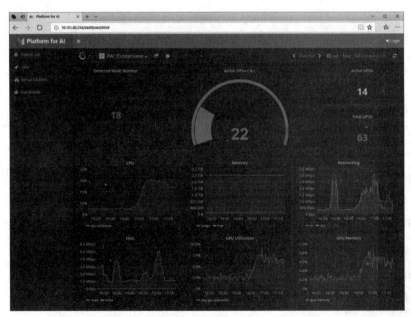

图28-3　提供丰富的运营、监控、调试功能

(6) 兼容AI开发工具生态(见图28-4)。

平台实现了与Visual Studio Tools for AI等开发工具的深度集成，用户可以一站式进行AI开发。

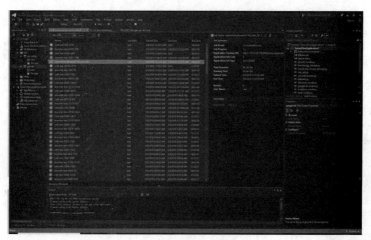

图28-4　兼容AI开发工具生态

平台的部署主要分为以下几个步骤。

(1) 通过编译，生成支持GPU调度的Hadoop AI容器。详见 https://github.com/Microsoft/pai/blob/master/hadoop-ai/README. md。

(2) 部署Kubernetes以及各种必需的系统服务(如drivers、 ZooKeeper、REST Server等)。详见https://github.com/Microsoft/pai/ blob/master/pai-management/README.md。

(3) 访问Web Portal进行任务提交和集群管理等工作。

完成平台部署后，提交一个训练任务的过程也很简单，主要包 括如下几个步骤。

(1) 将机器学习数据和代码上传至HDFS。例如，用hdfs命令行 将数据上传至：

　　hdfs://host:port/path/tensorflow-distributed-jobguid/data

(2) 准备Job配置文件。可以参见https://github.com/Microsoft/pai/ tree/master/job-tutorial的详细描述，如图28-5所示。

(3) 如果从Open PAI主界面进入，那么单击Submit Job上传配置 文件，即可提交一个分布式的训练Job，如图28-6所示。

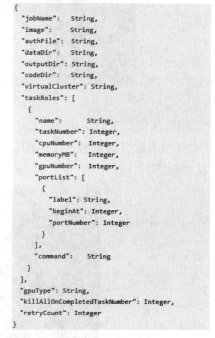

```
{
  "jobName":    String,
  "image":      String,
  "authFile":   String,
  "dataDir":    String,
  "outputDir": String,
  "codeDir":    String,
  "virtualCluster": String,
  "taskRoles": [
    {
      "name":       String,
      "taskNumber": Integer,
      "cpuNumber":  Integer,
      "memoryMB":   Integer,
      "gpuNumber":  Integer,
      "portList": [
        {
          "label": String,
          "beginAt": Integer,
          "portNumber": Integer
        }
      ],
      "command":    String
    }
  ],
  "gpuType": String,
  "killAllOnCompletedTaskNumber": Integer,
  "retryCount": Integer
}
```

图28-5　Job配置文件示例

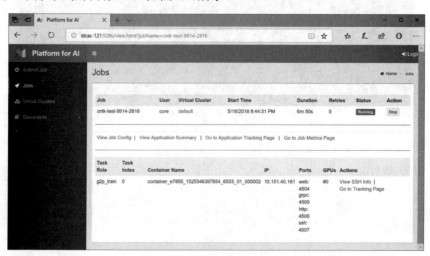

图28-6　提交分布式训练Job

28.2　Google Cloud

从数据获取的角度来讲，搜索引擎公司在AI领域有天然的优势，因而像Google这样的互联网巨头自然不会"放过"这个非常有市场前景的领域。

Google Cloud推出的AI服务可以从下面地址中找到：

https://cloud.google.com/products/ai/

Google 推出的AI服务主要包含如下三大部分。

1. AI 中心(AI Hub)

AI中心是一个即插即用的AI组件(包括端到端的AI流水线和"开箱即用"的算法)的托管式存储库。它提供企业级的共享功能，使组织能够以私密方式来托管AI内容，进而促进机器学习开发人员和相关用户重复使用相应内容。

2. AI 基础组成模块(AI building Block)

AI 基础组成模块旨在帮助开发人员以更高的效率来开发出某些领域的应用，例如语言翻译、对话、图像分析等。

3. AI 平台(AI Platform)

AI 平台的目标是让机器学习开发人员、数据科学家和数据工程师轻松、快速、经济高效地将其机器学习项目从构思阶段转入生产和部署阶段。

AI 平台提供了完整的集成工具链，来帮助开发人员构建并运行独有的机器学习应用。同时它支持Google的开源平台Kubeflow，以便开发者只需做少量代码更改，即可构建在本地或Google Cloud上运行的可移植机器学习流水线。此外，它还提供Tensorflow、TPU和TFX等先进工具。

以第二大类中提供的Cloud Vision API为例，开发人员可以通过REST API来获取Google提供的图片分类、文本识别、信息提取、内容审核等功能。另外，对于需要自定义模型的场景，Google会通过提供AutoML Vision能力来满足，如图28-7所示。

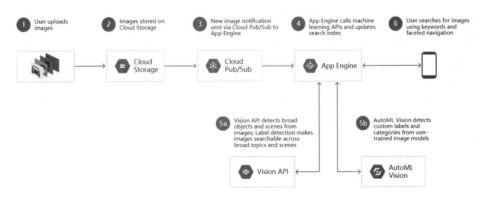

图28-7　Vision API和AutoML Vision API

28.3　Baidu

Baidu(百度)是业界介入AI领域较早的公司之一，拥有大量AI方面的顶级人才。特别是2017年，百度更是将整个业务重点都转向了人工智能，而其在股市上的优异表现也从侧面证明了大家对于这种战略调整的信心和肯定。

28.3.1 百度AI云服务

截至目前，百度已经提供语音、文字、人脸、NLP等多个领域的人工智能手段，并以云服务API的形式对外界提供这些能力，如图28-8所示。

图28-8　百度云AI能力

百度的内容审核服务覆盖了图像、文字、视频三个方面，其中，图像审核提供了色情、暴恐、政治敏感、广告、恶心图片等多种识别能力。开发人员可以结合云SDK或API来接入和使用这些能力。

1. 云API调用方式

云API的调用方式可以细分为两种，它们的请求方式和鉴权方法虽然不太一样，但请求参数和返回结果是一致的。开发人员可以根据实际需求进行选择。

1) API调用方式一

利用POST请求向百度AI服务器发起申请，范例如下。

```
https://aip.baidubce.com/rest/2.0/face/v1/detect?access_token=24.f9ba9c5241b67688bb4ad
bed8bc91dec.2592000.1485570332.282335-8574074
```

其中的access_token是百度API开放平台鉴权认证机制要求开发者提供的必需参数，将用于OAuth2.0的权限鉴定。百度支付宝access_token每30天需要更换一次，有多种方式可以获取到它，例如：

```
https://aip.baidubce.com/oauth/2.0/token?
    grant_type=client_credentials&
    client_id=Va5yQRHlA4Fq4eR3LT0vuXV4&
    client_secret= 0rDSjzQ20XUj5itV7WRtznPQSzr5pVw2&
```

(1) grant_type：必选参数，默认值为client_credentials。

(2) client_id：必选参数，表示应用的API Key。

(3) client_secret：必选参数，表示应用的Secret Key。

上述三个参数用户可以在百度开发人员控制中心申请到，读者可以自行登录该平台了解详情。

可见方式一采用的是OAuth 2.0认证机制。

2) API调用方式二

在HTTP头域中添加以下信息：

- host(必选)；
- x-bce-date (必选)；

- x-bce-request-id(可选);
- authorization(必选);
- content-type(必选);
- content-length(可选)。

下面是官方给出的一个人脸识别的使用范例。

```
POST /rest/2.0/face/v1/detect HTTP/1.1
accept-encoding: gzip, deflate
x-bce-date: 2015-03-24T13:02:00Z
connection: keep-alive
accept: */*
host: aip.baidubce.com
x-bce-request-id: 73c4e74c-3101-4a00-bf44-fe246959c05e
content-type: application/x-www-form-urlencoded
authorization: bce-auth-v1/46bd9968a6194b4bbdf0341f2286ccce/2015-03-
24T13:02:00Z/1800/host;x-bce-date/994014d96b0eb26578e039fa053a4f9003425da4bfedf33f4790
882fb4c54903
```

可见方式二采用的是API认证机制,authorization由百度云的AK(Access Key ID)/SK(Secret Access Key)生成。

再以图像审核组合服务为例,需要使用到如下URL。

请求URL: https://aip.baidubce.com/api/v1/solution/direct/img_censor

同时在Body中放置详细的参数信息,包括image或者imageUrl、scenes、scenesConf(可选)等。范例如下。

```
{
    "image": "/9j/4AAQSkZJRgABAQEPMJkR0FdXVridlPy/9k=",
    "imageUrl": XXX,
    "scenes": [
        "antiporn",
        "webimage",
        "ocr"
    ],
    "sceneConf": {  //可不填写
        "webimage":{  //可不填写
        },
        "ocr": {
            "detect_direction": "false",
            "recognize_granularity": "big",
            "language_type": "CHN_ENG",
            "mask": "-"
        }
```

```
        }
    }
```

返回结果如下。

```json
{
    "result": {
        "antiporn": {
            "result": [
                {
                    "probability": 0.000126,
                    "class_name": "色情"
                },
                {
                    "probability": 0.000185,
                    "class_name": "性感"
                },
                {
                    "probability": 0.999689,
                    "class_name": "正常"
                }
            ],
            "log_id": 2476940655,
            "result_num": 3
        },
        "webimage": {
            ...
```

可以看到，整个调用过程还是相对简单的。

2. SDK调用方式

除了上述的API调用方式外，百度AI云同时支持通过SDK来接入服务。当然，它们提供的功能都是大同小异的，因而选择哪一种实现方案主要取决于开发人员的实际需求。

百度AI云SDK支持多种开发语言，包括Python、Java、C++等。下面以面向Python的图像审核功能为例进行讲解。

(1) 安装图像审核对应的Python SDK。

开发人员首先需要保证Python环境已经准备就绪。截至目前它支持的Python版本是2.7+和3.x+。

安装百度AI云的Python SDK有如下两种方式。

① 如果已经安装pip，可以直接执行pip install baidu-aip。

② 如果已经安装setuptools，可以直接执行python setup.py install。

(2) 创建AipImageCensor。

AipImageCensor为开发人员提供了很多图像审核方面的交互手段，因而可以基于它来节省一些开发工作。官方范例如下。

```
from aip import AipImageCensor
####APP ID AK SK####
APP_ID = 'Your App ID'
API_KEY = 'Your Api Key'
SECRET_KEY = 'Your Secret Key'
client = AipImageCensor(APP_ID, API_KEY, SECRET_KEY)
```

其中，APP_ID需要在百度云控制台中创建生成；API_KEY与SECRET_KEY是在应用创建成功后系统自动分配的用于唯一标识用户的字符串，同时也用于后续的签名验证。开发人员可在AI服务控制台中的应用列表中进行查看。

(3) 配置AipImageCensor(可选)。

开发人员可以选择自行配置AipImageCensor中的部分网络请求参数，包括连接的超时时间、传输数据的超时时间等。

(4) 通过SDK接入服务。

完成上述工作后，接下来开发人员就可以根据需要调用相应的服务接口了。仍然以图像组合审核为例，核心代码片段如下。

```
#读取图片
def get_file_content(filePath):
    with open(filePath, 'rb') as fp:
        return fp.read()
#调用接口
result = client.imageCensorComb(
    get_file_content('img.jpg'),
    [
        'ocr',
        'antiporn',
    ]
)
```

返回的结果范例如下。

```
{
    "result": {
        "antiporn": {
            "result": [
                {
                    "probability": 0.000126,
                    "class_name": "色情"
                },
                {
```

```
                   "probability": 0.000185,
                   "class_name": "性感"
              },
              {
                   "probability": 0.999689,
                   "class_name": "正常"
              }
          ],
          ...
     "log_id": 149510767081507
}
```

审核结果不是一个确定的数值，而是各种可能结果的概率分布——这和以前学习到的多分类处理过程是一致的。

28.3.2　PaddlePaddle

目前业界已经推出了不少开源或者商业化的AI平台，百度的PaddlePaddle就是其中一个。它的全称是"Parallel Distributed Deep Learning"，也就是并行的分布式深度学习。据公开资料透露，PaddlePaddle原先是百度自主研发的一款学习平台，在其内部多个项目中都有较广泛的应用。在2016年的百度公司年度世界大会上，Andrew Ng作为当时百度的首席科学家宣布将这一平台对外界开源。

纵观各家厂商的AI平台，不难发现它们与生俱来的"基因"里都透露着公司自身主营业务及未来发展方向的影子。以百度为例，大家都知道百度是一家以搜索引擎起家的公司，这个核心业务除了为它提供源源不断的财力支撑外，同时也为AI平台的发展不断输入"新鲜的血液"。目前，百度AI平台已经涉及海量图像识别、机器翻译、文字识别等几十种服务，它们都无一例外地与其主营业务有着直接或者间接的联系。

总体而言，PaddlePaddle的技术特点如下。

(1) 支持多种类型的深度学习模型，譬如卷积神经网络(CNN)、递归神经网络(RNN)等。

(2) 有强大的并行和分布式计算能力，可以在多GPU、机器集群环境中运行。这同时也是它名称的由来。

(3) 支持多种语言，如Python、C++等。

(4) 支持Spark、Kubernetes等。

(5) 可以方便地构建计算机视觉(Computer Vision)、NLP、推存系统(Recommender System)等AI业务，整体易用性高。

当然，PaddlePaddle也有一些不足，例如：

(1) AI领域更新很快，PaddlePaddle作为早期百度内部平台的演进版本，在某些方面的设计还停留在上一代的研究中。

(2) 存在部分历史性的遗留组件，有一定优化空间。

PaddlePaddle的安装比较简单。在它支持的CentOS 6、Ubuntu 14.04以上或者MacOS 10.12中，只需要首先保证Python 2.7环境建立完成，然后就可以使用如下命令来安装PaddlePaddle。

```
pip install paddlepaddle
```

或者使用以下命令来安装GPU版本的PaddlePaddle。

```
pip install paddlepaddle-gpu
```

最后，可以通过下面的官方范例来验证一下安装是否正确。

```
import paddle.v2 as paddle
#1. 初始化
paddle.init(use_gpu=False, trainer_count=1)
#2. 配置神经网络
x = paddle.layer.data(name='x', type=paddle.data_type.dense_vector(13))
y_predict = paddle.layer.fc(input=x, size=1, act=paddle.activation.Linear())
#3. 使用测试数据
probs = paddle.infer(output_layer=y_predict,
    parameters=paddle.dataset.uci_housing.model(),
    input=[item for item in paddle.dataset.uci_housing.test()()])
for i in xrange(len(probs)):
print 'Predicted price: ${:,.2f}'.format(probs[i][0] * 1000)
```

28.4　Alibaba

熟悉Alibaba的开发人员应该知道，它不但是电商领域的巨头，同时在云计算等业务上也可以说是"出类拔萃"的——从技术维度来看，支撑它的业务得以稳健快速发展的正是其自主研发的一系列系统平台。当然，一个企业的管理涉及方方面面，包括组织结构、公司文化等都是非常关键的元素。如图28-9所示为网上流传的各大互联网巨头组织结构特点。

本节接下来的内容将依次介绍阿里巴巴的飞天分布式系统、MaxCompute计算平台以及PAI智能平台。

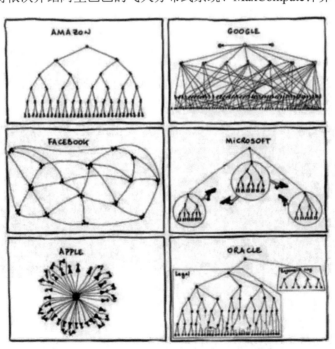

图28-9　网上流传的各大互联网巨头组织结构特点

28.4.1 阿里飞天平台

阿里飞天(APSARA)平台诞生于2009年，是服务于全球二百多个国家和地区的超大规模分布式计算操作系统。为什么说它是一个操作系统呢？可以看下其与传统PC操作系统的横向对比(引用自阿里巴巴云栖大会的主题分享，下同)，如图28-10所示。

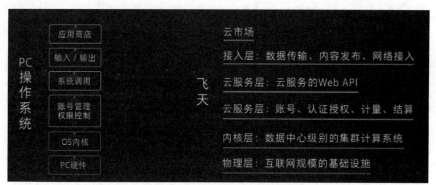

图28-10　APSARA操作系统

操作系统的核心在于"对于硬件的抽象管理，从而起到承上启下的作用"。对应到飞天操作系统中，它的职责在于管理"基于互联网的超大规模的基础设施"。

再进一步细化的话，飞天各层级子架构包含如图28-11所示一些关键组件。

图28-11　飞天各层架构核心元素

其中，天基、盘古、伏羲三大子系统提供了基础而关键的能力。

1. 天基

天基是飞天的自动化运维子系统，这一点从它的名字中也可以隐约感受到，如图28-12所示。对于普通的分布式系统，运维可能并不是特别复杂的事情。但对于飞天这种需要应对超大规模机器群的系统而言，运维的难度可以说是呈指数级增长的。

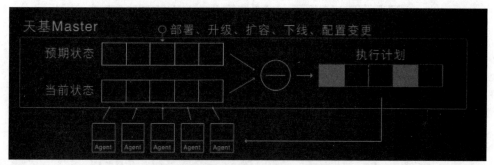

图28-12　天基：面向恢复的计算模型

2. 盘古

盘古是飞天的分布式存储管理子系统，如图28-13所示。

图28-13　盘古子系统特点

3. 伏羲

伏羲是飞天的分布式资源调度子系统，如图28-14所示。它的特点在于利用两级调度、增量调度等技术可以较好地解决万台集群规模下的负载均衡、调度约束等问题。

图28-14　伏羲子系统

28.4.2　MaxCompute平台

MaxCompute的前身是ODPS(Open Data Processing Service)，它是"阿里巴巴通用计算平台提供的一种快速、完全托管的 GB/TB/PB 级数据仓库的解决方案(如图28-15所示)。据资料显示，MaxCompute 可以向用户提供完善的数据导入方案以及多种经典的分布式计算模型，能够更快速地解决用户海量数据计算问题，从而有效降低企业成本，并保障数据安全"。

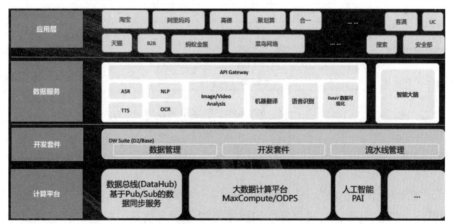

图28-15　MaxCompute主体框架

和很多其他的公司发展过程类似，阿里巴巴至少在2009年之前各BU(业务单元)都是以各自为战的状态为主，意味着它们都有从上到下的一系列产品平台。随着业务的进一步纵深演进，这种"散兵式"的技术平台形态显然无法支撑业务的持续发展了，因而阿里巴巴内部面临着如何统一计算平台的问题。

根据阿里巴巴云栖社区的分享，"2009年9月阿里云启动，当时给出的愿景是要做一整套计算平台，其包括三大部分：底层的分布式存储系统(盘古)、分布式调度系统(伏羲)、分布式大数据存储服务

(ODPS)，也就是现在的MaxCompute"。另外，针对MaxCompute，当时阿里巴巴内部存在两套体系，其一是基于开源体系的被称为"云梯1"的Hadoop平台，其二就是阿里巴巴内部自主研发的被称为"云梯2"的平台。毫无疑问，这两个系统也同样面临着融合统一的问题，于是阿里巴巴启动了"登月"计划来完成整个进程。MaxCompute的演进过程如图28-16所示。

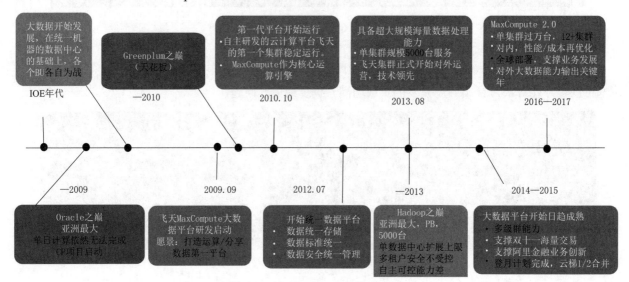

图28-16　MaxCompute的演进过程

据悉，MaxCompute目前已经发展到了2.0阶段而且获得了大规模商用，但不难理解在阿里巴巴强劲业务发展的驱动下它还将得到持续的演进，如图28-17所示。

图28-17　MaxCompute的持续升级

28.4.3　PAI

PAI的全称为"Platform of Artificial Intelligence(人工智能平台)"，它是一款一站式的机器学习平台，包含数据预处理、特征工程、常规机器学习算法、深度学习框架、模型的评估以及预测这一整套机器学习相关服务。

根据阿里巴巴云栖大会的分享，PAI主要由如图28-18所示的一些核心组件构成。

其中，最上层的算法组件旨在为开发者提供傻瓜式的算法体验，以及吸引开发人员共同参与建设的组件市场。PAI服务是一站式的机器学习体验平台，同时与下层引擎进行解耦。中间三层属于算法核心部分，可以看到除了开源项目及业界算法外，PAI也做了不少优化和扩展工作。最下层集合了CPU/GPU/FPGA等硬件资源，并向上提供异构计算能力。

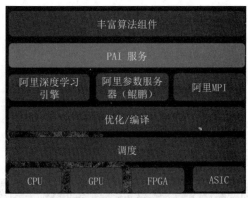

图28-18 阿里PAI平台

接下来通过官方提供的一个"心脏病预测"范例来让读者更好地体验基于PAI平台的机器学习应用过程。

Step1：注册阿里巴巴云账号。

https://www.aliyun.com/

Step2：开通访问控制RAM、接入钥匙(Access Key)等基础组件，如图28-19所示。

Access Key ID	Access Key Secret	状态
	显示	启用

Access Key管理 (1)

① Access Key ID和Access Key Secret是您访问阿里云API的密钥，具有该账户完全的权限，请您妥善保管。

图28-19 开通基础组件

Step3：开通机器学习项目。

进入控制台，选择"大数据(数加)"→DataWorks，然后按照如图28-20所示步骤来操作。

图28-20 开通机器学习项目

在此过程中，有可能需要涉及付费环节。可以按照实际需要选择按需付费或者包月等支付方式，如图28-21所示。

图28-21 设置支付方式

另外，建议勾选开通GPU硬件能力，如图28-22所示。

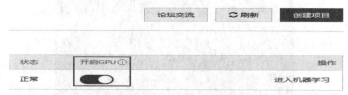

图28-22　开启GPU

Step4：从上述创建的项目中进入PAI机器学习平台，如图28-23所示。

图28-23　进入PAI机器学习平台

Step5：新建一个实验用于后续的机器学习应用过程管理，如图28-24所示。

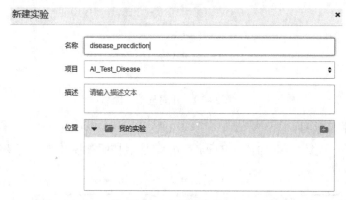

图28-24　新建实验

Step6：准备数据。

PAI支持如下两种类型的数据源。

1) MaxCompute上传数据

这种情况主要针对的是平台中除了深度学习以外的算法组件。

MaxCompute可以存储表结构数据，支持稀疏与稠密两种格式。

PAI支持通过多种方式来将数据上传到MaxCompute，包括但不限于：

(1) 通过数加-数据开发(CDP)做数据同步。

(2) 通过 DataX 实现数据同步。

(3) 通过 Sqoop 实现数据同步。

(4) 通过 DTS(数据传输)实现数据同步。

(5) 通过数加 DataIDE 导入本地文件，如图28-25所示。

(6) 通过 MaxCompute 客户端上传数据。

2) OSS上传数据

OSS数据源主要针对深度学习相关算法组件，可用来存储结构化或非结构化数据。

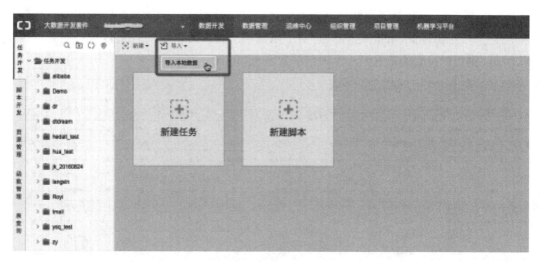

图28-25　导入本地数据

针对心脏病预测场景，PAI在公共数据表中已经提供了这个数据源，因而直接选择就可以了，如图28-26所示。

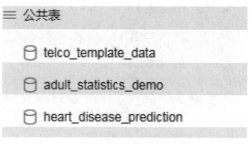

图28-26　数据源

这个心脏病预测数据库实际上来源于UCI中心(http://archive.ics.uci.edu/ml/datasets/Heart+Disease?spm=a2c4g.11186623.2.4.4SN8R1)，部分字段定义如表28-1所示。

表28-1　UCI心脏病预测数据库

字段名	含义	类型	描述
age	年龄	string	对象的年龄，用数字表示
sex	性别	string	对象的性别，female和male
cp	胸部疼痛类型	string	痛感由重到无，typical、atypical、non-anginal、asymptomatic
trestbps	血压	string	血压数值
chol	胆固醇	string	胆固醇数值
fbs	空腹血糖	string	血糖含量大于120mg/dl为true,否则为false
restecg	心电图结果	string	是否有T波，由轻到重为norm、hyp
thalach	最大心跳数	string	最大心跳数
exang	运动时是否心绞痛	string	是否有心绞痛，true为是，false为否

Step7：数据预处理。

上述UCI提供的数据表需要经过一个预处理环节，才能输入后续的算法模型进行训练。原始数据的具体格式如图28-27所示。

通常情况下，数据预处理需要包括去噪、填充缺失值、类型变换等多种操作。例如，从图28-27中可以看出字段里有不少string类型数据，需要首先将它们"数值化"。针对不同的字段，具体的转换方式也会有所差异。类似female/male这种只有两个取值的字段，可以用0和1来转换；类似"胸部疼痛类型"这种情况，则可以将它们映射到一个固定的数值范围(如0～3)。

数据探查 - heart_disease_prediction - (仅显示前一百条)

age ▲	sex ▲	cp ▲	trestbps ▲	chol ▲	fbs ▲	restecg ▲	thalach ▲	exang ▲	oldpeak ▲	slop ▲	ca ▲	thal ▲	status ▲	style ▲
63.0	male	ang...	145.0	233.0	true	hyp	150.0	fal	2.3	down	0.0	fix	buff	H
67.0	male	asy...	160.0	286.0	fal	hyp	108.0	true	1.5	flat	3.0	norm	sick	S2
67.0	male	asy...	120.0	229.0	fal	hyp	129.0	true	2.6	flat	2.0	rev	sick	S1
37.0	male	not...	130.0	250.0	fal	norm	187.0	fal	3.5	down	0.0	norm	buff	H
41.0	fem	abn...	130.0	204.0	fal	hyp	172.0	fal	1.4	up	0.0	norm	buff	H
56.0	male	abn...	120.0	236.0	fal	norm	178.0	fal	0.8	up	0.0	norm	buff	H
62.0	fem	asy...	140.0	268.0	fal	hyp	160.0	fal	3.6	down	2.0	norm	sick	S3
57.0	fem	asy...	120.0	354.0	fal	norm	163.0	true	0.6	up	0.0	norm	buff	H
63.0	male	asy...	130.0	254.0	fal	hyp	147.0	fal	1.4	flat	1.0	rev	sick	S2
53.0	male	asy...	140.0	203.0	true	hyp	155.0	true	3.1	down	0.0	rev	sick	S1

图28-27　原始数据格式

PAI平台目前提供的数据预处理组件如图28-28所示。

图28-28　数据预处理组件

PAI支持以SQL脚本来完成数据的预处理。在这个场景下的脚本范例如下。

```
select age,
(case sex when 'male' then 1 else 0 end) as sex,
(case cp when 'angina' then 0  when 'notang' then 1 else 2 end) as cp,
trestbps,
chol,
(case fbs when 'true' then 1 else 0 end) as fbs,
(case restecg when 'norm' then 0  when 'abn' then 1 else 2 end) as restecg,
thalach,
(case exang when 'true' then 1 else 0 end) as exang,
oldpeak,
```

```
(case slop when 'up' then 0  when 'flat' then 1 else 2 end) as slop,
ca,
(case thal when 'norm' then 0  when 'fix' then 1 else 2 end) as thal,
(case status  when 'sick' then 1 else 0 end) as ifHealth
from  ${t1};
```

Step8：特征工程。

目前，PAI平台主要提供了如表28-2所示的一些特征工程能力。

表28-2　PAI平台特征工程核心能力

特征工程分类	特征工程能力
特征变换	特征尺度变换
	特征异常平滑
	异常检测模块
	特征离散
	主成分分析
特征重要性评估	线性模型特征重要性
	随机森林特征重要性
特征选择	过滤式特征选择
特征生成	特征编码

在这个场景下，需要采用两种特征工程能力。

1) 过滤式特征选择

通过信息熵、基尼系数来判断每个特征对于结果的影响程度。如图28-29所示是评估报告中显示的最终评价结果图。

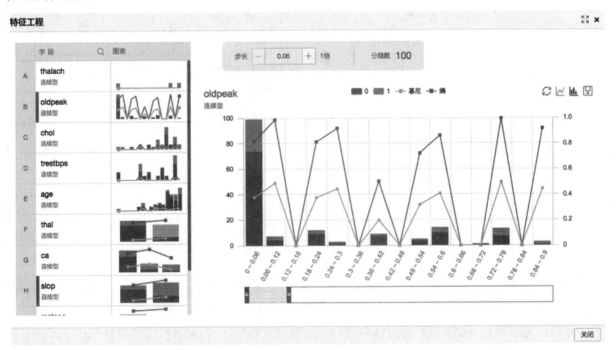

图28-29　特征选择评估报告

2) 归一化

归一化主要作用是消除由于各个特征量纲不统一造成的影响，具体来讲就是把它们都归一到0～1的数值范围内。处理结果如图28-30所示。

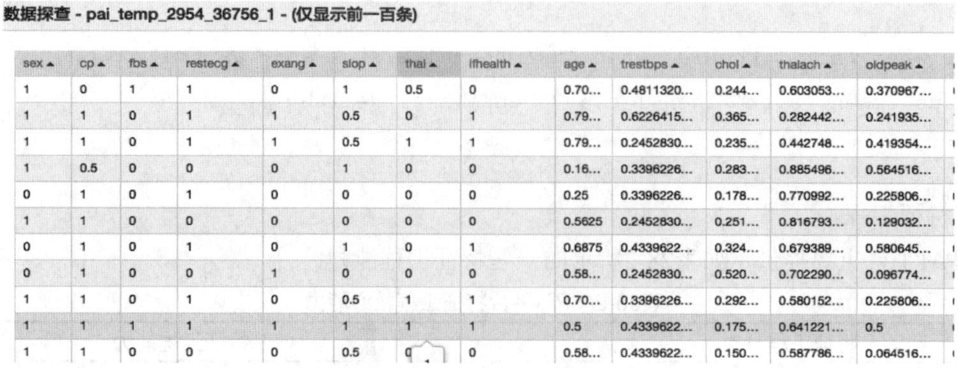

数据探查 - pai_temp_2954_36756_1 - (仅显示前一百条)

sex	cp	fbs	restecg	exang	slop	thal	ifhealth	age	trestbps	chol	thalach	oldpeak
1	0	1	1	0	1	0.5	0	0.70...	0.4811320...	0.244...	0.603053...	0.370967...
1	1	0	1	1	0.5	0	1	0.79...	0.6226415...	0.365...	0.282442...	0.241935...
1	1	0	1	1	0.5	1	1	0.79...	0.2452830...	0.235...	0.442748...	0.419354...
1	0.5	0	0	0	1	0	0	0.16...	0.3396226...	0.283...	0.885496...	0.564516...
0	1	0	1	0	0	0	0	0.25	0.3396226...	0.178...	0.770992...	0.225806...
1	1	0	0	0	0	0	0	0.5625	0.2452830...	0.251...	0.816793...	0.129032...
0	1	0	1	0	1	0	1	0.6875	0.4339622...	0.324...	0.679389...	0.580645...
0	1	0	0	1	0	0	0	0.58...	0.2452830...	0.520...	0.702290...	0.096774...
1	1	0	1	0	0.5	1	1	0.70...	0.3396226...	0.292...	0.580152...	0.225806...
1	1	1	1	1	1	1	1	0.5	0.4339622...	0.175...	0.641221...	0.5
1	1	0	0	0	0.5	0	0	0.58...	0.4339622...	0.150...	0.587786...	0.064516...

图28-30　归一化处理结果

注：请注意，有时也会选择在数据预处理环节做归一化处理。

Step9：模型训练。

如表28-3所示的是目前PAI平台支持的部分核心算法模型，供读者参考。

表28-3　PAI平台部分核心算法模型

<table>
<tr><th>一级分类</th><th>二级分类</th><th>算法模型</th></tr>
<tr><td rowspan="14">机器学习</td><td rowspan="4">二分类</td><td>GBDT二分类</td></tr>
<tr><td>PS-SMART二分类</td></tr>
<tr><td>线性支持向量机</td></tr>
<tr><td>逻辑回归二分类</td></tr>
<tr><td rowspan="5">多分类</td><td>PS-SMART多分类</td></tr>
<tr><td>K近邻</td></tr>
<tr><td>逻辑回归多分类</td></tr>
<tr><td>随机森林</td></tr>
<tr><td>朴素贝叶斯</td></tr>
<tr><td>聚类</td><td>K均值聚类</td></tr>
<tr><td rowspan="4">回归</td><td>GBDT回归</td></tr>
<tr><td>线性回归</td></tr>
<tr><td>PS-SMART回归</td></tr>
<tr><td>PS线性回归</td></tr>
<tr><td rowspan="4">深度学习</td><td rowspan="2">Tensorflow</td><td>Tensorflow V1.2</td></tr>
<tr><td>Tensorflow V1.4</td></tr>
<tr><td>MXNet</td><td>MXNet</td></tr>
<tr><td>Caffe</td><td>Caffe</td></tr>
</table>

针对心脏病预测这个业务场景，可以选择线性逻辑回归模型进行训练。

实际操作过程就是从PAI提供的组件库中拖曳对应的控件到右侧的编辑窗口，然后填写正确的配置属性。同时，我们将数据集按照3：7比例划分为训练集(Training Set)和测试集(Test Set)两部分。

最终效果如图28-31所示。

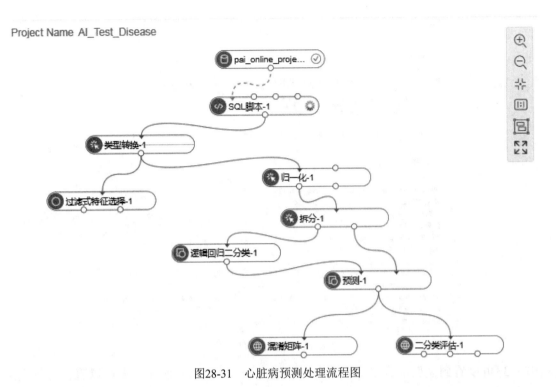

图28-31 心脏病预测处理流程图

图28-31中的虚线表示正在执行这个环节的操作,如果整个流程执行结束后没有发生异常(会有提示),那么就说明成功了。

Step10:模型部署。

如果上述步骤开展顺利的话,那么现在已经有可用的心脏病预测模型了,接下来可以选择通过"在线部署"服务来将它对外发布,如图28-32所示。

图28-32 在线模型部署

每个项目默认包含30个实例(Instance),当然也可以提出扩容申请来进一步增加。其中,实例的数量直接决定了模型可以达到多少QPS(每个实例为1核2GB内存)值,而且每个模型只允许选择1~15个实例。

部署过程需要一定的时间,一旦成功后会出现如图28-33所示的提示。

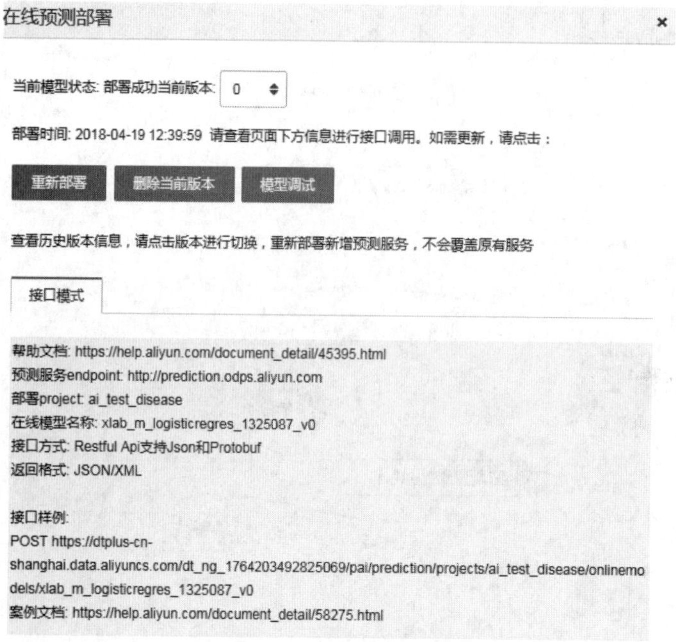

图28-33　在线部署成功

从图28-33可以看到模型部署成功后会自动生成一个API，以方便其他人可以直接进行调用或者调试。

Step11：模型调试。

前面步骤中在线部署成功后，可以进入"模型调试"页面，如图28-34所示。

图28-34　模型调试

模型调试过程中，需要配置"请求Body"这一项，它是JSON串，dataValue表示预测集对应特征的取值。dataType表示数值类型。比如这个业务场景下的Body部分内容节选如下。

```
{
"inputs":[
{
"sex":{
"dataType":40,
"dataValue":1
},
"cp":{
"dataType":40,
"dataValue":1
},
...
```

调用成功后显示如图28-35所示预测结果。

```
- - - - - 请求 - - - - -
- - - - - 返回 - - - - -
状态码: 200
返回Body: {
  "outputs": [
    {
      "outputLabel": "1",
      "outputMulti": {
        "0": 0.01351125016100008,
        "1": 0.9864887498389999
      },
      "outputValue": {
        "dataType": 40,
        "dataValue": 0.9864887498389999
      }
    }
  ]
}
- - - - - 返回 - - - - -
```

图28-35　预测结果

Step12：总结。

本节以心脏病预测为实例，详细讲解了如何利用PAI平台来设计、训练、部署和在线调试一个机器学习算法模型。

整体处理流程总结如图28-36所示。

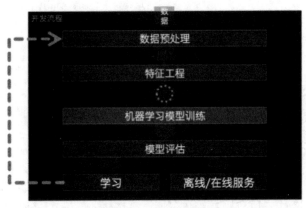

图28-36　整体处理流程

29.1　光、色彩和人类视觉系统

色彩是如何形成的？

人类能够感知到五颜六色的世界，主要依赖于以下三个要素。

- 光；
- 物体；
- 人类视觉系统。

简单而言，光照射在某个物体之上，不被吸收的部分反射到人类眼球上，再通过视觉系统处理后便形成了各种色彩。这里所说的光通常是指"可见光"，它是电磁波中人类可以感知的部分，大概的波长范围是390～700nm，如图29-1所示。

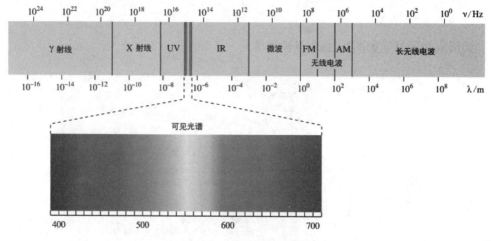

图29-1　可见光波长范围

人类视觉系统针对不同波长范围的可见光，会感知得到红、橙、黄、绿、青、蓝、紫7种颜色，如图29-2所示。

颜色	频率/THz	波长/nm
紫色	668~789	380~450
蓝色	631~668	450~475
青色	606~630	476~495
绿色	526~606	495~570
黄色	508~526	570~590
橙色	484~508	590~620
红色	400~484	620~750

图29-2　7种颜色波长范围

自然界的主要天然光源是太阳，它所发射的可见光谱是连续的，那么，为什么我们并不能同时看到7种颜色呢？原因就在于物体会"吸收"一部分光，而且不同物体的"吸收"特性会存在很大差异，从而呈现出不同颜色。

值得一提的是，光的三基色与颜料三原色是不同的。前者的三基色是红、绿、蓝，而后者的三原色则是青(Cyan)、品红(Magenta)、黄(Yellow)。那么，为什么会有这种差异呢(事实上有很多人对它们的关系处于"困惑"的状态)?

简单而言,这和它们的色彩呈现方式有关系——发光体通过三种基色叠加来呈现出新的颜色,因而被称为加色模式;而颜料本身是不发光的,它们主要是通过吸收其他光源发出的光,再反射到人眼来形成新的颜色,故而是一种减色模式,如图29-3所示。

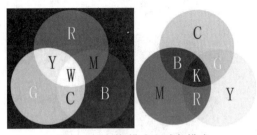

图29-3　加色模式和减色模式

事实上,人们对于颜料三原色的理解是一个迭代深入的历史过程。早在17世纪中叶,牛顿就通过三棱镜将阳光分解成了红、橙、黄等7种色光,因而他认为这些是原色。随着时间的推移,人们又进一步发现其实颜料中的原色只有红、黄、蓝三种,而其他颜色都是可以通过它们来合成产生的——这就是很多书籍,包括教学课本中普遍给出的三原色定义(现在有不少参考书籍中已经做了修订)。再后来科学家们又提出了新的三原色理论,他们认为更准确的颜料三原色应该是青(Cyan)、品红(Magenta)、黄(Yellow)。当然,从更广义的角度来说"原色"的定义不是绝对的,理论上只要不能被其他颜色生成的都可以被归为原色。因而需要结合不同的应用场景来理解,避免"人云亦云"的情况。

视觉系统是人类感知外界环境的一个非常重要且极其复杂的系统——应该说,到目前为止我们也还没有完全探究清楚它的所有内部运行机理。不过毋庸置疑的是,经过数百万年的进化,人类视觉系统已经非常成熟,可以在只消耗极小"功率"的情况下完成在计算机看来极为复杂的任务。例如,人类可以在自然场景中轻松辨识出形态各异的文字,如图29-4所示。

透视变换　　　　　　低对比度　　　　　　不均匀光照

尺寸太小　　　　文本行弯曲排列　　　　　遮挡

图29-4　自然场景文字的多样化示例

(引用自网络,作者Qiang Huo, MSRA)

人类的视觉系统主要由如下几个核心部分构成。

- 眼睛
- 视觉神经系统
- 视觉处理系统

在一个端到端的视觉处理流程中，眼睛负责接收外界的物体和光线输入，然后成像。具体来讲，就是利用眼球晶体、睫状肌等多个部件的作用，最终将图像投射到眼球中的视网膜，后者周围分布着多达1亿的光感元。人类眼球结构如图29-5所示。

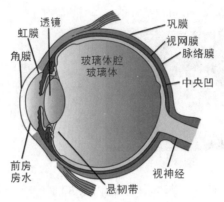

图29-5　人类眼球结构示意图

(引用自Wikipedia)

这些光感元又可以细分为以下两种类型。

(1) 视杆细胞。

视杆细胞(Rod)用于处理黑白视觉(Scotopic Vision)，其数量占到光感元总量的90%以上(超过1亿)。这样一来，视杆细胞对于光非常敏感，特别是当人类处于微弱的光线条件下时可以发挥重要作用。

(2) 视锥细胞。

视锥细胞(Cone)虽然只有1千万，但它是完成色彩视觉(Photopic Vision)的重要物理基础。视锥细胞内部分工比较明确，主要有以下三类。

① 短波长(S)：这类视锥细胞用于处理人眼可见光谱中的蓝色光。

② 中波长(M)：这类视锥细胞用于处理人眼可见光谱中的绿色光。

③ 长波长(L)：这类视锥细胞用于处理人眼可见光谱中的红色光。

因为人类视觉系统对红、绿、蓝最为敏感，所以才有了RGB三原色——换句话说，这个色彩体系更多的是一种生物学概念，而非物理概念。虽然大部分人都具备上述三种感光体，但也不是绝对的——比如，有的人就缺失其中的一部分感光体(俗称"色盲")，而有的人则具备四种以上的感光体，等等。

值得一提的是，人类视觉系统还具有一系列特性，例如亮度对比错觉、棋盘阴影错觉及马赫带(Mach Band)效果。其中，马赫带指的是人眼在不同亮度区域的边界所产生的过冲响应，如图29-6所示。

图29-6　马赫带效果

在图29-6中的明暗交界处，由于视觉系统的侧抑制作用引发了"暗区更暗，亮区更亮"的现象，这就是马赫带效果。人眼的类似特性未必就是好的，因而在计算机系统中不需要完全"照搬"人类的视觉系统。

　　另外，地球上的各种生物的视觉系统并不是"千篇一律"的——它们在成百上千万年的历史中，一直在根据如何适应各自生存环境的原则来不断进化。

　　例如，蛇类通常是在比较隐蔽的环境下(草丛、树林等)开展夜间行动，所以视觉系统具有较好的感热和"夜视"能力，如图29-7所示。

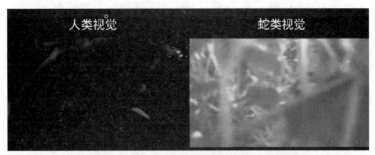

图29-7　蛇类和人类的视觉系统对比

　　鸟类的视觉系统则可以"看到"紫外线，以防止天敌或者发现猎物，如图29-8所示。

图29-8　鸟类和人类视觉系统对比

　　鲨鱼因为生活在水中，因而它的视觉系统在海洋环境中表现完美，如图29-9所示。

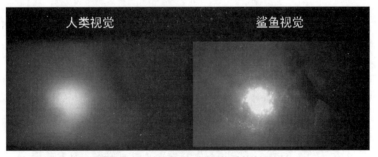

图29-9　鲨鱼和人类视觉系统对比

　　所以"适者生存"的进化规则，在大自然界的生物系统中是普遍存在的。

29.2　图像的颜色模型

　　计算机中的图像通常是一个像素矩阵，即$M \times N \times m$像素。其中，M和N分别表示图像的宽和高。对于黑白系统来说，m代表的是亮度值级数，取值范围是$[0, 2^m-1]$。不难理解，m的值越高，图像的显示就越细腻；反之，图像越模糊，如图29-10所示(其中a、b、c、d四个图的亮度值级数逐步提高)。

图29-10　图像位数越高，理论上内容越丰富

类似地，彩色图像也表现为一个像素矩阵，只不过它比黑白图像需要更多的信息。图像有多种颜色模型，包括但不限于：

(1) RGB模型。图像是由红、绿、蓝三个分量来组合表示的。

(2) CMYK模型。几个分量分别是青绿、品红、黄色和黑色(减色模式)。

(3) HSL模型。分别对应色调(Hue)、饱和度(Saturation)和亮度(Lightness)。其中，色调是光波混合中与主波长相关的一个属性，同时也是观察者所能感知到的主颜色(例如苹果是红色的)。饱和度指的是色彩的纯度，具体而言取决于颜色中混合白光的数量，即与所添加的白光数量成反比。

(4) YUV模型。YUV模型有时也被称为YCbCr模型，它也由三个属性构成。其中，Y代表亮度(Luma)，可理解为灰度值；U和V则是色度和浓度(Chrominance、Chroma)。如图29-11所示是一幅图像和它的YUV分量范例。后续对这些基本属性还会有进一步的分析。

图29-11　图像和它的YUV分量范例

人们对于YUV的认可，主要源于它的如下几个方面的优点。

(1) 可以与老系统很好地兼容。

例如，黑白电视系统并不需要色度信号，只需要传输一个Y信号分量就可以了。这样一来，既很好地保证了与老系统的兼容性，同时还可以在一定程度上降低网络传输量，可谓一举多得。

(2) 在传输过程中，色差信号的干扰不会影响最终还原时的亮度信号。

(3) YUV信号可以节省信号带宽。

在实际应用中(特别是做图像处理时)，可能会经常涉及YUV与RGB之间的转换。它们之间的转换关系可以参见下面的公式。

YUV→RGB：

$$\begin{bmatrix} R \\ G \\ B \end{bmatrix} = \begin{bmatrix} 1 & 0 & 1.13983 \\ 1 & -0.39465 & -0.58060 \\ 1 & 2.03211 & 0 \end{bmatrix} \begin{bmatrix} Y \\ U \\ V \end{bmatrix}$$

RGB→YUV：

$$\begin{bmatrix} Y \\ U \\ V \end{bmatrix} = \begin{bmatrix} 0.299 & 0.587 & 0.114 \\ -0.14713 & -0.28886 & 0.436 \\ 0.615 & -0.51499 & -0.10001 \end{bmatrix} \begin{bmatrix} R \\ G \\ B \end{bmatrix}$$

YUV有YCbCr 4：2：0(2：1的水平取样，垂直2：1采样)、YCbCr 4：2：2(2：1的水平取样，垂直完全采样)、YCbCr 4：1：1(4：1的水平取样，垂直完全采样)和YCbCr 4：4：4(完全取样)等多种采样方式。

我们知道，RGB模型是目前应用最广泛的彩色模型。通常我们为三个颜色分量都分配8位空间，这样的图像也被称为24位(3×8)真彩色图像(如果算上alpha通道，则是32位)，可以表示多达16 777 216种颜色值。

29.3 图像的基本属性

29.3.1 灰度值

灰度值是指将白色和黑色之间的过渡划分为若干等级，例如，从0到255共256个灰度值。对于三原色来说，当$R=G=B$时就构成一种灰度，例如，RGB(10, 10, 10)的灰度为10；RGB(50, 50, 50)的灰度为50。它们所表现出来的就是介于黑与白之间的灰，如图29-12所示。

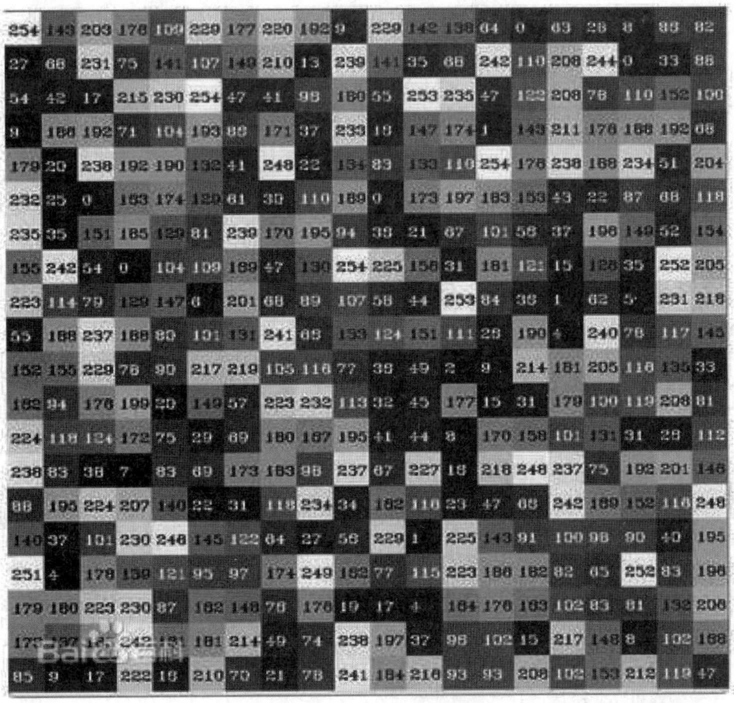

图29-12 灰度值示意图

将彩色图像灰度化是一个基本的图像预处理方法，具体实现方案有很多种，例如，最大值法、平均值法、分量法、加权平均值法等。

1. 最大值法

就是采用RGB三者中的最大值作为灰度等级(Gray-scale)，表达式为

$$R=G=B= \max(R, G, B)$$

2. 平均值法

就是采用RGB三者的平均值作为灰度等级，表达式为

$$R=G=B= (R+G+B) / 3$$

3. 加权平均值法

为每一种分量各分配一个权值，对它们的加权值再来取平均，表达式为

$$R=G=B= (w_1 \times R + w_2 \times G + w_3 \times B) / 3$$

4. 分量法

也就是直接取RGB三者中的一个分量作为灰度值，表达式为

$$R=G=B= \{R \mid G \mid B\}$$

不同方法所得到的图像虽然在视觉效果呈现上可能不一样，但通常并不影响图像目标识别等任务的开展。如图29-13所示是利用多种灰度化算法所得到的结果图对比(采用的是著名的Lena图像)。

图29-13　针对Lena图像采用不同灰度化算法所产生的效果对比

有兴趣的读者可以根据上面所述的各种算法公式自行编码进行尝试验证。

29.3.2　亮度

图像亮度和色相本身没有关系，它指的是图像像素的强弱程度。具体计算方法有很多种，譬如比较常用的平均值算法，公式为

$$\mu = \frac{R + G + B}{3}$$

对图像进行亮度调整也有多种方法，下面所列是其中比较典型的两种。

(1) 转换为HSL颜色系统再调整。

由前面的学习大家知道，HSL模型中的L指的就是亮度，因而可以先将RGB像素值转换成HSL，完成相应调整后再转换回RGB表示。这种方法也被称为线性的亮度调节算法。

(2) 直接调节RGB值。

最简单粗暴的方式就是把RGB三个分量分别增加或者减去某个值。优点是处理速度很快，缺点则在于图像可能丢失信息，产生失真。

图29-14是通过Photoshop软件调节Lena图像亮度的两张对比图，左侧亮度值为0(范围为-150～150)，右侧亮度值为150。

读者可以参考一下，从而对亮度有一个直观感受。

图29-14 利用Photoshop调节图像亮度值

29.3.3 对比度

Wikipedia上对对比度(Contrast)的释义如下：

"Contrast is the difference in luminance or colour that makes an object (or its representation in an image or display) distinguishable. In visual perception of the real world, contrast is determined by the difference in the color and brightness of the object and other objects within the same field of view."

大意：对比度是亮度或颜色上的差异，使一个物体(或其在图像或显示器中的表现)可区分。在针对现实世界的视觉感知中，对比度是由物体和同一视野内其他物体的颜色和亮度的差异决定的。

简单而言，对比度是颜色或者亮度之间的反差。不难理解，如何描述这种反差是对比度计算公式的关键所在——不过对比度和其他多种图像属性一样并没有统一的计算公式，需要根据具体的应用场景来选择最匹配的算法。

业界有不少典型的对比度算法，它们有的考虑了图像的颜色属性，有的则没有。下面简单介绍几种主流的计算公式。

1. Weber contrast

计算公式为

$$\frac{I - I_\text{b}}{I_\text{b}}$$

其中，I和I_b分别表示物体和它背景的亮度。

2. Michelson contrast

计算公式为

$$\frac{I_\text{max} - I_\text{min}}{I_\text{max} + I_\text{min}}$$

其中，I_max和I_min分别表示亮度的最大和最小值。

3. RMS contrast

RMS(Root Mean Square)是指图像像素值的均方根，其公式是

$$\sqrt{\frac{1}{MN} \sum_{i=0}^{N-1} \sum_{j=0}^{M-1} \left(I_{ij} - \bar{I} \right)^2}$$

有兴趣的读者可以参考Peli于1990年发表的论文"Contrast in Complex Images"来了解详情。

也可以通过一些简单的算法来调节图像对比度，典型做法如下。

Step1：首先计算图像中所有像素点的RGB分量的平均值。

Step2：针对每个像素点，把它们的RGB分量都减掉平均值。

Step3：在上述步骤的基础上乘以一个对比度系数。

Step4：形成新的RGB图像。

图29-15是通过Photoshop软件调整Lena图像对比度的效果图。其中，左侧对比度值为0(范围为-50～100)，右侧为100。

图29-15　利用Photoshop调节图像对比度产生的效果

29.3.4　色相

色相在英文中对应的是Hue，它指的是人类在不同波长的光的照射下所感觉到的不同颜色值，例如黄、绿、蓝等。所以如果从光学角度来解释的话，色相是由光波波长决定的。为了表述方便，人们发明了色相环的概念。基础的十二色相环是由瑞士设计师Johannes Itten在20世纪提出来的，如图29-16所示(注：此处为黑白图，相关彩色图，请通过百度图片库查看)。

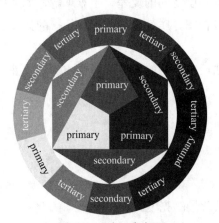

图29-16　十二色相环

色相环的中央是三原色(Primary)，它们两两相加可以调出另外三种颜色(Secondary)。然后这六种颜色相邻混调后又产生了十二种颜色(Tertiary)。从色环中还可以获知不同颜色之间的各种关系和属性，例如，相对角的颜色互为补色(对比色)；相邻的两色为类似色；以绿色和紫色为中性色界线，红、橙、黄等为暖色，而绿、蓝等为寒色(人类的主观感受)。

在HSV和HSL色彩空间中，色相以角度来表达。其中，红色为0°，绿色为120°，蓝色为240°等，如图29-17所示。

颜色名称	红绿蓝含量	角度	代表物体
红色	R255,G0,B0	0°	血液、草莓
橙色	R255,G128,B0	30°	火、橙子
黄色	R255,G255,B0	60°	香蕉、杧果
黄绿	R128,G255,B0	90°	柠檬
绿色	R0,G255,B0	120°	草、树叶
青绿	R0,G255,B128	150°	军装
青色	R0,G255,B255	180°	水面、天空
靛蓝	R0,G128,B255	210°	水面、天空
蓝色	R0,G0,B255	240°	海、墨水
紫色	R128,G0,B255	270°	葡萄、茄子
品红	R255,G0,B255	300°	火、桃子
紫红	R255,G0,B128	330°	墨水

图29-17　色相的角度与RGB对应值

(Wikipedia)

29.3.5　饱和度

饱和度(Saturation)也被称为色度、纯度等，它和光线强弱以及不同波长光的强度分布有关系。理论上由单波长的强光(如激光)可以得到最高的饱和度,而不同波长的光混合可能会降低饱和度。在不同的色彩模型中,饱和度的量化指标可能会有差异。以前面学习的HSV为例,其中的S代表的就是饱和度。

因而Hue(色相)、Saturation(饱和度)和Value(亮度)可以分别从不同角度来构成HSV的立体模型,如图29-18所示。

图29-18　HSV立体模型

29.4　图像特征

一幅RGB图像有很多属性,如颜色、位深、色调、饱和度、亮度等。这些属性或者属性的组合会形成图像的特征。不过目前业界并没有针对图像特征的严格定义,需要根据任务所要解决的具体问题来做思考——换句话说,就是从任务针对的具体问题出发,去寻找和提取图像中可以支撑问题解决的信息集合。

所以我们希望知道:在做图像识别处理时,到底会有哪些潜在的特征?它们又分别会对哪些具体的问题产生什么样的影响呢?

常见的图像特征包括但不限于:

● 颜色特征;

● 纹理特征;

● 形状特征;

● 空间关系特征。

接下来挑选一些经典的图像特征进行讲解。

29.4.1　颜色特征

颜色特征,顾名思义,就是根据图像像素点的颜色来提取出特征。

常用的基于颜色的特征提取方法包括但不限于:

● 颜色直方图;

● 颜色集;

● 颜色矩;

● 颜色聚合向量;

● 颜色相关图。

接下来以颜色直方图为例来做展开分析。

颜色直方图是比较常用的一种图像分析手段。它的处理逻辑并不复杂,即计算红、绿、蓝各色彩通道在整幅图像中所占的比例(也可以是绝对数量)。

如图29-19所示的是针对Lena图像的颜色直方图。

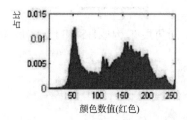 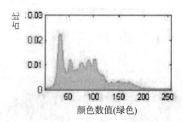 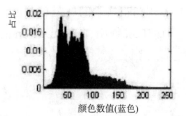

图29-19　Lena图像的颜色直方图

从颜色直方图的定义中,不难理解它并没有体现色彩的空间位置,而只是提供了全局的统计信息。OpenCV中与颜色直方图相对应的API是CalcHist。

```
cv.CalcHist(image, hist, accumulate=0, mask=None)
```

下面是一个代码范例。

```
import cv2
    import numpy as np
    from matplotlib import pyplot as plt
    img = cv2.imread('your_image.jpg')
    hsv = cv2.cvtColor(img,cv2.COLOR_BGR2HSV)
    hist = cv2.calcHist( [hsv], [0, 1], None, [180, 256], [0, 180, 0, 256] )
    plt.imshow(hist,interpolation = 'nearest')
plt.show()
```

29.4.2　纹理特征

虽然我们经常听到"纹理(Texture)"这个词,但事实上图像纹理到目前为止还没有一个比较明确的定义——它是人类对于外面的感知。Google Dictionary对它的释义如图29-20所示。

texture
/ˈtɛkstʃə/ ◄⏺

noun

1. the feel, appearance, or consistency of a surface or a substance.
   "skin texture and tone"
   synonyms: feel, touch; More

图29-20　Google对纹理的释义

不过这并不妨碍我们提取图像的纹理特征,事实上业界经过这么多年的发展也诞生了形形色色的各种描述和提取纹理的方法。它们又可以分为如下几类。

(1) 统计方法。

例如,基于灰度共生矩阵的纹理特征方法。

(2) 几何方法。

例如，voronio棋盘格特征法和结构法。

(3) 模型方法。

例如，马尔可夫随机场模型法以及Gibbs随机场模型法。

(4) 信号处理方法。

例如，小波变换、Tamura纹理特征和自回归纹理模型等。

以Tamura为例，它是"Textural Features Corresponding to Visual Perception"论文中提出的一种纹理特征，具体包含如下6个指标。

- 粗糙度(Coarseness)；
- 对比度(Contrast)；
- 方向度(Directionality)；
- 线性度(Linelikeness)；
- 规则度(Regularity)；
- 粗略度(Roughness)。

29.4.3 形状特征

形状特征通常有两种表示方法，即轮廓特征和区域特征。前者主要针对的是图像物体的外边缘，而后者则是针对某个形状区域而言。典型的方法包括但不限于：

- 边界特征法；
- 有限元法；
- 小波描述符；
- 形状不变矩法；
- 几何参数法。

29.5 图像的典型特征描述子

29.5.1 LBP

LBP是Local Binary Patterns的缩写，即局部二值模式。它是由T. Ojala, M. Pietikäinen和D. Harwood等人在1994年提出来的，属于一种特殊的、简单有效的纹理特征描述子(Feature Descriptor)。

LBP描述子不仅计算过程相对简单，而且产生的最终效果也不错，因而在学术界和工业界的很多领域都得到了较为广泛的应用。例如，目前非常火热的人脸识别研究方向中就有不少采用了这种描述子来完成。另外，OpenCV和scikit-image等多种图像处理库也专门提供了LBP的实现接口，其重要性可见一斑。

LBP算法除了原始版本，还有多个演进版本。

1. 原始LBP算法

前者的主要计算步骤如下。

Step1：将图像的被检测区域分割成一个个格子(Cell)，例如16×16大小。

Step2：比较一个像素值与其周边8个相邻格子的大小。换句话说，就是在一个3×3的区域中，最中间的像素值相比于其他像素的大小，如图29-21所示。

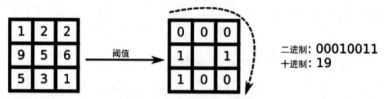

图29-21 LBP中的阈值比较

Step3：在上述比较过程中，如果某个相邻格子的值比中间值小，那么它会被记为0；相反地就会被标注为1。这样一来，3×3大小的框一共可以产生8个二进值(0或者1)的数值。

Step4：沿着正方向或者反方向来组装这8个二进制数，那么将得到一个新的数值。比如在图29-21所示的例子中，首先针对原始数据进行阈值(Threshold)处理，得到中间图；然后采用顺时针方向来组成新数值，得到：

00010011 (二进制码)

=19 (十进制码)

最后把19赋予中间的像素点，这样就完成了。

如果用数学来表达的话，LBP的计算公式可以参考：

$$LBP(x_c, y_c) = \sum_{p=0}^{p-1} 2^p s(i_p - i_c)$$

其中，(x_c, y_c)指的是3×3框中的中心点，i_c和i_p分别是中心点和它的各个相邻格子的像素灰度值，而s则是如下所示的一个函数：

$$s(x) = \begin{cases} 1, & x \geq 0 \\ 0, & 其他 \end{cases}$$

Step5：重复以上步骤，直到处理完所有像素点，得到完整的LBP结果。

原始版本LBP的代码实现范例如下。

```
template<typename_Tp>

voidlbp::OLBP_(constMat&src,Mat&dst){

dst=Mat::zeros(src.rows-2,src.cols-2,CV_8UC1);

for(inti=1;i<src.rows-1;i++){

for(intj=1;j<src.cols-1;j++){

_Tpcenter=src.at<_Tp>(i,j);

unsignedcharcode=0;

code|=(src.at<_Tp>(i-1,j-1)>center)<<7;

code|=(src.at<_Tp>(i-1,j)>center)<<6;

code|=(src.at<_Tp>(i-1,j+1)>center)<<5;

code|=(src.at<_Tp>(i,j+1)>center)<<4;

code|=(src.at<_Tp>(i+1,j+1)>center)<<3;

code|=(src.at<_Tp>(i+1,j)>center)<<2;

code|=(src.at<_Tp>(i+1,j-1)>center)<<1;

code|=(src.at<_Tp>(i,j-1)>center)<<0;

dst.at<unsignedchar>(i-1,j-1)=code;
```

```
        }
    }
}
```

可以看到原始LBP的计算过程并不复杂。

2. 圆形LBP算法

从前面可以看到，原始版本的LBP算法计算过程相当简单，而且可以较好地捕捉到图像的局部细节。不过，它的一个主要缺点是覆盖范围不但是固定的，而且范围较小——这样一来，在某些场景下并不能很好地满足不同尺寸和频率纹理的诉求。

为了克服上述缺点，并达到灰度不变性等要求，LBP的作者又提出了一种名为圆形LBP算子(即Circular LBP或Extended LBP)的方法。后者不仅用圆形的邻域代替了3×3的正方形邻域，而且将范围也扩大到了半径为R的圆形中的P个像素点(其中，R和P的具体取值都是可以设置的)。

根据R和P的取值不同，自然可以得到形态各异的LBP计算方式，如图29-22所示的分别是当R=1, 2, 3时的LBP情况。

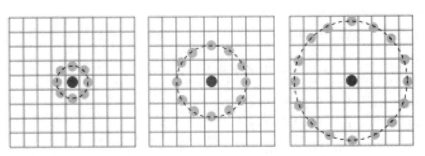

图29-22 R和P取不同值时的圆形LBP算法

另外，利用可变半径的圆对近邻(Neighbor)像素点进行编码，还可以得到不同的近邻表示方法，如图29-23所示。

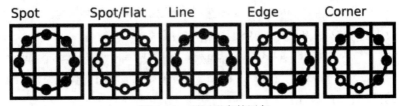

图29-23 不同形态的近邻

假设中心点为(x_c, y_c)，那么在圆形LBP算法中近邻点(x_p, y_p)的计算公式可以参考下面的表达式：

$$x_p = x_c + R_{\cos}\left(\frac{2\pi p}{p}\right)$$

$$y_p = y_c - R_{\sin}\left(\frac{2\pi p}{p}\right)$$

不难理解，通过上述计算公式得出的结果值有可能不在像素值的正常范围，此时可以考虑利用插值方式来解决。例如，OpenCV采用的是双线性插值(Bilinear Interpolation)，计算公式为

$$f(x,y) \approx \begin{bmatrix} 1-x & x \end{bmatrix} \begin{bmatrix} f(0,0) & f(0,1) \\ f(1,0) & f(1,1) \end{bmatrix} \begin{bmatrix} 1-y \\ y \end{bmatrix}$$

圆形LBP的参考实现代码如下。

```
void lbp::ELBP_(const Mat& src, Mat& dst, int radius, int neighbors) {
    neighbors = max(min(neighbors,31),1); // set bounds...
    dst = Mat::zeros(src.rows-2*radius, src.cols-2*radius, CV_32SC1);
    for(int n=0; n<neighbors; n++) {
        float x = static_cast<float>(radius) * cos(2.0*M_PI*n/static_
cast<float>(neighbors));
        float y = static_cast<float>(radius) * -sin(2.0*M_PI*n/static_
cast<float>(neighbors));
        //relative indices
        int fx = static_cast<int>(floor(x));
        int fy = static_cast<int>(floor(y));
        int cx = static_cast<int>(ceil(x));
        int cy = static_cast<int>(ceil(y));
        //fractional part
        float ty = y - fy;
        float tx = x - fx;
        //set interpolation weights
        float w1 = (1 - tx) * (1 - ty);
        float w2 =      tx  * (1 - ty);
        float w3 = (1 - tx) *      ty;
        float w4 =      tx  *      ty;
        for(int i=radius; i < src.rows-radius;i++) {
            for(int j=radius;j < src.cols-radius;j++) {
                float t = w1*src.at<_Tp>(i+fy,j+fx) + w2*src.at<_Tp>(i+fy,j+cx) +
w3*src.at<_Tp>(i+cy,j+fx) + w4*src.at<_Tp>(i+cy,j+cx);
                dst.at<unsigned int>(i-radius,j-radius) += ((t
> src.at<_Tp>(i,j)) && (abs(t-src.at<_Tp>(i,j)) > std::numeric_
limits<float>::epsilon())) << n;
            }
        }
    }
}
```

值得一提的是，LBP对于亮度变化有较好的鲁棒性，如图29-24所示。

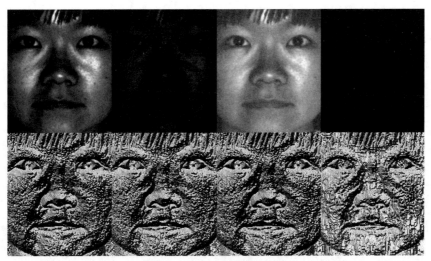

图29-24 LBP与亮度变化

(引用自docs.opencv.org)

这也是LBP取得广泛应用的基础之一。

3. 旋转不变LBP算法

大家可以来思考一下,圆形LBP虽然已经克服了一些原始版本的缺陷,但是它已经足够好了吗?显然不是。

最起码它还做不到旋转不变性——换句话说,对于同一图像的旋转处理将得到不一样的LBP结果,这显然不是最理想的状态。

于是研究人员又做了进一步的改进,从而得到了一种被称为旋转不变性(Rotation Invariance) 的LBP。

它的原理其实并不复杂,如图29-25所示。

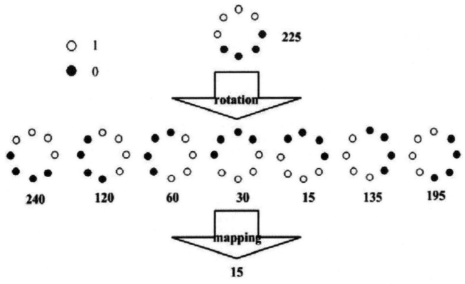

图29-25 旋转不变性原理示意

旋转不变性的处理过程,简单而言就是将原始LBP特征值加以旋转,然后从一系列旋转结果中挑选一个最小的特征作为(x_c, y_c)的最终LBP值。

在上述的图例中,原始LBP对应的是:

225(十进制) = 11100001 (二进制)

那么经过多次旋转后，它分别产生了：

240(十进制) = 11110000 (二进制)

120(十进制) = 01111000 (二进制)

60(十进制) = 00111100 (二进制)

…

从中选出最小值，即15作为最后的LBP结果。

旋转不变性LBP的计算公式如下。

$$\text{LBP}_{P',R}r_i = \min\left\{\text{ROR}\left(\text{LBP}_{P,R}i\right)\middle| i=0,\cdots,P-1\right\}$$

下面是scikit-image在Github上提供的、实现了旋转不变性LBP的部分核心代码，请参考阅读。

```
for r in range(image.shape[0]):
        for c in range(image.shape[1]):
            for i in range(P):
                texture[i] = bilinear_interpolation(&image[0, 0], rows, cols,
                                        r + rp[i], c + cp[i],
                                        'C', 0)

            #signed / thresholded texture
            for i in range(P):
                if texture[i] - image[r, c] >= 0:
                    signed_texture[i] = 1
                else:
                    signed_texture[i] = 0
            lbp = 0
            #if method == 'var':
            if method == 'V':
                sum_ = 0.0
                var_ = 0.0
                for i in range(P):
                    texture_i = texture[i]
                    sum_ += texture_i
                    var_ += texture_i * texture_i
                var_ = (var_ - (sum_ * sum_) / P) / P
                if var_ != 0:
                    lbp = var_
                else:
                    lbp = NAN
```

4. 等价模式LBP

到目前为止，已经实现了旋转不变性的LBP。不过还有一个典型的问题仍未得到解决：大家可以想象一下，对于一个半径为R，采样点数量为P的LBP算法，将会产生多少种可能值呢？

答案是2^P。

换句话说，随着采样点数的增加，特征模式会呈现指数级的增长(譬如256,512,1024,2048,4096,…)。这样会引发很多不良的后果，例如：

(1) 种类繁多，数据量过大。

这种情况下会对提取、分类、存储等多个环节带来不便。

(2) 数据稀疏。

不难理解，当P达到一定数值后，将产生大量稀疏的数据。

这些不良影响显然都是我们希望尝试去解决的，那么有什么办法可以实现LBP的"降维"工作呢？

既然特征数量太多，那么一个直接的想法就是如何把它们"压缩"或者映射到一个更小的空间范围内——由此得到的LBP被称为等价模式(Uniform Pattern) LBP。具体而言，它的处理逻辑在于：

(1) 等价模式类。

对于一个LBP特征值，如果它的二进制表示中从0到1或从1到0的跳变次数不多于2次时，那么就是等价模式类。等价模式类按照从小到大的顺序排列，并逐一进行编码。

例如，00000000有0次跳变，00001111只含一次从0到1的跳变，而11001111有两次跳变(先由1跳到0，再由0跳到1)，它们都属于等价模式类。对于采样点为P的LBP，其等价模式的计算公式如下。

$P\times(P-1)+2$

比如当采样点为8时，不难计算得到共有$8\times7+2=58$种等价模式类。

(2) 混合模式类。

对于那些不属于等价模式类的情况，统一把它们归为混合模式类。换句话说，通过等价模式，可以把原先2^P大小的特征值，降至$P\times(P-1)+2+1$个空间范围内。这样一来不仅解决了稀疏性等一系列问题，而且较大程度地保留了纹理的原始信息，同时还能减少高频噪声影响。

当P=8时，58种等价模式的具体实现如图29-26所示。

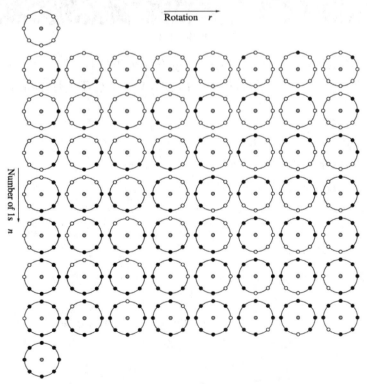

图29-26 R=8时的58种等价模式

对于*P*=8的情况，跳变次数的数量分别如下。

跳变0次：2个

跳变1次：0个

跳变2次：56个

跳变3次：0个

跳变4次：140个

跳变5次：0个

跳变6次：56个

跳变7次：0个

跳变8次：2个

所以总共有9种跳变情况。我们将跳变小于2次的归为等价模式类，共58个，然后按照从小到大的顺序分别编码为1～58(也就是说，它们在LBP特征图像中的灰度值对应的是1～58)；除了等价模式类之外的混合模式类被全部编码为0 (也就是说，它们在LBP特征中的灰度值为0)。从这种编码方式不难看出，等价模式LBP特征图像整体偏暗(<58)。请参考如图29-27所示的对比效果。

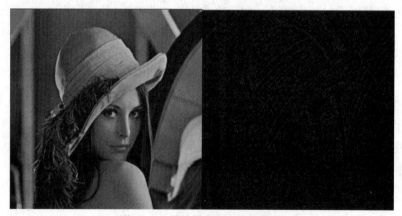

图29-27　等价模式LBP整体偏暗

等价模式LBP的具体实现，可以参考scikit-image在Github中的开源代码，核心部分摘录如下(其中。'U'表示的是旋转不变性+统一模式等价模式，而'N'则是非旋转不变性(Non Rotation Invariance) + 等价模式。

```
elif method == 'U' or method == 'N':
                #determine number of 0 - 1 changes
                changes = 0
                for i in range(P - 1):
                    changes += (signed_texture[i] - signed_texture[i + 1]) != 0
                if method == 'N':
                    if changes <= 2:
                        #We have a uniform pattern
                        n_ones = 0  #determines the number of ones
                        first_one = -1  #position was the first one
                        first_zero = -1  #position of the first zero
                        for i in range(P):
```

```
                            if signed_texture[i]:
                                n_ones += 1
                                if first_one == -1:
                                    first_one = i
                            else:
                                if first_zero == -1:
                                    first_zero = i
                        if n_ones == 0:
                            lbp = 0
                        elif n_ones == P:
                            lbp = P * (P - 1) + 1
                        else:
                            if first_one == 0:
                                rot_index = n_ones - first_zero
                            else:
                                rot_index = P - first_one
                            lbp = 1 + (n_ones - 1) * P + rot_index
                    else:  # changes > 2
                        lbp = P * (P - 1) + 2
            else:  # method != 'N'
                if changes <= 2:
                    for i in range(P):
                        lbp += signed_texture[i]
                else:
                    lbp = P + 1
```

5. Multiscale Block LBP

Multiscale Block LBP(MB-LBP，多尺度块LBP)是由中国科学院的Shengcai Liao等人，在论文"Learning Multi-scale Block Local Binary Patterns for Face Recognition"中提出的一种LBP改进算法。

那么相较于以往的LBP，这种MB LBP有什么优势呢？引用作者在原论文中对此的阐述，如下所示。

(1) It is more robust than LBP.

(2) It encodes not only microstructures but also macrostructures of image patterns, and hence provides a more complete image representation than the basic LBP operator.

(3) MB-LBP can be computed very efficiently using integral images. Furthermore, in order to reflect the uniform appearance of MB-LBP, we redefine the uniform patterns via statistical analysis.

(4) AdaBoost learning is applied to select most effective uniform MB-LBP features and construct face classifiers.

大意：

(1) 它比LBP更健壮。

(2) 它不仅可以编码图像模式的微观结构，而且可以编码图像模式的宏观结构，因此比基本的LBP算法提供了更完整的图像表示。

(3) 使用积分图像可以非常有效地计算MB-LBP。此外，为了反映MB-LBP的均匀外观，我们通过统计分析重新定义了均匀模式。

(4) AdaBoost学习可以用于选择最有效的均匀MB-LBP特征和构造人脸分类器。

MB-LBP的基本思路如图29-28所示。

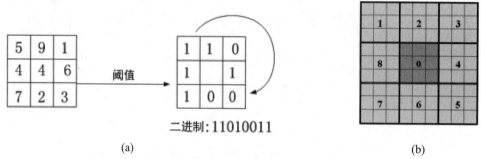

(a) (b)

图29-28　MB-LBP与原始LBP的区别

在如图29-28所示的MB-LBP示意图中，有以下两个基本概念。

(1) 块(Block)。将图像首先切分为一个个块，例如图29-28(b)外围的块大小为9×9。

(2) 格子(Cell)。每个块又进一步切分成一个个格子，例如图29-28(b)中间的灰色部分表示的格子大小为3×3。

在计算过程中，每个格子中所有灰度值的平均值将作为它新的灰度值，然后各格子再与其他相邻格子进行比较。对于不同的块和格子大小，可以产生各异的结果，如图29-29所示。

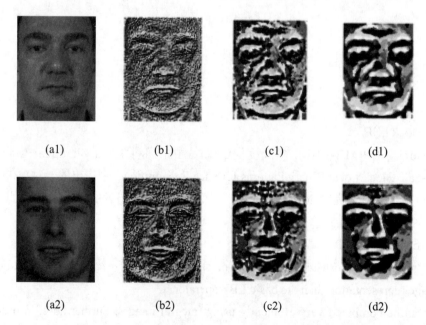

(a1) (b1) (c1) (d1)

(a2) (b2) (c2) (d2)

图29-29　块分别取值3×3，3×9以及15×15时的MB-LBP

MB-LBP对于差分图像(Differential Images)也有不错的效果。例如，如图29-30所示分别是同一个人(Intra-personal Images)和非同一个人(Extra-personal Images)两种情况下的MB-LBP处理结果。

另外，当格子取值为1×1时，那么MB-LBP其实就等同于原始的LBP了，所以说前者是后者的一个特殊的扩展版本。

读者可以参考scikit-image中提供的MB-LBP源码，进一步理解它的实现原理。

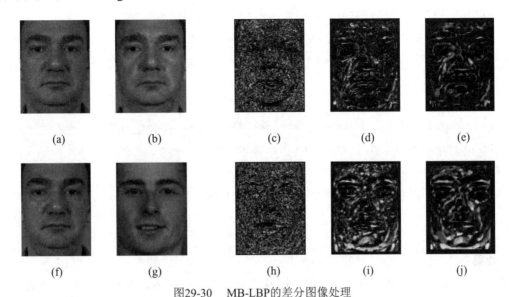

|(a)|(b)|(c)|(d)|(e)|
|(f)|(g)|(h)|(i)|(j)|

图29-30 MB-LBP的差分图像处理

(引用自"Learning Multi-scale Block Local Binary Patterns for Face Recognition")

```
def _multiblock_lbp(float[:, ::1] int_image, Py_ssize_t r,
                    Py_ssize_t c,Py_ssize_t width,
                    Py_ssize_t height):
    #Top-left coordinates of central rectangle.
    Py_ssize_t central_rect_r = r + height
    Py_ssize_t central_rect_c = c + width
    Py_ssize_t r_shift = height - 1
    Py_ssize_t c_shift = width - 1
    #Copy offset array to multiply it by width and height later.
    Py_ssize_t[::1] r_offsets = mlbp_r_offsets.copy()
    Py_ssize_t[::1] c_offsets = mlbp_c_offsets.copy()
    Py_ssize_t current_rect_r, current_rect_c
    Py_ssize_t element_num, i
    double current_rect_val
    int has_greater_value
    int lbp_code = 0
#Pre-multiply offsets with width and height.
for i in range(8):
    r_offsets[i] = r_offsets[i]*height
    c_offsets[i] = c_offsets[i]*width
#Sum of intensity values of central rectangle.
cdef float central_rect_val = integrate(int_image, central_rect_r, central_rect_c,
                                        central_rect_r + r_shift,
                                        central_rect_c + c_shift)
```

```
    for element_num in range(8):
        current_rect_r = central_rect_r + r_offsets[element_num]
        current_rect_c = central_rect_c + c_offsets[element_num]
        current_rect_val = integrate(int_image, current_rect_r, current_rect_c,
                                     current_rect_r + r_shift,
                                     current_rect_c + c_shift)
        has_greater_value = current_rect_val >= central_rect_val
        #If current rectangle's intensity value is bigger
        #make corresponding bit to 1.
        lbp_code |= has_greater_value << (7 - element_num)
    return lbp_code
```

6. LBP效果

前面从理论角度学习了原始版本的LBP，以及它的多个改进版本。下面再通过一些效果对比图，来让大家对LBP有进一步的感观认识。这个范例是基于scikit-image来实现的纹理分类，核心代码及释义如下。

1) LBP Schematic

```
from __future__ import print_function
import numpy as np
import matplotlib.pyplot as plt
METHOD = 'uniform'
plt.rcParams['font.size'] = 9
def plot_circle(ax, center, radius, color): ##画圆点，参见后面的最终效果图
    circle = plt.Circle(center, radius, facecolor=color, edgecolor='0.5')
    ax.add_patch(circle)


def plot_lbp_model(ax, binary_values): ##绘制schematic
    """Draw the schematic for a local binary pattern."""
    theta = np.deg2rad(45)
    R = 1
    r = 0.15
    w = 1.5
    gray = '0.5'
    #绘制中心像素
    plot_circle(ax, (0, 0), radius=r, color=gray)
    #绘制周边像素
    for i, facecolor in enumerate(binary_values):
        x = R * np.cos(i * theta)
        y = R * np.sin(i * theta)
```

```
            plot_circle(ax, (x, y), radius=r, color=str(facecolor))
    #绘制像素网格
    for x in np.linspace(-w, w, 4):
        ax.axvline(x, color=gray)
        ax.axhline(x, color=gray)
    #微调布局
    ax.axis('image')
    ax.axis('off')
    size = w + 0.2
    ax.set_xlim(-size, size)
    ax.set_ylim(-size, size)
fig, axes = plt.subplots(ncols=5, figsize=(7, 2))  ##subplots用于在一幅图中绘制几个小子图
titles = ['flat', 'flat', 'edge', 'corner', 'non-uniform']  ##几种不同的样式
binary_patterns = [np.zeros(8),  ##5种样式的取值不同
                   np.ones(8),
                   np.hstack([np.ones(4), np.zeros(4)]),
                   np.hstack([np.zeros(3), np.ones(5)]),
                   [1, 0, 0, 1, 1, 1, 0, 0]]
for ax, values, name in zip(axes, binary_patterns, titles):
    plot_lbp_model(ax, values)
    ax.set_title(name)
```

最后通过一个for循环绘制出5个样式，如图29-31所示。

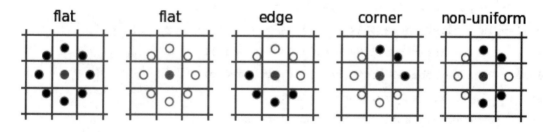

图29-31　LBP Schematic

可以看到主要有如下几种Schematic。

(1) flat：周边像素点全部大于或者小于中心点的情况，此时是flat(平淡无奇)。

(2) edge/corner：连续的几个像素点全黑/全白的情况。

(3) non-uniform：跳跃式的样式。

2) LBP纹理

```
from skimage.transform import rotate
from skimage.feature import local_binary_pattern
from skimage import data
from skimage.color import label2rgb
```

```python
##配置LBP
radius = 3
n_points = 8 * radius
def overlay_labels(image, lbp, labels):
    mask = np.logical_or.reduce([lbp == each for each in labels])
    return label2rgb(mask, image=image, bg_label=0, alpha=0.5)
def highlight_bars(bars, indexes):
    for i in indexes:
        bars[i].set_facecolor('r')
image = data.load('brick.png') ##加载图像
lbp = local_binary_pattern(image, n_points, radius, METHOD) ##计算image的LBP
def hist(ax, lbp): ##histogram柱状图
    n_bins = int(lbp.max() + 1)
    return ax.hist(lbp.ravel(), normed=True, bins=n_bins, range=(0, n_bins),
                   facecolor='0.5')
#plot histograms of LBP of textures
fig, (ax_img, ax_hist) = plt.subplots(nrows=2, ncols=3, figsize=(9, 6)) ##绘制多个子图
plt.gray()
titles = ('edge', 'flat', 'corner')
w = width = radius - 1
edge_labels = range(n_points // 2 - w, n_points // 2 + w + 1)
flat_labels = list(range(0, w + 1)) + list(range(n_points - w, n_points + 2))
i_14 = n_points // 4             #1/4th of the histogram
i_34 = 3 * (n_points // 4)       #3/4th of the histogram
corner_labels = (list(range(i_14 - w, i_14 + w + 1)) +
                 list(range(i_34 - w, i_34 + w + 1)))
label_sets = (edge_labels, flat_labels, corner_labels)
for ax, labels in zip(ax_img, label_sets):
    ax.imshow(overlay_labels(image, lbp, labels))
for ax, labels, name in zip(ax_hist, label_sets, titles):
    counts, _, bars = hist(ax, lbp)
    highlight_bars(bars, labels)
    ax.set_ylim(ymax=np.max(counts[:-1]))
    ax.set_xlim(xmax=n_points + 2)
    ax.set_title(name)
ax_hist[0].set_ylabel('Percentage')
for ax in ax_img:
    ax.axis('off')
```

上述代码段中，直接调用scikit-image提供的local_binary_pattern函数来计算image的LBP值。产生的效果图如图29-32所示。

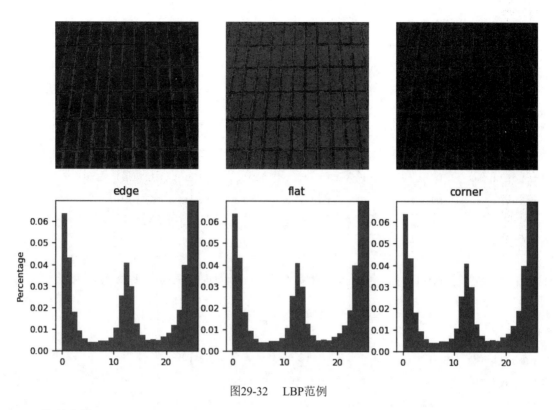

图29-32 LBP范例

3) LBP纹理分类

```
radius = 2 ##配置LBP算法
n_points = 8 * radius
def kullback_leibler_divergence(p, q):
    p = np.asarray(p)
    q = np.asarray(q)
    filt = np.logical_and(p != 0, q != 0)
    return np.sum(p[filt] * np.log2(p[filt] / q[filt]))
```

利用KL散度(又名相对熵)来描述两个概率分布P和Q之间的差异，建议读者参考本书基础知识章节对此方法的详细讲解。

```
def match(refs, img): ##用于计算输入的img(也就是旋转后的图片)和refs中原图的匹配性
    best_score = 10 ##分值
    best_name = None
    lbp = local_binary_pattern(img, n_points, radius, METHOD) ##计算被匹配对象img的lbp值
    n_bins = int(lbp.max() + 1)
    hist, _ = np.histogram(lbp, normed=True, bins=n_bins, range=(0, n_bins)) ##计算
##histogram值
    for name, ref in refs.items():
        ref_hist, _ = np.histogram(ref, normed=True, bins=n_bins, range=(0, n_bins))
        score = kullback_leibler_divergence(hist, ref_hist) ##做KL散度计算
        if score < best_score: ##选择与img匹配分值最高的类别作为最终结果
```

```
            best_score = score
            best_name = name
    return best_name
brick = data.load('brick.png') ##加载图片资源
grass = data.load('grass.png')
wall = data.load('rough-wall.png')
refs = {
    'brick': local_binary_pattern(brick, n_points, radius, METHOD),
    'grass': local_binary_pattern(grass, n_points, radius, METHOD),
    'wall': local_binary_pattern(wall, n_points, radius, METHOD)
}
```

计算各类别的参考值refs，后续在match函数中用于与旋转后的三幅图片做KL散度比较，得出后者的所属分类。

```
#打印最终的匹配结果
print('Rotated images matched against references using LBP:')
print('original: brick, rotated: 30deg, match result: ',
        match(refs, rotate(brick, angle=30, resize=False)))
print('original: brick, rotated: 70deg, match result: ',
        match(refs, rotate(brick, angle=70, resize=False)))
print('original: grass, rotated: 145deg, match result: ',
        match(refs, rotate(grass, angle=145, resize=False)))
```

上述代码段中针对图片执行了旋转操作(这样一来从形态上看就和计算refs时的原始图片有所差异了)，然后再把它们与refs中的数值做match操作。

```
#plot histograms of LBP of textures
fig, ((ax1, ax2, ax3), (ax4, ax5, ax6)) = plt.subplots(nrows=2, ncols=3, figsize=(9, 6))
plt.gray()
ax1.imshow(brick)
ax1.axis('off')
hist(ax4, refs['brick'])
ax4.set_ylabel('Percentage')
ax2.imshow(grass)
ax2.axis('off')
hist(ax5, refs['grass'])
ax5.set_xlabel('Uniform LBP values')
ax3.imshow(wall)
ax3.axis('off')
hist(ax6, refs['wall'])
plt.show()
```

总的来说，在上述代码范例中首先利用scikit-image提供的local_binary_pattern函数来计算brick、grass和wall三幅图片的等价模式LBP参考值，然后再针对它们执行图像旋转操作(其中，brick被旋转了两次，分别是30°和70°；grass被旋转了145°；而wall则没有参与旋转)，接着再通过match函数来比较旋转后的图片的LBP值与参考值refs中哪个类别的匹配程度最高——分值最高的就是归属类别。

打印结果如图29-33所示。

```
Rotated images matched against references using LBP:
original: brick, rotated: 30deg, match result:  brick
original: brick, rotated: 70deg, match result:  brick
original: grass, rotated: 145deg, match result:  grass
```

图29-33　打印结果

从打印结果来看，基于LBP Histogram的分类算法确实可以成功识别出各被测试图片的归属类别(基于LBP的人脸识别的原理也是类似的)，如图29-34所示。

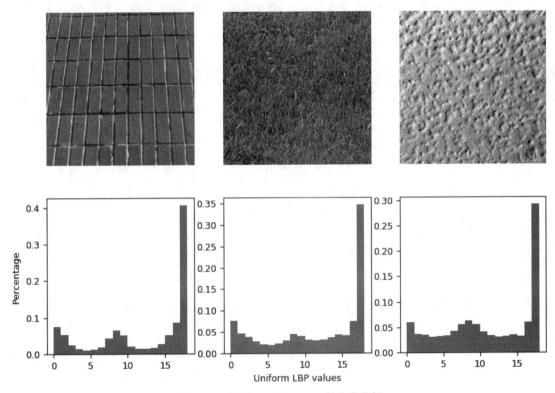

图29-34　基于LBP Histogram的分类范例

29.5.2 HOG

方向梯度直方图(Histogram of Oriented Gradient, HOG)是一种用于目标识别的特征描述子。它和SVM相结合，是应用最为广泛的行人检测算法之一。

HOG的作者是Navneet Dalal和Bill Triggs，对应的论文是"Histogram of oriented gradients for human detection"。HOG特征提取和目标识别流程如图29-35所示。

图29-35　HOG特征提取和目标识别流程

接下来详细分析HOG的各个处理环节。

1. 图像预处理

HOG算法中的图像预处理包括以下两个步骤。

(1) Gamma校正。

Gamma校正的主要目的是减少光度的影响。这是因为图像的采集环境是多种多样的，有可能出现光线太强或太弱的情况。

(2) 灰度化。

灰度化就是将彩色图转换为灰度图像，例如，采用下面的计算公式：

$$\text{Gray} = 0.3 \times R + 0.59 \times G + 0.11 \times B$$

值得一提的是，有人经过实验得出一个结论：HOG的预处理过程对于结果的影响不大，因而并不是必需的。读者可以根据实际情况来决定是否需要采用。

2. 梯度值计算

针对图像中的每个像素点，我们在这个环节分别计算出它们的梯度值。

以如图29-36所示的像素点S为例。

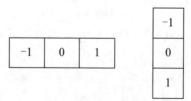

图29-36　梯度值计算

它的梯度值计算过程如下。

Step1：计算水平梯度。

$g_x = 30-20 = 10$

Step2：计算垂直梯度。

$g_y = 64-32 = 32$

不难理解，水平和垂直梯度其实就是按照如图29-37所示的方式得到的。

	-1
-1 | **0** | **1**	0
	1

图29-37　水平梯度和垂直梯度

Step3：计算总的梯度值。

$$g = \sqrt{g_x^2 + g_y^2}$$

Step4：计算梯度方向(取绝对值)。

$$\theta = \arctan\frac{g_x}{g_y}$$

这样获得的梯度方向范围为0°～180°。

通过计算一幅图像中所有像素的梯度值和梯度方向后，最终得到了和原始图像同尺寸的梯度图。

3.梯度直方图

在前一步骤的基础上，已经得到了梯度值和梯度方向，接下来可以进一步计算出梯度直方图了。首先，将图像按照8×8大小的cell进行切割。例如，对于原尺寸为64×128的图像，会被切成8×16个cell，如图29-38所示。

图29-38　Cell切分

梯度直方图是以格子为单位进行的。以图29-39所示的一个格子为例。

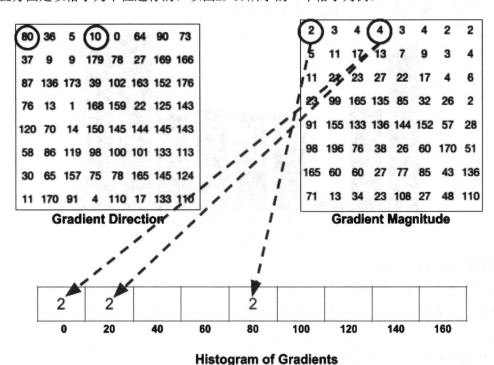

图29-39　一个格子的梯度方向和梯度值示例

因为左上角元素的梯度方向为80，梯度值为2，所以对应到下面的"Histogram of Gradients(梯度直方图)"时就在80°的位置增加一个数值2；同理，第4个元素的梯度方向为10，梯度值为4。因为10°和0°以及20°都接近，所以它们各自增加数值2。

而且上面的计算规则是循环的，当度数位于160°～180°时，那么按照比例分摊到0°和160°，如图29-40所示。

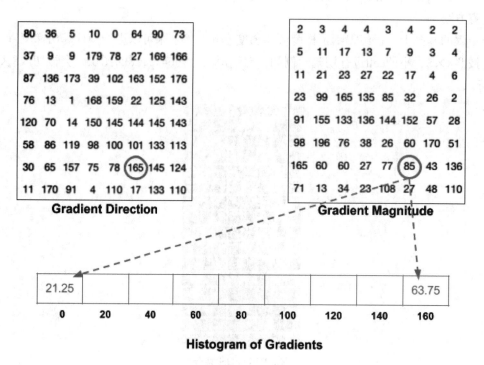

Histogram of Gradients

图29-40　度数位于160°～180°时的计算方法

在这个范例中，最终得到的梯度直方图如图29-41所示。

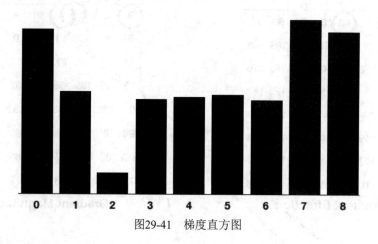

图29-41　梯度直方图

4. 块正则化(Block Normalization)

前面已经计算出了梯度直方图。不过梯度值存在一个问题，就是和图像亮度有强依赖关系。举个例子来说，如果把一幅图像的所有像素值都除以2，那么不难理解梯度值也会减半(但图像内容并没有发生实质变化)。

块正则化就是为了解决上面所述的问题。

它的处理过程并不复杂。可以先来看一个三维数据的情况:

[128, 64, 32]

对应的L_2 Norm计算过程如下。

$$L=\sqrt{128^2+64^2+32^2}=146.64$$

[128, 64, 32] / L= [0.87, 0.43, 0.22]

那么为什么这么做可以解决前面的问题呢？

先把数组元素全部乘以2，得到：

$2\times$[128, 64, 32] = [256, 128, 64]

然后针对这个新数组计算L_2，会得到：

$L2$_new = [0.87, 0.43, 0.22]

换句话说，L_2的值并没有受到影响，这和我们的期望是一致的。

HOG中遇到的情况是基本类似的，区别仅在于此时我们针对的是9×1数组。在实际操作的过程中，一般会以16×16大小的块来做归一化。因为一个格子是8×8大小，所以一个块就包含4个格子，共4×9=36维数组。

另外，16×16大小的块会在原图上以步进8来滑动，这样得到的结果会更加准确。

5. HOG特征向量

现在已经得到了归一化后的结果，可以说是"万事俱备，只欠东风"了，这个"东风"就是HOG特征向量。

HOG特征向量，简单来讲就是把前面的36维数组串接起来，成为一个大向量。

对于一幅64×128的图像，因为我们以16×16大小的块进行滑动，所以可以得到：

横向：(64-16)/8+1 =7

纵向：(128-16)/8+1) =15

7×15 = 105个窗口

每个窗口有36维数据，因而整个HOG特征向量就包含：

105×36 = 3780维数据

得到HOG特征向量后，就可以用它来完成各种工作了。例如，和SVM分类器相结合来实现行人检测在业界的应用就相当广泛。

29.5.3 Haar-like 特征

Haar-like最早应该可以追溯到1998年Papageorgiou等人发表的"A General Framework for Object Detection"论文。据悉"Haar-like"这个名称是因为它和"Haar wavelet"比较类似而得名的。图29-42给出了一些Haar-like特征。

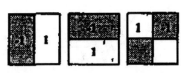

图29-42 一些基础的Haar-like特征

另外，后来业界有不少人也对Haar-like做了进一步分析和扩展，例如，R. Lienhart等人在"An extended set of Haar-like features for rapid object detection"论文中将特征扩展到了14个；Paul Viola和Michael Jones则于2001年的论文"Rapid Object Detection using a Boosted Cascade of Simple Features"中提出了积分图(Integral Image)计算的概念等。图29-43所示为一些扩展的Haar-like特征。

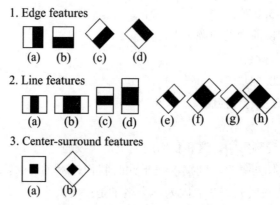

图29-43 一些扩展的Haar-like特征

接下来分别介绍Haar-like的特征提取、特征数量计算、积分图以及Adaboost等，它们都是理解Haar-like的核心基础。

1. Haar-like特征提取

Haar-like特征提取算法的处理过程并不复杂，核心思想就是：

特征值=特征中黑色部分的所有像素值之和－白色部分所有像素值之和

另外，计算特征值时还需要考虑增加一定的权重，以抵消黑白区域的像素值数量差异。例如，如图29-44所示的特征。

图29-44 特征示例

因为黑色部分的像素点只有白色部分的一半，所以特征值计算公式就要变成

特征值=feature中黑色部分的所有像素值之和×2－白色部分所有像素值之和

在实际执行过程中：

(1) 每个特征是要在原图像上做窗口滑动的，步进为1。

(2) 窗口在宽度或长度上会成比例放大，然后再次执行上述滑动操作，直到最后一个比例结束。

不难理解，窗口可以放大的最大比例(宽和高)是

$$K_w = \frac{w_I}{w_{\text{win}}}$$

以及

$$K_h = \frac{h_I}{h_{\text{win}}}$$

其中，w_I和h_I是整个图像的宽和高，而w_{win}和h_{win}是Haar特征的原始宽和高的值。因为需要以不同的窗口大小来提取图像特征，这样一来无疑会增加Haar特征的计算量(通常会超过160 000次)。所以如何识别出重复的计算过程，从而有效减少计算量就成为Haar需要重点解决的问题之一了。

2. Haar特征数量

假设：

(1) 子窗口大小为$m \times m$。

(2) 特征窗口的左上顶点为$A(x_1, y_1)$，右下顶点为$B(x_2, y_2)$。

(3) 并且上述特征窗口满足(s, t)条件：

① 它的x方向可以被自然数s整除。

② 它的y方向可以被自然数t整除。

换句话说，特征窗口的最小尺寸为$s \times t$(也就是倍数为1时)，最大尺寸为：

$[m/s] \times s \times [m/t] \times t$，其中，[]表示整除运算符。

对于左上角顶点A，它的取值范围如下。

$$A(x_1, y_1), x_1 \in \{1, 2, \cdots, m-s, m-s+1\}, y_1 \in \{1, 2, \cdots, m-t, m-t+1\}$$

对于右下角顶点B，它的取值范围如下。

$$x_2 \in \{x_1+s, x_1+2\cdot s, \cdots, x_1+p\cdot s\}, y_2 \in \{y_1+t, y_1+2\cdot t, \cdots, y_1+q\cdot t\}$$

其中：

$$p = \left[\frac{m-x_1+1}{s}\right], q = \left[\frac{m-y_1+1}{t}\right]$$

这样一来，一个$m \times m$子窗口中，所有满足(s,t)条件的特征窗口的数量为

$$
\begin{aligned}
\Omega_{(s,t)}^m &= \sum_{x_1=1}^{m-s+1} \sum_{y_1=1}^{m-t+1} p \cdot q \\
&= \sum_{x_1=1}^{m-s+1} \sum_{y_1=1}^{m-t+1} \left[\frac{m-x_1+1}{s}\right]\left[\frac{m-y_1+1}{t}\right] \\
&= \sum_{x_1=1}^{m-s+1} \left[\frac{m-x_1+1}{s}\right] \sum_{y_1=1}^{m-t+1} \left[\frac{m-y_1+1}{t}\right] \\
&= \left(\left[\frac{m}{s}\right] + \left[\frac{m-1}{s}\right] + \cdots + 1\right) \cdot \left(\left[\frac{m}{t}\right] + \left[\frac{m-1}{t}\right] + \cdots + 1\right)
\end{aligned}
$$

举例来说，对于一个24×24大小的子窗口，它在几种特征模板下的数量分别如下。

(1) $(s,t) = (1, 2)$，这种特征模板形状如下。

根据前面的计算公式，其数量为43 200。

(2) $(s,t) = (1, 3)$，这种特征模板形状如下。

根据前面的计算公式，其数量为27 600。

(3) $(s,t) = (3, 1)$，这种特征模板形状如下。

根据前面的计算公式，其数量为27 600。

3. 积分图

前面指出了Haar可能会需要大量的计算操作，因而如何降低计算量是其中的一个关键因素。积分图就是用于解决这个问题的。

积分图的基本思想不算太复杂，其实就是将可能会被多次用到的计算结果保存起来，以便减少重复计算的过程。具体来讲，就是把图像从原点到其他各个点所形成的矩形区域内的所有像素之和保存到数组中，后续计算Haar时可以直接查找数组得到像素和，从而达到加速的目的。

参考公式如下。

$$ii(x, y) = \sum_{x' \leqslant x, y' \leqslant y} i(x', y')$$

以如图29-45所示的范例来说。

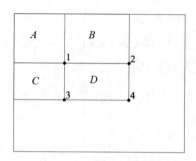

图29-45　积分图计算范例

如何计算D区域的像素和呢？

以前的办法，就是将D区域内的所有像素值都相加一遍，得到结果——利用积分图则可以降低计算复杂度。

接下来讲解一下具体的计算过程。

根据积分图的定义可知，保存到数组中的矩形框应该都是从原点出发的。所以假设：

$A + B + C + D = E$

$A + B = F$

$A + C = G$

那么不难理解，E、F和G都是可以直接从积分图中查询得到的。

因而：

$D = E - F - G + A$

换句话说，借助于积分图只需要简单的几次加减法就可以得到像素求和结果了，从而大大降低了Haar的计算量。

4. AdaBoost

通过前面的步骤，已经可以获取到非常多的特征值了，但是它们之间多数是没有相关性的。下面以图29-46为例进行说明。

上半部分是两个特征，左下角是输入图像，右下角则是提取特征时的效果图。对于第一个特征，它可以匹配出"人眼比鼻子和脸颊颜色更深"的人脸特点；同理，第二个特征，则可以表达"两只眼睛比鼻梁颜色更深"的另一个人脸特点，但这里有一个前提条件，即它们都需要在图像的合适位置时才能发挥作用。

那么怎么知道成千上万的特征中哪些才是最佳的呢？

这就是AdaBoost的"用武之地"了。

当然，AdaBoost本身是一种比较通用的分类器提升算法，而非Haar的"专属利器"。简单来讲，AdaBoost可以帮助Haar在"特征组合选择"上做得更好。

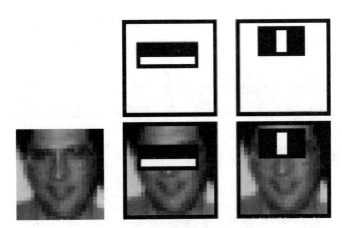

图29-46　特征非相关性图例

如果从历史渊源的角度来看，AdaBoost实际上是一种自适应的Boosting算法，后者的鼻祖则是L. G. Valiant，他于1984年发表了一篇名为"A theory of the Learnable"的论文，揭开了Boosting领域几十年的发展历程，如图29-47所示。

ABSTRACT: *Humans appear to be able to learn new concepts without needing to be programmed explicitly in any conventional sense. In this paper we regard learning as the phenomenon of knowledge acquisition in the absence of explicit programming. We give a precise methodology for studying this phenomenon from a computational viewpoint. It consists of choosing an appropriate information gathering mechanism, the learning protocol, and exploring the class of concepts that can be learned using it in a reasonable (polynomial) number of steps. Although inherent algorithmic complexity appears to set serious limits to the range of concepts that can be learned, we show that there are some important nontrivial classes of propositional concepts that can be learned in a realistic sense.*

图29-47　"A theory of the Learnable"论文节选

Boosting算法的理论基础是PAC(Probably Approximately Correct)，它是综合考虑了样本复杂度和计算复杂度情况下的一个学习框架。在Valiant提出的Boosting原始算法中，涉及以下两个基础概念。

(1) 弱学习。这种学习算法的识别率较弱，只比随机识别好一点儿。

(2) 强学习。这种学习算法的识别率很强。

Michael J. Kearns等人在"The Computational Complexity of Machine Learning"一文中提出了弱学习和强学习等价的观点，并证明了在数据量足够的条件下，弱学习算法能够通过集成手段生成任意高识别率的强学习算法。

由Freund和Schapire等人提出的AdaBoost算法，可以说是对Boosting算法的一大提升。为什么这么说呢？AdaBoost是"Adaptive Boosting"的缩写——Adaptive译为"适应性地"，具体而言就是它可以根据弱学习的结果自适应地调整假设的错误率，所以AdaBoost不需要预先知道假设的错误率下限。换句话说，它不需要任何关于弱学习器性能的先验知识，而且和Boosting算法具有同样的效率。

具体来讲，AdaBoost针对传统Boost算法的如下两个问题提出了新的思路。

(1) 面向同一个训练集，如何做到重复训练的目的。

AdaBoost会结合每一轮训练出的模型的分类结果，来调整样本的权重(比如本次分类出错的样本，我们在权重上要有相应的侧重，以便下一次训练时可以对它进行"重点关注")，以实现同一训练集达到不同样本分布的目的。

(2) 弱分类器如何有机组合，达到更好的效果。

AdaBoost中采用加权表决的方法来组合弱分类器，简单而言就是分类精度越高的弱分类器，其"话语权"越大，以此来将它们组成更加优秀的强分类器。

强分类器表达如下。

$$h(x) = \begin{cases} 1, & \sum_{t=1}^{T} \alpha_t h_t(x) \geq \frac{1}{2}\sum_{t=1}^{T}\alpha_t \\ 0, & \text{其他} \end{cases}$$

$$\text{where } \alpha_t = \log\frac{1}{\beta_t}$$

简单来讲，其核心思想就是：

(1) 给定一个数据样本集S(包含n个样本)，它的初始样本权重为1/n。训练得到第一个弱分类器。

(2) 针对第一个弱分类器分错的样本，调整它们的样本权重，然后重新训练得到第二个弱分类器。

(3) 经过T个弱分类器后，按照权重叠加，得到最终的强分类器。

借助于AdaBoost，我们就可以结合Haar-like特征来构建出强大的分类器了——它们二者的组合，在行人检测和人脸识别方向上有广泛应用。

29.5.4　图像的傅里叶变换

相信读者对傅里叶变换(Fourier Transform，FT)并不会陌生，因而这里只做一下简单的回顾。简而言之，这一著名的理论的核心贡献在于可以用于将信号在时域(或空域)和频域之间进行自由转换——换句话说，它能把任何一种信号分解到各种频率分量上，从而帮助我们"庖丁解牛"般地分析和理解原信号的频率构成，然后更有针对性地解决各类实际的业务问题，如图29-48所示。

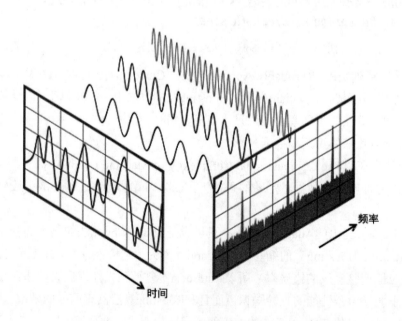

图29-48　从时域和频域转换的角度来看傅里叶变换

FT的系统性思想是由著名的法国学者Jean Baptiste Joseph Fourier首先提出来的(虽然在此之前学术界其实已经有了一些相关研究)，因而以他来命名。傅里叶首先将其应用于热传导与振动理论的研究上，后来逐渐在物理学和工程学多个领域获得了广泛的应用。傅里叶正变换公式为

$$F(\omega) = F[f(t)] = \int_{-\infty}^{\infty} f(t) e^{-j\omega t} dt$$

我们在日常生活中也会接触到傅里叶变换。例如，歌手在录音过程中可能会由于各种原因引入一些噪声。那么在后期做音频处理时，可以利用傅里叶理论首先解析出声音的频率构成，然后针对噪声所在的频率范围做降噪处理。

学习了傅里叶变换的基本形式后，再回到图像的处理上来。相信读者都会想到一个问题，即在图像领域的频率怎么定义呢？它和物理频率并不完全一致。前面讲到一幅图像通常是二维平面上N个像素不同位数的RGB组合(假设是RGB彩色模型)——换句话说，图像的频率是一种空间频率，它反映了图像像素在空间中的变换情况。具体而言，还可以将其分为如下两种情况。

(1) 一维空间信号。比如只处理图像的一行像素，那么自然就构成了一维空间信号。

(2) 二维空间信号。除此之外，二维空间是图像处理中更常见的形式。可以把一幅图像看成

$$z = f(x, y)$$

这样一来，我们就可以利用各种变换手段(除了傅里叶变换，其实还有小波变换、沃尔什变换等其他多种分析方法)来在频域下对其进行解析了，二维离散傅里叶变换公式为

$$F(u,v) = \frac{1}{MN} \sum_{x=0}^{M-1} \sum_{y=0}^{N-1} f(x,y) e^{-j2\pi\left(\frac{xu}{M} + \frac{yv}{N}\right)}$$

$$f(x,y) = \sum_{u=0}^{M-1} \sum_{v=0}^{N-1} F(u,v) e^{j2\pi\left(\frac{xu}{M} + \frac{yv}{N}\right)}$$

业界已经有不少第三方库提供了傅里叶变换的实现API，比如下面是基于numpy库提供的API，实现的一个针对图像的离散傅里叶变换代码范例，供读者参考使用。

```python
import cv2
import numpy as np
from matplotlib import pyplot as plt
img = cv2.imread('lenna.png',0)
f = np.fft.fft2(img)
fshift = np.fft.fftshift(f)
magnitude_spectrum = 20*np.log(np.abs(fshift))
plt.subplot(121),plt.imshow(img, cmap = 'gray')
plt.title('Input Image'), plt.xticks([]), plt.yticks([])
plt.subplot(122),plt.imshow(magnitude_spectrum, cmap = 'gray')
plt.title('Magnitude Spectrum'), plt.xticks([]), plt.yticks([])
plt.show()
```

其中，FFT即Fast Fourier Transform(快速傅里叶变换)，是一个快速的DFT算法，有兴趣的读者可以自行查阅相关资料做进一步分析。上述代码段中利用了numpy提供的FFT包，即np.fft来完成傅里叶变换。其中，fft2的函数原型如图29-49所示。

numpy.fft.ifft2

numpy.fft.ifft2(a, s=None, axes=(-2, -1), norm=None**)**
  Compute the 2-dimensional inverse discrete Fourier Transform.

图29-49　fft2函数原型

第一个参数对应的是input image(grayscale)；第二个参数是可选的，代表output的尺寸。如果output尺寸大于input尺寸的话，程序在做FFT之前会自动做zero padding(零填充)操作；反之，如果前者小于后者的话，那么图像会被裁剪；如果不指定的话，默认情况下它们两者的值是相同的。

在FFT的默认输出中，zero frequency(DC component)会体现在左上角。如果想改变这一结果的话(通常是为了方便分析)，可以进一步使用numpy.fft.fftshift()来操作。这个函数的原型如图29-50所示。

numpy.fft.fftshift(x, axes=None**)**   [source]
  Shift the zero-frequency component to the center of the spectrum.

  This function swaps half-spaces for all axes listed (defaults to all). Note that `y[0]` is the Nyquist component only if `len(x)` is even.

图29-50　numpy.fft.fftshift函数原型

可以参考如下的范例来加深理解。

```
>>> freqs = np.fft.fftfreq(10, 0.1)
>>> freqs
array([ 0.,  1.,  2.,  3.,  4., -5., -4., -3., -2., -1.])
>>> np.fft.fftshift(freqs)
array([-5., -4., -3., -2., -1.,  0.,  1.,  2.,  3.,  4.])
```

完成傅里叶变换和shift后，最终输出结果如图29-51所示。

输入图像　　　　　　　　　　　　　幅度谱

图29-51　针对图像的离散傅里叶变换(包含shift操作)

如果不做shift的话，得到的结果如图29-52所示。

图29-52　针对图像的离散傅里叶变换(不含shift操作)

从傅里叶变换图中可以看到各种明亮不一的点。从图像的角度来理解，它们指的是某像素点与其邻近点的差异的强弱——换句话说，针对柔和的图像暗色的点数会占多数；反之，对于尖锐、边界明显的图像会表现出更多的亮点。

完成了傅里叶变换之后，我们就可以基于这一结果来执行其他任务了。比如它能够帮助我们消除图像中的一些干扰信号(正弦干扰等)；或者利用高通滤波来首先移除掉指定的低频(Low Frequencies)部分，然后再通过逆傅里叶变换(Inverse FFT)重新转换成新的图像等。

傅里叶逆变换的参考代码如下。

```
##和上面相同的代码部分省略…
rows, cols = img.shape
crow,ccol = (int)(rows/2) , (int)(cols/2)
fshift[crow-30:crow+30, ccol-30:ccol+30] = 0
f_ishift = np.fft.ifftshift(fshift)
img_back = np.fft.ifft2(f_ishift)
img_back = np.abs(img_back)
plt.subplot(131),plt.imshow(img, cmap = 'gray')
plt.title('Input Image'), plt.xticks([]), plt.yticks([])
plt.subplot(132),plt.imshow(img_back, cmap = 'gray')
plt.title('Image after HPF'), plt.xticks([]), plt.yticks([])
plt.subplot(133),plt.imshow(img_back)
plt.title('Result in JET'), plt.xticks([]), plt.yticks([])
plt.show()
```

代码运行结果如图29-53所示。

输入图像　　　　经过高通滤波后的图像　　　经过傅里叶逆变换后的图像

图29-53　傅里叶逆变换

另外，我们知道图像分辨率越高，那么理论上显示效果就会越好，越逼真。但分辨率的提升也意味着图像大小和所需存储空间的增长，相应的成本也在加大；对于视频来说，采样频率应该如何抉择也面临同样的问题。所以在图像领域，需要一个严格的理论来推导出上述问题的答案，其中的基础就是傅里叶变换。

同时利用傅里叶变换，还可以得出一条重要的采样规则，也被称为Nyquist采样标准(Sampling Criterion)，如图29-54所示。

采样频率必须是被采样信号最大频率的2倍以上，才有可能从样本中重构出原始信号。

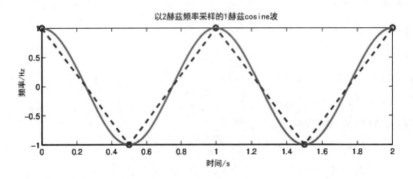

图29-54　Nyquist 采样

29.6　图像处理实例(图像质量检测)

我们在做图像相关项目时，经常会遇到图像质量检测的诉求。例如，自动化判别视频播放过程中是否出现花屏、闪屏的现象；图像预览显示时是否清晰；拍摄的照片是否模糊；等等。

下面就以模糊图像为例(如图29-55所示)，讲解如何利用图像的特征来完成一些自动化检测的任务。

图29-55　模糊图像

模糊图像的检测算法有很多，而且它们各有优缺点。建议有兴趣的读者先自行下载并阅读一篇名为"Analysis of focus measure operators for shape-from-focus"的论文(Said Pertuz、Domenec Puig、Miguel Angel Garcia等)，其中对相关算法有较详尽的对比分析(见图29-56)。

Focus operator	Abbr.	Focus operator	Abbr.
Gradient energy	GRA2	Gray-level variance	STA3
Gaussian derivative	**GRA1**	Gray-level local variance	**STA4**
Thresholded absolute gradient	GRA3	Normalized gray-level variance	STA5
Squared gradient	GRA4	Modified gray-level variance	STA6
3D gradient	GRA5	Histogram entropy	STA7
Tenengrad	GRA6	Histogram range	STA8
Tenengrad variance	**GRA7**	DCT energy ratio	**DCT1**
Energy of Laplacian	LAP1	DCT reduced energy ratio	**DCT2**
Modified Laplacian	LAP2	Modified DCT	DCT3
Diagonal Laplacian	LAP3	Absolute central moment	**MIS1**
Variance of Laplacian	**LAP4**	Brenner's measure	**MIS2**
Laplacian in 3D window	LAP5	Image contrast	**MIS3**
Sum of wavelet coefficients	WAV1	Image curvature	**MIS4**
Variance of wavelet coefficients	WAV2	Hemli and Scherer's mean	**MIS5**
Ratio of the wavelet coefficients	WAV3	Local Binary Patterns-based	**MIS6**
Ratio of curvelet coefficients	WAV4	Steerable filters-based	**MIS7**
Chebyshev moments-based	**STA1**	Spatial frequency measure	**MIS8**
Eigenvalues-based	STA2	Vollath's autocorrelation	**MIS9**

图29-56　模糊图像的经典算法

其中，基于拉普拉斯算子(Operator)来做图像模糊检测是一种相对简单而且有效的方法，范例代码如下。

```
#导入相关package
import argparse
import cv2
def variance_of_laplacian(image): #计算拉普拉斯算子
    return cv2.Laplacian(image, cv2.CV_64F).var()
#construct the argument parse and parse the arguments
ap = argparse.ArgumentParser()
ap.add_argument("-i", "--image", required=True,
    help="path to input image") ##输入图像
ap.add_argument("-t", "--threshold", type=float, default=100.0,
    help=" threshold for blurry") ##界定模糊的阈值
args = vars(ap.parse_args())
image = cv2.imread(args["image"]) ##读取图像
gray = cv2.cvtColor(image, cv2.COLOR_BGR2GRAY) ##图像灰度化处理
fm = variance_of_laplacian(gray) ##计算拉普拉斯算子
text = "Not Blurry"
if fm < args["threshold"]:
    text = "Blurry"
#显示图像以及最后的判定结果值
cv2.putText(image, "{}: {:.2f}".format(text, fm), (10, 30),
cv2.FONT_HERSHEY_SIMPLEX, 0.5, (0, 0, 128), 3)
cv2.imshow("Image", image)
key = cv2.waitKey(0)
```

上述代码段中，最核心的部分就是使用了OpenCV提供的Laplacian来计算图像的拉普拉斯算子(在后面做统一讲解)，然后再取方差(Variance)值——由此得到的结果和我们设定的模糊阈值(Blur Threshold)进行比较，只要低于后者就会被判定为模糊，否则就可以通过检测。

利用上面这种方法，针对本节开头的示例图像进行模糊检测，可以得到如图29-57所示的判定结果。

图29-57　模糊图像检测结果

当然，读者也可以结合项目的实际需求，基于上述实现来进行定制和修改。

程序切片技术的应用领域相当广泛，包括但不限于软件缺陷定位、软件分析、软件度量等，所以有必要讲解它的一些基础知识，以便为读者的机器学习之旅扫清障碍。

30.1　程序切片综述

程序切片(Program Slicing)最早是由Xerox PARC的首席科学家Mark D. Weiser在1979年发表的博士论文"Program slices: formal, psychological, and practical investigations of an automatic program abstraction method"中提出来的一个概念。值得一提的是，Mark同时也是"普适计算(Ubiquitous Computing)之父"。

程序切片的简要定义如下。

一个程序切片是由程序中的一些语句和判定表达式组成的集合。假设我们给定感兴趣的程序点p和变量集合V来作为切片标准($<p, V>$)，那么所有影响该程序点p处的变量V的程序语句(statement)构成切片。

举个例子来说，现在有如图30-1所示的程序代码。

```
1.  read(n);
2.  i := 1;
3.  sum := 0;
4.  prod := 1;
5.  while (i < n ) do
      begin
6.        sum := sum + i;
7.        prod := prod * i;
8.         i := i + 1;
      end
9.  write(sum);
10. write(prod);
```

图30-1　范例代码

它所要完成的功能很简单：首先读取一个数值n，然后分别计算从1到n的和(sum)，以及从1到n的乘积(prod)，最后再针对这两个数值执行写操作。

如果我们只关心最后的write和prod，应该如何执行切片操作呢？

此时就可以指定程序中的位置10和变量prod来作为切片标准$<10, \{prod\}>$，并以此执行程序切片来得到如图30-2所示的结果。

不难看出，经过程序切片后只保留了与prod强相关的代码部分，而其他无关代码行都被移除了。

软件开发人员在调试程序时经常会遇见这样的情形：他们在发现程序某处的某个变量的值发生了错误之后，需要去寻找所有可能引发了这个错误的程序语句——这同时也是程序切片的最初的应用场景。Mark D. Weiser提出的程序切片技术在实现上相对简单，其核心思想是通过数据流来计算程序切片。具体来说，就是首先计算程序变量和语句之间的定义-使用关系(def-use chain)，然后再从切片标准入手来跟踪定义-使用关系，从而获得所需的程序切片。

```
1.  read(n);
2.  i := 1;
3.
4.  prod := 1;
5.  while (i < n ) do
       begin
6.
7.        prod := prod*i;
8.         i := i + 1;
       end
9.
10. write(prod);
```

图30-2　范例程序切片结果

程序切片技术在其后几十年的发展过程中，主要经历了如下一些变化。

(1) 从静态到动态。

(2) 从前向到后向。

(3) 从单一过程到多个过程。

(4) 从非分布式程序到分布式程序。

一言以蔽之，不需要运行程序就可以完成的切片技术称为静态切片，而需要在程序运行时进行的切片技术称为动态切片。例如，我们可以考虑在程序的编译阶段执行静态切片——编译过程中既可以看到所有程序代码，同时还能够借助编译器得到代码间的某些依赖分析，因而是执行静态切片的一个好时机。

静态切片和动态切片各有优缺点，总结如下。

(1) 理论上，在程序运行过程中做程序切片会更加精准，因为此时能够准确地计算各种依赖关系。

(2) 虽然动态切片一般情况下会比静态切片更加精准，但受限于实现原理，它只能表示某次运行时的切片关系。

(3) 由于上述这个原因，动态切片需要考虑各个语句的多次执行实例。这就导致了动态切片技术理论上会比静态切片技术占用更多的存储空间。

举个例子来说，针对如图30-3所示的程序代码：

```
    int i, n, z, x, y;
1.  read(i);
2.  n = 3;
3.  z = 1;
4.  while (i < n) do
5.      read(x);
6.     if (x < 0) then
7.        y = x + 2;
       else
8.        y = x + 8;
9.     z = y + 7;
10.      i = i +1;
11. write(z)
```

图30-3　动态切片代码范例

假设切片标准是$<11, z>$，同时假设当$i=3$时z的值与预期不符。现在要求通过执行动态切片来找到有问题的地方，或者换句话说就是找到$i=3$时影响z的取值的地方——不难发现，$i=3$时的切片结果只有一个语句，因而相比于静态切片自然可以更快地帮助开发人员定位出问题所在。

如果从实现的角度来看，程序切片则可以细分为如下几种经典类型。

- 静态切片技术(Static Slicing)；
- 动态切片技术(Dynamic Slicing)；
- 分解切片技术(Decomposition Slicing)；
- 条件切片技术(Conditioned Slicing)。

接下来的几节中，首先讲解与程序切片技术相关的一些基础知识，然后再具体讲解上述这些经典的切片技术实现。

30.2　程序切片基础知识

30.2.1　控制流图

1. 基础模块

控制流图是由基础模块构成的，因而先来理解后者的概念。

我们知道，所有计算机编程语言都会提供一些基本的控制结构，用于构造程序的控制流，例如，在C语言中存在以下三大典型结构。

1) 顺序结构

代码范例如下。

```
int i=0;
int j=0;
int k =0
```

2) 选择结构

代码范例如下。

```
if(0 == i)
{
    printf("i ==0");
}
else if
{
    printf("i != 0");
}
```

3) 循环结构

代码范例如下。

```
for(i=n; i>0; i--){
```

```
for(j=0; j<n; j++){
    printf(".");
}
}
```

在程序代码中，一个基本模块就是一组连续的语句——更准确地说，控制流只能在基本模块开始时进入，而且只能在基本模块结束时离开，中间不存在任何分支的可能性。

基本模块的范例如图30-4所示。

```
56  public StatusBarNotification(String pkg, String opPkg, int id, String tag, int uid,
57          int initialPid, Notification notification, UserHandle user, String overrideGroupKey,
58          long postTime) {
59      this.pkg = pkg;
60      this.opPkg = opPkg;
61      this.id = id;
62      this.tag = tag;
63      this.uid = uid;
64      this.initialPid = initialPid;
65      this.notification = notification;
66      this.user = user;
67      this.postTime = postTime;
68      this.overrideGroupKey = overrideGroupKey;
69      this.key = key;
70      if(...){
71          ...
72      }
73      this.groupKey = groupKey();
```

图30-4　基本模块范例

上述范例中，第59~69行的代码构成了一个基本模块(因为从第70行开始出现了一个if类型的选择结构)。

基本模块的计算过程并不复杂，理论上只要找出它的开头位置和结束位置就可以了。另外，我们把程序的入口点、过程的第一条指令、分支指令的目标指令，以及紧随分支指令的指令，称为leader指令。这样一来，基本模块的计算过程就可以抽象为以下两步。

Step1：识别程序代码中所有的leader。

Step2：从leader开始到下一个leader结束的部分为一个基本模块。

下面是一个以伪代码表示的基本模块的计算算法，供读者参考。

```
Algorithm Input: 指令集 instr[]

Algorithm Output: leader集合leaders和基本模块列表bm[]

leaders = {0} //第一条指令

for (i = 0; i<n;i ++)

    if(instr[i] 等于分支语句)

                leaders = leaders + instr[i]的目标指令

for leaders中每个元素x

    bm[x] = {x}

    i = x +1

    for(;i< n; i++)

                if(i不属于leaders)

                        bm[x] = bm[x] + {i} //属于该基本模块的语句
```

这样就可以得到基本模块的集合了。

2. 控制流图

学习了基本模块后，控制流图就不难理解了。

控制流图的定义如下。

控制流图(CFG)是一个由基本模块为节点组成的有向图。假如我们可以从基本模块A流向基本模块B，那么在CFG上就体现为A到B之间的一条有向边。

还可以利用四元组来表示CFG，参考如下。

CFG = {N, E, Entry, Exit}

其中，N代表的是节点(基本模块)的集合；E是CFG中有向边的集合，具体来讲每条边是一个节点对$<n_i, n_j>$，表示程序执行完n_i后可能立即执行n_j；Entry和Exit则分别表示子程序的入口节点以及出口节点。

例如，针对如图30-5所示的程序代码。

```
1    public static void computeStats (int [ ] numbers)
2    {
3        int length = numbers.length;
4        double med, var, sd, mean, sum, varsum;
5        sum = 0;
6        for (int i = 0; i < length; i++)
7            sum += numbers [ i ];
8        }
9        med = numbers [ length / 2 ];
10       mean = sum / (double) length;
11       varsum = 0;
12       for(int i=0; i<length; i++)
13       {
14           varsum = varsum + ((numbers [ I ] - mean) * (numbers [ I ] - mean));
15       }
16       var = varsum / ( length );
17       sd = Math.sqrt ( var );
18
19       System.out.println ("length: " + length);
20       System.out.println ("mean: " + mean);
21       System.out.println ("median: " + med);
22       System.out.println ("variance: " + var);
23       System.out.println ("standard deviation: " + sd);
24   }
```

图30-5　程序代码示例

首先可以得到CFG的节点集合如下。

节点1：第3～5行。

节点2：第6行中的i=0。

节点3：第6行的for语句。

节点4：第7行。

节点5：第9～11行以及第12行中的i=0(注：可以把i=0单独列为节点，或者和上一个节点放在一起)。

节点6：第12行的for语句。

节点7：第14行。

节点8：第16～23行。

那么它的CFG如图30-6所示。

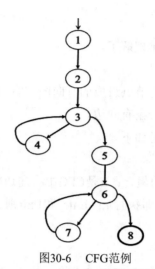

图30-6　CFG范例

当然，为了演示方便，我们所采用的这个范例相对简单。在实际项目中可能会遇到非常复杂的CFG，比如如图30-7所示的这个图例。

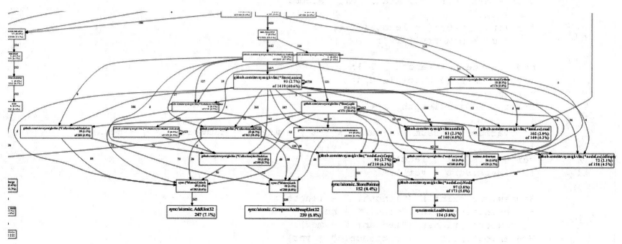

图30-7　一个复杂的CFG范例

CFG的构造算法并不复杂，可以参考如下伪代码实现。

```
Algorithm Input: 基本模块列表bm[]，假设数量为n
Algorithm Output: 控制流图CFG
for(i=0; i<n; i++){//逐一遍历基本模块列表，block i
    ins = 取bm[i]的最后一条指令;
    if(ins是分支) //分支情况下的处理{
            for each (ins指令的target，假设为基本模块block j
                    建立block i到block j的有向边;
    }
    建立一条从block i到block i+1的有向边;
}
```

控制流图是对一个过程或者程序的高度抽象，同时也是程序切片的基础原理之一。我们将陆续了解到它的应用场景。

30.2.2　控制流分析

控制流分析技术被广泛应用于多个领域，其中一个典型的例子就是编译器——后者需要借助于控制流分析、控制流结构恢复，以及30.2.3节将会介绍的数据流分析等技术，来全面"理解"程序是如何使用系统可用资源的，从而达到识别和优化无用代码等目的。

1. 控制流分析类型

我们可以将控制流分析分为以下两大类。

1) 过程内的控制流分析

简单来说，过程内的控制流分析可以理解为针对一个函数(或者过程)内部的程序执行流程的分析方法。

2) 过程间的控制流分析

与上述描述相对应，过程间的控制流分析通常情况下指的是面向函数之间的调用关系的分析方法。

2. 控制流表达方式

控制流的表达方式不是唯一的，典型表达方式包括但不限于：

(1) 控制流图。控制流图以基本模块为节点，同时以有向边来描述各个节点之间的依赖关系，在前面已经做过专门的介绍。

(2) 抽象语法树中隐含的控制流信息。

(3) 程序依赖图。以程序依赖图中的控制依赖来表示控制流，也是一种潜在方式。

3. 支配树(Dominator Tree)

前面小节利用四元组来描述CFG：

CFG = {N, E, Entry, Exit}

除了节点(基本模块)、入口Entry和出口Exit之外，控制流图中围绕节点还有一些基本概念需要重点关注，罗列如下。

1. Predecessor (前驱节点)和Successor (后继节点)

在CFG中，如果有一条有向边$n_1 \rightarrow n_2$，那么称n_1为n_2的前驱节点。节点n的所有前驱节点所组成的集合，则称为n的前驱集，通常记为

D-Pred(n) = {p}

在CFG中，如果有一条有向边$n_1 \rightarrow n_2$，那么称n_2为n_1的后继节点。节点n的所有后继节点所组成的集合，则称为n的后继集，通常记为

D-Succ(n) = {p}

2. Dominator (支配节点，或者前必经节点)

在CFG = {N, E, Entry, Exit}中，如果从Entry到节点m的所有路径都必须经过节点n，那么称节点n支配(dominate)了节点m，通常记为

$n \rightarrow m$

反过来说，如果已知节点n支配了节点m，那么代表从Entry到达节点m的所有路径都必然经过节点n。

所以又把它称为前必经节点，它具备如下一些重要属性。

(1) 一个节点的支配节点(前必经节点)集合是唯一的。

(2) 支配关系是一种偏序关系(partial order)，换句话说，这种关系是自反的、反对称的和传递的。

3. Post-dominator (后支配节点，后必经节点)

在CFG = {*N, E*, Entry, Exit}中，如果从节点*m*到程序出口Exit的所有路径都必须经过节点*n*，那么称节点*n*为节点*m*的后支配节点，通常记为

$$m \leftarrow n$$

反过来说，如果已知节点*n*为节点*m*的后支配节点，那么代表从*m*到达程序出口的所有路径都必然经过节点*n*。

所以又把它称为后必经节点，它具备如下一些关键属性。

(1) 后必经节点的集合是唯一的。

(2) 每个节点的后必经节点的集合也是唯一的。

(3) 后必经关系是一种偏序关系。

以如图30-8所示的计算斐波那契数列的C函数为例。

```
1   unsigned int fib(m)
2   {
3       unsigned int m;
4       unsigned int f0=0, f1=1,f2,i;
5       if(m<=1)
6       {
7           return m;
8       }
9       else
10      {
11          for(i=2; i<=m; i++)
12          {
13              f2 = f0 + f1;
14              f0 = f1;
15              f1 = f2;
16          }
17          return f2;
18      }
19  }
```

图30-8　程序示例

它的MIR中间代码如图30-9所示。

```
1           receive m (val)
2           f0 <- 0
3           f1 <- 1
4           if m<=1 goto L3
5           i <- 2
6    L1: if i<=m goto L2
7           return f2
8    L2: f2 <- f0 + f1
9           f0 <- f1
10          f1 <- f2
11          i <- i + 1
12          goto L1
13   L3: return m
```

图30-9　代码示例

如果以流图的形式来表述的话，结果如图30-10所示。

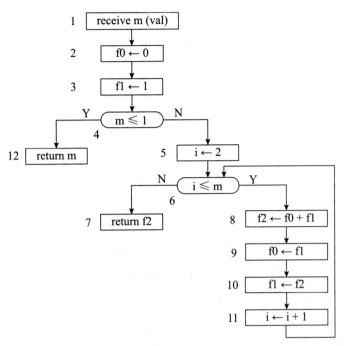

图30-10 范例程序的流程图

现在按照图30-10中每个节点左侧的数字序号来做基本块的标注。

B1: 节点1～节点4

B2: 节点12

B3: 节点5

B4: 节点6

B5: 节点7

B6: 节点8～节点11

同时，加上首尾的Entry和Exit节点，可以得到如图30-11所示的流图。

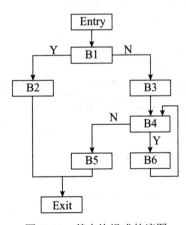

图30-11 基本块组成的流图

根据前面的讲解，在CFG = {N, E, Entry, Exit}中，如果从Entry到节点m的所有路径都必须经过节点n，那么称节点n支配了节点m，或者说n是m的前必经节点。

业界一种流行的表示支配节点信息的方法是采用支配树。如果将离m最近的支配节点记为idom[m]，那么支配树的概念就是——对于除Entry之外的所有节点m，建立一条从idom[m]到m的有向边，最后得到的以Entry为根的树。

比如在上面所举的范例中，其对应的支配树如图30-12所示。

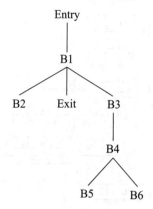

图30-12　范例程序的支配树

支配树的构建方法有很多，可以将它们分为静态和动态两大类型。

(1) 静态方法。静态方法也有不少具体算法，例如：

- Iterative Algorithm；
- Lengauer-Tarjan Algorithm；
- SEMI-NCA Algorithm。

(2) 动态方法。动态方法同样包含多种算法，例如：

- Sreedhar-Gao-Lee Algorithm；
- Dynamic SEMI-NCA Algorithm；
- Depth-Based Search Algorithm。

以当前不少编译器所使用的Iterative Algorithm为例，它是由Keith D. Cooper、Timothy J. Harvey等人在"A Simple, Fast Dominance Algorithm"论文中提出的一种经典算法，其主要实现逻辑如图30-13所示。

```
for all nodes, b /* initialize the dominators array */
    doms[b] ← Undefined
doms[start_node] ← start_node
Changed ← true
while (Changed)
    Changed ← false
    for all nodes, b, in reverse postorder (except start_node)
        new_idom ← first (processed) predecessor of b /* (pick one) */
        for all other predecessors, p, of b
            if doms[p] ≠ Undefined /* i.e., if doms[p] already calculated */
                new_idom ← intersect(p, new_idom)
        if doms[b] ≠ new_idom
            doms[b] ← new_idom
            Changed ← true

function intersect(b1, b2) returns node
    finger1 ← b1
    finger2 ← b2
    while (finger1 ≠ finger2)
        while (finger1 < finger2)
            finger1 = doms[finger1]
        while (finger2 < finger1)
            finger2 = doms[finger2]
    return finger1
```

图30-13　Iterative Algorithm主要实现逻辑

感兴趣的读者可以自行查阅相关论文和文档来进一步学习支配树构建算法，限于篇幅这里不一一展开分析了。

4. 循环识别

循环识别的目的在于找到CFG中与输入语法(例如while、do、for等)无关的环——借助这个信息，我们有可能对程序进行优化(例如编译器)。

那么环是什么呢？从图论的角度来讲，环就是图(这里指的是CFG)中强连通的部分。

那么强连通又如何理解呢？

(1) 强连通。在一个有向图中，如果两个点之间至少存在一条互相可达的路径，那么称它们强连通。

(2) 强连通图。更进一步来说，如果有向图中的任意两个点之间都满足强连通，那么它就是一个强连通图。

(3) 强连通分量。非强连通图中的极大强连通子图，称为强连通分量。

强连通图和非强连通图如图30-14所示。

图30-14　强连通和非强连通图

图30-14中的左侧是一个强连通图，因为它满足"任意两点间有可达路径"的要求；而右侧则不是一个强连通图，举个反例来说顶点2就无法到达顶点1。

很明显，图30-15也不是一个强连通图，例如，顶点4就无法到达其他1、3等顶点。不过仔细观察的话，可以发现它有一部分顶点之间却是满足强连通性质的，即：

{1, 2, 3, 5}

{4}

由此组成的就是该有向图的强连通分量了。

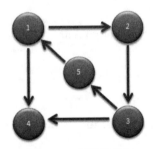

图30-15　强连通分量

业界已经有很多计算强连通分量的算法了，例如：

(1) Kosaraju算法。

Kosaraju是S.Rao Kosaraju于1978年在一篇未发表的论文中提出来的一种强连通分量求解算法。不过限于篇幅，这里只重点介绍另一种应用更广泛的算法，即Tarjan算法(据悉，后者实际上比Kosaraju算法发表时间早)。

(2) Tarjan算法。

这是由Robert Tarjan提出的一种时间复杂度为$O(n)$的强连通分量求解算法，它是基于深度优先搜索算法实现的。其核心算法流程如下(Wikipedia)。

```
algorithm tarjan is
  input: graph G = (V, E) //输入一个有向图
  output: set of strongly connected components (sets of vertices)//输出强连通分量
  index := 0
  S := empty stack
  for each v in V do
    if (v.index is undefined) then
      strongconnect(v)
    end if
  end for
  function strongconnect(v)
    v.index := index
    v.lowlink := index
    index := index + 1
    S.push(v)
    v.onStack := true
    for each (v, w) in E do
      if (w.index is undefined) then
        strongconnect(w)
        v.lowlink := min(v.lowlink, w.lowlink)
      else if (w.onStack) then
        v.lowlink := min(v.lowlink, w.index)
      end if
    end for
    if (v.lowlink = v.index) then
      start a new strongly connected component
      repeat
        w := S.pop()
        w.onStack := false
        add w to current strongly connected component
      while (w != v)
      output the current strongly connected component
    end if
  end function
```

当然还有很多其他优秀的强连通分量求解算法，读者可以自行查阅资料来做更深入的了解。

5. 控制流分析应用范例——指令集并行技术

这里提供一个编译器中的控制流分析应用范例，即指令级并行技术(Instruction-Level Parallelism，ILP)，来帮助读者更好地理解前面所讲述的基础知识。

什么是指令级并行技术呢?

正所谓"众人拾柴火焰高",一个任务(比如工地搬砖)如果由多人一起来完成,那么有可能显著缩短任务完成时间。这个简单的道理应用到计算机领域,可以催生出各种各样的并行技术,例如:

- 指令级并行技术
- 数据级并行技术
- 线程级并行技术

相信读者对于多线程并行技术都不会感到陌生,因为在很多实际项目中都会接触到这个基础概念。

指令级并行技术其实和线程级并行技术有相似之处,只不过它的处理等级处于更底层,而且通常由编译器自动完成,对上层开发人员可以说是完全透明的。

指令级并行技术简单来讲,就是通过流水线来实现多条指令并发执行的技术,如图30-16所示。

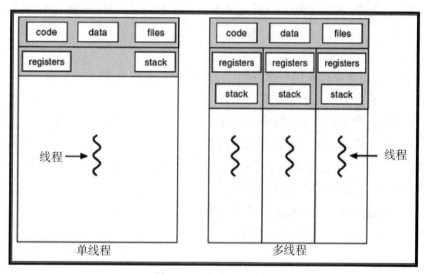

图30-16 多线程示意图

例如下面所示的简单代码:

$$a = x \times x + y \times y + z \times z$$

传统模式下,CPU需要顺序执行所有指令(例如先依次执行几个乘法,然后再执行加法)。但是如果仔细观察一下这行代码(如图30-17所示),可以发现这几个乘法之间并没有任何依赖的地方。换句话说,如果能够同时执行这几个乘法运算,那么程序的效率自然可以得到提升。

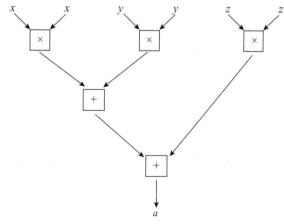

图30-17 IPL范例

不难理解,要实现上述目的至少要思考以下两个约束条件。

(1) 硬件层面上需要支持并行执行。

(2) 软件层面上需要能够(通常是编译阶段)发现可以并行的指令。

控制流分析(以及后面要讲解的数据流分析)是实现指令级并行技术的基础之一。这是因为指令之间的相关性会限制它们的并行度,包括数据相关性、名称相关性和控制相关性等。

下面挑选其中两个相关性做讲解。

1) 数据相关性

数据相关性还可以分为多种情况,例如:

(1) 直接数据相关。假设指令a在指令b前面,如果指令a的结果会被指令b用到,那么它们就是直接数据相关。

(2) 间接数据相关。如果指令a数据相关于指令b,而指令b又数据相关于指令c,那么a和c同样构成数据相关(间接)。

2) 控制相关性

控制相关性是指分支指令导致的指令执行顺序上的限制。具体而言:

(1) 与分支条件相关的指令应先于分支指令执行。

(2) 受控于分支指令的指令应在分支指令后执行。

(3) 不受控于分支指令的指令可以在分支指令前执行。

我们需要采取一些特殊的方法来克服上述这些限制,例如:

(1) 将相关性代码直接转换成非相关性的代码。

(2) 不转换代码,但通过各种手段来避免冲突的发生。

目前业界已经有多种具体的解决方案,例如:

(1) 静态调度。

(2) 动态调度。

(3) 循环展开。

(4) 动态分支预测。

感兴趣的读者可以自行查阅计算机体系结构和编译器的相关资料了解详情,这里只要知道控制流和数据流的应用场景就可以了。

30.2.3 数据流

简单而言,数据流用于描述变量如何从它们的定义点流到它们的使用点。

数据流分析在很多场景下都可以发挥作用,例如:

- 编译优化
- 程序维护
- 程序安全性检查
- 程序漏洞检测

这么讲解可能有点儿抽象,所以接下来需要先学习一些背景知识,并结合一些范例来做详细解析。

1. 数据流分析的动机

下面以编译器为例来看下数据流分析的动机。

理想情况下，编译器只通过静态分析就可以完成一些代码的优化工作。

例如下面所示的简单代码行：

```
x = 3 + 4;
x = 5*8;
```

在上面这两行代码中，编译器很容易发现其中的一些优化点。

(1) 去除无用的代码行。

例如，第一行的赋值代码就是无用的——因为x在赋值后还没来得及被使用，就又被第二行重新赋值了。在这种情况下，编译器就可以将第一行代码删除掉，以达到优化程序的目的。

(2) 精简代码。

开发人员在第二行编写的是5×8，而非直接给出最终值40的做法，这在实际工作中还是比较常见的——特别是当运算过程复杂导致无法直接口算出来的情况，或者是为了让代码具备更好的可读性的时候(例如10M通常会被写成10×1024×1024)。

但是我们需要思考一下，如果编译器"原封不动"地把上述写法直接翻译成机器码，会有什么不好的地方吗？

既然5×8=40是既定事实，那么上述做法显然会造成一定的资源浪费——因为这意味着每次执行到这一行时，都需要计算一次5×8。有鉴于此，开发人员当然希望编译器可以默默地为我们做好这类"后勤清理"的工作，而不需要大家为了这些小事"操碎了心"。

但是如果我们面对的是一个没那么"浅显易懂"的程序呢？

举个例子来说，如图30-18所示的是比前面稍微复杂一些的程序。

```
1   a = 1;
2   b = 2;
3   c = 3;
4   if (...) x = a + 5;
5   else x = b + 4;
6   c = x + 1;
```

图30-18 程序示例

读者可以仔细思考一下，上面这几行代码有哪些可以优化的地方。比如：

(1) 第3行，即c=3是可以被移除掉的。

原因很明显——在c被再次赋值之前(第6行)，c都没有被使用到，所以本次赋值是无用的。

(2) 第6行可以被常量所代替。

这是因为不论程序在运行时走的是if分支，抑或是else分支，它的值都是：

x = a+5 = 6

x = b+4 = 6

换句话说，第6行可以被直接优化成：

c = 7

当然，这些是大家思考出来的。我们如何让编译器也能具备类似的"智慧"呢？此时数据流分析就可以发挥作用了。

为了解决上述范例场景中的优化问题，至少需要利用数据流分析来完成如下两个核心任务。

(1) 分析有哪些变量一定具有常量值。

(2) 分析有哪些变量在还未使用前就会被重新赋值。

这些分析任务都会涉及定义变量、使用变量等基础概念，因而我们将在接下来几节中针对它们做具体分析。

2. "定义变量"集合

为了避免产生歧义，我们给标题加上一个引号，即"定义变量"集合。更直白点儿讲，就是定义了变量的语句的集合。

那么如何定义一个变量呢？主要有以下两种途径。

1) 杀死型定义(Killing Definition)

对于通过赋值语句来给变量赋值的情况，业界有个专业术语，即杀死型定义——因为此时这种定义是非常明确的，直接就被"杀死"了。

例如：

x =2;

y =5;

x =7; //x重新赋值

2) 非杀死型定义(Non-killing Definition)

我们知道，变量可以被作为引用参数来传递，这种情况下的变量定义带有不确定性，因而业界称之为非杀死型定义。

通常以DEF来代表定义变量集合，有如下定义。

DEF[v]：表示CFG中定义变量v的节点的集合。

DEF[n]：表示CFG中在节点n处定义的变量的集合。

这些定义将在接下来的分析中产生作用。

3. 使用变量集合

和前面的定义变量集合类似，以USE来表示使用变量集合，有如下定义。

USE[v]：类似于DEF[v]，它指的是CFG中使用变量v的节点的集合。

USE[n]：类似于DEF[n]，它指的是CFG中节点n处使用的变量的集合。

DEF和USE是数据流分析的基础定义。

4. 定义可达性

我们将从问题定义、问题分析和问题解决(包括算法和范例)三个角度来分别阐述定义可达性(Reaching Definition)。

1) 问题定义：什么是定义可达性

我们来思考如下两种场景。

场景1：我们想知道，一个变量A都在哪些地方被定义了以及在某个程序点p所使用的变量A是不是在某个位置被定义的。

场景2：我们为变量x在CFG的入口点引入一个未定义值NULL，如果这个NULL能够到达某个使用x的地方——那么说明这里使用的是x的未定义值，存在程序出错隐患，应该及时予以处理。

上述这两种场景就是可到达定义计算的部分应用范例。它涉及如下一些定义。

(1) 定义集(Definition Set)。

定义变量x的所有标签(即label，请参考后面的范例讲解)组成的集合，就是x的定义集。

(2) 产生集(Gen Set)。

语句S中所产生的变量定义的标签的集合，称为它的产生集，代码如下。

$$\text{GEN}[d:y \leftarrow f(x_1,\cdots,x_n)] = \{d\}$$

(3) 杀死集(Killing Set)。

语句S中杀死的定义的标签的集合，称为它的杀死集，代码如下。

$$\text{KILL}[d:y \leftarrow f(x_1,\cdots,x_n)] = \text{DEFS}[y] - \{d\}$$

(4) 入集(In Set)。

所有可到达语句S的定义变量的标签所组成的集合称为入集。

(5) 出集(Out Set)。

所有离开语句S的变量定义的标签所组成的集合称为出集。

这样一来，我们可以通过如下公式来计算"定义可达性"。

$$\text{REACH}_{in}[S] = \bigcup_{p \in \text{pred}[S]} \text{REACH}_{out}[p]$$

$$\text{REACH}_{out}[S] = \text{GEN}[S] \bigcup (\text{REACH}_{in}[S] - \text{KILL}[S])$$

2) 问题分析：理解定义可达性

读者可能会觉得上面的一堆定义有点儿抽象，所以我们特别把可达性的含义简化了一下，以帮助读者更直观地理解，如图30-19所示。

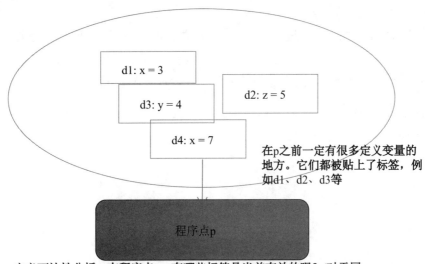

图30-19　定义可达性简明示意图

所以，问题就转换为如何识别出有效标签？其实关键点无非包括下面这几个。

(1) 程序点p的输入。

可能会有多个路径都可以到达程序点p，它们所携带的有效标签的合集就是p的输入了，如图30-20所示。

(2) 在程序点p中，有可能又产生了新的定义变量的标签。

(3) 在程序点p中，有可能因为重新定义而杀死了以前的一些老标签。

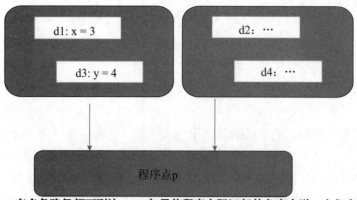

有多条路径都可到达p——如果从程序实际运行的角度来说，它们有可能是"与"的关系；但我们在静态分析时，只能以"或"的关系来对待

图30-20　程序点的输入示意图

综上所述，程序点p的可达性计算就是：

产生了哪些新标签 + 前序程序点所带的有效标签合集-杀死了哪些老标准

这就和前面所给的公式对应起来了：

$$\mathrm{REACH}_{out}[S] = \mathrm{GEN}[S] \bigcup \left(\mathrm{REACH}_{in}[S] - \mathrm{KILL}[S] \right)$$

3) 问题解决：定义可达性算法

不难理解，定义可达性的计算过程是从前往后进行的，因而可以称之为前向问题(Forward Problem)。

可达性计算的算法有很多种，其中经典的迭代算法(Iterative Algorithm)的伪代码可以参考：

```
input: control flow graph CFG = (N, E, Entry, Exit)
//Boundary condition
out[Entry] =
//Initialization for iterative algorithm
For each basic block B other than Entry
out[B] =
//iterate
While (Changes to any out[] occur) {
For each basic block B other than Entry {
in[B] = (out[p]), for all predecessors p of B
out[B] = fB(in[B]) // out[B]=gen[B](in[B]-kill[B])
}
}
```

以下面的代码实现为例：

```
x = 5;
 while (x != 0) {
   y = x;
   x = x - 1;
   while (y != 0) {
```

```
        y = y - 1
    }
}
```

它的细粒度CFG表达如图30-21所示。

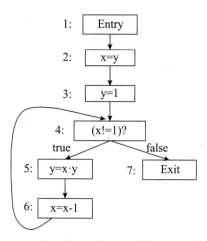

图30-21 范例程序的CFG

结合前面的分析，我们可以按照以下所述的步骤来解决定义可达性问题。

Step1：初始化如表30-1所示。

表30-1 初始化

序号	IN[n]	OUT[n]
1	--	$\{<x,?>,<y,?>\}$
2	ϕ	ϕ
3	ϕ	ϕ
4	ϕ	ϕ
5	ϕ	ϕ
6	ϕ	ϕ
7	ϕ	--

Step2：IN和OUT是否已经达到稳定状态——如果是的话计算就可以结束了；否则进入下一个步骤继续计算。

Step3：进入新一轮的计算，即按照前面的公式来为每个节点更新IN和OUT值。

以第2个节点和第3个节点为例，它的更新结果如表30-2所示。

表30-2 迭代计算

序号	IN[n]	OUT[n]
1	--	$\{<x,?>,<y,?>\}$
2	$\{<x,?>,<y,?>\}$	$\{<x,2>,<y,?>\}$
3	$\{<x,2>,<y,?>\}$	$\{<x,2>,<y,3>\}$
4	ϕ	ϕ
5	ϕ	ϕ

序号	IN[n]	OUT[n]
6	ϕ	ϕ
7	ϕ	--

第2个节点的前序节点只有Entry，因而它的IN来源于后者的OUT(此时x和y都还没有定义，因而以?来表示)。另外，节点2给x赋予了新的值，因而它创造了一个新定义；同时也kill掉了之前的$<x,?>$，所以最终的OUT就是$\{<x,2>,<y,?>\}$。需要注意的是，$<x,2>$的数字是指index，而非变量的值。

一轮结束后的结果如表30-3所示。

表30-3　一轮结束后的结果

序号	IN[n]	OUT[n]
1	--	$\{<x,?>,<y,?>\}$
2	$\{<x,?>,<y,?>\}$	$\{<x,2>,<y,?>\}$
3	$\{<x,2>,<y,?>\}$	$\{<x,2>,<y,3>\}$
4	$\{<x,2>,<y,3>,<y,5>,<x,6>\}$	$\{<x,2>,<y,3>,<y,5>,<x,6>\}$
5	$\{<x,2>,<y,3>,<y,5>,<x,6>\}$	$\{<x,2>,<y,5>,<x,6>\}$
6	$\{<x,2>,<y,5>,<x,6>\}$	$\{<y,5>,<x,6>\}$
7	$\{<x,2>,<y,3>,<y,5>,<x,6>\}$	--

Step4：重新回到Step2进行判断。

Step5：周而复始，直到算法结束。

5. 变量活性分析

1) 问题定义

假设当前位置是p0，如果一个变量的值会在程序的某个特定地方p1被使用，那么称该变量在程序p0是活的。

更严谨的定义如下。

如果下面两个条件成立的话，那么可知变量v在CFG的一条边e上具备活性：

(1) 存在一条从e到使用变量v的有向路径。

(2) 路径e不经过v的任何定义节点。

2) 问题分析

不难理解，变量活性分析的计算过程是从后往前进行的，属于后向问题(Backward Problem)。

如果要以简洁的语言来解释活性变量的分析的话，那么就是"寻找某个变量某次赋值后的最后使用位置"，如图30-22所示。

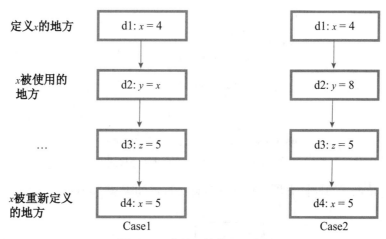

图30-22 变量活性简明示意图

图30-22中有以下两种情况。

Case1：以变量x为例，可以看到它在d1处被定义，而最后一次使用这一定义的地方是d2。换句话说，它的活性范围(live range)是d1→d2。

Case2：Case2与Case1的区别在于d2处，我们移除了对x的使用。这样一来，x在d1定义后并没有被使用的地方，这显然是一种可以被优化的情况。

我们以GEN(或者USE)来表示变量被使用的情况，以KILL或者DEF来表示变量被定义的情况，那么可以得到如下的变量活性计算公式。

$$OUT(B) = \bigcup_{S \text{ a successor of } B} IN(s)$$

$$IN(B) = Use(B) \cup (OUT(B) - Def(B))$$

由于活性变量分析属于后向问题，所以可以看到OUT是由它的后继节点的IN所组成的合集，如图30-23所示。

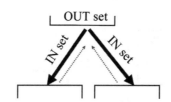

图30-23 活性变量中的IN和OUT关系

另外，IN则是由USE、OUT和DEF所组成的公式，可以打个比方来帮助读者理解这个公式。活性变量分析就好比前方打仗需要各种军需(比如粮食、子弹、炮弹)，它的原始需求是从后往前逐步传递的(注意：一个军需站也可以为自己提需求。例如，弹药库未必有粮食储备，所以为了维持正常运转它也需要向其他军需站提出自己的需求)，这个信息的承载体就是IN。所以当信息传递到某个"军需站"时，它所接收到的(以OUT来承载)就是来自于不同方面的IN需求了。那么它怎么做进一步处理呢？

其实也很简单，逻辑如下：需要继续传递到其他"军需站"的信息(IN) = 接收到的前面站点的需求(OUT)−本军需站点可以解决的需求(DEF)+本军需站自己提的新需求(USE)。

3) 问题解决

变量活性分析有多种实现算法，如图30-24所示的是其中一种通过迭代来完成活性分析的算法伪代码。

```
for each node n in CFG
        in[n] = ∅; out[n] = ∅
repeat
        for each node n in CFG
        in'[n] = in[n]
        out'[n] = out[n]
        in[n] = use[n] ∪ (out[n] – def[n])
        out[n] = ∪ in[s]
                s ∈ succ[n]
until in'[n]=in[n] and out'[n]=out[n] for all n
```

图30-24　活性变量分析算法伪代码

下面以一个程序范例来帮助读者理解算法的执行过程，如图30-25所示。

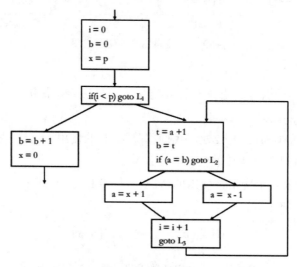

图30-25　程序范例

(1) 块(Block)级别的分析。

先从左边最后的那个块开始分析，如图30-26所示。

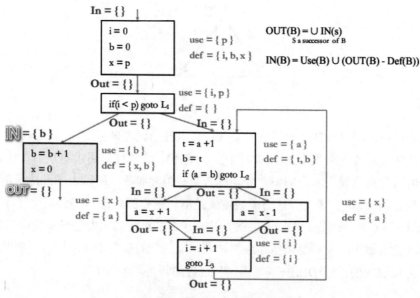

图30-26　块级别的分析(1)

如图30-26所示，我们首先为所有块都执行了初始化工作，同时计算了它们各自的USE和DEF集合。然后针对左下角的块，可以得出它的OUT是空集(因为它没有后继的节点)。这样一来它的IN是：

IN = USE (OUT-DEF)

= {b}

同理，可以得到它的前序节点的计算结果如图30-27所示。

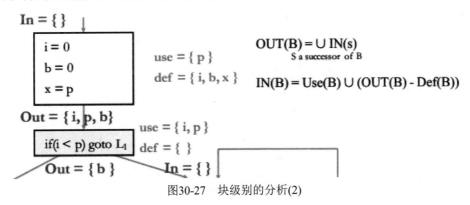

图30-27 块级别的分析(2)

(2) 指令(Instruction)级别的分析。

除了块级别外，其实也可以执行指令级别的活性变量(live-variable)分析。仍然以前面的程序为例，如图30-28所示。

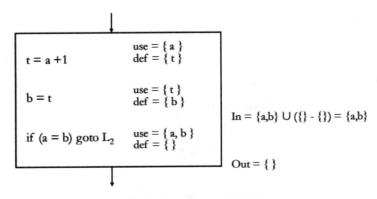

图30-28 指令级别的分析

图30-28左侧部分是针对一个块中所有指令的USE和DEF分析，右侧部分展示的是最后一条指令的活性分析。可以看到，它和块级别的分析相比，无论是所采用的公式或是方法都是完全一致的。

30.3 静态切片技术

静态切片技术指的是基于静态的数据流和控制流分析方法来计算程序切片(可以参考前面讲解的知识基础)。或者换句话说，它不依赖于程序的动态运行过程，因而理论上只需程序源代码等静态信息就可以达成目标了。不过这就意味着它要分析程序所有可能的执行轨迹，所以静态技术通常工作量比较大。

Weiser于1979年发表的博士论文中使用的就是静态切片技术，接下来几节中会进行讲解。

30.3.1 基本定义

我们需要了解一下程序静态切片技术所涉及的几个基本定义。

1. 程序的状态轨迹

程序的状态轨迹记录了程序的运行过程——或者说就是在运行每条语句之前，针对所有变量采取快照保存操作。更严格的定义如下。

程序P的状态轨迹是一个有限数量的序列，格式如下。

$(m_1, s_1) (m_2, s_2) (m_3, s_3) \cdots$

其中，m是程序P的节点，s则是变量与值之间的映射函数。

以如图30-29所示的程序代码为例。

```
 1   Begin
 2   Read(X,Y)
 3   TATOL: = 0.0
 4   SUM: = 0.0
 5   If X<= 1
 6       Then SUM: = Y
 7       Else Begin
 8           Read(Z)
 9           TOTAL: = X * Y
10       End
11   Write(TOTAL, SUM)
12   End
```

图30-29　程序代码示例

可以得出如下程序状态轨迹。

$(2, f2) : f2() = \phi$

$(3, f3) : f3(X, Y) = (x0, y0)$

$(4, f4) : f4(X, Y, TOTAL) = (x0, y0, 0.0)$

$(5, f5) : f5(X, Y, TOTAL, SUM) = (x0, y0, 0.0, 0.0)$

...

$(11, f11) : f11(X, Y, TOTAL, SUM, Z) = (x0, y0, x0*y0, y0, z0)$

2. 程序的切片准则

从某种意义上来讲，程序切片是程序行为的一种"投影"，或者"窗口"。它可以让我们从特定的角度(特别是可以解决问题的角度)来观察程序。

程序的切片准则通俗来讲就是用于描述这个"角度"的。

从表现形式上看，程序P的切片准则包含一个二元组和一个投影函数。

(1) 二元组。

$C = <n, V>$

其中，n表示程序P中的一条语句，V则是P中所有变量的一个子集。

(2) 投影函数Proj。

投影函数和前面讲解的程序状态轨迹有关联。假设状态轨迹是(m, s)，其中，m和s的定义可以参见前面的描述。

那么对于$\forall m \in N$，有如下关系：

$$\text{Proj}_{(n,V)}(m,s) = \begin{cases} \phi, & m \neq n \\ (m,s|V), & m = n \end{cases}$$

如果假设程序状态轨迹是$ST = (t_1, t_2, t_3, \cdots, t_m)$，那么将上述Proj应用到整个ST中，则得到：

$$\text{Proj}_{(n,V)}(T) = \text{Proj}_{(n,V)}(t_1)\text{Proj}_{(n,V)}(t_2)\cdots\text{Proj}_{(n,V)}(t_m)$$

还是以前面的程序代码为例，可以得到如下的投影计算结果。

$$\text{Proj}_{(11,\text{TOTAL})}\left(11, f_{11}\right)$$

$$= (m, s | V)$$

$$= (11, f_{11} | V)$$
$$= (x_0, y_0, x_0 \times y_0, y_0, z_0)$$

30.3.2 静态切片算法

前面学习了程序的状态轨迹和切片准则(Slicing Criterion)，现在可以引出切片的定义了。

假设一个程序P的切片准则是$C = (n, V)$，那么任何一个满足以下条件的可执行程序都是它的切片S。

条件1：S是从P中通过删除≥0条的语句获得的。

条件2：S和P的状态轨迹保持一致，具体表现在：如果程序P在输入I和状态轨迹T处停止，那么S也会在输入I和状态轨迹T'处停止，并且$\text{Proj}_c(T) = \text{Proj}_c(T')$。其中：

C' = (SUCC(n), V)

SUCC是指n在P中的最近后继。

1. 基于数据流的静态切片

下面简要学习一下Weiser博士所提出的静态切片算法。图30-30所示为程序切片示例。

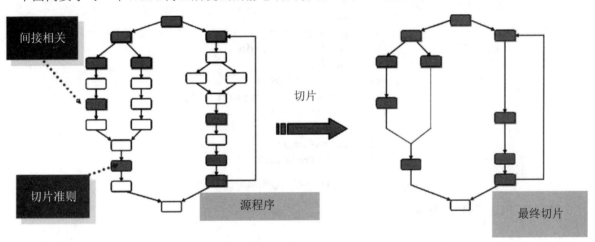

图30-30　程序切片

Step1：直接相关变量的定义。

假设我们针对程序P已经产生了CFG，它的切片准则是$C = (n, V)$，且$i \rightarrow j$代表在CFG中存在一条从顶点i到j的路径。那么直接相关变量的定义公式如下。

当i等于n时：

$$R_C^0(i) = V$$

当i不等于n时：

$R_C^0(i)$是满足如下两个条件之一的变量v的集合。

条件1：$v \in R_C^0(j)$ 并且 $v \notin \text{DEF}(i)$。

条件2：$v \in \text{REF}(i)$ 并且 $\text{DEF}(i) \cap R_C^0(j) \neq \phi$。

Step2：直接相关语句的定义。

在直接相关变量的基础之上，直接相关语句的定义如下。

$$s_C^0 \equiv \left\{ i \middle| \mathrm{DEF}(i) \bigcap R_C^0(j) \neq \phi, i \rightarrow \mathrm{CFG}j \right\}$$

Step3：间接相关变量的定义

$$R_C^{k+1}(i) \equiv R_C^k(i) \bigcup \bigcup_{b \in B_C^k} R^0{}_{(b, \mathrm{REF}(b))}(i)$$

其中

$$B_C^K \equiv \left\{ b \middle| i \in S_C^k, i \in \mathrm{INFL}(b) \right\}$$

是针对分支语句的考量。

Step1：执行第一次循环，根据前面的定义计算得出直接相关变量和直接相关语句。

Step2：根据前面的定义计算间接相关变量。

Step3：计算间接相关语句。

Step4：把控制节点加到 S_C^K 中，把间接相关语句进一步包含在切片中。

Step5：如果 S 不再增大的话，算法终止。否则，回到Step2继续进行迭代计算。

以如图30-31所示的程序代码为例。

```
(1)     read(n);
(2)     i := 1;
(3)     sum := 0;
(4)     product := 1;
(5)     while i <= n do
        begin
(6)       sum := sum + i;
(7)       product := product * i;
(8)       i := i + 1
        end;
(9)     write(sum);
(10)    write(product)
```

图30-31　程序代码示例

它对应的CFG如图30-32所示。

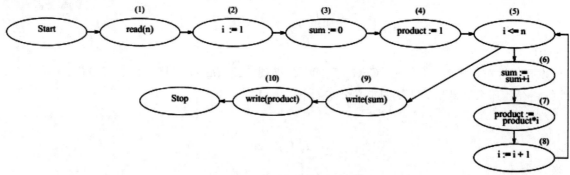

图30-32　范例程序对应的CFG

如表30-4所示的就是运用Weiser提供的算法来计算(10, product)切片的过程。

表30-4　WEISER静态切片算法示例

Node	DEF	REF	INFL	R_C^0	in S_C^0	in B_C^0	R_c	in S_C^1
1	{n}	ϕ	ϕ	ϕ			0	√
2	{i}	ϕ	ϕ	ϕ	√		{n}	√
3	{sum}	ϕ	ϕ				{i, n}	
4	{product}	ϕ	ϕ		√		{i, n}	√
5	ϕ	{i, n}	{6, 7, 8}	{product, i}		√	{product, i, n}	√
6	{sum}	{sum, i}	ϕ	{product, i}			{product, i, n}	
7	{product}	{product, i}	ϕ	{product, i}	√		{product，i, n}	√
8	{i}	{i}	ϕ	{product, i}	√		{product, 4, n}	√
9	ϕ	{sum}	ϕ	{product}			{product}	
10	ϕ	{product)	ϕ	{product}			{product}	

所以最终得到的程序切片结果如图30-33所示。

```
(1)    read(n);
(2)    i := 1;
(3)
(4)    product := 1;
(5)    while i <= n do
       begin
(6)
(7)      product := product * i;
(8)      i := i + 1
       end;
(9)
(10)   write(product)
```

图30-33　程序切片结果

2. 基于PDG的方法

除了前面所讲解的方法外，业界还有不少经典的静态切片分析算法，例如，基于程序依赖图(PDG)的方法。

基于PDG的静态切片技术是由Ottenstein等人最先提出来的，它的基础之一就是构造程序依赖图。PDG简单来讲是由语句作为节点，是根据节点之间的依赖关系所组成的图。值得一提的是，PDG主要用于过程内(或者说只包含一个过程的程序)的切片分析。过程间的切片分析则需要依赖于其他诸如系统依赖图(SDG)之类的技术来解决。

PDG主要包含以下两种类型的依赖关系。

(1) 控制依赖。

控制依赖有以下两种情况。

情况1：语句S的执行过程如果依赖于谓词A的值，那么它们就构成了控制依赖。不难理解，控制依赖会出现在判断语句、循环语句等场景下。例如，如下所示的这种情况。

```
S1: if (A) then
S2:     B = C * D
    endif
```

S2语句是否执行，取决于A是否为true，因而构成了控制依赖。

情况2：Entry节点比较特殊，它可以指向其他没有在循环体中的节点。可以结合后面提供的范例来加深理解。

(2) 数据依赖。

打个比方来说，数据依赖的两方就像是一个变量的生产者(定义)和消费者(使用)。它们之间产生的依赖关系就是数据依赖。例如，如下所示的围绕变量A的语句S1和S2就构成了数据依赖。

```
S1: A = B * C
S2: D = A * E + 1
```

通常情况下，我们会针对程序先分别计算出它的控制依赖和数据依赖，然后再"合二为一"得到最终的程序依赖图。

理解了PDG后，基于这个依赖图的切片算法就比较容易解释了——它实际上就是一个图的遍历问题，主要由以下几个核心步骤构成。

输入：程序P和切片准则(n, V)。

输出：基于PDG的切片S。

Step1：根据前面的描述来计算PDG。

Step2：调用图遍历算法(参考如图30-34所示的SliceProcedure)循环计算出PDG中可以到达n的节点的集合。

```
procedure SliceProcedure (Node node)
begin
    Mark the node n, then, start from the node n traverse backward
        if node is not marked then
            mark node as visited
            for all nodes pred on which node depends do
                SliceProcedure (pred)
        end
end
end SliceProcedure;
```

图30-34　程序示例

Step3：输出S。

还是以前面的代码程序为例来演示基于PDG的切片分析算法。如图30-35所示的是针对这一范例生成的PDG。

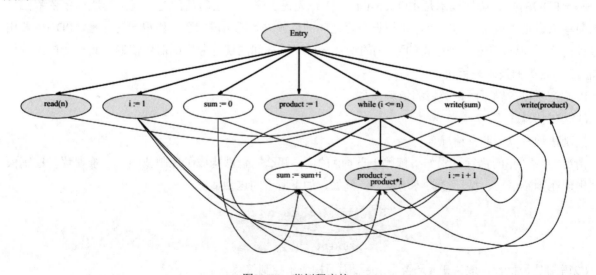

图30-35　范例程序的PDG

图30-35中的粗线表示的是控制依赖，细线则表示数据依赖。在上述PDG的基础上，执行(10,product)的切片准则本质上就是在寻找可以到达write(product)的节点集合——也就是图30-35中以灰色标注的那些节点。因而可以得到它的切片结果，如图30-36所示。

```
(1)    read(n);
(2)    i := 1;
(3)
(4)    product := 1;
(5)    while i <= n do
       begin
(6)
(7)      product := product * i;
(8)      i := i + 1
       end;
(9)
(10)   write(product)
```

图30-36　程序示例

可以看到，这和前面的计算结果是一致的。

30.4　动态切片技术

30.4.1　动态切片基本概念

30.3节讲解了程序静态切片的相关定义和经典算法，并通过实际范例来剖析了静态切片的计算过程。本节将进一步学习动态切片技术。

首先需要理解的是程序的执行路径。简单来讲，它指的是在某个特定的输入条件下，程序所执行到的语句的集合。以如图30-37所示代码为例。

当$N=2$时：执行上述程序会产生如下路径：

$\{1, 2, 3, 4, 5^1, 6^1, 7^1, 8^1, 5^2, 6^2, 7^2, 8^2, 5^3, 9\}$

```
       begin
S1:        read(N);
S2:        Z := 0;
S3:        Y := 0;
S4:        I := 1;
S5:        while (I <= N)
           do
S6:          Z := f₁(Z, Y);
S7:          Y := f₂(Y);
S8:          I := I + 1;
           end_while;
S9:        write(Z);
       end.
```

图30-37　程序执行路径范例

我们常说"缺陷"是推进技术进步的动力之一，那么动态切片法相对于静态切片法有哪些优点呢？

(1) 借助动态运行时的信息可以使得切片更加精确。

和静态切片的"大包大揽"不同，在动态切片时只考虑程序在某个特定输入条件下的情况。这样一来，很多程序信息(比如数组下标、指针、循环依赖关系等)就可以在动态执行过程中得到确定，其结果就是动态切片技术比静态切片更加精确(参见图30-38)。

(2) 动态切片更加契合某些应用场景的诉求。

在某些应用场景下我们只关心特定输入下的程序表现，此时动态切片技术更能发挥作用。例如，开发人员在调试程序的过程中，他们通常更关心变量在某个输入状态(特别是与bug相关联的输入)下的程序执行路径，而不关注变量的所有可能输入以及它们会引发的程序行为。

```
        HDL 代码              静态切片  动态切片
1 always @(posedge clk)        ●         ●
2  if (windex==1'b0) begin
3     aar = tmr;               ●         ●
4     aai = tmi;               ●         ●
5     len1 = len;              ●
6  end                         ○         ○
7  else begin
8     aar = tmr*c - tmi*s;     ●         ○
9     aai = tmr*s + tmi*c;     ●         ○
10 end
11 out= aar + aai;             ●         ●
```

图30-38　静态和动态切片对比范例

此时运用动态切片技术，一方面可以大大减少切片的大小；另一方面也缩小了开发人员的调试范围，从而有效提升了效率。

当然，动态切片技术相比静态切片技术也有其缺点，例如：

(1) 需要动态运行，成本高。

(2) 需要追踪执行过程，代价不小。

从历史发展过程来看，动态切片技术是由静态切片技术演进而来的。这其中有以下两个比较重要的节点。

(1) 动态切片的出现。

动态切片这个概念起源于1988年，由B. Korel和J. Laski等人在*Dynamic Program Slicing*中首次提出。他们认为：

① 动态切片是源程序的一个可以执行的子集。

② 如果给某个变量输入相同的变量值，切片和源程序应该执行相同的程序路径。

从算法实现上来看，他们主要针对Weiser的基于数据流方程的静态切片技术进行了扩展。

(2) 动态切片的发展。

两年后的1990年，H. Agrawal和J. Horgan在"Proceedings of the ACM SIGPLAN '90 Conference on Programming Language Design and Implementation"上提出了新的动态切片思路。其中的核心点在于：动态切片主要包含在某个给定输入的条件下，源程序执行路径上所有对程序某条语句或兴趣点上的变量有影响的语句。

其后的二十几年间，动态切片技术又紧跟程序的发展潮流，陆续有了针对面向对象的程序分析等新技术。

限于篇幅，30.4.2节中只能挑选一些经典的动态切片算法来进行讲解。如果读者有兴趣的话，建议查阅更多相关资料来做进一步学习。

30.4.2 动态切片算法概述

下面先简要概述一下动态切片技术的几种经典算法以及它们的核心思路。

前面说过，H. Agrawal和J. Horgan在1990年提出了新的动态切片思路。事实上，他们在论文"Dynamic Program Slicing"中一共分析了4种动态切片的计算方法。

方法1：基于PDG的简单扩展。

以程序依赖图(PDG)为基础，先从中提取出只包含程序动态执行历史的一个投影图，然后针对投影图进行静态切片计算，得到动态切片。这种方法虽然思路简单，但可能包含一些多余的节点(对同一个变量来说某一个节点可能存在很多由该变量引出的数据依赖边)，因此计算出的动态切片不够精确。

方法2：基于方法1做的改进。

方法2也是以程序依赖图为基础。在程序执行时首先在程序依赖图中标记出所产生的依赖边，然后在图中沿着这些标记的边进行遍历，这样由所有标记经过的节点对应的语句的集合就构成了动态切片。这种方法改进了第一种方法产生多余节点的问题，但是仍然有缺点——不能处理包含循环结构的源程序。

方法3：基于动态依赖图。

方法3不再使用程序依赖图，而是提出了一个新的概念——动态依赖图(DDG)。它指的是为程序执行历史中每一次出现的语句创建一个节点，并只对这一次出现有依赖关系的语句添加引出的依赖边。对于不同的程序执行历史，同一个程序有不同的动态依赖图。当建立了程序的动态依赖图之后，先找到执行历史中变量的最后定义所在的节点，然后在图中使用二次图形可达性算法，从而获得变量的动态切片。这种方法的一个潜在问题在于它没有限制动态依赖图的节点数量。

方法4：基于简化的动态依赖图。

由此引出了基于简化的动态依赖图的方法4。它和前一种方法的主要区别在于：并不是每一条在执行历史中出现的语句都会被创建出一个新节点，或者说创建新节点需要满足"具有相同可传递依赖的另一节点已经不存在了"的条件。

1994年，B. Korel和S. Yalamanchih等人提出了基于前向计算的动态切片算法。其中的核心思想在于把程序看成若干个基本块的集合，同时在执行过程中动态判断这些基本块是否应该被包含到最终的动态切片结果中——这种方法的优点是不需要建立动态依赖图，因而理论上来讲，可以节省大量的计算时间和空间资源。

2002年，Goswami和Mall在论文"An efficient method for computing dynamic program slices"中提出了基于压缩的动态程序依赖图的动态切片算法。他们的实现思路并不复杂——首先建立程序的控制依赖子图，然后再通过程序的执行序列和数据流信息建立程序的数据依赖子图，最后生成动态切片结果。感兴趣的读者可以阅读上述论文来了解其中的实现细节。

30.4.3 基于PDG的动态切片算法

本节将结合一个范例程序来进一步讲解前面所述的基于PDG的动态切片算法，以便帮助读者更好地理解动态切片的计算过程。

需要分析的范例程序代码如图30-39所示。

```
                  begin
S1:                   read(X);
S2:                   if (X < 0)
                      then
S3:                       Y := f₁(X);
S4:                       Z := g₁(X);
                      else
S5:                       if (X = 0)
                          then
S6:                           Y := f₂(X);
S7:                           Z := g₂(X);
                          else
S8:                           Y := f₃(X);
S9:                           Z := g₃(X);
                          end_if;
                      end_if;
S10:                  write(Y);
S11:                  write(Z);
                  end.
```

图30-39　程序代码示例

作为对比，可以先看下如果通过静态切片算法来分析的话可以得到什么结果。假设切片准则是<10,Y>，那么静态切片算法的分析过程如图30-40所示。

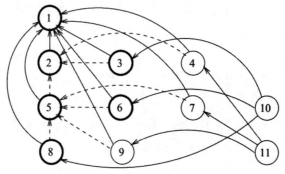

图30-40　静态切片算法分析过程

根据前面介绍的知识，可以得到静态切片结果是：

{1, 2，3，5，6，8，10}

如果仔细观察这一结果的话，会发现一些冗余的节点，比如：

S3: $Y := f_1(X)$;

S6: $Y := f_2(X)$;

S8: $Y := f_3(X)$;

它们其实都在为变量Y赋值，并且从程序控制结构来看，它们是"互斥"的——换句话说，在动态执行过程中根据输入的不同，上述语句存在"3选1"的关系。

这也是动态切片相比于静态切片的优势之一。假设动态切片准则是<10, Y,-1>，也就是输入变量X=-1的情况。结合前面讲解的方法1，可以得到如下几个动态切片步骤。

Step1：计算得到程序依赖图。

可以参考前述静态切片分析过程的图例。只不过这里做了一点儿修改，即初始时把所有节点都画成虚线的圆圈。

Step2：以X=-1作为输入，动态执行程序。

此时可以得到如下的程序执行路径。

<1, 2, 3, 4, 10, 11>

Step3：在程序依赖图中提取出只包含程序动态执行历史的一个投影图。

我们可以在PDG中，将执行到的节点从虚线圆圈变成实线圆圈。

Step4：执行图遍历算法，得到动态切片结果。

这步操作执行完成后，把包含在切片中的节点以粗实线表示，这样就得到了如图30-41所示的最终结果。

不难发现，上述动态切片结果"天然"地遵循了前面所讲的给Y赋值的3个语句的互斥条件，因而显得更加简洁有效。

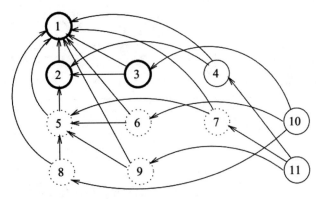

图30-41　动态切片结果

毫不夸张地说，大规模数据集的建设有力地推动了近年来深度学习的兴起。接下来以ImageNet为主线来讲解业界主流的大规模数据集背后的构建逻辑。数据集数量级变迁史如图31-1所示。

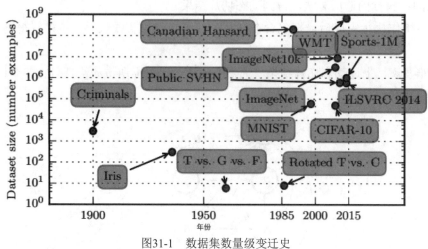

图31-1　数据集数量级变迁史

31.1　ImageNet简述

2012年，深度学习领域专家Hinton发表的论文"ImageNet Classification with Deep Convolutional Neural Networks"为计算机视觉(Computer Vision)领域带来了革命性的变化——从标题不难看出，这篇论文的工作就是基于ImageNet数据集来完成的。

ImageNet的一个主要缔造者是来自斯坦福大学的教授FeiFei Li——相信读者对这个名字并不陌生，因为随着深度学习的大热，ImageNet和李教授也可以说是"名满天下"了。她本人目前既是斯坦福大学人工智能实验室与视觉实验室的负责人，同时还加入了Google Cloud，担任人工智能和机器学习的首席科学家(注：截至本书上市时，FeiFei Li已经从Google离职)。

ImageNet的成功是多方面促成的——这其中虽然难免掺杂着"时机"的因素，但我们更应该看到的是其背后团队"十年如一日"的付出，以及更为重要的一点：数据集本身的严谨性和规范性。

后面这一点也是接下来本书希望重点阐述的。相信理解ImageNet的构建逻辑，对于大家在项目中自定义一个数据集也可以起到不小的帮助作用。

31.2　ImageNet的构建逻辑

所谓"万事开头难"，ImageNet在建立之初，首先遇到的问题就是如何通过数据来体现世界的多样性。根据ImageNet的描述，研究人员前期做了不少探索，并最终借鉴了类似WordNet的做法。

WordNet源于普林斯顿大学，是由心理学家(乔治·A.米勒)、语言学家和计算机工程师共同设计的一种基于认知语言学的"新型"英语词典。官方网址如下。

https://wordnet.princeton.edu/

官网上对它的简洁定义是"A Lexical Database for English",其核心逻辑在于:

"WordNet® is a large lexical database of English. Nouns, verbs, adjectives and adverbs are grouped into sets of cognitive synonyms (synsets), each expressing a distinct concept. Synsets are interlinked by means of conceptual-semantic and lexical relations."

大意:WordNet®是一个大型的英语词汇数据库。名词、动词、形容词和副词分为一组认知同义词,每个同义词都表达一个不同的概念。通过概念-语义关系和词汇关系,这些集合是相互关联的。

也就是说,WordNet中意义相近的单词都被组成一个个同义词组(Synset),并提供了简短概要的定义,如图31-2所示。同时,不同Synset之间还通过语义关系组织成网络(名词、动词、形容词和副词各自组网)。事实上,在WordNet的第一个版本中(标记为1.x),四种不同词性的网络之间并无连接。其中,WordNet的名词网络是第一个发展起来的。下面我们援引北京大学语言学研究中心对它的描述来加深理解。

Popular Synsets

Animal	Instrumentation
fish	utensil
bird	appliance
mammal	tool
invertebrate	musical instrument

Plant	Scene
tree	room
flower	geological formation
vegetable	

Activity	Food
sport	beverage

Material	
fabric	

图31-2 同义词组

- 在WordNet 1.5版中包含差不多800 000个名词以及60 000个词汇化的概念;其中许多都是collocation(搭配型词)。
- WordNet跟其他传统词典的差别,主要不是在词义以及覆盖面方面,而是信息组织方式的创新方面。
- 传统的词典包括:拼写、发音、屈折变化形式、词源、派生形式、词性、定义以及不同意义的举例说明、同义词和反义词、特殊用法说明、临时用法等。
- WordNet不包括发音、派生形态、词源信息、用法说明、图示举例等。WordNet尽量使词义之间的关系明晰且易于使用。
- WordNet中的基础语义关系是Synonymy(同义关系)。同义词组构成了WordNet的基本建筑单位(building block)。Ravin(1992)已经开发了一些程序用于从同义词词林中抽取同义词组,但WordNet的这类工作是手工进行的。
- WordNet中的同义概念并不是指在任何语境中都具有可替换性。如果以这样的标准来衡量同义关系,语言中的同义词就少得很了。
- {shot, pellet} 跟 {shot, injection} 之间没有同义关联,尽管两个同义词组中都有shot。
- 大多数同义词组有说明性的注释(explanatory gloss)相伴。这跟传统的词典情况类似。不过一个同义词组不等于词典中的一个词条。尤其是词典中的一个词条可能是个多义词,它就会包含多个解释，而一个同义词组只包含一个注释。

再回到ImageNet的构建逻辑中来——FeiFei Li的想法，简单而言就是为所有单词(目前只覆盖了名词)都提供一定数量的图片描述，并且像WordNet一样，各同义词组之间也都是由多种关系构建起来的，如图31-3和图31-4所示。

- S: (n) Eskimo dog, **husky** (breed of heavy-coated Arctic sled dog)
  - *direct hypernym* / *inherited hypernym* / *sister term*
    - S: (n) working dog (any of several breeds of usually large powerful dogs bred to work as draft animals and guard and guide dogs)
      - S: (n) dog, domestic dog, Canis familiaris (a member of the genus Canis (probably descended from the common wolf) that has been domesticated by man since prehistoric times; occurs in many breeds) *"the dog barked all night"*
        - S: (n) canine, canid (any of various fissiped mammals with nonretractile claws and typically long muzzles)
          - S: (n) carnivore (a terrestrial or aquatic flesh-eating mammal) *"terrestrial carnivores have four or five clawed digits on each limb"*
            - S: (n) placental, placental mammal, eutherian, eutherian mammal (mammals having a placenta; all mammals except monotremes and marsupials)
              - S: (n) mammal, mammalian (any warm-blooded vertebrate having the skin more or less covered with hair; young are born alive except for the small subclass of monotremes and nourished with milk)
                - S: (n) vertebrate, craniate (animals having a bony or cartilaginous skeleton with a segmented spinal column and a large brain enclosed in a skull or cranium)
                  - S: (n) chordate (any animal of the phylum Chordata having a notochord or spinal column)
                    - S: (n) animal, animate being, beast, brute, creature, fauna (a living organism characterized by voluntary movement)
                      - S: (n) organism, being (a living thing that has (or can develop) the ability to act or function independently)
                        - S: (n) living thing, animate thing (a living (or once living) entity)
                          - S: (n) whole, unit (an assemblage of parts that is regarded as a single entity) *"how big is that part compared to the whole?"*; *"the team is a unit"*
                            - S: (n) object, physical object (a tangible and visible entity; an entity that can cast a shadow) *"it was full of rackets, balls and other objects"*
                              - S: (n) physical entity (an entity that has physical existence)
                                - S: (n) entity (that which is perceived or known or inferred to have its own distinct existence (living or nonliving))
    - S: (n) domestic animal, domesticated animal (any of various animals that have been tamed and made fit for a human environment)
      - S: (n) animal, animate being, beast, brute, creature, fauna (a living organism characterized by voluntary movement)
        - S: (n) organism, being (a living thing that has (or can develop) the ability to act or function independently)
          - S: (n) living thing, animate thing (a living (or once living) entity)
            - S: (n) whole, unit (an assemblage of parts that is regarded as a single entity) *"how big is that part compared to the whole?"*; *"the team is a unit"*
              - S: (n) object, physical object (a tangible and visible entity; an entity that can cast a shadow) *"it was full of rackets, balls and other objects"*
                - S: (n) physical entity (an entity that has physical existence)
                  - S: (n) entity (that which is perceived or known or inferred to have its own distinct existence (living or nonliving))

图31-3　分类法(Taxonomy)样例

- S: (n) car window (a window in a car)
- S: (n) fender, wing (a barrier that surrounds the wheels of a vehicle to block splashing water or mud) *"in Britain they call a fender a wing"*
- S: (n) first gear, first, low gear, low (the lowest forward gear ratio in the gear box of a motor vehicle; used to start a car moving)
- S: (n) floorboard (the floor of an automobile)
- S: (n) gasoline engine, petrol engine (an internal-combustion engine that burns gasoline; most automobiles are driven by gasoline engines)
- S: (n) glove compartment (compartment on the dashboard of a car)
- S: (n) grille, radiator grille (grating that admits cooling air to car's radiator)
- S: (n) high gear, high (a forward gear with a gear ratio that gives the greatest vehicle velocity for a given engine speed)
- S: (n) hood, bonnet, cowl, cowling (protective covering consisting of a metal part that covers the engine) *"there are powerful engines under the hoods of new cars"*; *"the mechanic removed the cowling in order to repair the plane's engine"*
- S: (n) luggage compartment, automobile trunk, trunk (compartment in an automobile that carries luggage or shopping or tools) *"he put his golf bag in the trunk"*
- S: (n) rear window (car window that allows vision out of the back of the car)
- S: (n) reverse, reverse gear (the gears by which the motion of a machine can be reversed)
- S: (n) roof (protective covering on top of a motor vehicle)
- S: (n) running board (a narrow footboard serving as a step beneath the doors of some old cars)
- S: (n) stabilizer bar, anti-sway bar (a rigid metal bar between the front suspensions and between the rear suspensions of cars and trucks; serves to stabilize the chassis)
- S: (n) sunroof, sunshine-roof (an automobile roof having a sliding or raisable panel) *"sunshine-roof is a British term for 'sunroof'"*
- S: (n) tail fin, tailfin, fin (one of a pair of decorations projecting above the rear fenders of a car)
- S: (n) third gear, third (the third from the lowest forward ratio gear in the gear box of a motor vehicle) *"you shouldn't try to start in third gear"*
- S: (n) window (a transparent opening in a vehicle that allow vision out of the sides or back; usually is capable of being opened)

图31-4　分体法(Partonomy)样例

虽然想法并不复杂，但真正实施起来却可以说是困难重重。读者如果在智能化项目中做过图像标注，应该可以体会到这是一个非常"吃力而且费时"的工作。ImageNet起初是通过雇佣大学生手工搜集图片资源来扩充数据集的，不过这种显然"需要花费N年才能完成"的方法很快就被放弃了。

ImageNet真正初具规模是通过Amazon的众包平台Mechanical Turk达成的，后者可以帮助发布者把任务分发给全球范围内的参与者。当然，为了保证图片的准确性，还需要开发不少配套工具和方法，比如合理的统计模型、多人评判互检等。最终ImageNet通过两年半的时间才完成了包含5247种类别的320万张带标注的图片资源。

而最新的数据显示，ImageNet的规模已经达到了1400万个。

ImageNet数据集统计一览表如表31-1所示。

表31-1 ImageNet数据集统计一览表

高层级类别	同义词组(子类别)	每个同义词组的平均图像值	总数量/k
amphibian	94	591	56
animal	3822	732	2799
appliance	51	1164	59
bird	856	949	812
covering	946	819	774
device	2385	675	1610
fabric	262	690	181
fish	566	494	280
flower	462	735	339
food	1495	670	1001
fruit	309	607	188
fungus	303	453	137
furniture	187	1043	195
geological formation	151	838	127
invertebrate	728	573	417
mammal	1138	821	934
musical instrument	157	891	140
plant	1666	600	999
reptile	268	707	190
sport	166	1207	200
structure	1239	763	946
tool	316	551	174
tree	993	568	564
utensil	86	912	78
vegetable	176	764	135
vehicle	481	778	374
person	2035	468	952

值得一提的是，并不是所有业界主流的数据集都会有ImageNet这种规模的物体类别。作为对比，我们可以看下另一个比较有名的数据集CIFAR-10，它的官方网址如下。

https://www.cs.toronto.edu/~kriz/cifar.html

CIFAR-10后面的数字代表的是物体类别的数量，具体来讲就只包含如图31-5所示10种类型。

当然，每个主流数据集都有其优缺点，我们应该根据项目的需要来选择最佳的数据集，而不是一味"求大求全"。

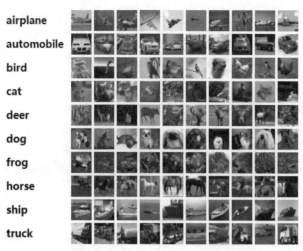

图31-5　CIFAR-10所指代的10种物体种类

ImageNet中的图片资源都会以如表31-1所示的高等级类别(High Level Category)为根节点逐步构建完整的层级结构，如图31-6所示(引用自论文"ImageNet: A Large-Scale Hierarchical Image Database")。

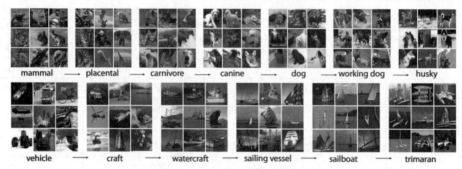

图31-6　ImageNet中的层级结构

31.3　ImageNet数据源的选择与处理

ImageNet在构建数据的过程中主要涉及两个核心步骤，接下来做详细分析。

1. 从Internet自动收集候选的图片资源

原始图片数据从哪里来？无非两种形式，即"自生产"或者"他人生产"。前一种理论上也是可行的，比如我们可以发动社区人员主动贡献图片资源。不过事实上对于ImageNet这种大规模的图片数据集，这似乎会形成一个"死锁"——因为一方面这需要足够的项目"热度"才有可能驱动大量的社区人员来主动提交资源；另一方面在数据集还没有大规模建成之前，它的价值对于社区人员是未知的，因而很难形成足够的"热度"。

ImageNet选择的是另一条行之有效的途径，也就是从Internet自动化收集候选的图片资源。虽然类似的爬取能力很多搜索引擎已经提供了，因而不能说是关键技术难题，但事实证明这样直接获取到的图片只有10%的准确率。ImageNet的目标是为每一个同义词组提供500～1000幅高质量图片，为了达到这个目标实际上要为每个同义词组自动化收集10k以上的候选资源。

当然，实际执行过程中还不可避免地要考虑很多其他因素。例如，每一个搜索引擎针对一次查询只会返回有限的一些结果，这样一来就需要利用多种手段才能满足候选资源在数量规模上的诉求。

2. 候选图片资源的处理过程

如何为候选图片资源提供准确的标注呢？

ImageNet依靠的是众包能力，具体而言他们采用了Amazon Mechanical Turk在线平台来分发任务。对于每一个标注任务，执行者都可以收到一系列的候选图片以及它们的目标同义词组(Target Synset)的描述，然后他们需要判断这些候选图片是否确实包含目标同义词组，如图31-7所示。

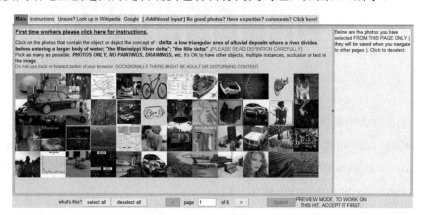

图31-7　ImageNet的众包任务

相信读者也想到了，人工标注也同样存在需要解决的问题。比如下面两条核心问题。

(1) 人类都会犯错误。

俗话说"人无完人"，人类在疲惫、视力不足等多种因素下都有可能导致标注工作的不准确性。

(2) 人与人之间的理解有差异。

对于一些常见的物体，大家的理解会偏向于一致。但是对于一些容易混淆的同义词组，情况就比较严重了。

有鉴于此，ImageNet专门建立了一个质量控制系统(Quality Control System)来解决上述问题。它的工作原理并不复杂，如图31-8所示。

					#Y	#N	Conf Cat	Conf BCat
					0	1	0.07	0.23
User 1	Y	Y	Y		1	0	0.85	0.69
User 2	N	Y	Y		1	1	0.46	0.49
User 3	N	Y	Y		2	0	0.97	0.83
User 4	Y	N	Y		0	2	0.02	0.12
User 5	Y	Y	Y		3	0	0.99	0.90
User 6	N	N	Y		2	1	0.85	0.68

图31-8　ImageNet的质量保证手段

图31-8左侧部分显示了6个参与者对3幅图片是否为缅甸猫(Burmese Cat)的判断结果，而从结果数据中可以看到他们没有给出一致的答案。那么应该听谁的呢？最简单的办法当然是"少数服从多数"，也就是通过投票来决定最终结果。

另外还有一个问题也需要思考，即由多少人来投票才是合理的呢？3个，6个或者10个，甚至更多？

这个问题或许我们很难找出一个最佳的答案，但倒是可以利用一些简单的算法来让选取过程更合情合理。首先，我们应该不难理解——针对不同同义词组需要的标注人员数量是不一样的。比如猫的标注显然就比缅甸猫简单得多，自然不用"劳师动众"。

其次，可以利用一些简易算法来动态决定同义词组所需的标注人数。对于每一种同义词组，先随机选取部分候选图片资源，然后通过超过10个人的投票来得到一个针对它们的置信分数表(Confidence Score Table)(图31-8右侧部分)。基于这种方法来表征每个同义词组的难度，并为标注人员的数量提供参考值。

通过以上所述的多种方法，ImageNet的准确度在业界的各种免费数据集中处于领先位置，如图31-9所示。

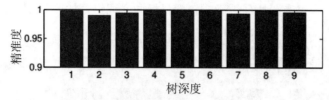

图31-9　ImageNet各层级精准度

另外，相比其他各种类别的图片数据集，ImageNet的多样性(Diversity)也是相当优秀的(ImageNet对此的解释是"ImageNet is constructed with the goal that objects in images should have variable appearances, positions, view points, poses as well as background clutter and occlusions.")。可以参考如图31-10所示的实验结果(lossless JPG file sizes of average images)。

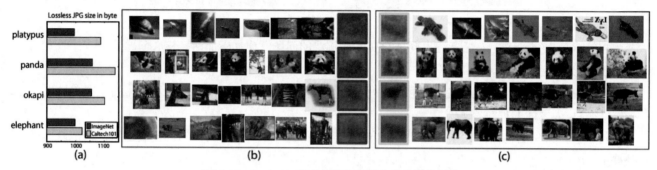

图31-10　ImageNet和其他数据集平台的多样性对比

"有付出就有回报"，ImageNet提供的高质量图片资源，支撑当时多项深度学习任务取得了非凡的成绩，如图31-11所示。

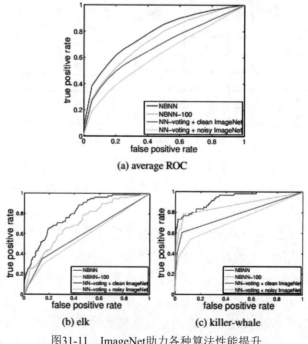

图31-11　ImageNet助力各种算法性能提升

31.4 ImageNet的下载

ImageNet目前有超过1400万的图片资源(如图31-12所示)，根据任务类型的不同，数据集会有些差异。换句话说，并不是每个任务(例如分类、定位、分割)下都有1400万的可用数据。

图31-12　ImageNet提供的图片资源总数

下载ImageNet有多种方式，例如：

(1) 通过download频道下载。

官方地址如下：

http://image-net.org/download

它提供如图31-13所示的几种类型的下载方式。

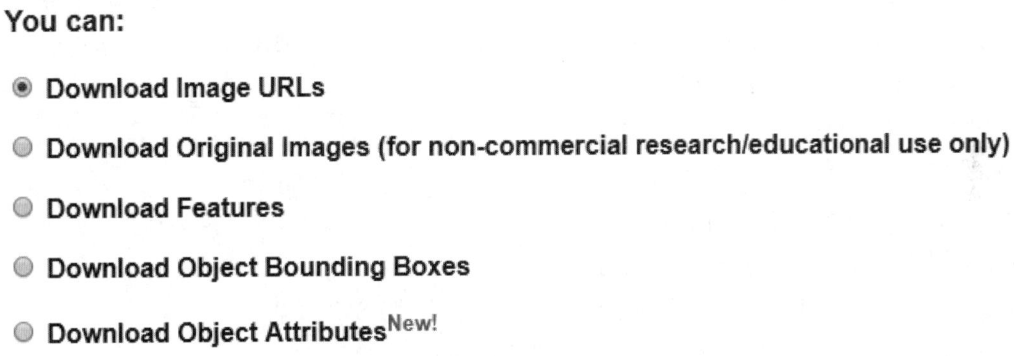

图31-13　ImageNet官方下载

部分资源的下载需要注册，例如原始图片(Original Images)，如图31-14所示——这样做的可能原因，一方面是为了防止资源被滥用；另一方面也可以保证这些资源不会被用于商业目的(ImageNet的很多图片是通过网上公开渠道搜集的，因而可能涉及版权问题)。

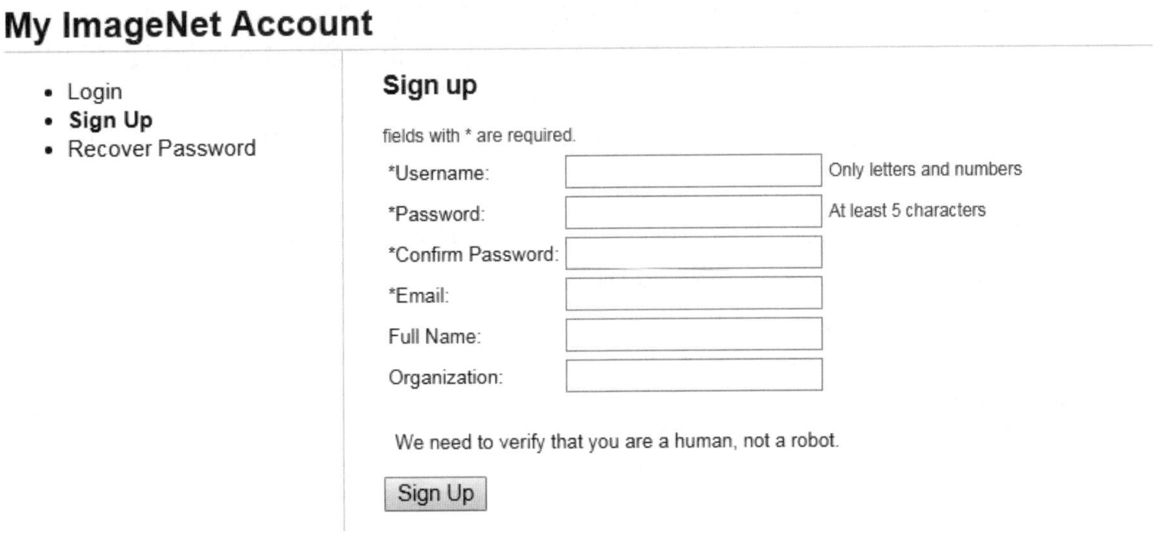

图31-14　ImageNet的注册界面

如图31-15所示，ImageNet的注册邮箱必须归属于某个组织机构才可以，类似163、gmail这样的商业邮箱无法通过审核。

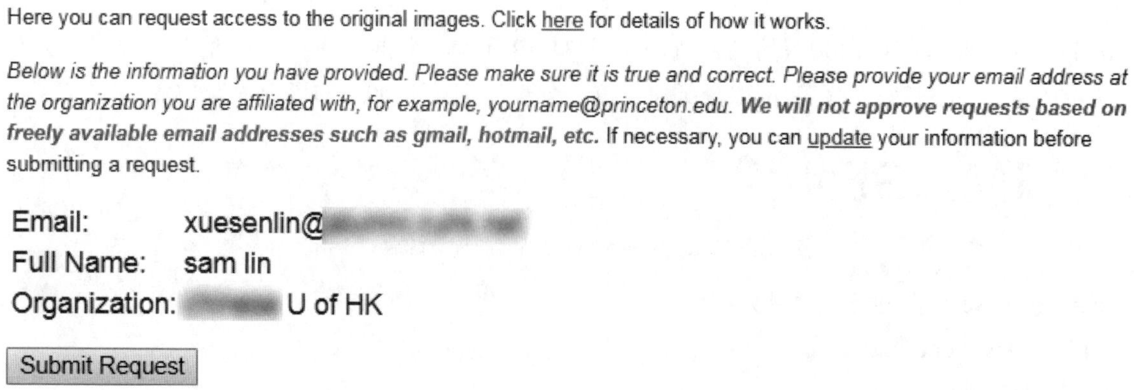

Here you can request access to the original images. Click here for details of how it works.

Below is the information you have provided. Please make sure it is true and correct. Please provide your email address at the organization you are affiliated with, for example, yourname@princeton.edu. **We will not approve requests based on freely available email addresses such as gmail, hotmail, etc.** *If necessary, you can* update *your information before submitting a request.*

Email: xuesenlin@█████████ ███ █

Full Name: sam lin

Organization: ███████ U of HK

Submit Request

图31-15　注册ImageNet有一定限制条件

(2) 参加大规模视觉识别竞赛(Large Scale Visual Recognition Challenge，LSVRC)。

LSVRC目前已经成为业界最著名的挑战赛之一，它的流行从一定程度上也助力了深度学习的发展——这或许也是它的创始团队被大家推崇的另外一个重要原因。LSVRC2017的链接如下：

http://image-net.org/challenges/LSVRC/2017/index

分为以下三个竞赛环节。

● 1000类的对象定位。

● 200个完全标记类别的目标检测。

● 从视频中检测30个完全标记类别的对象。

全球各地的参赛团队都可以通过下面的注册链接来参与到LSVRC中。

http://www.image-net.org/challenges/LSVRC/2017/signup

至于各个类目下的资源的具体使用方法，请参见下面的讲解。

(3) 其他渠道。

理论上我们并不鼓励大家从其他渠道下载ImageNet资源。不过，限于一些"不可抗拒"的原因，有的时候大家可能会选择从非官方渠道去获取ImageNet的数据集，比如某些高校提供的链接、论坛的分享。ImageNet的原始资源基本都是压缩包，这样做的一个目的是便于管理。

那么下载后的ImageNet资源中包含哪些东西呢？下面以从ISVRC竞赛环节下载到的资源为例。

(1) 目标定位(Object Localization)。

从LSVRC2012开始，这一部分的数据就没有变化过。它主要包含如下数据集。

① 验证和测试数据集(Validation and Test Data)。

1000个物体类别，15万幅图片资源。其中会随机选择5万幅带标签的图片作为验证数据(Validation Data)，剩余的不带标签图片则是测试数据(Test Data)。

② 训练数据(Training Data)。

1000个类别，差不多120万幅图片资源。

部分类别清单如图31-16所示。

1000 synsets for Object classification/localization

kit fox, Vulpes macrotis
English setter
Australian terrier
grey whale, gray whale, devilfish, Eschrichtius gibbosus, Eschrichtius robustus
lesser panda, red panda, panda, bear cat, cat bear, Ailurus fulgens
Egyptian cat
ibex, Capra ibex
Persian cat
cougar, puma, catamount, mountain lion, painter, panther, Felis concolor
gazelle
porcupine, hedgehog
sea lion
badger

图31-16 部分类别清单

(2) 目标识别(Object Detection)。

这部分资源从LSVRC2014开始就没有发生变化了，如表31-2所示。

表31-2 目标识别资源统计

目标类别数量		PASCAL VOC 2012	ILSVRC 2014
		20	200
Training	Num images	5717	456 567
	Num objects	13 609	478 807
Validation	Num images	5823	20 121
	Num objects	13 841	55 502
Testing	Num images	10 991	40 152
	Num objects	...	...

用于目标识别的图片资源样式如图31-17所示(加上了边框注释)。

 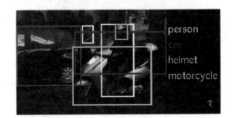

图31-17 用于目标识别的资源范例

感兴趣的读者可以参考ImageNet官方提供的详细文档说明，或者自行下载上述资源来做进一步的分析和实践。

参考文献

[1]   Mikolov T, Chen K, Corrado G, et al. Efficient Estimation of Word Representations in Vector Space[EB/OL]. (2013-01-17) [2019-10-01]. arXiv.org.

[2]   Mikolov T, Sutskever I, Chen K, et al. Distributed Representations of Words and Phrases and their Compositionality[EB/OL]. (2013-10-17) [2019-10-01]. arXiv.org.

[3]   Bengio Y, Ducharme R, Vincent P, et al. A neural probabilistic language model[J]. The Journal of Machine Learning Research, 2003(3), 1137-1155.

[4]   Lin T-Y, Maire M, Belongie S, et al. Microsoft COCO: Common Objects in Context[C]. European Conference on Computer Vision (ECCV), 2014.

[5]   Song S, Xiao J. Deep sliding shapes for amodal 3d object detection in rgb-d images[EB/OL]. (2015) [2019-10-01]. arXiv:1511.02300.

[6]   Zhu J, Chen X, Yuille A L. DeePM: A deep part-based model for object detection and semantic part localization[EB/OL]. (2015) [2019-10-01]. arXiv:1511.07131.

[7]   Dai J, He K, Sun J. Instance-aware semantic segmentation via multi-task network cascades[EB/OL]. (2015) [2019-10-01]. arXiv:1512.04412.

[8]   Johnson J, Karpathy A, Li F F. Densecap: Fully convolutional localization networks for dense captioning[EB/OL]. (2015) [2019-10-01]. arXiv:1511.07571.

[9]   Kislyuk D, Liu Y, Liu D, et al. Human curation and convnets: Powering item-to-item recommendations on pinterest[EB/OL]. (2015) [2019-10-01]. arXiv:1511.04003.

[10] He K, Zhang X, Ren S, et al. Deep residual learning for image recognition[EB/OL]. (2015) [2019-10-01]. arXiv:1512.03385.

[11] Hosang J, Benenson R, Schiele B. How good are detection proposals, really?[C]. British Machine Vision Conference(BMVC), 2014.

[12] Hosang J, Benenson R, Dollar P, et al. What makes for effective detection proposals? [J]. IEEE Transactions on Pattern Analysis and Machine Intelligence(TPAMI), 2015.

[13] Chavali N, Agrawal H, Mahendru A, et al. Object-Proposal Evaluation Protocol is "Gameable" [EB/

OL]. (2015) [2019-10-01]. arXiv:1505.05836.

[14] Agrawal P, Girshick R, Malik J. Analyzing the performance of multilayer neural networks for object recognition[C]. Proc. ECCV, 2014.

[15] Bengio Y. Learning deep architectures for AI [J]. Foundations and Trends R in Machine Learning, 2009.

[16] Deng J, Dong W, Socher R, et al. Imagenet: A large-scale hierarchical image database[C]. Proc. CVPR, 2009.

[17] Doersch C, Gupta A, Efros A A. Mid-level visual element discovery as discriminative mode seeking[C]. Advances in Neural Information Processing Systems, 2013.

[18] Donahue J, Jia Y, Vinyals O, et al. Decaf: A deep convolutional activation feature for generic visual recognition[EB/OL]. (2014) [2019-10-01]. https://arxiv.org/pdf/1310.1531.pdf.

[19] Fan R E, Chang K W, Hsieh C J, et al. LIBLINEAR: A library for large linear classification[J]. Journal of Machine Learning Research, 2008.

[20] Li F F, Fergus R, Perona P. Learning generative visual models from few training examples: An incremental Bayesian approach tested on 101 object categories[J]. Computer Vision and Image Understanding, 2007.

[21] Griffin G, Holub A, Perona P. Caltech-256 object category dataset[EB/OL]. (2007) [2019-10-01]. https://authors.library.caltech.edu/7694/.

[22] Heip C, Herman P, Soetaert K. Indices of diversity and evenness[J]. Oceanis, 1998.

[23] Jia Y. Caffe: An open source convolutional architecture for fast feature embedding [EB/OL]. (2013)[2019-10-01]. http://caffe.berkeleyvision.org/.

[24] Konkle T, Brady T F, Alvarez G A, et al. Scene memory is more detailed than you think: The role of categories in visual long-term memory[J]. Psych Science, 2010.

[25] Krizhevsky A, Sutskever I, Hinton G E. Imagenet classification with deep convolutional neural networks[J]. Advances in Neural Information Processing Systems, 2012.

[26] Lazebnik S, Schmid C, Ponce J. Beyond bags of features: Spatial pyramid matching for recognizing natural scene categories[C]. Proc. CVPR, 2006.

[27] LeCun Y, Boser B, Denker J S, et al. Back propagation applied to handwritten zip code recognition[J]. Neural computation, 1989.

[28] Li L J, Li F F. What, where and who? Classifying events by scene and object recognition[C]. Proc. ICCV, 2007.

[29] Oliva A. Scene perception (chapter 51)[M]//The New Visual Neurosciences. Cambridge, MA: The MIT Press, 2013.

[30] Oliva A, Torralba A. Modeling the shape of the scene: A holistic representation of the spatial envelope[J]. Int' l Journal of Computer Vision, 2001.

[31] Patterson G, Hays J. Sun attribute database: Discovering, annotating, and recognizing scene attributes[C]. Proc. CVPR, 2012.

[32] Quattoni A, Torralba A. Recognizing indoor scenes[C]. Proc. CVPR, 2009.

[33] Razavian A S, Azizpour H, Sullivan J, et al. Cnn features off-the-shelf: an astounding baseline for recognition[EB/OL]. (2014) [2019-10-01]. arXiv:1403.6382.

[34] Sanchez J, Perronnin F, Mensink T, et al. Image classification with the fisher vector: Theory and practice[J]. Int' l Journal of Computer Vision, 2013.

[35] Simpson E H. Measurement of diversity[J]. Nature, 1949.

[36] Torralba A, Efros A A. Unbiased look at dataset bias[C]. Proc. CVPR, 2011.

[37] Xiao J, Hays J, Ehinger K A, et al. Sun database: Large-scale scene recognition from abbey to zoo[C]. Proc. CVPR, 2010.

[38] Yao B, Jiang X, Khosla A, et al. Human action recognition by learning bases of action attributes and parts[C]. Proc. ICCV, 2011.

[39] Ariel R, Odaya K, Orel Z. Automation of android applications testing using machine learning activities classification[C]. Mobile Soft 18, 2013.

[40] Aizerman M A, Braverman E M, Rozonoer L I. Theoretical foundations of the potential function method in pattern recognition learning[J]. Automation and Remote Control, 1964, 25: 821-837.

[41] Anlauf J K, Biehl M. The adatron: An adaptive perceptron algorithm[N]. Europhysics Letters, 1989, 10(7): 687-692.

[42] Aronszajn N. Theory of reproducing kernels[J]. Transactions of the American Mathematical Society, 1950, 68(3): 337-404.

[43] Bartlett P L. The sample complexity of pattern classification with neural networks: The size of the weights is more important than the size of the network[J]. IEEE Transactions on Information Theory, 1998, 44(2): 525-536.

[44] Bennett K P, Mangasrian O L. Robust linear programming discrimination of two linearly inseparable sets[J]. Optimization Methods and Software, 1992, 1: 23-34.

[45] Boser B E, Isabelle M G, Vladimir N V. A training algorithm for optimal margin classifiers[C]//COLT ' 92: Proceedings of the Fifth Annual Workshop on Computational Learning Theory. New York: ACM Press, 1992: 144-152.

[46] Cortes C, Vapnik V. Support-vector networks[J]. Machine Learning, 1995, 20(3): 273-297.

[47] Alexandre K. Support Vector Machines Succinctly[EB/OL]. (2017) [2019-10-01]. https://www.svm-tutorial.com/2017/10/support-vector-machines-succinctly-released/.

[48] Saxe A M, McClelland J L, Ganguli S. Exact solutions to the nonlinear dynamics of learning in deep linear neural networks[EB/OL]. (2013) [2019-10-01]. arXiv:1312.6120.

[49] Sermanet P, Eigen D, Zhang X, et al. Overfeat: Integrated recognition, localization and detection using convolutional networks[EB/OL]. 2014[2019-10-01]. https://arxiv.org/pdf/1312.6229.pdf.

[50] Simonyan K, Zisserman A. Very deep convolutional networks for large-scale image recognition[EB/OL]. (2014) [2019-10-01]. arXiv:1409.1556.

[51] Srivastava N, Hinton G, Krizhevsky A, et al. Dropout: A simple way to prevent neural networks from overfitting[J]. The Journal of Machine Learning Research, 2014: 1929-1958.

[52] Srivastava R K, Masci J, Kazerounian S, et al. Compete to compute[C]. NIPS, 2013: 2310-2318.

[53] Sun Y, Chen Y, Wang X, et al. Deep learning face representation by joint identification-verification[C]. NIPS, 2014.

[54] Szegedy C, Liu W, Jia Y, et al. Going deeper with convolutions[EB/OL]. (2014) [2019-10-01]. arXiv:1409.4842.

[55] Taigman Y, Yang M, Ranzato M, et al. Deepface: Closing the gap to human-level performance in face verification[C]. CVPR, 2014.

[56] Wan L, Zeiler M, Zhang S, et al. Regularization of neural networks using drop connect[C]. ICML, 2013: 1058-1066.

[57] Wu R, Yan S, Shan Y, et al. Deep image:Scaling up image recognition[EB/OL]. (2015) [2019-10-01]. arXiv:1501.02876.

[58] Zeiler M D, Fergus R. Visualizing and understanding convolutional neural networks[C]. ECCV, 2014.

[59] Zeiler M D, Ranzato M, Monga R, et al. On rectified linear units for speech processing[C]. ICASSP, 2013.

[60] Jia Y Q, Huang C, Darrell T. Beyond spatial pyramids: Receptive field learning for pooled image features[C]. CVPR, 2012.

[61] Jia Y Q, Shelhamer E, Donahue J, et al. Caffe: Convolutional architecture for fast feature embedding[EB/OL]. (2014) [2019-10-01]. arXiv preprint arXiv:1408.5093.

[62] Krizhevsky A, Hinton G. Learning multiple layers of features from tiny images[EB/OL]. (2009) [2019-10-01]. https://core.ac.uk/display/21817232.

[63] Krizhevsky A, Sutskever I, Hinton G E. Imagenet classification with deep convolutional neural networks[C]. NIPS, 2012: 1106-1114.

[64] LeCun Y, Bottou L, Bengio Y, et al. Gradient-based learning applied to document recognition[C]. Proceedings of the IEEE, 1998, 86(11): 2278-2324.

[65] Lee C Y, Xie S, Gallagher P, et al. Deeply supervised nets[C]. Deep Learning and Representation Learning Workshop, NIPS, 2014.

[66] Lin M, Chen Q, Yan S C. Network in network[C]. ICLR: Conference Track, 2014.

[67] Zeiler M D, Fergus R. Stochastic pooling for regularization of deep convolutional neural networks[C]. ICLR, 2013.

[68] Zeiler M D, Fergus R. Visualizing and understanding convolutional networks[C]. ECCV, 2014.

[69] Beck A, Teboulle M. A fast iterative shrinkage-thresholding algorithm for linear inverse problems[J]. SIAM Journal on Imaging Sciences, 2009, 2(1):183-202.

[70] Boureau Y, Bach F, LeCun Y, et al. Learning midlevel features for recognition[C]. CVPR. IEEE, 2010.

[71] Chen B, Sapiro G, Dunson D, et al. Deep learning with hierarchical convolutional factor analysis[C]. JMLR, 2010: 1, 2, 5, 7, 8.

[72] Fidler S, Boben M, Leonardis A. Similarity-based cross-layered hierarchical representation for object categorization[C]. CVPR, 2008.

[73] Guo C E, Zhu S C, Wu Y N. Primal sketch: Integrating texture and structure[C]. CVIU, 2007, 106: 5-19.

[74] Hinton G E, Osindero S, Teh Y W. A fast learning algorithm for deep belief nets[J]. Neural Compute, 2006, 18(7): 1527-1554.

[75] Jarrett K, Kavukcuoglu K, Ranzato M, et al. What is the best multi-stage architecture for object recognition?[C]. ICCV, 2009.

[76] Stanford University. CS231n: Convolutional Neural Networks for Visual Recognition[EB/OL]. [2019-10-01]. http://cs231n.stanford.edu.

[77] Gupta R, Pal S, Kanade A, et al. DeepFix: Fixing common C language errors by deep learning[C]. Proceedings of the AAAI conference on artificial intelligence, 2017.

[78] Hartmann B, MacDougall D, Brandt J, et al. What would other programmers do: Suggesting solutions to error messages[C]. Proceedings of the SIGCHI Conference on Human Factors in Computing Systems,

2010: 1019-1028.

[79] He H, Gupta N. Automated debugging using path-based weakest preconditions[C]. FASE, 2004: 267-280.

[80] Hosek P, Cadar C. Safe software updates via multi-version execution[C]. Proceedings of the International Conference on Software Engineering, 2013: 612-621.

[81] Hovemeyer D, Pugh W. Finding bugs is easy[C]. Acm sigplan notices 39.12, 2004.

[82] Huang Y, Kintala C, Kolettis N, et al. Software rejuvenation: Analysis, module and applications[C]. Proceedings of the International Symposium on Fault Tolerant Computing. 1995: 381-390.

[83] Jackson D, Vaziri M. Finding bugs with a constraint solver[C]. Proceedings of the 2000 ACM SIGSOFT International Symposium on Software Testing and Analysis, 2000: 14-25.

[84] Jeffrey D, Feng M, Gupta N, et al. BugFix: A learning-based tool to assist developers in fixing bugs[C]. ICPC. 2009: 70-79.

[85] Jeffrey D, Gupta N, Gupta R. Fault localization using value replacement[C]. Proceedings of the International Symposium on Software Testing and Analysis, 2008: 167-178.

[86] Jha S, Gulwani S, Seshia S A, et al. Oracle-guided component-based program synthesis[C]. Proceedings of the International Conference on Software Engineering, 2010, 1: 215-224.

[87] Jiang M, Chen T Y, Kuo F-C, et al. A metamorphic testing approach for supporting program repair without the need for a test oracle[J]. Journal of systems and software, 2016.

[88] Jin G, Song L, Zhang W, et al. Automated atomicity-violation fixing[C]. Proceedings of the 32nd ACM SIGPLAN Conference on Programming Language Design and Implementation, 2011: 389-400.

[89] Jobstmann B, Griesmayer A, Bloem R. Program repair as a game[C]. Computer Aided Verification, 2005: 226-238.

[90] Yu K, Lin M X. Advances in automatic fault localization techniques[J]. Chinese Journal of Computers, 2011, 34(8): 1411-1423.

[91] Steimann F, Frenkel M, Abreu R. Threats to the validity and value of empirical assessments of the accuracy of coverage-based fault locators[C]. Proc. of the Int' l Symp. on Software Testing and Analysis, 2013: 314-324.

[92] Renieris M, Reiss S P. Fault localization with nearest neighbor queries[C]. Proc. of the Int' l Conf. on Automated Software Engineering, 2003: 30-39.

[93] Reps T, Ball T, Das M, et al. The use of program profiling for software maintenance with applications to the year 2000 problem[C]. Proc. of the European Software Engineering Conf. on Held Jointly with the Int' l Symp. on Foundations of Software Engineering, 1997: 432-449.

[94] Harrold M J, Rothermel G, Sayre K, et al. An empirical investigation of the relationship between spectra differences and regression faults[J]. Software Testing, Verification and Reliability, 2000,10(3): 171-194.

[95] Wong W E, Debroy V, Gao R Z, et al. The DStar method for effective software fault localization[J]. IEEE Trans. on Reliability, 2013,62(4):1-19.

[96] Jones J A, Harrold M J, Stasko J. Visualization of test information to assist fault localization[C]. Proc. of the Int' l Conf. on Software Engineering, 2002: 467-477.

[97] Jones J A, Harrold M J. Empirical evaluation of the tarantula automatic fault-localization technique[C]. Proc. of the Int' l Conf. on Automated Software Engineering, 2005: 273-282.

[98] Abreu R, Zoeteweij P, Gemund A J C V. An evaluation of similarity coefficients for software fault localization[C]. Proc. of the Pacific Rim Int'l Symp. on Dependable Computing, 2006: 39-46.

[99] Abreu R, Zoeteweij P, Gemund A J C V. On the accuracy of spectrum-based fault localization[C]. Proc. of the Testing: Academic and Industrial Conf. on Practice and Research Techniques, 2007: 89-98.

[100] Ba J, Mnih V, Kavukcuoglu K. Multiple object recognition with visual attention[EB/OL]. (2014)[2019-10-01]. arXiv:1412.7755.591.

[101] Bachman P, Precup D. Variational generative stochastic networks with collaborative shaping[C]// Proceedings of the 32nd International Conference on Machine Learning, ICML 2015. Lille, France: 2015: 1964–1972, 611.

[102] Bacon P-L, Bengio E, Pineau J, et al. Conditional computation in neural networks using a decision-theoretic approach[C]. 2nd Multidisciplinary Conference on Reinforcement Learning and Decision Making(RLDM 2015), 2015: 383.

[103] Bagnell J A, Bradley D M. Differentiable sparse coding[C]. NIPS'2009, 2009: 113-120, 425.

[104] Bahdanau D, Cho K, Bengio Y. Neural machine translation by jointly learning to align and translate[EB/OL]. (2015)[2019-10-01]. ICLR'2015, arXiv:1409.0473: 23, 89, 339, 356, 358, 395, 404, 405.

[105] Bahl L R, Brown P, de Souza P V, et al. Speech recognition with continuous-parameter hidden Markov models[J]. Computer, Speech and Language, 1987, 2: 219-234.

[106] Baldi P, Hornik K. Neural networks and principal component analysis: Learning from examples without local minima[J]. Neural Networks, 1989: 2, 53-58, 245.

[107] Baldi P, Brunak S, Frasconi P, et al. Exploiting the past and the future in protein secondary structure prediction[J]. Bioinformatics, 1999, 15(11): 937-946, 337.

[108] Bengio Y, Lamblin P, Popovici D, et al. Greedy layer-wise training of deep networks[C]. NIPS, 2007: 153-160.

[109] Berkes P, Wiskott L. On the analysis and interpretation of inhomogeneous quadratic forms as receptive fields[J]. Neural Computation, 2006.

[110] Bo L, Ren X, Fox D. Multipath sparse coding using hierarchical matching pursuit[C]. CVPR, 2013.

[111] Ciresan D C, Meier J, Schmidhuber J. Multi-column deep neural networks for image classification[C]. CVPR, 2012.

[112] Dalal N, Triggs B. Histograms of oriented gradients for pedestrian detection[C]. CVPR, 2005.

[113] Deng J, Dong W, Socher R, et al. ImageNet: A largescale hierarchical image database[C]. CVPR, 2009.

[114] Donahue J, Jia Y, Vinyals O, et al. DeCAF: A deep convolutional activation feature for generic visual recognition[EB/OL]. (2013)[2019-10-01]. arXiv:1310.1531.

[115] Erhan D, Bengio Y, Courville A, et al. Visualizing higher-layer features of a deep network[J]. Technical report, 2009.

[116] Li F F, Fergus R, Perona P. One-shot learning of object categories[C]. IEEE Trans. PAMI, 2006.

[117] Girshick R, Donahue J, Darrell T, et al. Rich feature hierarchies for accurate object detection and semantic segmentation[EB/OL]. (2014)[2019-10-01]. arXiv:1311.2524.

[118] Griffin G, Holub A, Perona P. The caltech 256[J]. Caltech Technical Report, 2006.

[119] Gunji N, Higuchi T, Yasumoto K, et al. Classification entry. Imagenet Competition, 2012.

[120] Hinton G E, Osindero S, Teh Y. A fast learning algorithm for deep belief nets[J]. Neural Computation,

2006, 18: 1527-1554.

[121] Hinton G E, Srivastave N, Krizhevsky A, et al. Improving neural networks by preventing co-adaptation of feature detectors[EB/OL]. (2012)[2019-10-01]. arXiv: 1207.0580.

[122] Howard A G. Some improvements on deep convolutional neural network based image classification[EB/OL]. (2013) [2019-10-01]. arXiv 1312.5402.

[123] Jarrett K, Kavukcuoglu K, Ranzato M, et al. What is the best multi-stage architecture for object recognition?[C]. ICCV, 2009.

[124] Jianchao Y, Kai Y, Yihong G, et al. Linear spatial pyramid matching using sparse coding for image classification[C]. CVPR, 2009.

[125] Yu K, Lin M X. Advances in automatic fault localization techniques[J]. Chinese Journal of Computers, 2011, 34(8): 1411-1423.

[126] Steimann F, Frenkel M, Abreu R. Threats to the validity and value of empirical assessments of the accuracy of coverage-based fault locators[C]. Proc. of the Int'l Symp. on Software Testing and Analysis, 2013: 314-324.

[127] Renieris M, Reiss S P. Fault localization with nearest neighbor queries[C]. Proc. of the Int'l Conf. on Automated Software Engineering, 2003: 30-39.

[128] Reps T, Ball T, Das M, et al. The use of program profiling for software maintenance with applications to the year 2000 problem[C]. Proc. of the European Software Engineering Conf. on Held Jointly with the Int'l Symp. on Foundations of Software Engineering, 1997: 432-449.

[129] Harrold M J, Rothermel G, Sayre K, et al. An empirical investigation of the relationship between spectra differences and regression faults[J]. Software Testing, Verification and Reliability, 2000, 10(3): 171-194.

[130] Wong W E, Debroy V, Gao R Z, et al. The DStar method for effective software fault localization[J]. IEEE Trans. on Reliability, 2013,62(4): 1-19.

[131] Jones J A, Harrold M J, Stasko J. Visualization of test information to assist fault localization[C]. Proc. of the Int'l Conf. on Software Engineering, 2002: 467-477.

[132] Jones J A, Harrold M J. Empirical evaluation of the tarantula automatic fault-localization technique[C]. Proc. of the Int'l Conf. on Automated Software Engineering, 2005: 273-282.

[133] Abreu R, Zoeteweij P, Gemund A J C V. An evaluation of similarity coefficients for software fault localization[C]. Proc. of the Pacific Rim Int'l Symp. on Dependable Computing, 2006: 39-46.

[134] Abreu R, Zoeteweij P, Gemund A J C V. On the accuracy of spectrum-based fault localization[C]. Proc. of the Testing: Academic and Industrial Conf. on Practice and Research Techniques, 2007: 89-98.

[135] Wong W E, Qi Y, Zhao L, et al. Effective fault localization using code coverage[C]. Proc. of the Annual Int'l Computer Software and Applications Conf., 2007: 449-456.

[136] Naish L, Lee H J, Ramamohanarao K. A model for spectra-based software diagnosis[J]. ACM Trans. on Software Engineering and Methodology, 2011, 20(3): 1-32 .

[137] Xie X Y, Chen T Y, Kuo F C, et al. A theoretical analysis of the risk evaluation formulas for spectrum-based fault localization[J]. ACM Trans. on Software Engineering and Methodology, 2013, 22(4).

[138] Yoo S. Evolving human competitive spectra-based fault localisation techniques[C]. Proc. of the Int'l Conf. on Search Based Software Engineering, 2012: 244-258.

[139] Xie X Y, Kuo F C, Chen T Y, et al. Provably optimal and human-competitive results in SBSE for spectrum

based fault localization[C]. Proc. of the Int'l Conf. on Search Based Software Engineering, 2013: 224-238.

[140] Wong E, Wei T T, Qi Y, et al. A crosstab-based statistical method for effective fault localization[C]. Proc. of the Int'l Conf. on Software Testing, Verification, and Validation, 2008: 42-51.

[141] Liblit B, Aiken A, Zheng A X, et al. Bug isolation via remote program sampling[C]. Proc. of the Conf. on Programming Language Design and Implementation, 2003: 141-154.

[142] Liblit B, Naik M, Zheng A X, et al. Scalable statistical bug isolation[C]. Proc. of the Conf. on Programming Language Design and Implementation, 2005: 15-26.

[143] Nainar P A, Chen T, Rosin J, et al. Statistical debugging using compound boolean predicates[C]. Proc. of the Int'l Symp. on Software Testing and Analysis, 2007: 5-15.

[144] Chilimbi T M, Liblit B, Mehra K, et al. HOLMES: Effective statistical debugging via efficient path profiling[C]. Proc. of the Int'l Conf. on Software Engineering, 2009: 34-44.

[145] Liu C, Yan X, Fei L, et al. SOBER: Statistical model-based bug localization[C]. Proc. of the European Software Engineering Conf. on Held Jointly with Int'l Symp. on Foundations of Software Engineering, 2005: 286-295.

[146] Liu C, Fei L, Yan X, et al. Statistical debugging: A hypothesis testing-based approach[J]. IEEE Trans. on Software Engineering, 2006, 32(10): 831-848.

[147] Li W, Zheng Z, Hao P, et al. Predicate execution-sequence based fault localization algorithm[J]. Chinese Journal of Computers, 2013, 36(12): 2406-2419.

[148] Hao P, Zheng Z, Zhang Z Y, et al. Self-Adaptive fault localization algorithm based on predicate execution information analysis[J]. Chinese Journal of Computers, 2014, 37(3): 500-511.

[149] Masri W. Fault localization based on information flow coverage[J]. Software Testing, Verification and Reliability, 2010, 20(2): 121-147.

[150] Zhang Z Y, Jiang B, Chan W K, et al. Debugging through evaluation sequences: A controlled experimental study[C]. Proc. of the Annual Int'l Computer Software and Applications Conf., 2008: 128-135.

[151] Zhang Z Y, Jiang B, Chan W K, et al. Fault localization through evaluation sequences[J]. Journal of Systems and Software, 2010, 83(2): 174-187.

[152] Xu J, Zhang Z Y, Chan W K, et al. A general noise-reduction framework for fault localization of Java programs[J]. Information and Software Technology, 2013, 55(5): 880-896.

[153] Xu J, Chan W K, Zhang Z Y, et al. A dynamic fault localization technique with noise reduction for Java programs[C]. Proc. of the Int'l Conf. on Quality Software, 2011: 11-20.

[154] Hiralal A, Joseph R H. Dynamic program slicing[D]. West Lafayette, Indiana: Software Engineering Research Center, Purdue University, November 1989.

[155] Alfred V A, Ravi S, Jerey D U. Compilers: Principles, techniques, and tools[M]. New Jersey: Addison-Wesley, 1986.

[156] Balzer R M. Exdams | extendable debugging and monitoring system[C]. AFIPS Proceedings, Spring Joint Computer Conference, 1969: 34.

[157] Jeanne F, Karl J O, Joe D W. The program dependence graph and its uses in optimization[C]. ACM Transactions on Programming Languages and Systems, 1987.

[158] Agrawal H, Horgan J R. Dynamic program slicing[C]. ACM SIGPLAN Conference on Programming

Language Design and Implementation, 1990: 246-256.

[159] Anderson P, Binkley D, Rosay G, et al. Flow insensitive points-to sets[C]// Proceedings of the first IEEE Workshop on Source Code Analysis and Manipulation. Los Alamitos: IEEE Computer Society Press, 2001: 79-89.

[160] Atkinson D C, Griswold W G. Implementation techniques for efficient data-flow analysis of large programs[C]//IEEE International Conference on Software Maintenance (ICSM' 01). Los Alamitos: IEEE Computer Society Press, 2001.

[161] Ball T, Horwitz S. Slicing programs with arbitrary control-flow[C]//1st Conference on Automated Algorithmic Debugging. New York: Springer, 1993: 206-222.

[162] Balmas F. Using dependence graphs as a support to document programs[C]//2st IEEE International Workshop on Source Code Analysis and Manipulation. Los Alamitos: IEEE Computer Society Press, 2002: 145-154.

[163] Binkley D. Precise executable interprocedural slices[J]. ACM Letters on Programming Languages and Systems, 1993, 3(1-4): 31-45.

[164] Binkley D. Semantics guided regression test cost reduction[J]. IEEE Transactions on Software Engineering, 1997, 23(8): 498-516.

[165] Binkley D. The application of program slicing to regression testing[J]. Information and Software Technology Special Issue on Program Slicing, 1998, 40(11 and 12): 583-594.

[166] Binkley D, Danicic S, Gyim'othy T, et al. Theoretical foundations of dynamic program slicing[J]. Theoretical Computer Science, 2006, 360(1): 23-41.

[167] Agrawal H, Horgan J. Dynamic Program Slicing[C]. SIGPLAN Conference on Programming Language Design and Implementation, 1990: 246-256.

[168] Blume W, Eigenmann R. Symbolic range propagation[J]. International Symposium on Parallel Processing, 1995.

[169] Chen T Y, Cheung Y Y. Dynamic Program Dicing[C]. International Conference on Software Maintenance, 1993: 378-385.

[170] Cleve H, Zeller A. Locating Causes of Program Failures[C]. International Conf. on Software Engineering, 2005: 342-351.

[171] Gupta N, He H, Zhang X, et al. Locating faulty code using failure-inducing chops[C]. IEEE/ACM International Conference on Automated Software Engineering, 2005: 263-272.

[172] Gyimothy T, Beszedes A, Forgacs I. An efficient relevant slicing method for debugging[C]. European Software Engineering Conference / ACM SIGSOFT International Symposium on Foundations of Software Engineering, 1999: 303-321.

[173] Hangal S, Lam M S. Tracking down software bugs using automatic anomaly detection[C]. International Conference on Software Engineering, 2002: 291-301.

[174] Harrold M J, Rothermel G, Sayre K, et al. An empirical investigation of the relationship between spectra differences and regression faults[J]. Journal of Software Testing Verification and Reliability, 2000, 10(3): 171-194.

[175] He H, Gupta N. Automated debugging using path-based weakest preconditions[M] // Fundamental Approaches to Software Engineering. New York: Springer, 2004: 267-280.

[176] Hildebrandt R, Zeller, A. Simplifying failure-inducing input[C]. International Symposium on Software Testing and Analysis, 2000.

[177] Hutchins M, Foster H, Goradia T, et al. Experiments on the effectiveness of dataflow- and control flow-based test adequacy criteria[C]. International Conference on Software Engineering, 1994: 191-200.

[178] Jones J A. Fault localization using visualization of test information[C]. International Conf. on Software Engineering, 2004.

[179] Korel B, Laski J. Dynamic program slicing[J]. Information Processing Letters, 1988, 29(3): 155-163.

[180] Liblit B, Aiken A, Zheng A X, et al. Bug isolation via remote program sampling[C]. SIGPLAN Conference on Programming Language Design and Implementation, 2003: 141-154.

[181] Narayanasamy S, Pokam G, Calder B. BugNet: Continuously recording program execution for deterministic replay debugging[C]. International Symp. on Computer Architecture, 2005: 284-295.

[182] Pytlik B, Renieris M, Krishnamurthi S, et al. Automated fault localization using potential invariants[C]. Fifth International Workshop on Automated and Algorithmic Debugging, 2003.

[183] Renieris M, Reiss S. Fault localization with nearest neighbor queries[C]. IEEE International Conference on Automated Software Engineering, 2003: 30-39.

[184] Alex A A, Franc O C, Geoffrey I, et al. DeepMath - deep sequence models for premise selection[C]. Procedings of the 29th Conference on Advances in Neural Information Processing Systems (NIPS), 2016.

[185] Rudy R B, Alban D, Pawan K M, et al. Adaptive neural compilation[C]. Proceedings of the 29th Conference on Advances in Neural Information Processing Systems (NIPS), 2016.

[186] Peter D, Geoffrey E H, Radford M N, et al. The Helmholtz machine[J]. Neural computation, 1995, 7(5): 889-904.

[187] Krzysztof D, Willem W, Cheng W W, et al. On label dependence and loss minimization in multi-label classification[J]. Machine Learning, 2012, 88(1): 5-45.

[188] Krzysztof J D, Cheng W W, Eyke H. Bayes optimal multilabel classification via probabilistic classifier chains[C]. Proceedings of the 27th International Conference on Machine Learning (ICML), 2010.

[189] John K F, Swarat C, Isil D. Synthesizing data structure transformations from input-output examples[C]. Proceedings of the 36th ACM SIGPLAN Conference on Programming Language Design and Implementation (PLDI), 2015.

[190] Grefenstette E, Hermann K M, Suleyman M, et al. Learning to transduce with unbounded memory[C]. Proceedings of the 28th Conference on Advances in Neural Information Processing Systems (NIPS), 2015.

[191] Gulwani S. Programming by examples: Applications, algorithms, and ambiguity resolution[C]. Proceedings of the 8th International Joint Conference on Automated Reasoning (IJCAR), 2016.

[192] Gulwani S, Jha S, Tiwari A, et al. Synthesis of loop-free programs[C]. Proceedings of the 32nd ACM SIGPLAN Conference on Programming Language Design and Implementation (PLDI), 2011.

[193] Heess N, Tarlow D, Winn J. Learning to pass expectation propagation messages[C]. Proceedings of the 26th Conference on Advances in Neural Information Processing Systems (NIPS), 2013.

[194] Jampani V, Nowozin S, Loper M, et al. The informed sampler: A discriminative approach to Bayesian inference in generative computer vision models[J]. Computer Vision and Image Understanding, 2015, 136: 32-44.

[195] Joulin A, Mikolov T. Inferring algorithmic patterns with stack-augmented recurrent nets[C]. Proceedings of the 28th Conference on Advances in Neural Information Processing Systems (NIPS), 2015.

[196] Kaiser Ł, Sutskever I. Neural GPUs learn algorithms[C]. Proceedings of the 4th International Conference on Learning Representations, 2016.

[197] Schkufza E, Sharma R, Aiken A. Stochastic program optimization[J]. Communications of the ACM, 2016, 59(2): 114-122.

[198] Shotton J, Sharp T, Kipman A, et al. Real-time human pose recognition in parts from single depth images[J]. Communications of the ACM, 2013, 56(1): 116-124.

[199] Singh R, Gulwani S. Predicting a correct program in programming by example[C]. Proceedings of the 27th Conference on Computer Aided Verification (CAV), 2015.

[200] Armando S-L. Program synthesis by sketching[D]. Berkeley: EECS Dept., UC Berkeley, 2008.

[201] Stuhlmuller A, Taylor J, Goodman N D. Learning stochastic inverses[C]. Proceedings of the 26th Conference on Advances in Neural Information Processing Systems (NIPS), 2013.

[202] Sukhbaatar S, Szlam A, Weston J, et al. End-to-end memory networks[C]. Proceedings of the 28th Conference on Advances in Neural Information Processing Systems (NIPS), 2015.

[203] Weston J, Chopra S, Bordes A. Memory networks[C]. Proceedings of the 3rd International Conference on Learning Representations (ICLR), 2015.

[204] Zaremba W, Mikolov T, Joulin A, et al. Learning simple algorithms from examples[C]. Proceedings of the 33rd International Conference on Machine Learning (ICML), 2016.

[205] Gulwani S. Automating string processing in spreadsheets using input-output examples[C]. POPL, 2011.

[206] Gulwani S. Synthesis from examples: Interaction models and algorithms[C]. 14th International Symposium on Symbolic and Numeric Algorithms for Scientific Computing, 2012.

[207] Gulwani S, Korthikanti V A, Tiwari A. Synthesizing geometry constructions[C]. PLDI, 2011.

[208] Gulwani S H, William R, Singh R. Spreadsheet data manipulation using examples[C]. Commun. ACM, 2012.

[209] Jha S, Gulwani S, Seshia S A, et al. Oracle-guided component-based program synthesis[C]. ICSE, 2010.

[210] Basu S, Jacobs C, Vanderwende L. Power grading: a clustering approach to amplify human effort for short answer grading[J]. Transactions of the Association for Computational Linguistics, 2013, 1: 391-402.

[211] Bergstra J, Bengio Y. Random search for hyper-parameter optimization[J]. The Journal of Machine Learning Research, 2012, 13(1): 281-305.

[212] Bowman S R. Can recursive neural tensor networks learn logical reasoning?[EB/OL]. (2013)[2019-10-01]. arXiv preprintarXiv:1312.6192.

[213] Brooks M, Basu S, Jacobs C, et al. Divide and correct: Using clusters to grade short answers at scale[C]. Proceedings of the first ACM conference on Learning @ scale conference, 2014, 89-98.

[214] Duchi J, Hazan E, Singer Y. Adaptive subgradient methods for online learning and stochastic optimization[J]. The Journal of Machine Learning Research, 2011, 12: 2121-2159.

[215] Goller C, Kuchler A. Learning task dependent distributed representations by backpropagation through structure[J]. Neural Networks, 1996, 1: 347-352.

[216] Graves A, Wayne G, Danihelka I. Neural Turing machines[EB/OL]. (2014)[2019-10-01]. arXiv preprint arXiv:1410.5401.

[217] Hoare C A R. An axiomatic basis for computer programming[J]. Communications of the ACM, 12(10): 576-580, 1969.

[218] McCabe T J. A complexity measure[J]. Software Engineering, IEEE Transactions, 1976, (4): 308-320.

[219] Mokbel B, Gross S, Paassen B, et al. Domain independent proximity measures in intelligent tutoring systems[C]. Proceedings of the 6th International Conference on Educational Data Mining (EDM), 2013.

[220] Nguyen A P, Christopher H J, Guibas L. Codewebs: Scalable homework search for massive open online programming courses[C]. Proceedings of the 23rd International World Wide Web Conference (WWW 2014), Seoul, Korea, 2014.

[221] Ovsjanikov M, Mirela B-C, Solomon J, et al. Functional maps: a flexible representation of maps between shapes[J]. ACM Transactions on Graphics (TOG), 2012, 31(4): 30.

[222] Ovsjanikov M, M B-C, Guibas L. Analysis and visualization of maps between shapes[J]. Computer Graphics Forum, 2013, 32: 135-145.

[223] Piech C, Sahami M, Huang J, et al. Autonomously generating hints by inferring problem solving policies[C]. Proceedings of the Second (2015) ACM Conference on Learning @ Scale, 2015.

[224] Rogers S, Garcia D, Canny J F, et al. ACES: Automatic evaluation of coding style[D]. Berkeley: EECS Department, University of California, 2014.

[225] Socher R, Pennington J, Huang E H, et al. Semisupervised recursive autoencoders for predicting sentiment distributions[C]. Proceedings of the Conference on Empirical Methods in Natural Language Processing, 2011: 151-161.

[226] Song L, Huang J, Smola A, et al. Hilbert space embeddings of conditional distributions with applications to dynamical systems[C]. Proceedings of the 26th Annual International Conference on Machine Learning, 2009: 961-968.

[227] Song L, Fukumizu K, Gretton A. Kernel embeddings of conditional distributions: A unified kernel framework for nonparametric inference in graphical models[J]. Signal Processing Magazine, 2013: 30(4): 98-111.

[228] Zaremba W, Kurach K, Fergus R. Learning to discover efficient mathematical identities[J]. Advances in Neural Information Processing Systems, 2014: 1278-1286.

[229] Liblit B, Aiken A, Zheng A X, et al. Bug isolation via remote program sampling[C]. Proc. ACM SIGPLAN Conf. Programming Language Design and Implementation, 2003: 141-154.

[230] Anvik J, Hiew L, Murphy G C. Coping with an open bug repository[C]. Proc. OOPSLA Workshop Eclipse Technology Exchange, 2005: 35-39.

[231] Erlikh L. Leveraging legacy system dollars for e-business[J]. IT Professional, 2000, 2(3): 17-23.

[232] Ramamoothy C V, Tsai W-T. Advances in software engineering[J]. Computer, 1996, 29(10): 47-58.

[233] Seacord R C, Plakosh D, Lewis G A. Modernizing legacy systems[M]//Software Technologies, Engineering Process and Business Practices. New Jersey: Addison-Wesley Longman Publishing Co., Inc., 2003.

[234] Jorgensen M, Shepperd M. A systematic review of software development cost estimation studies[J]. IEEE Trans. Software Eng., 2007, 33(1): 33-53.

[235] Sutherland J. Business objects in corporate information systems[J]. ACM Computing Surveys, 1995, 27(2): 274-276.

[236] Denning D E. An intrusion-detection model[J]. IEEE Trans. Software Eng., 1987, 13(2): 222-232.

[237] Ball T, Rajamani S K. Automatically validating temporal safety properties of interfaces[C]. Proc. SPIN Workshop Model Checking of Software, 2001: 103-122.

[238] Hovemeyer D, Pugh W. Finding bugs is easy[C]. Proc. 19th Ann. ACM SIGPLAN Conf. Object-Oriented Programming Systems, Languages, and Applications Companion, 2004: 132-136.

[239] Cox B, Evans D, Filipi A, et al. N-variant systems: a secretless framework for security through diversity[C]. Proc. USENIX Security Symp., 2006.

[240] Forrest S, Somayaji A, Ackley D H. Building diverse computer systems[C]. Proc. Sixth Workshop Hot Topics in Operating Systems, 1998.

[241] Anvik J, Hiew L, Murphy G C. Who should fix this bug?[C]. Proc. Int'l Conf. Software Eng., 2006: 361-370.

[242] Perkins J H, Kim S, Larsen S, et al. Automatically patching errors in deployed software[C]. Proc. ACM Symp. Operating Systems Principles, 2009: 87-102.

[243] Sidiroglou S, Giovanidis G, Keromytis A D. A dynamic mechanism for recovering from buffer overflow attacks[C]. Proc. Eighth Information Security Conf., 2005: 1-15.

[244] Sidiroglou S, Keromytis A D. Countering network worms through automatic patch generation[J]. IEEE Security and Privacy, 2005, 3(6): 41-49.

[245] Forrest S. Genetic algorithms: Principles of natural selection applied to computation[J]. Science, 1993, 261: 872-878.

[246] Koza J R. Genetic programming: On the programming of computers by means of natural selection[M]. Cambridge, MA : The MIT Press, 1992.

[247] Arcuri A, White D R, Clark J, et al. Multi-objective improvement of software using co-evolution and smart seeding[C]. Proc. Int'l Conf. Simulated Evolution and Learning, 2008: 61-70.

[248] Gustafson S, Ekart A, Burke E, et al. Problem difficulty and code growth in genetic programming[J]. Genetic Programming and Evolvable Machines, 2004, 5: 271-290.

[249] Engler D R, Chen D Y, Chou A. Bugs as inconsistent behavior: A general approach to inferring errors in systems code[C]. Proc. Symp. Operating Systems Principles, 2001: 57-72.

[250] Harman M. The current state and future of search based software engineering[C]. International Conference on Software Engineering, 2007: 342-357.

[251] Jhala R, Majumdar R. Path slicing[J]. Programming Language Design and Implementation, 2005: 38-47.

[252] Koza J R. Genetic Programming: On the Programming of Computers by Means of Natural Selection[M]. Cambridge, MA : MIT Press, 1992.

[253] Goues C L, Weimer W. Specification mining with few false positives[J]. Tools and Algorithms for the Construction and Analysis of Systems, 2009.

[254] Liblit B, Aiken A, Zheng A X, et al. Bug isolation via remote program sampling[J]. Programming language design and implementation, 2003: 141-154.

[255] Miller B P, Fredriksen L, et al. An empirical study of the reliability of UNIX utilities[J]. Commun. ACM, 1990, 33(12): 32-44.

[256] Necula G C, McPeak S, Rahul S P, et al. Cil: an infrastructure for C program analysis and transformation[C]. International Conference on Compiler Construction, 2002: 213-228.

[257] Ramamoothy C V, Tsai W-T. Advances in software engineering[J]. IEEE Computer, 1996, 29(10): 47-58.

[258] Rinard M C, Cadar C, Dumitran D, et al. Enhancing server availability and security through failure-oblivious computing[J]. Operating Systems Design and Implementation, 2004: 303-316.

[259] Rothermel G, Untch R J, Chu C. Prioritizing test cases for regression testing[J]. IEEE Trans. Softw. Eng., 2001, 27(10): 929-948.

[260] Seacord R C, Plakosh D, Lewis G A. Modernizing legacy systems: software technologies, engineering process and business practices[M]. New Jersey: Addison-Wesley, 2003.

[261] Seng O, Stammel J, Burkhart D. Search-based determination of refactorings for improving the class structure of object-oriented systems[C]. Conference on Genetic and Evolutionary Computation, 2006: 1909-1916.

[262] Walcott K, Soffa M, Kapfhammer G, et al. Time aware test suite prioritization[C]. International Symposiumon Software Testing and Analysis, 2006: 1-12.

[263] Wappler S, Wegener J. Evolutionary unit testing of object-oriented software using strongly-typed genetic programming[C]. Conference on Genetic and Evolutionary Computation, 2006: 1925-1932.

[264] Weimer W. Patches as better bug reports[J]. Generative Programming and Component Engineering, 2006: 181-190.

[265] Zeller A. Yesterday, my program worked. Today, it doesnot. Why?[J]. Foundations of Software Engineering, 1999: 253-267.

[266] Groce A, Kroening D. Making the most of BMC counter examples[J]. Electronic Notes in Theoretical Computer Science, 2005, 119(2): 67-81.

[267] Chaki S, Groce A, Strichman O. Explaining abstract counter examples[C]. Proc. Int' l Symp. Foundations of Software Eng., 2004: 73-82.

[268] Smirnov A, Chiueh T-C. Dira: automatic detection, identification and repair of control-hijacking attacks[C]. Proc. Network and Distributed System Security Symp., 2005.

[269] Smirnov A, Lin R, Chiueh T-C. Pasan: automatic patch and signature generation for buffer overflow attacks[C]. Proc. Eighth Int' l Symp. Systems and Information Security, 2006.

[270] Locasto M E, Stavrou A, Cretu G F, et al. From stem to sead: speculative execution for automated defense[C]. Proc. USENIX Ann. Technical Conf., 2007: 1-14.

[271] Sidiroglou S, Laadan O, Perez C, et al. Assure: automatic software self-healing using rescue points[C]. Proc. 14th Int' l Conf. Architectural Support for Programming Languages and Operating Systems, 2009: 37-48.

[272] Goues C L, Weimer W. Specification mining with few false positives[C]. Proc. 15th Int' l Conf. Tools and Algorithms for the Construction and Analysis of Systems, 2009: 292-306.

[273] Livshits B, Nori A, Rajamani S, et al. Merlin: specification inference for explicit information flow problems[C]. Proc. Programming Language Design and Implementation Conf., 2009: 75-86.

[274] Brumley D, Poosankam P, Song D, et al. Automatic patch-based exploit generation is possible: techniques and implications[C]. Proc. IEEE Symp. Security and Privacy, 2008: 143-157.

[275] Costa M, Crowcroft J, Castro M, et al. Vigilante: end-to-end containment of internet worm epidemics[J]. ACM Trans. Computing Systems, 2008, 26(4): 1-68.

[276] Lippmann R, Kirda E, Trachtenberg A. Recent Advances in Intrusion Detection[M]. New York: Springer,

2008.

[277] Kruegel C, Vigna G. Anomaly detection of web-based attacks[C]. Proc. 10th ACM Conf. Computer and Comm. Security, 2003: 251-261.

[278] Tombini E, Debar H, Me′ L, et al. A serial combination of anomaly and misuse IDSes applied to http traffic[C]. Proc. 20th Ann. Computer Security Applications Conf., 2004.

[279] Wang K, Stolfo S J. Anomalous payload-based network intrusion detection[C]. Proc. Seventh Int′l Symp. Recent Advances in Intrusion Detection, 2004: 203-222.

[280] Hu W, Hiser J, Williams D, et al. Secure and practical defense against code-injection attacks using software dynamic translation[C]. Proc. Second Int′l Conf. Virtual Execution Environments, 2006: 2-12.

[281] Whaley J, Martin M C, Lam M S. Automatic extraction of object-oriented component interfaces[C]. Proc. Int′l Symp. Software Testing and Analysis, 2002: 218-228.

[282] Locasto M E, Cretu G F, Hershkop S, et al. Post patch retraining for host-based anomaly detection[R]. Technical Report CUCS-035-07. New York: Columbia Univ., 2007.

[283] Arcuri A, Yao X. A novel co-evolutionary approach to automatic software bug fixing[C]. Proc. IEEE Congress Evolutionary Computation, 2008.

[284] Orlov M, Sipper M. Genetic programming in the wild: evolving unrestricted bytecode[C]. Proc. Genetic and Evolutionary Computation Conf., 2009: 1043-1050.

[285] Debroy V, Wong W E. Using mutation to automatically suggest fixes for faulty programs[C]. Proc. Int′l Conf. Software Testing, Verification, and Validation, 2010: 65-74.

[286] Harman M. The current state and future of search based software engineering[C]. Proc. Int′l Conf. Software Eng., 2007: 342-357.

[287] Walcott K, Soffa M, Kapfhammer G, et al. Time-Aware Test Suite Prioritization[C]. Proc. Int′l Symp. Software Testing and Analysis, 2006.

[288] Goues C L, Nguyen V T, Forrest S. GenProg: A generic method for automatic software repair[J]. IEEE Transactions on Software Engineering, 2017, 38 (1).

[289] Zeller A. Why programs fail: a guide to systematic debugging[M]. San Francisco: Morgan Kaufmann, 2005.

[290] Arcuri A, Yao X. A novel co-evolutionary approach to automatic software bug fixing[C]. CEC, 2008.

[291] Dallmeier V, Zeller A, Meyer B. Generating fixes from object behavior anomalies[C]. ASE, 2009.

[292] Weimer W, Nguyen T, Goues C L, et al. Automatically finding patches using genetic programming[C]. ICSE, 2009.

[293] Goues C L, Vogt M D, Forrest S, et al. A systematic study of automated program repair: fixing 55 out of 105 bugs for $8 each[C]. ICSE, 2012.

[294] Koza J R. Genetic programming: on the programming of computers by means of natural selection[M]. Cambridge, MA: The MIT Press, 1992.

[295] Wei Y, Pei Y, Furia C A, et al. Automated fixing of programs with contracts[C]. ISSTA, 2010.

[296] Babich D, Clarke P J, Power J F, et al. Using a class abstraction technique to predict faults in OO classes: a case study through six releases of the eclipse JDT[C]. SAC, 2011.

[297] Dagenais B, Robillard M P. Recommending adaptive changes for framework evolution[C]. ICSE, 2008.

[298] Bevan J, Whitehead E J, Kim J S, et al. Facilitating software evolution research with Kenyon[C]. ESEC/FSE, 2005.

[299] Tian Y, Lawall J, Lo D. Identifying linux bug fixing patches[C]. ICSE, 2012.

[300] Martinez M, Monperrus M. Mining repair actions for guiding automated program fixing[C]. INRIA, Tech. Rep., 2012.

[301] Nguyen T T, Nguyen H A, Pham N H, et al. Graph-based mining of multiple object usage patterns[C]. ESEC/FSE, 2009.

[302] Tao Y, Dang Y, Xie T, et al. How do developers understand code changes? An exploratory study in industry[C]. FSE, 2012.

[303] Nistor A, Luo Q, Pradel M, et al. BALLERINA: automatic generation and clustering of efficient random unit tests for multithreaded code[C]. ICSE, 2012.

[304] Jaygarl H, Kim S, Xie T, et al. OCAT: object capture based automated testing[C]. ISSTA, 2010.

[305] Pinto L S, Sinha S, Orso A. Understanding myths and realities of test-suite evolution[C]. FSE, 2012.

[306] Arcuri A, Briand L. A practical guide for using statistical tests to assess randomized algorithms in software engineering[C]. ICSE, 2011.

[307] Wilcoxon F. Individual comparisons by ranking methods[J]. Biometrics Bulletin, 1(6).

[308] Fry Z P, Landau B, Weimer W. A human study of patch maintainability[C]. ISSTA, 2012.

[309] Sillito J, Murphy G C, Volder D K. Questions programmers ask during software evolution tasks[C]. FSE, 2006.

[310] Buse R P, Weimer W R. Automatically documenting program changes[C]. ASE, 2010.

[311] Demsky B, Rinard M. Data structure repair using goal-directed reasoning[C]. ICSE, 2005.

[312] Demsky B, Ernst M D, Guo P J, et al. Inference and enforcement of data structure consistency specifications[C]. ISSTA, 2006.

[313] Meng N, Kim M, McKinley K S. Systematic editing: generating program transformations from an example[C]. PLDI, 2011.

[314] Pacheco C, Lahiri S K, Ernst M D, et al. Feedback-directed random test generation[C]. ICSE, 2007.

[315] Andrews J H, Menzies T, Li F C. Genetic algorithms for randomized unit testing[J]. IEEE Trans. on Softw. Eng., 2011, 37(1): 80-94.

[316] Doong R-K, Frankl P G. The ASTOOT approach to testing object-oriented programs[J]. ACM Transactions on Software Engineeringand Methodology, 1994, 3(2): 101-130.

[317] Antoy S, Hamlet R G. Automatically checking an implementation against its formal specification[J]. IEEE Transactions on Software Engineering, 2000, 26(1): 55-69.

[318] Claessen K, Hughes J. Quick Check: A lightweight tool for random testing of Haskell programs[C]. Proceedings of the Fifth ACM SIGPLAN International Conference on Functional Programming (ICFP' 00), 2000: 268-279.

[319] Sen K, Marinov D, Agha G. CUTE: a concolic unit testing engine for C[C]. Proceedings of the 13th ACM SIGSOFT International Symposium on Foundations of Software Engineering (ESEC/FSE), 2005: 263-272.

[320] Andrews J, Menzies T. On the value of combining feature subset selection with genetic algorithms: faster learning of coverage models[C]. PROMISE 2009, 2009.

[321] Hetzel W C. Program test methods[M]// Automatic Computation.Englewood Cliffs, N J: Prentice-Hall, 1973.

[322] Hamlet R. Random testing[M]//Encyclopedia of Software Engineering. Hoboken: Wiley, 1994: 970-978.

[323] Weyuker E J. On testing non-testable programs[J]. The Computer Journal, 1982, 25(4): 465-470.

[324] Csallner C, Smaragdakis Y. JCrasher: an automatic robustness tester for Java[J]. Software Practice and Experience, 2004, 34(11): 1025-1050.

[325] Ciupa I, Leitner A, Oriol M, et al. Artoo: Adaptive random testing for object-oriented software[C]. Proceedings of the 30th ACM/IEEE International Conference on Software Engineering (ICSE' 08), 2008: 71-80.

[326] Ernst M D, Cockrell J, Griswold W G, et al. Dynamically discovering likely program invariants to support program evolution[J]. IEEE Transactions on Software Engineering, 2001, 27(2): 99-123.

[327] Ball T. A theory of predicate-complete test coverage and generation[C]. Third International Symposium on Formal Methods for Components and Objects (FMCO 2004), 2004, 1-22.

[328] Andrews J H, Zhang Y. General test result checking with log file analysis[J]. IEEE Transactions on Software Engineering, 2003, 29(7): 634-648.

[329] Clarke L A. A system to generate test data and symbolically execute programs[J]. IEEE Transactions on Software Engineering, 1976, 3: 215-222.

[330] King J C. Symbolic execution and program testing[J]. Communications of the ACM, 1976, 19(7): 385-394.

[331] Korel B. Automated software test generation[J]. IEEE Transactions on Software Engineering, 1990, 16(8): 870-879.

[332] Gupta N, Mathur A P, Soffa M L. Automated test data generation using an iterative relaxation method[C]. Sixth International Symposiumon the Foundations of Software Engineering (FSE 98), 1998: 224-232.

[333] Leow W K, Khoo S C, Sun Y. Automated generation of test programs from closed specifications of classes and test cases[C]. Proceedings of the 26th International Conference on Software Engineering (ICSE 2004), 2004: 96-105.

[334] Koopmans T C. Activity analysis of production and allocation[M]//Volume 13 of Cowles Commission for Research in Economics Monographs. Hoboken: John Wiley & Sons, 1951.

[335] Karlin S, Studden W J. Tchebycheff systems: with applications in analysis and statistics[M]. Hoboken: John Wiley & Sons, 1966.

[336] Kojima M, Shindoh S, Hara S. Interior-point methods for the monotone semidefinite linear complementarity problem in symmetric matrices[J]. SIAM Journal on Optimization, 1997.

[337] Kleinhaus J M, Sigl G, Johannes F M, et al. GORDIAN: VLSI placement by quadratic programming and slicing optimization[J]. IEEE Transactions on Computer-Aided Design of Integrated Circuits and Systems, 1991.

[338] Kuhn H W, Tucker A W. Nonlinear programming[C]//Proceedings of the Second Berkeley Symposium on Mathematical Statistics and Probability. Oakland, CA: University of California Press, 1951: 481-492.

[339] Lasserre J B. A new Farkas lemma for positive semidefinite matrices[J]. IEEE Transactions on Automatic Control, 1995, 40(6): 1131-1133.

[340] Lasserre J B. Bounds on measures satisfying moment conditions[J]. The Annals of Applied Probability,

2002, 12(3): 1114-1137.

[341] Lay S R. Convex Sets and Their Applications[M]. Hoboken: John Wiley & Sons, 1982.

[342] Lawson C L, Hanson R J. Solving least squares problems[J]. Society for Industrial and Applied Mathematics, 1995.

[343] Lustig I J, Marsten R E, Shanno D F. Interior point methods for linear programming: computational state of the art[J]. ORSA Journal on Computing, 1994, 6(1): 1-14.

[344] Lewis A S, Overton M L. Eigenvalue optimization[J]. Acta Numerica, 1996, 5:149-190.

[345] Ofberg J L. YALMIP : A toolbox for modeling and optimization in MATLAB[C]. Proceedings of the IEEE International Symposium on Computer Aided Control Systems Design, 2004: 284-289.

[346] Luo Z-Q, Sturm J F, Zhang S. Conic convex programming and selfdual embedding[J]. Optimization Methods and Software, 2000, 14: 169-218.

[347] Luenberger D G. Quasi-convex programming[J]. SIAM Journal on Applied Mathematics, 1968, 16(5).

[348] Luenberger D G. Optimization by Vector Space Methods[M]. Hoboken: John Wiley &Sons, 1969.

[349] Luenberger D G. Linear and Nonlinear Programming[M]. Second edition. Hoboken: Addison-Wesley, 1984.

[350] Luenberger D G. Microeconomic Theory[M]. New York: McGraw-Hill, 1995.

[351] Luenberger D G. Investment Science[M]. Oxford: Oxford University Press, 1998.

[352] Luo Z-Q. Applications of convex optimization in signal processing and digital communication[J]. Mathematical Programming Series B, 2003, 97: 177-207.

[353] Lobo M S, Vandenberghe L, Boyd S, et al. Applications of second order cone programming[J]. Linear Algebra and Its Applications, 1998, 284: 193-228.

[354] Mangasarian O. Linear and nonlinear separation of patterns by linear programming[J]. Operations Research, 1965, 13(3): 444-452.

[355] Mangasarian O. Nonlinear programming[J]. Society for Industrial and Applied Mathematics, 1994.

[356] Markowitz H. Portfolio selection[J]. The Journal of Finance, 1952, 7(1): 77-91.

[357] Markowitz H. The optimization of a quadratic function subject to linear constraints[J]. Naval Research Logistics Quarterly, 1956, 3:111-133.

[358] Ma W-K, Davidson T N, Wong K M, et al. Quasimaximum-likelihood multiuser detection using semi-definite relaxation with application to synchronous CDMA[J]. IEEE Transactions on Signal Processing, 2002, 50: 912-922.

[359] Sutton R S. Reinforcement Learning: An Introduction[M]. London: The MIT Press, 2017.

[360] Alexe B, Deselaers T, Ferrari V. Measuring the objectness of image windows[C]. TPAMI, 2012.

[361] Arbelaez P, Hariharan B, Gu C, et al. Semantic segmentation using regions and parts[C]. CVPR, 2012: 10,11.

[362] Arbelaez P, Pont-Tuset J, Barron J, et al. Multiscale combinatorial grouping[C]. CVPR, 2014.

[363] Carreira J, Caseiro R, Batista J, et al. Semantic segmentation with second-order pooling[C]. ECCV, 2012.

[364] Carreira J, Sminchisescu C. CPMC: Automatic object segmentation using constrained parametric min-cuts[C]. TPAMI, 2012.

[365] Cires D, Giusti A, Gambardella L, et al. Mitosis detection in breast cancer histology images with deep neural networks[C]. MICCAI, 2013.

[366] Dalal N, Triggs B. Histograms of oriented gradients for human detection[C]. CVPR, 2005.

[367] Dean T, Ruzon M A, Segal M, et al. Fast, accurate detection of 100 000 object classes on a single machine[C]. CVPR, 2013.

[368] Deng J, Berg A, Satheesh S, et al. ImageNet large scale visual recognition competition 2012[C]. ILSVRC, 2012.

[369] Deng J, Dong W, Socher R, et al. ImageNet: a large-scale hierarchical image database[C]. CVPR, 2009.

[370] Deng J, Russakovsky O, Krause J, et al. Scalable multi-label annotation[C]. CHI, 2014.

[371] Donahue J, Jia Y, Vinyals O, et al. DeCAF: a deep convolutional activation feature for generic visual recognition[C]. ICML, 2014.

[372] Douze M, Jegou H, Sandhawalia H, et al. Evaluation of gist descriptors for web-scale image search[C]. Proc. of the ACM International Conference on Image and Video Retrieval, 2009.

[373] Endres I, Hoiem D. Category independent object proposals[C]. ECCV, 2010.

[374] Everingham M, Gool V L, Williams C K I, et al. The PASCAL visual object classes (VOC) challenge[C]. IJCV, 2010.

[375] Farabet C, Couprie C, Najman L, et al. Learning hierarchical features for scene labeling[C]. TPAMI, 2013.

[376] Felzenszwalb P, Girshick R, McAllester D, et al. Object detection with discriminatively trained part-based models[C]. TPAMI, 2010.

[377] Fidler S, Mottaghi R, Yuille A, et al. Bottom-up segmentation for top-down detection[C]. CVPR, 2013.

[378] Fukushima K. Neocognitron: a self-organizing neural network model for a mechanism of pattern recognition unaffected by shift in position[J]. Biological cybernetics, 1980, 36(4):193-202.

[379] Gu C, Lim J J, Arbelaez P, et al. Recognition using regions[C]. CVPR, 2009.

[380] Hariharan B, Arbelaez P, Bourdev L, et al. Semantic contours from inverse detectors[C]. ICCV, 2011.

[381] Hoiem D, Chodpathumwan Y, Dai Q. Diagnosing error in object detectors[C]. ECCV, 2012.

[382] Krizhevsky A, Sutskever I, Hinton G. ImageNet classification with deep convolutional neural networks[C]. NIPS, 2012.

[383] LeCun Y, Boser B, Denker J, et al. Backpropagation applied to handwritten zip code recognition[J]. Neural Comp., 1989.

[384] LeCun Y, Bottou L, Bengio Y, et al. Gradient based learning applied to document recognition[C]. Proc. of the IEEE, 1998.

[385] Lim J J, Zitnick C L, Dollar P. Sketch tokens: a learned mid-level representation for contour and object detection[C]. CVPR, 2013

[386] Everingham M, Gool L V, Williams C, et al. Overview and results of the detection challenge[C]. The Pascal Visual Object Classes Challenge Workshop, 2011.

[387] Everingham M, Gool V L, Williams C K I, et al. The pascal visual object classes (VOC) challenge[C]. IJCV, 2010, 88: 303-338.

[388] Felzenszwalb P F, Girshick R B, McAllester D, et al. Object detection with discriminatively trained part-based models[C]. TPAMI, 2010, 32: 1627-1645.

[389] Felzenszwalb P F, Huttenlocher D P. Efficient Graph based image segmentation[C]. IJCV, 2004, 59: 167-181.

[390] Geusebroek J M, Boomgaard V D R, Smeulders A W M, et al. Color invariance[C]. TPAMI, 2001, 23: 1338-1350.

[391] Gu C, Lim J J, Arbelaez P, et al. Recognition using regions[C]. CVPR, 2009.

[392] Harzallah H, Jurie F, Schmid C. Combining efficient object localization and image classification[C]. ICCV, 2009.

[393] Sutskever I, Vinyals O, Le Q V. Sequence to sequence learning with neural networks[J]. Advances in Neural Information Processing Systems, 2014.

[394] Bahdanau D, Cho K, Bengio Y. Neural machine translation by jointly learning to align and translate[EB/OL]. (2014)[2019-10-01]. arXiv preprint arXiv:1409.0473.

[395] Mnih V, Heess N, Graves A, et al. Recurrent models of visual attention[J]. Advances in Neural Information Processing Systems, 2014.

[396] Karpathy A, Joulin A, Li F F. Deep fragment embeddings for bidirectional image sentence mapping[J]. Advances in Neural Information Processing Systems, 2014.

[397] Girshick R, Donahue J, Darrell T, et al. Rich feature hierarchies for accurate object detection and semantic segmentation[C]. Proceedings of the IEEE Conference on Computer Vision And Pattern Recognition, 2014.

[398] Krizhevsky A, Sutskever I, Hinton G E. Imagenet classification with deep convolutional neural networks[J]. Advances in Neural Information Processing Systems, 2012.

[399] Karpathy A, Li F F. Deep visual-semantic alignments for generating image descriptions[C]. Proceedings of the IEEE Conference on Computer Vision and Pattern Recognition, 2015.

[400] Cho K, Merrienboer V B, Gulcehre C, et al. Learning phrase representations using RNN encoder-decoder for statistical machine translation[EB/OL]. (2014)[2019-10-01]. https://arxiv.org/abs/1406.1078.

[401] Venugopalan S, Xu H, Donahue J, et al. Translating videos to natural language using deep recurrent neural networks[EB/OL]. (2014)[2019-10-01]. arXiv preprint arXiv:1412.4729.

[402] Sun X, Peng X, Ding S. Emotional human-machine conversation generation based on long short-term memory[J]. Cognitive Computation, 2018, 10(3).

[403] Xu K, Ba J, Kiros R, et al. Show, attend and tell: neural image caption generation with visual attention[C]. International Conference on Machine Learning, 2015.

[404] Wang C, Yang H, Bartz C, et al. Image captioning with deep bidirectional LSTMs[C]. Proceedings of the 2016 ACM on Multimedia Conference, 2016.

[405] Szegedy C, Vanhoucke V, Ioffe S, et al. Rethinking the inception architecture for computer vision[C]. Proceedings of the IEEE Conference on Computer Vision and Pattern Recognition, 2016.

[406] Vinyals O, Toshev A, Bengio S, et al. Show and tell: a neural image caption generator[C]. Proceedings of the IEEE conference on computer vision and pattern recognition, 2015.

[407] Ding G, Chen M, Zhao S, et al. Neural image caption generation with weighted training and reference[J]. Cognitive Computation, 2018.

[408] Ba J, Mnih V, Kavukcuoglu K. Multiple object recognition with visual attention[EB/OL]. (2014)[2019-10-01]. arXiv preprint arXiv:1412.7755.

[409] Park C C, Kim B, Kim G. Attend to you: personalized image captioning with context sequence memory networks[EB/OL]. (2017)[2019-10-01]. arXiv preprint arXiv:1704.06485.

[410] Cornia M, Baraldi L, Serra G, et al. Visual saliency for image captioning in new multimedia services[C]. Multimedia & Expo Workshops (ICMEW), 2017 IEEE International Conference , 2017.

[411] Yang Z, He X, Gao J, et al. Stacked attention networks for image question answering[C]. Proceedings of the IEEE Conference on Computer Vision and Pattern Recognition, 2016.

[412] Donahue J, Hendricks L A, Guadarrama S, et al. Long-term recurrent convolutional networks for visual recognition and description[C]. Proceedings of the IEEE conference on computer vision and pattern recognition, 2015.

[413] 王赞. 自动程序修复方法研究述评[J]. 计算机学报，2018(3).

[414] 陈翔，鞠小林，文万志，等. 基于程序频谱的动态缺陷定位方法研究[J]. 软件学报，2015，26(2).

[415] 郝鹏，郑征. 基于谓词执行信息分析的自适应缺陷定位[J]. 计算机学报，2014，37(3).

[416] 张晓红. 基于频谱的软件缺陷定位方法的研究[D]. 南京：南京邮电大学，2015.

[417] 李必信. 程序切片技术及其应用[M]. 北京：科学出版社，2006.

[418] 吴川. 基于搜索的软件自动修复框架及其关键问题探讨[J]. 软件工程，2017，20(2).

[419] 邓澍军，陆光明，夏龙. Deep Learning 实战之word2vec[EB/OL]. https://www.open-open.com/pdf/ba61d04f3a254cfb93ad90e86edb9155.html.